21世纪全国应用型本科土木建筑系列实用规划教材

建筑工程施工

主　编　叶　良　刘　薇　孙平平

内容简介

本书参照最新建筑工程施工质量验收规范和国家一级、二级建造师考试大纲编写，体现了应用型本科土木工程专业培养“卓越工程师”的教学目的。本书主要阐述了建筑工程施工的施工技术基本知识和施工组织逻辑方法。全书共14章，内容包括土方工程、桩基础工程、砌筑工程、脚手架工程、钢筋混凝土工程、钢结构工程、预应力混凝土工程、结构安装工程、防水工程、装饰工程、流水施工、网络计划技术、施工组织总设计、单位工程施工组织设计。

本书可作为高等院校特别是应用型本科土木工程专业及相关专业的教材和教学参考书，也可供土木工程专业技术人员学习参考。

图书在版编目(CIP)数据

建筑工程施工/叶良，刘薇，孙平平主编．—北京：北京大学出版社，2014.1
(21世纪全国应用型本科土木建筑系列实用规划教材)
ISBN 978-7-301-23484-6

Ⅰ.①建…　Ⅱ.①叶…②刘…③孙…　Ⅲ.①建筑工程—工程施工—高等学校—教材　Ⅳ.①TU7

中国版本图书馆CIP数据核字(2013)第273062号

书　　名：建筑工程施工
著作责任者：叶　良　刘　薇　孙平平　主编
策 划 编 辑：吴　迪
责 任 编 辑：伍大维
标 准 书 号：ISBN 978-7-301-23484-6/TU·0372
出 版 发 行：北京大学出版社
地　　址：北京市海淀区成府路205号　100871
网　　址：http://www.pup.cn　新浪官方微博：@北京大学出版社
电 子 信 箱：pup_6@163.com
电　　话：邮购部62752015　发行部62750672　编辑部62750667　出版部62754962
印 刷 者：北京鑫海金澳胶印有限公司
经 销 者：新华书店
787毫米×1092毫米　16开本　27.75印张　651千字
2014年1月第1版　2023年7月第5次印刷
定　　价：55.00元

前　　言

“建筑工程施工”是土木工程专业的一门主要专业课程，这门课程主要研究土木工程施工中的施工技术和施工组织，目的是培养学习者具有独立分析和解决施工中有关技术和组织问题的能力。

“建筑工程施工”在内容上包括两方面，一是施工技术，二是施工组织。全书施工技术部分涉及的内容广、实践性强，在施工组织部分则涉及了很多工程管理的相关知识，同样也具有实践性强的特点。本书在编写上力求体现时代特征，突出“实用性、创新性”，立足应用型大学的培养目标，以培养“卓越工程师”为指导思想，综合建筑工程的施工特点，体现基本理论与实践的紧密结合，以及基本理论与新技术、新方法的紧密结合。本书的特点如下：

(1) 大胆删除了传统教材中“道路桥梁工程”和“地下工程”的章节，增加了适应社会发展需求的“钢结构工程”章节。

(2) 针对学习者没有实践经验的困惑，本书采用了大量的实物图片，增强了学习者的感性认识，也把教学的方法之一“现场教学法”融入了课堂，解决了教师教学学时不够和学生没有感性认识的矛盾。

(3) 结合最新的行业规范、“卓越工程师”培养计划，以及一级、二级建造师的考试大纲，在土方工程、桩基础工程、脚手架工程、钢筋混凝土工程、网络计划技术、施工组织总设计等重要章节的编写上均体现了“新规范、执业资格考试大纲与教学一体化”的特征。

(4) 强调应用型大学培养“卓越工程师”的教学目标，本书采用了大量真实案例，并结合每章节的内容分析点评，在教学上起到了培养学习者“举一反三”的作用。

(5) 知识点多，知识结构分散。编者把概论直接分写到相应的章节中，使每章节的概论知识更有针对性、更生动、更有利于引导学习者的学习兴趣。

(6) 每章节前编者都精心挑选了引例，其目的是既能引起学习者的兴趣，又能起到警示作用，让学习者了解到一旦质量安全出现问题，其后果非常严重。

(7) 每章节都附有工程案例并留有不同题型的练习题，为学习者巩固所学知识提供了方便。这些案例和习题结合了一级、二级建造师考试的题型和深度，部分案例来源于实际工程资料，进一步加强了理论联系实际的教学效果。

参加编写的教师都有多年从事建筑设计、施工和教学研究的经验，是具有“双师”特征的一线教师。本书力求做到图文并茂、深入浅出、通俗易懂。其具体编写分工如下：第1～5章由叶良编写，第6～9章由刘薇编写，第10章由童芸芸编写，第11章由曹亮编写，第12～14章由孙平平编写。本书由叶良、刘薇、孙平平担任主编并负责全书的审核校对。

由于时间仓促，编者水平有限，书中不足之处，望读者不吝赐教。

编　者

2013年10月

目　　录

第1章 土方工程

教学目标

通过本章的学习，要求学生掌握土方工程施工的基本原理，具备进行场地平整、土方开挖及回填、土方规划的工程能力。

教学要求

知识要点	能力要求	相关知识
土的工程分类； 土的工程性质	掌握土的工程分类； 熟悉土的特点； 掌握土的可松性	土的可松性、含水量、沉降量
场地平面设计标高； 土方量计算	熟悉土方的施工高度计算； 掌握确定场地设计标高的步骤； 熟悉基坑(槽)及路基土方量的计算	土方的施工高度； 方格网； 零线
边坡稳定； 基坑支护	掌握土方边坡概念； 熟悉常见的基坑支护类型； 掌握土钉墙支护结构； 掌握地下连续墙支护结构	坡度系数，水泥土搅拌桩支护结构，钢板桩支护结构，灌注桩支护结构，土层锚杆支护结构，土钉墙支护结构，地下连续墙支护结构
基坑施工降水； 流砂	熟悉集水井降水施工； 掌握井点降水施工； 掌握流砂现象及原因	轻型井点； 流砂防治
土方的机械化施工	掌握正铲、反铲挖掘机施工	单斗挖掘机施工
土方填筑和压实	熟悉土料的选用； 掌握影响填土压实的因素	填土压实

基本概念

土的可松性　坡度系数　流砂　地下连续墙

引例 1

土方工程的特点是工程量大，施工工期长，劳动强度大。如大型建设项目的场地平整，土石方工程量可达数十万甚至数百万立方米以上，施工面积达数平方千米。大型基坑的开挖，有的深达 20 多米，应采用机械化施工。

土方工程的另一个特点是施工条件复杂，受气候、环境、水文地质条件影响大。水文、地质、冰冻、降雨等都是难以确定的影响因素。因此，施工前必须做好各项准备工作，制定出合理的施工方案，以达到减轻劳动强度、安全施工、保证施工质量、加快施工进度和节省施工费用的目的。

土方开挖运输现场

挖土筑坝施工现场

引例 2

随着工程建设规模特别是水利工程的日益发展，世界上一些大型工程的土石方开挖量常达到数千万立方米，甚至超过亿立方米，如巴基斯坦塔贝拉土石坝(坝体填筑量达 1.2 亿 m^3)和中国葛洲坝水利枢纽土石方开挖量均超过 1 亿 m^3；巴西伊泰普水电站工程，土石方开挖量达 6010 万 m^3。因此一些发达国家土石方施工机械化水平日益向大型、高效方面发展，主要特点是：①发展大容量、大功率、高效率的土石方施工机械，如 $10m^3$ 以上的挖掘机，100t 级以上的自卸汽车；②各工序所采用的机械配套，容量、效率互相配合；③广泛应用液压技术；④采用电子技术和新材料，广泛应用自动控制技术；⑤既注意发展一机多用的多功能机械，又注意发展专用机械；⑥注意施工机械的维修和保养。

巴基斯坦塔贝拉土石坝

中国葛洲坝水利枢纽

1.1 土的工程分类和性质

1.1.1 土的工程分类

土的种类很多，建筑工程中作为地基的土可分为五类：岩石、碎石土、砂土、粘性土和人工填土。各种土(包括岩石在内)根据施工难易程度又可分为八类：松软土、普通土、坚土、砂砾坚土、软石、次坚石、坚石、特坚石。前四类属于一般土，后四类属于岩石，如表1-1所示。

表1-1 土的工程分类

类别	土的名称	开挖方法	可松性系数	
			K_s	K_s'
第一类(松软土)	砂，粉土，冲积砂土层，种植土，泥炭(淤泥)	用锹、锄头挖掘	1.08～1.17	1.01～1.04
第二类(普通土)	粉质粘土，潮湿的黄土，夹有碎石、卵石的砂，种植土，填筑土和粉土	用锹、锄头挖掘，少许用镐翻松	1.14～1.28	1.02～1.05
第三类(坚土)	软及中等密实粘土，重粉质粘土，粗砾石，干黄土及含碎石、卵石的黄土、粉质粘土、压实的填筑土	主要用镐，少许用锹、锄头，部分用撬棍	1.24～1.30	1.04～1.07
第四类(砂砾坚土)	重粘土及含碎石、卵石的粘土，粗卵石，密实的黄土，天然级配砂石，软泥灰岩及蛋白石	先用镐、撬棍，然后用锹挖掘，部分用锲子及大锤	1.26～1.37	1.06～1.09
第五类(软石)	硬石炭纪粘土，中等密实的页岩、泥灰岩、白垩土，胶结不紧的砾岩，软的石灰岩	用镐或撬棍、大锤，部分用爆破方法	1.30～1.45	1.10～1.20
第六类(次坚石)	泥岩，砂岩，砾岩，坚实的页岩、泥灰岩，密实的石灰岩，风化花岗岩、片麻岩	用爆破方法，部分用风镐	1.30～1.45	1.10～1.20
第七类(坚石)	大理岩，辉绿岩，玢岩，粗、中粒花岗岩，坚实的白云岩、砾岩、砂岩、片麻岩、石灰岩，风化痕迹的安山岩、玄武岩	用爆破方法	1.30～1.45	1.10～1.20
第八类(特坚石)	安山岩，玄武岩，花岗片麻岩，坚实的细粒花岗岩、闪长岩、石英岩、辉长岩、辉绿岩，玢岩	用爆破方法	1.45～1.50	1.20～1.30

1.1.2 土的工程性质

土的工程性质对土方工程施工有直接影响，也是进行土方施工设计必须掌握的基本

资料。

自然界的土是由颗粒、水和气体三相所组成的集合体。土中三相比例的不同和变化，反映了土的不同的物理状态。土的性质一方面决定于所含物质的性质，另一方面还决定于土的物理状态。

1. 土的天然含水量

土的天然含水量是土中水的质量与固体颗粒质量之比，用百分数表示。它反映了土的干湿程度。含水量对挖土的难易、施工时的护坡方法、回填土的密实度等均有影响。

2. 土的天然密度和干密度

土的天然密度是指土在天然状态下单位体积的质量。干密度是指土的固体颗粒质量与总体积的比值。天然密度大的土较密实，挖掘困难。填土密实度以设计规定的控制干密度作为检查标准。

3. 土的可松性与可松性系数

土的可松性是指在自然状态下的土经开挖后组织破坏，因松散而体积增加，以后虽经回填压实，往往不能恢复成原来的体积。土的可松性系数有两个：

最初可松性系数：
$$K_s=\frac{V_2}{V_1}$$

最后可松性系数：
$$K_s'=\frac{V_3}{V_1} \tag{1-1}$$

式中：V_1——开挖前土在自然状态下的体积(m^3)；

V_2——土经开挖后的松散体积(m^3)；

V_3——土经压实后的体积(m^3)。

K_s在土方计算中是计算运输工具数量和挖土机生产率的主要参数；K_s'是计算填土所需挖土工程量的主要参数，K_s和K_s'均是大于1的系数，不同类别的土，可松性系数也不一样(表1-1)。

【例1-1】 某工程基槽体积为1300m^3，槽内基础体积为500m^3，基础施工完成后，用原来的土进行夯填，根据施工方案要求，应将多余的土方全部事先运走，试确定回填土的弃土量和预留量。已知$K_s=1.35$，$K_s'=1.15$。

解：回填土的预留量=[(1300−500)/1.15]×1.35=939(m^3)。

回填土的弃土量=1300×1.35−939=816(m^3)。

特别提示

可松性在一定程度上反映土方坚硬的程度，影响土方的调配、土方的施工方法、土方施工机械的型号及数量的配置、土方施工的工期，最终影响着施工的费用。

4. 原状土经机械压实后的沉降量

原状土经机械往返压实或经其他压实措施压突后，会产生一定的沉陷，根据不同土质，其沉陷量一般在3～30cm之间。可按下述经验公式计算：

$$S=\frac{P}{C} \tag{1-2}$$

式中：S——原状土经机械压实后的沉降量(cm)；

P——机械压实的有效作用力(MPa)；

C——原状土的抗陷系数(MPa)，可按表1-2取值。

表1-2 不同土的C值参考表

原状土质	抗陷系数C/MPa	原状土质	抗陷系数C/MPa
沼泽土	0.01～0.015	大块胶结的砂、潮湿粘土	0.035～0.06
凝滞的土、细粒砂	0.018～0.025	坚实的粘土	0.1～0.125
松砂、松湿粘土、耕土	0.025～0.035	泥灰石	0.13～0.18

1.2 场地平面设计标高

1.2.1 设计标高一般要求

大型工程项目通常都要确定场地设计平面，进行场地平整。场地平整就是将自然地面改造成工程上所要求的平面。选择场地设计标高的原则：

(1) 在满足总平面设计的要求，并与场外工程设施的标高相协调的前提下，考虑挖填平衡，移挖作填；

(2) 如挖方少于填方，则要考虑土方的来源，如挖方多于填方，则要考虑弃土堆场；

(3) 场地设计标高要高出区域最高洪水位，在严寒地区，场地的最高地下水位应在土壤冻结深度以下。

1.2.2 设计标高确定方法

场地设计标高确定一般有两种方法。

(1) 一般方法：如场地比较平缓，则对场地设计标高无特殊要求，可按照挖填土方量相等的原则确定场地设计标高。

(2) 用最小二乘法原理求最佳设计平面：应用最小二乘法的原理，不仅可满足土方挖填平衡，还可做到使土方的总工程量最小。

1.2.3 场地设计标高计算

1. 场地设计标高计算的一般方法的设计原理

将场地划分成边长为a的若干方格，并将方格网角点的原地形标高标在图上。原地形标高可利用等高线用插入法求得或在实地测量得到。

按照挖填土方量相等的原则，场地设计标高可按下式计算：

$$na^2 z_0 = \sum_{i=1}^{n}\left(a^2 \frac{z_{i1}+z_{i2}+z_{i3}+z_{i4}}{4}\right)$$

$$z_0 = \frac{1}{4n}\sum_{i=1}^{n}(z_{i1}+z_{i2}+z_{i3}+z_{i4}) \qquad (1-3)$$

式中：　　z_0——场地设计标高；

n——方格数；

z_{i1}，z_{i2}，z_{i3}，z_{i4}——第 i 个方格四个角点的原地形标高(m)。

考虑各角点标高的“权”，式(1-3)可改写成更便于计算的形式：

$$z_0 = \frac{1}{4n}(\sum z_1 + 2\sum z_2 + 3\sum z_3 + 4\sum z_4) \qquad (1-4)$$

式中：z_1——一个方格独有的角点标高；

z_2，z_3，z_4——分别为二、三、四个方格所共有的角点标高。

2. 场地设计标高确定的一般方法的计算步骤

(1) 划分场地方格网。

(2) 计算或实测各角点的原地形标高。

(3) 按式(1-4)计算场地设计标高。

(4) 设计标高调整。

设计标高的调整主要是泄水坡度的调整，由于按式(1-4)得到的设计平面为一水平的挖填方相等的场地，实际场地均应有一定的泄水坡度。因此，应根据泄水要求计算出实际施工时所采用的设计标高。

以 z_0 作为场地中心的标高，则场地任意点的设计标高为

$$z_i' = z_0 \pm l_x i_x \pm l_y i_y \qquad (1-5)$$

式中：l_x，l_y——任意一点沿 x—x，y—y 方向距场地中心线的距离；

i_x，i_y——任意一点沿 x—x，y—y 方向的泄水坡度。

3. 土方的施工高度

求得 z_i'后，即可计算各角点的施工高度 H_i，施工高度的含义是该角点的设计标高与原地形标高的差值，即

$$H_i = z_i' - z_i \qquad (1-6)$$

式中：z_i——i 角点的原地形标高。

若 H_i 为正值，则该点为填方，H_i 为负值则为挖方。

【例 1-2】 某建筑场地方格网如图 1-1 所示。方格网边长为 20m，土壤为第二类土，要求场地地面泄水坡度 $i_x=0.3\%$，$i_y=0.2\%$。试按挖、填平衡的原则求出场地内各角点的设计标高(不考虑土的可松性影响)，并计算各角点的施工高度。

解：(1) 确定场地内各方格角点的设计标高：

$$z_0 = \frac{\sum z_1 + 2\sum z_2 + 3\sum z_3 + 4\sum z_4}{4n}$$

$$\sum z_1 = 70.09 + 71.43 + 69.37 + 70.95 = 281.84(\text{m})$$

$$2\sum z_2 = 2\times(70.40 + 70.95 + 71.22 + 69.71 + 69.81 + 70.38) = 844.94(\text{m})$$

$$4\sum z_4 = 4\times(70.17 + 70.70) = 563.48(\text{m})$$

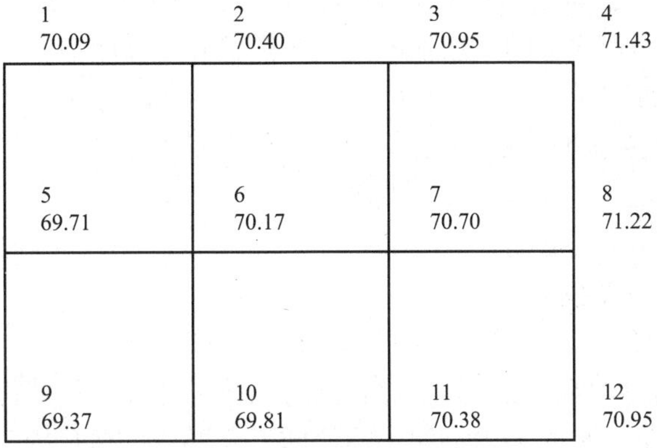

1 70.09	2 70.40	3 70.95	4 71.43
5 69.71	6 70.17	7 70.70	8 71.22
9 69.37	10 69.81	11 70.38	12 70.95

图1-1 某建筑场地方格网

$$z_0=\frac{281.84+844.94+563.48}{4\times 6}=70.43(\text{m})$$

$$z_i'=z_0'\pm l_x i_x \pm l_y i_y$$

$$z_1'=70.43-30\times 0.3\%+20\times 0.2\%=70.38(\text{m})$$

同理，有

$z_2'=70.44\text{m}$，$z_3'=70.50\text{m}$，$z_4'=70.56\text{m}$，$z_5'=70.34\text{m}$，$z_6'=70.40\text{m}$，$z_7'=70.46\text{m}$，$z_8'=70.52\text{m}$，$z_9'=70.30\text{m}$，$z_{10}'=70.36\text{m}$，$z_{11}'=70.42\text{m}$，$z_{12}'=70.48\text{m}$。

(2) 计算各角点的施工高度：

$$H_i=z_i'-z_i$$

$$H_1=70.38-70.09=0.29(\text{m})$$

同理，有

$H_2=0.04\text{m}$，$H_3=-0.45\text{m}$，$H_4=-0.87\text{m}$，$H_5=0.63\text{m}$，$H_6=0.23\text{m}$，$H_7=-0.24\text{m}$，$H_8=-0.70\text{m}$，$H_9=0.93\text{m}$，$H_{10}=0.55\text{m}$，$H_{11}=0.04\text{m}$，$H_{12}=-0.47\text{m}$。

1.2.4 最佳设计平面

最佳设计平面即设计标高满足规划、生产工艺及运输、排水及最高洪水水位等要求，并做到场地内土方挖填平衡，且挖填的总土方工程量最小。

1. 最佳设计平面设计原理

当地形比较复杂时，一般需设计为多平面场地，此时可根据工艺要求和地形特点，预先把场地划分成几个平面，分别计算出最佳设计单平面的各个参数，然后适当修正各设计单平面交界处的标高，使场地各单平面之间的变化平缓且连续。因此，确定单平面的最佳设计平面是竖向规划设计的基础。

我们知道，任何一个平面在直角坐标体系中都可以用三个参数 c，i_x，i_y 来确定。在这个平面上任何一点 i 的标高 z_i' 可以根据下式求出：

$$z_i'=c+x_i i_x+y_i i_y \tag{1-7}$$

式中：x_i——i 点在 x 方向的坐标；

y_i——i 点在 y 方向的坐标。

与前述方法类似，将场地划分为方格网，并将原地形标高 z_i 标于图上，设最佳设计平面的方程为式(1-7)形式，则该场地方格网角点的施工高度为：

$$H_i=z_i'-z_i=c+x_i i_x+y_i-z_i \quad (i=1, 2, \cdots, n) \tag{1-8}$$

式中：H_i——方格网各角点的施工高度；

z_i'——方格网各角点的设计平面标高；

z_i——方格网各角点的原地形标高；

n——方格角点总数。

由土方量计算式(1-4)～式(1-9)可知，施工高度之和与土方工程量成正比。由于施工高度有正有负，当施工高度之和为零时，则表明该场地土方的填挖平衡，但它不能反映出填方和挖方的绝对值之和为多少。为了不使施工高度正负相互抵消，若把施工高度平方之后再相加，则其总和能反映土方工程填挖方绝对值之和的大小。但要注意，在计算施工高度总和时，应考虑方格网各点施工高度在计算土方量时被应用的次数 p_i，令 σ 为土方施工高度的平方和，则

$$\sigma=\sum_{i=1}^{n} p_i H_i^2=p_1 H_1^2+p_2 H_2^2+\cdots+p_n H_{n1}^2$$

将式(1-8)代入该式，得

$$\sigma=p_1(c+x_1 i_x+y_1 i_y-z_1)^2+p_2(c+x_2 i_x+y_2 i_y-z_2)^2+\cdots+p_n(c+x_n i_x+y_n i_y-z_n)^2 \tag{1-9}$$

当 σ 的值最小时，该设计平面既能使土方工程量最小，又能保证填挖方量相等(填挖方不平衡时，该式所得数值不可能最小)。

2. 最佳设计平面的计算方法

为了求得 σ 最小时的设计平面参数 c，i_x，i_y，可以对式(1-9)中的 c，i_x，i_y 分别求偏导数，并令其为0，于是得

$$\begin{aligned}
\frac{\partial\sigma}{\partial c}&=\sum_{i=1}^{n} p_i(c+x_i i_x+y_i i_y-z_i)=0\\
\frac{\partial\sigma}{\partial i_x}&=\sum_{i=1}^{n} p_i x_i(c+x_i i_x+y_i i_y-z_i)=0\\
\frac{\partial\sigma}{\partial i_y}&=\sum_{i=1}^{n} p_i y_i(c+x_i i_x+y_i i_y-z_i)=0
\end{aligned} \tag{1-10}$$

经过整理，可得下列准则方程：

$$\begin{aligned}
&[P]c+[Px]i_x+[Py]i_y-[Pz]=0\\
&[Px]c+[Pxx]i_x+[Pxy]i_y-[Pxz]=0\\
&[Py]c+[Pxy]i_x+[Pyy]i_y-[Pyz]=0
\end{aligned} \tag{1-11}$$

其中：

$$[P]=P_1+P_2+\cdots+P_N$$

$$[Px]=P_1 x_1+P_2 x_2+\cdots+P_N x_n$$

$$[Pxx]=P_1 x_1 x_1+P_2 x_2 x_2+\cdots+P_N x_n x_n$$

$$[Pxy]=P_1 x_1 y_1+P_2 x_2 y_2+\cdots+P_N x_n y_n$$

其余类推。

解联立方程组(1－11)，可求得最佳设计平面(此时尚未考虑工艺、运输等要求)的三个参数 c，i_x，i_y，然后即可根据方程式(1－8)计算出各角点的施工高度。

在实际计算时，可采用列表方法(表1－3)。最后一列的和［PH］可用于检验计算结果，当［PH］=0时，则表明计算无误。

表1－3　最佳设计平面计算表

1	2	3	4	5	6	7	8	9	10	11	12	13	14	15
点号	y	x	z	P	Px	Py	Pz	Pxx	Pxy	Pyy	Pxz	Pyz	H	PH
0	…	…	…	…	…	…	…	…	…	…	…	…	…	…
1	…	…	…	…	…	…	…	…	…	…	…	…	…	…
2	…	…	…	…	…	…	…	…	…	…	…	…	…	…
3	…	…	…	…	…	…	…	…	…	…	…	…	…	…
…	…	…	…	…	…	…	…	…	…	…	…	…	…	…
				［P］	［Px］	［Py］	［Pz］	［Pxx］	［Pxy］	［Pyy］	［Pxz］	［Pyz］		［PH］

应用准则方程时，若已知 c 或 i_x 或 i_y 时，只要把这些已知值作为常数代入，即可求得该条件下的最佳设计平面，但它与无任何限制条件下求得的最佳设计平面相比，其总土方量一般要比后者大。

例如，要求场地为水平面(即 $i_x=i_y=0$)，则由式(1－11)中的第一式可得

$$c=\frac{[Pz]}{[p]} \tag{1-12}$$

c 就是场地为水平面时的设计标高，比较式(1－4)，它与 z_0 完全相同，说明按式(1－4)方法所得的场地设计平面，仅是在场地为水平面条件下的最佳设计平面，显然，它不能保证在一般情况下总的土方量最小时，式(1－12)所得数值不可能最小。这就是用最小二乘法求最佳设计平面的方法。

1.2.5　设计标高的调整

实际工程中，对计算所得的设计标高，还应考虑下述因素进行调整，此工作在完成土方量计算后进行。

(1) 考虑土的最终可松性，需相应提高设计标高，以达到土方量的实际平衡。

(2) 考虑工程余土或工程用土，相应提高或降低设计标高。

(3) 根据经济比较结果，如采用场外取土或弃土的施工方案，则应考虑因此引起的土方量的变化，需将设计标高进行调整。

场地设计平面的调整工作也是繁重的，如修改设计标高，则须重新计算土方工程量。

1.3　土方量计算

在土方工程施工之前，通常要计算土方的工程量。但土方工程的外形往往复杂，不规

则，要得到精确的计算结果很困难。一般情况下，都将其假设或划分成一定的几何形状，并采用具有一定精度而又和实际情况近似的方法进行计算。

1.3.1 基坑(槽)及路堤土方量的计算

基坑(槽)和路堤的土方量可按拟柱体积的公式计算(图 1-2)，即

$$V=\frac{H}{6}(A_1+4A_0+A_2) \tag{1-13}$$

式中：　V——土方工程量(m^3)。

H、A_1、A_2——如图 1-2 所示，对基坑而言，H 为基坑的深度，A_1、A_2 分别为基坑的上下底面积(m^2)；对基槽或路堤，H 为基槽或路堤的长度(m)，A_1、A_2 为两端的面积(m^2)。

A_0——A_1 与 A_2 之间的中截面面积(m^2)。

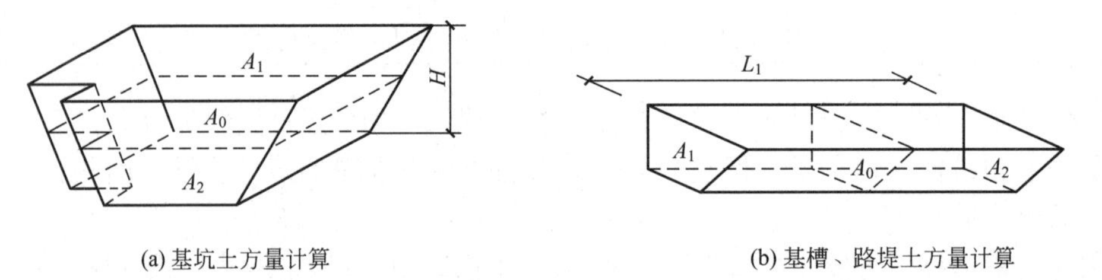

图 1-2　土方量计算

基槽与路堤通常根据其形状(曲线、折线、变截面等)划分成若干计算段，分段计算土方量，然后再累加求得总的土方工程量。

1.3.2 场地平整土方量计算步骤

(1) 场地设计标高确定后，求出平整的场地各角点的施工高度 H_i。

(2) 确定“零线”的位置，有助于了解整个场地的填、挖区域分布状态。

(3) 然后按每个方格角点的施工高度计算出填、挖土方量，并计算场地边坡的土方量，这样即得到整个场地的填、挖土方总量。

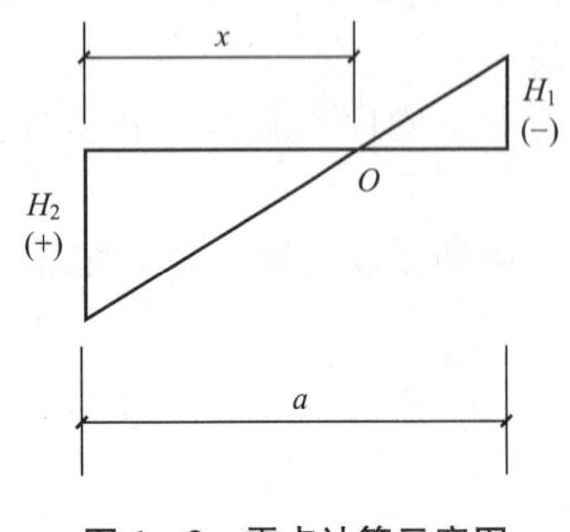

图 1-3　零点计算示意图

1.3.3 方格网零线及零点的确定

零线即挖方区与填方区的交线，在该线上，施工高度为 0。零线的确定方法是：在相邻角点施工高度为一挖一填的方格边线上，用插入法求出零点(0)的位置(图 1-3)，将各相邻的零点连接起来即为零线。

如不需计算零线的确切位置，则绘出零线的大致走向即可。

零线确定后，便可进行土方量的计算。方格网中土方量的计算有两种方法，即四方棱柱体法和三角棱柱体法。

1.3.4 四方棱柱体法

四方棱柱体的体积计算方法分以下两种情况。

(1) 方格四个角点全部为填或全部为挖［图1-4 (a)］时，有

$$V=\frac{a^2}{4}(h_1+h_2+h_3+h_4) \tag{1-14}$$

式中：V——挖方或填方体积(m^3)；

h_1，h_2，h_3，h_4——方格四个角点的填挖高度，均取绝对值(m)。

(2) 方格四个角点，部分是填方，部分是挖方［图1-4 (b) 和图1-4 (c)］时，有

$$V_{填}=\frac{a^2}{4}\frac{(\sum h_{填})^2}{\sum h} \tag{1-15}$$

$$V_{挖}=\frac{a^2}{4}\frac{(\sum h_{挖})^2}{\sum h} \tag{1-16}$$

式中：$\sum h_{填(挖)}$——方格角点中填(挖)方施工高度的总和，取绝对值(m)；

$\sum h$——方格四角点施工高度的总和，取绝对值(m)；

a——方格边长(m)。

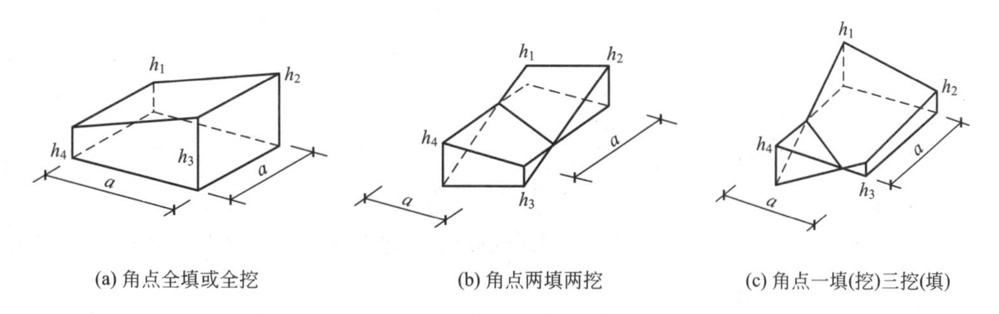

图1-4 四方棱柱体的体积计算

1.3.5 三角棱柱体法

计算时先把方格网顺地形等高线，将各个方格划分成三角形(图1-5)。

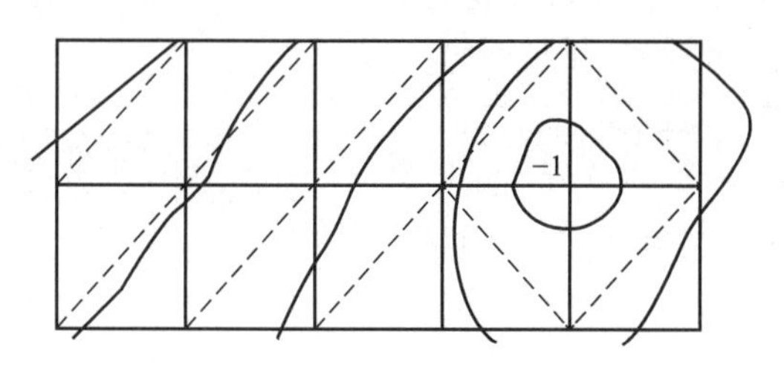

图1-5 按地形将方格划分成三角形

每个三角形的三个角点的填挖施工高度用 h_1，h_2，h_3 表示。

三角棱柱体的体积计算方法也分两种情况。

(1) 当三角形三个角点全部为填或全部为挖［图 1-6 (a)］时：

$$V=\frac{a^2}{6}(h_1+h_2+h_3) \tag{1-17}$$

式中： a——方格边长(m)；

h_1，h_2，h_3——三角形各角点的施工高度(m)，用绝对值代入。

(2) 三角形三个角点有填有挖时，零线将三角形分成两部分，一个是底面为三角形的锥体，一个是底面为四边形的楔体［图 1-6 (b)］。

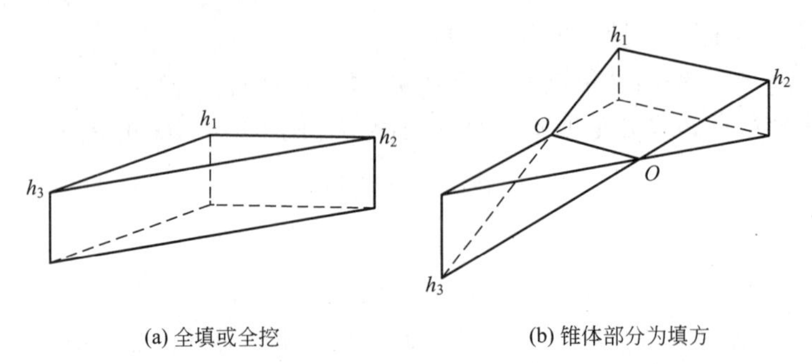

图 1-6　三角棱柱体的体积计算

其中锥体部分的体积为

$$V_{锥}=\frac{a^2}{6}\cdot\frac{h_3^3}{(h_1+h_3)(h_2+h_3)} \tag{1-18}$$

楔体部分的体积为

$$V_{楔}=\frac{a^2}{6}\left[\frac{h_3^3}{(h_1+h_3)(h_2+h_3)}-h_3+h_2+h_1\right] \tag{1-19}$$

式中：h_1，h_2，h_3——三角形各角点的施工高度(m)，取绝对值，其中 h_3 指的是锥体顶点的施工高度。

1.4 边坡稳定及基坑支护

为保证地下结构施工及基坑周边环境的安全，对基坑侧壁及周边环境采用的支挡、加固与保护措施，称为基坑支护。常见的基坑支护形式主要有以下几种。

(1) 排桩支护，桩撑、桩锚、排桩悬臂。

(2) 地下连续墙支护，地连墙＋支撑。

(3) 水泥土挡墙。

(4) 钢板桩：型钢桩横挡板支护，钢板桩支护。

(5) 土钉墙(喷锚支护)。

(6) 逆作拱墙。

(7) 原状土放坡。

(8) 基坑内支撑。

(9) 桩、墙加支撑系统。

(10) 简单水平支撑。

(11) 钢筋混凝土排桩。

(12) 上述两种或者两种以上方式的合理组合等。

1.4.1 土方边坡

土壁稳定的原因主要是土体内摩阻力和粘结力保持平衡，一旦失去平衡，土壁就会塌方。造成土壁塌方的主要原因有以下几方面。

(1) 边坡过陡，使土体本身稳定性不够，尤其是在土质差、开挖深度大的坑槽中，常引起塌方。

(2) 地下水渗入基坑，使土体重力增大及抗剪能力降低，这是造成塌方的主要原因。

(3) 基坑(槽)边缘附近大量堆土，或停放机具、材料，或由于动荷载的作用，使土体产生剪应力超过土体的抗剪强度。

土方工程不论是填方或挖方，为了防止塌方，保证施工安全，其边沿应考虑放坡。

边坡可做成直线形、折线形或踏步形(图 1－7)。

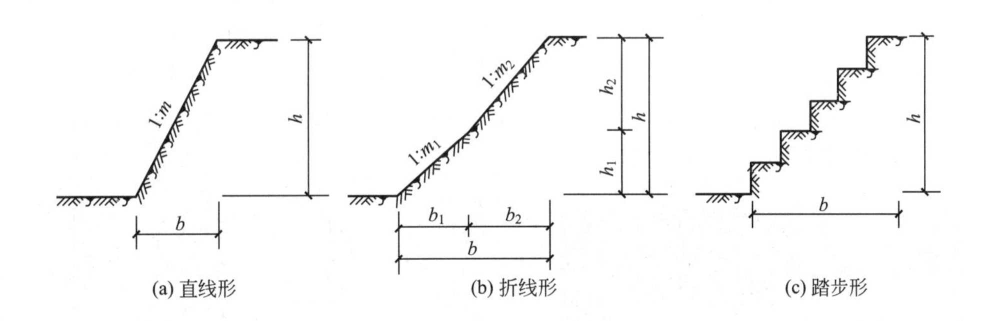

图 1－7 土方边坡

坡度以其高度 h 与其底宽度 b 之比表示，即

$$土方边坡坡度=\frac{h}{b}=\frac{1}{b/h}=\frac{1}{m} \quad (1-20)$$

式中：m——坡度系数，$m=b/h$。

当地质条件良好、土质均匀且地下水位低于基坑(槽)或管沟底面标高时，挖方边坡可做成直立壁不加支撑，但深度不宜超过下列规定。

(1) 密实、中密的砂土和碎石类土(充填物为砂土)：1.0m。

(2) 硬塑、可塑的粉土及粉质粘土：1.25m。

(3) 硬塑、可塑的粘土和碎石类土(充填物为粘性土)：1.5m。

(4) 坚硬的粘土：2m。

挖土深度超过上述规定时，应考虑放坡或做成直立壁加支撑。永久性挖方边坡坡度应按设计要求放坡。临时性挖方的边坡值应符合表 1－4 的规定。

表 1-4　临时性挖方边坡值

土的类别		边坡值(高∶宽)
砂土(不包括细砂、粉砂)		1∶1.25～1∶1.50
一般性粘土	硬	1∶0.75～1∶1.00
	硬、塑	1∶1.00～1∶1.25
	软	1∶1.50 或更缓
碎石类土	充填坚硬、硬塑粘性土	1∶0.50～1∶1.00
	充填砂土	1∶1.00～1∶1.50

1.4.2　土壁支撑

开探基坑(槽)时，若地质和周围条件允许，可放坡开挖，这往往是比较经济的。但在建筑稠密地区施工，有时不允许按要求放坡宽度开挖，或有防止地下水渗入基坑的要求时，就需要用支护结构支撑土壁，以保证施工的顺利和安全，并减少对相邻已有建筑物的不利影响。

市政工程施工时，常需在地下铺设管沟，因此需开挖沟槽。开挖较窄的沟槽，多用横撑式土壁支撑。横撑式土壁支撑根据挡土板的不同，分为水平挡土板式［图 1-8(b)］以及垂直挡土板式［图 1-8(c)］两类。前者挡土板的布置又分为间断式和连续式两种。湿度小的粘性土挖土深度小于 3m 时，可用间断式水平挡土板支撑；对松散、湿度大的土可用连续式水平挡土板支撑，挖土深度可达 5m。对松散和湿度很高的土可用垂直挡土板式支撑，其挖土深度不限。

(a) 横撑式支撑

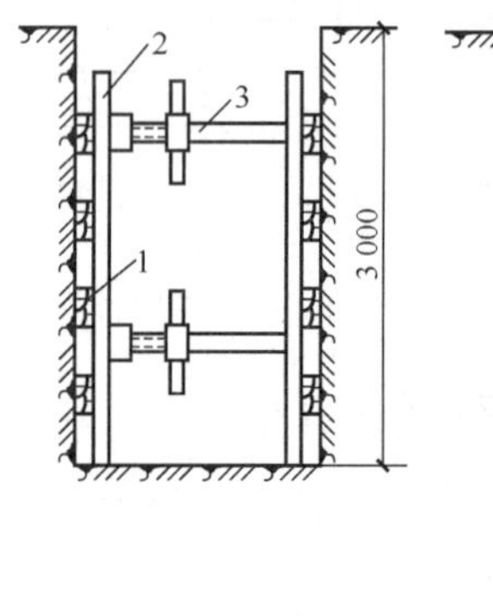

(b) 间断式水平挡土板支撑

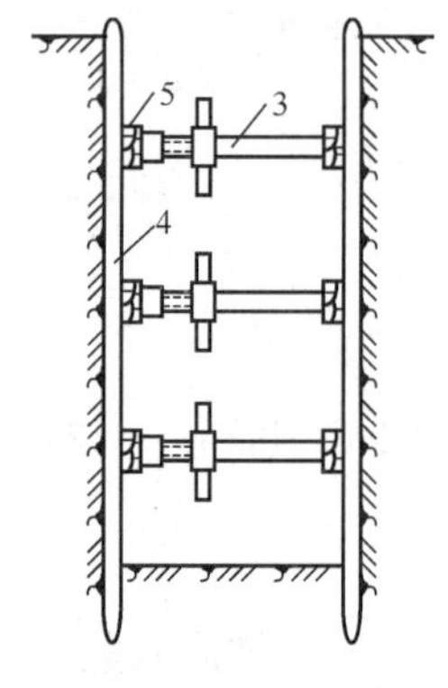

(c) 垂直挡土板支撑

图 1-8　横撑式支撑

1—水平挡土板；2—立柱；3—工具式横撑；4—垂直挡土板；5—横楞木

支撑所承受的荷载为土压力。土压力的分布不仅与土的性质、土坡高度有关，而且与支撑的形式及变形也有关。由于沟槽的支护多为随挖、随铺、随撑，支撑构件的刚度不同，撑紧的程度又难以一致，故作用在支撑上的土压力不能按库仑或朗肯土压力理论计算。实测资料表明，作用在横撑式支撑上的土压力的分布很复杂，也很不规则。工程中通常按图 1-9 所示几种简化图形进行计算。

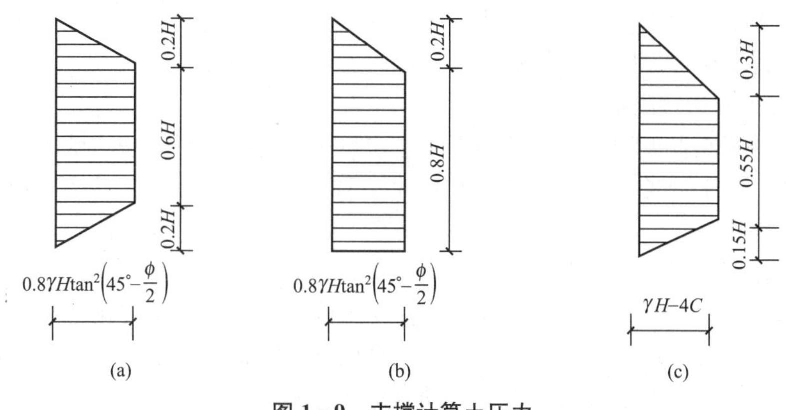

图 1-9　支撑计算土压力

c—土的粘聚力；ϕ—土的内磨擦角；γ—土体的重度

挡土板、立柱及横撑的强度、变形及稳定等可根据实际布置情况进行结构计算。对较宽的沟槽，采用横撑式支撑便不适应，此时的土壁支护可采用类似于基坑的支护方法。

1.4.3　基坑支护结构

随着我国当前城市高层建筑的兴起，以及地下空间的迅速开发，我国的基坑在数量、开挖深度、平面尺寸及使用领域等方面都得到高速的发展。深、大基坑已经非常常见，有些地方土质情况差，周边环境紧张，简单的放坡开挖或少量的钢板桩支护已经难以保证地下结构施工及周边环境的安全。

基坑支护是指为保证地下结构施工及基坑周边环境的安全，对深基坑侧壁及周边环境采用的支挡、加固与保护的措施。无论是高层、超高层建筑还是公共基础设施建设，其深基坑工程均需在城市中进行开挖，如何保护周围建筑物、构筑物、交通要道及管线等的安全及正常使用，是深基坑工程施工的重要内容。一般的基坑支护大多是临时结构，不在建筑主体施工的范围内，投资大且易造成浪费，有些施工单位常因深基坑支护结构的临时性而忽视其在深基坑工程中的重要作用，而支护结构不安全势必会造成工程事故。

因此，深基坑支护必须确保支护结构能起挡土作用，基坑边坡保持稳定，确保相邻的建筑物、构筑物、道路、地下管线的安全，不因土体的变形、沉陷、坍塌受到危害，并通过排水降水等措施，确保基础施工在地下水位以上进行，在支护结构设计中首先要考虑周边环境的保护，其次要满足本工程地下结构施工的要求，再则应尽可能降低造价，便于施工。

1. 基坑支护的特征

1）基坑挖深不断加深

随着城市人口的急剧增加，城市土地资源日益紧张，地面建筑过于密集，为了节约土地、符合城市管理规定及人防需要等，建设单位不断向地下空间发展，充分利用地下空间建设车库、地下商场、人防工程等。目前，大城市的高层、超高层建筑地下室已发展至3～4 层，基坑开挖越来越深。

2）施工环境越来越复杂

由于多数高层、超高层建筑均处于城市繁华区域，建筑物密集，人口密度大，交通要道繁多复杂，地上与地下管线纵横交错，施工场地受限。因此，基坑开挖不仅要保证基坑本身的稳定，也要保证周围的建筑物和构筑物的安全和不受破坏。

3）基坑支护方法种类众多

随着科技的不断发展和施工技术的不断进步，基坑支护的新方法、新工艺、新经验不断出现。目前，施工现场使用的基坑支护技术多种多样，如排桩、土钉墙、地下连续墙、锚钉墙、深层搅拌桩、混凝土灌注桩等各有特点，在施工过程中广泛使用。

4）基坑支护工程量大且工期紧

基坑挖深通常较大，工程量增加较多，开挖土体暴露时间长及降雨，均不利于基坑结构稳定。因此，基坑支护工程施工管理应充分重视其工程量大、工期紧的特点，这对减小基坑变形、周围环境的变形及减少事故均具有重要意义。

5）基坑支护工程事故隐患较大

基坑工程自身具有许多不确定性，从开挖到完成地面以下的全部隐蔽工程，常常经历多次降雨、振动等许多不利因素，因此事故的发生往往具有突发性。基坑支护一旦失效，会造成邻近建筑物及构筑物的破坏、地下管线及道路的开裂等，导致重大的人员伤亡和经济损失等。

因此，深基坑支护工程是一种特殊的工程构筑物，其支护结构主要由围护墙和支撑体系组成。深基坑支护过程中，必须遵循“开槽支撑，先撑后挖，分层开挖，严禁超挖”的原则，严禁先挖后撑，或边挖边撑等做法。常用的基坑支护结构可分为水泥挡土墙式、排桩与板墙式、边坡稳定式、逆作拱墙式、放坡五类，其中水泥挡土墙式以深层搅拌水泥土桩墙、高压喷射注浆桩墙、粉体喷射注浆桩墙三类为主，排桩与板墙式以排桩式、板桩式、板墙式、组合式四类为主，边坡稳定式以土钉墙、喷锚支护两类为主。无论采用何种支护结构，一定要做到结构可靠、确保安全。

2. 基坑支护的主要类型

1）水泥土搅拌桩支护结构

水泥土搅拌桩(或称为深层搅拌桩)支护结构是近年来发展起来的一种重力式支护结构。它是通过搅拌桩机将水泥与土进行搅拌，形成柱状的水泥加固土(搅拌桩)。用于支护结构的水泥土其水泥掺量通常为12%～15%(单位土体的水泥掺量与土的重力密度之比)，水泥土的强度可达0.8～1.2MPa，其渗透系数很小，一般不大于6×10^{-6}cm/s。由水泥土搅拌桩搭接而形成水泥土墙，它既具有挡土作用，又兼有隔水作用。它适用于4～6m深的基坑，最大可达7～8m。

水泥土墙通常布置成格栅式，格栅的置换率(加固土的面积：水泥土墙的总面积)为0.6～0.8。墙体的宽度B、插入深度D根据基坑开挖深度h_0估算，一般$B=(0.6\sim0.8)h_0$，$D=(0.8\sim1.2)h_0$(图1-10)。

水泥土重力式支护结构的设计主要包括整体稳定、抗倾覆稳定、抗滑移稳定、位移等，有时还应验算抗渗、墙体应力、地基强度等。如图1-11所示为水泥土支护结构的计算图式。

深层搅拌桩机的组成由深层搅拌机(主机)、机架及灰浆搅拌机、灰浆泵等配套机械组成(图1-12)。

深层搅拌桩机常用的机架有三种形式：塔架式、桅杆式及履带式。前两种构造简便、易于加工，在我国应用较多，但其搭设及行走较困难。履带式的机械化程度高，塔架高度大，钻井深度大，但机械费用较高。

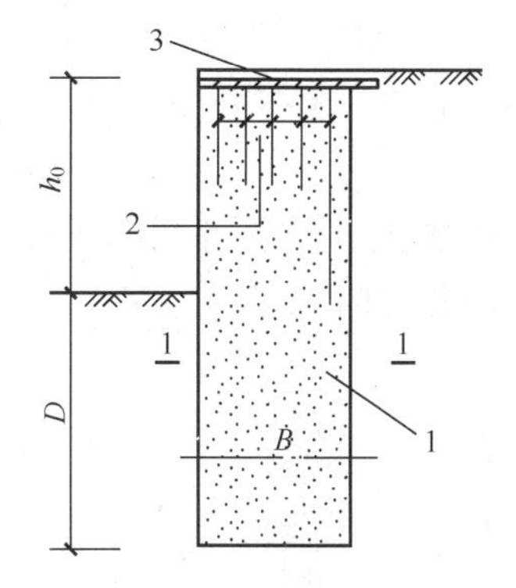

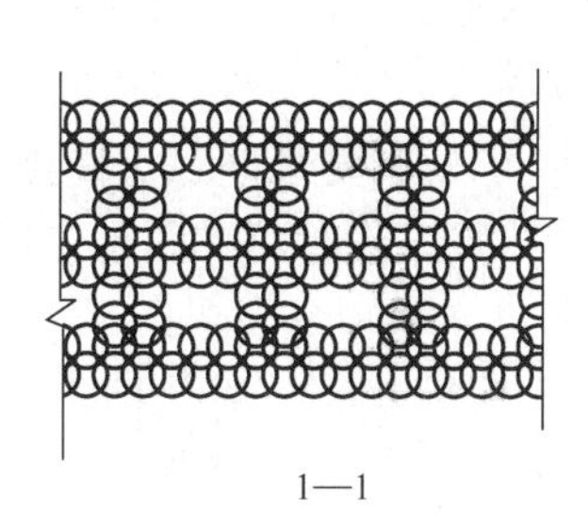

图 1-10　水泥土墙

1—搅拌桩；2—插筋；3—面板

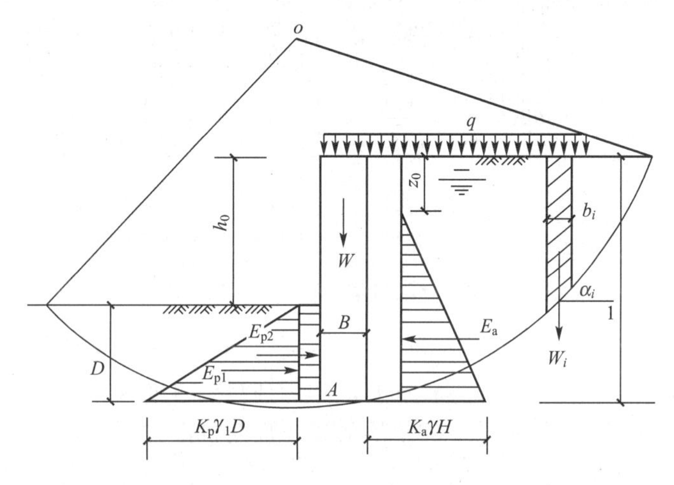

图 1-11　水泥土墙的计算图式

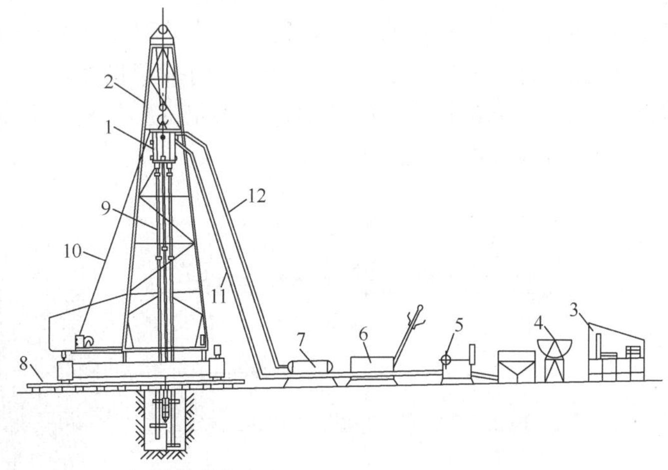

图 1-12　深层搅拌桩机机组

1—主机；2—机架；3—灰浆拌制机；4—集料斗；5—灰浆泵；6—储水池；
7—冷却水泵；8—道轨；9—导向管；10—电缆；11—输浆管；12—水管

搅拌桩成桩工艺可采用“一次喷浆、二次搅拌”或“二次喷浆、三次搅拌”工艺，主要依据水泥掺入比及土质情况而定。水泥掺量较小、土质较松时，可用前者，反之可用后者。

“一次喷浆、二次搅拌”的施工工艺流程如图1-13所示。当采用“二次喷浆、三次搅拌”工艺时可在图示步骤(e)作业时也进行注浆，以后再重复(d)与(e)的过程。

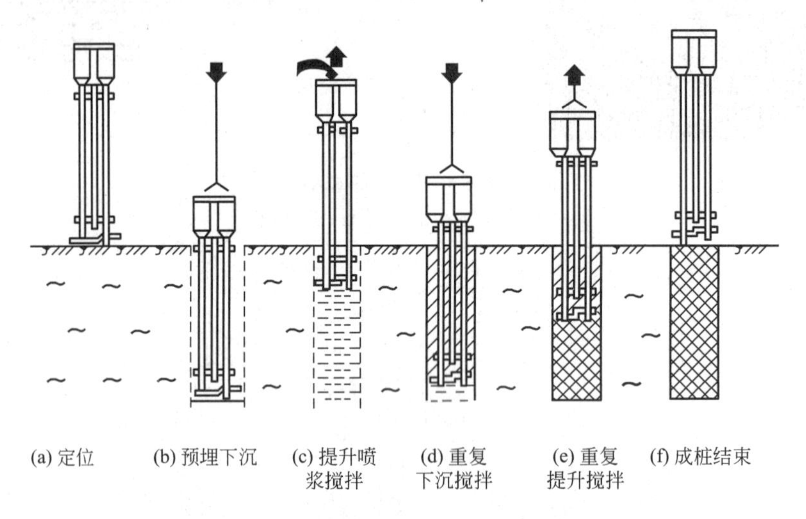

图1-13 一次喷浆、二次搅拌施工流程

水泥土搅拌桩施工中应注意水泥浆配合比及搅拌制度、水泥浆喷射速率与提升速度的关系及每根桩的水泥浆喷注量，以保证注浆的均匀性与桩身强度。施工中还应注意控制桩的垂直度以及桩的搭接等，以保证水泥土墙的整体性与抗渗性。

2）钢板桩支护结构

钢板桩有平板形和波浪形(拉森桩)两种(图1-14)。钢板桩之间通过锁口互相连接，形成一道连续的挡墙。由于锁口的连接，使钢板桩连接牢固，形成整体，同时也具有较好的隔水能力。钢板桩截面积小，易于打入。其中平板桩［图1-14(a)］防水和承受轴向压力性能良好，易打入地下，但长轴方向抗弯强度较小；波浪式板桩［图1-14(b)］的防水和抗弯性能都较好，施工中较多采用。钢板桩在基础施工完毕后还可拔出重复使用，拉森钢板桩墙如图1-15所示。

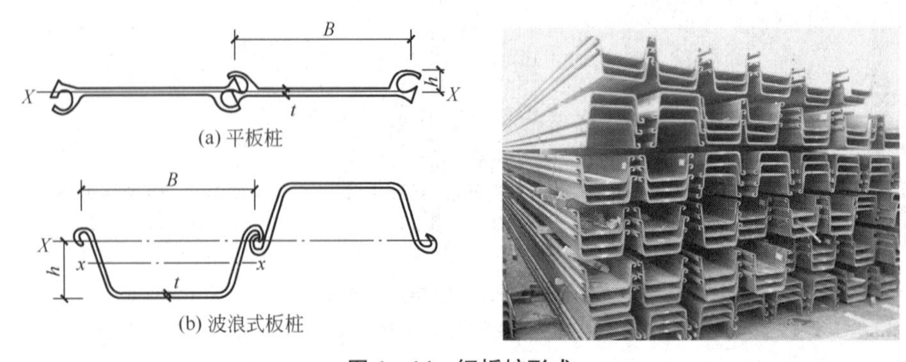

图1-14 钢板桩形式

板桩施工要正确选择打桩方法、打桩机械和流水段划分，以便使打设后的板桩墙有足够的刚度和良好的防水作用，且板桩墙面平直，以满足基础施工的要求，对封闭式板桩墙还要求封闭合拢。

图1-15 拉森钢板桩墙

对于钢板桩，通常有以下三种打桩方法。

(1) 单独打入法。此法是从一角开始逐块插打，每块钢板桩自起打到结束中途不停顿。因此，桩机行走路线短，施工简便，打设速度快。但是，由于单块打入，易向一侧倾斜，累计误差不易纠正，墙面平直度难以控制。一般在钢板桩长度不大于10m，工程要求不高时可采用此法。

(2) 围檩插桩法。此法要用围檩支架做板桩打设导向装置(图1-16)。围檩支架由围檩和围檩桩组成，在平面上分单面围檩和双面围檩，高度方向有单层和双层之分。在打设板桩时起导向作用。双面围檩之间的距离，比两块板桩组合宽度大8～15mm。

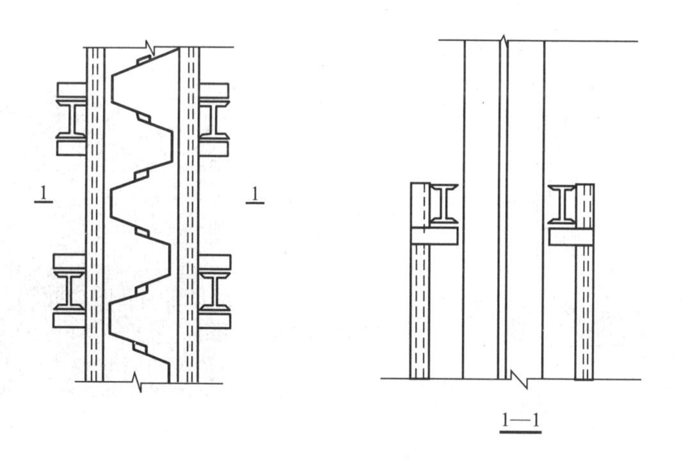

图1-16 围檩插桩法

双层围檩插桩法是在地面上，离板桩墙轴线一定距离先筑起双层围檩支架，而后将钢板桩依次在双层围檩中全部插好，成为一个高大的钢板桩墙，待四角实现封闭合拢后，再按阶梯形逐渐将板桩一块块打入设计标高。此法的优点是可以保证平面尺寸准确和钢板桩垂直度，但施工速度慢，不经济。

(3) 分段复打桩。此法又称屏风法，是将10～20块钢板桩组成的施工段沿单层围檩插入土中一定深度形成较短的屏风墙，先将其两端的两块打入，严格控制其垂直度，打好后用电焊固定在围檩上，然后将其他的板桩按顺序以1/2或1/3板桩高度打入。此法可以防止板桩过度倾斜和扭转，防止误差积累，有利于实现封闭合拢，且分段打设，不会影响邻近板桩施工。

打桩锤根据板桩打入阻力确定，该阻力包括板桩端部阻力，侧面摩阻力和锁口阻力。桩锤不宜过重，以防因过大锤击而产生板桩顶部纵向弯曲，一般情况下，桩锤质量约为钢

板桩质量的2倍。此外，选择桩锤时还应考虑锤体外形尺寸，其宽度不能大于组合打入板桩块数的宽度之和。地下工程施工结束后，钢板桩一般都要拔出，以便重复使用。钢板桩的拔出要正确选择拔出方法与拔出顺序，由于板桩拔出时带土，往往会引起土体变形，对周围环境造成危害。必要时还应采取注浆填充等方法。

3）灌注桩支护结构

钻孔灌注桩围护墙是排桩式中应用最多的一种，在我国得到广泛的应用。其多用于坑深7～15m的基坑工程，在我国北方土质较好的地区已有8～9m的悬臂桩围护墙。钻孔灌注桩支护墙体的特点有：施工时无振动、无噪声等环境公害；无挤土现象，对周围环境影响小；墙身强度高，刚度大，支护稳定性好，变形小；当工程桩也为灌注桩时，可以同步施工，从而使施工有利于组织、方便、工期短；桩间缝隙易造成水土流失，特别是在高水位软粘土质地区，需根据工程条件采取注浆、水泥搅拌桩、旋喷桩等施工措施以解决挡水问题；适用于软粘土质和砂土地区，但是在砂砾层和卵石中施工困难，应该慎用；桩与桩之间主要通过桩顶冠梁和围檩连成整体，因而相对整体性较差，当在重要地区、特殊工程及开挖深度很大的基坑中应用时需要特别慎重。

如图1－17所示为挡土灌注桩支护形式。

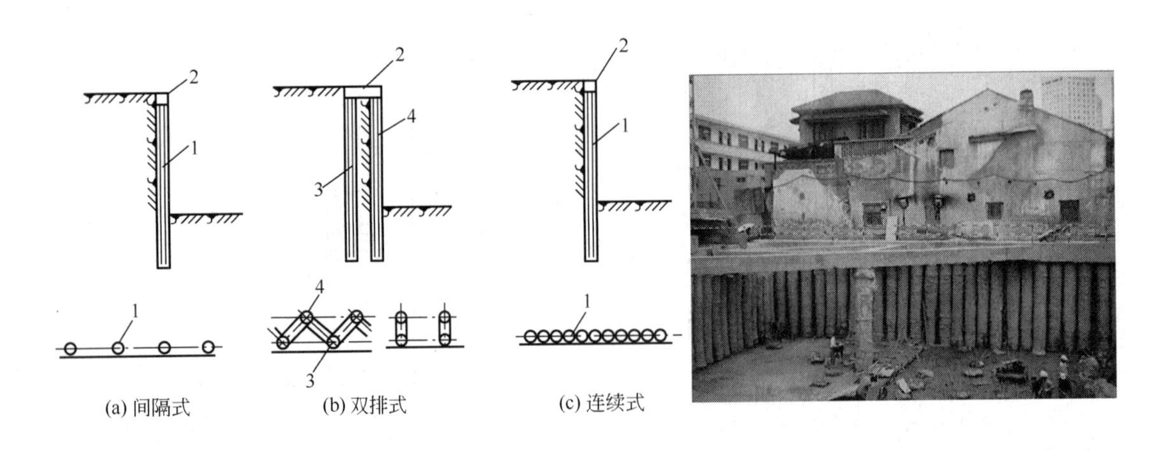

图1－17　挡土灌注桩支护形式

1—挡土灌注桩；2—连系梁（圈梁）；3—前排桩；4—后排桩

4）土层锚杆支护结构

土层锚杆(也称土锚)是一种新型的受拉杆件，其一端与支护结构联结，另一端锚固在土体中，将支护结构和其他结构所承受的荷载通过拉杆传递到处于稳定土层中的锚固体上，再由锚固体将传来的荷载分散到周围稳定的土层中去。土层锚杆不仅用于临时支护结构，而且在永久性建筑工程中也得到广泛的应用。

由于土层锚杆具有一系列优点，在世界各国被广泛应用，数量迅速增加，施工工艺日趋完善，并已形成成套的施工专用机具，各国从20世纪70年代开始先后制定了土层锚杆的设计和施工规程，进一步促进了土层锚杆技术的发展。

土层锚杆施工包括钻孔、安放拉杆、灌浆、张拉锚杆。

(1) 施工准备工作。

① 必须清楚施工地区土层的物理力学特征(重度、含水率、孔隙比、渗透系数、压缩系数、凝聚力、内摩擦角等)。

② 要表明土层锚杆施工地区的地下管线、构筑物等的布置。

③ 要研究土层锚杆施工对邻近建筑物等的影响。

④ 要编制土层锚杆施工组织设计。

(2) 钻孔。

钻孔工艺影响土层锚杆的承载能力、施工效率和整个支护结构的成本。钻孔费用占成本的30%以上，甚至超过50%。

土层锚杆的钻孔具有的特点和应达到的要求：

① 孔壁平直，便于安放拉杆和灌浆。

② 孔壁不得坍塌和松动。

③ 钻孔时不得使用膨润土循环泥浆护壁。

④ 土层锚杆的钻孔多数有一定倾角，稳定性差，施工时注意锚杆稳定。

⑤ 土层锚杆长细比大，孔洞长，保证钻孔的准确方向和直线性，使之不易偏斜和弯曲。

我国对于钻孔的容许偏差尚无统一规定，上海特种基础工程研究所在操作规程中，规定土层锚杆水平误差≤25mm，标高误差≤10mm。

(3) 安放拉杆。

土层锚杆常用的拉杆有钢管、粗钢筋、钢丝束和钢绞线。承载力小时，用粗钢筋；承载力大时，用钢绞线。

拉杆使用前应除锈，钢绞线的油脂应仔细清除，成孔后可将制好的通长的中间无节点的钢拉杆插入管尖的锥形孔内。拉杆表面设置定位器。在灌浆前将钻管口封闭，接上压浆开关，即可灌浆，浇筑锚固体。

(4) 压力灌浆。

压力灌浆是其施工中的重要工序。灌浆的作用是：形成锚固段；防止钢拉杆腐蚀；填充土层中的孔隙和裂缝。灌浆的浆液为水泥砂浆(细砂)或水泥浆。

灌浆方法有一次灌浆法和二次灌浆法两种。一次灌浆法只要一根灌浆管，利用泥浆泵灌浆，灌浆管距孔底20cm左右。二次灌浆法应用两根灌浆管，第一次灌浆管的管端距锚杆末端50cm左右，管底出口处用黑胶布封住，以免土进入管口；第二次灌浆用灌浆管的管端距锚杆末端100cm左右，管底出口处也用黑胶布封住，且从管端50cm处开始向上每隔2m左右做出1m长的花管。

(5) 张拉与锚固。

土层锚杆灌浆后，待锚固体强度达到80%后，即可对锚杆进行张拉与锚固。锚杆张拉控制应力不应超过锚杆杆体强度标准值的75%。钢拉杆为钢筋者，钢拉杆多为带肋钢筋，其端部加焊一个螺钉端杆，用螺母固定，即螺钉端杆锚具，采用单作用千斤顶(拉杆式)；钢拉杆为钢丝束者，锚具多为镦头锚具，采用拉杆式千斤顶张拉。我国多用的钢绞线采用夹片式锚具，穿心式千斤顶。

5) 土钉墙支护结构

土钉支护是在基坑开挖一定深度时，在坡面用机械钻较密排的孔，孔内放置钢筋注水泥浆，在坡面安装钢筋网，喷射混凝土，使土体、土钉与喷射混凝土结合，然后再开挖，钢筋网必须上下联结。土钉的施工工艺与土层锚杆相似，包括成孔、清孔、置筋、注浆。土钉墙施工工艺如图 1－18 所示。

(a) 钻孔

(b) 安放钢筋或钻花钢管

(c) 灌浆

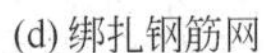
(d) 绑扎钢筋网

(e) 喷射混凝土

图 1－18　土钉墙施工工艺

6）地下连续墙支护结构

简单地讲，在地下挖一段狭长的深槽，在槽内吊放入钢筋笼，浇灌混凝土，筑成一段钢筋混凝土墙段，最后把这些墙段逐一连接起来形成一道连续的地下墙壁，这就是地下连续墙。地下连续墙在 20 世纪 50 年代开始出现于法国、意大利等国，经过 60 多年的发展，它已经显示出诸多的优越性。

地下连续墙的施工往往比较复杂且要求具有较高的技术水平。其施工工艺大体按以下步骤进行：挖槽、清底、钢筋工程、接头工程、混凝土工程。其中，挖槽的工序又包括划分单元段、制作导墙、钻导孔等前导工作，然后才可以开始用挖槽机开挖。其施工工艺如图 1－19 所示。

在挖槽过程中，需选用适合于地质条件和所用方法的护壁泥浆，以保持槽壁的稳定。这往往是比较困难的，需要具有较高的技术水平和丰富的施工经验，并充分地掌握有关施工管理和泥浆管理方面的技术。

应用地下连续墙时的注意事项：

（1）泥浆的性质必须适合于地基状态、挖槽方式以及工程条件等。

泥浆在地下连续墙施工中扮演着重要的角色，其最重要的功能是保护槽壁稳定，另外还有悬浮土渣，把土渣携带出地面的功能。作为地下连续墙的护壁泥浆，必须具备物理稳定性(即长时间静置而性质不变)、化学稳定性、比重适当等特性，每一种特性都与地基状态、地质条件等因素有关，因此泥浆的配制必须针对具体工程条件。

(a) 导墙施工

(b) 导墙施工完

(c) 泥浆系统——泥浆池

(d) 成槽施工

(e) 钢筋笼吊装

(f) 混凝土浇筑

图1-19 地下连续墙施工工艺

(2) 根据不同的地质条件及现场情况，选择使用不同的挖槽机械。

地质条件千变万化，十分复杂，尚没有能够完全适用于所有地质条件的万能挖槽机械。

(3) 要认真调查可能妨碍施工的障碍物。

地下连续墙施工不允许任何障碍物的干扰，否则施工难以进行或无法保证施工质量。而在城市内施工，上下水道、高压电缆、电话线等各种地下埋设物不可避免。在开始施工前一定要查清障碍物，以便及时清除障碍物或修改围护方案。

(4) 防止作业场地泥泞化。

在地下连续墙的施工过程中，要使用大量的泥浆和排放废泥浆以及其他施工用水。如果在挖槽作业场地的周围或行车通道上撒落泥水，不仅会使作业区泥泞，妨碍机械的移动和车辆的通行，而且有时还会给其他施工带来不良影响。

(5) 弃土计划。

地下连续墙施工中产生的废弃土渣，不仅是在泥浆下挖槽中产生，而且主要是在软弱的地基条件下挖槽中产生，所以土渣含水量大于一般工程中土的含水量，很容易形成烂泥状，难免使弃土场变得泥泞。为此，即使在晴天施工，也要对弃土场的维护管理和弃土方法进行周密的计划。

(6) 对安装施工机械用的场地地基进行加固。

在地下连续墙的施工中，挖槽、吊放钢筋笼和浇灌混凝土等都要使用机械。安装机械的场地地基对地下连续墙的稳定和精度有很大的影响，所以安装机械用的场地地基必须能够经受住机械的振动和压力。

(7) 防止漏浆污染地下水。

在挖槽过程中，如果泥浆侵入地层会引起地下水污染，特别是在砂砾层中，如果泥浆漏失，附近的井水很可能被污染。

地下连续墙可能会出现以下的质量问题。

(1) 导墙破坏。

如果没有有效加固安装机械用的场地的地基，或者导墙的强度和刚度达不到设计要求，很可能使导墙坍塌破坏，这会对邻近建筑物造成损害并使施工机械倾倒。

(2) 槽壁坍塌。

由于泥浆质量不合格或存在地下障碍物等原因，槽壁可能坍塌。槽壁坍塌同样会造成邻近建筑物的损害，还会把挖槽机械埋在地下。

(3) 支护结构局部破坏。

由于施工、设计、材料等多方面的原因，可能造成地下连续墙混凝土质量低下，这样很可能导致地下连续墙的局部破坏，造成工程事故。

1.5 基坑施工降水

基坑(槽)开挖时，有可能遇到地表水或地下水的侵袭，使施工条件恶化，严重时会使坑(槽)壁土体坍落，地基土承载能力降低，影响土体的强度和稳定性。因此，必须做好基坑(槽)的降水工作，使开挖和基础施工处于干燥状态，直到基础工程完成，回填土施工完毕为止。

当基坑(槽)底面处于地下水位以下时则必须采取施工降水措施。目前使用较为广泛的有集水井降水法和井点降水法两种。

1.5.1 集水井降水施工

集水井降水法一般适用于降水深度较小，且土层为粗粒土层或渗水量小的粘土土层。当基坑(槽)挖到接近地下水位时，沿坑(槽)底四周或中央开挖具有一定坡度的排水沟。沟底比挖土面低 0.5m 以上，并根据地下水量的大小，每隔 20～40m 设置集水井，集水井底面低于挖土面 1～2m，使水顺排水沟流入集水井中，然后用水泵抽出涌入集水井中的水，即可在基坑(槽)底面继续挖土。当基坑(槽)底接近排水沟底时，再加深排水沟和集水井的深度，如此反复循环，直到基坑(槽)挖到所需的深度为止。集水井降水法，适用于地下水量不大、土质较好的情况，遇流砂时不宜使用。

基坑或沟槽开挖时，在坑底设置集水井，并沿坑底的周围或中央开挖排水沟，使水在重力作用下流入集水井内，然后用水泵抽出坑外。

四周的排水沟及集水井一般应设置在基础范围以外，地下水流的上游，基坑面积较大时，可在基坑范围内设置盲沟排水。根据地下水量、基坑平面形状及水泵能力，集水井每隔 20～40m 设置一个。

集水坑的直径或宽度一般为 0.6～0.8m，其深度随着挖土的加深而加深，并保持低于挖土面 0.7～1.0m。坑壁可用竹、木材料等简易加固。当基坑(槽)挖至设计标高后，集水坑底应低于基坑底面 1.0～2.0m，并铺设碎石滤水层(0.3m)或下部砾石

(0.1m)上部粗砂(0.1m)的双层滤水层，以免由于抽水时间过长而将泥砂抽出，并防止坑底土被扰动。

1.5.2 井点降水施工

井点降水就是在基坑开挖前，预先在基坑四周埋设一定数量的滤水管(井)。在基坑开挖前和开挖过程中，利用真空原理，不断抽出地下水，使地下水位降低到坑底以下。

1. 井点降水的作用

(1) 防止地下水涌入坑内［图1-20(a)］。

(2) 防止边坡由于地下水的渗流而引起的塌方［图1-20(b)］。

(3) 使坑底的土层消除了地下水位差引起的压力，因此防止了坑底的管涌［图1-20(c)］。

(4) 降水后，使板桩减少了横向荷载［图1-20(d)］。

(5) 消除了地下水的渗流，也就防止了流砂现象［图1-20(e)］。

(6) 降低地下水位后，还能使土壤固结，增加地基土的承载能力。

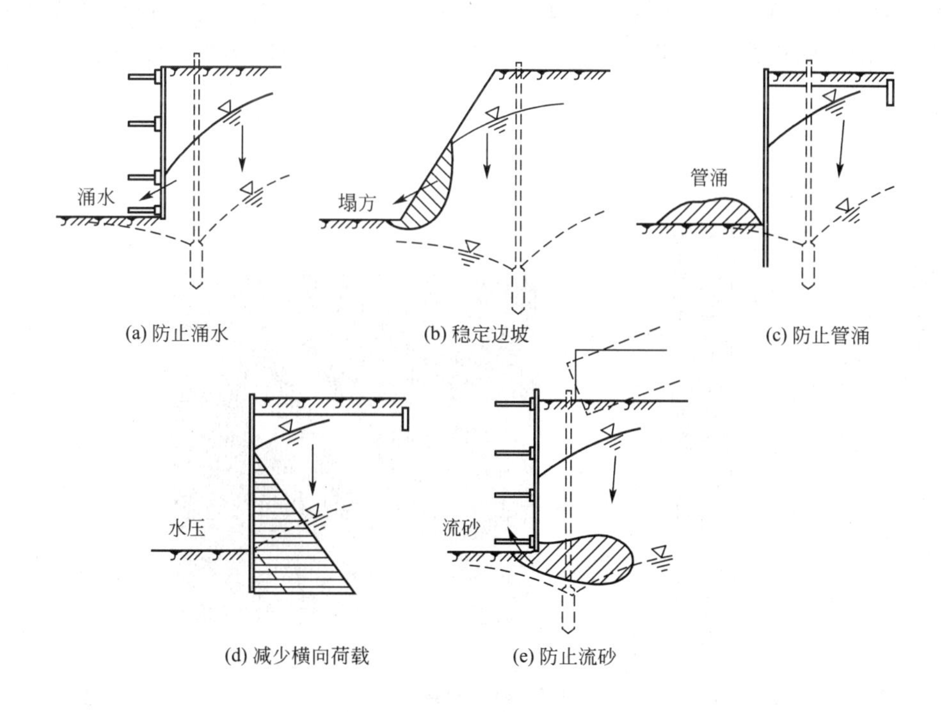

图1-20 井点降水的作用

2. 井点降水的类型

井点降水法主要有两类：一类为轻型井点(包括电渗井点和喷射井点)，另一类为管井井点(包括深井泵)，目前最常用的是轻型井点。

井点的适用范围一般根据土的渗透系数、降水深度、设备条件及经济比较等因素确定，可参照表1-5选择。

表 1-5　各种井点的适用范围

井点类别		土的渗透性/(m/d)	降水深度/m
轻型井点	一级轻型井点	0.1～50	3～6
	多级轻型井点	0.1～50	视井点级数而定
	喷射井点	0.1～50	8～20
	电渗井点	<0.1	视选用的井点而定
管井类	管井井点	20～200	3～5
	深井井点	10～250	>15

3. 轻型井点的设备

轻型井点设备由管路系统和抽水设备组成。

(1) 管路系统。其包括滤管、井点管、弯联管及总管。

滤管(图 1-21)为进水设备，通常采用长 1.0～1.5m、直径 38mm 或 51mm 的无缝钢管，管壁钻有直径为 12～19mm 的滤孔。骨架管外面包以两层孔径不同的生丝布或塑料布滤网。为使流水畅通，在骨架管与滤网之间用塑料管或梯形铅丝隔开，塑料管沿骨架绕成螺旋形。滤网外面再绕一层粗铁丝保护网，滤管下端为一铸铁塞头，滤管上端与井点管连接。

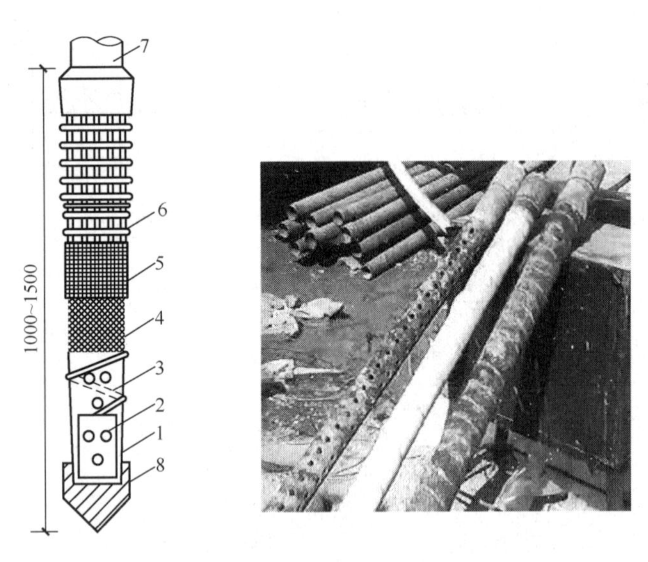

图 1-21　滤管构造

1—钢管；2—管壁上的小孔；3—缠绕的塑料管；4—细滤网；
5—粗滤网；6—粗铁丝保护网；7—井滤网；8—铸铁塞头

井点管为直径 38mm 和 51mm、长 5～7m 的钢管。井点管的上端用弯联管与总管相连。

集水总管为直径 100～127mm 的无缝钢管，每段长 4m，其上端有井点管联结的短接头，间距 0.8m 或 1.2m。

(2) 抽水设备。其由真空泵、离心泵和水气分离器(又叫集水箱)等组成。抽水时先开动真空泵，将水气分离器内部抽成一定程度的真空，使土中的水分和空气受真空吸力作用而吸出，进入水气分离器。当进入水气分离器内的水达到一定高度，即可开动离心泵。在水气分离器内水和空气向两个方向流去：水经离心泵排出；空气集中在上部由真空泵排出。一套抽水设备的负荷长度(即集水总管长度)为 100～120m。常用的 W5 和 W6 型干式真空泵，其最大负荷长度分别为 100m 和 120m。

4. 轻型井点的设计

(1) 设计的基础资料。轻型井点布置和计算：井点系统布置应根据水文地质资料、工程要求和设备条件等确定。一般要求掌握的水文地质资料有：地下水含水层厚度、承压或非承压水及地下水变化情况、土质、土的渗透系数、不透水层的位置等。要求了解的工程性质主要有：基坑(槽)形状、大小及深度，此外尚应了解设备条件，如井管长度、泵的抽吸能力等。

(2) 平面布置。根据基坑(槽)形状，轻型井点可采用单排布置［图 1-22(a)］、双排布置［图 1-22(b)］、环形布置［图 1-22(c)］方式，当土方施工机械需进出基坑时，也可采用 U 形布置［图 1-22(d)］。

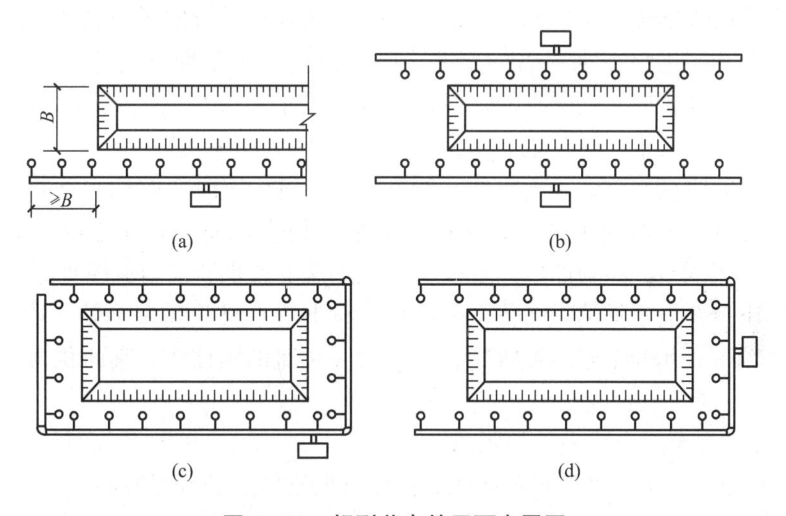

图 1-22　轻型井点的平面布置图

单排布置适用于基坑、槽宽度小于 6m，且降水深度不超过 5m 的情况，井点管应布置在地下水的上游一侧，两端的延伸长度不宜小于坑槽的宽度。

双排布置适用于基坑宽度大于 6m 或土质不良的情况。环形布置适用于大面积基坑。U 形布置适用于井点管不封闭的一段在地下水的下游方向的情况。

(3) 高程布置(图 1-23)。高程布置系确定井点管埋深，即滤管上口至总管埋设面的距离，可按式(1-21)计算。

$$h \geqslant h_1 + \Delta h + iL \quad (1-21)$$

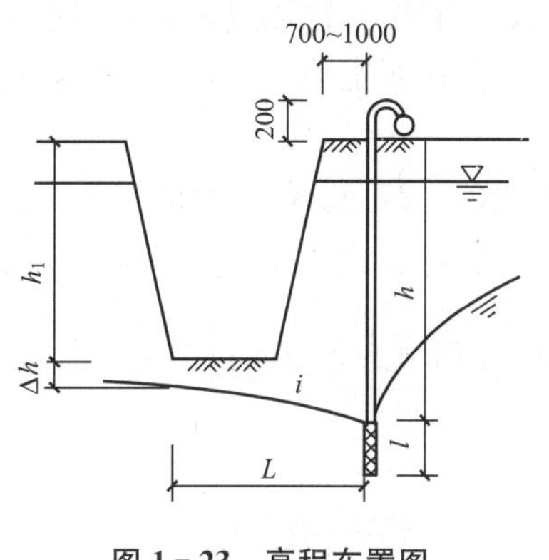

图 1-23　高程布置图

式中：h——井点管埋深(m)；

h_1——总管埋设面至基底的距离(m)；

Δh——基底至降低后的地下水位线的距离(m)；

i——水力坡度；

L——井点管至水井中心的水平距离，当井点管为单排布置时，L 为井点管至对边坡角的水平距离(m)。

(4) 涌水量计算。

① 水井分类。确定井点管数量时，需要知道井点管系统的涌水量。井点管系统的涌水量根据水井理论进行计算。根据地下水有无压力，水井分为无压井和承压井。当水井布置在具有潜水自由面的含水层中时(即地下水面为自由面)，称为无压井；当水井布置在承压含水层中时(含水层中的水充满在两层不透水层间，其中的地下水水面具有一定水压)，称为承压井。当水井底部达到不透水层时称为完整井，否则称为非完整井，各类井的涌水量计算方法都不同。

② 无压完整井涌水量计算。目前采用的计算方法都是以法国水力学家裘布依(Dupuit)的水井理论为基础的。

裘布依理论的基本假定是，抽水影响半径内，从含水层的顶面到底部任意点的水力坡度是一个恒值，并等于该点水面处的斜率；抽水前地下水是静止的，即天然水力坡度为零；对于承压水，顶、底板是隔水的；对于潜水适用于井边水力坡度不大于 1/4，底板是隔水的，含水层是均质水平的；地下水为稳定流(不随时间变化)。

当均匀地在井内抽水时，井内水位开始下降。经过一定时间的抽水，井周围的水面就由水平的变成降低后的弯曲水面，最后该曲线渐趋稳定，成为向井边倾斜的水位降落漏斗。在纵剖面上流线是一系列曲线，在横剖面上水流的过水断面与流线垂直。

由此可导出单井涌水量的裘布依微分方程，设不透水层基底为 x 轴，取井中心轴为 y 轴，对于距井轴 x 处水流的过水断面近似看作为一垂直的圆柱面，其面积为

$$\omega=2\pi xy \tag{1-22}$$

式中：x——井中心至过水断面处的距离；

y——距井中心 x 处水位降落曲线的高度(即此处过水断面的高)。

根据裘布依理论的基本假定，这一过水断面水流的水力坡度是一个恒值，并等于该水面处的斜率，则该过水断面的水力坡度 $i=\mathrm{d}y/\mathrm{d}x$。

由达西定律，水在土中的渗透速度为

$$V=Ki \tag{1-23}$$

由式(1-22)和式(1-23)及裘布依假定 $i=\mathrm{d}y/\mathrm{d}x$，可得到单井的涌水量($\mathrm{m}^3/\mathrm{d}$)计算公式：

$$Q=\omega V=\omega Ki=\omega K\frac{\mathrm{d}y}{\mathrm{d}x}=2\pi xyK\frac{\mathrm{d}y}{\mathrm{d}x} \tag{1-24}$$

将式(1-24)分离变量，得

$$2y\mathrm{d}y=\frac{Q}{\pi K}\cdot\frac{\mathrm{d}x}{x} \tag{1-25}$$

水位降落曲线在 $x=r$ 时，$y=l'$；在 $x=R$ 时，$y=H$，l' 与 H 分别表示水井中的水深和含水层的深度。两边积分：

$$\int_{l'}^{H} 2y\mathrm{d}y = \frac{Q}{\pi K}\int_{r}^{R} \frac{\mathrm{d}x}{x}$$

$$H^2 - l'^2 = \frac{Q}{\pi K}\ln\frac{R}{r}$$

于是：

$$Q=\pi K \frac{H^2-l'^2}{\ln R-\ln r}$$

设水井中水位降落值为 S，$l'=H-S$，则

$$Q=\pi K \frac{(2H-S)S}{\ln R-\ln r} \quad 或 \quad Q=1.364K \frac{(2H-S)S}{\lg R-\lg r} \qquad (1-26)$$

式中：R——单井的降水影响半径(m)；

r——单井的半径(m)。

裘布依公式的计算与实际有一定出入，这是由于在过水断面处的水力坡度并非恒值，在靠近井的四周误差较大。但对于离井外有相当距离处，其误差是很小的。

但在井点系统中，各井点管是布置在基坑周围，许多井点同时抽水，即群井共同工作，其涌水量不能用各井点管内涌水量简单相加求得。

群井涌水量的计算，可把由各井点管组成的群井系统，视为一口大的单井，设该井为圆形的，在单井的推导过程中积分的上下限成为：x 由 $x_0 \to R'$，y 由 $l' \to H$。积分可得群井的涌水量计算公式：

$$Q = \pi K \frac{H^2 - l'^2}{\ln R' - \ln x_0} \quad 或 \quad \int_{y}^{H} 2y\mathrm{d}y = \frac{Q}{\pi K}\int_{y}^{R} \frac{\mathrm{d}x}{x} \qquad (1-27)$$

式中：R'——群井降水影响半径(m)；

x_0——由井点管围成的大圆井的半径(m)；

l'——井点管中的水深(m)。

假设在群井抽水时，每一井点管(视为单井)在大圆井外侧的影响范围不变，仍为 R，则有 $R'=R+x_0$。设 $S=H-l'$，由此，式(1-27)成为如下的形式：

$$Q=\pi K \frac{(2H-S)S}{\ln(R+x_0)-\ln x_0} \quad 或 \quad Q=1.364K \frac{(2H-S)S}{\lg(R+x_0)-\lg x_0} \qquad (1-28)$$

式(1-28)即为实际应用的群井系统涌水量的计算公式。

在实际工程中往往会遇到无压完整井的井点系统，这时地下水不仅从井面流入，还从井底渗入，因此涌水量要比完整井大。为了简化计算，仍可采用式(1-28)。此时式中 H 换成有效含水深度 H_0，即

$$Q=\pi K \frac{(2H_0-S)S}{\ln(R+x_0)-\ln x_0} \quad 或 \quad Q=1.364K \frac{(2H_0-S)S}{\lg(R+x_0)-\lg x_0}$$

H_0 可查表1-6，当算得的 H_0 大于实际含水层的厚度 H 时，取 $H_0=H$。

表1-6 有效深度 H_0 值

$S/(S+l)$	0.2	0.3	0.5	0.8
H_0	$1.3(S+l)$	$1.5(S+l)$	$1.7(S+l)$	$1.84(S+l)$

注：$S/(S+l)$的中间值可采用插入法求 H_0。

表1-6中，S为井点管内水位降落值(m)；l为滤管长度(m)。有效含水深度H_0的意义是，抽水是在H_0范围内受到抽水影响，而假定在H_0以下的水不受抽水影响，因而也可将H_0视为抽水影响深度。

应用涌水量计算公式时，先要确定x_0，R，K。

由于基坑大多不是圆形，因而不能直接得到x_0。当矩形基坑长宽比不大于5时，环形布置的井点可近似作为圆形井来处理，并用面积相等原则确定，此时将近似圆的半径作为矩形水井的假想半径：

$$x_0=\sqrt{\frac{F}{\pi}} \tag{1-29}$$

式中：x_0——环形井点系统的假想半径(m)；

F——环形井点所包围的面积(m^2)。

抽水影响半径，与土的渗透系数、含水层厚度、水位降低值及抽水时间等因素有关。在抽水2～5天后，水位降落漏斗基本稳定，此时抽水影响半径（m）可近似地按下式计算：

$$R=1.95S\sqrt{HK} \tag{1-30}$$

式中：S、H的单位为m；K的单位为m/d。

渗透系数K值对计算结果影响较大。K值的确定可用现场抽水试验或实验室测定。对重大工程，宜采用现场抽水试验以获得较准确的值。

③ 井点管数量计算。

井点管最少数量(根)由下式确定：

$$n'=\frac{Q}{q} \tag{1-31}$$

$$q=65\pi dl^3\sqrt{K} \tag{1-32}$$

式中：q——单根井管的最大出水量(m^3/d)；

d——滤管直径(m)；

其他符号同前。

井点管最大间距(m)便可求得，即

$$D'=\frac{L}{n'} \tag{1-33}$$

式中：L——总管长度(m)；

n'——井点管最少根数。

实际采用的井点管间距D应当与总管接头尺寸相适应，即尽可能采用0.8m、1.2m、1.6m或2.0m，且$D<D'$，这样实际采用的井点数$n>n'$，一般n应当超过$1.1n'$，以防井点管堵塞等影响抽水效果。

图1-24　轻型井点施工

5. 轻型井点施工

轻型井点施工如图1-24所示。

(1) 准备工作。其包括井点设备、动力、水源及必要材料的准备，开挖排水沟，观测附近建筑物标高以及实施防止附近建筑物沉降的措施等。

(2) 埋设井点的程序。排放总管→埋设井点管→用弯联管将井点与总管接通→安装抽水设备。

(3) 连接与试抽。井点系统全部安装完毕后，需进行试抽，以检查有无漏气现象。开始抽水后不希望停抽。时抽时停，滤网易堵塞，也容易抽出土粒，使水混浊，并引起附近建筑物由于土粒流失而沉降开裂。正常的排水是细水长流，出水澄清。

抽水时需要经常检查井点系统工作是否正常，以及检查观测井中水位下降情况。井点淤塞，一般可以通过听管内水流声响、手摸管壁感到有振动、手触摸管壁有冬暖夏凉的感觉等简便方法检查。如果有较多井点管发生堵塞，影响降水效果时，应逐根用高压水反向冲洗或拔出重埋。

(4) 井点运转与监测。其包括井点运转管理和井点监测管理两大部分。

(5) 井点拆除。地下室或地下结构物竣工后并将基坑进行回填土后，方可拆除井点系统，拔出井点管多借助于倒链、起重机等。所留孔洞用砂或土填塞，对地基有防渗要求时，地面下 2m 可用粘土填塞密实。另外，井点的拔除应在基础及已施工部分的自重大于浮力的情况下进行，且底板混凝土必须要有一定的强度，以防止因水浮力引起地下结构浮动或破坏底板。

1.6 流砂及其防治

1.6.1 流砂现象

基坑挖土至地下水位以下，土质为细砂土或粉砂土的情况下，并采用集水坑降低地下水时，坑下的土有时会形成流动状态，随着地下水流入基坑，这种现象称为流砂现象(图 1-25)。出现流砂现象时，土完全丧失承载力，土体边挖边冒流砂，致使施工条件恶化，基坑难以挖到设计深度。严重时会引起基坑边坡塌方；临近建筑因地基被掏空而出现开裂、下沉、倾斜甚至倒塌。

图 1-25 流砂现象

1.6.2 产生流砂现象的原因

流砂现象的产生，是水在土中渗流所产生的动水压力对土体作用的结果。

地下水的渗流对单位土体内骨架产生的压力称为动水压力，用 G_D 表示，它与单位土体内渗流水受到土骨架的阻力 T 大小相等，方向相反，如图 1-26 所示，水在土体内从 A 向 B 流动，沿水流方向任取一土柱体，其长度为 L，横断面积为 F，两端点 A、B 之间的水头差为 H_A-H_B。计算动水压力时，考虑到地下水的渗流加速度很小($a\approx0$)，因而忽略惯性力。

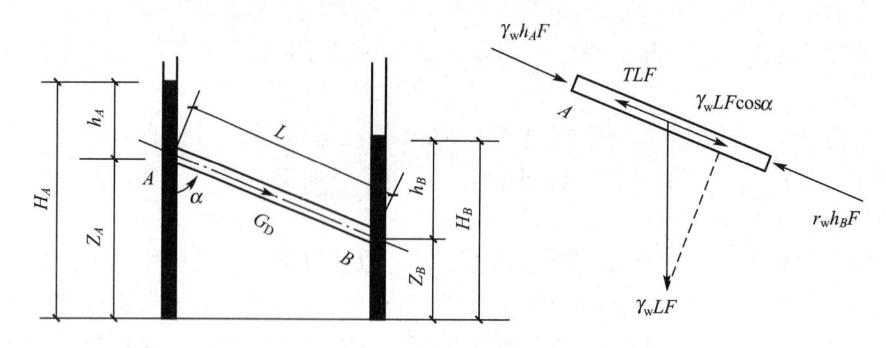

图 1-26　饱和土体中动水压力的计算

作用土柱体内水体上的力有：A，B 两端的静水压力，分别为 $\gamma_w h_A F$ 和 $\gamma_w h_B F$；土柱体内饱和土体中孔隙水的重量与土骨架所受浮力的反力之和为 $\gamma_w LF$；土柱体中骨架对渗流水的总的阻力为 TLF。

由 $\sum X=0$ 得

$$\gamma_w h_A F-\gamma_w h_B F-TLF+\gamma_w LF\cos\alpha=0 \tag{1-34}$$

将 $\cos\alpha=\dfrac{Z_A-Z_B}{L}$ 代入式(1-34)可得

$$T=\gamma_w\frac{(h_A+Z_A)-(h_B+Z_B)}{L}=\gamma_w\frac{H_A-H_B}{L} \tag{1-35}$$

$\dfrac{H_A-H_B}{L}$ 为水头差与渗透路径之比，称为水力坡度，用 i 表示。于是

$$T=i\gamma_w$$

$$G_D=-T=-i\gamma_w \tag{1-36}$$

式中，负号表示 G_D 与所设水渗流时受到的总阻力 T 的方向相反，即与水的渗流方向一致。

由式(1-36)可知，动水压力 G_D 的大小与水力坡度成正比，即水位差 h_A-h_B 愈大，则 G_D 愈大；而渗透路程 L 愈长，则 G_D 愈小。当水流在水位差的作用下对土颗粒产生向上压力时，动水压力不但使土颗粒受到了水的浮力，而且还受到向上动水压力的作用，如图 1-27 所示。如果压力大于或等于土的浮重度，则土粒失去自重，处于悬浮状态，土的抗剪强度等于零，土粒能随着渗流的水一起流动。

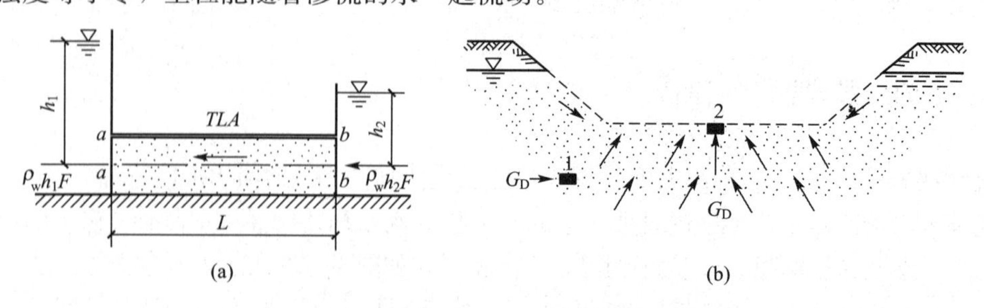

图 1-27　动水压力对地基土的影响

1.6.3 流砂的防治

由于在细颗粒、松散、饱和的非粘性土中发生流砂现象的主要条件是动水压力的大小和方向。当动水压力方向向上且足够大时，土转化为流砂，而动水压力方向向下时，又可将流砂转化成稳定土。因此，在基坑开挖中，防治流砂的原则是“治流砂必先治水”。

防治流砂的主要途径有：减少或平衡动水压力；设法使动水压力方向向下；截断地下水流。其具体措施有：

(1) 枯水期施工法。枯水期地下水位较低，基坑内外水位差小，动水压力小，就不易产生流砂。

(2) 抢挖并抛大石块法。分段抢挖土方，使挖土速度超过冒砂速度，在挖至标高后立即铺竹、芦席，并抛大石块，以平衡动水压力，将流砂压住。此法适用于治理局部的或轻微的流砂。

(3) 设止水帷幕法。将连续的止水支护结构(如连续板桩、深层搅拌桩、密排灌注桩等)打入基坑底面以下一定深度，形成封闭的止水帷幕，从而使地下水只能从支护结构下端向基坑渗流，增加地下水从坑外流入基坑内的渗流路径，减小水力坡度，从而减小动水压力，防止流砂产生。

(4) 人工降低地下水位法。即采用井点降水法(如轻型井点、管井井点、喷射井点等)，使地下水位降低至基坑底面以下，地下水的渗流向下，则动水压力的方向也向下，从而水不能渗流入基坑内，可有效防止流砂的发生。因此，此法应用广泛且较可靠。

此外，采用地下连续墙、压密注浆法、土壤冻结法等，阻止地下水流入基坑，以防止流砂发生。

1.7 土方的机械化施工

土方的开挖、运输、填筑、压实等施工过程应尽量采用机械施工，以减轻繁重的体力劳动，加快施工进度。

土方工程施工机械的种类繁多，有推土机、铲运机、松土机、单斗挖土机及多斗挖土机和各种辗压、夯实机械等。而在房屋建筑工程施工中，尤以推土机、铲运机、单斗挖掘机应用最广，也具有代表性。现就这几种类型机械的性能、适用范围及施工方法做以下介绍。

1.7.1 推土机

推土机实际上为一装有铲刀的拖拉机。按铲刀的操纵机构不同，可分为索式和油压式两种。索式推土机的铲刀系借其本身自重切入土中，因此在硬土中切土深度较小。油压式推土机的铲刀用油压操纵，能强制切入土中，切土较深，且可以调升铲刀相调整铲刀的角度，因此具有更大的灵活性。如图 1－28 所示为推土机外形图。

图 1-28　推土机外形图

推土机操纵灵活，运转方便，所需工作面较小，行驶速度快，易于转移，能爬30°左右的缓坡，因此应用范围较广。多用于场地清理和平整、开挖深度1.5m以内的基坑，填平沟坑以及配合铲运机、挖土机工作等。此外，在推土机后可安装松土装置，破、松硬土和冻土；也可拖挂羊足碾进行土方压实工作。推土机可以推挖一至三类土，经济运距100m以内，效率最高为40～60m。

1.7.2　铲运机

铲运机是一种能独立完成铲土、运土、卸土、填筑、整平的土方机械。按行走方式分为自行式铲运机(图1-29)和拖式铲运机(图1-30)两种。按铲斗的操纵系统可分为索式和油压式两种。

图 1-29　自行式铲运机外形图

图 1-30　拖式铲运机外形图

铲运机的工作装置是铲斗，铲斗前方有一个能开启的斗门，铲斗前设有切土刀片。切土时，铲斗门打开，铲斗下降，刀片切入土中。铲运机前进时，被切下的土挤入铲斗。铲斗装满土后，提起铲斗，放下斗门，将土运至卸土地点。

铲运机对行驶的道路要求较低，操纵灵活，行驶速度快，生产率高，且费用低。在土方工程中常应用于大面积场地平整、开挖大型基坑、修筑堤坝和路基等。最宜于开挖含水量不超过27%的一至三类土，对于硬土需用松土机破松后才能开挖。自行式铲运机适用于运距800～2500m的大型土方工程施工，以运距在800～1500m的范围内生产效率最高。拖式铲运机适用于运距在80～800m的土方工程施工，而运距在200～350m时，效率最高。

铲运机运行路线和施工方法视工程大小、运距长短、土的性质和地形条件等而定。其运行线路可采用环形路线或8字路线(图1-31)；适用于运距为600～1500m的土方工程施工，当运距为200～350m时效率最高；采用下坡铲土、跨铲法、推土机助铲法等，可缩短装土时间，提高土斗装土量，以充分发挥其效率。

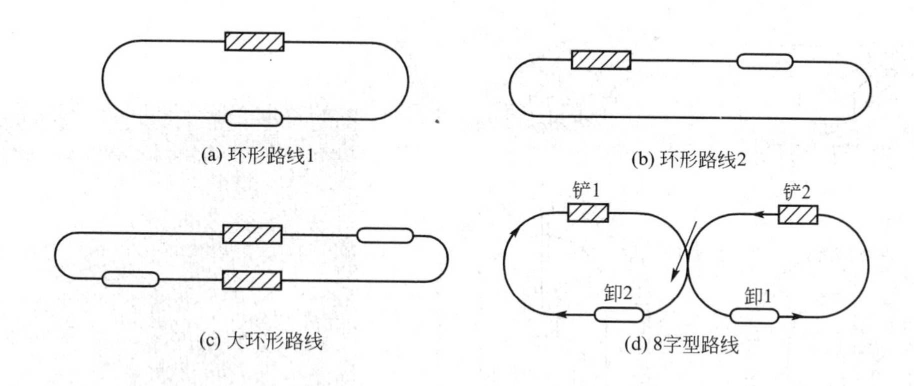

图 1-31 铲运机开行路线

铲土 卸土

1.7.3 单斗挖掘机

单斗挖掘机在土方工程中应用较广，种类很多，可以根据工作的需要，更换其工作装置。按其工作装置的不同，可分为正铲、反铲、抓铲和拉铲等。按其操纵机构的不同，可分为机械式和液压式两类。

1. 正铲挖掘机

正铲挖掘机的挖土特点是，前进向上，强制切土。其挖掘力大，生产率高。一般用于开挖停机面以上的一至四类土，如开挖大型干燥基坑以及土丘等，则宜与运土自卸汽车配合完成整个挖运任务。当地下水位较高时，应采取降低地下水位的措施，把基坑土疏干。

挖掘机的生产率主要取决于每斗的装土量和每斗作业的循环延续时间。为了提高挖掘机生产率，除了工作面高度必须满足装满土斗的要求外，还要考虑开挖方式和运土机械配合问题，尽量减少回转角度，缩短每个循环的延续时间。

正铲的开挖方式根据开挖路线与汽车相对位置的不同分为正向开挖、侧向装土以及正向开挖、后方装土两种(图 1-32)。前者生产率较高。

2. 反铲挖掘机

反铲挖掘机适用于开挖一至三类的砂土或粘土。其主要用于开挖停机面以下的土方，一般反铲的最大挖土深度为 4～6m，经济合理的挖土深度为 3～5m。反铲也需要配备运土汽车进行运输。反铲挖掘机开挖方式如图 1-33 所示。

反铲的开挖方式可以采用沟端开挖法，即反铲停于沟端，后退挖土，向沟一侧弃土或装汽车运走［图 1-33(a)］；也可采用沟侧开挖法，即反铲停于沟侧，沿沟边开挖，它可将土弃于距沟较远的地方，如装车则回转角度较小，但边坡不易控制［图 1-33(b)］。

3. 抓铲挖掘机

机械传动抓铲适用于开挖较松软的土。对施工面狭窄而深的基坑、深槽、深井采用抓

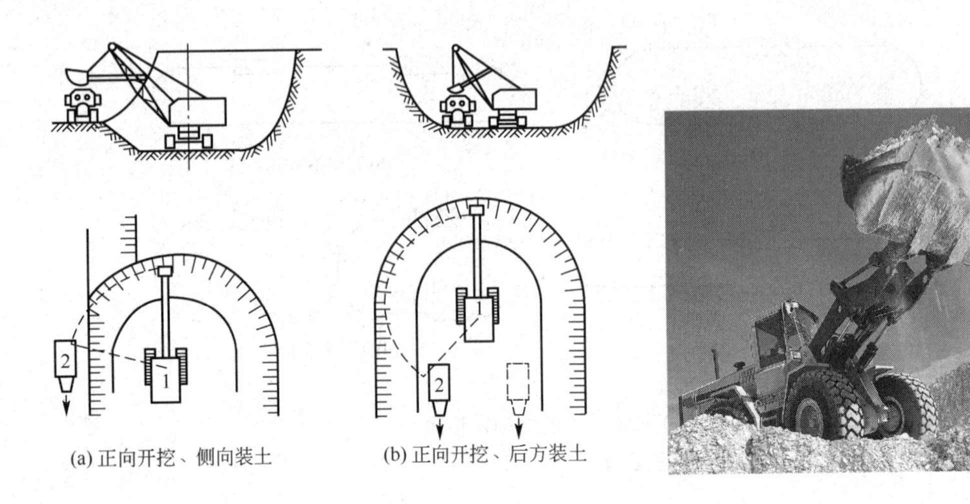

图 1-32　正铲开挖方式

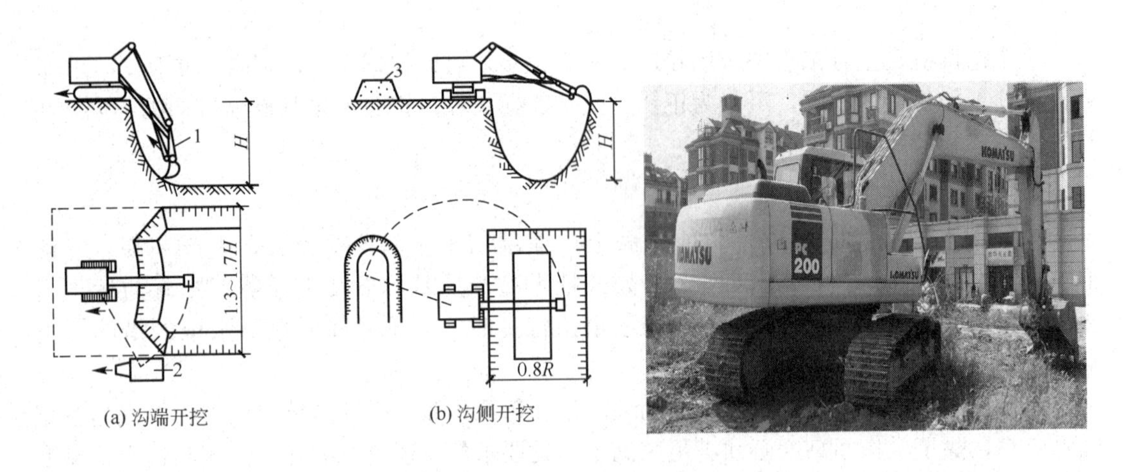

图 1-33　反铲挖掘机开挖方式

铲可取得理想效果。抓铲还可用于挖取水中淤泥、装卸碎石、矿渣等松散材料。抓铲也有采用液压传动操纵抓斗作业。

抓铲挖土时，通常立于基坑一侧进行，对较宽的基坑则在两侧或四侧抓土。抓挖淤泥时，抓斗易被淤泥“吸住”，应避免起吊用力过猛，以防翻车，抓铲挖掘机如图 1-34 所示。

4. 拉铲挖掘机

拉铲挖掘机适用于一至三类的土，可开挖停机面以下的土方，如较大基坑(槽)和沟渠，挖取水下泥土，也可用于填筑路基、堤坝等。

拉铲挖土时，依靠土斗自重及拉索拉力切土，卸土时斗齿朝下，利用惯性，较湿的粘土也能卸净。但其开挖的边坡及坑底平整度较差，需更多的人工修坡(底)。它的开挖方式也有沟端开挖和沟侧开挖两种。拉铲挖掘机如图 1-35 所示。

图 1－34 抓铲挖掘机外形图

图 1－35 拉铲挖掘机外形图

1.8 土方填筑和压实

1.8.1 土料的选用与处理

填方土料应符合设计要求，保证填方的强度与稳定性，选择的填料应为强度高、压缩性小、水稳定性好、便于施工的土和石料。如设计无要求时，应符合下列规定。

(1) 碎石类土、砂土和爆破石渣(粒径不大于每层铺厚的 2/3)可用于表层下的填料。

(2) 含水量符合压实要求的粘性土，可为填土。在道路工程中粘性土不是理想的路基填料，在使用其作为路基填料时必须充分压实并设有良好的排水设施。

(3) 碎块草皮和有机质含量大于 8%的土，仅用于无压实要求的填方。

(4) 淤泥和淤泥质土，一般不能用作填料，但在软土或沼泽地区，经过处理，含水量符合压实要求，可用于填方中的次要部位。

填土应严格控制含水量，施工前应进行检验。当土的含水量过大，应采用翻松、晾晒、风干等方法降低含水量，或采用换土回填、均匀掺入干土或其他吸水材料、打石灰桩等措施。如含水量偏低，则可预先洒水湿润，否则难以压实。

1.8.2 填土和压实的方法

填土可采用人工填土和机械填土两种方法。

(1) 人工填土一般用手推车运土，人工用锹、耙、锄等工具进行填筑，从最低部分开始由一端向另一端自下而上分层铺填。

(2) 机械填土可用推土机、铲运机或自卸汽车进行。用自卸汽车填土，需用推土机推开推平，采用机械填土时，可利用行驶的机械进行部分压实工作。

填土必须分层进行，并逐层压实。特别是机械填土，不得居高临下，不分层次，一次倾倒填筑。

填土的压实方法有碾压、夯实和振动压实等几种。

(1) 碾压适用于大面积填土工程。碾压机械有平碾(压路机)、羊足碾和气胎碾。羊足碾需要较大的牵引力而且只能用于压实粘性土，因在砂土中碾压时，土的颗粒受到“羊足”较大的单位压力后会向四面移动，而使土的结构破坏。气胎碾在工作时是弹性体，给土的压力较均匀，填土质量较好。应用最普遍的是刚性平碾。利用运土工具碾压土壤也可取得较大的密实度，但必须很好地组织土方施工，利用运土过程进行碾压。如果单独使用运土工具进行土壤压实工作，在经济上是不合理的，它的压实费用要比用平碾压实贵一倍左右。

(2) 夯实主要用于小面积填土，可以夯实粘性土或非粘性土。夯实的优点是可以压实较厚的土层。夯实机械有夯锤、内燃夯土机和蛙式打夯机等。夯锤借助起重机提起并落下，其重量大于 1.5t，落距 2.5～4.5m，夯土影响深度可超过 1m，常用于夯实湿陷性黄土、杂填土以及含有石块的填土。内燃夯土机作用深度为 0.4～0.7m，它和蛙式打夯机都是应用较广的夯实机械。人力夯土方法则已很少使用。

(3) 振动压实主要用于压实非粘性土，采用的机械主要是振动压路机、平板振动器等。

1.8.3 影响填土压实的因素

填土压实质量与许多因素有关，其中主要影响因素为压实功、土的含水量以及每层铺土厚度。

1. 压实功的影响

填土压实后的重度与压实机械在其上所施加的功有一定的关系。土的重度与所耗的功的关系如图 1 - 36 所示。当土的含水量一定，在开始压实时，土的重度急剧增加，待到接近土的最大重度时，压实功虽然增加许多，而土的重度则没有变化。实际施工中，对不同的土应根据选择的压实机械和密实度要求选择合理的压实遍数。此外，松土不宜用重型碾压机械直接滚压，否则土层有强烈起伏现象，效率不高。如果先用轻碾，再用重碾压实就会取得较好效果。

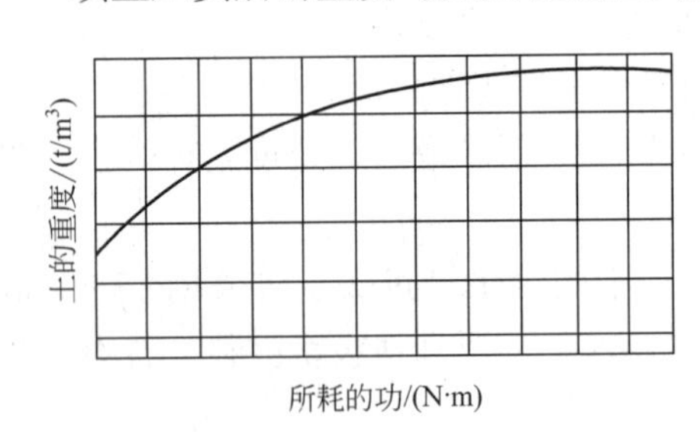

图 1 - 36　土的重度与压实功的关系

2. 含水量的影响

在填土施工中，土的含水量对土的压实质量有很大的影响。较干的土，由于颗粒之间的摩阻力较大，填土不易被压实；只有当土的含水量适当时，由于水的润滑作用，土颗粒之间摩阻力减小，土才易被压实。使填土压实获得最大密实度时的土的含水量，称为土的最优含水量(图 1 - 37)。土的最优含水量用击实试验确定。如土料含水过多，可采用翻松、晾晒、均匀掺入干土或吸水性材料等措施；如含水量不足，可采用预先洒水润湿等措施。土在最优含水量时，填土压实获得最大密实度。施工中，土的含水量与最佳含水量之差可控制在－4%～＋2%范围内。

3. 铺土厚度的影响

土在压实功的作用下，压应力随深度增加而逐渐减小(图 1－38)，其影响深度与压实机械、土的性质和含水量等有关。铺土厚度应小于压实机械压土时的作用深度。铺土厚度不宜过厚，也不宜过薄。应选择最优的铺土厚度，在这种厚度下使土方压实，而机械的功耗费最少，也最经济。常用压实机械的铺土厚度及压实遍数可参考表 1－7 选择。

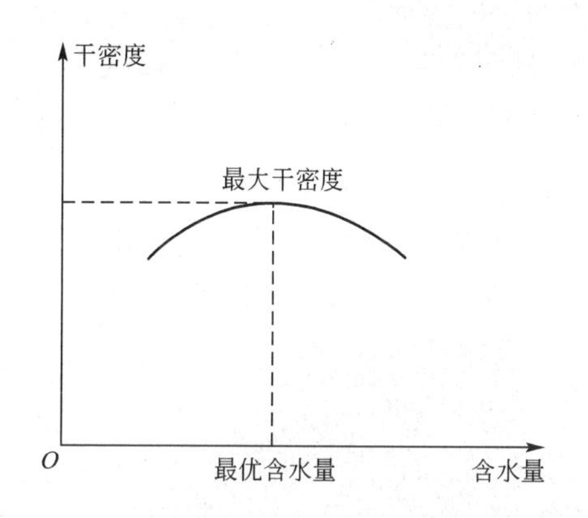

图 1－37　土的含水量对其压实质量的影响图

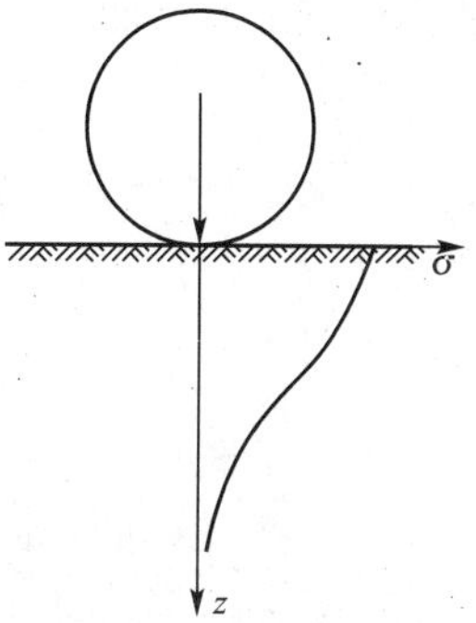

图 1－38　压实作用沿深度的变化

表 1－7　填方每层的铺土厚度和压实遍数

压实机具	每层铺土厚度/mm	每层压实遍数
平碾	200～300	6～8
羊足碾	200～350	8～16
蛙式打夯机	200～250	3～4
人工打夯	<200	3～4

1.8.4　填土压实的质量检查

填方和柱基、基坑、基槽、管沟的回填，必须按规定分层夯压密实。取样测定压实后土的干密度，90%以上符合设计要求，其余 10%的最低值与设计值的差不应大于 0.08s/cm^3，且不应集中。对填土地基的质量检查，必须随施工进程分层进行。根据工程需要，每 100～500m^2 内应有一个检查点。

工程案例

1. 深基坑边坡支护坍塌事故

杭州地铁塌陷事故：2008 年 11 月 15 日下午，杭州萧山湘湖段地铁施工现场发生塌陷事故(图 1－39)。风情大道长达 75m 的路面坍塌并下陷 15m。行驶中的 11 辆车陷入深坑，数十名地铁施工人员被埋。事故造成 21 人死亡，经济损失约 1.5 亿元，是中国地铁建设史上最惨痛的事故。

图 1-39 杭州地铁塌陷事故现场

2. 上海"莲花河畔景苑"在建楼房整体倒塌

2009 年 6 月 27 日 6 时左右，上海闵行区"莲花河畔景苑"一栋在建 13 层住宅楼整体倒塌。这是新中国成立以来建筑业最令人恐怖的倒楼事件(图 1-40)。

图 1-40 上海"莲花河畔景苑"在建楼房整体倒塌现场

本 章 小 结

通过本章学习，需了解土方工程施工特点，掌握场地平整施工中的土方量计算、土方调配和施工；掌握基坑开挖施工中的降低地下水位方法、边坡稳定及支护结构设计方法的基本原理；熟悉常用土方机械的性能和使用范围；重点掌握填土压实和路基填筑的要求和方法。

习　　题

一、单项选择题

1. 当基坑的土是细砂或粉砂时，宜选用的降水方法是(　　)。

A. 四周设排水沟与水井　　　B. 用抽水泵从基坑内直接抽水

C. 轻型井点降水　　　　　　D. 同时采用方法 A 与 B

2. 当用单斗挖掘机开挖基槽时，宜采用的工作装置为(　　)。

A. 正铲　　B. 反铲　　C. 拉铲　　D. 抓铲

3. 确定填土压实的每层铺土厚度应考虑的因素为(　　)。

A. 压实方法　　B. 土的含水量　　C. 压实遍数　　D. 综合考虑 A 和 C

4. 在土方工程中，对于大面积场地平整、开挖大型基坑、填筑堤坝和路基等，宜首先选择的土方机械为(　　)。

A. 单斗挖掘机　　B. 推土机　　C. 铲运机　　D. 多斗挖掘机

5. 在同一压实功条件下，土的含水量对压实质量的影响是(　　)。

A. 含水量大好　　B. 含水量小好

C. 含水量为某一值好　　D. 含水量为零时好

6. 填土压实，选择蛙式打夯机，铺土厚度宜选择(　　)。

A. 100～150mm　　B. 200～250mm

C. 300～350mm　　D. 400～450mm

二、判断题

1. 回填土，采用不同土填筑时，应将透水性较小的土层置于透水性较大的土层下面。(　　)

2. 坡度系数 m 愈大，土方边坡愈陡。(　　)

3. 天然密度大的土，挖掘难度一般都大。(　　)

4. 施工降水工作，在基础垫层施工完成后即时停止。(　　)

5. 土方调配，总的要求是使土方运输量或费用达到最小。(　　)

6. 平碾和羊足碾可以压实各种土料。(　　)

三、填空题

1. 土方施工中，按照________划分，土可分为松软土、普通土、坚土、砂砾坚土、软石、次坚石、坚石、特坚石八类。

2. 降水方法可分为________降水和________降水两类。

3. 土方开挖边坡一般用________表示。

4. 反铲挖掘机的工作特点：________、________。

5. 填土压实方法有________、________、________。

四、名词解释

1. 干密度

2. 土的可松性

3. 最优含水量

4. 流砂

五、简答题

1. 施工中土方一般是按照什么分类?

2. 什么场合要考虑土的可松性?

3. 流砂是怎么形成的?

4. 推土机的性能如何，它适用于哪些土方工程?

5. 影响填土压实的因素有哪些?

6. 土方填筑的土料有何要求？

六、计算题

1. 如图 1－41 所示 40m 长的条形基础(两端不放坡，单位 mm)，试计算其挖土量。若留下回填土后，弃土用每辆可装运 2.5m^3 的汽车全部运走，试计算预留土方量和运土车次。(K_s＝1.25，K'_s＝1.04)

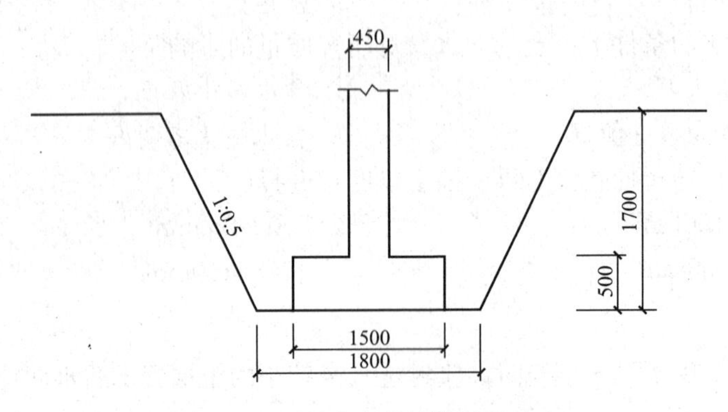

图 1－41　某变电房外墙断面尺寸

2. 公寓楼工程场地平整，方格网(20m×20m)如图 1－42 所示，不考虑泄水坡度、土的可松性及边坡的影响。试求场地设计标高 H_0，并计算各角点的施工高度。

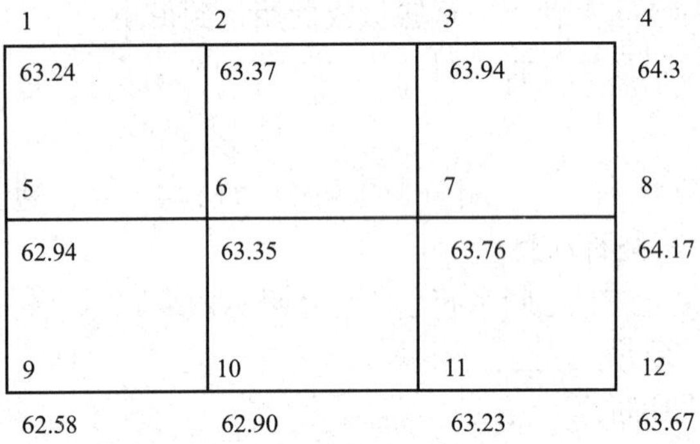

1	2	3	4
63.24	63.37	63.94	64.3
5	6	7	8
62.94	63.35	63.76	64.17
9	10	11	12
62.58	62.90	63.23	63.67

图 1－42　某公寓楼工程场地方格网

第2章 桩基础工程

教学目标

通过本章教学，让学习者能够了解桩的类别，熟悉预制桩和各种灌注桩的施工工艺，掌握常用桩型的施工方法和质量控制要点，并能编制相应的施工方案。

教学要求

知识要点	能力要求	相关知识
混凝土预制桩施工	了解钢筋混凝土预制桩施工准备、制作、起吊、运输和堆放； 熟悉钢筋混凝土预制桩沉桩的方法及工艺要求	预制桩的起吊、运输和堆放； 预制桩沉桩工艺
混凝土灌注桩施工	了解灌注桩的分类； 熟悉干作业成孔灌注桩方法； 掌握泥浆护壁成孔灌注桩成孔工艺及特点； 掌握泥浆护壁作用及泥浆循环原理； 熟悉套管成孔灌注桩施工	灌注桩施工工艺

基本概念

摩擦桩　端承桩　静压桩　泥浆护壁　正循环　反循环　复打法　缩颈

引例

当天然地基土质不良，无法满足建筑物的地基变形和强度要求时，可采用桩基础。桩支承于坚硬的(基岩、密实的卵砾石层)或较硬的(硬塑粘性土、中密砂等)持力层，具有很高的竖向单桩承载力或群桩承载力，足以承担高层建筑的全部竖向荷载。

早在7000—8000年前的新石器时代，人类在湖泊和沼泽里，栽木桩搭台作为水上依据，汉朝时期已用木桩修桥。到了宋朝，桩基技术已比较成熟，今上海市的龙华塔和山西太原的晋祠圣母殿，都是现存的北宋年代修建的桩基建筑。在英国也保存有一些罗马时代修建的木桩基础的桥和居民点。19世纪20年代，开始使用铸铁板桩修筑围堰和码头。到20世纪初，美国出现了各种类型的型钢，特别是H形的钢桩受到营造商的重视。美国密西西比河大量采用钢桩基础。到了20世纪30年代在欧洲也被广泛采用。20世纪70年代，上海宝钢集团公司（原上海宝山钢铁厂）建设中，大量使用了日本引进的钢管桩。20世纪20—30年代出现沉管灌注混凝土桩。20世纪30年代在上海修建的一些高层建筑的基础，就曾采用沉管灌注混凝土桩。到50年代，随着大型钻孔机的发展，出现了钻孔灌注混凝土或钢筋混凝土桩。50—60年代，我国的铁路和公路桥梁，曾大量采用钻孔灌注混凝土桩和挖孔灌注桩。

桥梁建筑

管桩

桩基础由若干根单桩组成，并在单桩的顶部用承台联结成一整体，它的作用在于将上部建筑结构的荷载传递到深处承载力较大的土层上，或使软土挤实，以提高土壤的承载力和密实度，保证建筑物的稳定，减少其沉降量。采用桩基础施工，可省去大量的土方、支撑和排水、降水设施，一般均能获得较好的经济效益。因此桩基础在建筑工程中得到广泛的运用。

根据桩的传力及作用性质的不同，分为端承桩和摩擦桩两种。端承桩是穿过软土层而达到深层坚实土层的一种桩，上部结构荷载主要由桩尖阻力来承受，施工时以控制贯入度为主，桩尖进入持力层的深度或桩尖标高可作参考。摩擦桩只打入软土层一定深度，上部结构的荷载，由桩身周围与土之间的摩擦力及桩尖阻力共同承受，施工时以控制桩尖设计标高为主，贯入度可作参考。

桩基施工工艺的不同，又分预制桩和灌注桩两大类。预制桩是在工厂或施工现场预先制作成各种材料的桩，如钢筋混凝土桩、钢桩、木桩等。然后用沉桩设备将其打入、压入、振入或水冲沉入土中。灌注桩是在施工现场的桩位上先成孔，然后在孔内灌注混凝土或钢筋混凝土而成。灌注桩按其成孔的方法不同，有泥浆护壁成孔、干作业成孔、套管成孔及爆扩成孔几种灌注桩。

灌注桩与预制桩相比，有节省钢材、降低造价、容易控制桩长等优点。影响质量的因素较多，应严格按规定施工并加强检验。

2.1 混凝土预制桩施工

2.1.1 混凝土预制桩的制作、起吊、运输和堆放

混凝土预制桩能承受较大的荷载、坚固耐久、施工速度快，是我国广泛应用的桩型之一，但其施工对周围环境影响较大。常用的为混凝土实心方桩和预应力混凝土空心管桩(图 2-1 和图 2-2)。混凝土方桩的截面边长多为 250～550mm，单根桩或多节桩的单节长度，应根据桩架高度、制作场地、运输和装卸能力而定。多节桩如用电焊或法兰接桩时，节点的竖向位置尚应避开土层中的硬夹层。如在工厂制作，长度不宜超过 12m；如在现场预制，长度不宜超过 30m。桩的接头不宜超过两个。混凝土强度等级不宜低于 C30(静压法沉桩时不宜低于 C20)。桩身配筋与沉桩方法有关。锤击沉桩的纵向钢筋配筋率不宜小于 0.8%，压入桩不宜小于 0.4%，桩的纵向钢筋直径不宜小于 14mm，桩身宽度或直

图 2-1 预制混凝土实心方桩

图 2-2 预制预应力混凝土空心管桩

径大于或等于 350mm 时，纵向钢筋不应少于 8 根。桩顶一定范围内的箍筋应加密，并设置钢筋网片。

混凝土管桩是以离心法在工厂生产的，通常都施加预应力，直径多为 400～600mm，壁厚 80～100mm，每节长度 8～10m，用法兰连接，桩的接头不宜超过 4 个，下节桩底端可设桩尖，也可以是开口的。

混凝土预制方桩多数是在打桩现场或附近就地预制，较短的桩也可在预制厂生产，预应力管桩则均在工厂生产。

钢筋骨架及桩身尺寸偏差如超出规范允许的偏差，桩容易被打坏。如为多节桩，上节桩和下节桩尽量在同一纵轴线上制作，使上下钢筋和桩身减少偏差。桩的预制先后次序应与打桩次序对应，以缩短养护时间。

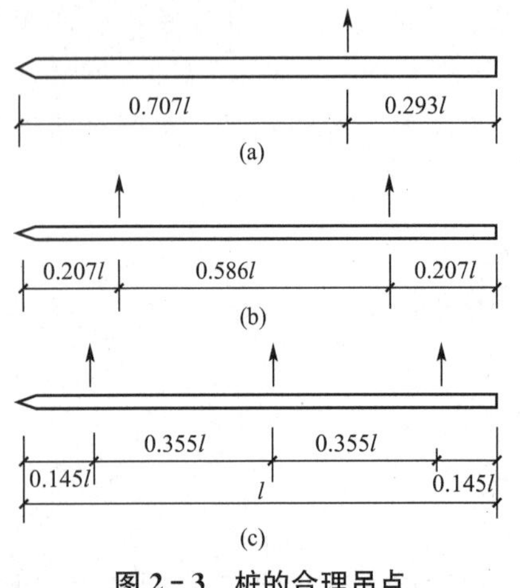

图 2-3　桩的合理吊点

预制桩的混凝土浇筑，应由桩顶向桩尖连续进行，严禁中断。

当桩的混凝土强度达到设计强度的 70%方可起吊；达到 100%方可运输和打桩。如提前起吊，必须采取措施并经验算合格方可进行。

桩在起吊和搬运时，必须平稳，并且不得损坏。吊点应符合设计要求，一般节点的设置如图 2-3 所示。

打桩前，桩从制作处运到现场前以备打桩，并应根据打桩顺序随打随运以避免二次搬运。桩的运输方式，在运距不大时，可用起重机吊运；当运距较大时，可采用轻便轨道小平台车运输。

堆放桩的地面必须平整、坚实，垫木间距应与吊点位置相同，各层垫木应位于同一垂直线上，堆放层数不宜超过 4 层。不同规格的桩，应分别堆放。

2.1.2　锤击法沉桩施工

1. 锤击法施工设备

锤击法是利用桩锤的冲击克服土对桩的阻力，使桩沉到预定深度或达到持力层。这是最常用的一种沉桩方法。

打桩设备包括桩锤、桩架和动力装置。

(1) 桩锤。桩锤是对桩施加冲击，将桩打入土中的主要机具。桩锤主要有落锤、蒸汽锤、柴油锤和液压锤，目前应用最多的是柴油锤。

① 落锤：落锤构造简单，使用方便，能随意调整其高度。轻型落锤一般均用卷扬机拉升施打。落锤生产效率低、桩身易损失。落锤重量一般为 0.5～1.5t，重型锤可达数吨。

② 柴油锤：柴油锤利用燃油爆炸的能量，推动活塞往复运动产生冲击进行锤击打桩。柴油锤结构简单、使用方便，不需从外部供应能源。但在过软的土中由于贯入度过大，燃油不易爆发，往往桩锤反跳不起来，会使工作循环中断。另一个缺点是会造成噪声和空气污染等公害，故在城市中施工受到一定限制。柴油锤冲击部分的重量有 2.0t、2.5t、

3.5t、4.5t、6.0t、7.2t 等数种。每分钟锤击次数约 40～80 次。柴油锤可以用于大型混凝土桩和钢管桩等。

③ 蒸汽锤：蒸汽锤利用蒸汽的动力进行锤击。根据其工作情况又可分为单动式汽锤与双动式汽锤。单动式汽锤的冲击体只在上升时耗用动力，下降时靠自重；双动式汽锤的冲击体升降均由蒸汽推动。蒸汽锤需要配备一套锅炉设备。

单动式汽锤的冲击力较大，可以打各种桩，常用锤重为 3～10t。每分钟锤击数为 25～30 次。

双动式汽锤的外壳(即汽缸)是固定在桩头上的，而锤是在外壳内上下运动。因冲击频率高(100～200 次/min)，所以工作效率高。它适宜打各种桩，也可在水下打桩并用于拔桩。锤重一般为 0.6～6t。

④ 液压锤：液压锤是一种新型打桩设备，它的冲击缸体通过液压油提升与降落。冲击缸体下部充满氮气，当冲击缸下落时，首先是冲击头对桩施加压力，接着是通过可压缩的氮气对桩施加压力，使冲击缸体对桩施加压力的过程延长，因此每一击都能获得更大的贯入度。液压锤不排出任何废气，无噪声，冲击频率高，并适合水下打桩，是理想的冲击式打桩设备，但构造复杂，造价高。

用锤击沉桩时，为防止桩受冲击应力过大而损坏，力求采用“重锤轻击”。如采用轻锤重击，锤击功能很大一部分被桩身吸收，桩不易打入，且桩头容易打碎。锤重可根据土质、桩的规格等参考表 2-1 进行选择，如能进行锤击应力计算则更为科学。

表 2-1 锤重选择表

锤型			柴油锤					
			20	25	35	45	60	72
锤的动力性能		冲击部分质量/t	2.0	2.5	3.5	4.5	6.0	7.2
		总质量/t	4.5	6.5	7.2	9.6	15.0	18.0
		冲击力/kN	2000	2000～2500	2500～4000	4000～5000	5000～7000	7000～10000
		常用冲程/m	1.8～2.3					
桩的截面		混凝土预制桩的边长或直径/cm	25～35	35～40	40～45	45～50	50～55	55～60
		钢管桩的直径/cm		40		60	90	90～100
持力层	粘性土、粉土	一般进入深度/m	1.0～2.0	1.5～2.5	2.0～3.0	2.5～3.5	3.0～4.0	3.0～5.0
		静力触探比贯入度平均值/MPa	3	4	5	>5		
	砂土	一般进入深度/m	0.5～1.0	0.5～1.5	1.0～2.0	1.5～2.5	2.0～3.0	2.5～3.5
		标准贯入击数/N(未修正)	15～25	20～30	30～40	40～45	45～50	50
常用的控制贯入度/(cm/10 击)				2～3		3～5	4～8	
设计单桩极限承载力/kN			400～1200	800～1600	2500～4000	3000～5000	5000～7000	7000～10000

(2) 桩架。桩架是支持桩身和桩锤，在打桩过程中引导桩的方向，并保证桩锤能沿着所要求方向冲击的打桩设备。桩架的形式多种多样，常用的通用桩架(能适应多种桩锤)有两种基本形式：一种是沿轨道行驶的多能桩架；另一种是装在履带底盘上的桩架。

① 多能桩架(图 2-4)由立柱、斜撑、回转工作台、底盘及传动机构组成。它的机动性和适应性很大，在水平方向可作 360°回转，立柱可前后倾斜，底盘下装有铁轮，可在轨道上行走。这种桩架可适应各种预制桩，也可用于灌注桩施工。缺点是机构较庞大，现场组装和拆迁比较麻烦。

② 履带式桩架(图 2-5)以履带式起重机为底盘，增加立柱和斜撑用以打桩。性能较多，能桩架灵活，移动方便，可适应各种预制桩施工，目前应用最多。

图 2-4 多能桩架

图 2-5 履带式桩架

(3) 动力装置。动力装置的配置取决于所选的桩锤。当选用蒸汽锤时，则需配备蒸汽锅炉和卷扬机。

2. 打桩前的准备

(1) 清除或拆迁高空及地下的障碍物。场地应平整压实并保持一定的排水坡度及设置排水沟。

(2) 根据建筑物的轴线控制桩，定出校基轴线(偏差不超过 20mm)及每个桩的桩位，钉小木桩并撒白灰点标明，同时在现场附近设置不少于两个经过仔细校核的水准点。

(3) 接通水、电源及准备好所需的材料、机具。

(4) 确定打桩顺序(图 2-6)和桩机进出场路线。当桩位布置较密时(桩距小于 4 倍桩的直径或边长)，打桩顺序应自中间向两个方向对称进行或自中间向四周进行。按这种顺序打桩时，土由中央向两侧或四周挤压，易于保证打桩工程质量。若桩距大于 4 倍桩的直径或边长时，可由一侧向单一方向进行。

此外，当柱基的设计标高不同时，打桩顺序宜先深后浅；当桩的规格不同时，打桩顺序宜先大后小、先长后短。

(5) 进行打桩试验，以检验设备和工艺是否符合要求。试桩数量不得少于两根。

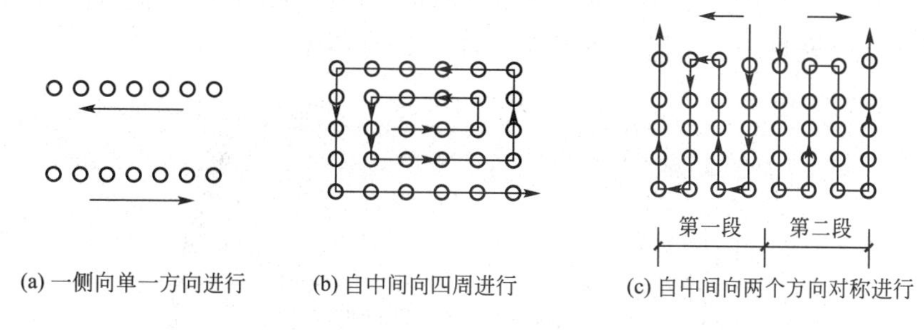

(a) 一侧向单一方向进行　(b) 自中间向四周进行　(c) 自中间向两个方向对称进行

图 2-6　打桩顺序

3. 打桩及桩头处理

桩在打入前，应在桩的侧面或校架上设置标尺。校架就位应垂直平稳，桩提升到垂直状态后，送入桩架导杆内，垂直对准桩位中心，并将桩缓缓下放插入土中。在桩顶扣好桩帽和桩箍，校正好桩的垂直度，除去吊钩，再将桩锤缓缓降到桩顶上。再次校正桩的垂直度，然后开始打桩。接桩方法有焊接法、法兰接法和浆锚法三种。

打桩施工宜采用重锤低击，使桩头不易被打坏；开始时锤的落距要小，待桩入土一定深度后，再按要求的落距施打。打桩过程中要注意贯入度的变化，并做好打桩记录。桩在施打中如遇贯入度剧变，桩身突然发生倾斜、位移，或有严重回弹，桩顶或桩身出现严重裂缝或破碎等情况，应暂停施打，及时与有关单位研究处理。

打桩质量必须满足最后贯入度或标高的设计要求。

在打完各种预制桩开挖基坑时，按设计要求的桩顶标高将桩头多余的部分截去。截桩头时不能破坏桩身，要保证桩身的主筋伸入承台，长度应符合设计要求。当桩顶标高在设计标高以下时，在桩位上挖成喇叭口，凿掉桩头混凝土，剥出主筋并焊接接长至设计要求长度，与承台钢筋绑扎在一起，用桩身同强度等级的混凝土与承台一起浇筑接长桩身。

2.1.3　静力压桩

静力压桩是利用压桩架的自重和配重，通过卷扬机的牵引传至桩顶，将桩逐节压入土中。压桩架用型钢制成，一般高为 16～20m，静压力 400～800kN，桩应分节预制，每节长约 6～10m，当第一节桩压入土中，其上端距地面 0.8～1.0m 左右时，即将第二节桩接上，然后继续压入。

静力压桩由于避免了锤击应力，桩的混凝土强度及其配筋只要满足吊装弯矩和使用期受力要求就可以，因而桩的断面和配筋可以减小。这种沉桩方法无振动、无噪声、对周围环境影响小，已在我国沿海软土地基上较为广泛采用，特别适合在城市中施工。

静力压桩机有机械式和液压式之分，目前使用的多为液压式静力压桩机，压力可达 5000kN，如图 2-7 所示。

压桩一般是分节压入，逐段接长。为此，桩需分节预制。当第一节桩压入土中，其上端距地面 0.8～1.0m 左右时将第二节桩接上，继续压入。对每一根桩的压入，各工序应连续。施工程序为：测量定位→压桩机就位→吊桩、插桩→桩身对中调直→静压沉桩→接桩→再静压沉桩→送桩→终止压桩→截桩，如图 2-8 所示。

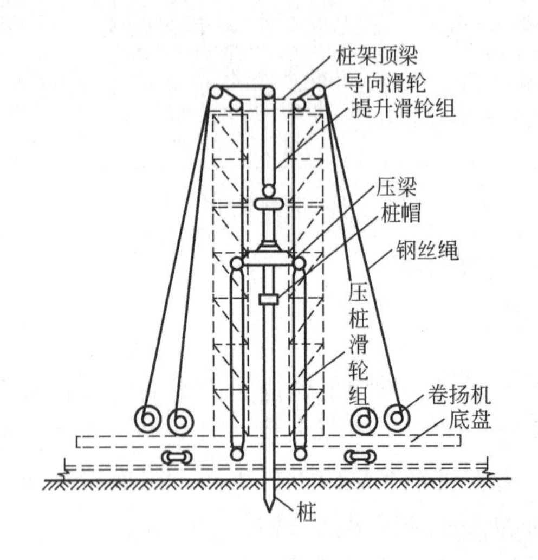

图 2-7　静力压桩机

图 2-8　静力压桩施工程序

接桩一般采用焊接，接桩时应注意以下几点：

(1) 当管桩需要接长时，其桩头宜高出地面 0.8～1.0m，便于接桩焊接操作。

(2) 接桩时，上下节桩段应保持顺直，错位偏差不应大于 2mm。

(3) 管桩对接前，上下端板表面应用铁刷子清刷干净，坡口处应刷至露出金属光泽。

(4) 焊接时宜先在坡口圆周对称点焊 4～6 点，再分层施焊，施焊宜由 2 名焊工对称进行。

(5) 焊接层数不得小于 3 层，内层焊渣必须清理干净后方能焊外层，焊缝应饱满连续。

(6) 尽可能缩短接桩时间，焊好的桩接头应自然冷却后才可继续压桩，自然冷却时间不宜少于 8min，严禁用水冷却或焊好后立即施压。焊接接桩应按隐蔽工程进行验收。

施工注意事项：

(1) 压桩施工时应随时注意使桩保持轴心受压，接桩时也应保证上下接桩的轴线一致，并使接桩时间尽可能地缩短，否则，间歇时间过长会由于土体固结导致发生压不下去的事故。

(2) 当桩接近设计标高时，不可过早停压，否则，在补压时也会发生压不下去或压入过少的现象。

(3) 压桩过程中，当桩尖碰到夹砂层时，压桩阻力可能突然增大，可采取停车再开。忽停忽开的方法，使桩有可能缓慢下沉穿过砂层。如果工程中有少量桩确实不能压至设计标高而相差不多时，可以采取截桩的方法。

2.1.4 振动法沉桩

振动沉桩的原理是，借助于桩头上的振动沉桩机所产生的振动力，以减小桩与土壤颗粒之间的摩擦力，使桩在自重与机械力的作用下沉入土中。如图 2-9 所示为振动法沉桩现场施工图。

振动沉桩机由电动机、弹簧支承、偏心振动块和桩幅组成。振动机内的偏心振动块分左右对称两组，其旋转速度相等，方向相反。所以，当工作时，两组偏心块的离心力的水平力相抵消，但垂直分力则相加在一起，形成垂直方向(向下和向上)的振动力。由于桩与振动机是刚性连接在一起，故桩也随着振动力沿垂直方向上下振动而下沉。

振动沉桩机主要适用于砂石、黄土、软土和亚粘土层中，在含水砂层中的效果更为显著。但在砂砾层中采用此法时，尚需配以水冲法。沉桩工作应连续进行，以防间歇过久难以沉下。

图 2-9　振动法沉桩现场施工图

2.1.5 射水法沉桩

射水沉桩方法(水冲法沉桩)往往与锤击(或振动)法同时使用，具体选择应视土质情况而定。在砂夹卵石层或坚硬土层中，一般以射水为主，以锤击或振动为辅；在粉质粘土或粘土中，为避免降低承载力，一般以锤击或振动为主，以射水为辅，并应适当控制射水时间和水量。下沉空心桩，一般用单管内射水。当下沉较深或土层较密实，可用锤击或振动，配合射水；下沉实心桩，将射水管对称装在桩的两侧，并能沿着桩身上下自由移动，以便在任何高度上射水冲土。必须注意，不论采取任何射水施工方法，在沉入最后阶段1～1.5m至设计标高时，应停止射水，用锤击或振动沉入至设计深度，以保证桩的承载力。

射水沉桩的施工要点是，吊插桩时要注意及时引送输水胶管，防止拉断与脱落；桩插正立稳后，压上桩帽桩锤，开始用较小水压，使桩靠自重下沉。初期控制桩身下沉不应过快，以免阻塞射水管嘴，并注意随时控制和校正桩的垂直度。下沉渐趋缓慢时，可开锤轻击。沉至一定深度(8～10m)已能保持桩身稳定度后，可逐步加大水压和锤的冲击动能。沉桩至距设计标高一定距离(1～1.5m)停止射水，拔出射水管，进行锤击或振动，使桩下沉至设计要求标高。

2.1.6 打桩过程中常遇到的问题

由于桩要穿过构造复杂的土层，所以在打桩过程中要随时注意观察，凡发生贯入度突变、桩身突然倾斜、移位或有严重回弹、桩顶或桩身出现严重裂缝或破碎等应暂停施工，及时与有关单位研究处理。

施工中常遇到的问题是：

(1) 桩顶、桩身被打坏：与桩头钢筋设置不合理、桩顶与桩轴线不垂直、混凝土强度不足、桩尖通过过硬土层、锤的落距过大、桩锤过轻等有关。

(2) 桩位偏斜：当桩顶不平、桩尖偏心、接桩不正、土中有障碍物时都容易发生桩位偏斜，因此施工时应严格检查桩的质量并按施工规范的要求采取适当措施，保证施工质量。

(3) 桩打不下：施工时，桩锤严重回弹，贯入度突然变小，则可能与土层中夹有较厚砂层或其他硬土层以及钢渣、孤石等障碍物有关。当桩顶或桩身已被打坏，锤的冲击能不能有效传给桩时，也会发生桩打不下的现象。有时因特殊原因，停歇一段时间后再打，则由于土的固结作用，桩也往往不能顺利地被打入土中。所以打桩施工中，必须在各方面做好准备，保证施打的连续进行。

(4) 一桩打下邻桩上升：桩贯入土中，使土体受到急剧挤压和扰动，其靠近地面的部分将在地表隆起和水平移动，当桩较密，打桩顺序又欠合理时，土体被压缩到极限，就会发生一桩打下，周围土体带动邻桩上升的现象。

2.2 混凝土灌注桩施工

灌注桩是在施工现场的桩位上就地成孔，然后在孔内灌注混凝土或钢筋混凝土而成。根据成孔方法的不同可以分为干作业成孔、泥浆护壁成孔、套管成孔、人工挖孔灌注桩等。

灌注桩与预制桩相比，由于避免了锤击应力，桩的混凝土强度及配筋只要满足使用要求就可以，因而具有节省钢材、降低造价、无需接桩及截桩等优点。混凝土灌注桩类型如表2-2所示。

表 2-2 混凝土灌注桩类型

类型	成孔方式	适用范围
泥浆护壁成孔	冲抓	适用碎石土、砂土、粘性土及风化岩
	冲击	
	回转钻	适用粘性土、淤泥、淤泥质土及砂土
	潜水钻	
干作业成孔	螺旋钻	适用地下水位以上的粘性土、砂土和人工填土
	钻孔扩底	适用地下水位以上的坚硬粘性土中密以上的砂土
	机动洛阳铲(人工)	适用地下水位以上的粘性土、黄土及人工填土
套管成孔	捶击振动	适用软塑、流塑粘性土、稍密及松散的砂土
爆扩成孔	爆扩	适用粘性土、黄土、碎石土及风化岩

2.2.1 钻孔灌注桩施工

1. 干作业成孔灌注桩

干作业成孔灌注桩是先用钻机在桩位处钻孔，然后在桩内放入钢筋骨架，再灌注混凝土而成桩。干作业成孔灌注桩适用于地下水位较低、在成孔深度内无地下水的土质，无须护壁便可直接取土成孔。采用的钻机有：螺旋钻机、钻扩机、洛阳铲等。现以螺旋钻机成孔为例(图 2-10)，介绍干作业成孔灌注桩的施工。

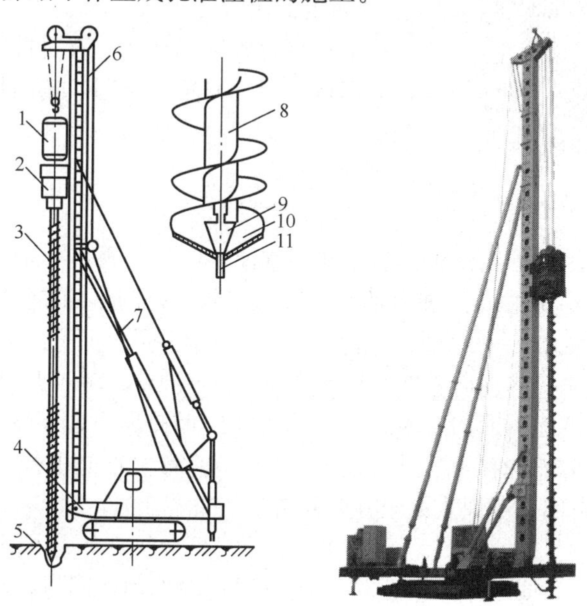

图 2-10 长螺旋钻机

1—电动机；2—变速器；3—钻杆；4—托架；5—钻头；6—立柱；
7—斜撑；8—钢管；9—钻头接头；10—刀板；11—定心尖

螺旋钻机成孔灌注桩是利用动力旋转钻杆，使钻头的螺旋叶片旋转削土，土块沿螺旋叶片上升排出孔外。在软塑土层，含水量大时，可用疏纹叶片钻杆，以便较快地钻进。在可塑或硬塑粘土中，或含水量较小的砂土中应用密纹叶片钻杆，缓慢均匀地钻进。操作时要求钻杆垂直，钻孔过程中如发现钻杆摇晃或难钻进时，可能是遇到石块等异物，应立即停机检查。螺旋式钻机有长螺旋式(钻杆长度在 10m 以上)及短旋式(钻杆长度 3～5m)，一般工业与民用建筑物桩基础成孔多用长螺旋式钻机，而短螺旋式钻机多用于爆扩桩的桩身成孔。长螺旋式钻机的钻头外径分别为 $\phi400$、$\phi500$ 和 $\phi600$，钻孔的深度相应为 12m、10m、8m。当桩孔钻到预定深度以后，先在原处空转清土，然后停转提升钻杆。

在钻进过程中，应随时清理孔口积土，遇到塌孔、缩孔等异常情况，应及时研究解决。

桩孔钻成并清孔后，采用压力灌浆法，把水泥浆压入孔底虚土，使其硬结成抗压强度较高的垫层，提高了桩的端承力，从而解决了长期以来的难题，达到减少了桩的沉降和提高桩的承载能力的目的。压力灌浆后，即可吊放钢筋骨架，然后浇筑混凝土。浇筑时，应随浇随振(深处最好用长杆式振动器振捣)，每次灌注高度不得大于 1.5m。

2. *泥浆护壁成孔灌注桩*

图 2-11　步履式正反循环冲击钻

用成孔机械如冲抓钻、冲击钻（图 2-11)、回转钻机及潜水钻机等在桩位上成孔。为防止孔壁坍塌，在孔中注入配好的泥浆(或注入清水造成的泥浆)保持孔壁；当桩孔达到设计要求深度时，进行清孔，然后吊放钢筋骨架，用导管法进行水下浇注混凝土而成桩。

施工工艺流程：

1）测定桩位

平整清理好施工场地后，设置桩基轴线定位点和水准点，根据桩位平面布置施工图，定出每根桩的位置，并做好标志。施工前，桩位要检查复核，以防被外界因素影响而造成偏移。

2）埋设护筒

护筒的作用是，固定桩孔位置，防止地面水流入，保护孔口，增高桩孔内水压力，防止塌孔，成孔时引导钻头方向。护筒用 4～8mm 厚钢板制成，内径比钻头直径大 100～200mm，顶面高出地面 0.4～0.6m，上部开 1～2 个溢浆孔。埋设护筒时，先挖去桩孔处表土，将护筒埋入土中，其埋设深度在粘土中不宜小于 1m，在砂土中不宜小于 1.5m。其高度要满足孔内泥浆液面高度的要求，孔内泥浆面应保持高出地下水位 1m 以上。采用挖坑埋设时，坑的直径应比护筒外径大 0.8～1.0m。护筒中心与桩位中心线偏差不应大于 50mm，对位后应在护筒外侧填入粘土并分层夯实。

3）泥浆制备

(1) 泥浆的作用。泥浆具有保护孔壁、防止坍孔的作用，同时在泥浆循环过程中还可携砂，并对钻头具有冷却润滑作用。

泥浆护壁成孔可用多种形式的钻机钻进成孔。在钻孔过程中，为防止孔壁坍塌，在孔内注入高塑性粘土或膨润土和水拌和的泥浆，也可利用钻削下来的粘性土与水混合自造泥浆保护孔壁。同时这种护壁泥浆与钻孔的土屑混合，边钻边排出泥浆，同时进行孔内补浆。当钻孔达到规定深度后，进行孔底清渣，然后安放钢筋笼，在泥浆下灌注混凝土而成桩。

(2) 泥浆的组成。护壁泥浆是由高塑性粘土或膨润土和水拌和的混合物，还可在其中掺入其他掺合剂，如加重剂、分散剂、增粘剂及堵漏剂等。

护壁泥浆一般可在现场制备，有些粘性土在钻进过程中可形成适合护壁的浆液，则可利用其作为护壁泥浆，这种方法也称自造泥浆。

护壁泥浆应达到一定的性能指标，膨润土泥浆的性能指标如表 2-3 所示。

表 2-3 膨润土泥浆的性能指标

项次	项目	性能指标	检验方法
1	相对密度	1.05～1.25	泥浆密度计
2	粘度	18～25s	500/700mL 漏斗法
3	含砂率	<4%	含砂量计
4	胶体率	>98%	量杯法
5	失水量	<30mL/30min	失水量仪
6	泥皮厚度	1～3mm/30min	失水量仪
7	静切力	1min 2～3Pa 10min 5～10Pa	静切力计
8	稳定性	<0.03g/cm^2	
9	pH	7～9	pH 试纸

4) 成孔方法

回转钻成孔。回转钻成孔是国内灌注桩施工中最常用的方法之一。按排渣方式不同分为正循环回转钻成孔和反循环回转钻成孔两种。

正循环回转钻机成孔的工艺如图 2-12(a)所示。泥浆由钻杆内部注入，并从钻杆底部喷出，携带钻下的土渣沿孔壁向上流动，由孔口将土渣带出流入沉淀池，经沉淀的泥浆流入泥浆池再注入钻杆，由此进行循环。沉淀的土渣用泥浆车运出排放。

反循环回转钻机成孔的工艺如图 2-12(b)所示。泥浆由钻杆与孔壁间的环状间隙流入钻孔，然后由砂石泵在钻杆内形成真空，使钻下的土渣由钻杆内腔吸出至地面而流向沉淀池，沉淀后再流入泥浆池。反循环工艺的泥浆上流的速度较高，排放土渣的能力强。

5) 清孔

当钻孔达到设计要求深度并经检查合格后，应立即进行清孔，目的是清除孔底沉渣以减少桩基的沉降量，提高承载能力，确保桩基质量。清孔方法有真空吸泥渣法、射水抽渣法、换浆法和掏渣法。

清孔应达到如下标准才算合格：一是对孔内排出或抽出的泥浆，用手摸捻应无粗粒感觉，孔底 500mm 以内的泥浆密度小于 1.25g/cm^3(原土造浆的孔则应小于 1.1g/cm^3)；二是在浇筑混凝土前，孔底沉渣允许厚度符合标准规定，即端承桩≤50mm，摩擦端承桩、

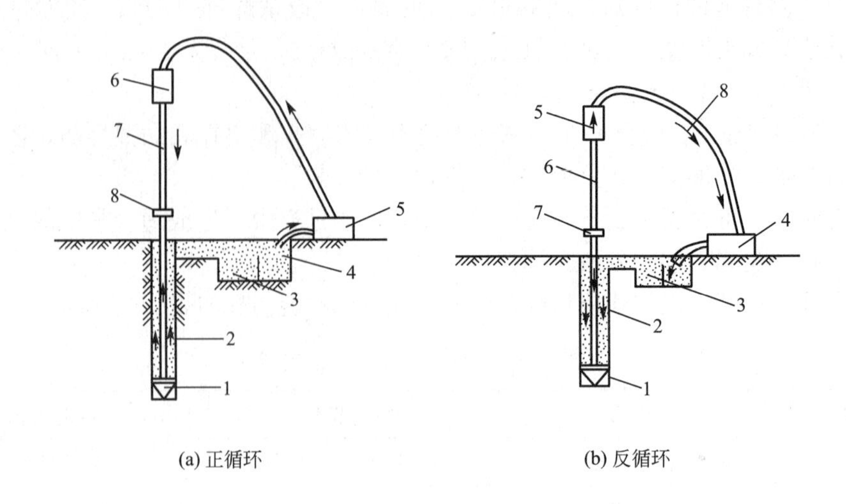

图 2-12 泥浆循环成孔工艺

1—钻头；2—泥浆循环方向；3—沉淀池；4—泥浆池；
5—泥浆泵；6—砂石泵；7—水龙头；8—钻杆

端承摩擦桩≤100mm，摩擦桩≤300mm。

6）吊放钢筋笼

清孔后应立即安放钢筋笼、浇混凝土。钢筋笼一般都在工地制作，制作时要求主筋环向均匀布置，箍筋直径及间距、主筋保护层、加劲箍的间距等均应符合设计要求。分段制作的钢筋笼，其接头采用焊接且应符合施工及验收规范的规定。钢筋笼主筋净距必须大于3倍的骨料粒径，加劲箍宜设在主筋外侧，钢筋保护层厚度不应小于35mm(水下混凝土不得小于50mm)。可在主筋外侧安设钢筋定位器，以确保保护层厚度。为了防止钢筋笼变形，可在钢筋笼上每隔2m设置一道加强箍，并在钢筋笼内每隔3～4m装一个可拆卸的十字形临时加劲架，在吊放入孔后拆除。吊放钢筋笼时应保持垂直、缓缓放入，防止碰撞孔壁。

若造成塌孔或安放钢筋笼时间太长，应进行二次清孔后再浇筑混凝土。

7）水下浇筑混凝土

(1) 钢筋定位后，须在4h内浇捣混凝土以防塌孔。

(2) 混凝土配合比强度不低于设计要求，混凝土须有良好和易性，坍落度宜为16～22cm，水泥用量不宜少于360kg/m³，可掺用减水剂或加气剂，浇注后桩顶应高出设计标高0.5～0.6m，然后将浮浆层消除0.3～0.4m，留0.2m待后凿除。

(3) 导管的第一节底管长度应≥4m，第一次浇注混凝土必须保证导管底端能埋入混凝土中0.8～1.3m，导管埋深宜为2～4m，最小埋深不小于1.5m，也不大于6m。

(4) 浇注混凝土量不得小于灌注桩的计算体积，充盈系数为1.1～1.15，每根桩不少于1组试块，混凝土强度必须符合设计要求。

(5) 混凝土浇筑要一气呵成，间歇时间应控制在15min内，任何情况不得超过30min，并控制在4～6h内浇完，上升速度不大于2m/h，浇注速度一般为30～35m³/h。

导管法浇筑水下混凝土如图2-13所示。

图 2-13 导管法浇筑水下混凝土

常见工程质量事故及处理方法：

泥浆护壁成孔灌注桩施工时常易发生孔壁坍塌、斜孔、孔底隔层、夹泥、流砂等工程问题，因水下混凝土浇筑属隐蔽工程，一旦发生质量事故，难以观察和补救，所以严格遵守施工操作规程，在有经验的施工技术人员指导下认真施工，并做好隐蔽工程记录，以确保工程质量。

(1) 孔壁坍塌：指成孔过程中孔壁土层不同程度坍落。其主要原因是提升下落掏渣筒或钢筋骨架时碰撞护筒及孔壁；护筒周围未用粘土坚实填实，孔内泥浆液面下降，孔内水压降低等造成塌孔。塌孔处理方法：在孔壁坍塌段用石子粘土投入，重新开钻，并调整泥浆比重和液面高度。

(2) 偏孔：指成孔过程中孔位偏移或孔身倾斜。其主要原因是桩架不稳固，导杆不垂直或土层软硬不均。处理方法为将桩架重新安装牢固、平稳垂直，如偏移过大，应填入石子粘土，重新成孔。

(3) 孔底隔层：指孔底残留石渣过厚，孔脚涌进泥砂或坍壁泥土落底。其主要原因是清孔不彻底，清孔后泥浆浓度减少或浇筑混凝土、安放钢筋骨架时碰撞孔壁造成塌孔落土。主要防止方法为做好清理工作，注意泥浆浓度及孔内水位变化，施工时间注意保护孔壁。

(4) 夹泥或软弱夹层：指桩身混凝土混入泥土或形成浮浆泡沫软层夹层。其主要原因是浇筑混凝土时孔壁坍塌或导管下口埋入混凝土高度太小，混浆被喷翻，掺入混凝土中。防止措施是经常注意混凝土表现标高变化和保持导管下口埋入混凝土的高度。并应在钢筋笼下放孔内 4h 内浇注混凝土。

(5) 流砂：指成孔时发现大量流砂涌塞孔底。其产生原因是孔外水压力比孔内水压力大，孔壁土松散。流砂严重时可抛入碎砖石、粘土、用锤冲入流砂层，防止流砂涌入。

2.2.2 套管成孔灌注桩

套管成孔灌注桩是利用锤击打桩法或振动沉桩法，将带有钢筋混凝土桩靴(又叫桩尖)或带有活瓣式桩靴(图 2-14)的钢套管沉入土中，然后边拔管边灌注混凝土而成。若配有钢筋时，则在浇筑混凝土前先吊放钢筋骨架。利用锤击沉桩设备沉管、拔管时，称为锤击沉管灌注桩；利用激振器的振动沉管、拔管时，称为振动沉管灌注桩。如图 2-15 所示为沉管灌注桩施工过程示意图。

1. 锤击沉管灌注桩

锤击灌注桩施工时，用桩架吊起钢套管，关闭活瓣或对准预先设在桩位处的预制混凝土桩靴，套入桩靴。套管与桩靴连接处要垫以麻、草绳，以防止地下水渗入管内。然后缓缓放下套管，压进土中。套管上端扣上桩帽，检查套管与桩锤是否在一垂直线上，套管偏斜不大于 0.5%时，即可起锤沉套管。先用低锤轻击，观察后如无偏移，才正常施打，直

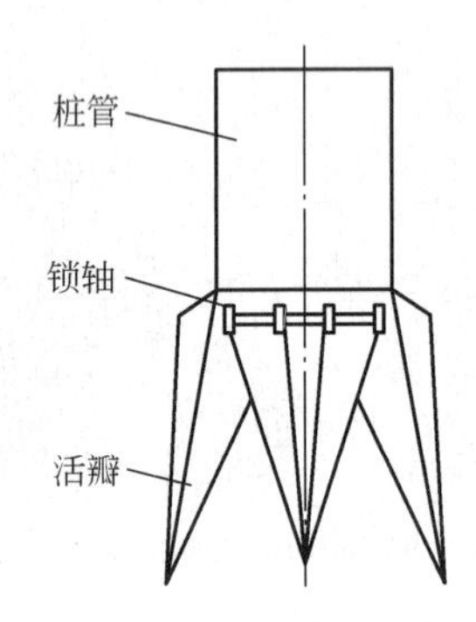

图 2-14　桩靴

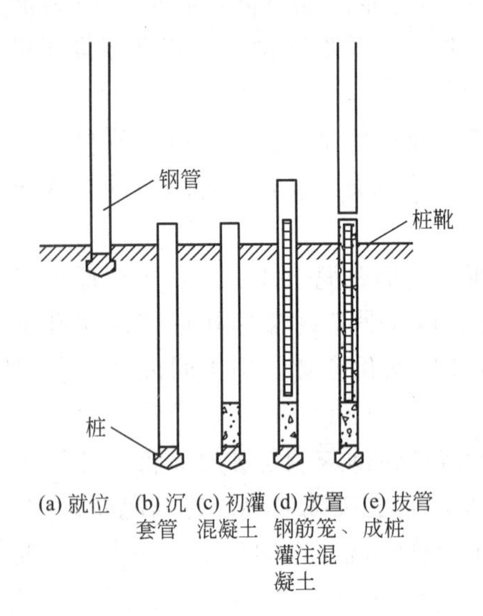

图 2-15　沉管灌注桩施工过程

至符合设计要求的贯入度或沉入标高，并检查管内有无泥浆或水进入，即可灌注混凝土。套管内混凝土应尽量灌满，然后开始拔管。拔管要均匀，不宜拔管过高。拔管时应保持连续密锤低击不停。控制拔出速度，对一般土层，以不大于 1m/min 为宜；在软弱土层及软硬土层交界处，应控制在 0.8m/min 以内。桩锤冲击频率，视锤的类型而定。单动汽锤采用倒打拔管，频率不低于70 次/min；自由落锤轻击不得少于 50 次/min。在管底未拔到桩顶设计标高之前，倒打或轻击不得中断。拔管时还要经常探测混凝土落下的扩散情况，注意使管内的混凝土保持略高于地面，这样一直到全管拔出为止。桩的中心距小于 5 倍桩管外径或小于 2m 时，均应跳打。中间空出的桩须待邻桩混凝土达到设计强度的 50%以后方可施打，以防止因挤土而使前面的桩发生桩身断裂。

为了提高桩的质量和承载能力，常采用复打扩大灌注桩。其施工顺序如下：在第一次灌注桩施工完毕，拔出套管后，清除管外壁上的污泥和桩孔周围地面的浮土，立即在原桩位再埋预制桩靴或合好活瓣第二次复打沉套管，使未凝固的混凝土向四周挤压扩大桩径，然后第二次灌注混凝土。拔管方法与初打时相同。

施工时要注意，前后两次沉管的轴线应复合；复打施工必须在第一次灌注的混凝土初凝之前进行，也有采用内夯管进行夯扩的施工方法。复打施工时要注意，前后两次沉管的轴线应重合；复打施工必须在第一次灌注的混凝土初凝之前进行。复打法第一次灌注混凝土前不能放置钢筋笼，如配有钢筋，应在第二次灌注混凝土前放置。

锤击灌注桩宜用于一般粘性土、淤泥质土、砂土和人工填土地基。

2. 振动沉管灌注桩

振动灌注桩采用振动锤或振动冲击锤沉管，其设备如图 2-16 所示。施工前，先安装好桩机，将桩管下端活瓣合起来或套入桩靴，对准桩位，徐徐放下套管，压入土中，勿偏斜，即可开动激振器沉管。桩管受振后与土体之间摩阻力减小，同时利用振动锤自重在套管上加压，套管即能沉入土中。

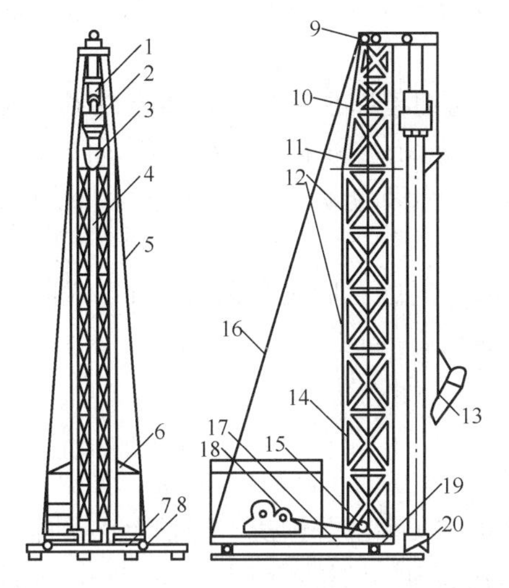

图 2-16　沉管灌注桩设备

1—滑轮组；2—振动器；3—漏斗；4—桩管；5—前拉索；6—遮栅；7—滚筒；8—枕木；
9—架顶；10—架身顶段；11—钢丝绳；12—架身中段；13—吊斗；14—架身下段；
15—导向滑轮；16—后拉索；17—架底；18—卷扬机；19—架压滑轮；20—活瓣桩尖

沉管时，必须严格控制最后的贯入速度，其值按设计要求，或根据试桩和当地的施工经验确定。

振动灌注桩可采用单打法、反插法或复打法施工。

单打施工时，在沉入土中的套管内灌满混凝土，开动激振器，振动 5～10s，开始拔管，边振边拔。每拔 0.5～1m，停拔振动 5～10s，如此反复，直到套管全部拔出。在一般土层内拔管速度宜为 1.2～1.5m/min，在较软弱土层中，不得大于 0.8m/min。

反插法施工时，在套管内灌满混凝土后，先振动再开始拔管，每次拔管高度 0.5～1.0m，向下反插深度 0.3～0.5m。如此反复进行并始终保持振动，直至套管全部拔出地面。反插法能使桩的截面增大，从而提高桩的承载能力，宜在较差的软土地基上应用。

复打法可以全长复打也可局部复打。全长复打的方法如下。

(1) 初打：先在管内灌注混凝土(至少 2m)，开始连续密锤低击倒打拔管，且边拔边浇筑混凝土，至桩顶为止。

(2) 复打：清管后在原位二次沉管，并放入钢筋笼，经校正轴线后方可浇注第二次混凝土，第二次拔管方法同初打。

复打法要求与锤击灌注桩相同。

振动灌注桩的适用范围除与锤击灌注桩相同外，并适用于稍密及中密的碎石土地基。

常见工程质量事故及处理方法：

(1) 灌注桩混凝土中部有空隔层或泥水层、桩身不连续：是由钢管的管径较小，混凝土骨料粒径过大，和易性差，拔管速度过快造成。预防措施，应严格控制混凝土的坍落度不小于 5～7cm，骨料粒径不超过 3cm，拔管速度不大于 2m/min，拔管时应密振慢拔。

(2) 缩颈：是指桩身某处桩径缩减，小于设计断面。产生的原因是在含水率很高的软土层中沉管时，土受挤压产生很高的空隙水压，拔管后挤向新灌的混凝土，造成缩颈。因此施工时应严格控制拔管速度，并使桩管内保持不少于2m高的混凝土，以保证有足够的扩散压力，使混凝土出管压力扩散正常。

(3) 断桩：主要是桩中心距过近，打邻近桩时受挤压；或因混凝土终凝不久就受振动和外力作用所造成。故施工时为消除临近沉桩的相互影响，避免引起土体竖向或横向位移，最好控制桩的中心距不小于4倍桩的直径。如不能满足时，则应采用跳打法或相隔一定技术间歇时间后再打邻近的桩。

(4) 吊脚桩：是指桩底部混凝土隔空或混进泥砂而形成松软层。其形成的原因是预制桩尖质量差，沉管时被破坏，泥砂、水挤入桩管。

2.2.3 爆扩成孔灌注桩

爆扩成孔灌注桩简称爆扩桩，由桩柱和扩大头两部分组成。因扩大头呈球形，增大了与地基接触面积，受力性能较好，提高了承载能力。桩长一般为2.5～7m，桩直径一般为20～35cm，扩大头直径为桩直径的2.5～3.5倍，混凝土强度等级不宜低于C15。

爆扩桩成孔的方法有人工成孔、机钻成孔、打拔管成孔及爆扩成孔。桩下部呈球形的大头部分用爆破法来完成。

灌注桩柱混凝土，扩大头底部混凝土振实后，立即将钢筋骨架垂直放入桩孔，然后灌注混凝土。混凝土坍落度宜为8～12mm，扩大头和桩柱混凝土一次灌注完，振捣密实，然后在桩顶覆盖草袋，终凝后浇水养护。

2.2.4 人工挖孔灌注桩施工

人工挖孔灌注桩直径一般为0.8～3m，最大可达4m，深度一般在20m左右，国内最深的为72m，适用于桩直径800mm以上，无地下水或地下水较少的粘土、粉质粘土，含少量砂、砂卵石、姜结石的粘土采用，特别适于黄土层采用，这种桩还可以在底部做成变径的扩大头，称之为大直径扩底灌注桩。

这类桩具有许多优点，如单桩承载力高，可达几百吨乃至几千吨力，能满足高层建筑的框架结构、筒体结构和剪力墙体系的需要；既能承受较大的垂直荷载，也能承受较大的水平荷载；不需要做桩承台，与群桩比桩的数量少，施工无振动、噪声公害。但是挖孔桩井下作业条件差、环境恶劣、劳动强度大，故安全和质量显得尤为重要。场地内严禁打降深抽水，当确因施工需要采取小范围抽水时，应注意对周围地层及建筑物进行观察，发现异常情况应及时通知有关单位进行处理。

1. 人工挖孔施工机具

(1) 电动葫芦和提土桶。

(2) 潜水泵。

(3) 鼓风机和输风管。

(4) 锹、镐、土筐等挖土工具。

(5) 照明灯、对讲机、电铃等。

2. 施工工艺

(1) 按设计图纸放线，定桩位。

(2) 开挖土方。

(3) 支设护壁模板。

(4) 在模板顶放置操作平台。

(5) 浇筑护壁混凝土。

(6) 拆除模板继续下一段的施工。

(7) 排除孔底积水，浇筑桩身混凝土。

3. 注意事项

(1) 开挖前，从桩中心位置向桩四周引出 4 个桩心控制点，施工过程用桩心点来校正模板位置，有专人严格校核中心位置及护壁厚度。桩孔开挖后，当天一次灌注完毕护壁混凝土，护壁混凝土拌和料中掺入早强剂；护壁拆模后，若发现护壁有蜂窝、漏水现象，要及时加以堵塞或导流，防止孔外水通过护壁流入孔内。

(2) 在开挖过程中，如遇到特别松软的土层，流动性淤泥或流砂时，为防止土壁坍落及流砂，可减少每节护壁的高度或采用钢护筒，待穿过松软土层和流砂层后，再按一般的方法边挖边灌注混凝土护壁，继续开挖桩孔。开挖流砂现象严重的桩孔可采用井点降水法。

4. 安全技术

(1) 每日开工前应检测井下有无危害气体和不安全因素，孔深大于 10m 以及腐殖质土层较厚时，应有专门送风设备，风量不应小于 25L/s，向桩孔内作业面送入新鲜空气。桩孔下爆破后，必须向桩孔内送风，或向桩孔内均匀喷水，使炮烟全部排除或凝聚沉落后，才能下桩孔内作业。

(2) 桩孔口应严格管理。桩孔口应设置高于地面 200mm 的护板，防止地面石子或其他杂物等被踢入桩孔中。地面孔口四周必须有护栏，高度不低于 800mm。无关人员不得靠近桩孔口，桩孔口机械操作人员不准离开岗位。口袋内不得放置物品(如钥匙、钢笔、怀表、打火机、小型工具等)，以防坠入桩孔中。

(3) 每日开工前需利用空压机对孔内进行吹入一定的新鲜空气，防止孔内存在有害气体、二氧化碳浓度过高等。

(4) 施工前需对钢丝绳、麻绳进行认真检查，发现绳索受损应立即进行更换，防止提升过程中出现断裂、发生安全事故。

(5) 装渣桶、吊篮、吊桶上下用电动葫芦提放，上下应对准桩孔中心。

(6) 在任何情况下严禁提升设备超载运行，上、下班前对提升架及轨道应进行检查，工作时发现异常情况应立即停止工作，找出原因，认真检修，不准带病运转。

(7) 吊放钢筋入桩孔时，应绑紧系牢(下口宜用铁盘兜住)，确保不溜脱坠落。应待钢筋吊入孔底后，才能下人进入桩孔解钩。

(8) 在桩孔内绑扎或焊接钢筋骨架时，操作平台方木必须放在实处(可放在混凝土护壁突出面上或钢筋骨架加强环筋上)，并与平台木板钉牢，防止方木滑动位移，平台坠落。

(9) 桩孔内挖出的土方尽量远离孔口，避免落入孔内对孔底作业人员造成伤害。

工程案例

钻(冲)孔灌注桩工程质量事故分析和处理

1. 工程概况、事故及检测结果

该工程为五层大跨度轻工生产厂房，采用钻(冲)孔灌注桩基础。设计为88根ϕ90cm桩，单桩承载力设计值为3000kN，桩长从天然地面起算约为18～28m(中风化花岗岩界面起伏较大)，要求进入中风化花岗岩不少于1m(嵌岩)。

场地的地质情况，表层为厚8～10m海成极松散的细砂(属中等液化土层)，第二层为2～4m厚高压缩性、软塑状的粉质粘土，余下的为可塑状的砂质粘性土。地下水很丰富，埋深仅1m。

该工程采用正循环泥浆护壁钻孔，导管水下灌注混凝土成桩工艺施工。桩打完后，抽取10根进行无破损动测(高应变)方法检测，另3根进行单桩垂直荷载试验。

检测结果，动测桩中，有局部问题的Ⅱ类桩(承载力偏低，11＃为2520kN，29＃为2650kN)共2根，静荷载桩中，有2根属Ⅱ类桩(承载力偏低，2＃压至4200kN沉降量超标，其容许承载力为2100kN，摩擦力约占75%；58＃桩压至4800kN沉降量超标，其容许承载力为2400kN，摩擦力约占70%)，检测桩的总合格率仅达到64%。为进一步查清桩身混凝土质量和桩端的情况，决定对检测承载力最低的2＃及11＃进行钻探抽芯检验。抽芯发现，2根桩桩尖进入中风化花岗岩仅为0.40m、0.48m；桩孔底沉渣超厚，分别为0.20m、0.14m。上述检测结果表明，桩基质量较差，远远达不到设计3000kN的要求，事故后果很严重。

2. 事故原因分析

根据检测结果初步判定，该工程事故属施工质量事故。

造成该事故主要原因有以下两个方面。

1) 桩尖入岩深度判断失误

设计要求桩尖进入中风化花岗岩层不少于1m。通常是以花岗岩中长石和云母颗粒的风化状况作为判断其风化程度的依据。如果从钻屑中发现有少量较完整坚硬的长石、云母颗粒，就认为已经钻到设计要求的深度，则有可能作出过早停钻的决定。这是因为，首先，从花岗岩强风化带到中风化带，不完全是明显的突变，而是有一个渐变过程。在渐变过渡的强风化带中包含了少量中风化的块体。正是这些中风化块体中类同于中风化带的长石、云母颗粒，首先出现在钻屑中。但该部位风化层的强度仍然受到强风化条件的控制，不能作为中风化层对待。其次，钻孔桩所采用的笼式钻头，前端导向尖长度h，通常约占钻头长度H的50%以上。桩基设计所选择的持力层，是指桩尖直径为D的全断面进入部位所处的层位。由于笼式钻头、钻具重量较轻，导向尖一进入中风化层，钻进速度立即迅速下降。若此时发现有中风化岩屑排出，即认为已进入中风化层，则往往导致过早停钻，造成只有一小部分导向尖进入中风化层，实际上大部分桩尖仍处于强风化层的状态。因此，在接近终孔的阶段要非常注意钻屑的变化，如果发现钻屑中有中风化程度的长石和云母颗粒出现，而且同时钻进速度迅速降低，则应立即记下钻孔的深度。在以后钻进排出的钻屑中，中风化颗粒数量未减少而钻进速度又没有增加的情况下，从发现中风化钻屑开始，必须再钻进不少于$h+l$(l为工程要求桩长进入持力层的深度，本工程要求不少于1m)的深度，方可认为钻孔全断面已进入设计要求层位，可以停钻。本工程抽芯检验的2根桩，其钻进和终孔的采样中已含有中风化的颗粒，但抽芯验定桩尖进入中风化花岗岩仅为0.4m和0.48m，即造成过早判断已进入中风化岩层并停止钻进的失误。

2）桩底沉渣超厚度

大直桩水下灌注桩底沉渣超厚是个较普遍的问题，而本工程更具特殊性。原因有二，首先场地土层的造浆能力差且漏浆严重，影响护壁，致平均扩孔充盈系数达1.32，最大竟达1.56。按主泵最大泵量180m^3/h，采用正循环钻进，则在钻进和清孔时，泵入泥浆约经4～6min才能返回地面，返浆速度约为4.7m/min，显然排浆速度较慢。并且为保证桩孔稳定，不得不保持注入泥浆比重1.2～1.3，或者更大，才能增加泥浆的悬浮力，以带走钻屑、碴土，清孔过程不能降低比重至1.15以下，因而孔底清洗不干净，并且从停止清孔至放下导管灌注混凝土前的一段时间(停留过长)，会在孔度沉积相当数量的渣土。其次是首灌容量偏小。采用现场搅拌，储料斗的容量为0.85m^3，另加上提料斗，总容量仅为1.10m^3，根据平衡原理，首灌容量要求≥1.50m^3，显然该机的首灌容量偏小，混凝土的排挤能力有限，不足以将孔底的沉渣完全排挤，托升至桩顶面，致沉渣残留桩底。

3. 事故处理

事故发生后，设计、建设、施工、质监等有关部门研究决定，对桩基承载力和厂房基础进行如下处理。

(1) 桩承载力：由于有相当数量的桩进入设计要求的中风化花岗岩持力层的深度不足和桩底沉渣过厚，大大降低了桩的承载力。按照不计端承力的摩擦桩计算的桩基承载力与按垂直静荷载试验提供单桩容许承载力，其结果大体相当，因此重新核定本工程单桩容许承载力为2100kN，偏于安全。

(2) 基础处理加固：经过比较补桩和地基加固两种方法，为降低成本，最后决定采用地基加固。即对承台、地梁下的地基土进行换取厚1.5m的碎石砂级配垫层，分层压实，提高地基的承载力；同时增设双向条形地梁基础(即交梁基础)，加强基础与上部结构共同工作的刚度和整体性。满足设计要求。

基础经加固处理，满足了原设计上部结构传来荷重的要求，部分地挽回了经济损失，但该事故仅处理加固费用的直接经济损失近40万元(占主体概算10%)，推迟工期三个月，其经验教训值得认真吸取。

本章小结

通过本章学习，可以了解钢筋混凝土预制桩的预制、起吊、运输及堆放方法；掌握锤击法施工工艺和施工要点，包括打桩设备、打桩顺序、打桩方法和质量控制；掌握泥浆护壁成孔灌注桩和干作业成孔灌柱桩的施工要点；了解套管成孔灌注桩与挖孔灌注桩施工方法。

习　题

一、单项选择题

1. 钢筋混凝土预制桩的运输和打桩，必须达到设计强度标准值的(　　)。

A. 70%　　B. 80%

C. 90%　　D. 100%

2. 击沉桩时，为防止桩受冲击应力过大而损坏，应力要求(　　)。

A. 轻锤重击　　B. 轻锤轻击　　C. 重锤重击　　D. 重锤轻击

3. 大面积高密度打桩不易采用的打桩顺序是(　　)。

A. 由一侧向单一方向进行　　B. 自中间向两个方向对称进行

C. 自中间向四周进行　　D. 分区域进行

4. 下列灌注桩的说法不正确的是(　　)。

A. 灌注桩是直接在桩位上就地成孔，然后在孔内灌注混凝土或钢筋混凝土而成

B. 灌注桩能适应地层的变化，无需接桩

C. 灌注桩施工后无需养护即可承受荷载

D. 灌注桩施工时无振动、无挤土和噪声小

5. 泥浆护壁成孔灌注桩成孔机械可采用(　　)。

A. 导杆抓斗　　B. 高压水泵　　C. 冲击钻　　D. 导板抓斗

二、判断题

1. 钢筋混凝土桩，打桩时宜采用重锤高击。　　(　　)

2. 桩按施工工艺不同，可分为端承桩、摩擦桩。　　(　　)

三、填空题

1. 钻孔桩的质量要求是孔底虚土厚度应小于________，垂直偏差不大于________。

2. 预制桩的接桩方法有________、________、________。

3. 打桩施工时摩擦桩应以________为主，以________作为参考。端承桩应以________为主，以________作为参考。

4. 钻孔灌注桩钻孔时的泥浆循环工艺有________、________两种。

四、名词解释

1. 静力压桩

2. 正循环回转钻机成孔

五、简答题

1. 混凝土灌注桩按成孔方法分为哪几种？

2. 干作业成孔有哪些方法？

3. 泥浆在成孔过程中有什么作用？

4. 套管成孔灌注桩的施工流程如何？

第3章 砌筑工程

教学目标

通过本章教学，让学习者熟悉砌筑材料的种类和使用要求，掌握砌体施工工艺和质量标准，并能进行砌体常规的检测。

教学要求

知识要点	能力要求	相关知识
砌筑机具与材料	了解砌筑材料的种类、特性	砂浆搅拌机； 砂浆的制备与使用； 普通烧结砖、蒸压砖、砌块
砖墙砌体施工	了解砖砌体的砌筑方法； 熟悉砖砌体的施工工艺； 掌握砌筑工程质量要求； 掌握砖砌体工程的质量通病与防治	“三一”砌砖法； 挤浆法； 构造柱
砌块的施工	掌握砌块的施工工艺	砌块施工质量控制

基本概念

一顺一丁　三顺一丁　“三一”砌砖法　皮数杆

引例

砖石结构建筑在我国两汉时期已有所发展，如拱券主要用于地下墓室，地上则出现了石拱桥。晋代造桥技术有所发展，据文献记载，在西晋洛阳还造有砖塔。南北朝以后，除地下砖砌拱壳墓室继续存在外，砖石所建的塔、殿也有很大发展。北魏建都平城(今山西大同市)时，建有三级石塔、方山永固石室。公元477—493年间，还建有五重石塔、祇园舍石殿。迁都洛阳后又建造了很多砖石塔，目前唯一保存下来的是建于公元523年的河南登封嵩岳寺塔。塔为砖砌成，平面十二边形，总高39.5m左右，内部上下贯通，加木楼板。塔外观一层四角砌出壁柱，南面开门，东西面开窗，余八面砌出塔形龛。一层塔身下为基座、上为密叠的十五层塔檐，最上收顶，上建覆莲座及石雕塔刹。全塔实际是一用砖砌的空筒，向外叠涩挑出十五层檐，上用叠涩砌法封顶。塔身砌砖包括壁柱、塔形龛、叠涩屋檐等都使用泥浆，不加白灰等胶结材。各层塔檐叠涩和素平的基座都用一顺一丁砌成，转角交搭处两面都用顺砖。塔门为二券二伏的正圆券，小塔门用一券一伏，虽没有后世砌法成熟而规范化，都也能基本保持砌体之整体性，故能屹立一千四百余年而不毁。由于大量建佛塔，砖砌结构由汉代只砌墓室转到地上并取得了很大的进步。

河南登封嵩岳寺塔

砖石建筑在我国有悠久的历史，目前在土木工程中仍占有相当的比重。这种结构虽然取材方便、施工简单、成本低廉，但它的施工仍以手工操作为主，劳动强度大、生产率低，而且烧制粘土砖占用大量农田，因而采用新型墙体材料，改善砌体施工工艺是砌筑工程改革的重点。

砌筑工程是指普通粘土砖、硅酸盐类砖、石块和各种砌块的施工。

砌筑工程是一个综合的施工过程，包括搭设脚手架、材料运输、砌筑和勾缝等内容。在混合结构主体工程施工中。砌筑工程还与构件安装、现浇钢筋混凝土等穿插进行。

3.1 砌筑机具与材料

3.1.1 机具设备的准备

1. 运砖、运灰小车

运灰小车宽度有50cm和80cm两种。窄的可用于脚手架上运灰，宽的可用于地面运灰。运砖小车各地所用的不完全相同，一般每车可装砖200～300块。

2. 砂浆搅拌机

砂浆搅拌机(图 3-1)是根据强制式搅拌机原理设计的。搅拌时拌筒一般固定不动。卸料时，一种是拌筒倾翻，筒口朝下出料，另一种是打开筒底侧的活门出料。

图 3-1 砂浆搅拌机

3. 型钢井架、龙门架

目前在中小型民用建筑施工中，广泛使用井架(可用型钢制成或钢管搭成，如图 3-2 所示)或龙门架(图 3-3)作为垂直运输设备。型钢制成的井架，是由立柱、平撑、斜撑等杆件组成。一般吊盘起重质量为 1000～1500kg，附设拔杆长 7～10m，起重质量 800～1000kg 搭设高度可达 40m。井架需要设置缆风绳，高度 15m 以下时设一道，15m 以上，每增高 10m 增设一道。

图 3-2 型钢井架

图 3-3 龙门架

龙门架是由两根方柱及天轮梁(横梁)构成。在龙门架上装设滑轮、导轨、吊盘(上料平台)、安全装置以及起重索、缆风绳等，构成一个完整的垂直运输体系。龙门架构造简单、制作容易、用数少、装拆方便，起重能力一般在 0.6～1.2t，起重高度在 15～30m，适用于中小型工程。

4. 塔式起重机

塔式起重机简称塔吊。塔吊可将材料、半成品、构件等直接吊到操作地点。既可做水平运输，又可做垂直运输，使用方便。

5. 其他用具准备

除了上述机具以外，还有砌筑用的皮数杆、托线板、灰格子等，应一一准备齐全，以便顺利施工。

3.1.2 砌筑砂浆

1. 材料要求

砌筑砂浆有水泥砂浆、石灰砂浆和混合砂浆。砂浆种类选择及其等级的确定，应根据设计要求而定。

水泥砂浆和混合砂浆可用于砌筑潮湿环境和强度要求较高的砌体，但对于基础一般只用水泥砂浆。

石灰砂浆宜用于砌筑干燥环境中及强度要求不高的砌体，不宜用于潮湿环境的砌体及基础，因为石灰属气硬性胶凝材料，在潮湿环境中，石灰膏不但难以结硬，而且会出现溶解流散现象。

砌筑砂浆一般采用水泥混合砂浆，由胶凝材料(水泥)、细骨料(砂)、掺合料及外加剂组成。

砌筑砂浆使用的水泥品种及标号，应根据砌体部位和所处环境来选择。水泥进场使用前，应分批对其强度、安定性进行复验。当在使用过程中对水泥质量有怀疑或水泥出厂超过三个月(快硬硅酸盐水泥超过一个月)时，应复验试验，并按其结果使用。不同品种的水泥，不得混合使用。

砌筑砂浆使用的细骨料宜为中砂并过筛，不得含有草根等杂物，含泥量不应超过5%(M5以下水泥混合砂浆，含泥量不应超过10%)。

为改善砌筑砂浆的和易性，常加入无机的细分散掺合料，如石灰膏、粘土膏、电石膏、粉煤灰和生石灰等。掺入的生石灰应熟化成石灰膏，并用滤网过滤，使其充分熟化，熟化时间不少于7天。化灰的沉淀池中储存的石灰膏应防止干燥、冻结和污染，严禁使用脱水硬化的石灰膏。除上述掺合料外，目前还采用有机的微沫剂(如松香热聚物)来改善砂浆的和易性；微沫剂的掺量应通过试验确定，一般为水泥用量的0.5/10000～1.0/10000(微沫剂按100%纯度计)。水泥石灰砂浆中掺入微沫剂时，石灰用量最多减少一半。水泥粘土砂浆中，不得掺入微沫剂。

2. 砂浆的制备与使用

砂浆的配合比应经试验确定，试配砂浆时，应按设计强度等级提高15%。施工中如用水泥砂浆代替同强度等级的水泥混合砂浆砌筑砌体时，因水泥砂浆和易性差，砌体强度有所下降(一般考虑下降15%)，因此，应提高水泥砂浆的配制强度(一般提高一级)，方可满足设计要求。水泥砂浆中掺入微沫剂(简称微沫砂浆)时，砌体抗压强度较水泥混合砂浆砌体降低10%，故用微沫砂浆代替水泥混合砂浆使用时，微沫砂浆的配制强度也应提高一级。

砂浆配料应采用质量比，配料要准确。水泥、微沫剂的配料精度应控制在12%以内；砂、石灰膏、粘土膏、电石膏、粉煤灰的配料精确度应控制在15%以内。

砂浆宜采用机械搅拌。拌和时间，自投料完算起，不得少于1.5min。砂浆应具有良好的保水性(分层度不宜大于20mm)，如砂浆出现泌水现象，应在砌筑前再次拌和。砂浆稠度的选择主要根据墙体材料、砌筑部位及气候条件而定。一般砌筑实心砖墙，砂浆的流动性宜为70～100mm；砌筑平拱过梁、毛石及砌块宜为50～70mm，空心砖墙、柱宜为60～80mm。

砂浆应随伴随用。水泥砂浆和水泥混合砂浆必须分别在拌成后3h和4h内使用完毕；如施工期间最高气温超过30℃，必须分别在拌成后2h和3h内使用完毕。砂浆还应满足砌筑对强度的要求。砂浆强度标准值以标准养护龄期28天的试块抗压试验结果为准。每一层楼层或250m^3砌体中的各种设计强度等级的砂浆，每台搅拌机应至少检查一次，每次至少应制作一组试块(每组6块)。如砂浆强度等级或配合比变更时，还应制作试块。

砌筑对砂浆的要求：一是有良好的流动性；二是有良好的保水性；三是有足够的强度。砂浆的流动性是以稠度表示的。一般来说，对于干燥及吸水性强的块体，砂浆稠度应采用较大值；对于潮湿、密实、吸水性差的块体宜采用较小值。砂浆的保水性测定值是以分层度来表示的，分层度不得大于 30mm。保水性差的砂浆，在运输过程中易产生泌水和离析现象，从而降低其流动性，影响砌筑。

砂浆应进行强度检验，以标准养护龄期为 28 天的试块抗压试验结果为准。每一检验批且不超过 250m³ 砌体中的各种类型及强度等级的砌筑砂浆，每台搅拌机应至少抽查一次。

3.1.3 砌筑用砖

1. 普通烧结砖

普通烧结砖是以粘土、页岩、煤矸石、粉煤灰为主要材料，经压制成型、焙烧而成。按形式可分为实心砖、多孔砖和空心砖(图 3-4～图 3-6)；按材料可分为粘土砖、页岩砖和粉煤灰砖。实心砖的规格为 240mm×115mm×53mm。多孔砖和空心砖的规格为 190mm×190mm×90mm、240mm×115mm×90mm、240mm×180mm×115mm 等多种。砖的强度等级分为 MU30、MU25、MU20、MU15、MU10 五个强度等级。传统粘土砖毁田取土量大、能耗高、砖自重大，施工生产中劳动强度高、工效低，国家已明令禁止在建筑物中使用粘土实心砖。

图 3-4 实心砖

图 3-5 多孔砖

2. 蒸压砖

蒸压砖是利用粉煤灰、煤渣、煤矸石、尾矿渣、化工渣或者天然砂、海涂泥等(这些原料的一种或数种)作为主要原料，不经高温煅烧而制造的一种新型墙体材料。蒸压砖有蒸压煤渣实心砖和蒸压灰砂空心砖两种，都是通过坯料制备、压制成型、蒸压养护而制成。

砖的尺寸，长宽均为 240mm×115mm，厚度有 53mm、90mm、115mm、175mm 四种。强度等级分为 MU25、MU20、MU15、MU10 四个强度等级。

图 3-6 空心砖

3.1.4 砌块

砌块是利用混凝土，工业废料(炉渣、粉煤灰等)或地方材料制成的人造块材，外形尺寸比砖大，具有设备简单、砌筑速度快的优点，符合了建筑工业化发展中墙体改革的要求。

砌块按尺寸和质量的大小不同分为小型砌块、中型砌块和大型砌块。砌块系列中主规格的高度大于115mm而小于380mm的称作小型砌块，高度为380～980mm的称为中型砌块，高度大于980mm的称为大型砌块。使用中以中小型砌块居多。

砌块按外观形状可以分为实心砌块和空心砌块。空心砌块有单排方孔、单排圆孔和多排扁孔三种形式，其中多排扁孔对保温较有利。按砌块在组砌中的位置与作用可以分为主砌块和各种辅助砌块。

根据材料不同，常用的砌块有普通混凝土与装饰混凝土小型空心砌块(图3-7)、轻集料混凝土小型空心砌块、粉煤灰小型空心砌块、蒸汽加气混凝土砌块、免蒸加气混凝土砌块(又称环保轻质混凝土砌块,如图3-8所示)和石膏砌块。吸水率较大的砌块不能用于长期浸水、经常受干湿交替或冻融循环的建筑部位。

图3-7　混凝土小型空心砌块

图3-8　加气混凝土砌块

3.2 砖墙砌体施工

3.2.1 施工准备工作

1. 砖的准备

砖的品种、强度等级必须符合设计要求，并应规格一致。用于清水墙、柱表面的砖，尚应边角整齐、色泽均匀。无出厂证明的砖要经实验室鉴定。在砌砖前一天或半天(视天气情况而定)应将砖堆浇水湿润，以免在砌筑时因干砖吸收砂浆中大量的水分，使砂浆流动性降低，砌筑困难，并影响砂浆的粘结力和强度。但也要注意不能将砖浇得太湿而使砖不能吸收砂浆中的多余水分，影响砂浆的密实性、强度和粘结力，而且还会产生坠灰和砖块滑动现象，使场面不洁净，灰缝不平整，墙面不平直。要求普通粘土砖、空心砖含水率为10%～15%。施工中可将砖砍断，看其断面四周的吸水深度达10～20mm即认为合格。

灰砂砖、粉煤灰砖含水率宜为5%～8%。砖应尽量不在脚手架上浇水，如砌筑时砖块干燥；操作困难时可用喷壶适当补充浇水。

2. 砂浆的准备

砂浆的准备主要是做好配制砂浆的材料准备和砂浆的拌制。砌筑前，必须按施工组织设计要求组织垂直和水平运输机械、砂浆搅拌机械进场、安装调试等工作。同时，还要准备脚手架、砌筑工具等。

3.2.2 砖砌体的组砌形式

砖砌体的组砌要求，上下错缝、内外搭接，以保证砌体的整体性；同时组砌要有规律、少砍砖，以提高砌筑效率，节约材料。

砖砌体的组砌形式有一顺一丁、三顺一丁、梅花丁等。一顺一丁砌法是一皮中全部顺砖与一皮中全部丁砖相互间隔砌成，上下皮间的竖缝相互错开 1/4 砖长，如图 3－9(a)所示。三顺一丁砌法是三皮中全部顺砖与一皮中全部丁砖间隔砌成，上下皮顺砖与丁砖间竖缝错开 1/4 砖长，上下皮顺砖间竖缝错开 1/2 砖长，如图 3－9(b)所示。梅花丁砌法是每皮中丁砖与顺砖相隔，上皮丁砖坐中于下皮顺砖，上下皮间竖缝相互错开 1/4 砖长，如图 3－9(c)所示。

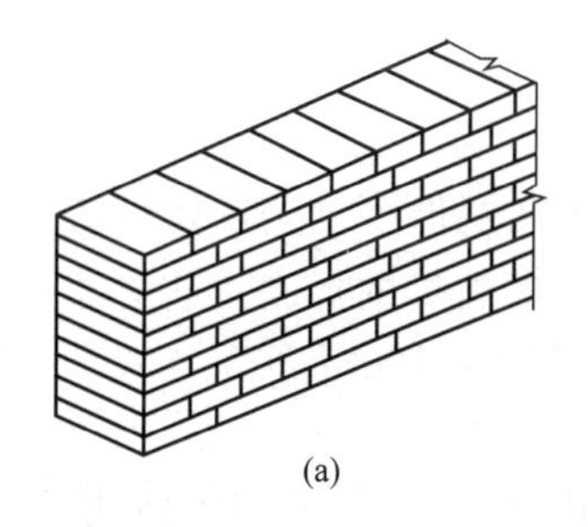
(a)

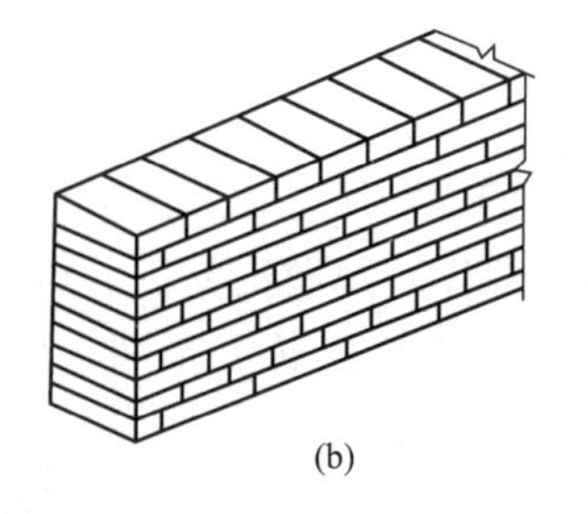
(b)

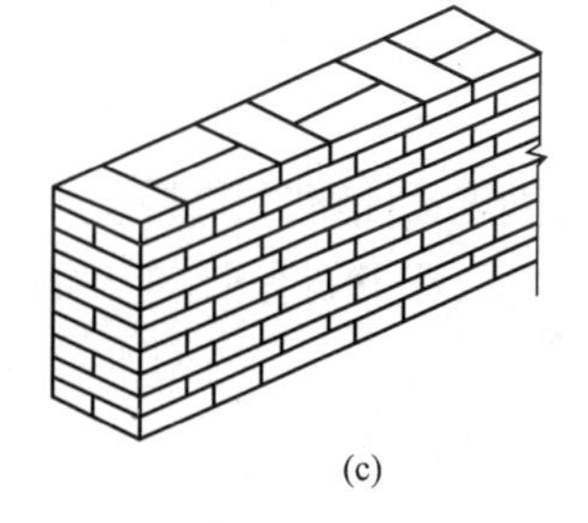
(c)

图 3－9　砖砌体的组砌形式

3.2.3 砖砌体的砌筑方法

砖砌体的砌筑方法有“三一”砌砖法、挤浆法、刮浆法等。其中“三一”砌砖法和挤浆法最常用。

“三一”砌砖法，即是一块砖、一铲灰、一揉压，并随手将挤出的砂浆刮去的砌筑方法。这种砌筑方法的优点是，灰缝容易饱满、粘结力好、墙面整洁。所以，砌筑实心砖砌体宜采用“三一”砌砖法。挤浆法即用灰勺、大铲或铺灰器在墙顶上铺一段砂浆，然后双手拿砖或单手拿砖，用砖挤入砂浆中一定厚度之后把砖放平，达到下齐边、上齐线、横平竖直的要求。这种砌法的优点是，可以连续挤砌几块砖，减少烦琐的动作；平推平挤可使灰缝饱满；效率高；保证砌筑质量。铺浆长度不得超过 750mm，施工期间气温超过 30℃时铺浆长度不得超过 500mm。

3.2.4 砖砌体的施工工艺

砖砌体的施工过程有抄平、放线、摆砖、立皮数杆、砌砖、清理、勾缝等工序。

1. 抄平

砌墙前应在基础防潮层上定出标高，并用 M7.5 水泥砂浆或细石混凝土找平，使各段砖墙底部标高符合设计要求。找平时，需使上下两层外墙之间不致出现明显的接缝。

2. 放线

建筑物底层墙身可按龙门板上轴线定位钉为准拉麻线，沿麻线挂下线锤，将墙身中心轴线放到基础面上，并据此墙身中心轴线为准弹出纵横墙身边线，并定出门洞口位置。为保证各楼层墙身轴线的重合，并与基础定位轴线一致，可利用预先引测在外墙面上的墙身中心轴线，借助于经纬仪把墙身中心轴线引测到楼层上去；或用线锤挂，对准外墙面上的墙身中心轴线，从而向上引测。轴线的引测是放线的关键，必须按图纸要求尺寸用钢皮尺进行校核。然后，按楼层墙身中心线，弹出各墙边线，划出门窗洞口位置。

3. 摆砖

摆砖是指在放线的基面上，按选定的组砌方式用干砖试摆。砖与砖留约 10mm 缝隙。摆砖的目的是为了校对所放出的墨线在门窗洞口、附墙垛等处是否符合砖的模数，以尽可能避免砍砖，并使砌体灰缝均匀，组砌得当。

4. 立皮数杆

立皮数杆可以控制每皮砖砌筑的竖向尺寸，并使铺灰、砌砖的厚度均匀，保证砖皮水平。皮数杆上划有每皮砖和灰缝的厚度，以及门窗洞、过梁、楼板等的标高。它立于墙的转角处，其基准标高用水准仪校正。如墙的长度很大，可每隔 10～20m 再立一根。皮数杆如图 3-10 所示。

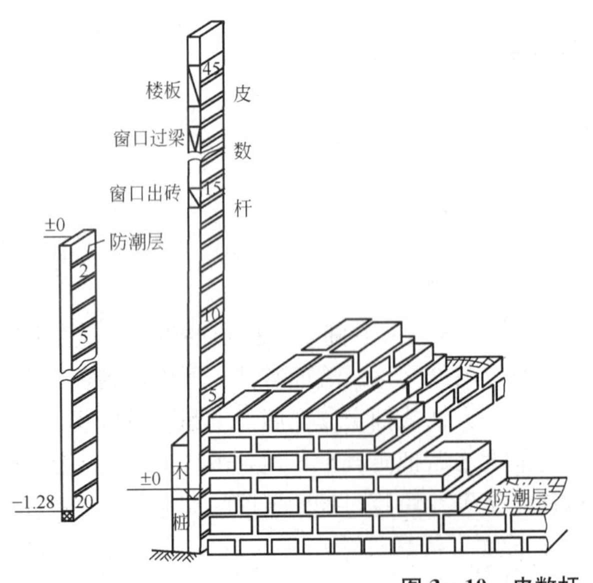

图 3-10　皮数杆

5. 砌砖

砌砖的操作方法很多，各地的习惯、使用工具也不尽相同，一般宜用“三一”砌砖法。砌砖时，先挂上通线，按所排的干砖位置把第一皮砖砌好，然后盘角，每次盘角不得超过六皮砖，在盘角过程中应随时用托线板检查墙角是否垂直平整，砖层灰缝是否符合皮数杆标志，即可挂线砌第二皮以上的砖。砌筑过程中应三皮一吊、五皮一靠。把砌筑误差消灭在操作过程中，以保证场面垂直平整。砌一砖半厚以上的砖墙必须双面挂线。

6. 清理、勾缝

当该层砖砌体砌筑完毕后，应进行墙面、柱面和落地灰的清理。清水墙砌完以后，应进行勾缝。勾缝的作用，除使墙面清洁、整齐美观外，主要是保护墙面，防止外界的风雨侵入墙体内部。勾缝方法有原浆勾缝、加浆勾缝两种。勾缝要求横平竖直，深浅一致，搭接平整并压实抹光。勾缝完毕后应清扫墙面。

3.2.5 砌筑工程质量要求

砌筑工程质量的基本要求是：横平竖直、砂浆饱满、灰缝均匀、上下错缝、内外搭砌、接槎牢固。

对砌砖工程，要求每一皮砖的灰缝横平竖直、砂浆饱满。上面砌体的重量主要通过砌体之间的水平灰缝传递到下面，水平灰缝不饱满往往会使砖块折断。为此，规定实心砖砌体水平灰缝的砂浆饱满度不得低于80%。竖向灰缝的饱满程度，影响砌体抗透风和抗渗水的性能。水平缝厚度和竖缝宽度规定为10mm±2mm，过厚的水平灰缝容易使砖块浮滑，墙身侧倾，过薄的水平灰缝会影响砌体之间的粘结能力。

上下错缝是指砖砌体上下两皮砖的竖缝应当错开，以避免上下通缝。在垂直荷载作用下，砌体会由于通缝丧失整体性而影响砌体强度。同时，内外搭砌使同皮的里外砌体通过相邻上下皮的砖块搭砌而组砌得牢固。

接槎是指相邻砌体不能同时砌筑而设置的临时间断，它可便于先砌砌体与后砌砌体之间的接合。为使接槎牢固，须保证接槎部分的砌体砂浆饱满，砖砌体应尽可能砌成斜槎，斜槎的长度不应小于高度的2/3[图3-11(a)]。临时间断处的高度差不得超过1步脚手架的高度。当留斜槎确有困难时，可从墙面引出不小于120mm的直槎[图3-11(b)]，并沿高度间距不大于500mm加设拉结筋的，拉结筋每120mm墙厚放置1根φ6钢筋，埋入墙的长度每边均不小于500mm。但砌体的L形转角处，不得留直槎。

非抗震设防及抗震设防烈度为6～7度地区的临时间断处，当不能留斜槎时，除转角处外，可留直槎，但直槎必须做成凸槎，并加设拉结钢筋。拉结钢筋沿墙高每500mm留设一道，数量为每120mm墙厚放置1φ6拉结钢筋(120mm厚墙放置2φ6)；埋入长度从留槎处算起，每边均不应小于500mm，抗震设防烈度6、7度的地区，不应小于1000mm；末端应有90°弯钩，如图3-12所示。

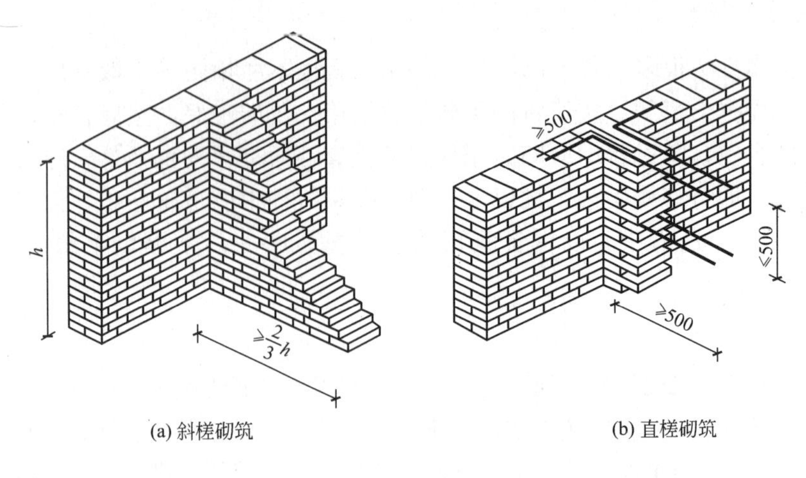

(a) 斜槎砌筑　　(b) 直槎砌筑

图 3－11　接槎

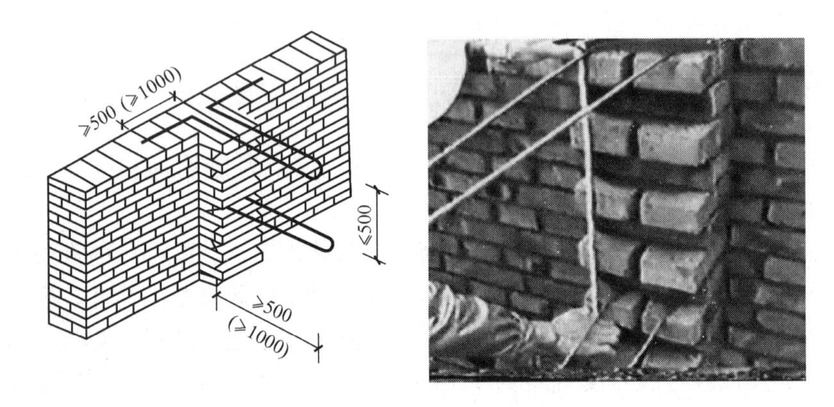

图 3－12　拉结钢筋的留设

3.2.6　砌砖的技术要求

1. 砖基础

砖基础砌筑前，应先检查垫层施工是否符合质量要求，然后清扫垫层表面，将浮土及垃圾清除干净。砌基础时可依皮数杆，先砌几皮转角及交接处部分的砖，然后拉通线砌中间部分。

基础的防潮层，如设计无具体要求，宜用 1∶2.5 的水泥砂浆加适量的防水剂铺设，其厚度一般为 20mm。

2. 砖墙

(1) 全部砖墙应平行砌起，砖层必须水平，砖层正确位置用皮数杆控制，基础和每楼层砌完后必须校对一次水平、轴线和标高。

(2) 砖墙的水平灰缝厚度和竖缝宽度一般为 10mm。但不小于 8mm，也不大于 12mm。水平灰缝的砂浆饱满度应不低于 80%，砂浆饱满度用百格网检查。竖向灰缝宜用挤浆或加浆方法，使其砂浆饱满，严禁用水冲浆灌缝。

(3) 砖墙的转角处和交接处应同时砌筑。不能同时砌筑处，应砌成斜槎。斜槎长度应不小于高度的2/3。如临时间断处留斜槎砌有困难，除转角处外，也可以留直槎，仅必须做成阳槎，并加设拉结筋。拉结筋的数量每120mm墙厚设置一根直径6mm的钢筋；间距沿墙高不得超过500mm；埋入长度从墙的留槎处算起，每边均不应小于500mm。

抗震设防地区建筑物的临时间断处不得留直槎。

砖砌体接槎时，必须将接槎处的表面清理干净、浇水湿润，并应填实砂浆，保持灰缝平直。

(4) 宽度小于1m的窗间墙，应选用整砖砌筑，半砖和破损的砖，应分散使用于墙心或受力较小部位。

(5) 不得在下列墙体或部位中留设脚手眼。

① 空斗墙、半砖墙或砖柱。

② 砖过梁上与过梁成60°角的三角形范用内。

③ 宽度小于1m的窗间墙。

④ 梁或梁垫下及其左右各500mm的范围内。

⑤ 砖砌体的门窗洞口两侧180mm和转角处430mm的范围内。

⑥ 施工图规定不允许留设脚手眼的部位。如砖砌体的脚手眼不大于80mm×140mm，可适当根据情况来决定。

(6) 施工时需在砖墙中留置的临时洞口。其侧边离交接处的墙面不应小于500mm，洞口顶部宜设置过梁。抗震烈度为9度的建筑物，临时洞口的留置应会同设计单位研究决定。

(7) 每层承重墙的最上一皮砖、梁或梁垫下面的砖，应用丁砖砌筑；框架梁的填充墙砌至梁底应预留18～20cm，间隔一周左右时间后再用实心砖斜砌挤紧，砂浆饱满。间隔一周是让新砌砌体完成墙体自身沉缩，斜砌可减少灰缝收缩，以防止梁底由于墙体沉缩造成开裂，如图3-13所示。

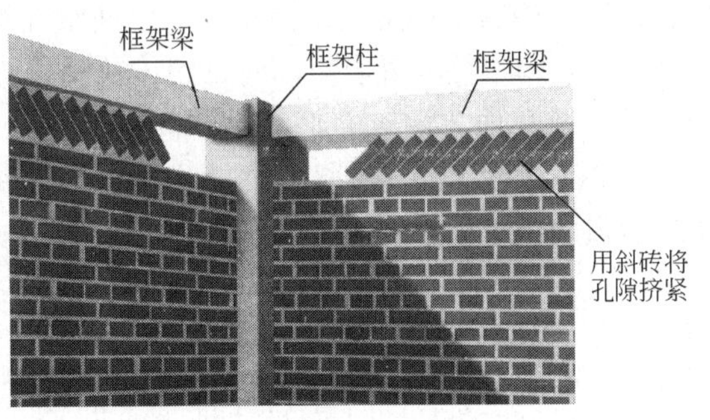

图3-13 墙顶的丁砖和梁底的整砖斜砌

(8) 砖墙每天砌筑高度以不超过1.8m为宜，雨天施工时，每天砌筑高度不宜超过1.2m。

(9) 砖砌体相邻工作段的高度差，不得超过一个楼层的高度，也不宜大于4m。工作段的分段位置宜设在伸缩缝、沉降缝、防震缝或门窗洞口处。砌体临时间断处的高度差不得超过一步脚手架的高度。

3. 构造柱

(1) 构造柱的截面尺寸不宜小于240mm×240mm，构造柱配筋中柱不宜少于4φ12，边柱、角柱不宜少于4φ14；箍筋宜为φ6@200(楼层上下500mm范围内宜为φ6@100)；竖向受力钢筋应在基础梁和楼层圈梁中锚固；混凝土强度等级不宜低于C20。

(2) 砖墙与构造柱的连接处应砌成马牙槎，每一个马牙槎的高度不宜超过300mm，并沿墙高每隔500mm设置2φ6拉结钢筋，拉结钢筋每边伸入墙内不宜小于600mm。

(3) 钢筋混凝土构造柱应遵循“先砌墙、后浇柱”的程序进行。施工程序为先绑扎钢筋，而后砌砖墙，最后浇注混凝土。该层构造柱混凝土浇完之后，才能进行上一层的施工。

(4) 构造柱(图3-14)与墙体连接处的马牙槎，从每层柱脚开始，先退后进，马牙槎沿高度方向不宜超过300mm，齿深60～120mm，沿墙高每500mm设2φ6拉结钢筋。

图3-14 构造柱

(5) 马牙槎砌好后，应立即支设模板，模板必须与墙的两侧严密贴紧、支撑牢固，防止模板漏浆。模板底部应留出清理孔，以便清除模板内的杂物，清除后封闭。

(6) 浇灌构造柱混凝土前，应将砌体及模板浇水湿润，利用柱底预留的清理孔清理落地灰、砖渣及其他杂物，清理完后立即封闭洞眼。

(7) 浇灌混凝土前先在结合面处注入适量与混凝土配比相同的去石水泥砂浆，构造柱混凝土分段浇灌，每段高度不大于2m，振捣时，严禁振捣器触碰砖墙。

3.3 砌块的施工

3.3.1 砌块的种类

近年来，我国利用本地区资源及工业废渣制成了具有不同特点的砌块。其中有粉煤灰硅酸盐砌块、粉煤灰泡沫硅酸盐砌块、混凝土空心块、化铁炉渣空心砌块和钢渣碳化砌块等。这些砌块用于墙体能保证建筑物具有足够的强度和刚度；能满足建筑物的隔声、隔热、保温要求；建筑物的耐久性和技术经济效果也较好。

本节仅对粉煤灰硅酸盐砌块和混凝土空心砌块的有关内容加以介绍。

1. 粉煤灰硅酸盐砌块

粉煤灰硅酸盐砌块是以粉煤灰为主及适量的石灰、石膏作为胶凝材料，以煤渣(或矿渣)作骨料，按一定比例配合，再加入一定量的水，经过搅拌、振动成型，蒸汽加压养护而成的。

这种砌块用于建筑墙体上，与粘土砖墙体相比，每平方米墙面造价可降低四分之一，劳动生产率可提高三分之一。

(1) 粉煤灰砌块强度形成的原理。

粉煤灰砌块刚成型时，作为胶凝材料的粉煤灰和石灰、石膏之间，还没有进行化学反应。从物理结构上看，它们还处于被水膜隔离的各自分散状态，彼此没有联系，仅仅是几种原材料的混合物，这时砌块还没有生产强度。在静停过程中，石灰大部分消化，变成氢氧化钙，同时，少量石灰、石膏溶解于水，形成石灰-石膏饱和溶液，此时的水膜已经是石灰-石膏饱和溶液膜。由于石灰消化和部分水的蒸发，游离水分减少，水(溶液)膜减薄，使砌块变硬。升温过程中，石灰、石膏与粉煤灰表面水化反应开始，至恒温(100℃)时，水化反应加剧。石灰-石膏溶液不断与粉煤灰颗粒表面水化学反应，形成水化产物。此后，石灰和石膏继续溶解，继续与粉煤灰颗粒反应，最后石灰、石膏逐步减少，直至几乎全部参加反应。粉煤灰颗粒未起反应的内芯不断缩小，而粉煤灰砌块内部结构发生了本质变化，改变了颗粒之间彼此没有联系的情况，开始形成了依靠水化产物将未反应的粉煤灰、煤渣颗粒搭接起来的多孔、立体网架结构，将粉煤灰砌块组成一个坚硬的整体，使砌块具有一定的强度。

(2) 粉煤灰砌块主要性能。

① 物理力学性能。以煤渣做骨料的粉煤灰砌块的自然容重一般为1500～1750kg/m^3，相应干容重为1300～1550kg/m^3，比粘土砖(自然容重1800kg/m^{3}左右)轻；抗压强度一般为15MPa左右，抗折强度为抗压强度的0.167～0.25，抗拉强度为抗压强度的0.063～0.1，与普通水泥混凝土相近，抗剪强度为抗压强度的0.12～0.17，略低于普通水泥混凝土。由于粉煤灰颗粒有吸水较多的特性，骨料又是多孔性材料，所以砌块的吸水性大，与粘土砖相比，吸水速度慢。在干燥状态下，砌块的导热系数为0.47～0.58W/(m·K)，比粘土砖导热系数[0.58～0.70W/(m·K)]小，因此保温性能较好。粉煤灰砌块的收缩值较普通水泥混凝土大，一般为0.7mm/m，因此应存放一定时间才能砌筑。防火性与普通水泥混凝土差不多，能够达到防火标准中规定的非燃烧的要求。

② 耐久性。建筑材料的耐久性，一般指在建筑物使用年限内，在外界的物理和化学作用下，保持其使用性能的能力，一般指其耐水性、抗冻性、碳化稳定性、综合耐久性等。工程实践表明，在水中养护一年的砌块强度增长为17%，长期浸在水中或埋在地下的建筑物基础、码头建筑等后期强度也是增长的，说明粉煤灰砌块是水硬性材料。通过在寒冷地区使用砌块的情况表明，一般能达到抗冻性质量要求(强度在10MPa以上的粉煤灰砌块，其抗冻性能完全满足15次或25次冻融循环的要求)。但是在经常受干湿、冻融交替比较频繁的部位如檐口、窗台、勒脚、水落管等，可做水泥砂浆外粉刷，构造上可采取檐口挑出、勒脚做散水坡等措施，以增加其抗冻性能。所谓碳化稳定性，即在空气中二氧化

碳作用下，其强度变化的稳定性，以碳化系数(试件在碳化后的强度与碳化前的强度的比值)来衡量，一般在0.7左右。在实际使用中，碳化作用是不可避免的。粉煤灰砌块碳化后的强度是稳定的。一般建成十年左右的粉煤灰砌块建筑；外墙面碳化深度为40～60mm。内墙为50～100mm，碳化后的砌块表面都没有发现任何破坏症状。强度在10MPa以上，抗冻性合格、外观良好的砌块，其综合耐久性是良好的，没有发现任何酥松、粉化等现象。

由于粉煤灰砌块只有十几年的历史，在寒冷地区建筑物基础和地下工程中虽有所应用，但工程时间还不多。因此，在寒冷地区或在地下工程中使用时，还应注意积累经验，加强试验研究，以确保工程质量。

2. 混凝土空心砌块

混凝土空心砌块是用C15普通水泥混凝土制作的空心率约为60%的中型空心砌块，具有块大、空心、壁薄、体轻、高强等特点。每平方米墙体自重为205kg，只有普通砖一砖墙的40%；有效建筑面积增加9%～10%；造价降低约11.5%。

(1) 材料选择。混凝土原材料一般选用42.5号普通水泥或42.5号矿渣水泥和含泥量不大于0.95%、平均粒径为0.27mm的河砂，碎石规格为6～13mm。为了降低水泥用量又能满足生产工艺对混凝土和易性的要求，可在水泥中掺入矿粉。有的单位采用珍珠岩尾矿粉工业废料，使每立方米混凝土水泥用量降至192kg。

为了快速脱模、隔日起吊归堆，除选择合理的配合比外，还可加入氯化钙做早强剂。

(2) 物理力学性能。厚度为180～200mm、空心率60%左右的混凝土空心砌块，其平均容重为960kg/m^2；有保温填充料的砌块，其容重约为1414kg/m^3，砌块抗压强度为50～70MPa，砌体强度为4MPa左右(相当于MU20砖、M2.5砂浆砌体强度)，这说明混凝土空心砌块强度潜力较大。但是，砌块的热工性能较差，200mm厚的空心砌块墙体的保温性能只与3/4砖墙体相当；隔热性能只稍强于1/2砖墙体。为了适应不同建筑的需要，满足其热工要求，可在砌块的孔洞中填塞保温和隔热材料，则砌块墙体的热工性能可以显著提高。有的单位采用粉煤灰泡沫混凝土作为填充料，改善了墙体保温隔热性能，稍优于一砖墙的隔热效果。

3. 舒布洛克混凝土砌块

与其他建材相比，舒布洛克(SureBlock)混凝土砌块(简称SB轻质混凝土砌块)的显著优点在于，强度及尺寸规范统一；利于环保；施工方便、快捷；隔声防火效果显著；颜色和表面质感丰富；节约能源；维护成本低；经济实用；经久耐用。舒布洛克作为混凝土砌块的著名生产厂家之一，其产品种类繁多、行销国内外。以下仅以舒布洛克承重砌块和轻质砌块为例进行介绍。

SB轻质混凝土砌块是以水泥为胶结材料，选择优质陶粒等轻质材料进行加工后作为骨料，对骨料的级配按照精确计算进行控制，经现代化生产工艺制成；具有重量轻、密实度好、吸水率低、收缩率小、面层尺寸规整，保温、隔声、耐火性能好等特点，是理想的轻质墙体材料。

SB轻质混凝土砌块已大量用于许多重点工程的外围护墙、内隔墙以及防火墙等，比较其他轻质墙材具有以下优势：

(1) 墙体更稳固，增强建筑的抗震性能，使用更安全。

(2) 墙面规整，装修时无需找平层。

(3) 砌块密实度高，因此吸水率低、收缩率小，墙体不易出现裂缝。

(4) 砌块密实度高，耐撞击，便于安装附件时切割钻孔。

(5) 砌块密实度高且强度稳定，可在砌体内设置水平、竖向配筋，替代现浇构造壁柱和梁，提高施工效率，降低综合造价。

(6) 保温、隔声、防潮性能好，并且可组合成复合墙，满足各种高标准要求。

(7) 墙内可走暗管线(水暖、电气、电信等)。

3.3.2 砌块建筑的施工工艺

砌筑的工序是铺灰、砌块就位、校正和灌竖缝等。

1. 砌块的吊装

砌块吊装前应浇水润湿砌块。在施工中，和砌砖墙一样，也需弹墙身线和立皮数杆，以保证每皮砌块水平和控制层高。

吊装时，按照事先划分的施工段，将台灵架在预定的作业点就位。在每一个吊装作业范围内，根据楼层高度和砌块排列图逐皮安装，吊装顺序是先内后外，先远后近。每层开始安装时，应先立转角砌块(定位砌块)，并用托线板校正其垂直度，顺序向同一方向推进，一般不可在两块中插入砌块。必须按照砌块排列严格错缝，转角纵、横墙交接处上下皮砌块必须搭砌。门、窗、转角应选择面平棱直的砌块安装。

砌块起吊使用夹钳时，砌块不应偏心，以免安装就位时，砌块偏斜和挤落灰缝砂浆。砌块吊装就位时，应用手扶着引向安装位置，让砌块垂直而平稳地徐徐下落，并尽量减少冲击，待砌块就位平稳后，方可松开夹具。如安装挑出墙面较多的砌块，应加设临时支撑，保证砌块稳定。

当砌块安装就位出现通缝或搭接小于150mm时，除在灰缝砂浆中安放钢筋网片外，也可用改变镶砖位置或安装最小规格的砌块来纠正。

一个施工段的砌块吊装完毕，按照吊装路线将台灵架移动到下一个施工段的吊装作业范围内或上一楼层，继续吊装。

砌体接槎采用阶梯形，不要留马牙直槎。

2. 吊装夹具

砌块吊装使用的夹具是单块夹。钢丝绳索具也有单块索和多块索。这几种砌块夹具与索具使用时均较方便。销钉及螺栓所用材料4～5号钢，其他为3号钢，用料尺寸由砌块重量决定。当砌块厚度较小时，可按该图的尺寸相应减少。

对于一端封口的空心砌块，因运输时孔口朝上，但砌筑时是孔口朝下。因此吊装时用加长砌块夹，夹在砌块重心下部，吊起时，利用砌块本身重心关系或用手轻轻拔动砌块，孔就向下翻身，随即吊往砌筑位置。

3. 砌块校正

砌块就位后，如发现偏斜，可以用人力轻轻推动，也可用瓦刀、小铁棒微微撬挪移动。如发现有高低时，可用木锤敲击偏高处，直至校正为止。如用木锤敲击仍不能校正，应将砌块吊起，重新铺平灰缝砂浆，再进行安装到水平。不得用石块或楔块等垫在砌块底部，以求平整。

校正砌块时在门、窗、转角处应用托线板和线锤挂直；墙中间的砌块则以拉线为准，每一层再用 2m 长托线校正。砌块之间的竖缝尽可能保持在 20～30mm，避免小于 5～15mm 的狭窄灰缝(俗称瞎眼灰缝)。

4. 铺灰和灌竖缝

砌块砌体的砂浆以用水泥石灰混合砂浆为好，不宜用水泥砂浆或水泥粘土混合砂浆。砂浆不仅要求具有一定的粘结力，还必须具有良好的和易性，以保证铺灰均匀，并与砌块粘结良好；同时可以加快施工速度，提高工效。砌筑砂浆的稠度为 7～8cm(炎热或干燥环境下)或 5～6cm(寒冷或潮湿环境下)。

铺设水平灰缝时，砂浆层表面应尽量做到均匀平坦。上下皮砌块灰缝以缩进 5mm 为宜。铺灰长度应视气候情况严格掌握，一般每次为 5mm 左右。酷热或严寒季节，则应适当缩短。平缝砂浆如已干，则应刮去重铺。

基础和楼板上第一皮砌块的铺灰，要注意混凝土垫层和楼板面是否平坦，发现有高低时，应用 M10 砂浆或 C15 细石混凝土找平，待找平层稍微干硬后再铺设灰缝砂浆。

竖缝灌缝应做到随砌随灌。灌筑竖缝砂浆和细石混凝土时，可用灌缝夹板夹牢砌块竖缝，用瓦刀和竹片将砂浆或细石混凝土灌入，认真捣实。对于门、窗边规格较小的砌块竖缝，灌缝时应仔细操作，防止挤动砌块。

铺灰和灌缝完成后，下一皮砌块吊装时，不准撞击或撬动已灌好缝的砌块，以防墙砌体松动。当冬季和雨天施工时，还应采取使砂浆不受冻结和雨水冲刷的措施。

5. 镶砖

由于砌块规格限制和建筑平、立面的变化，在砌体中还经常有不可避免的镶砖量。镶砖的强度等级不应低于 10MPa。

镶砖主要是用于较大的竖缝(通常大于 110mm)和过梁、圈梁的找平等。镶砖在砌筑前也应浇水润湿，砌筑时宜平砌，镶砖与砌块之间的竖缝，一般为 10～20mm。

镶砖的上皮砖口与砌块必须找齐，不要使镶砖高于或低于砌块口，否则上皮砌块容易断裂损坏。

门、窗、转角不宜镶砖，必要时应用一砖(190mm 或 240mm)镶砌，不得使用半砖。镶砖的最后一皮和安放搁栅、楼板、梁、檩条等构件下的砖层，都必须使用整块的顶砖，以确保墙体质量。

3.3.3 混凝土小型砌块施工要点

混凝土小型空心砌块墙如图 3-15 所示。

(1) 外墙宜采用三排孔及以上空心砌块，内墙墙厚≥190mm 应采用双排孔砌块。小砌块墙体应对孔错缝搭砌，搭接长度不应小于 90mm。墙体的个别部位不能满足上述要求时，应在灰缝中设置拉结钢筋或钢筋网片，但竖向通缝仍不得超过两皮小砌块。

(2) 墙体的第一、二皮砌块孔洞应用不低于M7.5的砌筑砂浆(或C20细石混凝土)填实。±0.00以下及卫生间宜采用不低于MU10.0的混凝土实心砖砌筑，如采用空心砌块，砌块孔洞应用不低于M7.5的砌筑砂浆(或C20细石混凝土)填实；卫生间墙体根部应预先浇筑高度不小于200mm的C20素混凝土坎台。

图3-15 混凝土小型空心砌块墙

(3) 砌块墙体应与钢筋混凝土柱或剪力墙拉结，拉结筋间距应≤500mm，并根据砌块的模数进行调整，并应满足国家标准《建筑抗震设计规范》(GB 50011—2010)及设计要求。

(4) 砌块墙体的长度大于4m时，宜加设构造柱。当墙高超过4m时，应在墙体半高处设置与柱连接且沿墙贯通的现浇钢筋混凝土压梁。

(5) 砌块墙体内设置暗管、暗线、暗盒应考虑采用开槽砌块或订制砌块，特殊情况下应在砌筑砂浆达到强度后用专用电动机械开槽、钻孔，但不得引起砌块松动和开裂；在预埋暗线、暗管等的孔槽间隙，应先用砂浆分层填实，并沿缝长方向用聚丙烯纤维防裂砂浆粘贴涂塑耐碱玻璃纤维网格布加强。

(6) 线管预埋密集的墙体(如住宅楼梯间墙)，应在墙体砌筑时预先留出线槽，在管线预埋完毕后用C20细石混凝土浇灌填实，不得在砌块墙体砌筑完毕后切割凿打线槽。

(7) 砌块墙体门窗洞应采取下列措施：

① 门窗洞两边200mm范围内的砌块墙体宜采用不低于MU10.0混凝土实心砖砌筑，如采用空心砌块，砌块孔洞应用不低于M7.5的砌筑砂浆(或C20细石混凝土)填实。

② 门窗洞口四角(600mm×800mm)范围内用涂塑耐碱玻璃纤维网格布加强。

③ 窗台应加设现浇或预制钢筋混凝土压顶。门窗洞口上方应采用钢筋混凝土过梁。压顶和过梁入墙长度不小于250mm，或锚入柱内；压顶和过梁的高度应符合砌块的模数。

(8) 砌块墙体与不同材料(如混凝土梁、柱、板)的界面应用涂塑耐碱玻璃纤维网格布增强：在墙体与不同材料的交接处，抹灰前沿缝长方向应先抹一道宽度为300mm、厚度为5mm的聚丙烯纤维防裂砂浆找平层(1∶3水泥砂浆掺入抗裂纤维，掺量为0.9kg/m^3)，再将宽度为250mm的涂塑耐碱玻璃纤维网格布均匀压入砂浆层中。

(9) 小型空心砌块墙内不得混砌粘土砖或其他墙体材料。镶砌时，应采用与小型空心砌块材料强度同等级的预制混凝土块。

(10) 砌筑时应控制砌块的含水率，填充墙砌体砌筑前块材应提前2天浇水湿润。蒸压加气混凝土砌块砌筑时，应向砌筑面适量浇水。一般情况下小型空心砌块砌筑时不得浇水；轻骨料混凝土小砌块含水率宜为5%～8%。加气混凝土砌块出釜时的含水率为35%左右，以后砌块逐渐干燥，施工时的含水率宜控制在小于15%(对粉煤灰加气混凝土砌块宜小于20%)。施工期间气候异常炎热干燥时，可在砌筑前稍加喷水湿润。与砌体交接处的梁柱混凝土表面宜洒水润湿后涂刷 1：1 水泥砂浆(加适量胶粘剂)。

(11) 砌块应将封底面朝上错缝砌筑，保证灰缝饱满。

(12) 砌筑砌块的砂浆应随铺随砌，墙体灰缝应横平竖直。水平灰缝宜采用坐浆法满铺小型空心砌块全部壁肋或多排孔小型空心砌块的封底面；竖向灰缝应采取满铺端面法，即将小型空心砌块端面朝上满铺砂浆再上墙挤紧，然后再加浆插捣密实。水平灰缝饱满度不低于 90%，竖向灰缝饱满度不低于 80%。水平灰缝厚度和竖向灰缝宽度宜为 8～12mm，并做勾缝处理，凹进墙面 2mm。

(13) 在砌筑中，已砌筑的小砌块受撬动或碰撞时应清除原砂浆，重新砌筑。

(14) 墙体每日的砌筑高度应根据墙体的部位、气温、风压等条件分别控制，日砌筑高度一般不宜大于 1.4m，雨天施工日砌筑高度不宜超过 1.2m。

(15) 距梁板底部约 300mm 高的砌块墙体，至少应间隔 7 天，待下部砌块墙体变形稳定后再砌筑。最上一皮应采用混凝土实心砖斜砌挤紧，空隙处宜待间隔 7 天后用砂浆填实。

(16) 施工中如需设置临时施工洞口，其侧边离交接处的墙面不应小于 600mm，且顶部应设过梁。填砌施工洞口时所用砂浆强度等级应提高一级。

(17) 砌块墙体砌筑应采用双排脚手架或里脚手架进行施工，不宜在砌筑的墙体上留设脚手孔洞。如确实需要设置，砌块墙体施工完毕后应专人用细石混凝土将脚手眼填实。

工程案例

某工程砌体结构中质量问题的分析

某写字楼工程，8 层，框架结构，建筑面积 4100m^2。外墙围护全部采用混凝土空心小型砌块砌筑，交付使用后，出现“热、裂、漏”质量缺陷 。

1. 热的原因分析

(1) 混凝土砌块保温、隔热性能差，这是因混凝土本身传热系数高所致。

(2) 砌块使用了单排孔的规格品种，使起保温隔热作用的空气层厚度达不到要求，没有充分发挥空气具有的保温隔热作用。

(3) 单排孔通孔砌块墙体，上下砌块仅靠壁面粘结，上下通孔，产生空气对流，热辐射大。

(4) 外墙内外侧没有采取保温隔热措施。

2. 漏的原因分析

(1) 砌块本身面积小，单排孔砌块的外壁为 30～35mm，上下砌块搭接长度不够。

(2) 水平灰缝不饱满，低于净面积 90%，留下渗漏通道。

(3) 砌筑顶端竖缝铺灰方法不正确，先放砌块后灌浆，或竖缝灰浆不饱满，低于面积 80%。

(4) 外墙未做防水处理。

3. 加气混凝土砌块墙身开裂原因分析

(1) 材质方面。轻质砌块容重轻，收缩率比普通烧结砖大，随着含水量的降低，材料会产生较大的干缩变形，容易引起不同程度的裂缝；砌块受潮后出现二次收缩，干缩后的材料受潮后会发生膨胀，脱水后会再发生干缩变形，引起墙体发生裂缝；砌块砖体的抗拉及抗剪切强度较差，只有普通烧结砖的50%；砌块质量不稳定。

(2) 设计方面。设计者重视强度设计而忽略抗裂构造措施主要有五个方面：①非承重混凝土砌块墙是后砌填充围护结构。当墙体的尺寸与砌块规格不配时，难以用砌块完全填满，造成砌体与混凝土框架结构的梁板柱连接部位孔隙过大，容易开裂。②门窗洞及预留洞边等部位是应力集中区，未采取有效的拉结加强措施时，会由于撞击振动而开裂。③墙厚过小及砌筑砂浆强度过低，使墙体刚度不足也容易开裂。④墙面开洞安装管线或吊挂重物均引起墙体变形开裂。⑤与水接触面未考虑防排水及泛水和滴水等构造措施使墙体渗漏，致使砌块含水率过高，收缩变形引起墙体开裂。

(3) 施工方面。施工方法工具、砂浆等都沿用了普通烧结砖的做法，对砌筑高度、湿度控制缺乏经验，加上施工过程中水平灰缝、竖向灰缝不饱满，减弱了墙体抗拉抗剪的能力，以及工人砌筑水平的不稳定导致墙体出现裂缝。

本章小结

通过本章学习，可以了解砌筑材料的性能；重点掌握砌砖施工工艺、质量要求及保证质量和安全的技术措施；了解砌石施工工艺；了解中小型砌块的种类、规格及安装工艺；熟悉砌块排列组合及错缝搭接要求；了解砌体常见质量通病及其防治措施。

习　　题

一、单项选择题

1. 砖墙砌筑时，水平灰缝的砂浆饱满度应不低于(　　)。

A. 60%　　B. 70%　　C. 80%　　D. 90%

2. 砖墙中的构造柱应砌成马牙槎，并应设置构造筋是(　　)。

A. 墙与柱沿高度方向每500mm设2φ6钢筋，每边伸入墙内不少于1m

B. 墙与柱沿高度方内每1000mm设2φ6钢筋，每边伸入墙内不少于1m

C. 墙与柱沿高度方向每1500mm设2φ6钢筋，每边伸入墙内不少于1m

D. 墙与柱沿高度方向每800mm设2φ6钢筋，每边伸入墙内不少于1m

二、判断题

1. 砖墙转角处最好留斜槎，否则留直槎时，应按规定加拉结筋。　(　　)

2. 砖墙中的构造柱的施工顺序是先砌砖墙、后扎筋，最后浇混凝土。　(　　)

3. 窗间墙宽度为1365mm时，则窗间墙中可以设脚手眼。（　）

4. 砖墙每日砌筑高度以不超过1.8m为宜。（　）

三、填空题

1. 砖砌体的组砌要求是________、________，以保证砌体的整体性；同时________、________，以提高砌筑效率，节约材料。

2. 砖砌体的组砌形式有________、________和梅花丁等。

3. 砖砌筑前应________，要求普通粘土砖含水率为________。

四、简答题

1. 何谓皮数杆？它有什么作用？

2. 砖砌体总的质量要求是什么？

3. 砖砌体施工接槎有哪两种形式？构造上有何要求？

4. 砌块施工应注意哪些要求？

5. 砌块结构冬季施工应注意哪些问题？

第4章 脚手架工程

教学目标

通过本章教学，让学习者掌握脚手架的基本要求，掌握各类钢管脚手架的搭设要求和方法；能搭设及拆除简易脚手架，能设计脚手架施工方案。

教学要求

知识要点	能力要求	相关知识
脚手架的种类和基本要求	熟悉脚手架的种类； 掌握脚手架的基本要求	脚手架概述
钢管脚手架	掌握扣件式钢管脚手架的基本构造和搭设要求； 熟悉碗扣式钢管脚手架、门式钢管脚手架的基本构造和搭设要求； 熟悉其他脚手架的类型	扣件式钢管脚架； 碗扣式钢管脚手架； 门式钢管； 升降式脚手架、吊脚手架、悬挑脚手架、里脚手架

基本概念

外脚手架　里脚手架　扣件式脚手架　碗扣式钢管脚手架　连墙件

引例1

脚手架指施工现场为工人操作并解决垂直和水平运输而搭设的各种支架。脚手架是土木工程施工必须使用的重要设施，主要用于外墙、内部装修或层高较高无法直接施工的地方，是保证高处作业安全、顺利进行施工而搭设的工作平台或作业通道。在结构施工、装修施工和设备管道的安装施工中，都需要按照操作要求搭设脚手架。然而脚手架在搭设、使用和拆除过程中，只要有一个环节出了问题，就可能埋下安全隐患。近年来由于施工脚手架设计或操作不当而发生倒塌的事故时有发生。

脚手架

引例2

2011年9月10日上午8时30分许，陕西西安市未央路和玄武路交界处的凯旋大厦工地一栋在建30层高楼，在施工过程中发生脚手架倒塌事故，脚手架从20层(63.1m)坠落。导致正在脚手架上作业的12名工人从高处坠落地面，造成10人死亡、2人受伤。事故发生的主要原因是作业人员违规、违章作业。同时，公安部门对这起事故负有直接责任，13人予以刑事拘留。

我国脚手架工程的发展大致经历了三个阶段。第一阶段是新中国成立初期到20世纪60年代，脚手架主要利用竹、木材料。60年代末到70年代，出现了钢管扣件式脚手架，各种钢制工具式里脚手架与竹木脚手架并存的第二阶段。从20世纪80年代迄今，随着土木工程的发展，国内一些研究、设计、施工单位在从国外引入的新型脚手架基础上，经多年研究、应用，开发出一系列新型脚手架，进入了多种脚手架并存的第三阶段。

脚手架的种类很多，按其搭设位置分为外脚手架和里脚手架两大类；按其所用材料分为木脚手架、竹脚手架与金属脚手架；按其构造形式分为多立杆式、框式、桥式、吊式、挂式、升降式以及用于层间操作的工具式脚手架；按搭设高度分为高层脚手架和普通脚手架。目前脚手架的发展趋势是采用金属制作的、具有多种功用的组合式脚手架，可以适用不同情况作业的要求。

对脚手架的基本要求是，其宽度应满足工人操作、材料堆置和运输的需要；坚固稳定；装拆简便；能多次周转使用。

西安凯旋大厦工地脚手架坍塌现场

4.1 外脚手架

4.1.1　多立杆式脚手架

多立杆式外脚手架由立杆、大横杆、小横杆、斜撑、脚手板等组成。其特点是每步架高可根据施工需要灵活布置，取材方便，钢、木、竹等均可应用(图 4－1)。扣件式脚手架是属于多立杆式外脚手架中的一种。其特点是杆配件数量少；装卸方便，利于施工操作；搭设灵活，能搭设高度大；坚固耐用，使用方便。

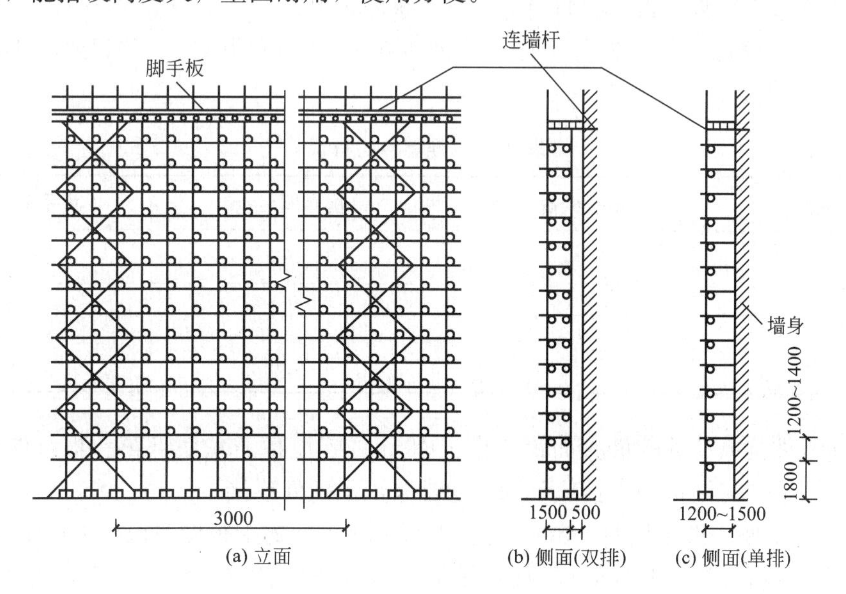

图 4－1　多立杆式脚手架

1．扣件式脚手架

(1) 扣件式脚手架基本构造。扣件式脚手架是由标准的钢管杆件(立杆、横杆、斜杆)和特制扣件组成的脚手架骨架与脚手板、连墙件、底座等组成的，是目前最常用的一种脚手架。

① 钢管杆件。钢管杆件一般采用外径 48mm、壁厚 3.5mm 的焊接钢管或无缝钢管，也有外径 50～51mm，壁厚 3～4mm 的焊接钢管或其他钢管。用于立杆、大横杆、斜杆的钢管最大长度不宜超过 6.5m，最大重量不宜超过 250N，以便适合人工搬运。用于小横杆的钢管长度宜在 1.5～2.5m，以适应脚手板的宽度。

② 扣件。扣件用可锻铸铁铸造或用钢板压成，其基本形式有三种(图 4－2)：供两根成任意角度相交钢管连接用的回转扣件，供两根成垂直相交钢管连接用的直角扣件和供两根对接钢管连接用的对接扣件。扣件质量应符合有关的规定，当扣件螺栓拧紧力矩达 20N·m时扣件不得破坏。

(a) 回转扣件

(b) 直角扣件

(c) 对接扣件

图 4－2　扣件形式

③ 脚手板。脚手板一般用厚 2mm 的钢板压制而成，长度 2～4m，宽度 250mm，表面应有防滑措施。也可采用厚度不小于 50mm 的杉木板或松木板，长度 3～6m，宽度 200～250mm；或者采用竹脚手板，有竹笆板和竹片板两种形式。

④ 连墙件。连墙件将立杆与主体结构连接在一起，可用钢管、型钢或粗钢筋等，其间距如表 4－1 所示。

表 4－1　连墙件的布置

脚手架类型	脚手架高度/m	垂直间距/m	水平间距/m
双排	≤60	≤6	≤6
	>50	≤4	≤6
单排	≤24	≤6	≤6

每个连墙件抗风荷载的最大面积应小于 $40m^2$。连墙件需从底部第一根纵向水平杆处开始设置，附墙件与结构的连接应牢固，通常采用预埋件连接。

⑤ 底座。底座一般采用厚 8mm，边长 150～200mm 的钢板做底板，上焊 150mm 高的钢管。底座形式有内插式和外套式两种(图 4－3)，内插式的外径 D_1 比立杆内径小 2mm，外套式的内径 D_2 比立杆外径大 2mm。

(2) 扣件式脚手架的搭设要求。

① 脚手架搭设范围内的地基要夯实找平，做好排水处理。如表层土质松软，应加150mm厚碎石或碎砖夯实。如地基良好，立柱插入底座可以直接置于实土上，松软土质地基加固后，在底座下垫以厚度不小于5cm的长条木板。不论土质如何，脚手架底部沿立杆应加绑扫地杆。

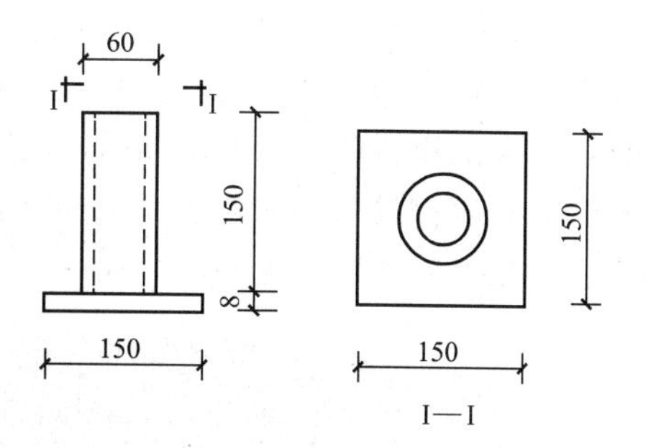

图4-3 扣件钢管架底座

② 垫板、底座均应准确地放在定位线上，竖立第一节立柱时，每6跨应暂设置一根抛撑。直至固定件架设好后，方可根据情况拆除。

③ 架设至有固定件的构造层时，应立即设置固定件。当超过时，应在超过层下采取临时稳定措施，直到固定件架设完后方可拆除。

④ 结构脚手架立杆纵向间距不得大于1.5m，大横杆上下间距不得大于1.2m，小横杆间距不得大于1m。装饰脚手架立杆纵向间距不得大于1.8m，大横杆上下间距不得大于1.5m，小横杆间距不得大于1.5m。单排脚手架立柱离墙距离宽不得大于1.5m，如超过1.5m，必须支搭双排架。

⑤ 双排脚手架的横向水平杆靠墙一端至墙装饰面的距离应不小于100mm，杆件伸出扣件的长度不应小于100mm，以防止杆件滑脱。安装扣件时，螺栓拧紧扭力矩不应小于40N·m，不大于70N·m，保证螺栓的松紧适度。

⑥ 脚手架必须垂直于地面。立杆垂直度偏差，应符合不同类型脚手架的安全技术规定。大横杆在每一面脚手架范围内的纵向水平高低差不宜超过一皮砖的厚度。

⑦ 立杆接头宜用对接，相邻两根立杆的接头应错开500mm以上，并不在同一步架内。大横杆应绑在立杆两边，以减小立杆的外倾力矩。同一步架内外和上下相邻的两根大横杆的接头应错开，都不宜在同一跨间和同一步内，其水平距离大于500mm。

⑧ 架子作业层脚手板必须满铺，离墙距离不得大于150mm，不得有空隙和留150mm以上的探头板。除操作层的脚手板外，宜每隔12m满铺一层脚手板。

⑨ 建筑物顶部脚手架要高于坡屋面的挑檐板1.5m，高于平顶屋面女儿墙顶1.0m。高出部分绑两道护身栏，并加挡脚板。

⑩ 遇到门洞时，不论单、双排脚手架均可挑空1～2根立柱，并将悬空的主柱用斜杆逐根连接，使荷载分布到两列立柱上。单排脚手架遇窗洞时，可增设立柱或吊设一根短杆将荷载传布到两侧的横向水平杆上。

2. *碗扣式钢管脚手架的构造*

碗扣式钢管脚手架是我国参考国外经验自行研制的一种多功能脚手架，其杆件节点处采用碗扣连接，由于碗扣是固定在钢管上的，构件全部轴向连接，力学性能好，其连接可靠，组成的脚手架整体性好，不存在扣件丢失问题。近年来在我国发展较快，现已广泛用于房屋、桥梁、涵洞、隧道、烟囱、水塔、大坝、大跨度棚架等多种工程施工中，取得了显著的经济效益。

(1) 碗扣式钢管脚手架基本构造。碗扣式钢管脚手架由钢管立杆、横杆、碗扣接头等组成。其基本构造和搭设要求与扣件式脚手架类似，不同之处主要在于碗扣接头。

碗扣接头(图 4-4)是由上碗扣、下碗扣、横杆接头和上碗扣的限位销等组成。在立杆上焊接下碗扣和上碗扣的限位销，将上碗扣套入立杆内。在横杆和斜杆上焊接插头。组装时，将横杆和斜杆插入下碗扣内，压紧和旋转上碗扣，利用限位销固定上碗扣。碗扣间距600mm，碗扣处可同时连接 9 根横杆，可以互相垂直或偏转一定角度。可组成直线形、曲线形、直角交叉形式等多种形式。

图 4-4 碗扣式脚手架

碗扣接头具有很好的强度和刚度，下碗扣轴向抗剪的极限强度为 166.7kN，横杆接头的抗弯能力好，在跨中集中荷载作用下达 6～9kN·m。

(2) 碗扣式脚手架的搭设要求。碗扣式钢管脚手架立柱横距为 1.2m，纵距根据脚手架荷载可为 1.2m、1.5m、1.8m、2.4m，步距为 1.8m、2.4m。搭设时立杆的接长缝应错开，第一层立杆应用长 1.8m 和 3.0m 的立杆错开布置，向上均用 3.0m 长杆，至顶层再用 1.8m 和 3.0m 两种长度找平。高 30m 以下脚手架垂直度应在 1/200 以内，高 30m 以上脚手架垂直度应控制在 1/400～1/600 以内，总高垂直度偏差应不大于 100mm。

3. 木脚手架

木脚手架通常用剥皮杉木杆。用于立柱和支撑的杆件小头直径不少于 70mm；用于纵向水平杆件小头直径不少于 80mm。木脚手架构造、搭设与钢管扣件式脚手架相似，但它一般用 8 号铅丝绑扎。立柱、纵向水平杆的搭接长度不应小于 1.5m，绑扎不少于三道。纵向水平杆的接头处，小头应压在大头上。如三杆相交时，应先绑扎两根，再绑第三根，切勿一扣绑三根。

4. 竹脚手架

杆件应用生长三年以上的毛竹。用于立杆、支撑、顶柱、纵向水平杆的竹竿小头直径不小于 75mm；用于横向水平杆的小头直径不小于 90mm。竹脚手架一般用竹篾绑扎。

在立柱旁加设项柱顶住横向水平杆，以分担一部分荷载，以免使纵向水平杆处受荷载过大而下滑，上下顶柱应保持在同一垂直线上。

4.1.2 门式钢管脚手架的构造

门式钢管脚手架是一种工厂生产、现场搭设的脚手架，是当今国际上应用最普遍的脚手架之一。它不仅可作为外脚手架，也可作为内脚手架或满堂脚手架。门式钢管脚手架因其几何尺寸标准化、结构合理、受力性能好、施工中装拆容易、安全可靠、经济实用等特点，广泛应用于建筑、桥梁、隧道、地铁等工程施工，若在门架下部安放轮子，也可以作为机电安装、油漆粉刷、设备维修、广告制作的活动工作平台。

门式钢管脚手架的搭设一般只要根据产品目录所列的使用荷载和搭设规定进行施工，不必再进行验算。如果实际使用情况与规定有不同，则应采用相应的加固措施或进行验算。通常门式钢管脚手架搭设高度限制在45m以内，采取一定措施后可达到80m左右。施工荷载取值一般为均布荷载1.8kN/m^2，或作用于脚手板跨中的集中荷载2kN。

1. 门式钢管脚手架基本构造

门式钢管脚手架是用普通钢管材料制成工具式标准件，在施工现场组合而成。其基本单元是由一副门式框架、两副剪刀撑、一副水平梁架和四个连接器组合而成(图4-5)。若干基本单元通过连接器在竖向叠加，扣上臂扣，组成一个多层框架。在水平方向，用加固杆和水平梁架使相邻单元连成整体，加上斜梯、栏杆柱和横杆组成上下步相通的外脚手架。

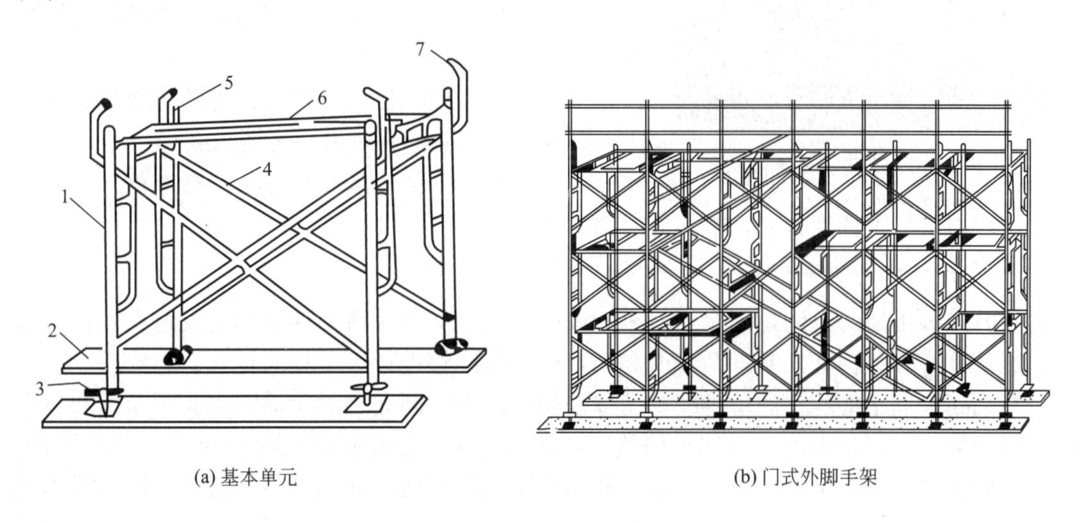

图4-5 门式钢管脚手架

1—门式框架；2—平板；3—螺旋基脚；4—剪刀撑；
5—连接棒；6—水平梁架；7—锁臂

2. 门式钢管脚手架的搭设要求

门式钢管脚手架的搭设高度一般不超过45m，每5层至少应架设水平架一道，垂直和水平方向每隔4～6m应设一扣墙管(水平连接器)与外墙连接，整幅脚手架的转角应用钢管通过扣件扣紧在相邻两个门式框架上(图4-5)。

脚手架搭设后，应用水平加固杆加强，加固杆采用直径42.7mm的钢管，通过扣件扣紧在每个门式框架上，形成一个水平闭合圈。一般在10层门式框架以下，每3层设一道，在10层门式框架以上，每5层设一道，最高层顶部和最低层底部应各加设一道，同时还应在两道水平加固杆之间加设直径42.7mm交叉加固杆，其与水平加固杆的夹角应不大于45°。

门式脚手架架设超过10层，应加设辅助支撑，一般在高8～11层门式框架之间，宽在5个门式框架之间，加设一组，使部分荷载由墙体承受。

4.1.3 升降式脚手架

升降式脚手架(图4-6)是沿结构外表面满搭的脚手架，在结构和装修工程施工中应用较为方便，但费料耗工，一次性投资大，工期也长。因此，近年来在高层建筑及筒仓、竖井、桥墩等施工中发展了多种形式的外挂脚手架，其中应用较为广泛的是升降式脚手架，包括自升降式、互升降式、整体升降式三种类型。

图4-6 升降式脚手架

升降式脚手架主要特点是：

(1) 脚手架不需满搭，只搭设满足施工操作及安全各项要求的高度。

(2) 地面不需做支承脚手架的坚实地基，也不占施工场地。

(3) 脚手架及其上承担的荷载传给与之相连的结构，对这部分结构的强度有一定要求。

(4) 随施工进程，脚手架可随之沿外墙升降，结构施工时由下往上逐层提升，装修施工时由上往下逐层下降。

1. 自升降式脚手架

自升降脚手架的升降运动是通过手动或电动倒链交替对活动架和固定架进行升降来实现的。从升降架的构造来看，活动架和固定架之间能够进行上下相对运动。当脚手架工作时，活动架和固定架均用附墙螺栓与墙体锚固，两架之间无相对运动；当脚手架需要升降时，活动架与固定架中的一个架子仍然锚固在墙体上，使用倒链对另一个架子进行升降，两架之间便产生相对运动。通过活动架和固定架交替附墙，互相升降，脚手架即可沿着墙体上的预留孔逐层升降。

具体操作过程如下：

(1) 施工前准备。按照脚手架的平面布置图和升降架附墙支座的位置，在混凝土墙体上设置预留孔。预留孔尽可能与固定模板的螺栓孔结合布置，孔径一般为40～50mm。为使升降顺利进行，预留孔中心必须在一直线上。脚手架爬升前，应检查墙上预留孔位置是否正确，如有偏差，应预先修正，墙面突出严重时，也应预先修平。

(2) 安装。该脚手架的安装在起重机配合下按脚手架平面图进行。先把上、下固定架用临时螺栓连接起来，组成一片，附墙安装。一般每2片为一组，每步架上用4根$\phi48\times3.5$钢管作为大横杆，把2片升降架连接成一跨，组装成一个与邻跨没有牵连的独立升降单元体。附墙支座的附墙螺栓从墙外穿入，待架子校正后，在墙内紧固。对壁厚的筒仓或桥墩等，也可预埋螺母，然后用附墙螺栓将架子固定在螺母上。脚手架工作时，每个单元体共有8个附墙螺栓与墙体锚固。为了满足结构工程施工，脚手架应超过结构一层的安全作业需要。在升降脚手架上墙组装完毕后，用$\phi48\times3.5$钢管和对接扣件在上固定架上面再接高一步。最后在各升降单元体的顶部扶手栏杆处设临时连接杆，使之成为整体，内侧立杆用钢管扣件与模板支撑系统拉结，以增强脚手架整体稳定。

(3) 爬升。爬升可分段进行，视设备、劳动力和施工进度而定，每个爬升过程提升1.5～2m，每个爬升过程分2步进行。

① 爬升活动架。解除脚手架上部的连接杆，在一个升降单元体两端升降架的吊钩处，各配置1只倒链，倒链的上、下吊钩分别挂入固定架和活动架的相应吊钩内。操作人员位于活动架上，倒链受力后卸去活动架附墙支座的螺栓，活动架即被倒链挂在固定架上，然后在两端同步提升，活动架即呈水平状态徐徐上升。爬升到达预定位置后，将活动架用附墙螺栓与墙体锚固，卸下倒链，活动架爬升完毕。

② 爬升固定架。同爬升活动架相似，在吊钩处用倒链的上、下吊钩分别挂入活动架和固定架的相应吊钩内，倒链受力后卸去固定架附墙支座的附墙螺栓，固定架即被倒链挂吊在活动架上。然后在两端同步抽动倒链，固定架即徐徐上升，同样爬升至预定位置后，将固定架用附墙螺栓与墙体锚固，卸下倒链，固定架爬升完毕。至此，脚手架完成了一个爬升过程。待爬升一个施工高度后，重新设置上部连接杆，脚手架进入工作状态，以后按此循环操作，脚手架即可不断爬升，直至结构到顶。

(4) 下降。与爬升操作顺序相反，顺着爬升时用过的墙体预留孔倒行，脚手架即可逐层下降，同时把留在墙面上的预留孔修补完毕，最后脚手架返回地面。

(5) 拆除。拆除时设置警戒区，有专人监护，统一指挥。先清理脚手架上的垃圾杂物，然后自上而下逐步拆除。拆除升降架可用起重机、卷扬机或倒链。升降机拆下后要及时清理整修和保养，以利重复使用，运输和堆放均应设置地楞，防止变形。

2. 互升降式脚手架

互升降式脚手架将脚手架分为甲、乙两种单元，通过倒链交替对甲、乙两单元进行升降。当脚手架需要工作时，甲单元与乙单元均用附墙螺栓与墙体锚固，两架之间无相对运动；当脚手架需要升降时，一个单元仍然锚固在墙体上，使用倒链对相邻一个架子进行升降，两架之间便产生相对运动。通过甲、乙两单元交替附墙，相互升降，脚手架即可沿着墙体上的预留孔逐层升降。

互升降式脚手架的性能特点是：

(1) 结构简单，易于操作控制。

(2) 架子搭设高度低，用料省。

(3) 操作人员不在被升降的架体上，增加了操作人员的安全性。

(4) 脚手架结构刚度较大，附墙的跨度大。它适用于框架剪力墙结构的高层建筑、水坝、筒体等施工。

具体操作过程如下：

(1) 施工前的准备。施工前应根据工程设计和施工需要进行布架设计，绘制设计图。编制施工组织设计，编订施工安全操作规定。在施工前还应将互升降式脚手架所需要的辅助材料和施工机具准备好，并按照设计位置预留附墙螺栓孔或设置好预埋件。

(2) 安装。互升降式脚手架的组装可有两种方式：在地面组装好单元脚手架，再用塔吊吊装就位；或是在设计爬升位置搭设操作平台，在平台上逐层安装。爬架组装固定后的允许偏差应满足：沿架子纵向垂直偏差不超过30mm，沿架子横向垂直偏差不超过20mm，沿架子水平偏差不超过 30mm。

(3) 爬升。脚手架爬升前应进行全面检查，检查的主要内容有：预留附墙连接点的位置是否符合要求，预埋件是否牢靠；架体上的横梁设置是否牢固；提升降单元的导向装置是否可靠；升降单元与周围的约束是否解除，升降有无障碍；架子上是否有杂物；所适用的提升设备是否符合要求等。

当确认以上各项都符合要求后方可进行爬升，提升到位后，应及时将架子同结构固定；然后，用同样的方法对与之相邻的单元脚手架进行爬升操作，待相邻的单元脚手架升至预定位置后，将两单元脚手架连接起来，并在两单元操作层之间铺设脚手板。

(4) 下降。与爬升操作顺序相反，利用固定在墙体上的架子对相邻的单元脚手架进行下降操作，同时把留在墙面上的预留孔修补完毕，最后脚手架返回地面。

(5) 拆除。爬架拆除前应清理脚手架上的杂物。拆除爬架有两种方式：一种是同常规脚手架拆除方式，采用自上而下的顺序，逐步拆除；另一种用起重设备将脚手架整体吊至地面拆除。

3. 整体升降式脚手架

在超高层建筑的主体施工中，整体升降式脚手架有明显的优越性，其结构整体好、升降快捷方便、机械化程度高、经济效益显著，是一种很有推广使用价值的超高建(构)筑外脚手架，被建设部列入重点推广的 10 项新技术之一。

整体升降式外脚手架以电动倒链为提升机，使整个外脚手架沿建筑物外墙或柱整体向上爬升。搭设高度依建筑物施工层的层高而定，一般取建筑物标准层 4 个层高加 1 步安全栏的高度为架体的总高度。脚手架为双排，宽以 0.8～1m 为宜，里排杆离建筑物净距 0.4～0.6m。脚手架的横杆和立杆间距都不宜超过 1.8m，可将一个标准层高分为 2 步架，以此步距为基数确定架体横、立杆的间距。架体设计时可将架子沿建筑物外围分成若干单元，每个单元的宽度参考建筑物的开间而定，一般在 5～9m 之间。

具体操作如下：

(1) 施工前的准备。按平面图先确定承力架及电动倒链挑梁安装的位置和个数，在相应位置上的混凝土墙或梁内预埋螺栓或预留螺栓孔。各层的预留螺栓或预留孔位置要求上下相一致，误差不超过 10mm。

加工制作型钢承力架、挑梁、斜拉杆。准备电动倒链、钢丝绳、脚手管、扣件、安全网、木板等材料。

因整体升降式脚手架的高度一般为 4 个施工层层高，在建筑物施工时，由于建筑物的最下面几层层高往往与标准层不一致，且平面形状也往往与标准层不同，所以一般在建筑物主体施工到 3～5 层时开始安装整体脚手架。下面几层施工时往往要先搭设落地外脚手架。

(2) 安装。先安装承力架，承力架内侧用 M25～M30 的螺栓与混凝土边梁固定，承力架外侧用斜拉杆与上层边梁拉结固定，用斜拉杆中部的花篮螺栓将承力架调平；再在承力架上面搭设架子，安装承力架上的立杆；然后搭设下面的承力桁架。再逐步搭设整个架体，随搭随设置拉结点，并设斜撑。在比承力架高 2 层的位置安装工字钢挑梁，挑梁与混凝土边梁的连接方法与承力架相同。电动倒链挂在挑梁下，并将电动倒链的吊钩挂在承力架的花篮挑梁上。在架体上每个层高满铺厚木板，架体外面挂安全网。

(3) 爬升。短暂开动电动倒链，将电动倒链与承力架之间的吊链拉紧，使其处在初始受力状态。松开架体与建筑物的固定拉结点，以及承力架与建筑物相连的螺栓和斜拉杆，开动电动倒链开始爬升，爬升过程中应随时观察架子的同步情况，如发现不同步应及时停机进行调整。爬升到位后，先安装承力架与混凝土边梁的紧固螺栓，并将承力架的斜拉杆与上层边梁固定，然后安装架体上部与建筑物的各拉结点。待检查符合安全要求后，脚手架可开始使用，进行上一层的主体施工。在新一层主体施工期间，将电动倒链及其挑梁摘下，用滑轮或手动倒链转至上一层重新安装，为下一层爬升做准备。

(4) 下降。与爬升操作顺序相反，利用电动倒链顺着爬升用的墙体预留孔倒行，脚手架即可逐层下降，同时把留在墙面上的预留孔修补完毕，最后脚手架返回地面。

(5) 拆除。爬架拆除前应清理脚手架上的杂物。拆除方式与互升式脚手架类似。

另有一种液压提升整体式的脚手架——模板组合体系，它通过设在建(构)筑物内部的支承立柱及立柱顶部的平台桁架，利用液压设备进行脚手架的升降，同时也可升降建筑的模板。

4.1.4 吊脚手架

吊脚手架是通过特设的支承点、利用吊索悬吊吊架或吊篮进行砌筑或装饰工程操作的一种脚手架。其主要组成部分为吊架(包括桁架式工作台和吊篮)、支承设施(包括支承挑梁和挑架)、吊索(包括钢丝绳、铁链、钢筋)及升降装置。它适用于高层建筑的外装饰作业和进行维修保养。

1. 吊架构造

(1) 桁架式工作台其构造与桥式脚手架的桥架相同，主要用于工业厂房或框架结构建筑的围护墙砌筑。

(2) 提篮架由吊架片和钢管扣件组合而成，吊架片用 ϕ48×3.5 的钢管焊接，吊架片之间用扣件与钢管连接，上面铺设脚手板，装置栏杆。这种吊架主要适用于外装修工程。

(3) 吊篮由两个吊架、底盘、栏杆等组合而成。吊架是用∟40×3 角钢焊接成矩形框架，底盘为两根大梁，上面铺设木板。这种吊篮主要用于局部外装修工程。支承系统由挑架(或挑梁)和吊索(钢丝绳、铁链)组成。支承系统的布置方法可根据工程结构情况和脚手架的用途而定，一般都在主体结构上设置支承点。

2. 吊脚手架使用规定

(1) 操作人员必须持证上岗，严格遵守安全操作规程，不准酒后冒险作业。

(2) 要正确使用劳动保护，高处作业系好安全带。

(3) 吊架内侧距建筑物为 10～20cm，两个篮的间距不得大于 20cm。

(4) 吊篮分单、双层两种，每层高度不大于 2m，宽度不大于 1m。

(5) 悬挂吊篮的挑梁必须固定牢固，可用于埋锚固体与屋面结构固定，也可配物理压牢。但必须用脚手杆将挑梁连为整体，配重必须有固定的容器砂袋、铁笼、箱子承装。

(6) 吊架的外侧和端部设两道防护栏杆，高度不少于1.5m，栏杆上满挂立网，18cm挡脚板。

(7) 吊架必须与建筑物连接牢固，不得摇晃，上下吊架要设固定的通道。

(8) 悬挂吊篮的挑出工字钢支点以内的长度和挑出长度之比应大于3，且挑梁应外高里低。

(9) 支承脚手板的横向水平间距：当采用3cm厚木板时，应不大于50cm；当采用50cm厚木板时或钢跳板时，应不大于1m，跳板不得探头并锁牢。

(10) 吊篮与挑梁必须用直径不小于9.3mm钢丝绳联结，缠绕挑梁不得少于三圈，不得绑扣，必须用3个以上卡子固定。

(11) 每个吊篮必须图示两根保险绳，每次升降扣要将保险绳与吊篮固定牢固。

(12) 采用机具升降吊篮时，其使用机具必须满足荷载要求并按说明进行操作。

(13) 使用荷载要严格控制在搞倾覆计算的许用范围内并随时清理吊架内的杂物。

(14) 工作中发现不安全因素，可暂停作业并立艰险报告。

(15) 吊架搭设完毕，由工程负责人员组织有关人员验收，合格后方可使用。

4.1.5 悬挑脚手架

悬挑脚手架(图4-7)是将外脚手架分段悬挑搭设。即每隔一定高度，在建筑物四周水平布量支承架，在支承架上支钢管扣件式脚手架或门型脚手架，上部脚手架和施工荷载均由悬挑的支承架承担。支承架一般采用三脚架形式。

图4-7 悬挑脚手架

1. 脚手架的搭设

脚手架搭设除满足普通落地钢管脚手架施工要求外，还必须注意以下要点：

(1) 脚手架首步架高为1.5m，其余步高为1.8m，脚手架立杆纵距与立杆横距依专项施工组织设计确定，立杆横距以0.9～1.1m、纵距以1.5～1.8m为宜，每段搭设的脚手架高度依专项施工组织设计确定，但最高不得超过24m。

(2) 在同一直线方向上的纵向水平杆必须用对接扣件通连在一起。

(3) 纵向水平杆必须与相交的所有立杆用扣件连接。

(4) 脚手架应在外侧立面沿整个长度和高度上设置连续剪刀撑，每道剪刀撑跨越立杆根数为5～7根，最小距离不得小于6m，剪刀撑水平夹角为45°～60°，将构架与悬挑梁(架)连成一体。

(5) 构架底部与悬挑结构应连接牢靠，不得滑动或窜动。构架底部应设置纵向和横向扫地杆，扫地杆应贴近悬挑梁(架)，纵向扫地杆距悬挑梁(架)不得大于20cm；首步架纵向水平杆步距不得大于1.5m。

(6) 架体结构在下列部位应有加强措施：架体立面转角处；架体与塔吊、电梯、物料提升机、卸料平台等设备需要断开或开口处；其他特殊部位。

(7) 所有架体必须设置两道搁栅，以便竹脚手板的铺设。

2. 安全措施

(1) 操作人员必须持有登高作业操作证方可上岗，作业前必须进行岗位技术培训与安全教育。

(2) 技术人员在施工前必须编制专项施工组织设计，脚手架搭设(拆除)前必须给所有作业人员下达书面安全技术交底。

(3) 钢管与扣件进场前应经过检查挑选，扣件在使用前应清理加油一次，扣件一定要上紧，不得松动。经扭力扳手检测每个螺栓的预紧力需在40～65N·m之间。

(4) 架子搭设完毕，用密目安全网铺于架子的外围及底部；脚手架首步架、作业层需满铺脚手板，其余每三层设置一道脚手板，并且每一片竹篱笆都要用铁丝与钢管扎牢。

(5) 悬挑式脚手架施工活载不得大于2kN/m^2，同时工作的作业层不得超过三步。

(6) 悬挑式脚手架作为建筑物结构施工时安全防护屏障及装修时作业平台，严禁将模板支架、缆风绳、泵送混凝土和砂浆的输送管道等固定在脚手架上；脚手架严禁悬挂起重设备。在脚手架上进行电、气焊作业时，必须有防火措施和专人看护。

(7) 脚手架的安全性是由架子的整体性和架子结构完整性来保证的，未经允许严禁他人破坏架子结构或在架子上擅自拆除与搭设脚手架各构件。其中在脚手架使用期间，下列杆件严禁拆除：主节点处横、纵向水平杆，连墙件。

(8) 在架子上施工的各工种作业人员应注意自身安全，不得随意向下或向外抛、掉物品。

(9) 架子在搭设(拆卸)过程要做到文明作业，高空作业需穿防滑鞋，佩戴安全帽、安全带，未佩戴安全防护用品不得上架。搭拆脚手架期间，地面应设置围栏和警戒标志，并派专人看守，严禁非操作人员入内。

(10) 雨、雪及六级大风以上天气严禁进行脚手架搭设、拆除工作。

(11) 应设专人负责对脚手架进行经常检查和保修。

4.2 里脚手架

4.2.1 里脚手架概述

里脚手架搭设于建筑物内部，每砌完一层墙后，即将其转移到上一层楼面，进行新的一层墙体砌筑。里脚手架也用于室内装饰施工。

里脚手架装拆较频繁。要求轻便灵活，装拆方便，通常将其做成工具式的，结构形式有折叠式、支柱式和门架式。

如图 4-8 所示为角钢折叠式里脚手架，其架设间距，砌墙时不超过 2m，粉刷时不超过 2.5m。根据施工层高，沿高度可以搭设两步脚手，第一步高约 1m，第二步高约 1.65m。

如图 4-9 所示为套管式支柱，它是支柱式里脚手架的一种，将插管插入立管中，以销孔间距调节高度，在插管顶端的凹形支托内搁置方木横杆，横杆上铺设脚手架。架设高度为 1.5～2.1m。

门架式里脚手架由两片 A 形支架与门架组成(图 4-10)。其架设高度为 1.5～2.4m，两片 A 形支架间距 2.2～2.5m。

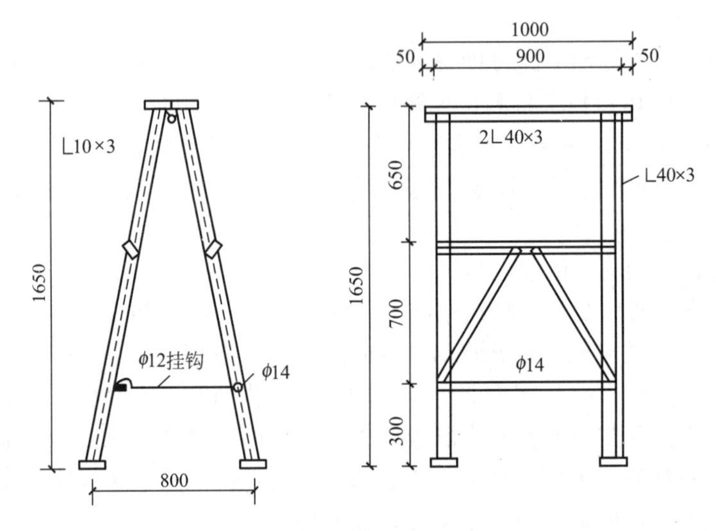

图 4-8　折叠式里脚手架

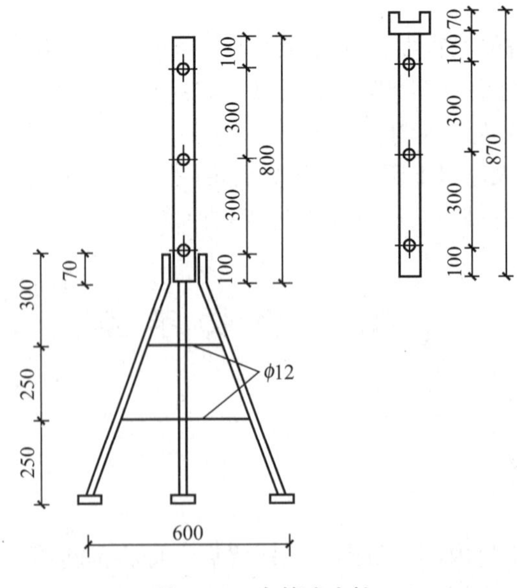

图 4-9　套管式支柱

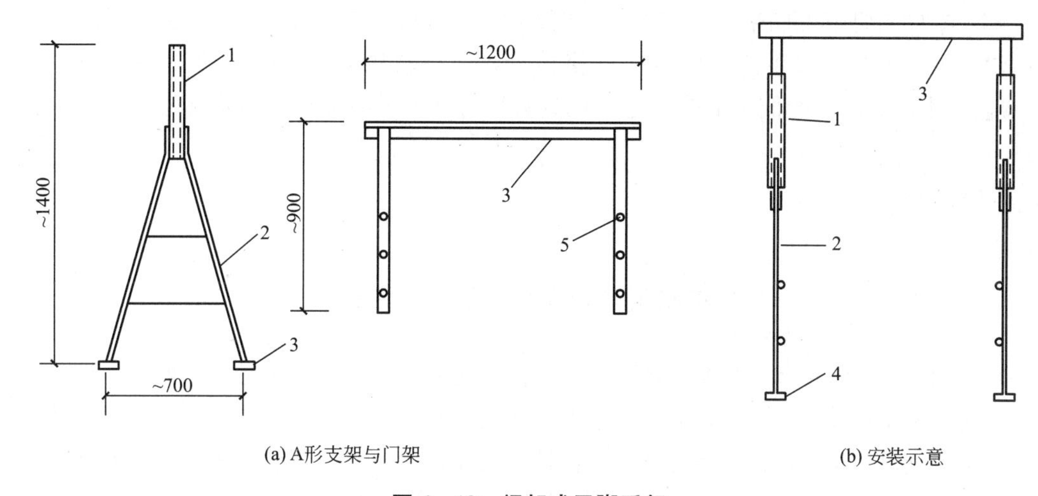

(a) A形支架与门架　　(b) 安装示意

图 4-10　门架式里脚手架

1—立管；2—支脚；3—门架；4—垫板；5—销孔

4.2.2　脚手架工程的安全技术要求

脚手架虽然是临时设施，但对其安全性应给予足够的重视，脚手架不安全因素一般有：

(1) 不重视脚手架施工方案设计，对超常规的脚手架仍按经验搭设。

(2) 不重视外脚手架的连墙件的设置及地基基础的处理。

(3) 对脚手架的承载力了解不够，施工荷载过大。所以脚手架的搭设应该严格遵守安全技术要求。

1. 一般要求

工人作业时，必须戴安全帽、系安全带、穿软底鞋。脚手材料应堆放平稳，工具应放入工具袋内，上下传递物件时不得抛掷。

不得使用腐朽和严重开裂的竹、木脚手板，或虫蛀、枯脆、劈裂的材料。

在雨、雪、冰冻的天气施工，架子上要有防滑措施，并在施工前将积雪、冰碴清除干净。

复工工程应对脚手架进行仔细检查，发现立杆沉陷、悬空、节点松动、架子歪斜等情况，应及时处理。

2. 脚手架的搭设

脚手架的搭设应与墙面之间应设置足够和牢固的拉结点，不得随意加大脚手杆距离或不设拉结。脚手架的地基应整平夯实或加设垫木、垫板，使其具有足够的承载力，以防止发生整体或局部沉陷。脚手架斜道外侧和上料平台必须设置 1m 高的安全栏杆和 18cm 高的挡脚板或挂防护立网，并随施工升高而升高。脚手板的铺设要满铺、铺平或铺稳，不得有悬挑板。脚手架的搭设过程中要及时设置连墙杆、剪刀撑，以及必要的拉绳和吊索，避免搭设过程中发生变形、倾倒。

3. 防电、避雷

脚手架与电压为 1～20kV 架空输电线路的距离应不小于 2m，同时应有隔离防护措施。

脚手架应有良好的防电避雷装置。钢管脚手架、钢塔架应有可靠的接地装置，每50m长应设一处，经过钢脚手架的电线要严格检查，谨防破皮漏电。施工照明通过钢脚手架时，应使用12V以下的低压电源。电动机具必须与钢脚手架接触时，要有良好的绝缘。

工程案例

某网架结构脚手架事故案例

某工程屋面为球形节点网架结构。由于施工总承包单位不具备网架施工能力，建设单位便将屋面网架工程分包给一家专业网架生产安装厂。在建设单位的协调沟通下，施工总包单位与网架分包单位达成协议，由总包单位搭设高空组装网架用的满堂脚手架，架高26m。脚手架搭设前，搭设方案未经监理单位批准。搭设完成后，为抢施工进度，网架厂在脚手架未进行验收和接受安全交底的情况下，就将运到施工现场的网架部件连夜全部成捆地吊上了满堂脚手架，全部质量约40t。次日上午网架安装人员登上脚手架，开始用撬棍解捆。当刚刚解到第3捆时，脚手架骤然失稳、倾斜、倒塌，造成1人重伤，7人死亡。

(1) 事故分析。造成该工程脚手架倒塌事故的主要原因是盲目施工，具体表现在到场的安装构件一次性全部吊运到脚手架上，集中荷载超过了脚手架的极限承载力，导致了事故的发生。次要原因有吊运到脚手架上的安装构件没有及时解捆以有效分散荷载的集中；脚手架搭设完成后未经搭设单位自检，也未经监理单位验收即投入使用；网架安装单位在没有与脚手架搭设单位进行书面或口头交接和安全交底的情况下，擅自使用脚手架；未得到批准的脚手架搭设方案实施的结果是，满堂脚手架立杆、大小横杆的间距，每步架的高度，钢管的连接均不符合规范要求；架上有人作业，架下也有人作业，作业安排不合理。

(2) 事故预防。盲目施工造成了该脚手架倒塌事故的发生，可采用的主要预防措施是规范施工。满堂脚手架搭设前，搭设方案应由施工单位技术负责人和监理单位总监理工程师审批；搭设完成后，施工单位项目经理应组织安全员和施工员对脚手架的搭设质量进行自检，自检合格后通知监理人员验收，只有验收合格的脚手架才能投入使用。脚手架交付使用时，应有技术和安全两个方面的书面交底。满堂脚手架的立杆、大小横杆间距，每步架的高度，其误差应控制在规范允许的误差范围内。由于脚手架的主要用途是高处作业，所能承担的荷载很有限，因此，施工中应力避脚手架满负荷。根据安全要求，高处作业下方不再安排施工人员从事任何工种的作业。

本章小结

通过本章学习，可以了解目前脚手架的种类及搭设脚手架的基本要求；掌握各类脚手架尤其是扣件式脚手架的搭设方法和质量要求，为编制脚手架专项施工方案和进行现场管理打下理论基础。

习　　题

一、填空题

1. 按搭设位置，脚手架可分为________和________两大类。
2. 钢管扣件式脚手架由________、________、________、脚手板、底座等组成。
3. 用于钢管扣件式脚手架钢管之间的连接件有________、________、________。

二、简答题

1. 在工程应用中脚手架有哪几种常用形式？
2. 扣件式脚手架的基本构造是怎样的？
3. 门式钢管脚手架的形式是怎样的？
4. 里脚手架有哪些种类？
5. 脚手架施工中在安全上有哪些要求？

第5章 钢筋混凝土工程

教学目标

通过本章教学，让学习者了解钢筋、模板、混凝土的种类、性能及加工工艺；掌握钢筋、模板、混凝土的施工工艺、施工方法及质量评定方法和标准；能计算钢筋和混凝土的配料，学会模板专项方案的设计。

教学要求

知识要点	能力要求	相关知识
钢筋工程	了解钢筋的种类、性能； 掌握钢筋焊接方法及要求； 重点掌握钢筋的下料、代换的计算方法及钢筋检查验收方法与质量要求	钢筋的性能及现场检验； 钢筋的连接； 钢筋配料； 钢筋代换； 钢筋的绑扎
模板工程	了解模板种类，熟悉模板构造及要求； 掌握模板施工方法和设计方法	模板的分类； 模板的构造与安装； 模板设计
混凝土工程	掌握混凝土的配制、浇筑、振捣、养护和强度检查	混凝土的配料； 混凝土的拌制； 混凝土的运输； 混凝土的浇筑与振捣； 混凝土的养护； 混凝土的质量检查

基本概念

钢筋代换　钢筋冷拉　钢筋冷拔　施工配合比　搅拌时间　施工缝　养护

引例

钢筋混凝土是当今最主要的建筑材料之一，但它的发明者既不是工程师，也不是建筑材料专家，而是一位名叫莫尼埃的园艺师。法国人莫尼埃有个很大的花园，一年四季开着美丽的鲜花，但是花坛经常被游客踏碎。为此，莫尼埃常想："有什么办法可使人们既能踏上花坛，又不容易踩碎呢?"有一天，莫尼埃移栽花时，不小心打坏了一盆花，花盆摔成了碎片，花根四周的土却紧紧包成一团。"噢！花木的根系纵横交错，把松软的泥土牢牢地连在了一起!"他从这件事上得到启发，将铁丝仿照花木根系编成网状，然后和水泥、砂石一起搅拌，做成花坛，果然十分牢固。1872 年，世界第一座钢筋混凝土结构的建筑在美国纽约落成，人类建筑史上一个崭新的纪元从此开始。在 1900 年之后钢筋混凝土结构在工程界方面得到了大规模的使用。1928 年，一种新型钢筋混凝土结构形式预应力钢筋混凝土出现，并于第二次世界大战后也被广泛地应用于工程实践。钢筋混凝土的发明以及 19 世纪中叶，钢材在建筑业中的应用使高层建筑与大跨度桥梁的建造成为可能。

钢筋混凝土结构工程在土木工程施工中占主导地位，它对工程的人力、物力消耗和工期均有很大的影响。钢筋混凝土结构工程包括现浇钢筋混凝土结构施工与采用装配式预制钢筋混凝土构件的工厂化施工两个方面。

钢筋混凝土结构工程是由钢筋、模板、混凝土等多个工种组成的，由于施工过程多，因而要加强施工管理，统筹安排，合理组织，以达到保证质量、加速施工和降低造价的目的。

5.1 钢筋工程

5.1.1 钢筋的作用与种类

1. 钢筋的作用

混凝土的抗压能力较强，而抗拉能力很差，而钢筋的抗拉和抗压能力都很强，将钢筋与混凝土组合在一起，具有共同作用的性能。当混凝土硬结后，混凝土和钢筋间有较强的粘结能力。钢筋端部加弯钩或采用螺纹钢钢筋，加强了混凝土与钢筋的粘结能力，共同承担外力作用，可以大大提高构件的承载能力。因此，钢筋工程是钢筋混凝土结构的重要组成部分。

2. 钢筋的种类

钢筋混凝土结构中常用的钢筋有钢筋和钢丝两类。

(1) 按钢筋的生产工艺分：分为热轧钢筋、冷拉钢筋、冲拔钢丝、热处理钢筋、碳素钢丝和钢绞线等。

(2) 按钢筋化学成分：分为碳素钢筋和普通低合金钢钢筋。

(3) 按钢筋强度分：

① Ⅰ级钢筋：表面为光圆。

② Ⅱ级钢筋：表面为人字纹、螺纹或月牙纹。

③ Ⅲ级钢筋：表面为人字纹、螺纹或月牙纹。

④ Ⅳ级钢筋：表面有光圆与螺纹。

⑤ Ⅴ级钢筋为热处理钢筋。

级别越高，其强度和硬度越高，塑性则逐渐降低。

5.1.2 钢筋的验收和存放

1. 验收

混凝土结构中所用的钢筋，都应有出厂质量证明书或试验报告单，每捆钢筋均应有标牌。进场时应按批号及直径分批验收，每批质量不超过 60t。验收的内容包括：查对标志(牌)、外观检查，并按现行国家有关标准的规定抽取试样做力学性能试验，合格后方可使用。

热轧钢筋的外观检查，要求钢筋表面不得有裂缝、结疤和折叠钢筋，允许有凸块，但不得超过横肋的最大高度。钢筋的外形尺寸应符合规定。

力学性能试验时从每批钢筋中任选两根钢筋，每根截取两个试样分别进行拉力试验(包括屈服点、抗拉强度和伸长率)和冷弯试验。如有一项结果不符合规定，则从同一批中另取双倍数量的试样，重做各项试验。如仍有一个试样不合格，则该批钢筋为不合格品，应降级使用。

在使用过程中，对热轧钢筋的质量有疑问或类别不明时，在使用前应做拉力和冷弯试验。根据试验结果确定钢筋的类别后，允许使用。抽样数量应根据实际情况确定，这种钢筋不宜用于主要承重结构的重要部位。热轧钢筋在加工过程中发现脆断、焊接性能不良或力学性能明显不正常等现象时，应进行化学成分分析或其他专项检验。

对有抗震要求的框架结构纵向受力钢筋应进行检验，检验所得的强度实测值应符合下列要求。

(1) 钢筋的抗拉强度实测值与屈服强度实测值的比值不应小于 1.25。

(2) 钢筋的屈服强度实测值与钢筋的强度标准值的比值，当按一级抗震设计时不应大于 1.25；当按二级抗震设计时，不应大于 1.4。

2. 存放

钢筋运进施工现场后，必须严格按批分等级、牌号、直径、长度挂牌存放，并注明数量，不得混淆。钢筋应尽量放入仓库或料棚内。条件不具备时，应选择地势较高、土质坚实、较为平坦的露天场地存放。在仓库或场地周围挖排水沟，以利排水。堆放时钢筋下面要加垫木，离地不宜少于 200mm，以防钢筋锈蚀和污染，钢筋成品要分工程名称和构件名称，按号码顺序存放。同一项工程与同一构件的钢筋要存放在一起，按号挂牌排列，牌上注明构件名称、部位、钢筋形式、尺寸、钢号、直径、根数，不能将几项工程的钢筋混放在一起；同时不要和产生有害气体的车间靠近，以免污染和腐蚀钢筋。

5.1.3 钢筋的配料与代换

1. 钢筋配料

钢筋配料是根据构件配筋图，先将混凝土结构分解成柱、梁、墙、板和楼梯等构件，以一种构件为主，绘出各种形状和规格的单根钢筋简图，并注明钢筋的编号、数量、强度等级、直径、间距、锚固长度及搭接长度和接头位置等。然后根据结构构件混凝土保护层、钢筋弯曲和弯钩等分别计算钢筋下料长度和根数，填写配料单，申请加工。

1）钢筋配料单编制依据

（1）施工图纸。与钢筋工程有关的图纸主要是结构施工图；结构设计说明要仔细阅读，设计人员会将结构使用年限、结构抗震等级、混凝土强度等级、钢筋接头形式、保护层厚度或结构所处环境、标准图集名称及版本、一般施工要求等重要信息逐一列出。

（2）标准图集。常见的有《混凝土结构施工图平面整体表示方法制图规则和构造详图（现浇混凝土框架、剪力墙、梁、板）》（11G101－1）、抗震构造图集、过梁图集等。平法图集的表达形式，概括来讲，是把结构构件的尺寸和配筋等，按照平面整体表示方法制图规则，整体直接表达在各类构件的结构平面布置图上，再与标准构造详图相配合，即构成一套新型完整的结构设计。

2）钢筋的接头位置

编制钢筋配料单时，要合理安排钢筋的接头位置，符合规范要求的同时，做到节约钢筋原材料和简化生产操作的效果。

设计和规范对钢筋的连接方式、接头数量、接头面积百分率都有明确的规定；只有接头位置可以在设计和规范规定的范围内适当调整。

在编制钢筋配料单时就必须统筹安排接头位置，若钢筋加工成半成品，那么钢筋的接头位置也就已确定，再调整就非常困难。

梁等部分构件的接头位置，也可以在加工过程中根据现场材料的长度确定和调整。

钢筋的连接要符合规范的下列要求：

（1）连接方式、力学和外观检验应符合设计要求。

（2）钢筋接头位置的一般要求。

（3）机械连接接头或焊接接头。

（4）绑扎搭接接头。

3）钢筋下料长度计算

钢筋因弯曲或弯钩会使其长度变化，在配料中不能直接根据图纸中的尺寸下料；必须了解对混凝土保护层、钢筋弯曲、弯钩等规定，再根据图中尺寸计算其下料长度。各种钢筋下料长度计算如下：

$$\text{直钢筋下料长度}=\text{构件长度}-\text{保护层厚度}+\text{弯钩增加长度} \tag{5-1}$$

$$\text{弯起钢筋下料长度}=\text{直段长度}+\text{斜段长度}-\text{弯曲调整值}+\text{弯钩增加长度} \tag{5-2}$$

$$\text{箍筋下料长度}=\text{箍筋周长}+\text{箍筋调整值}+\text{弯钩增加长度} \tag{5-3}$$

上述钢筋需要搭接的话，还应增加钢筋搭接长度。

(1) 弯曲调整值。

钢筋弯曲后的特点：一是在弯曲处内皮收缩、外皮延伸、轴线长度不变；二是在弯曲处形成圆弧。钢筋的量度方法是沿直线量外包尺寸(图 5-1)。

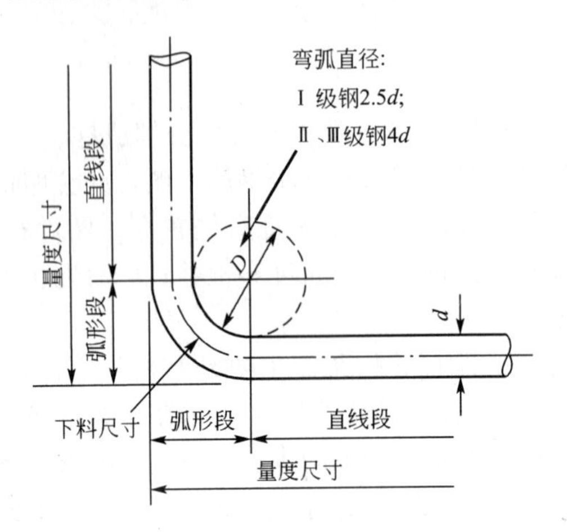

图 5-1　钢筋弯曲时的量度尺寸

因此，弯起钢筋的量度尺寸大于下料尺寸，两者之间的差值称为弯曲调整值。根据理论推算并结合实践经验，弯曲调整值列于表 5-1 中。

表 5-1　钢筋弯曲调整值

钢筋弯曲角度	30°	45°	60°	90°	135°
钢筋弯曲调整值	0.35d	0.5d	0.85d	2d	2.5d

注：d 为钢筋直径。

(2) 弯钩增加长度。

钢筋的弯钩形式有三种：半圆弯钩、直弯钩及斜弯钩(图 5-2)。半圆弯钩是最常用的一种弯钩。直弯钩只用在柱钢筋的下部、箍筋和附加钢筋中。斜弯钩只用在直径较小的钢筋中。

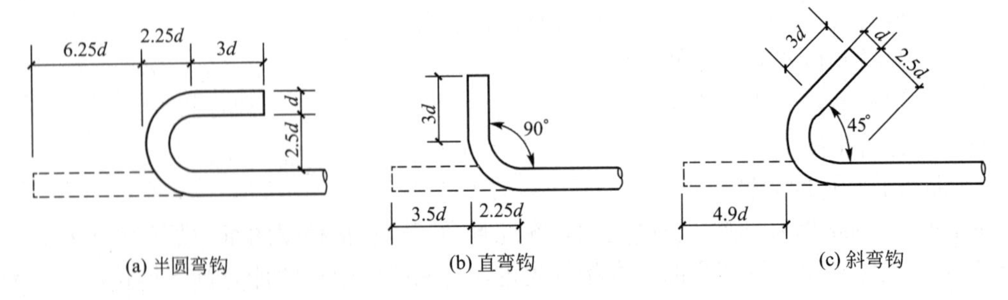

图 5-2　钢筋弯钩计算简图

光圆钢筋的弯钩增加长度，按图 5-2 所示的简图(弯心直径为 2.5d、平直部分为 3d)计算：半圆弯钩为 6.25d，直弯钩为 3.5d，斜弯钩为 4.9d。

在生产实践中，由于实际弯心直径与理论弯心直径有时不一致，钢筋粗细和机具条件不同等而影响平直部分的长短(手工弯钩时平直部分可适当加长，机械弯钩时可适当缩短)，因此在实际配料计算时，弯钩增加长度常根据具体条件，采用经验数据，见表5－2。

表5－2 半圆弯钩增加长度参考表(用机械弯)

钢筋直径/mm	≤6	8～10	12～18	20～28	32～36
一个弯钩长度/mm	40	$6d$	$5.5d$	$5d$	$4.5d$

(3) 弯起钢筋斜长。

弯起钢筋斜长计算简图见图5－3。弯起钢筋斜长系数见表5－3。

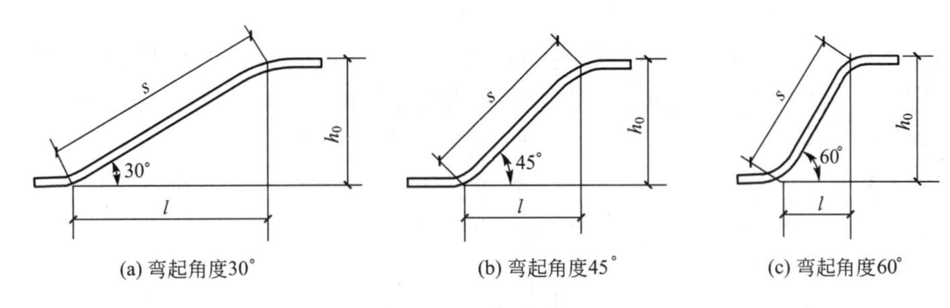

图5－3 弯起钢筋斜长计算简图

表5－3 弯起钢筋斜长系数

弯起角度	$\alpha=30°$	$\alpha=45°$	$\alpha=60°$
斜边长度 s	$2h_0$	$1.41h_0$	$1.15h_0$
底边长度 l	$1.732h_0$	h_0	$0.575h_0$
增加长度($s-l$)	$0.268h_0$	$0.41h_0$	$0.575h_0$

注：h_0 为弯起高度。

(4) 箍筋调整值。

箍筋调整值，即为弯钩增加长度和弯曲调整值两项之差或和，根据箍筋量外包尺寸或内皮尺寸确定见图5－4与表5－4。

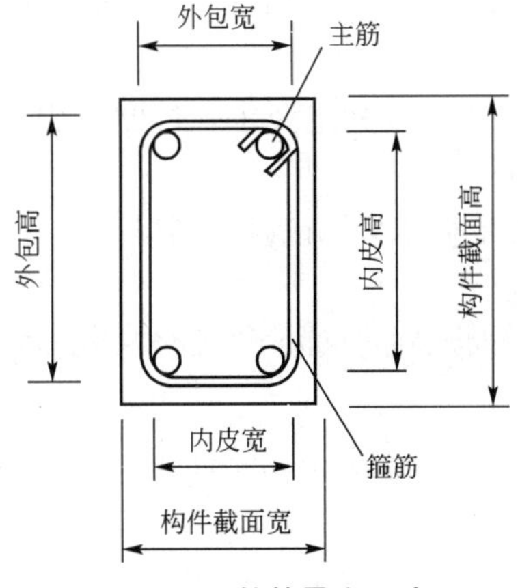

图5－4 箍筋量度尺寸

表 5-4　箍筋调整值

箍筋量度方法	箍筋直径/mm			
	4～5	6	8	10～12
量外包尺寸	40	50	60	70
量内皮尺寸	80	100	120	150～170

(5) 配料计算的注意事项。

① 在设计图纸中，钢筋配置的细节问题没有注明时，一般可按构造要求处理。

② 配料计算时，要考虑钢筋的形状和尺寸在满足设计要求的前提下要有利于加工安装。

③ 配料时，还要考虑施工需要的附加钢筋。例如，后张预应力构件预留孔道定位用的钢筋井字架，基础双层钢筋网中保证上层钢筋网位置用的钢筋撑脚，墙板双层钢筋网中固定钢筋间距用的钢筋撑铁，柱钢筋骨架增加四面斜筋撑等。

【例 5-1】 已知某教学楼钢筋混凝土框架梁 KL2 的截面尺寸与配筋见图 5-5，共计 5 根。混凝土强度等级为 C25。求各种钢筋下料长度。

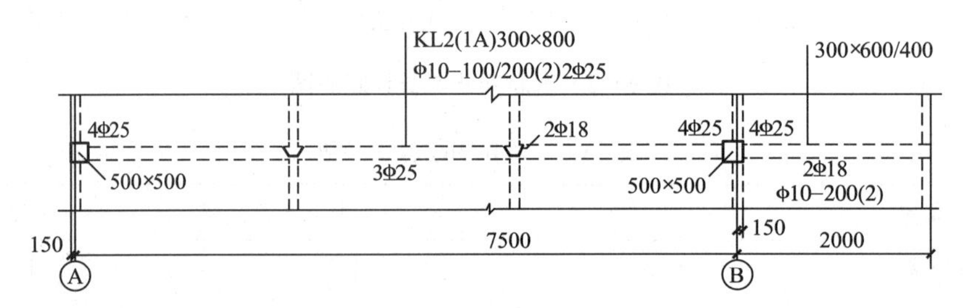

图 5-5　钢筋混凝土框架梁 KL2 平法施工图

已知构造要求：

(1) 纵向受力钢筋端头的混凝土保护层为 25mm。

(2) 框架梁纵向受力钢筋 Φ 25 的锚固长度为 $35d=35\times25=875$(mm)，伸入柱内的长度可达 $500-25=475$(mm)，需要向上(下)弯 400mm。

(3) 悬臂梁负弯矩钢筋应有两根伸至梁端，包住边梁后斜向上伸至梁顶部。

(4) 吊筋底部宽度为次梁宽$+2\times50$(mm)，按 45°向上弯至梁顶部，再水平延伸 $20d=20\times18=360$(mm)。

解：对照 KL2 框架梁尺寸与上述构造要求，绘制单根钢筋翻样图(图 5-6)，并将各种钢筋编号。

计算钢筋下料长度时，应根据单根钢筋翻样图尺寸，并考虑各项调整值。

①号受力钢筋下料长度为：

$$(7800-2\times25)+2\times400-2\times2\times25=8450(\text{mm})$$

②号受力钢筋下料长度为：

$$(9650-2\times25)+400+350+200+500-3\times2\times25-0.5\times25=10888(\text{mm})$$

⑥号吊筋下料长度为：

$$350+2\times(1060+360)-4\times0.5\times18=3154(\text{mm})$$

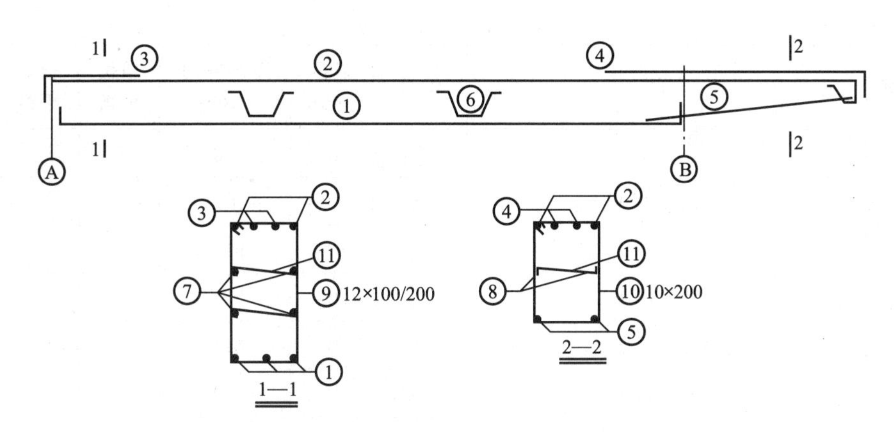

图 5-6 KL2 框架梁钢筋翻样图

⑨号箍筋下料长度为：

$$2\times(770+270)+70=2150(\mathrm{mm})$$

钢筋配料单如表 5-5 所示，构件名称：KL2 梁，5 根。

表 5-5 钢筋配料单

钢筋编号	简图	钢号	直径/mm	下料长度/mm	单位根数	合计根数	质量/kg
①	400 7750	Φ	25	8450	3	15	488
②	9600 400 500 350 200	Φ	25	10887	2	10	419
③	2742 400	Φ	25	3092	2	10	119
④	4617 350	Φ	25	4917	2	10	189
⑤	2300	Φ	18	2300	2	10	46
⑥	360 1060 350 1060 360	Φ	18	3154	4	20	126
⑦	7200	Φ	14	7200	4	20	174
⑧	2050	Φ	14	2050	2	10	25
⑨	250 750	Φ	10	2150	46	230	305
$⑩_1$	250 550	Φ	10	1750	1	5	48
$⑩_2$	548×270	Φ	10	1706	1	5	
$⑩_3$	526×270	Φ	10	1662	1	5	

（续）

钢筋编号	简图	钢号	直径 /mm	下料长度 /mm	单位根数	合计根数	质量 /kg
⑩$_4$	504×270	φ	10	1626	1	5	
⑩$_5$	482×270	φ	10	1574	1	5	
⑩$_6$	460×270	φ	10	1530	1	5	
⑩$_7$	437×270	φ	10	1484	1	5	48
⑩$_8$	415×270	φ	10	1440	1	5	
⑩$_9$	393×270	φ	10	1396	1	5	
⑩$_{10}$	370×270	φ	10	1350	1	5	
⑪	266	φ	8	334	28	140	18
							总重 1957kg

⑩号箍筋下料长度，由于梁高变化，因此要先按式(5－3)计算出箍筋高差Δ。箍筋根数n＝(1850－100)/200＋1＝10，箍筋高差Δ＝(570－370)/(10－1)＝22(mm)。每个箍筋下料长度计算结果列于表5－5。

2. 钢筋代换

1）代换原则

两个基本原则：钢筋代换应经设计同意原则；钢筋代换应遵照等强代换原则。

10个必须遵照的原则：

(1) 当构件配筋受裂缝宽度或挠度控制时，代换后应进行裂缝宽度或挠度验算。

(2) 有抗震要求的梁、柱和框架，不宜以强度等级较高的钢筋代换原设计中的钢筋。

(3) 钢筋代换后的钢筋不混合(即代换后不能形成不同级别的钢筋并肩工作现象)。

(4) 钢筋代换后钢筋还应保持原有的平衡(如梁下部原为2Φ16的钢筋，而不能用1Φ18＋1Φ14)。

(5) 钢筋代换后保证规范规定的最小、最大间距(如板每米不少于3根，受力筋最大间距在不大于200mm，最小间距不小于50mm；梁箍筋最大不大于300mm，最小不小于50mm；梁主筋间距不小于25mm，等等)。

(6) 钢筋代换后保证规范规定的最小钢筋直径要求。

(7) 钢筋代换时应考虑特殊构件的特殊要求(如吊环只能用Ⅰ级钢筋，吊车梁的钢筋不允许代换)。

(8) 钢筋代换应按受力面代换(如非正压柱，必须按单侧面钢筋进行代换)。

(9) 构造钢筋、措施钢筋代换不能减少根数(如挑檐角筋、温度控制筋、梁内侧面构造筋)。

(10) 钢筋代换必须符合规范规定的最大、最小配筋率的要求(代换后的钢筋用量不宜大于原设计用量的5%，也不低于2%)。

当构件受裂缝宽度或挠度控制时，代换后应进行裂缝宽度或挠度验算。

2）代换注意事项

钢筋代换时，必须充分了解设计意图和代换材料性能，并严格遵守现行混凝土结构设计规范的各项规定；凡重要结构中的钢筋代换，应征得设计单位同意。

（1）对某些重要构件，如吊车梁、薄腹梁、桁架下弦等，不宜用 HPB300 级光圆钢筋代替 HRB335 和 HRB400 级带肋钢筋。

（2）钢筋代换后，应满足配筋构造规定，如钢筋的最小直径、间距、根数、锚固长度等。

（3）同一截面内，可同时配有不同种类和直径的代换钢筋，但每根钢筋的拉力差不应过大(如同品种钢筋的直径差值一般不大于 5mm)，以免构件受力不匀。

（4）梁的纵向受力钢筋与弯起钢筋应分别代换，以保证正截面与斜截面强度。

（5）偏心受压构件(如框架柱、有吊车厂房柱、桁架上弦等)或偏心受拉构件做钢筋代换时，不取整个截面配筋量计算，应按受力面(受压或受拉)分别代换。

（6）当构件受裂缝宽度控制时，如以小直径钢筋代换大直径钢筋，强度等级低的钢筋代替强度等级高的钢筋，则可不做裂缝宽度验算。

3）常用代换方法

（1）等强法。这是最基本的方法，其他方法都是在此基础上派生出来的。

计算式 1：

代换后单根筋截面面积×根数×设计强度≥代换前单根筋截面面积×根数×设计强度

但也可以在有限范围内小于代换前(下同不再赘述)。

计算式 2：

$$n_2 \geqslant \frac{n_1 d_1^2 f_{y1}}{d_2^2 f_{y2}} \tag{5-4}$$

式中：n_2——代换钢筋根数；

n_1——原设计钢筋根数；

d_2——代换钢筋直径；

d_1——原设计钢筋直径；

f_{y1}——原设计钢筋抗拉强度设计值；

f_{y2}——代换钢筋抗拉强度设计值。

（2）等截面法。

① 前提条件是钢筋的级别相同(即设计强度相同、直径不同的钢筋代换)。

计算式 1：

代换后单根筋截面面积×根数≥代换前单根筋截面面积×根数

计算式 2：

$$n_2 \geqslant n_1 \frac{d_1^2}{d_2^2} \tag{5-5}$$

② 当构件按最小配筋率配筋时，钢筋可按面积相等原则进行代换。

【例 5-2】 今有一根 400mm 宽的现浇混凝土梁，原设计的底部纵向受力钢筋采用 HRB335 级Φ 22 钢筋，共计 9 根，分两排布置，底排为 7 根，上排为 2 根。现拟改用 HRB400 级Φ 25 钢筋，求所需Φ 25 钢筋根数及其布置。

解：本题属于直径不同、强度等级不同的钢筋代换：

$$n_2=9\times\frac{22^2\times300}{25^2\times360}=5.81(\text{根})$$

取6根。

一排布置，增大了代换钢筋的合力点至构件截面受压边缘的距离 h_0，有利于提高构件的承载力。

5.1.4 钢筋的加工

钢筋的加工过程有除锈、调直、切断、弯曲成形等。

1. 钢筋除锈

钢筋的表面应洁净，油渍、污渍、铁锈等在使用前应清除干净。钢筋按其表面的铁锈形成的程度，可分为水锈、陈锈和老锈。水锈在钢筋表面附有较均匀的细粉末，呈黄色或淡红色、黄褐色；处于铁锈形成的初期(如无锈钢筋经雨淋后出现)，在混凝土中不影响钢筋与混凝土粘结，因此除了在焊接操作时在焊点附近需擦干净之外，一般可以不予处理，必要时用麻布擦拭即可；陈锈在钢筋表面已有一层铁锈粉末，锈迹粉末较粗，用手捻略有微粒感，颜色转红，有的呈红褐色。对陈锈一定要清理干净，否则会影响钢筋与混凝土的共同受力，严重时会直接影响到构件的承载能力；老锈是在钢筋的表面以下带有颗粒状或片状的分离层的铁锈，锈斑明显，有麻坑，出现起层的片状分离现象，锈斑几乎遍及整根钢筋表面，颜色变暗，深褐色，严重的接近黑色。带有老锈的钢筋不能使用。

常用的除锈方法：

(1) 手工除锈(图5－7)。工作量不大或在工地设置的临时工棚中操作时，可用麻袋布擦或用钢刷子刷；对于较粗的钢筋，可用砂盘除锈法，即制作钢槽或木槽，槽盘内放置干燥的粗砂和细石子，将有锈的钢筋穿进砂盘中来回抽拉。

(2) 调直中除锈。直径12mm以下的钢筋在采用机械调直或冷拔加工后，就已经将铁锈清除干净，不需要再进行除锈。

(3) 机械除锈(图5－8)。可采用电动除锈机除锈，钢筋冷拔加工前，应用酸洗除锈。

图5－7 手工除锈

图5－8 机械除锈

在除锈过程中，为减少灰尘飞扬，应装设排尘罩和排尘管道。除锈场地应覆盖塑料布或彩条布，并在每天工作完成后，将洒落地面的铁锈清扫收集，放在指定的垃圾分类处理处，避免对土壤造成污染。带有颗粒状或片状老锈的钢筋不得使用。

2. 钢筋调直

钢筋调直(图 5－9)一般采用钢筋调直机或卷扬机冷拉。以圆盘供货的钢筋调直一般采用冷拉进行，直径 6～14mm 的钢筋可用钢筋调直机进行调直，钢筋调直机兼有除锈、调直、切断三项功能。当钢筋的调直采用冷拉的方法时，要求 HPB235、HPB300 光圆钢筋的冷拉率不大于 4%，HRB335 级和 HRB400 级钢筋的冷拉率不大于 1%。操作时通过计算，在卷扬机的钢丝绳上做好标识进行控制。

3. 钢筋切断

钢筋切断一般采用手动切断和机械切断。切断直径为 16mm 以下的Ⅰ级钢筋可用图 5－10 所示的手压切断机，其由固定刀口、活动刀口、边夹板、把柄、底座等组成。一种是钢筋调直机附有的钢筋切断装置(图 5－9)，能自动进行切断，并将切断、长度控制得十分精确；另一种形式是单独的切断机进行切断的摩擦来切断钢筋，效率较低，但钢筋断头比较平整，在进行各种连接时使用。

图 5－9 钢筋调直切断机

图 5－10 钢筋手压切断机

4. 钢筋弯曲成型

钢筋的弯曲成型是将已切断、配好的钢筋，按图纸规定的要求，将钢筋准确地加工成规定的形状尺寸。弯曲成型的顺序是：划线→试弯→弯曲成型。

弯曲钢筋有手工和机械两种弯曲方法：

(1) 手工弯曲(图 5－11)：手工弯曲钢筋的方法设备简单、成型正确，在工地经常被采用。工具和设备有工作台、卡盘、手摇扳、钢筋扳子。

(2) 机械弯曲(图 5－12)：采用钢筋弯曲机，可将钢筋弯曲成各种形状和角度，使用方便。

图 5－11 手工弯曲

图 5－12 机械弯曲

受力钢筋的弯钩和弯折应符合下列规定：

(1) HPB235 级钢筋末端应做 180°弯钩，其弯弧内直径不应小于钢筋直径的 2.5 倍，弯钩的弯后平直部分长度不应小于钢筋直径的 3 倍。

(2) 当设计要求钢筋末端需做 135°弯钩时，HRB335 级、HRB400 级钢筋的弯弧直内径不应小于钢筋直径的 4 倍，弯钩的弯后平直长度应符合设计要求。

(3) 钢筋做不大于 90°的弯折时，弯折处的弯弧内直径不应小于钢筋直径的 5 倍。

除焊接封闭环式箍筋外，箍筋的末端应做弯钩，弯钩形式应符合设计要求；当设计无具体要求时，应符合下列规定：

(1) 箍筋弯钩的弯弧内直径除满足不应小于钢筋直径的 2.5 倍的规定外，还应不小于受力钢筋的直径。

(2) 箍筋弯钩的弯折角度：对一般结构，不应小于 90°；对有抗震要求的结构，应为 135°。

(3) 箍筋弯后平直部分长度：对一般结构，不宜小于箍筋直径的 5 倍；对有抗震要求的结构，不应小于箍筋直径的 10 倍。

5.1.5 钢筋接头连接

钢筋接头连接的方法有绑扎连接、焊接和机械连接。

绑扎连接由于需要较长的搭接长度，浪费钢筋，且连接不可靠，故宜限制使用。焊接方法较多，成本较低，质量可靠，宜优先选用。机械连接无明火作业，设备简单、节约能源，不受气候条件影响，可全天候施工，连接可靠，技术易于掌握，适用范围广，尤其适用于现场焊接有困难的场所。

1. 钢筋绑扎

绑扎目前仍为钢筋连接的主要手段之一。钢筋绑扎时，钢筋交叉点用铁丝扎牢；板和墙的钢筋网，除外围两行钢筋的相交点全部扎牢外，中间部分交叉点可相隔交错扎牢，保证受力钢筋位置不产生偏移；梁和柱的箍筋应与受力钢筋垂直设置，弯钩叠合处应沿受力钢筋方向错开设置。受拉钢筋和受压钢筋接头的搭接长度及接头位置符合施工及验收规范的规定。

各受力钢筋之间用绑扎接头时，绑扎接头位置应相互错开。从任一绑扎接头中心至搭接接头长度的 1.3 倍区段范围内，有绑扎接头的受力钢筋截面面积占受力钢筋总截面面积的百分比，应符合下列规定：

(1) 受拉区不得超过 25%。

(2) 受压区不得超过 50%；绑扎接头中钢筋的横向净距 s 不应小于钢筋直径 d，且不应小于 25mm。

钢筋搭接处，应在中心及两端用 20～22 号铁丝扎牢。受拉钢筋绑扎连接的搭接长度，应符合有关规定；受压钢筋绑扎连接的搭接长度，应取受拉钢筋绑扎连接搭接长度的 0.7 倍。受拉区域内，Ⅰ级钢筋绑扎接头的末端应做弯钩；Ⅱ、Ⅲ级钢筋可不做弯钩，直径不大于 12mm 的受压Ⅰ级钢筋的末端，以及轴心受压构件中任意直径的受力钢筋的末端，可不做弯钩，但搭接长度不应小于钢筋直径的 35 倍。

2. 钢筋焊接

钢筋焊接分为压焊和熔焊两种形式。压焊包括闪光对焊、电阻点焊和气压焊；熔焊包括电弧焊和电渣压力焊。此外，钢筋与预埋件T形接头的焊接应采用埋弧压力焊，也可用电弧焊或穿孔塞焊，但焊接电流不宜过大，以防烧伤钢筋。

1）闪光对焊

闪光对焊广泛应用于钢筋连接及预应力钢筋与螺丝端杆的焊接。热轧钢筋的焊接宜优先选用闪光对焊(图5-13)。

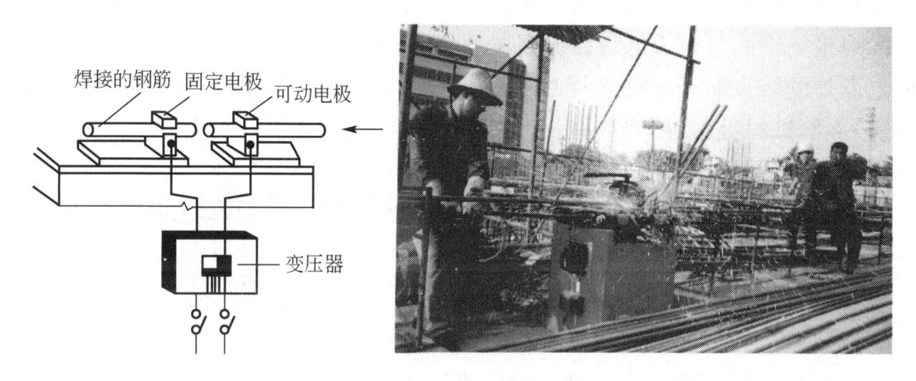

图5-13 钢筋闪光对焊

钢筋闪光对焊是利用对焊机使两段钢筋接触，通过低电压的强电流，待钢筋被加热到一定温度变软后，进行轴向加压顶锻，形成对焊接头。

钢筋闪光对焊工艺常用的有连续闪光焊、预热闪光焊和闪光-预热-闪光焊。对Ⅳ级钢筋有时在焊接后还进行通电热处理。

(1) 连续闪光焊。这种焊接的工艺过程是待钢筋夹紧在电极钳口上后，闭合电源，使两钢筋端面轻微接触。由于钢筋端部不平，开始只有一点或数点接触，接触面小而电流密度和接触电阻很大，接触点很快熔化并产生金属蒸汽飞溅，形成闪光现象。闪光一开始就徐徐移动钢筋，使形成连续闪光过程，同时接头也被加热。待接头烧平、闪去杂质和氧化膜、白热熔化时，随即施加轴向压力迅速进行顶锻，使两根钢筋焊牢。

连续闪光焊宜于焊接直径25mm以下的HPB300～HRB400级钢筋。焊接直径较小的钢筋最适宜。

连续闪光焊的工艺参数有调伸长度、烧化留量、顶锻留量及变压器级数等。

(2) 预热闪光焊。钢筋直径较大，端面比较平整时宜用预热闪光焊。与连续闪光焊不同之处在于，前面增加一个预热时间，先使大直径钢筋预热后再连续闪光烧化进行加压顶锻。

(3) 闪光-预热-闪光焊。端面不平整的大直径钢筋连接采用半自动或自动对焊机，焊接大直径钢筋宜采用闪光-预热-闪光焊。这种焊接的工艺过程是进行连续闪光，使钢筋端部烧化平整；再使接头处做周期性闭合和断开，形成断续闪光使钢筋加热；接着连续闪光，最后进行加压顶锻。

闪光-预热-闪光焊的工艺参数有调伸长度、一次烧化留量、预热留量和预热时间、二次烧化留量、顶锻留量及变压器级数等。钢筋闪光对焊后，应对接头进行外观检查，对焊后钢筋应无裂纹和烧伤、接头弯折不大于4°，接头轴线偏移不大于0.1d(d为钢筋直径)，也不大于2mm，外观检查不合格的接头，可将距接头左右各15mm处切除重焊。此外，还应按规定进行抗拉试验和冷弯试验。同一台班、同一焊工完成的300个同牌号、同直径接头为一批，当同一台班完成的接头数量较少，可在一周内累计计算，仍不足300个时应作为一批计算。从每批接头中随机切取6个接头，其中3个做抗拉试件，3个做弯曲试验。

2）电弧焊

电弧焊是利用弧焊机使焊条与焊件之间产生高温，电弧使焊条和电弧燃烧范围内的焊件熔化，待其凝固便形成焊缝或接头，电弧焊广泛用于钢筋接头、钢筋骨架焊接，装配式结构接头的焊接，钢筋与钢板的焊接及各种钢结构焊接。

钢筋电弧焊的接头形式有搭接焊接头(单面焊缝或双面焊缝)、帮条焊接头(单面焊缝或双面焊缝)、剖口焊接头(平焊或立焊)和熔槽帮条焊接头(图5-14)。

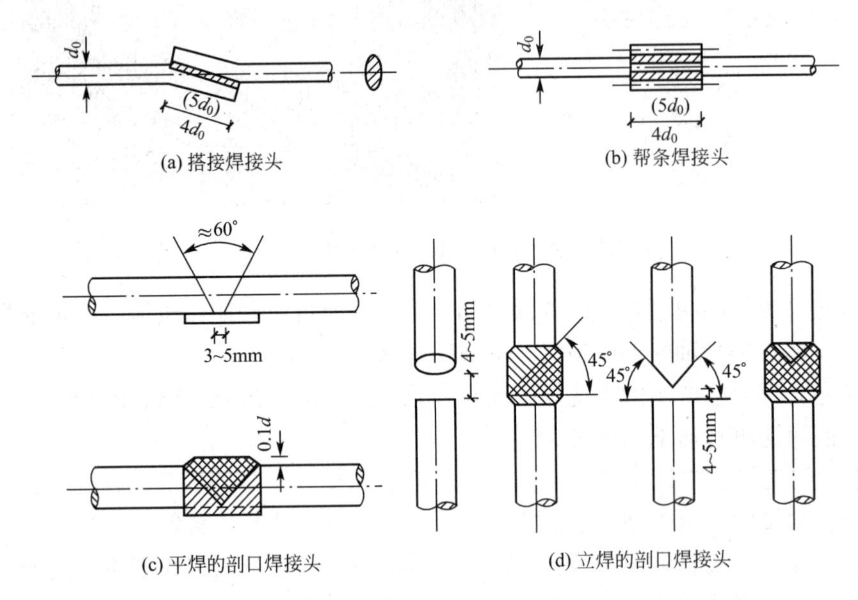

图5-14　钢筋电弧焊的接头形式

焊接接头质量检查除外观外，也需抽样做拉伸试验。如对焊接质量有怀疑或发现异常情况，还可进行非破损检验(X射线、γ射线、超声波探伤等)。

3）电渣压力焊

电渣压力焊(图5-15)在施工中多用于现浇混凝土结构构件内竖向或斜向(倾斜度在4∶1的范围内)钢筋的焊接接长。电渣压力焊有自动和手工电渣压力焊两类。与电弧焊比较，它工效高、成本低，可进行竖向连接，故在工程中应用较普遍。

进行电渣压力焊宜用合适焊接变压器。夹具需灵巧，上下钳口同心，保证上下钢筋的轴线最大偏移不得大于0.1d，同时也不得大于2mm。

焊接时，先将钢筋端部约120mm范围内的铁锈除尽，将夹具夹牢在下部钢筋上，并将上部钢筋扶直夹牢于活动电极中。自动电渣压力焊时还需在上下钢筋间放置引弧用的钢丝圈等。再装上药盒，装满焊药，接通电路，用手柄使电弧引燃(引弧)。然后稳定一定时间，使之形成渣池并使钢筋熔化(稳弧)，随着钢筋的熔化，用手柄使上部钢筋缓缓下送。

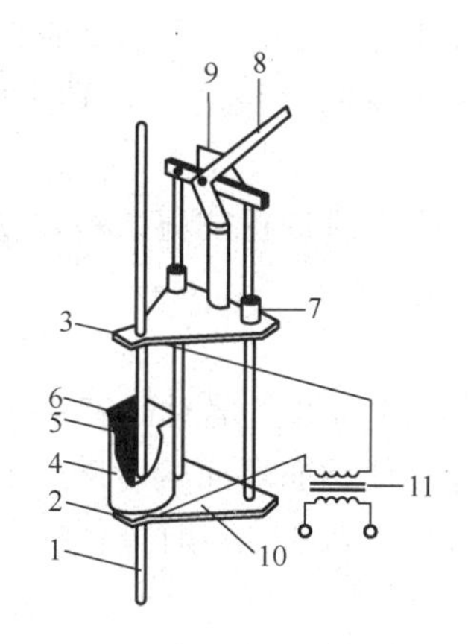

图 5-15 电渣压力焊

1—钢筋；2—固定电极；3—可动电极；4—焊剂盒；5—导电剂；6—焊剂；
7—滑动架；8—操纵杆；9—标尺；10—固定架；11—变压器

当稳弧达到规定时间后，在断电同时用手柄进行加压顶锻，以排除夹渣和气泡，形成接头。待冷却一定时间后，即拆除药盒、回收焊药、拆除夹具和清除焊渣。引弧、稳弧、顶锻三个过程连续进行。

电渣压力焊接头应逐个进行，要求接头焊包均匀、突出部分高出钢筋表面 4mm，不得有裂纹和明显的烧伤缺陷；接头处钢筋轴线偏离不超过 0.1d，且不大于 2mm；接头处的弯折角不得大于 30mm。

4）电阻点焊

电阻点焊主要用于小直径钢筋的交叉连接，如用来焊接近年来推广应用的钢筋网片、钢筋骨架等。它的生产效率高、节约材料，应用广泛。

电阻点焊的工作原理是，当钢筋交叉点焊时，接触点只有一点，且接触电阻较大，在接触的瞬间，电流产生的全部热量都集中在一点上，因而使金属受热而熔化，同时在电极加压下使焊点金属得到焊合，原理如图 5-16 所示。

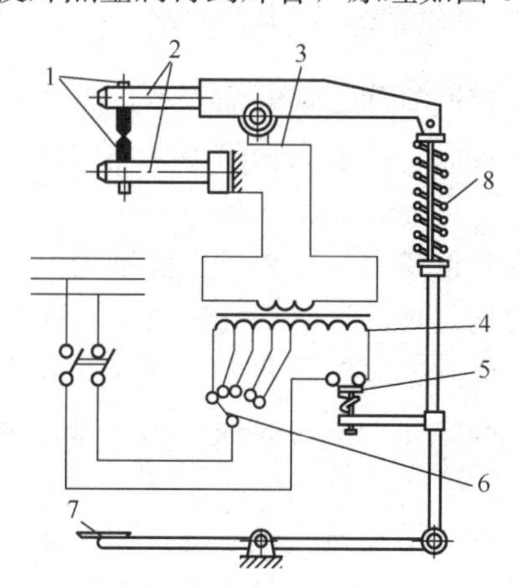

图 5-16 点焊机工作原理

1—电极；2—电极臂；3—变压器的次级线圈；4—变压器的初级线圈；
5—断路器；6—变压器的调节开关；7—踏板；8—压紧机构

电阻点焊不同直径钢筋时，如较小钢筋的直径小于10mm，大小钢筋直径之比不宜大于3；如较小钢筋的直径为12mm或14mm时，大小钢筋直径之比则不宜大于2。应根据较小直径的钢筋选择焊接工艺参数。

焊点应进行外观检查和强度试验。热轧钢筋的焊点应进行抗剪试验。冷加工钢筋的焊点除进行抗剪试验外，还应进行拉伸试验。

5）气压焊

气压焊接钢筋是利用乙炔-氧混合气体燃烧产生的高温火焰对已有初始压力的两根钢筋端面接合处加热，使钢筋端部产生塑性变形，并促使钢筋端面的金属原子互相扩散，当钢筋加热到约1250～1350℃(相当于钢材熔点的0.80～0.90倍)时进行加压顶锻，使钢筋焊接在一起。

钢筋气压焊接属于热压焊。在焊接加热过程中，加热温度只为钢材熔点的0.8～0.9倍，且加热时间较短，所以不会出现钢筋材质劣化倾向。另外，它设备轻巧、使用灵活、效率高、节省电能、焊接成本低，可进行全方位(竖向、水平和斜向)焊接，所以在我国逐步得到推广。

气压焊接设备(图5-17)主要包括加热系统与加压系统两部分。

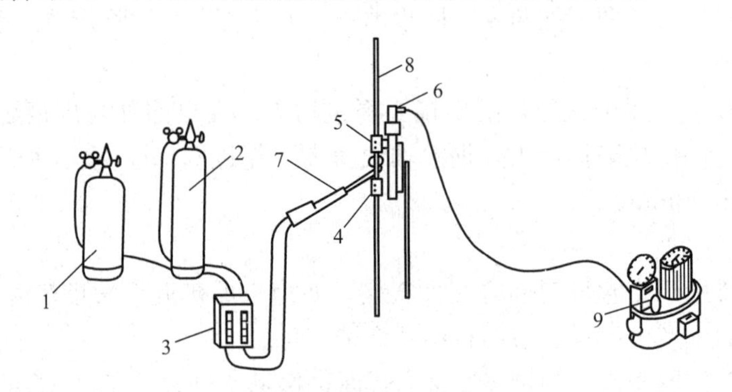

图5-17 气压焊接设备示意图

1—乙炔；2—氧气；3—流量计；4—固定卡具；5—活动卡具；
6—压接器；7—加热器与焊炬；8—被焊接的钢筋；9—加压油泵

加热系统中加热能源是氧和乙炔。用流量计来控制氧和乙炔的输入量，焊接不同直径的钢筋要求不同的流量。加热器用来将氧和乙炔混合后，从喷火嘴喷出火焰加热钢筋，要求火焰能均匀加热钢筋，有足够的温度和功率并安全可靠。加压系统中的压力源为电动油泵，使加压顶端的压力平稳。压接器是气压焊的主要设备之一，要求它能准确、方便地将两根钢筋固定在同一轴线上，并将油泵产生的压力均匀地传递给钢筋达到焊接目的。

气压焊接的钢筋要用砂轮切割机断料，要求端面与钢筋轴线垂直。焊接前应打磨钢筋端面，清除氧化层和污物，使之现出金属光泽，并即喷涂一薄层焊接活化剂保护端面不再氧化。

施工规范规定，受力钢筋的接头优先采用焊接或机械连接。轴心受拉和小偏心受拉杆件中的钢筋接头均应焊接。普通混凝土中直径大于22mm的钢筋和轻骨料混凝土中直径大于20mm的Ⅰ级钢筋及直径大于25mm的Ⅱ、Ⅲ级钢筋的接头均宜采用焊接。对轴心受压和偏心受压中的受力钢筋的接头，当直径大于32mm时，应采用焊接。对有抗震要求的受力钢筋接头宜优先采用焊接或机械连接。采用焊接接头应符合下列规定：

(1) 纵向钢筋的接头，对一级抗震等级，应采用焊接接头；对二级抗震等级宜采用焊接。

(2) 框架底层柱、剪刀墙加强部位纵向钢筋的接头，对一、二级抗震等级，应采用焊接；对三级抗震等级，宜采用焊接接头。

(3) 钢筋接头不宜设置在梁端、柱端的箍筋加密区范围内。

钢筋连接接头距钢筋弯折处，不应小于钢筋直径的10倍，且不宜位于构件的最大弯矩处。

受力钢筋采用焊接接头时，设置在同一构件内的焊接接头应相互错开。在任一焊接接头中心至长度为钢筋直径 d 的35倍且不小于500mm的区段L内，同一根钢筋不得有两个接头；在该区段内有接头的受力钢筋截面面积占受力钢筋总截面面积的百分比，应符合下列规定：

(1) 非预应力筋，受拉区不宜超过50%；受压区和装配式构件连接处不限制。

(2) 预应力筋，受拉区不宜超过25%，当有可靠保证措施时，可放宽至50%；受压区和后张法的螺丝端杆不限制。

3. 钢筋机械连接

钢筋机械连接又称为“冷连接”，是继绑扎、焊接之后的第三代钢筋接头技术。钢筋机械连接与电焊相比，效率高、连接可靠、无明火作业、设备简单、不受气候影响等。机械连接包括螺纹套管连接和挤压连接，是近年来大直径钢筋现场连接的主要方法。

1) 钢筋螺纹套管连接

螺纹套管连接分锥螺纹连接与直螺纹连接两种。

用于螺纹连接的钢套管内壁，用专用机床加工成锥螺纹或直螺纹，钢筋的对接端头也在套丝机上加工有与套管匹配的螺纹。连接时，经过螺纹检查无油污和损伤后，先用手旋入钢筋，然后用扭矩扳手紧固至规定的扭矩即完成连接(图5-18)。锥形螺纹钢筋连接克服了套筒挤压连接技术存在的不足。但存在螺距单一的缺陷，已逐渐被直螺纹连接接头所代替。

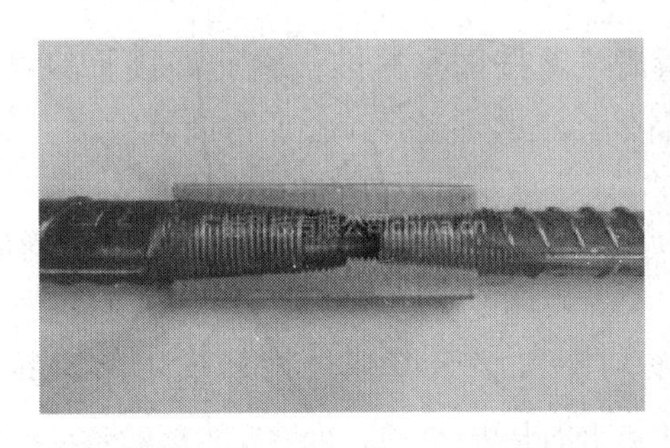

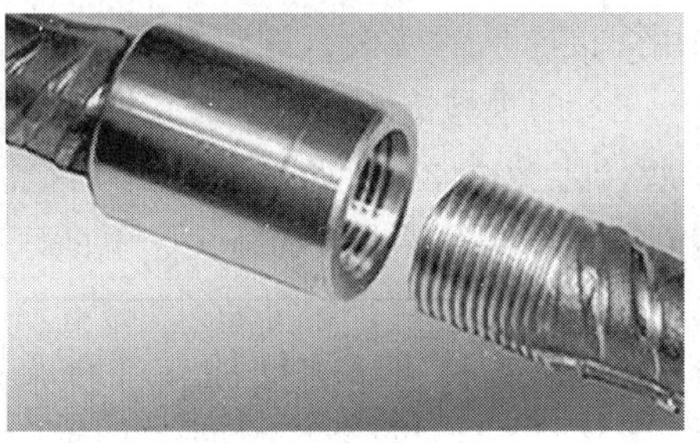

图5-18 钢筋螺纹套管连接

螺纹套筒能在现场连接14～40mm的同径、异径的竖向、水平或任何倾角的钢筋，它连接速度快、对中性好、工艺简单、安全可靠、节约钢材和能源，可全天候施工。可用于一、二级抗震设防的工业与民用建筑的梁、板、柱、墙、基础的施工；但不得用于预应力钢筋或承受反复动荷载及高应力疲劳荷载的结构。

由于钢筋的端头在套丝机上加工有螺纹，截面有新削弱。为达到连接接头与钢筋等强，目前有两种方法，一种是将钢筋端头先镦粗后再套丝，使连接接头处截面不削弱；另一种是采用冷轧的方法轧制螺纹，接头处经冷轧后强度有所提高，亦可达到等强的目的。

2）钢筋挤压连接

钢筋挤压连接亦称钢筋套筒冷压连接。它适用于竖向、横向及其他方向的较大直径变形钢筋的连接。与焊接相比，它具有节省电能、不受钢筋可焊性好坏影响、不受气候影响、无明火、施工简便和接头可靠度高等特点。连接时将需变形钢筋插入特制钢套筒内，利用液压驱动的挤压机进行径向或轴向挤压，使钢套筒产生塑性变形，紧紧咬住变形钢筋实现连接(图 5－19)。

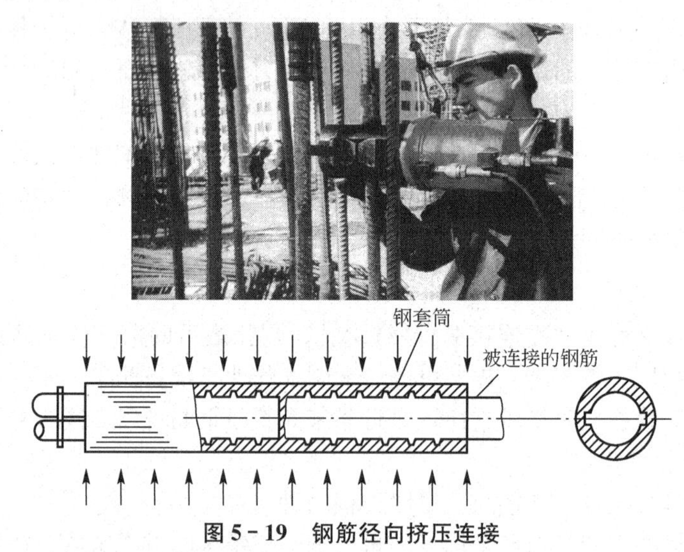

图 5－19　钢筋径向挤压连接

钢筋挤压连接的工艺参数，主要是压接顺序、压接力和压接道数。压接顺序应从中间逐道向两端压接。压接力要能保证套筒与钢筋紧密咬合，压接力和压接道数取决于钢筋直径、套筒型号和挤压机型号。

4. 接头质量检验与判定

采用焊接连接的接头，评定验收其质量时，除按国家标准《钢筋焊接及验收规程》(JGJ 18—2012)中规定的方法检查其外观质量外，还必须进行拉伸或弯曲试验。

1）焊接接头拉伸试验要求

钢筋闪光焊接头、电弧焊接头、电渣压力焊接头、气压焊接头拉伸试验结果均应符合下列要求：

(1) 3 个热轧钢筋接头试件的抗拉强度均不得小于该牌号钢筋规定的抗拉强度；RRB400 钢筋接头试件的抗拉强度均不得小于 570N/mm^2。

(2) 至少有 2 个试件断于焊缝之外，并呈延性断裂。

当达到上述两项要求时，应评定该批接头为抗拉强度合格。

2）机械连接接头质量检查

采用机械连接的接头，评定验收其质量时，应按现行国家标准《混凝土结构工程施工质量验收规范》(GB 50204—2011)中基本规定和行业标准《钢筋机械连接通用技术规程》

(JGJ 107—2010)中的有关规定执行。其中除检查外观质量外，还必须进行拉伸试验。对每一个验收批，均按设计要求的接头性能等级，随机切取3个试件做单向拉伸试验。

3）单向拉伸试验

对接头的每一验收批，随机截取的3个试件做单向拉伸试验，按设计要求的接头性能等级进行检验和评定。当3个试件单向拉伸试验结果均符合该接头等级的要求时，该验收批评为合格。如有一个试件的强度不符合要求，应再取6个试件进行复检，复检中如仍有1个试件试验结果不符合要求，则该验收批评为不合格。

5.1.6 钢筋的绑扎与安装

钢筋绑扎和安装前，先熟悉施工图纸，核对成品钢筋的钢号、直径、形状、尺寸和数量等是否与配料单、料牌相符，研究钢筋安装和有关工种的配合的顺序，准备绑扎用的铁丝、绑扎工具、绑扎架等。为缩短钢筋安装的工期，减少钢筋施工中的高空作业，在运输、起重等条件的允许下，钢筋网和钢筋骨架的安装应尽量采用先预制绑扎后安装的方法。

钢筋绑扎用的铁丝，可采用20～22号铁丝(火烧丝)或镀锌铁丝(铅丝)，其中22号铁丝只用于绑扎直径12mm以下的钢筋。

钢筋绑扎程序：划线→摆筋→穿箍→绑扎→安放垫块等。划线时应注意间距、数量，标明加密箍筋位置。板类摆筋顺序一般先排主筋后排负筋；梁类一般先摆纵筋。摆放有焊接接头和绑扎接头的钢筋应符合规范规定。有变截面的箍筋，应事先将箍筋排列清楚，然后安装纵向钢筋。

钢筋绑扎应符合下列规定：

(1) 轴心受拉及小偏心受拉构件的纵向受力钢筋不得采用绑扎搭接接头；当受拉钢筋的直径d>28mm及受压钢筋d>32mm时不宜采用绑扎搭接接头。

(2) 钢筋接头宜设置在构件受力较小处，同一纵向受力钢筋不宜设置两个或两个以上接头，接头末端至钢筋弯起点的距离不应小于钢筋直径的10倍。

(3) 同一构件中相邻纵向受力钢筋的绑扎搭接接头宜相互错开，位于同一连接区段内(钢筋搭接长度的1.3倍)的受拉钢筋搭接接头面积百分比：对梁类、板类及墙类构件不宜大于25%，对柱类构件不宜大于50%。

(4) 梁、柱类构件的纵向钢筋搭接区段内：

① 箍筋直径≥搭接钢筋较大直径的0.25倍。

② 受拉搭接区段的箍筋间距≤搭接钢筋较小直径的5倍，且≥100mm。

③ 受压搭接区段的箍筋间距≤搭接钢筋较小直径的10倍，且≥200mm。

(5) 同一构件中受力钢筋的机械连接接头或焊接接头宜相互错开，位于同一连接区段内(长度为受力钢筋中较大直径的35d，且不小于500mm)的纵向受力钢筋接头面积百分比：

① 在受拉区不宜大于50%。

② 接头不宜设在有抗震要求的框架梁端、柱端的箍筋加密区，无法避开时，对等强度高质量的机械连接接头≤50%。

③ 直接承受动力荷载的结构构件中，不宜采用焊接接头；当采用机械连接接头时≤50%。

(6) 纵向受力钢筋的最小搭接长度：当纵向受拉钢筋的绑扎接头的百分比≤25%时，

最小搭接长度按表5-6的规定。

表5-6　纵向受力钢筋的最小搭接长度

钢筋类型		混凝土强度等级			
		C15	C20～C25	C30～C35	≥C40
光面钢筋	HPB300级	45d	35d	30d	25d
带肋钢筋	HRB335级	55d	45d	35d	30d
	HRB400、RRB400级	—	55d	40d	35d

注：带肋钢筋直径d>25mm时，最小搭接长度按相应数值乘以1.1取用；有抗震设防要求的构件，最小搭接长度按相应数值乘以1.05(三级抗震)～1.15(一、二级抗震)取用。

(7) 钢筋接头搭接处，应在中心和两端用铁丝扎牢；绑扎接头的搭接长度应符合设计要求且不得小于规范规定的最小搭接长度(受拉钢筋300mm，受压钢筋200mm)。

(8) 应特别注意板上部的负筋，一要保证其绑扎位置准确，二要防止施工人员的踩踏，尤其是雨篷、挑檐、阳台等悬臂板，防止其拆模后断裂垮塌。

(9) 钢筋在混凝土中的保护层厚度，可用水泥砂浆垫块(限制和淘汰)塑料卡(推荐使用)垫在钢筋与模板之间进行控制，垫块应布置成梅花形，其相互间距不大于1m，上下双层钢筋之间的尺寸可用绑扎短钢筋来控制。

(10) 梁板钢筋绑扎时，应防止水电管线将钢筋抬起或压下。

(11) 板、次梁与主梁交叉处，板的钢筋在上，次梁钢筋居中，主梁钢筋在下；当有圈梁、垫梁时，主梁钢筋在上。

钢筋安装完毕后，应检查下列方面：

(1) 根据设计图纸检查钢筋的钢号、直径、形状、尺寸、根数、间距和锚固长度是否正确，特别是要注意检查负筋的位置。

(2) 检查混凝土保护层是否符合要求。

(3) 检查钢筋绑扎是否牢固，有无松动变形现象。

(4) 钢筋表面不允许有油渍、漆污和颗粒状(片状)铁锈。

(5) 安装钢筋时的允许误差，不得大于规范规定。

钢筋工程属于隐蔽工程，在浇筑混凝土前应对钢筋及预埋件进行验收，并做好隐蔽工程记录。

5.2 模板工程

5.2.1　模板工程的要求

模板工程的施工工艺包括模板的选材、选型、设计、制作、安装、拆除和周转等过程。

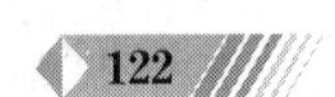

1. 模板的作用和要求

模板包括模板本身和支撑系统两部分。

(1) 模板的作用是保证混凝土在浇筑过程中保持正确位置、形状和尺寸，在硬化过程中进行防护和养护的工具。支撑系统要承受模板和新浇混凝土的重量及施工荷载。

(2) 基本要求：

① 保证工程结构和构件各部位形状尺寸和相互位置的准确。

② 具有足够的承载能力、刚度和稳定性，能可靠地承受新浇混凝土的自重和侧压力，以及在施工过程中所产生的荷载。

③ 构造简单，装拆方便，并便于钢筋的绑扎与安装、混凝土的浇筑及养护等工艺要求。

④ 模板的接缝不应漏浆。

2. 模板的种类及发展

1) 模板的种类

模板按其所用的材料不同可分为木模板、竹模板、钢模板、钢木模板、铝合金模板、塑料模板、胶合板模板、玻璃钢模板和预应力混凝土模板等；按其形式不同，可分为整体式模板、定型模板、工具式模板、滑升模板、胎模等；按用于不同结构分为基础模板、柱模板、梁模板、楼板模板、圈梁模板、雨篷模板、楼梯模板等。

2) 模板的发展

除一般模板外，目前逐步采用了工具式支模方法与组合式钢模板后，还推广了钢框胶合板模板、大模板、滑升模板、爬模、提模、台模及早拆模板体系等。

5.2.2 木模板

木模板、胶合板模板在一些工程中仍广泛应用。这类模板一般为散装散拆式模板，也有的加工成基本元件(拼板)，在现场进行拼装、拆除后也可周转使用。

拼板由一些板条用拼条钉拼而成(胶合板模板则用整块胶合板)，板条厚度一般为25～50mm，板条宽度不宜超过200mm，以保证干缩时缝隙均匀，浇水后易于密缝。但不限制梁底板的板条宽度，以减少漏浆。拼板的拼条(小肋)间距取决于新浇混凝土的侧压力和板条的厚度，一般为400～500mm。

木模板的配制要求：

(1) 木模板及支撑系统不得用严重扭曲和受潮容易变形的木材。

(2) 侧模一般采用20～30mm厚的木板；底模一般采用30～50mm厚的木板。

(3) 拼制模板的木板限制宽度：

① 工具式模板的木板不宜大于150mm；

② 其他种类模板的木板不宜大于200mm。

因为过宽板条在干湿交替的情况下，容易产生翘曲变形，梁的底模饭也宜用拼板。

(4) 混凝土表面若需做装饰时模板可以不刨光，以利于混凝土与饰面层结合。

(5) 钉子的长度为木模板厚度的1～1.5倍。配制好的模板应在板上写明编号与规格，分别堆放保管。

5.2.3 组合模板

组合模板是一种工具式模板，是工程施工用得最多的一种模板。定型组合钢模板是由钢模板和配件两大部分组成：钢模板包括平面模板、阴角模板、阳角模板和连接角模等；配件包括连接件和支承件。其中，连接件包括U形卡、L形插销、钩头螺栓、对拉螺栓、扣件等。用它可以拼出多种尺寸和几何形状，以适应多种类型建筑物的梁、柱、板、墙、基础和设备基础等施工的需要，也可用它拼成大模板、隧道模和台模等。施工时可以在现场直接组装，也可以预拼装成大块模板或构件模板，用起重机吊运安装。组合模板的板块有钢的，也有钢框木(竹)胶合板的。组合模板不但用于建筑工程、桥梁工程、地下工程也广泛应用。

1. 板块与角模

板块是定型组合模板的主要组成构件，它由边框、面板和纵横肋构成。我国采用的钢模板(图5-20)多以2.75～3.0mm厚的钢板为面板，55mm或70mm高、3mm厚的扁钢为纵横肋，边框高度与纵横肋相同。钢框木(竹)胶合模板的板块，由钢边框内镶可更换的木胶合板或竹胶合板组成。胶合板两面涂塑，经树脂覆膜处理，所有边缘和孔洞均经有效的密封材料处理，以防吸水受潮变形。

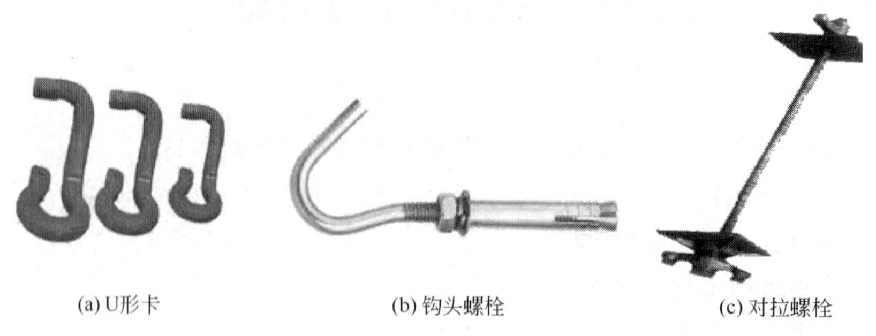

(a) U形卡　　(b) 钩头螺栓　　(c) 对拉螺栓

图5-20　定型组合钢模板及连接件

为了和组合钢模板形成相同系列，以达到可以同时使用的目的，钢框木(竹)胶合板模板的型号尺寸基本与组合钢模板相同，只是由于钢框木(竹)胶合板模板的自重轻，其平面模板的长度最大可达2400mm，宽度最大可达1200mm。由于板块尺寸大、模板拼缝少，所以拼装和拆除效率高，浇出的混凝土表面平整光滑。钢框木(竹)胶合板的转角模板和异形模板由钢材压制成形。其配件与组合钢模板相同。

板块的模数尺寸关系到模板的使用范围，是设计定型组合模板的基本问题之一。确定时应以数理统计方法确定结构各种尺寸所使用的频率，充分考虑我国的模数制，并使最大尺寸板块的质量便于工人安装。目前我国应用的组合钢模板板块长度为1500mm、1200mm和900mm等。板块的宽度为600mm、300mm、250mm、200mm、150mm和100mm等。各种型号的模板有所不同。进行配板设计时，如出现不足50mm的空缺，则用木方补缺，用钉子或螺栓将木方与板块边框上的孔洞连接。

组合钢模板的面板由于和肋是焊接的，计算时，一般按四面支承板计算；纵横肋视其与面板的焊接情况，确定是否考虑其与面板共同工作；如果边框与面板一次轧成，则边框可按与面板共同工作进行计算。

为便于板块之间的连接，边框上有连接孔。边框不论长向和短向，其孔距都为150mm，以便横竖都能拼接。孔形取决于连接件。板块的连接件有钩头螺栓、U形卡、L形插销、紧固螺栓(拉杆)。

角模有阴、阳角模和连接角模之分，用来成型混凝土结构的阴、阳角，也是两个板块拼装成90°角的连接件。

定型组合模板虽然具有较大灵活性，但并不能适应一切情况。为此，对特殊部位仍需在现场配制少量木板填补。

2. 支承件

支承件包括支承墙模板的支承梁(多用钢管和冷弯薄壁型钢)和斜撑；支承梁、板模板的支撑桁架和顶撑等(图5-21)。

梁、板的支撑有梁托架、支撑桁架和顶撑，还可用多功能门架式脚手架来支撑。桥梁工程中由于高度大，多用工具式支撑架支撑。梁托架可用钢管或角钢制作。支撑桁架的种类很多，一般用由角钢、扁铁和钢管焊成的整榀式桁架或由两个半榀桁架组成的拼装式桁架，还有可调节跨度的伸缩式桁架，使用更加方便。

顶撑皆采用不同直径的钢套管，通过套管的抽拉可以调整到各种高度。近年来发展了模板快拆体系(图5-22)，在顶撑顶部设置早拆柱头，可以使楼板混凝土浇筑后模板下落提早拆除，而顶撑仍撑在楼板底面。

图5-21 钢管支撑体系

图5-22 模板快拆体系

对整体式多层房屋，分层支模时，上层支撑应对准下层支撑，并铺设垫板。

采用定型组合模板时需进行配板设计。由于同一面积的模板可以用不同规格的板块和角模组成各种配板方案，配板设计就是从中找出最佳组配方案。进行配板设计之前，先绘制结构构件的展开图，据此做构件的配板图。在配板图上要表明所配板块和角模的规格、位置和数量。

5.2.4 大模板

图 5-23 大模板

大模板(图 5-23)在建筑、桥梁及地下工程中广泛应用，它是一大尺寸的工具式模板，如建筑工程中一块墙面用一块大模板。因为其自重大，装拆皆需起重机械吊装，可提高机械化程度，减少用工量和缩短工期。大模板是目前我国剪力墙和筒体体系的高层建筑、桥墩、筒仓等施工用得较多的一种模板，已形成工业化模板体系。

一块大模板由面板、次肋、主肋、支撑桁架、稳定机构及附件组成。

面板要求平整、刚度好，可用钢板或胶合板制作。钢面板厚度根据次肋的布置而不同，一般为 3～5mm，可重复使用 200 次以上。胶合板面板常用 7 层或 9 层胶合板，板面用树脂处理，可重复使用 50 次以上。面板设计一般由刚度控制，按照加劲肋布置的方式，分单向板和双向板。单向板面板加工容易，但刚度小、耗钢量大；双向板面板刚度大，结构合理，但加工复杂、焊缝多易变形。单向板面板的大模板，计算面板时，取 1m 宽的板条为计算单元，次肋视做支承，按连续板计算，强度和挠度都要满足要求。双向板面板的大模板，计算面板时，取一个区格作为计算单元，其四边支承情况取决于混凝土浇筑情况，在实际施工中，可取三边固定、一边简支的情况进行计算。

次肋的作用是固定面板，把混凝土侧压力传递给主肋。面板若按双向板计算，则不分主次肋。单向板的次肋一般用∟65 角钢或⊏65 槽钢。间距一般为 300～500mm。次肋受面板传来的荷载，主肋为其支承，按连续梁计算。为降低耗钢量，设计时应考虑使之与面板共同作用，按组合截面计算截面抵抗矩，验算强度和挠度。

主肋承受的荷载由次肋传来，由于次肋布置一般较密，可视为均布荷载以简化计算，主肋的支承为对销螺栓。主肋也按连续梁计算，一般用相对的两根⊏65 或⊏80 槽钢，间距约为 1～1.2m。

也可用组合模板拼装成大模板，用后拆卸仍可用于其他构件，虽然重量较大但机动灵活，目前应用较多。

大模板的转角处多用小角模方案。

大模板之间的固定，相对的两块平模是用对销螺栓连接，顶部的对销螺栓也可用卡具代替。建筑物外墙及桥墩等单侧大模板通常是将大模板支承在附壁式支承架上。大模板堆放时要防止倾倒伤人，应将板面后倾一定角度。大模板板面须喷涂脱模剂以利脱模，常用的有海藻酸钠脱模剂、油类脱模剂、甲基树脂脱模剂和石蜡乳液脱模剂等。

此外，对于电梯井、小直径的筒体结构等的浇筑，有时利用由大模板组成的筒模，即四面模板用铰链连接，可整体安装和脱模，脱模时旋转花篮螺栓脱模器，拉动相对两片大模板向内移动，使单轴铰链折叠收缩，模板脱离墙体。支模时，反转花篮螺栓脱模器，使相对两片大模板向外推移，单轴铰链伸张，达到支模的目的。

5.2.5 滑升模板

滑升模板(图 5-24)是一种工业化模板，用于现场浇筑高耸构筑物和建筑物等的竖向结构，如烟囱、筒仓、高桥墩、电视塔、竖井、沉井、双曲线冷却塔和高层建筑等。

图 5-24 滑升模板

滑升模板的施工特点，是在构筑物或建筑物底部，沿其墙、柱、梁等构件的周边组装高 1.2m 左右的滑升模板，随着向模板内不断地分层浇筑混凝土，用液压提升设备使模板不断地沿埋在混凝土中的支承杆向上滑升，直到需要浇筑的高度为止。用滑升模板施工，可以节约模板和支撑材料，加快施工速度和保证结构的整体性。但模板一次性投资多、耗钢量大，对立面造型和构件断面变化有一定的限制。施工时宜连续作业，施工组织要求较严。

滑升模板由模板系统、操作平台系统和液压系统三部分组成。模板系统包括模板、围圈和提升架等。模板用于成型混凝土，承受新浇混凝土的侧压力，多用钢模或钢木组合模板。模板的高度取决于滑升速度和混凝土达到出模强度($0.2\sim0.4N/mm^2$)所需的时间，一般高 1.0～1.2m，模板呈上口小下口大的锥形，单面锥度约 0.2%～0.5%，以模板上口以下 2/3 模板高度处的净间距为结构断面的厚度。围圈用于支承和固定模板，一般情况下，模板上下各布置一道，它承受模板传来的水平侧压力(混凝土的侧压力和浇筑混凝土时的水平冲击力)和由摩阻力、模板与围圈自重(如操作平台支承在围圈上，还包括平台自重和施工荷载)等产生的竖向力。围圈可视为以提升架为支承的双向弯曲的多跨连续梁，材料多用角钢或槽钢，以其受力最不利情况计算确定其截面。提升架的作用是固定围圈，把模板系统和操作平台系统连成整体，承受整个模板系统和操作平台系统的全部荷载并将其传递给液压式千斤顶。提升架分单横梁式与双横梁式两种，多用型钢的制作，其截面按框架计算确定。

操作平台系统包括操作平台、内外吊脚手架和外挑脚手架，是施工操作的场所。其承重构件(平台桁架、钢梁、铺板、吊杆等)根据其受力情况按一般的钢结构进行计算。

液压系统包括支承杆、液压千斤顶和操纵装置等，是使滑升模板向上滑升的动力装置。支承杆既是液压千斤顶向上爬升的轨道，又是滑升模板的承重支柱，它承受施工过程中的全部荷载。其规格要与选用的千斤顶相适应，用钢珠做卡头的千斤顶，支承杆需用Ⅰ级圆钢筋；用楔块做卡头的千斤顶，用Ⅰ～Ⅳ级钢筋皆可，如用体外滑模(支承杆在浇筑墙体的外面，不埋在混凝土内)支承杆多用钢管。

滑模的滑升原理如下。

目前滑升模板所用的液压千斤顶，有以钢珠做卡头的 GYD－35 型和以楔块做卡头的 QYD－35 型等起重力为 35kN 的小型液压千斤顶，还有起重力为 60kN 及 100kN 的中型液压千斤顶 YL50－10 型等。GYD－35 型目前仍应用较多。施工时，将液压千斤顶安装在提升架横梁上与之连成一体，支承杆穿入千斤顶的中心孔内。当高压油压入活塞与缸盖之间，在高压油作用下，由于上卡头(与活塞相连)内的小钢珠与支承杆产生自锁作用，使上卡头与支承杆锁紧，因而活塞不能下行。于是在油压作用下，迫使缸体连带底座和下卡头一起向上升起，由此带动提升架等整个滑升模板上升。当上升到下卡头紧碰着上卡头时，即完成一个工作进程。此时排油弹簧处于压缩状态，上卡头承受滑升模板的全部荷载。当回油时，油压力消失，在排油弹簧的弹力作用下，把活塞与上卡头一起推向上，油即从进油口排出。在排油开始的瞬间，下卡头又由于其小钢珠与支承杆间的自锁作用，与支承杆锁紧，使缸筒和底座不能下降，接替上卡头所承受的荷载。当活塞上升到极限后，排油工作完毕，千斤顶便完成一个上升的工作循环。一次上升的行程为 20～30mm。排油时，千斤顶保持不动。如此不断循环，千斤顶就沿着支承杆不断上升，模板也就被带着不断向上滑升。

采用钢珠式的上、下卡头，其优点是体积小、结构紧凑、动作灵活，但钢珠对支承杆的压痕较深，这样不仅不利于支承杆拔出重复使用，而且会出现千斤顶上升后的“回缩”下降现象，此外，钢珠还有可能被杂质卡死在斜孔内，导致卡头失效。楔块式卡头则利用四瓣楔块锁固支承杆，具有加工简单、起重量大、卡头下滑量小、锁紧能力强、压痕小等优点，它不仅适用于光圆钢筋支承杆，也可用于螺纹钢筋支承杆。

5.2.6 爬升模板

图 5－25 爬模

爬升模板简称爬模(图 5－25)，是施工剪力墙和筒体结构的混凝土结构高层建筑和桥墩、桥塔等的一种有效的模板体系，我国已推广应用。由于模板能自爬，不需起重运输机械吊运，减少了施工中的起重运输机械的工作量，能够避免大模板受大风的影响。由于自爬的模板上还可悬挂脚手架，所以可省去结构施工阶段的外脚手架，因此其经济效益较好。

爬模分有爬架爬模和无爬架爬模两类。

(1) 有爬架爬模由爬升模板、爬架和爬升设备三部分组成。

爬架是一格构式钢架，用来提升外爬模，由下部附墙架和上部支承架两部分组成，高度应大于每次爬升高度的 3 倍。附墙架用螺栓固定在下层墙壁上；支承架高度大于两层模板的高度，坐落在附墙架上，与之成为整体。支承架上端有挑横梁，用以悬吊提升爬模用的葫芦。通过葫芦启动模板提升。

模板顶端装有提升外爬架用的葫芦。在模板固定后，通过它提升爬架。由此，爬架与模板相互提升，向上施工。爬模的背面还可悬挂外脚手架。

爬升设备可为手拉葫芦、电动葫芦或液压千斤顶和电动千斤顶。手拉葫芦简单易行，由人力操纵。如用液压千斤顶，则爬架、爬模各用一台油泵供油。爬杆用$\phi25$圆钢，用螺帽和垫板固定在模板或爬架的挑横梁上。

桥墩和桥塔混凝土浇筑用的模板，也可用有爬架的爬模，如桥墩和桥塔为斜向的，则爬架与爬模也应斜向布置，进行斜向爬升以适应桥墩和桥塔的倾斜及截面变化的需要。

(2) 无爬架爬模取消了爬架，模板由甲、乙两类模板组成，爬升时两类模板间隔布置、互为依托，通过提升设备使两类相邻模板交替爬升。

甲、乙两类模板中甲型模板为窄板，高度大于两个提升高度；乙型模板按混凝土浇筑高度配置，与下层墙体应有搭接，以免漏浆。两类模板交替布置，甲型模板布置在转角处，或较长的墙中部。内、外模板用对销螺栓拉结固定。

爬升装置由三角爬架、爬杆和液压千斤顶组成。三角爬架插在模板上口两端的套筒内，套筒与背楞连接，三角爬架可自由回转，用以支承爬杆。爬杆为$\phi25$的圆钢，上端固定在三角爬架上。每块模板上装有两台液压千斤顶，乙型模板装在模板上口两端，甲型模板安装在模板中间偏上处。

爬升时，先放松穿墙螺栓，并使墙外侧的甲型模板与混凝土脱离。调整乙型模板上三角爬架的角度，装上爬杆，爬杆下端穿入甲型模板中间的液压千斤顶中，然后拆除甲型模板的穿墙螺栓，启动千斤顶将甲型模板爬升至预定高度，待甲型模板爬升结束并固定后，再用甲型模板爬升乙型模板。

5.2.7 其他常用模板

近年来，随着各种土木工程和施工机械化的发展，新型模板不断出现，国内外目前常用的还有下述几种常用模版

1. 台模

台模(飞模或桌模)是一种大型工具式模板(图5－26)，主要用于浇筑平板式或带边梁的水平结构，如用于建筑施工的楼面模板，它是一个房间用一块台模，有时甚至更大。按台模的支承形式分为支腿式台模和无支腿式台模两类。前者又有伸缩式支腿和折叠式支腿之分；后者是悬架于墙上或柱顶，故也称悬架式。支腿式台模由面板(胶合板或钢板)、支撑框架、檩条等组成。支撑框架的支腿底部一般带有轮子，以便移动。浇筑后待混凝土达到规定强度，落下台面，将台模推出墙面放在临时挑台上，再用起重机整体吊运至上层或其他施工段；也可不用挑台，推出墙面后直接吊运。

2. 隧道模

隧道模(图5－27)是用于同时整体浇筑竖向和水平结构的大型工具式模板，用于建筑物墙与楼板的同步施工，它能将各开间沿水平方向逐段整体浇筑，故施工的结构整体性好、抗震性能好、施工速度快，但模板的一次性投资较大，模板起吊和转运需较大的起重机。

隧道模有全隧道模(整体式隧道模)和双拼式隧道模两种。前者自重大，推移时多需铺设轨道，目前使用逐渐减少。后者由两个半隧道模对拼而成，两个半隧道模的宽度可以不

同，再增加一块插板，即可以组合成各种开间需要的宽度。

图 5-26　台模

图 5-27　隧道模

混凝土浇筑后强度达到 7N/mm² 左右，即可先拆除半边的隧道模，推出墙面放在临时挑台上，再用起重机转运至上层或其他施工段。拆除模板处的楼板临时用竖撑加以支撑，再养护一段时间(视气温和养护条件而定)，待混凝土强度约达到 20N/mm² 以上时，再拆除另一半边的隧道模，但保留中间的竖撑，以减小施工期间楼板的弯矩。

3. 永久式模板

这是一些施工时起模板作用而浇筑混凝土后又是结构本身组成部分之一的预制模板(图 5-28)，目前国内外常用的有异形(波形、密肋形等)金属薄板(也称压形钢板)、预应力混凝土薄板、玻璃纤维水泥模板、小梁填块(小梁为倒 T 形，填块放在梁底凸缘上，再浇混凝土)和钢桁架型混凝土板等。预应力混凝土薄板在我国已在一些高层建筑中应用，铺设后稍加支撑，然后在其上铺放钢筋浇筑混凝土形成楼板，施工简便，效果较好。压形金属薄板在我国土木工程施工中也有应用，施工简便，速度快，但耗钢量较大。

图 5-28　永久式模板

模板是混凝土工程中的一个重要组成部分，国内外都十分重视，新型模板也不断推出，除上述各种类型模板外，还有各种玻璃钢模板、塑料模板、提模、艺术模板和专门用途的模板等。

5.2.8　不同结构的模板

1. 基础模板

1) 柱下单独基础模板

模板安装前，应核对基础垫层标高，弹出基础的中心线和边线，将模板中心线对准基础中心线，然后校正模板上口标高，符合要求后要用轿杠木搁置在下台阶模板上，斜撑及平撑的一端撑在上台阶模板的背方上，另一端撑在下台阶模板背方顶上。

2）杯形基础模板

杯形基础模板两侧要钉上轿杠木，以便搁置在上台阶模板上，杯形基础模板不设底模板，以利杯口底部混凝土振捣。

3）条形基础模板

条形基础模板如图 5－29 所示。先核对垫层标高，在垫层上弹出基础边线，将模板对准基础边线垂直竖立，模板上口拉通线，校正调平无误后用斜撑及平撑将模板钉牢；有地梁的条形基础，上部可用工具式梁卡固定，也可用钢管吊架或轿杠木固定。台阶型基础要保证上下模板不发生相对位移。

图 5－29　条形基础模板

基础模板一般直接支撑或架设在基坑(或基槽)的土壁上，如土质良好，基础最下一级可以不用模板，直接原槽浇筑。基础模板安装时，要保证上、下模板不发生相对位移。如有杯口，还要在其中放入杯口模板。

2. 柱子模板

(1) 弹线及定位：先在基础面(楼面)弹出柱轴线及边线，同一柱列则先弹两端柱，再拉通线弹中间柱的轴线及边线。按照边线先把底盘固定好，然后再对准边线安装柱模板。

(2) 柱箍的设置：为防止混凝土浇筑时模板发生鼓胀变形，柱箍应根据柱模断面大小经计算确定，下部的间距应小些，往上可逐渐增大间距，但一般不超过 1.0m。柱截面尺寸较大时，应考虑在柱模内设置对拉螺栓。

(3) 柱模板须在底部留设清理孔，沿高度每 2m 开有混凝土浇筑孔和振捣孔。柱底的混凝土上一般设有木框，用以固定柱模板的位置。柱模板顶部根据需要可开有与梁模板连接的缺口。

(4) 柱高≥4m 时，柱模应四面支撑；柱高≥6m 时，不宜单根柱支撑，宜多根柱同时支撑组成构架。

(5) 对于通排柱模板，应先装两端柱模板，校正固定后，再在柱模板上口拉通线校正中间各柱模板。

(6) 柱模的施工关键是要解决垂直度、施工时的侧向稳定、混凝土浇筑时的侧压力问题，同时方便混凝土浇筑、垃圾清理和钢筋绑扎等。

图 5－30　梁模板

3. 梁模板

梁模板(图 5－30)由底模板和侧模板组成。底模板承受垂直荷载，一般较厚，下面有支撑(或桁架)承托。支撑多为伸缩式，可调整高度，底部应支承在坚实地面或楼面上，下垫木楔。如地面松软，则底部应垫以木板。在多层建筑施工中，应使上、下层的支撑在同一条竖向直线上，否则，要采取措施保证上层支撑的荷载能传到下层支撑上。支撑间应用水平和斜向拉杆拉牢，以增强整体稳定性。当层间高度大于5m时，宜用桁架支模或多层支架支模。

梁跨度在4m或4m以上时，底模板应起拱，如设计无具体规定，一般可取结构跨度的1/1000～3/1000，木模板可取偏大值，钢模板可取偏小值。

梁侧模板承受混凝土侧压力，底部用钉在支撑顶部的夹条夹住，顶部可由支承楼板模板的格栅顶住，或用斜撑顶住。

4. 楼板、楼梯模板

楼板模板(图5-31)多用定型模板或胶合板，它放置在格栅上，格栅支承在梁侧模板外的横楞上。楼板的面积大而厚度较薄。楼板模板及其支架系统主要承受钢筋、混凝土的自重和其他施工荷载，保证模板不变形。楼梯模板(图5-32)的构造与楼板模板相似，不同点是要倾斜支设和做出踏步。

图5-31　楼板模板

图5-32　楼梯模板

5. 桥梁墩台木模板

墩台一般向上收缩，其模板为斜面和斜圆锥面，由面板、楞木、立柱、支撑、拉杆等组成。立柱安放在基础枕梁上，两端用钢拉杆拉紧，以保证模板刚度和不产生位移，楞木(直线形和拱形)固定在立柱上，木面板则竖向布置在楞木上。如桥墩较高，要加设斜撑、横撑木和拉索。

5.2.9　模板的设计

模板和支架的设计，包括选型、选材、荷载计算、结构计算、拟定制作安装和拆除方案、绘制模板图。

一般模板都由面板、次肋、主肋、对销螺栓、支撑系统等几部分组成，作用于模板的荷载传递路线一般为面板→次肋→主肋→对销螺栓(支撑系统)。设计时可根据荷载作用状况及各部分构件的结构特点进行计算。

1. 模板设计荷载

以下介绍《混凝土结构工程施工及验收规范》(GB 50204—2011)中有关模板设计的荷载及有关规定，它适用于工业与民用房屋和一般构筑物的混凝土工程，但不适用于特殊混凝土或有特殊要求的混凝土结构工程。

(1) 模板及支架自重。模板及支架的自重，可按图纸或实物计算确定，或参考表5-7。

表5-7 楼板模板自重标准值

模板构件	木模板/(kN/m^2)	定型组合钢模板/(kN/m^2)
平板模板及小楞自重	0.3	0.5
楼板模板自重(包括梁模板)	0.5	0.75
楼板模板及支架自重(楼层高度4m以下)	0.75	1.0

(2) 新浇筑混凝土的自重标准值。普通混凝土用24kN/m^3，其他混凝土根据实际重力密度确定。

(3) 钢筋自重标准值。该值根据设计图纸确定。一般梁板结构每立方米混凝土结构的钢筋自重标准值为楼板1.1kN，梁1.5kN。

(4) 施工人员及设备荷载标准值。计算模板及直接支承模板的小楞时，均布活荷载2.5kN/m^2，另以集中荷载2.5kN进行验算，取两者中较大的弯矩值。

计算支承小楞的构件时，均布活荷载1.5kN/m^2；计算支架立柱及其他支承结构构件时；均布活荷载1.0kN/m^2。

对大型浇筑设备(上料平台等)、混凝土泵等按实际情况计算。木模板板条宽度小于150mm时，集中荷载可以考虑由相邻两块板共同承受。如混凝土堆积料的高度超过100mm时，则按实际情况计算。

(5) 振捣混凝土时产生的荷载标准值。水平面模板2.0kN/m^2；垂直面模板4.0kN/m^2(作用范围在有效压头高度之内)。

(6) 新浇筑混凝土对模板侧面的压力标准值。影响混凝土侧压力的因素很多，如与混凝土组成有关的骨料种类、配筋数量、水泥用量、外加剂、坍落度等都有影响。此外还有外界影响，如混凝土的浇筑速度、混凝土的温度、振捣方式、模板情况、构件厚度等。

混凝土的浇筑速度是一个重要影响因素，最大侧压力一般与其成正比。但当其达到一定速度后，再提高浇筑速度，则对最大侧压力的影响就不明了。混凝土的温度影响混凝土的凝结速度，温度低、凝结慢，混凝土侧压力的有效压头高，最大侧压力就大；反之，最大侧压力就小。模板情况和构件厚度影响拱作用的发挥，因其对侧压力也有影响。

由于影响混凝土侧压力的因素很多，想用一个计算公式全面加以反映是有一定困难的。国内外研究混凝土侧压力，都是抓住几个主要影响因素，通过典型试验或现场实测取得数据，再用数学方法分析归纳后提出公式。我国目前采用的计算公式，当采用内部振动器时，新浇筑的混凝土作用于模板的最大侧压力，按下列两式计算，并取两式中的较小值：

$$F=0.22\gamma_c t_0 \beta_1 \beta_2 V^{\frac{1}{2}} \tag{5-6}$$

$$F=\gamma_c H \tag{5-7}$$

式中：F——新浇混凝土对模板的最大侧压力(kN/m^2)；

γ_c——混凝土的重力密度(kN/m^3)；

t_0——新浇混凝土的初凝时间(h)，可按实测确定，当缺乏试验资料时，可采用$t_0=200/(t+15)$计算(t为混凝土的温度，℃)；

V——混凝土的浇筑速度(m/h)；

H——混凝土的侧压力计算位置处至新浇混凝土顶面的总高度(m)；

β_1——外加剂影响修正系数，不掺外加剂时取1.0，掺具有缓凝作用的外加剂时取1.2；

β_2——混凝土坍落度影响修正系数，当坍落度小于30mm时取0.85，当坍落度为50～90mm时取1.0，当坍落度为110～150mm时取1.15。

(7) 倾倒混凝土时产生的荷载标准值。倾倒混凝土时对垂直面模板产生的水平荷载标准值，如表5-8所示。

表5-8　向模板中倾倒混凝土时产生的水平荷载标准值

项次	向模板中供料方法	水平荷载标准/(kN/m²)
1	用溜槽、串筒或由导管输出	2
2	用容量为＜0.2m³ 的运输器具倾倒	2
3	用容量为0.2～0.8m³ 的运输器具倾倒	4
4	用容量为＞0.8m³ 的运输器具倾倒	6

注：作用范围在有效压头高度以内。

计算模板及其支架时的荷载设计值，应采用荷载标准值乘以相应的荷载分项系数求得，荷载分项系数如表5-9所示。

表5-9　荷载分项系数

项次	荷载类别	γ_i
1	模板及支架自重	1.2
2	新浇筑混凝土自重	
3	钢筋自重	
4	施工人员及施工设备荷载	1.4
5	振捣混凝土时产生的荷载	
6	新浇筑混凝土对模板侧面的压力	1.2
7	倾倒混凝土时产生的荷载	1.4

参与模板及其支架荷载效应组合的各项荷载，应符合表5-10的规定。

表5-10　参与模板及其支架荷载效应组合的各项荷载

模板类别	参与组合的荷载项	
	计算承载能力	验算刚度
平板和薄壳的模板及支架	1，2，3，4	1，2，3
梁和拱模板的底板及支架	1，2，3，5	1，2，3
梁、拱、柱(边长≤300mm)、墙(厚≤100mm)的侧面模板	5，6	6
大体积结构、柱(边长＞100mm)、墙(厚＞100mm)的侧面模板	6，7	6

2. 模板设计的有关计算规定

计算钢模板、木模板及支架时都要遵守相应的设计规范。

验算模板及其支架的刚度时，其最大变形值不得超过下列允许值：

(1) 对结构表面外露的模板，为模板构件计算跨度的 1/400。

(2) 对结构表面隐蔽的模板，为模板构件计算跨度的 1/250。

(3) 对支架的压缩变形值或弹性挠度，为相应的结构计算跨度的 1/1000。

支架的立柱或桁架应保持稳定，并用撑拉杆件固定。验算模板及其支架在自重和风荷载作用下的抗倾倒稳定性时，应符合有关的专门规定。

5.2.10 模板安装的质量要求

(1) 竖向模板和支架的支承部分，当安装在基土上时应加设垫板，基土必须坚实并有排水措施。对湿陷性黄土，尚必须有防水措施；对冻胀性土，尚必须有防冻融措施。

(2) 模板及其支架在安装过程中，必须设置防倾覆的临时固定设施。

(3) 现浇钢筋混凝土梁、板，当跨度等于或大于 4m 时，模板应起拱；当设计无具体要求时，起拱高度位宜为全跨长度的 1/1000～3/1000。

(4) 现浇多层房屋和构筑物，应采取分层分段支模的方法，安装上层模板及其支架应符合下列规定：

① 下层楼板应具有承受上层荷载的承载能力或加设支架支撑。

② 上层支架的立柱应对准下层支架的立柱，并铺设垫板。

③ 当采用悬吊模板、横架支模方法时，其支撑结构的承载能力和刚度必须符合要求。

(5) 当层间高度大于 5m 时，宜选用桁架支模或多层支架支模。

(6) 当采用分节脱模时，底模的支点按模板设计设置。各节模板应在同一平面上，高低差不得超过 3mm。

(7) 当承重焊接钢筋骨架和模板一起安装时，应符合下列规定：

① 模板必须固定在承重焊接钢筋骨架结点上。

② 安装钢筋模板组合体时，吊索应按模板设计的吊点位置绑扎。

(8) 固定在模板上的预埋件、预留孔洞均不得遗漏，安装必须牢固位置准确和预制构件模板安装的允许偏差，必须符合规范规定。

(9) 现浇结构模板安装的允许偏差，应符合规范规定。

5.2.11 现浇结构模板的拆除

模板的拆除日期取决于混凝土的强度、各个模板的用途、结构的性质、混凝土硬化时的气温。及时拆除模板，可提高模板的周转率，也可为其他工作创造条件。但过早拆模，混凝土会因强度不足以承受本身自重，或受到外力作用而变形甚至断裂，造成重大的质量事故。

1. 侧模板拆除

侧模板内混凝土强度能保证其表面及棱角不因拆除模板而受损坏后，方可拆除。

2. 底模板的拆除

底模板应在混凝土结构同条件养护的试件达到如表 5-11 所示的规定强度标准值，并于已能承受上面楼层传下来的临时荷载时，方可拆除。

表 5-11　底模及支架拆除时的混凝土强度要求

结构类型	结构跨度/m	按设计的混凝强度标准值的百分比计/%
板	≤2 >2，≤8 >8	55 75 100
梁、拱壳	≤8 >8	75 100
悬臂构件	—	100

3. 拆除顺序

一般是先支后拆，后支先拆。先拆除侧模板部分，后拆除底模板部分。重大复杂模板的拆除，应制定拆模方案。对于肋形楼板的拆除顺序，首先是柱模板，然后楼板底模板，梁侧模板，最后梁底模板，

多层楼板模板支架的拆除，应按下列要求进行，上层楼板正在浇筑混凝土时，下层楼板的模板支架不得拆除。再下层楼板模板的支架，仅可拆除一部分；跨度 4m 及 4m 以上的梁下均应保留支架，其间距不得大于 3m。

5.3 混凝土工程

混凝土工程包括配料、搅拌、运输、浇筑、养护等施工过程。在整个施工工艺过程中，各工序是紧密联系又相互影响的，其中任何一个工序及细小环节一旦处理不当，都会影响混凝土的最终质量。对混凝土的质量要求，不但要具有正确的外形，而且要获得符合设计要求的强度、密实性和整体性。由于混凝土工程一般都是建筑物的承重部分，而且它的质量好坏又要在模板拆除后才能完全确定，因此在施工中如何保证各工序的施工质量是非常重要的。

5.3.1　混凝土施工前的准备工作

1. 模板检查

主要检查模板的位置、标高、截面尺寸及垂直度是否正确，接槎是否严密，预埋件位置和数量是否符合图纸要求，支撑是否牢固。此外，还要清除模板内的木屑、垃圾等杂物。混凝土浇筑前木模板需浇水湿润，在浇筑混凝土过程中要安排专人配合进行模板的观察和调整工作。

2. 钢筋检查

主要是对钢筋的规格、数量、位置、接头是否正确，是否沾有油污等进行检查，并填写隐蔽工程验收单，要安排专人配合浇筑混凝土时的钢筋修理工作。

3. 材料、机具、道路的检查

对材料主要检查其品种、规格、数量与质量；对机具主要检查其数量、运转是否正常；对地面与楼面运输道路，主要检查其是否平坦，运输工具能否直接到达各个浇筑部位。

4. 水、电供应等检查

与水电供应部门联系，防止水、电供应中断；了解天气预报，准备好防雨、防冻等措施；对机械故障做好修理和更换的准备；夜间施工准备好照明设备。

5. 其他

做好安全设施检查、安全与技术保障、劳动力的组织与分工，以及其他组织工作。现场混凝土搅拌站出于使用期限不长，一般采用简易形式，以减少投资。为了减轻工人的劳动强度，改善劳动条件，提高生产效率，现场混凝土搅拌站也正逐步向机械化和自动化的方向发展。

5.3.2　混凝土的配料

1. 混凝土的配制强度

混凝土的施工配合比，应保证结构设计对混凝土强度等级及施工对混凝土和易性的要求，并应符合合理使用材料、节约水泥的原则。必要时，还应符合抗冻性、抗渗性等要求。

混凝土制备之前按下式确定混凝土的施工配制强度，以达到95%的保证率：

$$f_{cu,0}=f_{cu,k}+1.645\sigma \tag{5-8}$$

式中：$f_{cu,0}$——混凝土的施工配制强度(N/mm^2)；

$f_{cu,k}$——设计的混凝土强度标准值(N/mm^2)；

σ——施工单位的混凝土强度标准差(N/mm^2)。

当施工单位具有近期的同一品种混凝土强度的统计资料时，σ可按下式计算：

$$\sigma=\sqrt{\frac{\sum f_{cu,i}^2-Nu_{fcu}^2}{N-1}} \tag{5-9}$$

式中：$f_{cu,i}$——统计周期内同一品种混凝土第i组试件强度(N/mm^2)；

u_{fcu}^2——统计周期内同一品种混凝土N组强度的平均值(N/mm^2)；

N——统计周期内相同混凝土强度等级的试件组数，$N\geqslant 25$。

当混凝土强度等级为C20或C25时，如计算得到的$\sigma<2.5N/mm^2$，取$\sigma=2.5N/mm^2$；当混凝土强度等级高于C25时，如计算得到的$\sigma<3.0N/mm^2$，取$\sigma=3.0N/mm^2$。

对预拌混凝土厂和预制混凝土的构件厂，其统计周期可取为1个月；对现场拌制混凝土的施工单位，其统计周期可根据实际情况确定，但不宜超过3个月。

施工单位如无近期同一品种混凝土强度统计资料时，σ可按表5-12取值。

表5-12 混凝土强度标准值

混凝土强度等级/(N/mm^2)	低于C20	C25～C35	高于C35
σ	4.0	5.0	6.0

注：表中σ值，反映我国施工单位的混凝土施工技术和管理的平均水平，采用时可根据本单位情况做适当调整。

2. 混凝土施工配合比换算

混凝土的配合比是在实验室根据初步计算的配合比(利用经验公式和表格，按绝对体积法或假定容重法计算)经过试配和调整确定的，称为实验室配合比。确定实验配合比所用的骨料都是干燥的。

施工现场使用的砂、石骨料，都具有一定的含水率，而含水率的大小却随季节、气候不断变化。如果不考虑现场砂、石的含水率，而按实验室配合比用料，其结果必然是改变了实际砂、石用量和用水量，而造成各种原材料的配合比与要求配合比不符。为了保证混凝土工程的质量，保证按照配合比投料，在施工时，要按照砂、石实际含水率对原配合比进行调整。根据施工现场砂、石含水率，调整以后的配合比称为施工配合比。

【例5-3】 现场浇注C15混凝土，实验室提供的理论配合比为C∶S(砂)∶G(石)∶W(水)＝1∶2.36∶4.57∶0.66，1m^3混凝土材料用量为水泥280kg，砂660kg，石1280kg，水185kg，现场实测砂的含水率为4%，石子含水率为2%。

求：(1) 施工配合比为多少？

(2) 若现场用的搅拌机出料容积为0.35m，问每盘应加水泥、砂、石、水各多少？

解：(1) 施工配合比：

S：2.36(1＋4%)＝2.45

G：4.57(1＋2%)＝4.66

W：0.66－2.36×4%－4.57×2%＝0.475。

所以施工配合比为：1∶2.45∶4.66∶0.475。

(2) 求现场1m^3混凝土所需的材料。

水泥：280kg；砂：660×(1＋4%)＝686(kg)；石：1280×(1＋2%)＝1306(kg)；水：185－660×4%－1280×2%＝133(kg)。

搅拌机一次出料量为0.35m^3，则每盘所需的量为

水泥(两包水泥)：280×0.35＝98(kg)　　砂：686×0.35＝240(kg)

石：1306×0.35＝457(kg)　　水：133×0.35＝47(kg)

3. 施工配料

求出每立方米混凝土材料用量后，还必须根据工地现有混凝土搅拌机出料容量确定每次需要投入几整袋水泥，然后按水泥用量来计算砂、石、水的每次拌和用量。

为严格控制混凝土的配合比，原材料的数量应采用质量计量，必须准确。其质量误差不得超过以下规定：水泥、混合材料为＋2%；细、粗骨料为＋3%；水、外加剂溶液为

±2%。各种衡器应定期校验，保持准确；骨料含水率应经常测定，雨天施工应增加测定次数。

4. 外加剂

目前我国外加剂和混合料的掺和方法有以下几种：

(1) 外加剂直接掺入水泥中。如塑化水泥、加气水泥等，施工中采用这种水泥拌制混凝土或砂浆，就可以达到预定的目的，这种方法目前使用较少。

(2) 把外加剂先用水配制成一定浓度的水溶液，搅拌混凝土时，取规定的剂量，直接加入搅拌机中进行拌和，这种方法目前使用较多。

(3) 把外加剂直接投入搅拌机内的混凝土拌合料中，通过混凝土搅拌机拌和均匀。

(4) 以外加剂为基料，以粉煤灰、石料为载体，经过烘干、配料、研磨、计量、装袋等主要工序生产形成干掺料，搅拌混凝土时，用干掺料按规定数量掺入混凝土干料中，一块投料搅拌均匀。

混凝土中掺用的外加剂，应符合下列规定：

(1) 外加剂的质量应符合现行国家标难的要求。

(2) 外加剂的品种及掺量必须根据对混凝土性能的要求、施工及气候条件、混凝土所采用的原材料及配合比等因素必须经试验确定。

(3) 在蒸汽养护的混凝土和预应力混凝土中，不宜掺用引气剂或引气减水剂。

(4) 掺用氯盐的外加剂时，对素混凝土，氯盐掺量不得大于水泥质量的3%；在钢筋混凝土作防冻剂时，氯盐掺量按无水状态计算不得超过水泥质量的1%，且应用范围应符合规范规定。

在硅酸盐水泥或普通硅酸盐水泥拌制的混凝土可掺用混合材料，混合材料的质量应符合国家现行标准的规定，其掺量应通过试验确定。

5. 泵送混凝土的配合比要求

(1) 泵送混凝土拌合物的坍落度不小于80mm，水泥不宜采用火山灰水泥。

(2) 粗骨料的最大粒径与输送管径之比：泵送高度在50m以下时，碎石≤1∶3，卵石≤1∶2.5；泵送高度在50～100m时，碎石≤1∶4，卵石≤1∶3；泵送高度在100m以上时，碎石≤1∶5，卵石≤1∶4，以免堵管。

(3) 宜采用中砂，砂率宜控制在35%～45%。

(4) 混凝土的水泥用量不宜小于300kg/m^3，水灰比不宜大于0.6，掺用引气型减水剂时，混凝土含气量不宜大于4%。

(5) 混凝土入泵时坍落度应符合专门的要求。

5.3.3 混凝土的拌制

混凝土制备是指将各种组成材料拌制成质地均匀、颜色一致、具备一定流动性的混凝土拌合物。由于混凝土配合比是按照细骨料恰好填满粗骨料的间隙，而水泥浆又均匀地分布在粗细骨料表面的原理设计的。如混凝土制备得不均匀就不能获得密实的混凝土，影响混凝土的质量，所以制备是混凝土施工工艺过程中很重要的一道工序。

1. 搅拌方法

混凝土有人工拌和和机械搅拌两种。

人工拌和质量差，水泥耗量多，只有在工程量很少时采用。人工拌和一般用“三干三湿”法，即先将水泥加入砂中干拌两遍，再加入石子翻拌一遍。此后，边缓慢地加水，边反复湿拌三遍。

混凝土制备的方法，除工程量很小且分散的场合用人工拌制外，皆应采用机械搅拌。混凝土搅拌机按其搅拌原理分为自落式和强制式两类(图 5－33)。自落式搅拌机的搅拌筒内壁焊有弧形叶片，当搅拌筒绕水平轴旋转时，弧形叶片不断将物料提高一定高度，然后自由落下而互相混合。因此，自落式搅拌机主要是以重力机理设计的。在这种搅拌机中，物料的运动轨迹是这样的：未处于叶片带动范围内的物料，在重力作用下沿拌合料的倾斜表面自动滚下；处于叶片带动范围内的物料，在被提升到一定高度后，先自由落下再沿倾斜表面下滚。由于下落时间、落点和滚动距离不同，使物料颗粒相互穿插、翻拌、混合而达到均匀。自落式搅拌机宜于搅拌塑性混凝土。

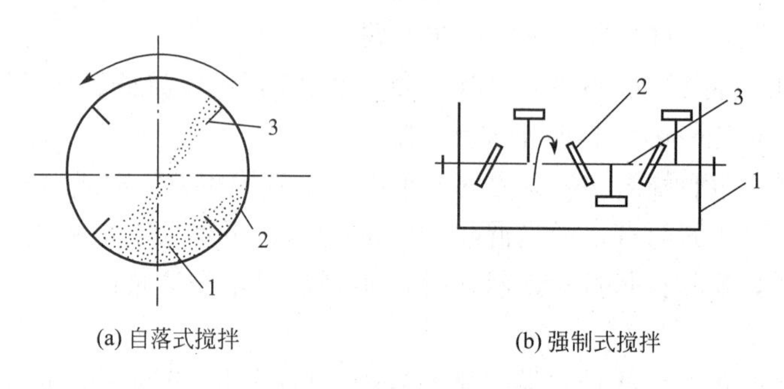

图 5－33 混凝土搅拌原理

1—混凝土拌合物；2—搅拌筒；3—叶片

双锥反转出料式搅拌机(图 5－34)是自落式搅拌机中较好的一种，宜于搅拌塑性混凝

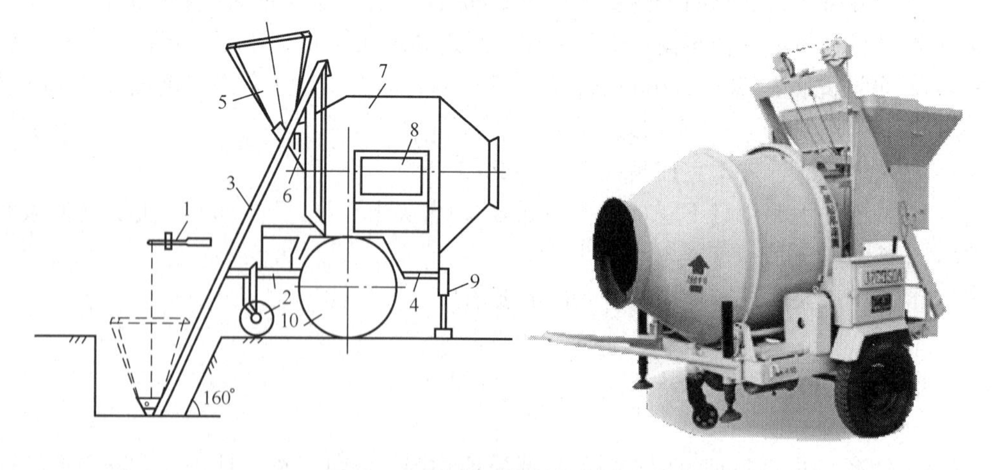

图 5－34 双锥反转出料式搅拌机

1—牵引架；2—前支轮；3—上料架；4—底盘；5—料斗；6—中间料斗；7—锥形搅拌筒；8—电器箱；9—支腿；10—行走轮

土。双锥反转出料式搅拌机的搅拌筒由两个截头圆锥组成，物料在筒中的循环次数多，效率较高而且叶片布置较好，物料一方面被提升后靠自落进行拌和，另一方面又迫使物料沿轴向左右窜动，搅拌作用强烈。它正转搅拌，反转出料，构造简易，制造容易。

双锥倾翻出料式搅拌机适合于大容量、大骨料、大坍落度混凝土搅拌，在我国多用于水电工程、桥梁工程和道路工程。

强制式搅拌机(图 5-35)主要是根据剪切机理设计的。在这种搅拌机中有转动的叶片，这些不同角度和位置的叶片转动时通过物料，克服了物料的惯性、摩擦力和粘滞力，强制其产生环向、径向、竖向运动。这种由叶片强制物料产生剪切位移而达到均匀混合的机理，称为剪切搅拌机理。

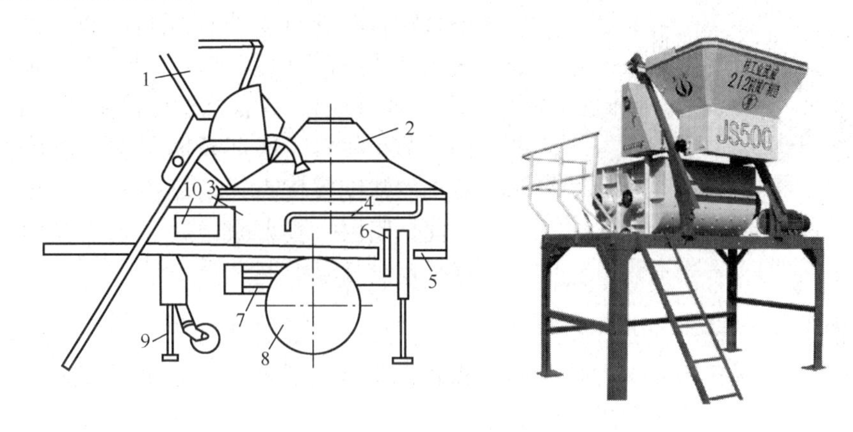

图 5-35 强制式搅拌机

1—进料口；2—拌筒罩；3—搅拌筒；4—水表；5—出料口；6—操纵手柄；
7—传动机构；8—行走轮；9—支腿；10—电器箱

强制式搅拌机的搅拌作用比自落式搅拌机强烈，宜于搅拌干硬性混凝土和轻骨料混凝土。但强制式搅拌机的转速比自落式搅拌机高，动力消耗大，叶片、衬板等磨损也大。

强制式搅拌机分为立轴式与卧轴式，卧轴式有单轴、双轴之分，而立轴式又分为涡桨式和行星式(表 5-13)。

表 5-13 混凝土搅拌机类型

<table>
<tr><th colspan="2" rowspan="2">双锥自落式</th><th colspan="4">强制式</th></tr>
<tr><th colspan="3">立轴式</th><th rowspan="3">卧轴式
(单轴、双轴)</th></tr>
<tr><th rowspan="2">反转出料</th><th rowspan="2">倾翻出料</th><th rowspan="2">涡桨式</th><th colspan="2">行星式</th></tr>
<tr><th>定盘式</th><th>盘转式</th></tr>
<tr><td></td><td></td><td></td><td></td><td></td><td></td></tr>
</table>

立轴式搅拌机是通过盘底部的卸料口卸料，卸料迅速。但如卸料口密封不好，水泥浆易漏掉，所以立轴式搅拌机不宜于搅拌流动性大的混凝土。卧轴式搅拌机具有适用范围

广、搅拌时间短、搅拌质量好等优点，是目前国内外在大力发展的机型。

选择搅拌机时，要根据工程量大小、混凝土的坍落度、骨料尺寸等而定。既要满足技术上的要求，也要考虑经济效益和节约能源。

我国规定混凝土搅拌机以其出料容量(m^3)×1000为标定规格，故我国混凝土搅拌机的系列为50，150，250，350，500，750，1000，1500和3000。

混凝土的现场拌制已属于限制技术，当混凝土需要量较大时，可在施工现场设置混凝土搅拌站(图5-36)或订购商品混凝土搅拌站供应的商品(预拌)混凝土。

图5-36　混凝土搅拌站

大规模混凝土搅拌站采用自动上料系统，各种材料单独自动称量配料，卸入锥形料斗后进入搅拌机，粉煤灰、外加剂自动添加，如图5-36所示。具有机械化程度高、配料称量准确、节约材料、保证及时供应、能确保配制混凝土的强度等优点。商品混凝土是今后发展的方向，国内一些大城市在一定范围内已规定必须采用商品混凝土。

2. 混凝土搅拌制度

为了获得质量优良的混凝土拌合物，除正确选择搅拌机外，还必须正确确定搅拌制度，即搅拌时间、投料顺序和进料容量等。

1) 混凝土搅拌时间

搅拌时间是指从原材料全部投入搅拌筒时起，到开始卸料时为止所经历的时间。它与搅拌质量密切有关。它随搅拌机类型和混凝土的和易性的不同而变化。在一定范围内随搅拌时间的延长而强度有所提高，但过长时间的搅拌既不经济也不合理。因为搅拌时间过长，不坚硬的粗骨料在大容量搅拌机中会因脱角、破碎等而影响混凝土的质量。加气混凝土也会因搅拌时间过长而使含气量下降。为了保证混凝土的质量，应控制混凝土搅拌的最短时间(表5-14)。该最短时间是按一般常用搅拌机的回转速度确定的，不允许用超过混凝土搅拌机规定的回转速度进行搅拌以缩短搅拌延续时间。

表5-14　混凝土搅拌的最短时间

混凝土坍落度/mm	搅拌机机型	搅拌机出料量 L		
		<250	250～500	>500
≤30	强制式	60	90	120
	自落式	90	120	150
>30	强制式	60	60	90
	自落式	90	90	120

注：1. 当掺有外加剂时，搅拌时间应适当延长。

2. 全轻混凝土、砂轻混凝土搅拌时间应延长60～90s。

2）投料顺序

投料顺序应从提高搅拌质量、减少叶片和衬板的磨损、减少拌合物与搅拌筒的粘结、减少水泥飞扬、改善工作环境等方面综合考虑确定。常用的有一次投料法和两次投料法。一次投料法是在上料斗中先装石子、再加水泥和砂，然后一次投入搅拌机。对自落式搅拌机要在搅拌筒内先加部分水，投料时石子盖住水泥，水泥不致飞扬，且水泥和砂先进入搅拌筒形成水泥砂浆，可缩短包裹石子的时间。对立轴强制式搅拌机，因出料口在下部，不能先加水，应在投入原料的同时，缓慢均匀分散地加水。

两次投料法经过我国的研究和实践形成了“裹砂石法混凝土搅拌工艺”，它是在日本研究的造壳混凝土(简称SEC混凝土)的基础上结合我国的国情研究成功的，两次投料法分两次加水，两次搅拌。用这种工艺搅拌时，先将全部的石子、砂和70%的拌合水倒入搅拌机，拌和15s使骨料湿润，再倒入全部水泥进行造壳搅拌30s左右，然后加入30%的拌合水再进行糊化搅拌60s左右即完成。与普通搅拌工艺相比，用裹砂石法搅拌工艺可使混凝土强度提高10%～20%，或节约水泥5%～10%。在我国推广这种新工艺，有巨大的经济效益。此外，我国还对净浆法、净浆裹石法、裹砂法、先拌砂浆法等各种两次投料法进行了试验和研究。

3）进料容量

进料容量是将搅拌前各种材料的体积累积起来的容量，又称干料容量。进料容量V_j与搅拌机搅拌筒的几何容量V_g有一定的比例关系，一般情况下$V_j/V_g=0.22 \sim 0.40$。如任意超载(进料容量超过10%以上)，就会使材料在搅拌筒内无充分的空间进行掺和，影响混凝土拌合物的均匀性。反之，如装料过少，则又不能充分发挥搅拌机的效能。

4）搅拌要求

应严格控制混凝土施工配合比。砂、石必须严格过磅、须严格控制比例、不得随意加减用水量。

在搅拌混凝土前，搅拌机内应加适量的水运转，使搅拌筒表面润湿，然后将多余水排干搅拌第一盘混凝土时，考虑到筒壁上粘附砂浆的损失，石子用量应按配合比规定减半。搅拌好的混凝土要卸尽，在混凝土全部卸出之前，不得再投入拌合料，更不得采取边出料边进料的方法。

混凝土掺用外加剂时，外加剂应与水泥同时进入搅拌机，搅拌时间相应延长50%～100%；当外加剂为粉状时，应先用水稀释，然后与水一同加入。

混凝土搅拌完毕或预计停歇1h以上时，应将混凝土全部卸出，倒入石子清水，搅拌5～10min，把粘在料筒上的砂浆冲洗干净后全部卸出。料筒内不得有积水，以免料筒和叶片生锈，同时还应清理搅拌筒以外积灰，使机械保持清洁完好。

对拌制好的混凝土，应经常检查其均匀性与和易性，如有异常情况，应检查其配合比和搅拌情况，及时加以纠正。

5.3.4 混凝土的运输

1. 运输要求

混凝土自搅拌机中卸出后，应及时运至浇筑地点，为保证混凝土的质量，对混凝土的要求是：

(1) 混凝土运输过程中要保持良好的均匀性，不离析、不漏浆，当有离析现象时，必须在浇筑前进行二次搅拌。

(2) 保证混凝土具有设计配合比所规定的坍落度。

(3) 使混凝土在初凝前浇入模板并捣实完毕。混凝土从搅拌机卸出到浇筑完毕延续时间不宜超过如表 5-15 所示的强度等级和气温。

表 5-15　混凝土从搅拌机中卸出到浇筑完毕的延续时间

气温 时间/min 混凝土强度等级	≤25℃	>25℃
≤C30	120	90
>C30	90	60

(4) 保证混凝土浇筑能连续进行，应按混凝土的最大浇筑量来选择混凝土运输方法及运输设备的型号和数量。

2. 混凝土运输工具

混凝土运输分为地面运输、垂直运输和楼面运输三种情况。

(1) 地面运输。地面运输工具有双轮手推车、机动翻斗车、混凝土搅拌运输车和自卸汽车。当混凝土需要量大，运距较远或使用商品混凝土时，多采用自卸汽车和混凝土搅拌运输车，一般则用手推车或翻斗车。

(2) 混凝土垂直运输，多采用塔式起重机加料斗、井架或混凝土泵等。

(3) 楼面运输可用双轮手推车、皮带运输机，也可用塔式起重机、混凝土泵等。

3. 运输时间

混凝土应以最少的转运次数和最短的时间，从搅拌地点运至浇筑地点，并在初凝前浇筑完毕。若运距较远可掺缓凝剂，其延续时间长短由试验确定；使用快硬水泥或掺有促凝剂的混凝土，其运输时间应根据水泥性能及凝结条件确定。

4. 混凝土搅拌运输车

混凝土搅拌运输车(图 5-37)为长距离运输混凝土的有效工具，它有一搅拌筒斜放在汽车底盘上。在混凝土搅拌站装入混凝土后，由于搅拌筒内有两条螺旋状叶片，在运输过程中搅拌筒可进行慢速转动进行拌和，以防止混凝土离析，运至浇筑地点，搅拌筒反转即可迅速卸出混凝土。搅拌筒的容量一般为 2～10m^3。

5. 混凝土泵

混凝土泵是一种有效的混凝土运输和浇筑工具，它以泵为动力，沿管道输送混凝土，可以一次完成水平及垂直运输，将混凝土直接输送到浇筑地点，是一种高效的混凝土运输方法。道路工程、桥梁工程、地下工程、工业与民用建筑施工皆可应用，在我国正大力推广，上海目前商品混凝土 90%以上是泵运送的，已取得较好的效果。

我国目前主要采用活塞泵，活塞泵多用液压驱动，它主要由料斗、液压缸和活塞、混

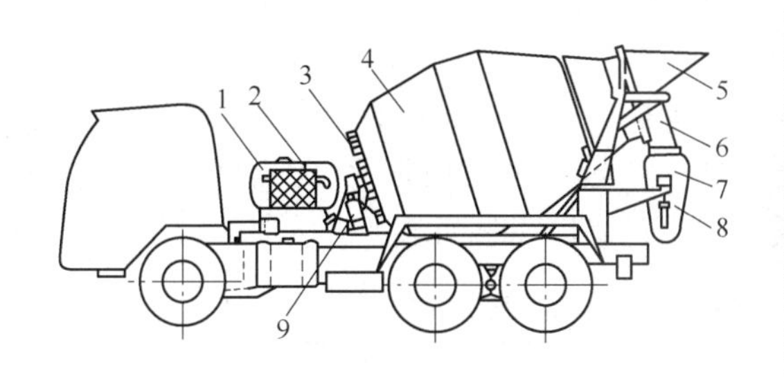

图 5-37 混凝土搅拌运输车

1—水箱；2—外加剂箱；3—齿轮；4—搅拌筒；5—进料斗；6—固定卸料溜槽；
7—活动卸料溜槽；8—活动卸料调节机构；9—传动系统

凝土缸、分配阀、“Y”形输送管、冲洗设备、液压系统和动力系统等组成(图 5-38)。活塞泵工作时，搅拌机卸出的或由混凝土搅拌运输车卸出的混凝土倒入料斗 4，分配阀 5 开启、分配阀 6 关闭，在液压作用下通过活塞杆带动活塞 2 后移，料斗内的混凝土在重力和吸力作用下进入混凝土缸 1。然后，液压系统中压力油的进出反向，活塞 2 向前推压，同时分配阀 5 关闭，而分配阀 6 开启，混凝土缸中的混凝土拌合物就通过“Y”形输送管压入输送管。由于有两个缸体交替进料和出料，因而能连续稳定的排料。不同型号的混凝土泵，其排量不同，水平运距和垂直运距亦不同，常用者，混凝土排量 30～90m^3/h，水平运距 200～900m，垂直运距 50～300m。目前我国已能一次垂直泵送达 400m。如一次泵送困难时可用接力泵送。

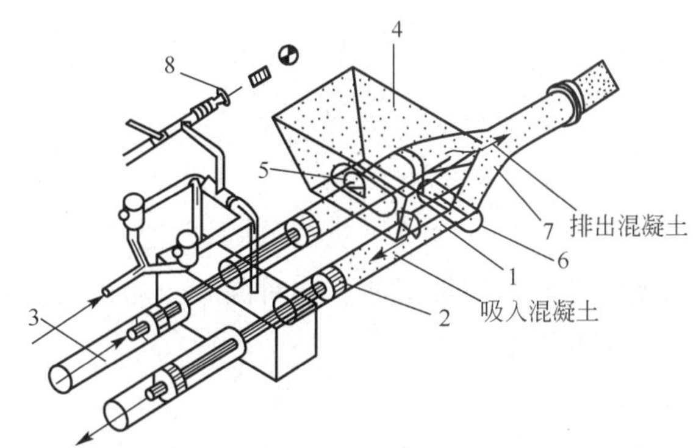

图 5-38 混凝土泵车

1—混凝土缸；2—活塞；3—液压缸；4—料斗；5—控制吸入的水平分配阀；
6—控制排出的竖向分配阀；7—Y 形输送管；8—冲洗系统

常用的混凝土输送管为钢管、橡胶和塑料软管。直径为 75～200mm，每段长约 3m，还配有 45°、90°等弯管和锥形管。

将混凝土泵装在汽车上便成为混凝土泵车(图 5-38)，在车上还装有可以伸缩或屈折的“布料杆”，其末端是一软管，可将混凝土直接送至浇筑地点，使用十分方便。

泵送混凝土工艺对混凝土的配合比提出了要求：碎石最大粒径与输送管内径之比一般不宜大于 1∶3，卵石可为 1∶2.5；泵送高度在 50～100m 时宜为 1∶3～1∶4，泵送高度在 100m 以上时宜为 1∶4～1∶5，以免堵塞。如用轻骨料则以吸水率小者为宜，并宜用水预湿，以免在压力作用下强烈吸水，使坍落度降低而在管道中形成阻塞。砂宜用中砂，通过 0.315mm 筛孔的砂应不少于 15%。砂率宜控制在 38%～45%，如粗骨料为轻骨料还可适当提高。水泥用量不宜过少，否则泵送阻力增大，最小水泥用量为 300kg/m^3。水灰比值宜为 0.4～0.6。泵送混凝土的坍落度根据不同泵送高度可参考表 5-16 选用。

表 5-16　不同泵送高度入泵时混凝土坍落度选用值

泵送高度/m	30 以下	30～60	60～100	100 以上
坍落度/mm	100～140	140～160	160～180	180～200

混凝土泵宜与混凝土搅拌运输车配套使用，且应使混凝土搅拌站的供应能力和混凝土搅拌运输车的运输能力大于混凝土泵的泵送能力，以保证混凝土泵能连续工作，保证不堵塞。进行输送管线布置时，应尽可能直，转弯要缓，管段接头要严，少用锥形管，以减少压力损失。如输送管向下倾斜，要防止因自重流动使管内混凝土中断、混入空气而引起混凝土离析，产生阻塞。为减小泵送阻力，用前先泵送适量的水和水泥浆或水泥砂浆以润滑输送管内壁，然后进行正常的泵送。在泵送过程中，泵的受料斗内应充满混凝土，防止吸入空气形成阻塞。混凝土泵排量大，在浇筑大面积混凝土时，最好用布料机进行布料，泵送结束要及时清洗泵体和管道。

世界第一高楼“迪拜塔”不但高度惊人，高强混凝土用量也达惊人的 $33\times10^4m^3$，最大泵送高度达史无前例的 570m。

5.3.5　混凝土的浇筑成型

混凝土的浇筑工作包括布料、摊平、捣实和抹面修整等工序。它对混凝土的密实性和耐久性，结构的整体性和外形的正确性等都有重要影响。

1. 混凝土浇筑应达到的要求

所浇混凝土必须均匀密实，强度符合要求；保证结构构件几何尺寸准确和钢筋、预埋件的位置正确；拆模后混凝土表面要平整、密实。

由于混凝土工程属于隐蔽工程，因而对混凝土量大的工程、重要工程或重点部位的浇筑，以及其他施工中的重大问题，均应随时填写施工记录。

2. 混凝土浇筑的一般规定

(1) 混凝土浇筑前不应发生初凝和离析现象，如已发生，可进行重新搅拌，使混凝土恢复流动性和粘聚性后再进行浇筑。

(2) 为了保证混凝土浇筑时不产生离析现象，混凝土自高处倾落时的自由倾落高度，不应超过 2m，若混凝土自由下落高度超过 2m，要设溜槽或串筒下落。

(3) 为了使混凝土振捣密实，必须分层浇筑，每层浇筑厚度与捣实的方法、结构的配筋情况有关。

(4) 混凝土的浇筑工作，应连续进行。当必须间歇时，其间歇时间宜缩短，并应在前层混凝土凝结之前，将次层混凝土浇筑完毕。

混凝土运输、浇筑及间歇的全部时间不得超过表5-17的规定。当超过时应留置施工缝。

表5-17 混凝土运输、浇筑及间歇的间歇时间(min)

混凝土强度等级	气温	
	≤25℃	>25℃
≤C30	210	180
>C30	180	150

(5) 在竖向结构(如墙、柱)中，混凝土浇筑前，应先在底部填以50～100mm厚与混凝土内砂浆成分相同的水泥砂浆；浇筑中不得发生离析现象；与浇筑高度超过3m时，应用串筒或振动溜管使混凝土下落，以避免在竖向结构根部产生蜂窝、麻面。混凝土的水灰比和坍落度，宜随浇筑高度上升，逐渐递减。

(6) 坍落度是判断混凝土施工和易性优劣的简单方法，应在混凝土浇筑地点进行坍落度测定，以检测混凝土搅拌质量，防止长时间、远距离混凝土运输引起和易性损失，影响混凝土成型质量。混凝土浇筑时的坍落度见表5-18。

表5-18 混凝土浇筑时的坍落度

项次	结构种类	坍落度/mm
1	基础或地面等的垫层、无配筋的厚大结构(挡土墙、基础或厚大的块体)或配筋稀疏的结构	10～30
2	板、梁及大、中型截面的柱子等	30～60
3	配筋密列的结构(薄壁、斗仓、筒仓、细柱等)	50～70
4	配筋特密的结构	70～90

(7) 混凝土在初凝后、终凝前应防止振动。当混凝土抗压强度达到1.2MPa时才允许在上面继续进行施工活动。

3. 施工缝

1) 施工缝的留设

如果由于技术上、设备、人力的限制及组织等原因，混凝土的浇筑不能连续进行，中间的间歇时间超过表5-17的时间，则应留设施工缝。

混凝土施工缝的位置应在混凝土浇筑之前确定。由于该处新旧混凝土的结合力较差，是结构的薄弱处，如果位置设置不当或处理不好，就会引起质量事故。轻则开裂、漏水，影响使用寿命；重则危及安全，不能使用故施工缝宜留在结构受剪力较小且便于施工的部位。

施工缝的留置位置应符合以下规定：

(1) 柱，宜留置在基础的顶面、梁或吊车梁牛腿的下面、吊车梁的上面、无梁楼板柱帽的下面(图 5-39)。

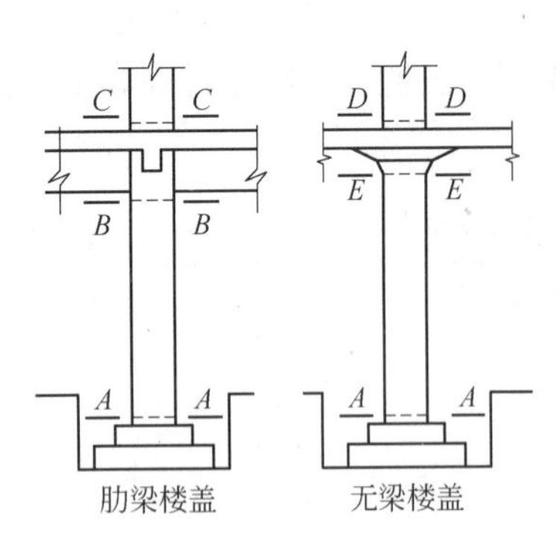

图 5-39 施工缝的留置位置 1

(2) 与板连成整体的大截面梁，留置在板底面以下 20～30mm 处，当板下有梁托时，留置在梁托下部。

(3) 单向板，留置在平行于板的短边的任何位置。

(4) 有主次梁的楼板宜顺着次梁方向浇筑，施工缝应留置在次梁跨度的中间 1/3 范围内(图 5-40)。

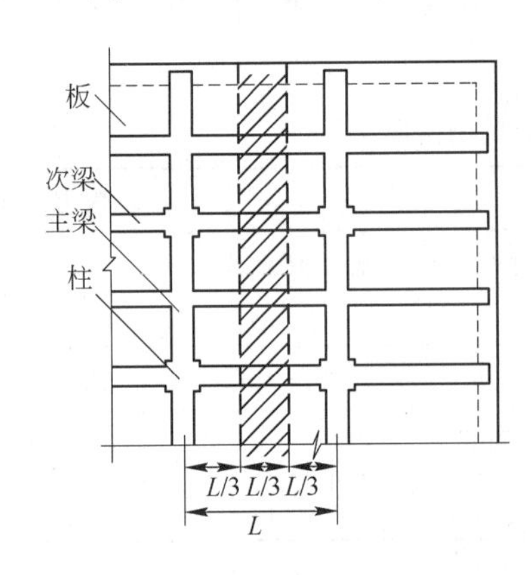

图 5-40 施工缝的留置位置 2

图 5-41 施工缝的留置位置 3

(5) 墙，留置在门洞口过梁跨中间 1/3 范围内，也可留在纵横墙交接处。

(6) 楼梯，留置在梯段长度中间 1/3 范围内(图 5-41)。

(7) 双向受力楼板、大体积混凝土结构、拱、薄壳、蓄水池、斗仓、多层刚架及其他结构复杂的工程，施工缝的位置应按设计要求。

2) 施工缝的处理

在施工缝处继续浇筑混凝土时，应待混凝土的抗压强度不小于 1.2MPa 时，方可进行。混凝土达到这一强度的时间决定于水泥标号、混凝土强度等级和气温等，可以根据试块试验来确定。

在混凝土施工缝处浇筑混凝土以前，在已硬化的混凝土表面上，应清除水泥薄膜和松动石子以及软弱混凝土层，并加以充分湿润和冲洗干净，且不得积水；在浇筑混凝土之前，宜先在施工缝处铺一层水泥浆或与混凝土成分相同的水泥砂浆，厚度为 5～15mm，以保证接缝的质量。浇筑混凝土过程中，应细致捣实，使新旧混凝土紧密结合。

4. 后浇带

为防止现浇钢筋混凝土结构由于温度、收缩不均可能产生的有害裂缝，按照设计或施工规范要求，在基础底板、墙、梁相应位置留设临时施工缝，将结构暂时划分为若干部分，经过构件内部收缩，在若干时间后再浇捣该施工缝混凝土，将结构连成整体。

(1) 后浇带(图 5－42)的间距由设计确定，一般为 30m，后浇带的保留时间一般为 40 天，最少应为 28 天，后浇带的留置宽度一般为 700～1000mm，现常见的有 800mm、1000mm、1200mm 三种，后浇带处的钢筋不宜断开。后浇带的接缝形式有平接式、企口式、台阶式三种(图 5－43)。

图 5－42 后浇带

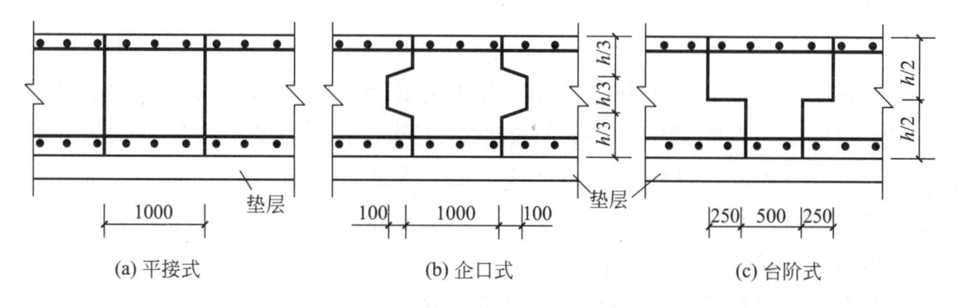

图 5－43 后浇带的接缝形式

(2) 后浇带在未浇注混凝土前不能将部分模板、支柱拆除，否则会导致梁板形成悬臂造成变形；施工后浇带的位置宜选在结构受力较小的部位，一般在梁、板的反弯点附近，此位置弯矩不大，剪力也不大；也可选在梁、板的中部，该位置虽弯矩大，但剪力很小。

(3) 混凝土浇筑和振捣过程中，应特别注意分层浇筑厚度和振捣器距钢丝网模板的距离。为防止混凝土振捣中水泥浆流失严重，应限制振捣器与模板的距离，为保证混凝土密实，垂直施工缝处应采用钢钎捣实。

(4) 浇筑结构混凝土后垂直施工缝的处理。对采用钢丝网模板的垂直施工缝，当混凝土达到初凝时，用压力水冲洗，清除浮浆、碎片并使冲洗部位露出骨料，同时将钢丝网片冲洗干净。混凝土终凝后将钢丝网拆除，立即用高压水再次冲洗施工缝表面；在后浇带混凝土浇筑前应清理表面。

(5) 后浇带混凝土浇筑。不同类型后浇带混凝土的浇筑时间不同，伸缩后浇带视先浇部分混凝土的收缩完成情况而定，一般为施工后60天；沉降后浇带宜在建筑物基本完成沉降后进行。在一些工程中，设计单位对后浇带的保留时间有特殊要求，应按设计要求进行浇筑后浇带混凝土；后浇带混凝土必须采用无收缩混凝土，可采用膨胀水泥配制，也可采用添加具有膨胀作用的外加剂和普通水泥配制，混凝土的强度应提高一个等级，其配合比通过试验确定。

(6) 板支撑。对地下室较厚底板、大梁等属大体积混凝土的后浇带，两侧必须设置专用模板和支撑以防止混凝土漏浆而使后浇带断不开，对地下室有防水抗渗要求的还应留设止水带或做企口模板，以防后浇带处渗水。后浇带保留的支撑，应保留至后浇带混凝土浇筑且强度达到设计要求后，方可逐层拆除。

5. 框架结构的混凝土浇筑

框架结构一般按结构层划分施工层和在各层划分施工段分别浇筑。一个施工段内每排柱子的浇筑应从两端同时开始向中间推进，不可从一端开始向另一端推进，预防柱子模板逐渐受推倾斜使误差积累难以纠正。

每一施工层的梁、板、柱结构，先浇筑柱子。柱子开始浇筑时，底部应先浇筑一层厚50～100mm与所浇筑混凝土内砂浆成分相同的水泥砂浆，然后浇筑混凝土到顶，停歇一段时间(1～1.5h)，待混凝土拌和物初步沉实，再浇筑梁板混凝土。

梁板混凝土应同时浇筑，只有梁高1m以上时，才可以将梁单独浇筑，此时的施工缝留在楼板板面下20～30mm处。楼板混凝土的虚铺厚度应略大于板厚，振实，用铁插尺检查混凝土厚度，再用长的木抹子抹平。为保证捣实质量，混凝土应分层浇筑。

6. 大体积混凝土的浇筑

大体积混凝土结构在土木工程中常见，如工业建筑中的设备基础；在高层建筑中地下室底板、结构转换层；各类结构的厚大桩基承台或基础底板以及桥梁的墩台等。其上有巨大的荷载，整体性要求高，往往不允许留施工缝，要求一次连续浇筑完毕。另外，大体积混凝土结构浇筑后水泥的水化热量大，由于体积大，水化热聚集在内部不易散发，浇筑初期混凝土内部温度显著升高，而表面散热较快，这样形成较大的内外温差，混凝土内部产生压应力，而表面产生拉应力，如温差过大则易于在混凝土表面产生裂纹。浇筑后期混凝土内部逐渐散热冷却，产生收缩时，由于受到基底或已浇筑的混凝土的约束，接触处将产生很大的剪应力，在混凝土正截面形成拉应力。当拉应力超过混凝土当时龄期的极限抗拉强度时，便会产生裂缝，甚至会贯穿整个混凝土断面，由此带来严重的危害。大体积混凝土结构的浇筑，两种裂缝(尤其是后一种裂缝)都应设法防止。

要防止大体积混凝土结构浇筑后产生裂缝，就要降低混凝土的温度应力，这就必须减少浇筑后混凝土的内外温差。为此应优先选用水化热低的水泥，降低水泥用量，掺入适量的粉煤灰，降低浇筑速度和减小浇筑层厚度，浇筑后宜进行测温，采取蓄水法或覆盖法进行降温或进行人工降温措施。控制内外温差不超过25℃，必要时，经过计算和取得设计单位同意后可留施工缝而分段分层浇筑。

如要保证混凝土的整体性，则要求保证使每一浇筑层在初凝前就被上一层混凝土覆盖并捣实成为整体。为此要求混凝土按不小于下述的浇筑强度(单位时间的浇筑量)进行浇筑：

$$Q=\frac{FH}{T} \tag{5-10}$$

式中：Q——混凝土单位时间最小浇筑量(m^3/h)；

F——混凝土浇筑区的面积(m^2)；

H——浇筑层厚度(m)，取决于混凝土捣实方法；

T——下层混凝土从开始浇筑到初凝为止所容许的时间间隔(h)，一般等于混凝土初凝时间减去运输时间。

大体积混凝土结构的浇筑方案，可分为全面分层、分段分层和斜面分层三种(图5-44)。全面分层法要求的混凝土浇筑强度较大，斜面分层法混凝土浇筑强度较小。工程中可根据结构物的具体尺寸、捣实方法和混凝土供应能力，通过计算选择浇筑方案。目前应用较多的是斜面分层法。

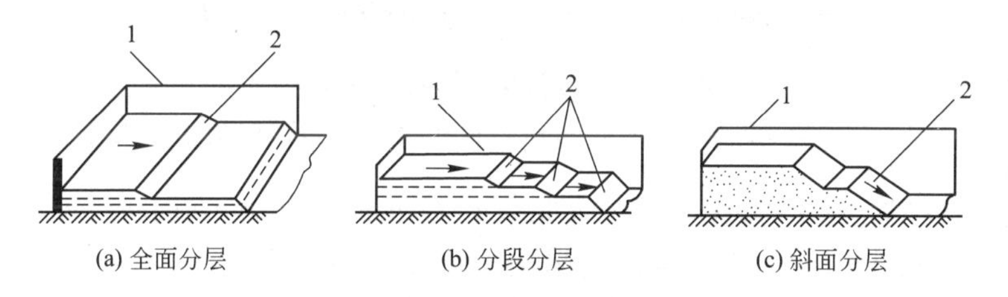

图5-44 大体积混凝土浇筑方案

1—模板；2—浇筑的混凝土

控制大体积混凝土裂缝的关键是减小温度应力，为此须减小混凝土内外温差、自身体积收缩和外界约束。裂缝控制措施有：

(1) 优先选用水化热低的水泥，如矿渣水泥、火山灰水泥或粉煤灰水泥等。

(2) 尽量降低水泥用量，掺入适量的矿物掺和料(粉煤灰)。

(3) 尽量降低混凝土的用水量。

(4) 减小约束的刚度或摩擦系数；尽量减小混凝土所受的外部约束力，如模板、地基面要平整，或在地基面设置可以滑动的附加层。

(5) 尽量降低混凝土的入模温度，一般要求混凝土的入模温度不宜超过28℃，可以用冰水冲洗骨料，在气温较低时浇筑混凝土。

(6) 分段、分层浇筑，降低浇筑速度和减小浇筑层厚度等。在大体积混凝土浇筑时，适当掺加一定的毛石块。

(7) 掺入具有缓凝、微膨胀或减缩作用的外加剂，适当控制混凝土的浇筑速度和每个浇筑层的厚度，以便在混凝土浇筑过程中释放部分水化热。

(8) 在结构内部埋设管道或预留孔道(如混凝土大坝内)，混凝土养护期间采取灌冷水或通风(冷风)排出内部热量。采取蓄水法或覆盖法降温、人工降温措施，控制内外温差≤25℃。

(9) 测温测试，信息化施工。

7. 水下浇筑混凝土

深基础、沉井与沉箱的封底等，常需要进行水下浇筑混凝土，地下连续墙及钻孔灌注桩则是在泥浆中浇筑混凝土。水下或泥浆中浇筑混凝土，目前多用导管法(图 5 - 45)。

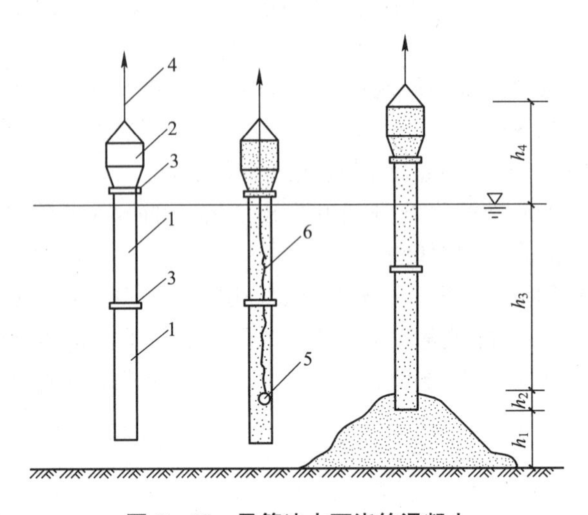

图 5 - 45　导管法水下浇筑混凝土

1—钢导管；2—漏斗；3—接头；4—吊索；5—隔水塞；6—铁丝

导管直径约 250～300mm(不小于最大骨料粒径的 8 倍)，每节长 3m，用快速接头连接，顶部装有漏斗。导管用起重设备吊住，可以升降。浇筑前，导管下口先用隔水塞(混凝土、木等制成)堵塞，隔水塞用铁丝吊住。然后在导管内浇筑一定量的混凝土，保证开管前漏斗及管内的混凝土量要使混凝土冲出后足以封住并高出管口。将导管插入水下，使其下口距底面的距离 h_1 约为 300mm 时进行浇筑，距离太小易堵管，太大则要求漏斗及管内混凝土量较多。当导管内混凝土的体积及高度满足上述要求后，剪断吊住隔水塞的铁丝进行开管，使混凝土在自重作用下迅速推出隔水塞进入水中。以后一面均衡地浇筑混凝土，一面慢慢提起导管，导管下口必须始终保持在混凝土表面之下不小于 1～1.5m。下口埋得越深，则混凝土顶面越平、质量越好，但混凝土浇筑也越难。

在整个浇筑过程中，一般应避免在水平方向移动导管，直到混凝土顶面接近设计标高时，才可将导管提起，换插到另一浇筑点。一旦发生堵管，如半小时内不能排除，应立即换插备用导管。待混凝土浇筑完毕，应清除顶面与水或泥浆接触的一层松软部分。

8. 混凝土密实成型

混凝土浇入模板后，由于内部骨料之间的摩擦力、水泥砂浆的粘结力、拌合物与模板之间的摩擦力，使混凝土处于不稳定的平衡状态。其内部是疏松的，空洞与气泡含量占混凝土体积约 5%～20%。而混凝土的强度、抗冻性、抗渗性以至耐久性等一系列性质，都与混凝土的密实度有关。因此，必须采用适当的方法任混凝土初凝之前对其进行捣实，以保证其密实度。

混凝土捣实分人工捣实和机械捣实两种方法。人工捣实是用捣锤或捣钎等工具的冲击力来使混凝土密实成型的，其效率低、效果差。机械振实是将振动器的振动力传给混凝土使之发生强烈振动而密实成型，效率高、质量好。

（1）混凝土振动密实的原理。该原理是产生振动的机械将振动能量通过某种方式传递给混凝土拌合物时，受振混凝土拌合物中所有的骨料颗粒都受到强迫振动，它们之间原来赖以保持平衡并使混凝土拌合物保持一定塑性状态的粘着力和内摩擦力随之大大降低，受振混凝土拌合物呈现出所谓的“重质液体状态”，因而混凝土拌合物中的骨料犹如悬浮在液体中，在其自重作用下向新的稳定位置沉落，排除存在于混凝土拌合物中的气体，消除孔隙，使骨料和水泥浆在模板中得到致密的排列。

振动密实的效果和生产率，与振动机械的结构形式和工作方式(插入振动或表面振动)、振动机械的振动参数(振幅、频率、激振力)以及混凝土拌合物的性质(骨料粒径、坍落度等)密切有关。混凝土拌合物的性质影响着混凝土的固有频率，它对各种振动的传播呈现出不同的阻尼和衰减，有着适应它的最佳频率和振幅。振动机械的结构形式和工作方式，决定了它对混凝土传递振动能量的能力，也决定了它适用的有效作用范围和生产率。

（2）振动机械。振动机械按其工作方式分为内部振动器、表面振动器、外部振动器和振动台(图 5 - 46)。

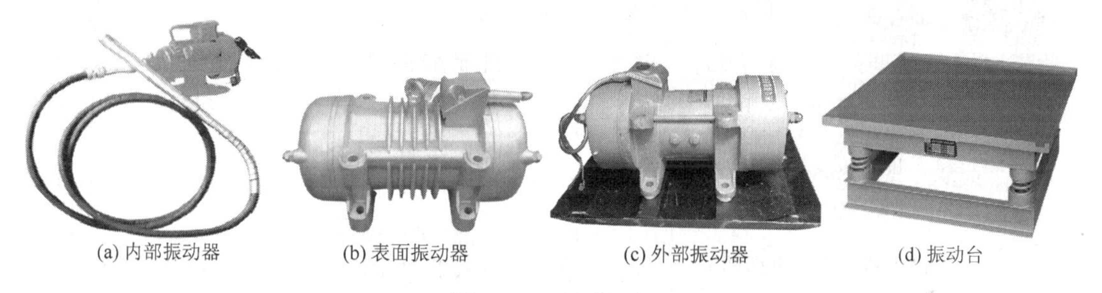

图 5 - 46 振动机械

内部振动器又称插入式振动器(图 5 - 47)，其工作部分是一棒状空心圆柱体，内部装有偏心振子，在电动机带动下高速转动而产生高频微幅的振动；多用于振实梁、柱、墙、厚板和大体积混凝土结构等。

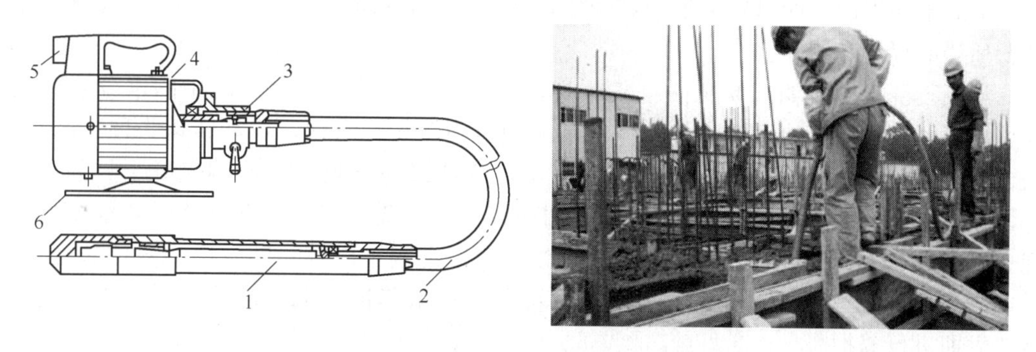

图 5 - 47 电动软轴行星式内部振动器

1—振动棒；2—软轴；3—防逆装置；4—电动机；5—电器开关；6—支座

用内部振动器振捣混凝土时，应垂直插入，并插入下层尚未初凝的混凝土中 50～100mm，以促使上下层结合。插点的分布有行列式和交错式两种(图 5 - 48)。对普通混凝土插点间距不大于1.5R(R为振动器作用半径)，对轻骨料混凝土，则不大于1.0R。

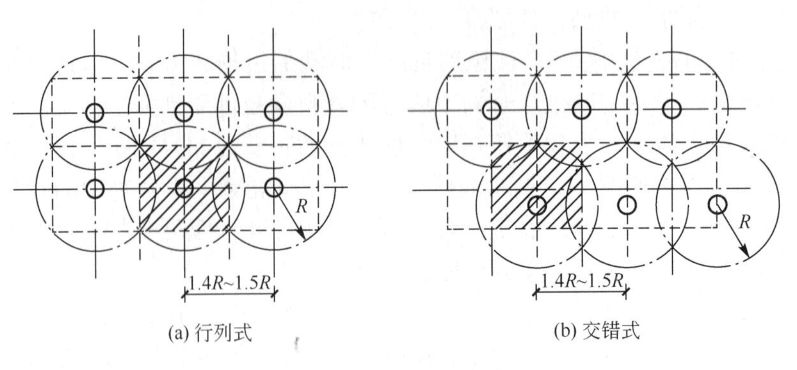

图5-48　插点的分布

图5-49　平板振动器

表面振动器又称平板振动器(图5-49)，它由带偏心块的电动机和平板(木板或钢板)等组成。其作用深度较小，多用在混凝土表面进行振捣，适用于楼板、地面、道路、桥面等薄型水平构件。

外部振动器又称附着式振动器，它通过螺栓或夹钳等固定在模板外部，通过模板将振动传给混凝土拌合物，因而模板应有足够的刚度。它宜于振捣断面小且钢筋密的构件，如薄腹梁、箱形桥面梁等，以及地下密封的结构，无法采用插入式振捣器的场合。其有效作用范围可通过实测确定。

5.3.6　混凝土养护

混凝土浇捣后，所以能逐渐凝结硬化，主要是因为水泥水化作用的结果，而水化作用需要适当的温度和湿度。

混凝土浇捣后，如气候炎热空气干燥，不及时进行养护，混凝土中的水分会蒸发过快，出现脱水现象，使已形成凝胶体的水泥颗粒不能充分水化，不能转化为稳定的结晶，缺乏足够的粘结力，从而会在混凝土表面出现片状或粉状剥落，影响混凝土的强度。此外，在混凝土尚未具备足够的强度时，其中水分过早的蒸发还会产生较大的收缩变形，出现干缩裂纹，影响混凝土的整体性和耐久性。所以混凝土浇筑初期阶段的养护非常重要。在混凝土浇筑完毕后，应在12h以内加以覆盖和浇水养护；干硬性混凝土应于浇筑完毕后，立即进行养护。

混凝土的养护的常用方法主要有自然养护、加热养护、蓄热养护。其中蓄热养护多用于冬季施工，而加热养护除用于冬季施工外，还常用于预制构件的生产。这里主要介绍自然养护的方法，加热养护、蓄热养护将在“冬季施工”一节中介绍。

1. 自然养护

自然养护是指在自然气温条件下(平均气温高于5℃),用适当的材料对混凝土表面进行覆盖、浇水、挡风、保温等养护措施,使混凝土的水泥水化作用在所需的适当温度和湿度条件下顺利进行。自然养护又分为覆盖浇水养护和塑料薄膜养护。

1) 覆盖浇水养护

覆盖浇水养护是指混凝土在浇筑完毕后3~12h内,可选用草帘、芦席、麻袋、锯木、湿土和湿砂等适当材料将混凝土表面覆盖,并经常浇水使混凝土表面处于湿润状态的养护方法。

2) 塑料薄膜养护

塑料薄膜养护就是以塑料薄膜为覆盖物,使混凝土表面与空气隔绝,可防止混凝土内的水分蒸发,水泥依靠混凝土中的水分完成水化作用而凝结硬化,从而达到养护目的。

塑料薄膜养护有以下两种方法:

(1) 薄膜布直接覆盖法,是指用塑料薄膜布把混凝土表面敞露部分全部严密地覆盖起来,保证混凝土在不失水的情况下得到充分的养护。其优点是不必浇水,操作方便,能重复使用,提高混凝土的早期强度,加速模具的周转。

(2) 喷洒塑料薄膜养生液法,是指将塑料溶液喷涂在混凝土表面,落液挥发后在混凝土表面结成一层塑料薄膜,使混凝土表面与空气隔绝,封闭混凝土内的水分不再被蒸发,从而完成水泥水化作用。这种养护方法一般适用于表面积大或浇水养护困难的情况。

2. 加热养护

自然养护成本低、效果较好,但养护期长。为了缩短养护期,提高模板的周转率和场地的利用率,一般生产预制构件时,宜采用加热养护。

建筑或基础,可在其表面涂刷沥青乳液以防止混凝土内水分蒸发。

对于表面积大的构件(如地坪、楼板、屋面、路面等),也可用湿土、湿砂覆盖,或沿构件周边用粘土等围住,在构件中间蓄水养护。

混凝土必须养护至强度达到1.2N/mm^{2}以上,才可以在上面行人和架设支架、安装模板,且不得冲击混凝土。

5.3.7 混凝土冬期施工

1. 混凝土冬期施工的一般原理

1) 温度与混凝土硬化速度的关系

混凝土强度的高低和增长速度决定于水泥水化反应的程度和速度。水泥的水化反应必须在有水和一定的温度条件下才能进行,其中温度决定着水化反应的速度,温度愈高反应愈快,混凝土强度增长愈快;但温度也不能过高,否则会使水泥颗粒表面迅速水化、结成硬壳,阻止内部继续水化,形成“假凝”现象。反之,温度愈低,水泥水化反应速度愈慢。当温度降至0℃时,尽管由于混凝土中的水不是纯水而是含有电解质的水溶液(冰点在0℃以下),水泥的水化反应仍能进行,但反应速度却大大降低,混凝土硬化速度及强度增长也将随之减慢。

混凝土中不同孔径孔隙内的水冰点是不同的。一般大孔中的水冰点约为－2～－0.5℃，而凝胶孔内的凝胶水其冰点则为－8～－7℃。试验表明，新浇筑的混凝土内，当温度为－1℃时，大约有80%的水处于液相状态，－3℃时大约还有10%的水处于液相，而当温度低于－10℃时，则液相水的数量就很少了，这时水泥的水化反应很微弱，可看成接近于停止。由于在负温下，随着温度的降低，大量的水转变为冰，体积增大，这就成为促使混凝土遭受冻害、混凝土结构受到破坏的根源。

2）冻结对混凝土强度的影响

混凝土浇筑后，如果早期遭受冻结，转入正温后虽然强度会继续增长，但与同龄期标准养护条件下的混凝土相比，其强度都有不同程度的降低。强度损失的大小随其浇筑后遭受冻结早晚情况的不同而异。

（1）如果混凝土在浇筑后初凝前便立即受冻，这时由于没有液相水存在水泥缺乏水化的必要条件，水泥的水化反应刚开始便停止，没有或仅有极微的水化热，混凝土冻前的强度几乎等于零，这时混凝土中的水泥是处于“休眠”状态。在混凝土解冻并转入正温养护后，仍能保持水泥的正常水化，混凝土强度可以重新逐渐发展并达到与未受冻的混凝土基本相同的强度，没有多少强度损失。但这种情况对组织混凝土的冬期施工没有实用意义。

（2）如果混凝土是在浇筑完初凝后遭受冻结，则从已知试验资料来看，混凝土的强度损失很大，而且冻结温度越高，强度损失越大，产生这种现象的原因是由于在冻结过程中混凝土内水分产生迁移现象所引起混凝土结构的破坏。当混凝土初凝后遭受冻结，温度的降低首先从混凝土表面开始，由于骨料的热传导性大于水泥浆体，因而其比水泥浆体先冷却，这就在混凝土的外部与内部及骨料与水泥浆体之间产生了温度梯度，使大量的水分向低温区和骨料表面迁移，最终在混凝土内形成许多冰聚体，并在骨料周围冻结成冰薄膜。当转入正温后，冰聚体和冰薄膜消失，因而在混凝土内水泥石与骨料之间留下了空隙，影响了混凝土的密实性和水泥石与骨料之间的粘结强度，造成了混凝土强度的降低。由于混凝土中水分的迁移速度比较缓慢，所以迁移量的多少与降温速度有关。当温度迅速下降至很低温度时(如－20℃甚至更低)，由于冻结温度低，混凝土冻结过程很快，混凝土内的水分还来不及向冷却面大量迁移即已冻结成冰，所形成的冰晶纤细，且在混凝土中分布较均匀、集中在水泥石与骨料之间的冰量较少，因而强度损失较小。当冻结温度较高时，混凝土缓慢受冻，这就为水分的迁移造成了良好的条件，使较多的水能不断地迁移和集聚，形成的冰晶粗大，骨料表面也形成较厚的冰膜，将来正温时遗留的空隙就较大，因而混凝土强度的损失也较大。这就是为什么混凝土的冻结温度高时要比冻结温度低时的强度损失较大的原因。

（3）如果混凝土是经过一定时间的正温预养后才遭受冻结，这时由于水泥水化已形成一定的凝聚——结晶结构，混凝土具有一定强度，混凝土结构遭受破坏的主要原因是由于大孔和毛细孔中的水在转变为冰的相变过程中体积增大，从而在孔中产生较大的静水压力，以及因冰水蒸气压的差别推动未冻水向冻结区的迁移造成的渗透压力，当这两种压力产生的内应力超过混凝土抗拉强度时，混凝土即产生微裂纹。由静水压力和渗透压力引起的破坏作用造成混凝土强度损失的大小与混凝土预养达到的强度有关，预养强度愈高，强度损失愈小。这是由于当混凝土预养强度较低时，混凝土结构尚不足以抵抗由于水相变体积膨胀所产生的静水压力和渗透压力，混凝土内部会产生微裂缝而导致强度降低。当混凝土具有一定的预养强度后，其结构坚固到足以抵抗静水压力和渗透压力的破坏作用时，混凝土强度的损失就较小，甚至不损失。

因此，混凝土在冬期施工中，如果不可避免地会遭受冻结时，则必须采取措施防止其浇筑后过早受冻。应使其在冻结前能先经过一定时间的预养护，保证达到足以抵抗冻害的“临界强度(又称抗冻临界强度)”后才遭冻结，以避免冻害对混凝土的强度和耐久性所造成的不利影响。所谓“临界强度”，就是指就浇筑的混凝土在遭受冻结时所必须达到的最低初始强度值，当混凝土达到该强度值时才遭受冻结并恢复正温养护后，混凝土的强度能继续增长，经标准养护28t仍可达到设计的混凝土强度标准值的95%以上。

影响确定临界强度值的因素较多(如水灰比、冻融循环次数、水泥与外加剂品种和混凝土强度等级等)，各国规范的规定值很不一致。我国《混凝土结构工程施工及验收规范》(GB 50204—2002)规定，冬期浇筑的混凝土，在受冻前，混凝土的抗压强度不得低于下列数值：硅酸盐水泥或普通硅酸盐水泥配制的混凝土，为设计的混凝土强度标准值的30%；矿渣硅酸盐水泥配制的混凝土，为设计的混凝土强度标准值的40%，但不大于C10的混凝土，不得小于5MPa。该规定是对水灰比不大于0.6，不掺加防冻剂的混凝土而言。对掺加防冻剂的混凝土，其临界强度值根据有关研究结果可确定为：当室外最低气温高于－15℃时为4MPa；室外最低气温为－30～－15℃时为5MPa。

2. 冬期施工的工艺要求

1) 混凝土材料选择及要求

配制冬期施工的混凝土，应优先选用硅酸盐水泥或普通硅酸盐水泥。水泥强度等级不应低于32.5级，最小水泥用量不宜少于300kg，水灰比不应大于0.6。使用矿渣硅酸盐水泥，宜采用蒸汽养护；使用其他品种水泥，应注意其中掺合材料对混凝土抗冻、抗渗等性能的影响。冬期浇筑的混凝土，宜使用无氯盐类防冻剂。对抗冻性要求高的混凝土，宜使用包括引气减水剂或引气剂在内的外加剂，但掺用防冻剂、引气减水剂或引气剂的混凝土施工，应符合现行国家标准《混凝土外加剂应用技术规范》(GB 50119—2003)的规定。如在钢筋混凝土中掺用氯盐类防冻剂时，应严格控制氯盐掺量，且一般不宜采用蒸汽养护。

混凝土所用骨料必须清洁，不得含有冰、雪等冻结物及易冻裂的矿物质，在掺用含有钾、钠离子防冻剂的混凝土中，不得混有活性骨料。

2) 混凝土材料的加热

冬期拌制混凝土时应优先采用加热水的方法，当加热水仍不能满足要求时，再对骨料进行加热，水及骨料的加热温度应根据热工计算确定，但不得超过表5-19的规定。

表5-19　拌合水及骨料最高温度

项目	拌合水温度/℃	骨料温度/℃
低于42.5级的硅酸盐水泥、矿渣硅酸盐水泥	80	60
大于等于42.5级的硅酸盐水泥、矿渣硅酸盐水泥	60	40

3) 混凝土的搅拌

搅拌前应用热水或蒸气冲洗搅拌机，搅拌时间应较常温延长50%。投料顺序为先投入骨料和已加热的水，然后再投入水泥，且水泥不应与80℃以上的水直接接触，避免水

泥假凝。混凝土拌合物的出机温度不宜低于10℃，入模温度不得低于5℃。对搅拌好的混凝土应经常检查其温度及和易性，若有较大差异，应检查材料加热温度和骨料含水率是否有误，并及时加以调整。在运输过程中要有保温措施以防止混凝土热量散失和被冻结。

4）混凝土的浇筑

混凝土在浇筑前，应清除模板和钢筋上的冰雪和污垢；且不得在强冻胀性地基上浇筑混凝土，当在弱冻胀性地基上浇筑混凝土时，基土不得遭冻；当在非冻胀性地基土上浇筑混凝土时，混凝土在受冻前，其抗压强度不得低于临界强度。

当分层浇筑大体积结构时，已浇筑层的混凝土在被上一层混凝土覆盖前，其温度不得低于按热工计算的温度，且不得低于2℃。

对加热养护的现浇混凝土结构，混凝土的浇筑程序和施工缝的位置，应能防止在加热养护时产生较大的温度应力；当加热温度在40℃以上时，应征得设计同意。

对于装配式结构，浇筑承受内力接头的混凝土或砂浆，宜先将结合处的表面加热到正温；浇筑后的接头混凝土或砂浆在温度不超过40℃的条件下，应养护至设计要求强度；当设计无专门要求时，其强度不得低于设计的混凝土强度标准值的75%；浇筑接头的混凝土或砂浆，可掺用不致引起钢筋锈蚀的外加剂。

3. 冬期养护方法

混凝土冬期养护方法有蓄热法、蒸汽加热法、电热法、暖棚法以及掺外加剂法等。但无论采用什么方法，均应保证混凝土在冻结以前，至少应达到临界强度。

1）蓄热法

蓄热法是利用原材料预热的热量及水泥水化热，通过适当的保温，延缓混凝土的冷却，保证混凝土能在冻结前达到所要求强度的一种冬期施工方法。适用于室外最低温度不低于－15℃的地面以下工程或表面系数(指结构冷却的表面积与其全部体积的比值)不大于15的结构。蓄热法养护具有施工简单、不需外加热源、节能、冬期施工费用低等特点。因此，在混凝土冬期施工时应优先考虑采用。只有当确定蓄热法不能满足要求时，才考虑选择其他方法。蓄热法养护的三个基本要素是混凝土的入模温度、围护层的总传热系数和水泥水化热值。应通过热工计算调整以上三个要素，使混凝土冷却到0℃时，强度能达到临界强度的要求。

采用蓄热法时，宜采用强度高、水化热大的硅酸盐水泥或普通硅酸盐水泥、掺用早强型外加剂、适当提高入模温度、外部早期短时加热等措施，同时应选用传热系数较小、价廉耐用的保温材料，如草帘、草袋、锯末、谷糠及炉渣等。此外，还可采取其他一些有利蓄热的措施，如地下工程可用未冻结的土壤覆盖或生石灰与湿锯末均匀拌和覆盖，利用保温材料本身发热保温以及充分利用太阳热能等措施。

2）蒸汽加热法

蒸汽加热养护分为湿热养护和干热养护两类。湿热养护是让蒸汽与混凝土直接接触，利用蒸汽的湿热作用来养护混凝土，常用的棚罩法、蒸汽套法以及内部通气法等就属于这类。而干热养护则是将蒸汽作为热载体，通过某种形式的散热器将热量传导给混凝土使其升温，如毛管法和热模法就属于这类。

(1) 棚罩法，是在现场结构物的周围制作能拆卸的蒸汽室，如在地槽上部盖简单的盖子或在预制构件周围用保温材料(木材、砖、篷布等)做成密闭的蒸汽室，通入蒸汽加热混凝土。本法设施灵活、施工简便、费用较小，但耗气量大，温度不易控制，适用于加热地槽中的混凝土结构及地面上的小型预制构件。

(2) 蒸汽套法，是在构件模板外再用一层紧密不透气的材料(如木板)做成蒸汽套，气套与模板间的空隙约150mm，通入蒸汽加热混凝土。此法温度能适当控制，加热效果取决于保温构造，设备复杂、费用大，可用于现浇柱、梁及肋形楼板等整体结构加热。

(3) 内部通气法，是在混凝土构件内部预留直径为13～50mm的孔道，再将蒸汽送入孔内加热混凝土。当混凝土达到要求的强度后，排除冷凝水，随即用砂浆灌入孔道内加以封闭。内部通气法节省蒸汽、费用较低，但入气端易过热产生裂缝，适用于梁柱、桁架等结构件。

(4) 毛管法，是在模板内侧做成沟槽(断面可做成三角形、矩形或半圆形)，间距200～250mm，在沟槽上盖以0.5～2mm的铁皮，使之成为通蒸汽的毛管，通入蒸汽进行加热。毛管法用气少，但仅适用于以木模浇筑的结构，对于柱、墙等垂直构件加热效果好，而对于平放的构件，其加热不易均匀。

(5) 蒸汽热模法，是利用钢模板加工成蒸汽散热器，通过蒸汽加热钢模板，再由模板传热给混凝土。

一般蒸汽养护制度包括升温、恒温、降温三个阶段。整体浇筑的混凝土结构，混凝土的升温和降温速度不得超过有关规定，以减少加热养护对混凝土强度的不利影响，防止混凝土产生裂缝。

3) 暖棚法

它是在被养护的构件和结构外围搭设围护物，形成棚罩，内部安设散热器、热风机或火炉等作为热源，加热空气，从而使混凝土获得正温的养护条件。由于空气的热辐射低于蒸汽，因此，为提高加热效果，应使热空气循环流通，并应注意保持暖棚内有一定的湿度，以免混凝土内水分蒸发过快，使混凝土干燥脱水。

当在暖棚内用直接燃烧燃料加热时，为防止混凝土早期碳化，要注意通风，以排除二氧化碳气体。采用暖棚法养护混凝土时，棚内温度不得低于5℃，且必须严格遵守防火规定，注意安全。

4) 电热法

它是利用电能作为热源来加热养护混凝土的方法。这种方法设备简单、操作方便、热损失少、能适应各种施工条件。但耗电量较大，冬期施工附加费用较高。按电能转换为热能的方式不同电热法可分为：电极加热法、电热器加热法和电磁感应加热法。

(1) 电极加热法。它是在混凝土构件内安设电极(φ6～φ12钢筋)，通以交流电，利用混凝土作为导体和本身的电阻，使电能转变为热能，对混凝土进行加热。

为保证施工安全和防止热量损失，通电加热应在混凝土的外露表面覆盖后进行。所用的工作电压宜为50～110V。在养护过程中，应注意观察混凝土外露表面的湿度，防止干燥脱水。当表面开始干燥时，应先停电，然后浇温水湿润混凝土表面。

电极加热法的优点是热效率较高，缺点是升温慢，热处理时间较长，电能消耗大，电极用钢量大。对密集配筋的结构，由于钢筋对电热场的影响，使构件加热不均匀，故只宜用于少筋或无筋的结构。

(2) 电热器加热法。

它是将电热器贴近于混凝土表面，靠电热元件发出的热量来加热混凝土。电热器可以用红外线电热元件或电阻丝电热元件制成，外形可成板状或棒状，置于混凝土表面或内部进行加热。由于它是一种间接加热法，故热效率不如电极加热法高，一般耗电量也大，但它不受构件中钢筋疏密与位置的影响，施工较简便。

在大模板工程中，采用电热毯电热器来加热混凝土也可取得较好效果。电热毯是由四层玻璃纤维布中间夹以电阻丝制成。根据大模板背后空档区格的大小，将规格合适的电热毯铺设于格内，外侧再覆盖保温材料(如岩棉板等)，这样在保温层与电热毯之间形成的热夹层能有效地阻止冷空气侵入，减少热量向外扩散。

(3) 电磁感应加热法。

它是利用铁质材料在电磁场中发热的原理，将产生的热量传给混凝土，以达到加热养护混凝土的目的。它可分为工频感应模板加热法与线圈感应加热法。

① 工频感应模板加热法。

在钢模板外侧焊上管内穿有导线的钢管，便形成工频感应模板。当频率为50Hz(工频)的交流电在钢管内导线中通过时，由于电磁感应作用，使管壁上产生感应电流。这种感应电流为自成闭合回路的环流，成旋涡状，故称为涡流，涡流产生的热效应使钢管发热，热量传给钢模板，再传给混凝土，从而对混凝土进行加热养护。

工频感应模板加热法设备简单，只要导线和钢管，加热易于控制，混凝土温度比较均匀，适用在日平均气温为－20～－5℃条件下的冬期施工。

② 线圈感应加热法。

当交流电通入线圈中时，在线圈内及周围会产生交变磁场。若线圈内放有铁心，则在铁心内会产生涡电流而使铁心发热。如果在梁、柱构件钢模板的外表面缠绕连续的感应线圈，线圈中通入工频交流电，则处在线圈内的钢模板和钢筋中也会因电磁感应产生涡流而发热，从而将热量传给混凝土，对其进行加热养护。

线圈感应加热法适用各种负温环境，对于表面系数大于5且钢筋密集的梁、柱构件的加热养护以及对钢筋和钢模板的预热等最为有效，其温度分布均匀，混凝土质量良好。

(4) 远红外线养护法，是利用远红外辐射器向新浇筑的混凝土辐射远红外线，使混凝土的温度得以提高，从而在较短时间内获得要求的强度。这种工艺具有施工简便、升温迅速、养护时间短、降低能耗、不受气温和结构表面系数的限制等特点，适用于薄壁结构、大模工艺、装配式结构接头等混凝土的加热。产生远红外线的能源除电源外，还可用天然气、煤气、石油液化气和热蒸汽等，可根据具体条件选择。

5) 掺外加剂法

在冬期施工混凝土中掺入适量的外加剂，使混凝土强度迅速增长，在冻结前达到要求的临界强度，或降低水的冰点使混凝土能在负温下凝结硬化，它不仅可简化施工工艺、节约能源，若掺用合理还可改善混凝土其他性能，因此这是混凝土冬期施工的有效方法。但掺用外加剂的混凝土必须符合冬期施工工艺要求的有关规定。

工程案例

某建筑工程，建筑面积23824m^2，地上10层，地下2层(地下水位−2.0m)。主体结构为非预应力现浇混凝土框架剪力墙结构(柱网为9m×9m，局部柱距为6m)，梁模板起拱高度分别为20mm、12mm。抗震设防烈度7度，梁、柱受力钢筋为HRB335，接头采用挤压连接。结构主体地下室外墙采用P8防水混凝土浇筑，墙厚250mm，钢筋净距60mm，混凝土为商品混凝土。一、二层柱混凝土强度等级为C40，以上各层柱为C30。

事件一：钢筋工程施工时，发现梁、柱钢筋的挤压接头有位于梁、柱端箍筋加密区的情况。在现场留取接头试件样本时，是以同一层每600个为一验收批，并按规定抽取试件样本进行合格性检验。

事件二：结构主体地下室外墙防水混凝土浇筑过程中，现场对粗骨料的最大粒径进行了检测，检测结果为40mm。

事件三：该工程混凝土结构子分部工程完工后，项目经理部提前按验收合格的标准进行了自查。

问题：

(1) 该工程梁模板的起拱高度是否正确？说明理由，模板拆除时，混凝土强度应满足什么要求？

(2) 事件一中，梁、柱端箍筋加密区出现挤压接头是否妥当？如不可避免，应如何处理？按规范要求指出工程挤压接头的现场检验验收批确定有何不妥？应如何改正？

(3) 事件二中，商品混凝土粗骨料最大粒径控制是否准确？请从地下结构外墙的截面尺寸、钢筋净距和防水混凝土的设计原则三方面分析本工程防水混凝土粗骨料的最大粒径。

(4) 事件三中，混凝土结构子分部工程施工质量合格的标准是什么？

(本案例为2009年全国注册二级建造师考试实务真题)

答案：

(1) 该工程梁模板的起拱高度是正确的。对跨度大于4m的现浇钢筋混凝土梁和板，其模板按设计要求起拱；当设计无具体要求时，起拱高度为跨度的1/1000～3/1000，对跨度为9m的梁，起拱高度为9～27mm。对跨度为6m的梁，起拱高度为6～18mm。模板拆除时，混凝土强度应达到设计的混凝土立方体抗压强度标准值的100%。

(2) 事件一中梁、柱段箍筋加密区出现挤压接头不妥，接头位置应位于受力较小处。如不可避免，宜采用机械连接，且钢筋接头面积百分比不应多于50%。本工程挤压接头的现场检验验收的不妥之处是以同一层每600个作为一个检验批。正确做法是，同一施工条件下采用同一批材料的同等级、同形式、同规格接头，以500个作为一个验收批进行检验与验收，不足500个也作为一个验收批。

(3) 事件二中商品混凝土粗骨料最大粒径控制不准确。从地下结构外墙的截面尺寸、钢筋净距和防水混凝土的设计原则三方面分析本工程防水混凝土粗骨料最大粒径约为0.5～2cm。

(4) 混凝土结构子分部工程施工质量合格的标准：有关分项工程施工质量验收合格；应有完整的质量控制资料；观感质量验收合格；结构实体检验结果满足混凝土结构工程质量验收规范的规定。

工程案例 2

浙江省杭州市某大学剧院工程舞台屋面模板坍塌事故

1. 事故简介

2002 年 7 月 25 日，位于杭州西湖区的某大学新校区的剧院工程，在施工中发生模板坍塌事故(图 5－50)，造成 4 人死亡，20 人受伤。

图 5－50　工程坍塌事故现场

2. 事故发生经过

某大学新校区一标段工程建筑面积 39000m^2，由 A 区(综合楼)、B 区(学生活动中心)和连廊组成。施工单位为浙江省某建设集团公司，监理单位为浙江某监理公司。

B 区由 B1、B2、B3 组成，B3 区为一幢剧院建筑，框架结构，平面为东西长 70m，南北长 47.5m，呈椭圆形，屋面系双曲椭圆形钢筋混凝土梁板结构，板厚 110mm，屋面标高最高处为 27.9m，最低处为 22.8m。

由于支模板的木工班组不具备搭设钢管扣件支架的专业知识，在搭设过程中立杆间距过大、步距不一、剪刀撑数量极少等不符合国家安全规范和施工方案要求，浇筑混凝土前模板支架又未经检查验收，且租用的钢管及扣件质量不符合要求。从 7 月 24 日开始浇筑 B3 区屋面混凝土，到 7 月 25 日凌晨发生坍塌事故，作业的 24 人坠落，其中 4 人死亡，20 人受伤。

3. 事故原因分析

1) 技术方面

屋面模板施工前虽然施工单位编制了简单的支模施工方案，但施工班组未按要求搭设，项目经理也没有认真按方案进行检查，明知搭设不符合方案要求，却同意浇筑混凝土。

对于高度 27m 的满堂脚手架，不仅要求计算立杆的间距使荷载均布，还应控制立杆的步距，以减小立杆的长细比，另外，还应特别注意竖向及水平剪刀撑的设置，以确保支架的整体稳定性，而此模板支架不仅间距、步距、剪刀撑等搭设存在严重问题，且钢管、扣件材料质量不合格，施工单位也未经检验就使用。

以上情况说明，施工单位项目负责人严重不负责，施工管理混乱，不经检查确认合格便盲目使用，以致造成重大伤亡事故。

2）管理方面

建设单位及监理失职。该屋面模板方案由施工单位报监理审批，自5月开始搭设，到7月24日浇筑混凝土止，始终未获监理审批。但自开始浇筑混凝土直到发生事故时，监理人员始终在施工现场，既没提出模板支架不合格需进行整改，也未对模板支架方案尚未经监理审批就浇筑混凝土进行制止，且对现场租用钢管、扣件材质不合格也未进行检查，建设单位及监理公司未尽管理及监督责任。

对施工班组资质没有事先对其进行了解。混凝土模板虽然应由木工制作安装，但其支架采用了钢管、扣件材料，且高度达27m，实质上等于搭设一满堂钢管扣件脚手架，必须由具有架子工资质的班组搭设，并应按钢管扣件脚手架规范进行验收。而该工程自建设单位、监理单位到施工单位完全忽视了这一重要环节，此次事故直观表现在班组操作不合格，实质上是由于整个管理混乱和不负责任造成的。

4. 事故结论与教训

1）事故的主要原因

此次事故发生的主要原因完全是由于管理混乱造成的。首先，施工单位对班组搭设的模板不符合要求之处未加改正便浇筑混凝土，是造成事故的主要原因。其次，支架材料质量不合格，也影响了模板支架的整体稳定性。最后，建设单位及监理严重失职，没有及时制止错误，进行整改，导致事故发生。

2）事故性质

本次事故属责任事故，是因各级管理责任制失职造成的事故。

3）主要责任

项目经理对施工班组支模工程未按规定交底，搭设后未检查验收即浇筑混凝土，因此造成模板坍塌，应负违章指挥责任。

某建设集团公司主要负责人应对企业安全管理失误负有全面管理不到位责任。

5. 事故的预防对策

1）提高管理人员的素质

高架支模与一般模板不同，因立杆长细比大、稳定性差，需要经过计算确认，并制定专项施工方案，施工前应向班组交底，搭设后应经验收确认符合要求后方可浇筑混凝土。根据工程结构形式，制定混凝土浇筑程序及注意事项，在混凝土浇筑过程中设专人巡视，发现问题及时加固。

目前一些工程施工的模板支架采用了钢管、扣件材料，而一些施工人员并不熟悉钢管扣件脚手架安全技术规范的相关规定和计算要求，对钢管及扣件材料的质量标准也不清楚，以致仍按一般的经验进行管理，支架验收也掌握不住关键问题，因此影响了支架的整体稳定性。应该组织有关人员对规范进行学习，提高管理素质。

2）严格管理程序

按规定，模板施工前应编制专项施工方案，有设计计算，并经审批，否则不准施工。

班组施工前，应由施工管理人员进行交底，包括搭设要求及间距，扣件紧固程度及连墙措施等。

模板使用前，应由施工负责人及监理按方案进行验收，必须经各方确认合格签字后，方可浇筑混凝土。

本次事故，第一，虽有施工方案，但未经监理审批确认；第二，虽有方案，但未向班组交底，致使搭设严重不合要求；第三，虽有方案，但在浇筑混凝土前，未经各方验收，确认模板搭设合格后再使用，由于严重违反管理程序，在模板支架的承载力不足、稳定性不够的情况下浇筑混凝土，导致了坍塌事故。

6. 点评

目前，一些建筑工程虽不属高层建筑或建筑物的总高度不高，但由于有些局部建筑部位如舞台屋面、大厅天井屋面净高(层高)高度大，给建筑施工带来了难点，有的施工企业在遇高架支模工程时，不能掌握施工关键，不能认识施工的危险性，对模板支架不进行设计计算，对模板支架施工方案不会编制，以致作业人员操作时无所遵从。支架搭设后，检查验收又抓不住关键问题，因此在企业承包工程施工管理中形成了盲点。今后建设单位在发包工程时，遇一般公建应特别注意建筑物的局部净高；选择施工企业时，应格外了解企业的施工能力，并在施工过程中，对高支模部分，要求必须编制专项施工方案并加强监理检查工作。

本章小结

通过本章学习，可以了解混凝土结构工程特点及施工过程，掌握为保证钢筋与混凝土共同工作，在施工工艺上应注意的问题；了解钢筋的种类、性能及加工工艺；掌握钢筋连接工艺及配料的计算方法；了解钢筋代换的方法、原则；了解模板的构造、要求、受力特点及安拆、设计方法；了解混凝土原材料、施工设备和机具性能；掌握混凝土施工工艺原理和施工方法、施工配料、质量检验和评定方法；了解混凝土冬期施工工艺要求和常用措施。

习　　题

一、单项选择题

1. 拆除模板的一般顺序是(　　)。

A. 先支先拆　　B. 先支后拆

C. 先易后难　　D. 先难后易

2. 现浇钢筋混凝土楼梯施工缝位置应留在(　　)。

A. 休息平台上　　B. 楼梯段支座处

C. 楼梯段中间 1/3 范围内　　D. 楼梯段弯矩小的地方

3. 已浇筑的混凝土应达到(　　)才准上人。

A. 1.0N/mm² B. 1.2N/mm² C. 1.4N/mm² D. 1.6N/mm²

4. 跨度为8.5m的梁，其强度需达到(　　)才准拆模。

A. 50% B. 65% C. 75% D. 100%

二、判断题

1. 大于2m长的悬臂构件拆除底模时，混凝土强度应达到设计标准值的100%。(　　)

2. 混凝土的自由倾落高度一般不应超过3m。(　　)

3. 一般混凝土在浇完12h以后，应加以覆盖并浇水养护。(　　)

4. 室内正常环境钢筋混凝土梁主筋保护层厚度为10～15mm。(　　)

5. 受力筋焊接时，在$L=35d$或$L=500$mm的区域内，有接头的受力筋截面占总截面的百分比不得超过25%。(　　)

6. 在板的双层双向配筋中，上下层的钢筋弯钩必须朝下。(　　)

7. 钢模板的模数，宽以50mm进级，长以100mm进级。(　　)

8. 浇筑混凝土时，应掌握“快拔慢插”的原则。(　　)

三、填空题

1. 钢筋混凝土结构工程由________、________、________等多个工种组成。

2. 钢筋连接的方法通常有________、________、________。

3. 钢筋的冷加工方法有________、________。

4. 大体积混凝土的浇筑方法有________、________、________。

5. 混凝土的施工缝一般应留在结构________且________的部位。

6. 钢筋加工过程有冷拉、________、________、________、绑扎等。

四、简答题

1. 模板的作用是什么?

2. 施工缝如何留置?

3. 对混凝土自然养护时间的要求是什么?

五、计算题

1. 计算如图5-51所示钢筋的下料长度。(Φ22，共5根)

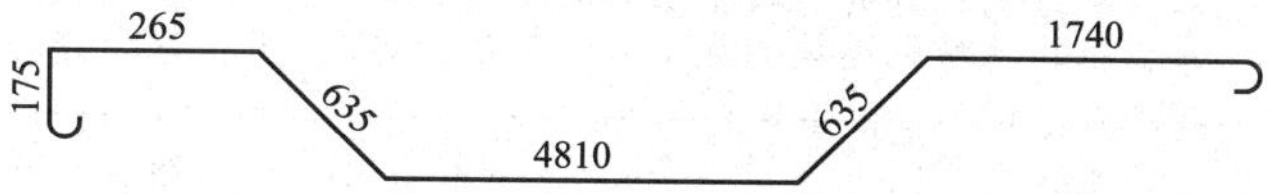

175 265 635 4810 635 1740

图5-51 某钢筋下料图

2. 已知某混凝土的实验室配合比为280∶820∶1100∶199(每1m³混凝土材料用量)，现测出砂的含水率为3.5%，石的含水率为1.2%，搅拌机的出料容积为400L，若采用袋装水泥(一袋50kg)，求每搅拌一罐混凝土所需各种材料的用量。

教学目标

通过本章教学，让学习者了解钢结构拼装方法与标准，熟悉钢结构构件的加工工艺；掌握钢结构构件的焊接施工方法与质量要求；掌握钢结构螺栓连接的施工方法及质量要求。

教学要求

知识要点	能力要求	相关知识
构件制作	了解钢结构拼装方法与标准	钢结构的下料、加工
钢结构的连接	掌握钢结构构件的焊接施工方法与质量要求； 掌握钢结构螺栓连接的施工方法及质量要求	钢结构焊接； 螺栓连接
钢结构的安装	掌握单层钢结构厂房的安装； 掌握多层及高层钢结构安装； 熟悉钢网架的安装	钢柱安装； 吊车梁安装； 屋架安装； 钢框架安装； 网架安装方法

基本概念

号料　折边　整体提升(吊装)法　高空散装法　高空滑移法　分块安装法

引例

钢结构工程是以钢材制作为主的结构，是主要的建筑结构类型之一。钢结构是现代建筑工程中较普通的结构形式之一。中国是最早用铁制造承重结构的国家，远在秦始皇时代(公元前246—前219年)，就已经用铁做简单的承重结构，而西方国家在17世纪才开始使用金属承重结构。公元3—6世纪，聪明勤劳的中国人就用铁链修建铁索悬桥，著名的四川泸定大渡河铁索桥、云南的元江桥和贵州的盘江桥等都是中国早期铁体承重结构的例子。中国虽然早期在铁结构方面有卓越的成就，但由于2000多年封建制度的束缚，科学不发达，因此，长期停留于铁制建筑物的水平。直到19世纪末，我国才开始采用现代化钢结构。新中国成立后，钢结构的应用有了很大的发展，在全国各地已经建造了许多规模巨大而且结构复杂的钢结构厂房、大跨度钢结构民用建筑及铁路桥梁等。例如，人民大会堂钢屋架、北京和上海等地的体育馆的钢网架、陕西秦始皇兵马俑陈列馆的三铰钢拱架和北京的鸟巢等。特别是2008年前后，在奥运会的推动下，出现了钢结构建筑热潮，强劲的市场需求，推动钢结构建筑迅猛发展，建成了一大批钢结构场馆、机场、车站和高层建筑，其中，有的钢结构建筑在制作安装技术方面具有世界一流水平，如奥运会国家体育场等建筑。

泸定大渡河铁索桥

鸟巢

6.1 钢结构概述

钢结构是指以钢铁为基材，经机械加工组装而成的结构。建筑钢结构仅限于工业厂房、高层建筑、塔桅结构、桥梁等。钢结构与其他建设相比，在使用、设计、施工及综合经济方面都具有优势，造价低，可随时移动。其优点有：

(1) 钢结构住宅比传统建筑能更好地满足建筑上大开间灵活分隔的要求，并可通过减少柱的截面面积和使用轻质墙板，提高面积使用率，户内有效使用面积提高约6%。

(2) 节能效果好。墙体采用轻型节能标准化的C形钢、方钢、夹芯板，保温性能好，抗震度好。

(3) 将钢结构体系用于住宅建筑可充分发挥钢结构的延性、塑性变形能力，具有优良的抗震抗风性能，大大提高了住宅的安全可靠性。尤其在遭遇地震、台风灾害的情况下，钢结构能够避免建筑物的倒塌性破坏。

(4) 建筑总重轻。钢结构住宅体系自重轻，约为混凝土结构的一半，可以大大减少基础造价。

(5) 施工速度快。工期比传统住宅体系至少缩短1/3，一栋1000m^2只需20天、5个工人即可完工。

(6) 环保效果好。钢结构住宅施工时大大减少了砂、石、灰的用量，所用的材料主要是绿色，100%回收或降解的材料，在建筑物拆除时，大部分材料可以再用或降解，不会造成垃圾。

(7) 灵活、丰实。大开间设计，户内空间可多方案分割，可满足用户的不同需求。

(8) 符合住宅产业化和可持续发展的要求。钢结构适宜工厂大批量生产，工业化程度高，并且能将节能、防水、隔热、门窗等先进成品集合于一体，成套应用，将设计、生产、施工一体化，提高建设产业的水平。

钢结构也存在着一些缺点。

1. 钢结构易腐蚀

钢结构必须注意防护，特别是薄壁构件，因此，处于较强腐蚀性介质内的建筑物不宜采用钢结构。钢结构在涂油漆前应彻底除锈，油漆质量和涂层厚度均应符合相关规范要求。在设计中应避免使结构受潮、漏雨，构造上应尽量避免存在于检查、维修的死角。新建造的钢结构一般隔一定时间都要重新刷涂料，维护费用较高。

2. 钢结构不耐火

温度超过250℃时，材质发生较大变化，不仅强度逐步降低，还会发生蓝脆和徐变现象。温度达600℃时，钢材进入塑性状态不能继续承载。

3. 钢结构断裂

钢结构在低温和某些条件下，可能发生脆性断裂，还有厚板的层状撕裂，都应引起设计者的特别注意。

4. 钢材较贵

采用钢结构后结构造价会略有增加，因为钢结构只是指工程上部结构，在工程总投资中仅占10%还不到。因此，建筑采用钢结构与采用混凝土结构间的差价所占工程总投资的比例非常小，如果综合考虑各种因素，尤其是工期优势，则钢结构将日益受到重视。

用作钢结构的钢材有钢板、钢带、型钢(工字钢、槽钢、角钢)、钢管和钢铸件等。

钢材的进场验收应注意以下事项：

(1) 质量证明文件：钢材进场应有随货同行的质量合格证明文件，进口钢材应有国家商检部门的复验报告。

(2) 外观检查：钢材断面或断口处不应有分层、夹渣等缺陷；钢材表面有锈蚀、麻点或划痕等缺陷时，其深度不得大于该钢材厚度允许偏差值的1/2，且锈蚀等级应在C级及C级以上。

(3) 允许偏差抽查：钢板抽查厚度，型钢抽查规格尺寸，每一品种、规格各抽查5处。

(4) 抽样复验：国外进口钢材、钢材混批、板厚≥40mm且有Z向性能要求的厚板、结构安全等级为一级大跨度结构中主要受力构件采用的钢材、设计有复验要求的钢材、对质量有疑义的钢材应进行抽样复验。

6.2 构件制作

钢结构构件制作一般在工厂进行，其加工工序包括放样、号料、切割下料、平直矫正、边缘加工、弯卷成型、折边、矫正和防腐、涂饰等过程。

6.2.1 钢结构的下料

放样和号料是整个钢结构制作工艺中的第一道工序，其工作的准确与否将直接影响到整个产品的质量，至关重要。为了提高放样和号料的精度和效率，有条件时，应采用计算机辅助设计。

1. 放样

放样是根据产品施工详图或零部件图样要求的形状和尺寸，按照1∶1的比例把产品或零部件的实形画在放样台或平板上，求取实长并制成样板的过程。对比较复杂的壳体零部件，还需要作图展开。放样的步骤如下：

(1) 仔细阅读图纸，并对图纸进行核对。

(2) 准备放样需要的工具，包括钢尺、石笔、粉线、划针、圆规、铁皮剪刀等。

(3) 准备好做样板和样杆的材料，一般采用薄铁片和小扁钢；可先刷上防锈油漆。

(4) 放样以1∶1的比例在样板台上弹出大样。当大样尺寸过大时，可分段弹出。尺寸划法应避免偏差累积。

(5) 先以构件某一水平线和垂直线为基准，弹出十字线；然后据此逐一划出其他各个点和线，并标注尺寸。

(6) 放样过程中，应及时与技术部门协调；放样结束，应对照图纸进行自查；最后应根据样板编号编写构件号料明细表。

2. 号料

号料就是根据样板在钢材上画出构件的实样，并打上各种加工记号，为钢材的切割下料做准备。号料的步骤：

(1) 根据料单检查清点样板和样杆，点清号料数量。号料应使用经过检查合格的样板与样杆，不得直接使用钢尺。

(2) 准备号料的工具，包括石笔、样冲、圆规、划针、凿子等。

(3) 检查号料的钢材规格和质量。

(4) 不同规格、不同钢号的零件应分别号料，并依据先大后小的原则依次号料。对于需要拼接的同一构件，必须同时号料，以便拼接。

(5) 号料时，同时划出检查线、中心线、弯曲线，并注明接头处的字母、焊缝代号。

(6) 号孔应使用与孔径相等的圆规规孔，并打上样冲做出标记，便于钻孔后检查孔位是否正确。

(7) 弯曲构件号料时，应标出检查线，用于检查构件在加工、装焊后的曲率是否正确。

(8) 在号料过程中，应随时在样板、样杆上记录下已号料的数量，号料完毕，则应在样板、样杆上注明并记下实际数量。

3. 切割下料

切割的目的就是将放样和号料的零件形状从原材料上进行下料分离。钢材的切割可以通过切削、冲剪、摩擦机械力和热切割来实现。常用的切割方法有机械剪切、气割和等离子切割三种方法，见图6-1和图6-2。

图6-1 钢材的切割

图6-2 机械切割机

气割法是利用氧气与可燃气体混合产生的预热火焰加热金属表面，达到燃烧温度并使金属发生剧烈的氧化，释放出大量的热促使下层金属也自行燃烧，同时通以高压氧气射流，将氧化物吹除而引起一条狭小而整齐的割缝。随着割缝的移动，使切割过程连续切割出所需的形状。除手工切割外常用的机械有火车式半自动气割机、特型气割机等。这种切割方法设备灵活、费用低廉、精度高，是目前使用最广泛的切割方法，能够切割各种厚度的钢材，特别是带曲线的零件或厚钢板。气割前，应将钢材切割区域表面的铁锈、污物等清除干净，气割后，应清除熔渣和飞溅物。

机械切割法可利用上、下两剪刀的相对运动来切断钢材，或利用锯片的切削运动把钢材分离，或利用锯片与工件间的摩擦发热使金属熔化而被切断。常用的切割机械有剪板机、联合冲剪机、弓锯床、砂轮切割机等。其中剪切法速度快、效率高，但切口略粗糙；锯割可以切割角钢、圆钢和各类型钢，切割速度和精度都较好。机械剪切的零件，其钢板厚度不宜大于12mm，剪切面应平整。

等离子切割法是利用高温高速的等离子焰流将切口处金属及其氧化物熔化并吹掉来完成切割，所以能切割任何金属，特别是熔点较高的不锈钢及有色金属铝、铜等。

6.2.2 构件加工

1. 平直矫正

钢材使用前，由于材料内部的残余应力及存放、运输、吊运不当等原因，会引起钢材原材料变形；在加工成型过程中，由于操作和工艺原因会引起成型件变形；构件连接过程中会存在焊接变形等。为了保证钢结构的制作及安装质量，必须对不符合技术标准的材料、构件进行矫正。钢结构的矫正，就是通过外力或加热作用，使钢材较短部分的纤维伸长；或使较长的纤维缩短，以迫使钢材反变形，使材料或构件达到平直及一定几何形状的要求并符合技术标准的工艺方法。矫正的形式主要有矫直、矫平、矫形三种。矫正按外力来源分为火焰矫正、机械矫正和手工矫正等；按矫正时钢材的温度分为热矫正和冷矫正。

1）火焰矫正

钢材的火焰矫正(图 6－3)是利用火焰对钢材进行局部加热，被加热处理的金属由于膨胀受阻而产生压缩塑性变形，使较长的金属纤维冷却后缩短而完成的。

影响火焰矫正效果的因素有 3 个：火焰加热位置、加热的形式和加热的热量。火焰加热的位置应选择在金属纤维较长的部位。加热的形式有点状加热、线状加热和三角形加热三种。用不同的火焰热量加热，可获得不同的矫正变形的能力。低碳钢和普通低合金结构钢构件用火焰矫正时，常采用 600～800℃的加热温度。

2）机械矫正

钢材的机械矫正(图 6－4)是在专用矫正机上进行的。机械矫正的实质是使弯曲的钢材在外力作用下产生过量的塑性变形，以达到平直的目的。它的优点是作用力大、劳动强度小、效率高。

图 6－3　火焰矫正

图 6－4　机械矫正

钢材的机械矫正有拉伸机矫正、压力机矫正、多辊矫正机矫正等。拉伸机矫正，适用于薄板扭曲、型钢扭曲、钢管、带钢和线材等的矫正。压力机矫正适用于板材、钢管和型钢的局部矫正；多辊矫正机可用于型材、板材等的矫正。

3）手工矫正

钢材的手工矫正(图 6－5)采用锤击的方法进行，操作简单灵活。手工矫正由于矫正力小、劳动强度大、效率低而用于矫正尺寸较小的钢材。有时在缺乏或不便使用矫正设备时也采用。

图 6－5　手工矫正

在钢材或构件的矫正过程中，应注意以下几点：

(1) 为了保证钢材在低温情况下受到外力不至于产生冷脆断裂，碳素结构钢在环境温度低于−16℃时，低合金结构钢在环境温度低于−12℃时，不得进行冷矫正。

(2) 由于考虑到钢材的特性、工艺的可行性以及成型后的外观质量的限制，规定冷矫正和冷弯曲的最小曲率半径和最大弯曲矢高应符合有关的规定。

(3) 矫正时，应尽量避免损伤钢材表面，其划痕深度不得大于0.5mm，且不得大于该钢材厚度负偏差的1/2。

2. 弯卷成型

1) 钢板卷曲

钢板卷曲是通过旋转辊轴对板料进行连续三点弯曲所形成的。当制件曲率半径较大时，可在常温状态下卷曲；如制件曲率半径较小或钢板较厚时，则需在钢板加热后进行。钢板卷曲按其卷曲类型可分为单曲率卷制和双曲率卷制。单曲率卷制包括对圆柱面、圆锥面和任意柱面的卷制，操作简便，较常用。双曲率卷制可实现球面、双曲面的卷制。钢板卷曲工艺包括预弯、对中和卷曲三个过程。

(1) 预弯。板料在卷板机上卷曲时，两端边缘总有卷不到的部分，即剩余直边。剩余直边在矫圆时难以完全消除，所以一般应对板料进行预弯，使剩余直边弯曲到所需的曲率半径后再卷曲。预弯可在三辊、四辊或预弯压力机上进行。

(2) 对中。将预弯的板料置于卷板机上卷曲时，为防止产生歪扭，应将板料对中，使板料的纵向中心线与滚筒轴线保持严格的平行。在四辊卷板机中，通过调节倒辊，使板边靠紧侧辊对准；在三辊卷板机中，可利用挡板使板边靠近挡板对中。

(3) 卷曲。板料位置对中后，一般采用多次进给法卷曲。利用调节上辊筒(三辊机)或侧辊筒(四辊机)的位置使板料发生初步的弯曲，然后来回滚动而卷曲。当板料移至边缘时，根据板边和准线检查板料位置是否正确。逐步压下上辊并来回滚动，使板料的曲率半径逐渐减小，直至达到规定的要求。

2) 型材弯曲

(1) 型钢的弯曲。型钢弯曲时，由于手截面重心线与力的作用线不在同一平面上，同时型钢除受弯曲力矩外还受扭矩的作用，所以型钢断面会产生畸变。畸变程度取决于应力的大小，而应力的大小又取决于弯曲半径。弯曲半径越小，则畸变程度越大，为了控制应力与变形，应控制最小弯曲半径。如果构件的曲率半径较大，一般采用冷弯；反之则采用热弯。

(2) 钢管的弯曲。管材在外力的作用下弯曲时，其截面会发生变形，且外侧管壁会减薄，内侧管壁会增厚。在自由状态下弯曲时，截面会变成椭圆形。钢管的弯曲半径一般应不小于管子外径的3.5倍(热弯)至4倍(冷弯)。在弯曲过程中，为了尽可能地减少钢管在弯曲过程中的变形，弯制时通常采用下列方式：在管材中加进填充物(装砂或弹簧)后进行弯曲；用滚轮和滑槽压在管材外面进行弯曲；用芯棒穿入管材内部进行弯曲。

(3) 边缘加工。在钢结构制造中，经过剪切或气割过的钢板边缘，其内部结构会发生硬化和变态。为了保证桥梁或重型吊车梁等重型构件的质量，需要对边缘进行加工，其刨切量不应小于2.0mm。此外，为了保证焊缝质量，考虑到装配的准确性，要将钢板边缘刨成或铲成坡口，往往还要将边缘刨直或铣平。

一般需要做边缘加工的部位包括：吊车梁翼缘板、支座支撑面等具有工艺性要求的加工面；设计图纸中有技术要求的焊接坡口；尺寸精度要求严格的加劲板、隔板、腹板及有孔眼的节点板等。常用的边缘加工方法有铲边、刨边、铣边和碳弧电气刨边四种。

3. 其他工艺

1）折边

在钢结构制造过程中，常把构件的边缘压弯成倾角或一定形状的操作过程称为折边。折边广泛用于薄板构件，它有较长的弯曲线和很小的弯曲半径。薄板经折边后可以大大提高结构的强度和刚度。这类工件的弯曲折边常利用折边机进行。

2）模具压制

模具压制是在压力设备上利用模具使钢材成型的一种工艺方法；钢材及构件成型的质量与精度均取决于模具的形状尺寸与制造质量。利用先进和优质的模具使钢材成型可以使钢结构工业达到高质量、高速度的发展。

模具按加工工序分，主要有冲裁模、弯曲模、拉伸模、压延模等四种。

3）制孔

在钢结构制孔中包括铆钉孔、普通螺栓连接孔、高强度螺栓孔、地脚螺栓孔等，制孔通常有钻孔和冲孔两种。

(1) 钻孔。钻孔是钢结构制造中普遍采用的方法，能用于几乎任何规格的钢板、型钢的孔加工。钻孔的原理是切削，故孔壁损伤较小，孔的精度较高。钻孔在钻床上进行，对于构件因受场地狭小限制，加工部位特殊，不便于使用钻床加工时，则可用电钻、风钻等加工。

(2) 冲孔。冲孔是在冲孔机(冲床)上进行，一般只能在较薄的钢板和型钢上冲孔，且孔径一般不小于钢材的厚度，也可用于不重要的节点板、垫板和角钢拉撑等小件加工。冲孔生产效率较高，但由于孔的周围产生冷作硬化，孔壁质量较差，有孔口下塌、孔的下方增大的倾向，所以，除孔的质量要求不高时，或作为预制孔(非成品孔)外，在钢结构中较少直接采用。

当地脚螺栓孔与螺栓的间距较大时，即孔径大于50mm时，也可以采用火焰割孔。

4）预拼装要求

由于受运输、吊装等条件的限制，有时构件要分成两段或若干段出厂，为了保证安装的顺利进行，应根据构件或结构的复杂程序和设计要求，在出厂前进行预拼装；除管结构为立体预拼装，并可设卡、夹具外，其他结构一般均为平面拼装，且构件应处于自由状态，不得强行固定。预拼装的允许偏差应符合表6-1的规定。

表6-1 构件预拼装的允许偏差

构件类型	项目	允许偏差/mm
多节柱	预拼装单元总长	±5.0
	预拼装单元弯曲矢高	l/500且不大于10.0
	接口错边	2.0
	顶面至任一牛腿距离	±2.0
	预拼装单节柱身扭曲	h/200且不大于5.0

（续）

构件类型	项目		允许偏差/mm
梁、桁架	跨度最外端两安装孔或两端支承面最外侧距离		+5.0；-10.0
	接口截面错位		2.0
	拱度	设计要求起拱	$\pm l/5000$
		设计未要求起拱	$\pm l/2000$；0
	节点处杆件连线错位		3.0
构件平面总体预拼装	各楼层柱距		±4.0
	相邻楼层梁与梁之间距离		±3.0
	各层间框架两对角线之差		$H/2000$ 且不大于 5.0
	任意两对角线之差		$\sum H/2000$ 且不大于 8.0

注：l—单元长度；h—截面高度；H—柱高度。

在预拼装时，对螺栓连接的节点板除检查各部位尺寸外，还应用试孔器检查板叠孔的通过率。在施工过程中，错孔的现象时有发生，如错孔在 3.0mm 以内时，一般都用绞刀铣或锉刀锉孔，其孔径扩大不超过原孔径的 1.2 倍；如错孔超过 3.0mm，一般用焊条焊补堵孔或更换零件，不得采用钢块填塞。

预拼装检查合格后，对上下定位中心线、标高基准线、交线中心点等应标注清楚、准确；对管结构、工地焊接连接处，除应标注标记外，还应焊接一定数量的卡具、角钢或钢板定位器等，以便按预拼装结果进行安装。

6.2.3 表面处理

1. 钢材的腐蚀

钢材的腐蚀速度与环境、湿度、温度及有害介质的存在有关，其中湿度是一个决定性因素。大气的相对湿度在 60%以下时，钢材的腐蚀是很轻微的；但当相对湿度增加到某一数值时，钢材的腐蚀速度会突然升高，这一数值称为临界湿度。

钢材在常温中腐蚀属于电化学过程，钢铁内部不同金属杂质之间具有不同的电极电位，得到或失去电子的能力不同，从而引起了局部的微电池。钢结构通常在常温大气环境中使用，大气中含有水分、氧和其他污染物的作用就会发生电化学腐蚀过程，即钢材构成原电池的阳极，通过溶解和氧气逐步变为铁锈。铁锈能够吸收大量水分，致使锈层体积膨胀使腐蚀继续扩展到内部。钢材在高温下腐蚀属于化学腐蚀。高温状态下金属和干燥空气相接触，表面会生成化合物(如氯化物、硫化物、氧化物等)，形成对钢材的化学腐蚀。

钢材在轧制过程中，经热处理后表面产生一层均匀的氧化层；同时钢材在加工过程中，钢材表面往往产生焊渣、毛刺、油污等污染物。这些氧化物如不认真清除，会影响防腐涂料的附着力和涂层的使用寿命。钢材表面处理质量，有时甚至比涂料本身品种性能差异的影响更大，应予以重视。

2. 钢材的表面处理

钢结构表面处理方法有手工工具除锈、滚动钢丝轮除锈、酸洗除锈、喷砂(丸)除锈、化学转化膜、热浸镀、电镀、表面合金化以及射流控制真空除锈、激光除锈等。钢材表面的毛刺、电焊药皮、灰尘、油污等污染物均应清除干净。

3. 施工注意事项

(1) 一般情况，宜用干燥、便于喷刷的冷固型涂料。

(2) 在构件加工制造和现场拼接过程中要保证焊缝的质量，因为焊缝中的材质复杂，极易形成电极，在热影响区较易生锈，涂装前需要对焊缝熔渣、飞溅物彻底清除干净。

(3) 未经过特殊处理的钢结构构件严格禁止与土壤直接接触，因为土壤对钢有较强的腐蚀性。与土壤接触处需要用低强度的混凝土包裹，并保证具有足够的保护层厚度。

(4) 钢结构构件的连接部位(焊缝或螺栓连接处)，不得在工厂预先喷涂涂料，只能在工地安装就位后，对这些部位进行认真清理，尽量避免构件涂装后焊接，以防治涂层的完整性。

(5) 工厂制作、加工好的构件要妥善堆放，避免钢材表面生锈而导致二次涂装，造成不必要的浪费。对构件运输或安装过程中损坏的涂层，应在安装就位后及时清理干净，并按有关规范对涂层进行修复。

6.2.4 钢结构构件组装的一般规定

钢结构构件的组装是遵照施工图的要求，把已加工完成的各零件或半成品构件，用装配的手段组合成为独立的成品，这种装配的方法通常称为组装。组装根据构件的特性及组装程度，可分为部件组装、组装、预总装。

(1) 部件组装是装配的最小单元的组合，它由两个或两个以上零件按施工图的要求装配成为半成品的结构部件。

(2) 组装是把零件或半成品按施工图的要求装配成为独立的成品构件。

(3) 预总装是根据施工总图把相关的两个以上成品构件，在工厂制作场地上，按其各构件空间位置总装起来。其目的是直观地反映出各构件装配节点，保证构件安装质量。目前已广泛使用在采用高强度螺栓连接的钢结构构件制造中。

6.3 钢结构的连接

钢构件的连接方法有焊接、紧固件连接(螺栓连接、射钉、自攻钉、拉铆钉)及铆接三种。

6.3.1 焊接施工方法

焊缝连接是当前钢结构的主要连接方式，手工电弧焊和自动(或半自动)埋弧焊是目前应用最多的焊缝连接方法。与螺栓连接相比，焊接结构具有以下优点：

(1) 焊缝连接不需钻孔，截面无削弱；不需额外的连接件，构造简单，省工省料，费用经济。

(2) 焊接结构的密闭性好、刚度和整体性都较大。

(3) 有些结点如钢管与钢管的Y形和T形连接等，除焊缝外是较难采用螺栓连接或其他连接的。

焊缝连接也存在以下一些不足之处：

(1) 受焊接时的高温影响。

(2) 焊缝易存在各种缺陷，焊缝附近的主体金属易导致材质变脆，导致构件内产生应力集中而使裂纹扩大。

(3) 由于焊接结构的刚度大，个别存在的局部裂纹易扩展到整体。

(4) 焊接后，由于冷却时的不均匀收缩，构件内将存在焊接残余应力，可使构件受荷时部分截面提前进入塑性，降低受压时构件的稳定临界应力。

(5) 焊接后，由于不均匀胀缩而使构件产生焊接残余变形，如使原为平面的钢板发生凹凸变形等。

由于焊缝连接存在以上不足之处，因此设计、制造和安装时应尽量采取措施，避免或减少其不利影响。同时必须按照国家标准《钢结构工程施工质量验收规范》(GB 50205—2001)中对焊缝质量的规定进行检查和验收。若对材料选用、焊缝设计、焊接工艺、焊工技术和加强焊缝检验五方面的工作予以注意，焊缝容易脆断的事故是可以避免的。

1. 建筑钢结构焊接的一般要求

建筑钢结构焊接时一般应考虑以下问题：

(1) 焊接方法的选择应考虑焊接构件的材质和厚度、接头的形式和焊接设备。

(2) 焊接的效率和经济性。

(3) 焊接质量的稳定性。

2. 电弧焊施工

电弧焊是工程中应用最普遍的焊接形式。其工作原理是，通电后在涂有药皮的焊条和焊件间产生电弧。电弧提供热源，使焊条中的焊丝熔化，滴落在焊件上被电弧所吹成的小凹槽熔池中。由电焊条药皮形成的熔渣和气体覆盖着熔池，防止空气中的氧、氮等气体与熔化的液体金属接触，避免形成脆性易裂的化合物。焊缝金属冷却后把被连接件连成一体。手工电弧焊设备简单，操作灵活方便，适于任意空间位置的焊接，特别适于焊接短焊缝；但生产效率低，劳动强度大，焊接质量与焊工的技术水平和精神状态有很大的关系。

1) 焊接接头

建筑钢结构中常用的焊接接头按焊接方法分为熔化接头和电渣焊接头两大类。在手工电弧焊中，熔化接头根据焊件的厚度、使用条件、结构形状的不同又分为对接接头、角接接头、T形接头和搭接接头等形式。在各种形式的接头中，为了提高焊接质量，较厚的构件往往要开坡口。开坡口的目的是保证电弧能深入焊缝的根部，使根部能焊透，以便清除熔渣，获得较好的焊缝形态。焊接接头形式见表6-2所示。

表 6-2 焊接接头形式

名称	接头形式	特点
对接接头	不开坡口 V、X、U形坡口	应力集中较小，有较高的承载力
角接接头	不开坡口	适用厚度在 8mm 以下
	V、K形坡口	适用厚度在 8mm 以下
	卷边	适用厚度在 2mm 以下
T形接头	不开坡口	适用厚度在 30mm 以下的不受力构件
	V、K形坡口	适用厚度在 30mm 以上的只承受较小剪应力构件
搭接接头	不开坡口	适用厚度在 12mm 以下的钢板
	塞焊	适用双层钢板的焊接

2）焊缝形式

(1) 按施焊的空间位置区分，焊缝形式可分为平焊缝、横焊缝、立焊缝及仰焊缝四种。平焊的熔滴靠自重过渡，操作简单，质量稳定；横焊时，由于重力熔化金属容易下淌，而使焊缝上侧产生咬边，下侧产生焊瘤或未焊透等缺陷；立焊焊缝成形更加困难，易产生咬边、焊瘤、夹渣、表面不平等缺陷；仰焊时，必须保持最短的弧长，因此常出现未焊透、凹陷等质量问题。

(2) 按结合形式区分，焊缝可分为对接焊缝、角焊缝和塞焊缝三种。对接焊缝主要尺寸有：焊缝有效高度 S、焊缝宽度 c、余高 h。角焊缝主要以高度 K 表示，塞焊缝常以熔核直径 d 表示。

3）焊接前的准备

焊前准备包括坡口制备、预焊部位清理、焊条烘干、预热、预变形及高强度钢切割表面探伤等。

4）引弧与熄弧

引弧有碰击法和划擦法两种。碰击法是将焊条垂直于工件进行碰击，然后迅速保持一定距离；划擦法是将焊条端头轻轻划过工件，然后保持一定距离。施工中，严禁在焊缝区以外的母材上打火引弧。在坡口内引弧的局部面积应熔焊一次，不得留下弧坑。

5）运条方法

电弧点燃之后，就进行正常的焊接过程，这时，焊条有三种方向的运动。

(1) 焊条被电弧熔化变短，为保持一定的弧长，就必须使焊条沿其中心线向下送进，否则会发生断弧。

(2) 为了形成线形焊缝，焊条要沿焊缝方向移动，移动速度的快慢要根据焊条直径、焊接电流、工件厚度和接缝装配情况及所在位置而定。移动速度太快，焊缝熔深太小，易造成未透焊：移动速度太慢，焊缝过高，工件过热，会引起变形增加或烧穿。

(3) 为了获得一定宽度的焊缝，焊条必须横向摆动。在做横向摆动时，焊缝的宽度一般是焊条直径的 1.5 倍左右。以上三个方向的动作密切配合，根据不同的接缝位置、接头形式、焊条直径和性能、焊接电流、工件厚度等情况，采用合适的运条方式，就可以在各种焊接位置得到优质的焊缝。

6）焊接完工后的处理

焊接结束后的焊缝及两侧，应彻底清除飞溅物、焊渣和焊瘤等。无特殊要求时，应根据焊接接头的残余应力、组织状态、熔敷金属含氢量和力学性能以决定是否需要焊后热处理。

3. 焊接工艺参数的选择

手工电弧焊的焊接工艺参数主要有焊条直径、焊接电流、电弧电压、焊接层数、电源种类及极性等。

1）焊条直径

焊条供手工电弧焊用，由焊芯和药皮组成。焊条的表示方法，如E4303、E5015，“E”代表焊条，前两位“43”、“50”表示焊缝金属的抗拉强度等级（$430N/mm^2$、$500N/mm^2$），第三位数字代表焊接的位置，最后一位数字表示适用电源种类及药皮类型。

焊条直径的选择主要取决于焊件厚度、接头形式、焊缝位置和焊接层次等因素。在一般情况下，可根据表6-3按焊件厚度选择焊条直径，并倾向于选择较大直径的焊条。另外，在平焊时，直径可大一些；立焊时，所用焊条直径不超过5mm；横焊和仰焊时，所用直径不超过4mm；开坡口多层焊接时，为了防止产生未焊透的缺陷，第一层焊缝宜采用直径为3.2mm的焊条。

表6-3　焊条直径与焊件厚度的关系

焊件厚度/mm	≤2	3～4	5～12	>12
焊条直径/mm	2	3.2	4～5	≥15

2）焊接电流

焊接电流的过大或过小都会影响焊接质量，所以其选择应根据焊条的类型、直径、焊件的厚度、接头形式、焊缝空间位置等因素来考虑，其中焊条直径和焊缝空间位置最为关键。在一般钢结构的焊接中，焊接电流大小与焊条直径关系可用以下经验公式进行试选：

$$I=10d \qquad (6-1)$$

式中：I——焊接电流（A）；

d——焊条直径（mm）。

另外，立焊时，电流应比平焊时小15％～20％；横焊和仰焊时，电流应比平焊电流小10％～15％。

3）电弧电压

根据电源特性，由焊接电流决定相应的电弧电压。此外，电弧电压还与电弧长度有关。电弧长则电弧电压高，电弧短则电弧电压低。一般要求电弧长小于或等于焊条直径，即短弧焊。在使用酸性焊条焊接时，为了预热部位或降低熔池温度，有时也将电弧稍微拉长进行焊接，即所谓的长弧焊。

4）焊接层数

焊接层数应视焊件的厚度而定。除薄板外，一般都采用多层焊。焊接层数过少，每层焊缝的厚度过大，对焊缝金属的塑性有不利的影响。施工中每层焊缝的厚度不应大于4～5mm。

5）电源种类及极性

直流电源由于电弧稳定，飞溅小，焊接质量好，一般用在重要的焊接结构或厚板大刚度结构上。其他情况下，应首先考虑交流电焊机。

根据焊条的形式和焊接特点的不同，利用电弧中的阳极温度比阴极高的特点，选用不同的极性来焊接各种不同的构件。用碱性焊条或焊接薄板时，采用直流反接(工件接负极)；而用酸性焊条时，通常采用正接(工件接正极)。

4. 焊缝缺陷及焊缝质量检验

1）焊缝缺陷

焊缝缺陷指焊接过程中产生于焊缝金属或附近热影响区钢材表面或内部的缺陷。常见的缺陷有裂纹(图6－6)、焊瘤、烧穿、弧坑、气孔(图6－7)、夹渣、咬边(图6－8)、未熔合、未焊透等；以及焊缝尺寸不符合要求、焊缝成形不良等。裂纹是焊缝连接中最危险的缺陷。产生裂纹的原因很多，如钢材的化学成分不当；焊接工艺条件(如电流、电压、焊速、施焊次序等)选择不合适；焊件表面油污未清除干净等。

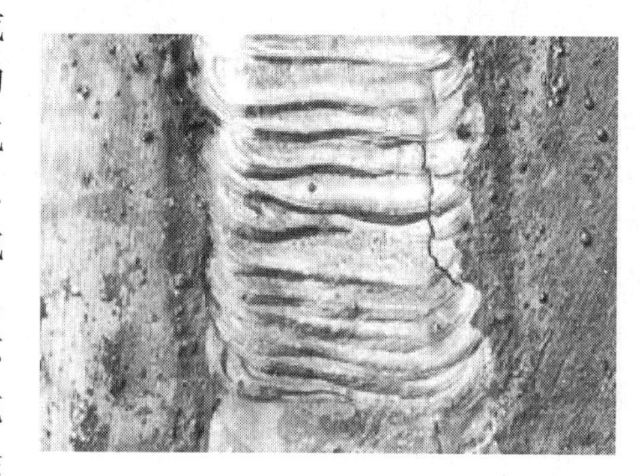

图6－6 裂纹

图6－7 气孔

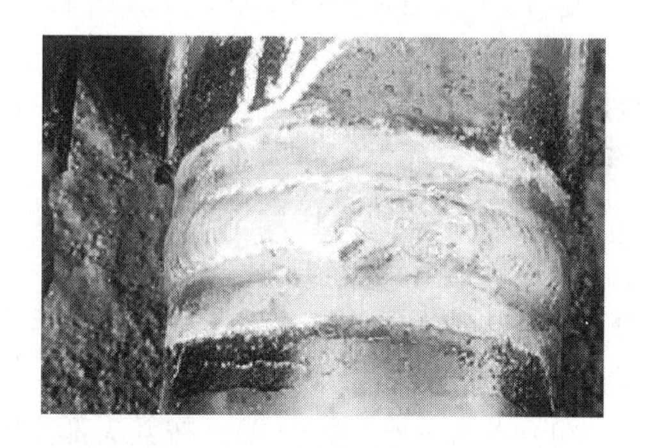

图6－8 咬边

2）焊缝质量检验

焊缝缺陷的存在将削弱焊缝的受力面积，在缺陷处引起应力集中，故对连接的强度、冲击韧性及冷弯性能等均有不利影响。因此，焊缝质量检验极为重要。

焊缝质量检验一般可用外观检查及内部无损检验，前者检查外观缺陷和几何尺寸，后者检查内部缺陷。内部无损检验目前广泛采用超声波检验。该方法使用灵活、经济，对内部缺陷反应灵敏，但不易识别缺陷性质；有时还用磁粉检验。该方法荧光检验等较简单的方法作为辅助。此外还可采用X射线或γ射线透照或拍片。

《钢结构工程施工质量验收规范》(GB 50205—2001)规定焊缝按其检验方法和质量要求分为一级、二级和三级。三级焊缝只要求对全部焊缝做外观检查且符合三级质量标准；

设计要求全焊透的一级、二级焊缝则除外观检查外，还要求用超声波探伤进行内部缺陷的检验，超声波探伤不能对缺陷做出判断时，应采用射线探伤检验，并应符合国家相应质量标准的要求。

3）焊缝质量等级的规定

国家标准《钢结构设计规范》(GB 50017—2003)规定，焊缝应根据结构的重要性、荷载特性、焊缝形式、工作环境以及应力状态等情况，按下述原则分别选用不同的质量等级：

(1) 在需要进行疲劳计算的构件中，凡对接焊缝均应焊透，其质量等级为：

① 作用力垂直于焊缝长度方向的横向对接焊缝或T形对接与角接组合焊缝，受拉时应为一级，受压时应为二级。

② 作用力平行于焊缝长度方向的纵向对接焊缝应为二级。

(2) 不需要计算疲劳的构件中，凡要求与母材等强的对接焊缝应予焊透，其质量等级当受拉时应不低于二级，受压时宜为二级。

(3) 重级工作制和起重量 $Q \geqslant 50t$ 的中级工作制吊车梁的腹板与上翼缘之间，以及吊车桁架上弦杆与节点板之间的T形接头焊缝均要求焊透。焊缝形式一般为对接与角接的组合焊缝，其质量等级不应低于二级。

(4) 不要求焊透的T形接头采用的角焊缝或部分焊透的对接与角接组合焊缝，以及搭接连接采用的角焊缝，其质量等级为：

① 对直接承受动力荷载且需要验算疲劳的结构和吊车起重量等于或大于50t的中级工作制吊车梁，焊缝的外观质量标准应符合二级。

② 对于其他结构，焊缝的外观质量标准可为三级。

6.3.2 普通螺栓

1. 普通螺栓的种类和用途

普通螺栓是钢结构常用的紧固件之一，用作钢结构中构件间的连接、固定，或将钢结构固定到基础上，使之成为一个整体。常用的普通螺栓有六角螺栓、双头螺栓和地脚螺栓等，其用途和分类如下：

(1) 六角螺栓(图6-9)。按其头部支承面大小及安装位置尺寸分为大六角头与六角头两种；按制造质量和产品等级则分为A、B、C三种。

图6-9 六角螺栓

A级螺栓通称精制螺栓，B级螺栓为半精制螺栓。A、B级适用于拆装式结构或连接部位需传递较大剪力的重要结构的安装中。C级螺栓通称为粗制螺栓，由未加工的圆杆压制而成，适用于钢结构安装中的临时固定，或只承受钢板间的摩擦阻力。对于重要的连接中，采用粗制螺栓连接时必须另加特殊支托(牛腿或剪力板)来承受剪力。

(2) 双头螺栓(图6-10)。一般又称螺柱，多用于连接厚板和不便使用六角螺栓连接的地方，如混凝土屋架、屋面梁悬挂单轨梁吊挂件等。

(3) 地脚螺栓(图 6－11)。其分为一般地脚螺栓、直角地脚螺栓、锤头螺栓和锚固地脚螺栓。

图 6－10 双头螺栓

图 6－11 地脚螺栓

一般地脚螺栓和直角地脚螺栓是浇筑混凝土基础时，预埋在基础之中用以固定钢柱的。锤头螺栓是基础螺栓的一种特殊形式，一般在混凝土基础浇筑时将特制模箱(锚固板)预埋在基础内，用以固定钢柱。锚固地脚螺栓是在已成形的混凝土基础上经钻机制孔后，再浇筑固定的一种地脚螺栓。

2. 普通螺栓的施工要求

1) 连接要求

普通螺栓在连接时应符合下列要求：

(1) 永久螺栓的螺栓头和螺母的下方应放置平垫圈。垫置在螺母下方的垫圈不应多于2个，垫置在螺栓头部下方的垫圈不应多于1个。

(2) 螺栓头和螺母应与结构构件的表面及垫圈密贴。

(3) 对于槽钢和工字钢翼缘之类倾斜面的螺栓连接，则应放置斜垫片垫平，以使螺母和螺栓的头部支承面垂直于螺杆，避免螺栓紧固时螺杆受到弯曲力。

(4) 永久螺栓和锚固螺栓的螺母应根据施工图纸中的设计规定，采用有防松装置的螺母或弹簧垫圈。

(5) 对于动荷载或重要部位的螺栓连接，应在螺母的下方按设计要求放置弹簧垫圈。

(6) 各种螺栓连接，从螺母一侧伸出螺栓的长度应保持在不小于两个完整螺纹的长度。

(7) 使用螺栓等级和材质应符合施工图纸的要求。

2) 长度选择

连接螺栓的长度可按下述公式计算：

$$L=\delta+H+hn+C \tag{6-2}$$

式中：δ——连接板约束厚度(mm)；

H——螺母的高度(mm)；

h——垫圈的厚度(mm)；

n——垫圈的个数；

C——螺杆的余长(5～10mm)。

3）紧固轴力

考虑到螺栓受力均匀，尽量减少连接件变形对紧固轴力的影响，保证各节点连接螺栓的质量，螺栓紧固必须从中心开始，对称施拧。其施拧时的紧固轴力应不超过相应的规定。永久螺栓拧紧质量检验采用锤敲或用力矩扳手检验，要求螺栓不颤头和偏移，拧紧的真实性用塞尺检查，对接表面高差(不平度)不应超过0.5mm。

6.3.3 高强度螺栓

高强度螺栓是用优质碳素钢或低合金钢材料制成的一种特殊螺栓，具有强度高的特点。它是继铆接连接之后发展起来的新型钢结构连接形式，已经成为当今钢结构连接的主要手段。高强度螺栓按照连接形式，可分为抗拉连接、摩擦连接和承压连接三种。

高强度螺栓连接具有安装简便、迅速、能装能拆和承压高、受力性能好、安全可靠等优点。因此，高强度螺栓普遍应用于大跨度结构、工业厂房、桥梁结构、高层钢框架结构等重要结构。

1. 高强度螺栓的种类

1）高强度六角头螺栓

钢结构用高强度大六角头螺栓为粗牙普通螺纹，分为8.8S和10.9S两种等级，一个连接副为一个螺栓、一个螺母和两个垫圈。高强度螺栓连接副应同批制造，保证扭矩系数稳定，同批连接副扭矩系数平均值为0.110～0.150，其扭矩系数标准偏差应不大于0.010。

扭矩系数按下列公式计算：

$$K=\frac{M}{Pd} \tag{6-3}$$

式中：K——扭矩系数；

d——高强度螺栓公称直径(mm)；

M——施加扭矩(N·m)；

P——高强度螺栓预拉力(kN)。

10.9S级结构用高强度大六角头螺栓紧固时轴力(P值)应控制在表6-4规定的范围内。

表6-4　10.9S级高强度螺栓轴力控制

螺栓公称直径/mm		12	16	20	22	24	27	30
10*H*	最大值/kN	59	113	117	216	250	324	397
9*H*	最小值/kN	19	93	142	177	206	265	329

2）扭剪型高强度螺栓

钢结构用扭剪型高强度螺栓，一个螺栓连接副为一个螺栓、一个螺母和一个垫圈，它适用于摩擦型连接的钢结构。连接副紧固轴力见表6-5。

表 6-5 扭剪型高强螺栓连接副紧固轴力

d		16	20	22	24
每批紧固轴力的平均值/kN	公称值	111	173	215	250
	最大值	122	190	236	275
	最小值	101	157	195	227
紧固轴力变异系数 λ		λ=标准偏差/平均值<10%			

2. 高强度螺栓的施工

1）高强度螺栓施工的机器具

（1）手动扭矩扳手。

各种高强度螺栓在施工中以手动紧固时，都要使用有示明扭矩值的扳手施拧，使达到高强度螺栓连接副规定的扭矩和剪力值。一般常用的手动扭矩扳手有指针式、音响式和扭剪型三种。

① 指针式扭矩扳手，在头部设一个指示盘配合套筒头紧固六角螺栓，当给扭矩扳手预加扭矩施拧时，指示盘即示出扭矩值。

② 音响式扭矩扳手，这是一种附加棘轮机构预调式的手动扭矩扳手，配合套筒可紧固各种直径的螺栓。音响扭矩扳手在手柄的根部带有力矩调整的主、副两个刻度，施拧前，可按需要调整预定的扭矩值。当施拧到预调的扭矩值时，便有明显的音响和手上的触感。这种扳手操作简单、效率高，适用于大规模的组装作业和检测螺栓紧固的扭矩值。

③ 扭剪型手动扳手，这是一种紧固扭剪型高强度螺栓使用的手动力矩扳手。配合扳手紧固螺栓的套筒，设有内套筒弹簧、内套筒和外套筒。这种扳手靠螺栓尾部的卡头得到紧固反力，使紧固的螺栓不会同时转动。内套筒可根据所紧固的扭剪型高强度螺栓直径而更换相适应的规格。紧固完毕后，扭剪型高强度螺栓卡头在颈部被剪断，所施加的扭矩可以视为合格。

（2）电动扳手。

钢结构用高强度大六角头螺栓紧固时用的电动扳手有 NR-9000A，NR-12 和双重绝缘定扭矩、定转角电动扳手等，是拆卸和安装六角高强度螺栓机械化工具，可以自动控制扭矩和转角，适用于钢结构桥梁、厂房建设、化工、发电设备安装大六角头高强度螺栓施工的初拧、终拧和扭剪型高强度螺栓的初拧，以及对螺栓紧固件的扭矩或轴力有严格要求的场合。

扭剪型电动扳手是用于扭剪型高强度螺栓终拧紧固的电动扳手，常用的扭剪型电动扳手有 6922 型和 6924 型两种。6922 型电动扳手只适用于紧固 M16、M20、M22 三种规格的扭剪型高强度螺栓，所以很少选用。6924 型扭剪型电动扳手则可以紧固 M16、M20、M22 和 M24 四种规格扭剪型高强度螺栓。

2）高强度螺栓的施工

（1）施工程序。

（2）高强度螺栓施工的质量保证。

① 螺栓的保管。高强度螺栓加强储运和保管的目的，主要是防止螺栓、螺母、垫圈

组成的连接副的扭矩系数(K)发生变化，这是高强度螺栓连接的一项重要标志，所以，对螺栓的包装、运输、现场保管等过程都要保持它的出厂状态，直到安装使用前才能开箱检查使用。

② 施工质量检验。高强度螺栓检验的依据是相关的国家标准和技术条件。

(a) 检验取样。钢结构用扭剪型高强度螺栓和高强度大六角头螺栓抽样检验采用随机取样。扭剪型高强度螺栓和高强度大六角头螺栓在施工前，应分别复验扭剪型高强度螺栓的轴力和高强度大六角头螺栓的扭矩系数的平均值和标准偏差，其值应符合国家标准的有关规定。

(b) 紧固前检查。高强度螺栓紧固前，应对螺孔进行检查，避免螺纹碰伤，检查被连接件的移位，不平度、不垂直度，磨光顶紧的贴合情况，以及板叠摩擦面的处理，连接间隙，孔眼的同心度，临时螺栓的布放，等等。同时要保证摩擦面不被污染。

(c) 紧固过程中检查。在高强度螺栓紧固过程中，应检查高强度螺栓的种类、等级、规格、长度、外观质量、紧固顺序等。紧固时，要分初拧和终拧两次紧固，对于大型节点，可分为初拧、复拧和终拧；当天安装的螺栓，要在当天终拧完毕，防止螺纹被污染和生锈，引起扭矩系数值发生变化。

(d) 紧固完毕检查。扭剪型高强度螺栓是一种特殊的自标量的高强度螺栓，由本身环形切口的扭断力扭矩控制高强度螺栓的紧固轴力。所以，复验时，只要观察其尾部被拧掉，即可判断螺栓终拧合格。对于某一个局部难以使用电动扳手处，则可参照高强度大六角螺栓的检查方法。高强度大六角头螺栓终拧检查项目包括是否有漏拧及扭矩系数。

高强度大六角头螺栓复验的抽查量，应为每个作业班组和每天终拧完毕数量的5%，其允许不合格的数量应小于被抽查数量的10%，且少于2个，方为合格。否则，应按此法加倍抽验。如仍不合格，应对当天终拧完毕的螺栓全部进行复验。

6.3.4 轻钢结构的紧固件连接

在冷弯薄壁型钢结构中经常采用自攻螺钉、钢拉铆钉、射钉等机械式紧固件连接方式，主要用于压型钢板之间和压型钢板与冷弯型钢等支承构件之间的连接。

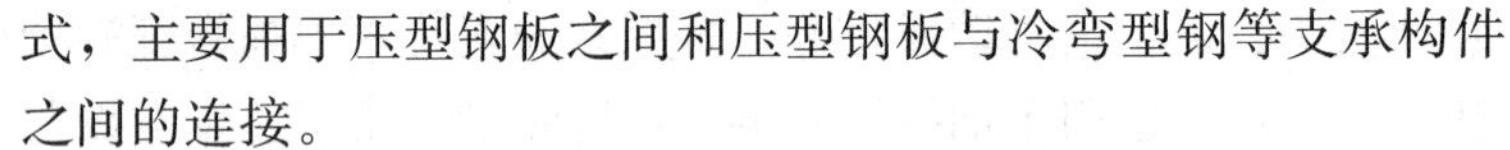

图 6-12 自攻螺钉

自攻螺钉有两种类型，一类为一般的自攻螺钉(图 6-12)，需先行在被连板件和构件上钻一定大小的孔后，再用电动扳手或扭力扳手将其拧入连接板的孔中；一类为自钻自攻螺钉，无需预先钻孔，可直接用电动扳手自行钻孔和攻入被连板件。

拉铆钉分为铝材和钢材制作的两类，为防止电化学反应，轻钢结构均采用钢制拉铆钉(图 6-13)。

射钉(图 6-14)由带有锥杆和固定帽的杆身与下部活动帽组成，靠射钉枪的动力将射钉穿过被连板件打入母材基体中。射钉只用于薄板与支承构件(如檩条、墙梁等)的连接。

图 6-13　钢拉铆钉

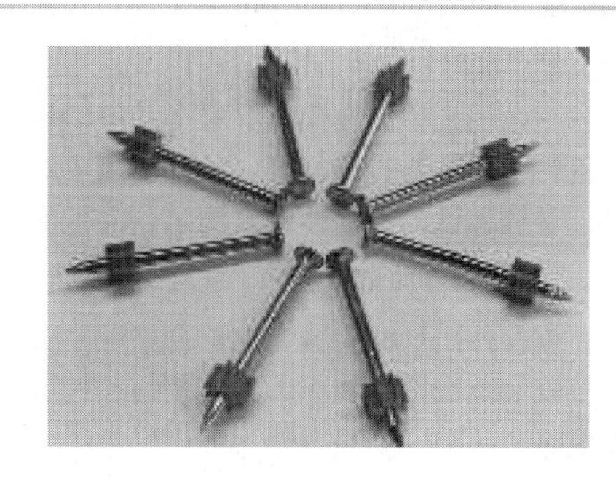

图 6-14　射钉

6.4 钢结构安装

6.4.1　施工准备

1. 施工组织设计

钢结构安装的施工组织设计应简要描述工程概况、全面统计工程量、正确选择施工机具和施工方法、合理编排安装顺序、详细拟订主要安装技术措施、严格制定安装质量标准和安全标准、认真编制工程进度表、劳动力计划以及材料供应计划。

2. 施工前的检查

施工前的检查包括钢构件的验收、施工机具和测量器具的检验及基础的复测。

1）钢构件的验收

对钢构件应按施工图和规范要求进行验收。钢构件运到现场时，制造厂应提供产品出厂合格证及下列技术文件：

(1) 设计图和设计修改文件。

(2) 钢材和辅助材料的质保单或试验报告。

(3) 高强螺栓摩擦系数的测试资料。

(4) 工厂一、二类焊缝检验报告。

(5) 钢构件几何尺寸检验报告。

(6) 构件清单。

安装单位应对此进行验收，并对构件的实际状况进行复测。若构件在运输过程中有损伤，还须要求生产厂修复。

2）施工机具和测量器具的检验

安装前对重要的吊装机械、工具、钢丝绳及其他配件均须进行检验，保证具备可靠的性能，以确保安装的顺利及安全。

安装时测量仪器及器具要定期到国家标准局指定的检测单位进行检测、标定，以保证测量标准的准确性。

3）基础的复测

钢结构是固定在钢筋混凝土基座(基础、柱顶、牛腿等)上的。因而对基座及其锚栓的准确性、强度要进行复测。基座复测要对基座面的水平标高、平整度、锚栓水平位置的偏差、锚栓埋设的准确性做出测定，并把复测结果和整改要求交付基座施工单位。

3. 钢构件的检查

钢构件出厂时应具有出厂合格证，安装前按图纸查点复核构件，将构件依照安装顺序运到安装范围内，在不影响安装的条件下，尽量把构件放在安装位置下方，以保证安装的便利。

6.4.2 单层钢结构厂房的安装

1. 钢柱安装

(1) 工艺流程：基础及支撑面复查→清理地脚螺栓→钢柱吊装→钢柱位移及标高校正→二次灌浆。

(2) 施工要点。

① 基础施工单位至少在吊装前 7 天提供基础验收和合格资料，待基础混凝土的强度达到要求后方可进行安装。

② 在吊装前应将所需的钢结构构件运至现场，钢结构卸货点要靠近安装位置，并放在垫木上尽量不要叠放。

③ 为了防止柱子根部在起吊过程中变形，钢柱吊装一般采用两种方法：一种是利用双机抬吊，主机吊在柱子上部，辅机吊在柱子根部，待柱子根部离地一定距离，约 2m 左右后，辅机停止起钩，主机继续起钩和回转，直至把柱子吊直后，将辅机松钩；另一种方法是把柱子根部用垫木垫高，用一台起重机吊装，在起吊过程中，起重机边起钩边回转起重臂，直至把柱子吊直为止。

④ 吊点一般采用一点正吊。吊点设在柱顶处，柱身垂直，柱身竖直，吊点通过柱子的重心位置，易于起吊、对线、校正。

⑤ 钢柱起吊(图 6－15)到位并对准地脚螺栓后，使钢柱缓缓落下。地脚螺栓穿入柱脚螺栓(图 6－16)孔内，钢柱落到位后，对其垂直度及中心线进行校正。

图 6－15 钢柱起吊

图 6－16 柱脚螺栓

⑥ 钢柱垂直度校正用经纬仪或吊线锤检验，当有偏差时采用千斤顶进行校正，标高校正用千斤顶将底座少许抬高，然后增减垫板厚度，柱脚校正无误后立即紧固地脚螺栓，待钢柱整体校正无误后在柱脚底板下浇注细石混凝土固定。

2. 吊车梁安装

(1) 工艺流程：安装吊车梁→安装辅助桁架→安装制动梁。

(2) 施工要点。

① 钢吊车梁安装前应测量柱安装后牛腿的实际标高，以便吊车梁安装时调整标高的施工误差，以防误差积累。

② 吊车梁起吊应使用吊索绑扎或用可靠的夹具。绑扎点根据吊车梁的重量和长度而定，一般在吊车梁重心对称的两端部，吊索角度应大于45°。

③ 吊车梁安放后，应将吊车梁上翼缘板与柱用连接板连接固定，以防吊机松钩后吊车梁纵向移动和侧向倾倒。

④ 吊车梁校正应在螺栓全部安装后进行，以防安装螺栓时使吊车梁移位变动；严禁在吊车梁的下翼缘和腹板上焊接悬挂物及卡具。

⑤ 校正吊车梁应先调正标高，然后校正中心线及跨距。

测量吊车梁的标高，把仪器架设在吊车梁面上进行，每根吊车梁均应观测三点(两端部和中点)。

⑥ 吊车梁安装时标高如有负偏差时，可在柱牛腿面与吊车梁下翼缘板之间放入铁垫板。但垫板不得超过三层，并应置于吊车梁的端部腹板或加劲肋下面，且垫板面积不得小于吊车梁与牛腿接触部分面积的60%。

⑦ 吊车梁中心线调整方法：

(a) 每隔5～6个柱距在柱侧焊一根横杆，长度超过吊车梁中心线，高度高于吊车梁面50mm左右。

(b) 用仪器将吊车梁控制中心线引测一点到各个横杆上。

(c) 用细线将各点连通后，使用挂线锤法来检验吊车梁的安装偏差，并调整其偏差值。

⑧ 测量吊车梁跨距应使用通长的钢尺丈量校核。

⑨ 吊车梁和轨道的校正应在主要构件固定后进行。校正后立即进行固定，固定的顺序为先安螺栓后焊接。

3. 屋架的安装

(1) 屋架的安装应在柱子校正符合规定后进行。

(2) 吊装前应清除构件表面上的灰尘、油污和泥土等。

(3) 屋面结构安装的安全保护设施，如安全网、脚手架、跳板、临时栏杆等应在吊装前装设在所吊装结构上。

(4) 对单榀屋架吊装应事先进行加固措施以增加屋架的侧向刚度。

(5) 先吊装托架梁，并与柱子相连接，托架梁的垂直度应符合规范要求。

(6) 单榀屋架及组合拼装单元屋架的吊装点应选在上弦节点处，或其附近对称于屋架的重心。

(7) 吊点的数目及位置与屋架的形式和跨度有关，吊装前应进行试吊，确认无误后方可正式起吊。

(8) 在吊装的两端应设置牵引方向的控制绳。

(9) 屋架吊起后，应基本保持水平，吊至柱顶后，用两端控制绳旋转屋架，使其对准安装轴线缓慢落钩。

(10) 屋架的端头轴线与柱顶轴线和屋架连接板重合后，将屋架与柱顶及托架连接固定，屋架稳定后，吊装机械才能脱钩。

(11) 每跨第一榀、第二榀屋架及构件安装形成的单元是其他屋面结构安装的基础，必须保证安装质量，才能有效地控制修复其他屋架的作用。

(12) 每一单元屋架安装完毕后，应及时对屋架进行校正，允许偏差应符合规范规定。

(13) 所有屋架校正后，随之将屋面垂直、水平支承及地面拼装组合天窗架吊装上去，角撑安装应在屋架两侧对称进行，并要自由对位，避免造成屋架垂直度超差。

(14) 重型屋面结构安装时，应将一个柱间的全部屋面结构构件连接固定后再吊屋面板。

(15) 屋面天沟的安装应保证流水坡度，以免积水。

(16) 屋面板支承在天沟一侧时，天沟即要保证屋面板使用标高又要保证天沟流水坡度，如有偏差，应以流水坡度为主，屋面板标高用垫板调整。

(17) 屋面调整。

① 屋架经过临时调整固定后，主要校正垂直度偏差。如偏差超出规定数值，应在屋架端部支承面垫入薄钢板。

② 屋架的垂直度调整，可采用垂球或者经纬仪等进行。

③ 操作人员按照边安装、边测定、边调整的方法可提高工效。

6.4.3 多层及高层钢结构安装

1. 多层与高层钢结构安装要点

1) 钢框架吊装顺序

对竖向构件标准层的钢柱一般为最重构件，它受起重机能力、制作、运输等的限制，钢柱制作一般为2～4层一节。对框架平面而言，除考虑结构本身刚度外，还需考虑塔吊爬升过程中框架稳定性及吊装进度，进行流水段划分，先组成标准的框架体，科学地划分流水作业段，向四周发展。

2) 安装施工中应注意的问题

(1) 在起重机起重能力允许的情况下，尽量在地面组拼较大吊装单元，如钢柱与钢支撑、层间柱与钢支撑、钢桁架组拼等，一次吊装就位。

(2) 确定合理的安装顺序。构件的安装顺序，平面上应从中间核心区及标准节框架向四周发展，竖向应由下向上逐件安装。

(3) 合理划分流水作业区段，确定流水区段的构件安装、校正、固定(包括预留焊接收缩量)，确定构件接头焊接顺序，平面上应从中部对称地向四周发展，竖向根据有利于工艺间协调，方便施工，保证焊接质量，制定焊接顺序。

(4) 一节柱的一层梁安装完后，立即安装本层的楼梯及压型钢板；楼面堆放物不能超过钢梁和压型钢板的承载力。

(5) 钢构件安装和楼层钢筋混凝土楼板的施工，两项作业相差不宜超过5层；当必须超过5层时，应通过设计单位认可。

2. 钢柱的安装与校正

(1) 轴线引测：柱的定位轴线应从地面控制线引测，不得从下层柱的定位轴线引测，避免累积误差。

(2) 钢柱校正：对垂直度、轴线、牛腿面标高进行初验，柱间间距用液压千斤顶与钢楔或倒链与钢丝绳校正。

3. 钢梁的安装与校正

钢梁的安装如图6-17所示。

(1) 安装准备：吊装前应检查钢柱牛腿标高和柱子间距，梁上装好扶手和通道钢丝绳以保证施工人员的安全。吊点一般设在翼缘板开孔处，其位置取决于钢梁的跨度。

(2) 钢梁校正：对标高及中心线要反复校正至符合要求。

图6-17 钢梁安装

4. 构件间的连接

钢柱间的连接常采用坡口焊连接；主梁与钢柱的连接一般翼缘用坡口焊连接，腹板用高强螺栓连接；次梁与主梁的连接基本上是在腹板处用高强螺栓连接，少量再在翼缘处用坡口焊连接。

(1) 柱与梁的焊接顺序：先焊顶部梁柱节点，再焊底部梁柱节点，最后焊中间部分的梁柱节点。

(2) 高强螺栓连接的紧固顺序：先主要构件，后次要构件。

(3) 工字形构件的紧固顺序：上翼缘→下翼缘→腹板。

(4) 同一节柱上各梁柱节点的紧固顺序：上部的梁柱节点→下部的梁柱节点→柱子中部的梁柱节点。

6.4.4 钢网架安装

网架结构(图6-18)具有质量轻、刚度大、力学性能好、抗震性能好，设计、加工制作和安装精度高等优点。网架结构按网格组成情况主要有四大体系：交叉架体系、四角锥体系、三角锥体系、曲面网架体系，每种体系都又衍变为多种形式，花样繁多便于造型。由于网架结构属屋面结构，施工位置一般比较高，面积比较大，通常施工区域下方都有机械设备、其他结构等，造成施工难度大。选择合理的施工方法、制订详细的施工方案对于工程进度、施工费用来说意义重大。

网架施工安装方法应根据网架受力、网架刚度、结构造型、支撑形式、支座构造等因

图 6-18 钢网架安装

素，在满足安全、质量、进度和经济效果的要求下，合理确定网架的安装方法。目前常用的网架施工安装方法有整体提升(吊装)法、高空散装法、高空滑移法、分块安装法。

1. 整体提升(吊装)法

整体提升(吊装)法，就是将网架整个在地面或者平台上拼装完毕，利用提升设备或吊装机械提升或吊装在需要安装的部位，最后进行调整和固定。整体提升(吊装)法分为整体吊装法、整体提升法、整体顶升法。

目前，在国内使用的提升设备主要有两种：①液压千斤顶钢带提升设备；②电动螺杆提升机(或称升板机)。这类提升工艺设备简单，起重能力大，提升平稳，高空作业少，劳动强度低。整体吊装一般使用多台汽车起重机同时作业。整体吊装一般网架的质量不能太重，整体吊装要考虑吊装时吊点的合理布置，既要保证吊装过程中的受力平衡又要保证网架在吊装过程中不能产生变形。

整体提升(吊装)法有以下几个特点：

(1) 施工速度快。由于网架在地面或平台上进行拼装，不需要脚手架搭设，网架拼装不受高空作业运输和安全方面的特殊限制。该法是几种施工方法中施工最快的。

(2) 拼装质量有保证。在地面或平台上拼装，便于控制拼装质量。高强螺栓的紧固，可以做到逐个检验；面漆的涂刷比在高空更加容易检验。

(3) 节省周转材料，节约成本。整体提升法施工不需要搭设脚手架，对于节约成本有很大的意义。

(4) 施工受场地限制。在地面拼装时，必须有足够大的拼装场地和吊装机械吊装的场地，在吊装高度越高、回转半径越大时施工难度越大。

2. 高空散装法

高空散装法要求施工区域下方搭设满堂红脚手架，在脚手架上满铺脚手板形成一个工作平台，施工人员在平台上完成安装作业。高空散装法是目前网架施工中最常用的一种方法，其特点有：

(1) 施工周转材料用量大，搭设脚手架工期长。高空散装法脚手架一般要求在施工区域下方搭设满堂红脚手架，脚手架上满铺脚手板作为一个施工平台。高空散装法施工的网架面积一般比较大，造成脚手管等周转性材料的使用量很大，脚手架搭、拆工期长。

(2) 施工人员比较安全。由于在平台上施工，杜绝了高空坠物，人员在平台上便于施工。高空散装施工方法要求施工平台上的荷载必须均匀分布，施工前要计算，保证脚手架在施工过程中不发生变形等。

3. 高空滑移法

高空滑移法施工就是在地面把网架组合成 200～300kg 的一个小组合件，利用垂直运输机械吊至网架的安装部位，施工人员在空中将组合件固定到安装部位。施工过程中不搭设脚手架，施工人员利用已经拼装完毕的网架，从一端向另一端推进。高空滑移法施工有以下几个特点：

(1) 对机械的要求比较高。高空滑移法施工要求整个施工区域都在垂直运输机械的工作半径之内，并且需要长时间占用机械。施工前需要准备充足的垂直运输机械。

(2) 不需要搭设脚手架，节约成本。本施工方法要求施工人员在刚施工完毕的前一个网架小单元上进行施工，适用于施工区域下方不具备脚手架搭设条件或者脚手架工程量太大的情况。

(3) 施工速度慢。由于施工过程需要将网架在地面组合成组合件，用机械吊至安装部位后，再由施工人员在高空拼装。高空作业的难度比较大。

(4) 安全防护难。由于施工人员在已经施工完毕的网架下弦杆和螺栓球上施工，高度一般比较高，而且安全防护困难，造成施工过程中容易发生高空坠落等安全事故。施工时，必须指定详尽的安全施工措施。

高空滑移法施工是网架施工中不太常用的一种施工方法，一般在前两种施工方法不能满足施工要求，如不具备脚手架施工条件时，才使用高空滑移法。

4. 分块安装法

(1) 网架单元划分原则。分块单元自身应是不变体系，同时要有足够的刚度，否则应加固。

(2) 分块安装顺序应由中间向两端安装或从中间向四周发展，因为单元网架在向前拼接时，有一端是可以自由收缩的，可以调整累计误差，但施焊顺序应有中间向四周进行，减少焊接变形和焊接应力。

(3) 施工中应减少网架单元的中间运输、翻身起吊、重复堆放等，防止网架变形。

分块安装法的优点在于施工周转材料用量小，搭设脚手架工期短，施工安全易于保证，对提升设备的要求较低。但存在拼装时拼接单元形状尺寸偏差较大、拼装质量不稳定等缺点。网架施工过程中，可以根据现场的实际情况灵活施工，可以只应用一种施工方法，也可以用几种施工方法相结合的施工方法进行施工。网架施工之前，需根据现场人员情况、机械情况，网架高度和面积、场地情况，以及其他施工的交叉施工情况，综合考虑工期和成本，制定合理的施工方案。

6.4.5 钢结构常见质量问题

1. 基础地脚螺栓螺纹损坏

基础地脚螺栓螺纹损坏，柱安装时无法旋入螺母和紧固。造成螺栓螺纹损坏的原因有地脚螺栓在运输、装拆箱过程中受到撞击或保管不当，造成螺纹严重锈蚀；或埋设后螺栓未采取保护措施，受到外界损伤；或现场利用螺栓做电焊导电零线，被电弧烧伤使螺纹损坏；或利用螺栓做牵引绳拉力的绑扎点等。由于螺栓螺纹损坏，无法旋入螺母紧固钢柱等构件，影响结构力的传递和稳定性。

预防措施：

(1) 地脚螺栓在运输、装拆箱时，应加强对螺纹的保护，应用工业凡士林油涂抹后，用塑料薄膜包裹绑扎，以防螺纹损坏和锈蚀。

(2) 地脚螺栓埋设后不得用作弯曲加工的支点或电焊机的接零线，也不能用作牵引拉力的绑扎点。吊装构件时，应妥善操作，防止水平侧向撞击力撞坏螺纹。

2. 钢柱安装垂直度超差

钢柱垂直度偏差超过设计或规范允许的数值，产生原因有钢柱制作时没有采取控制变形措施；或存在弯曲变形未进行矫直；或柱长度大，刚性较差，在外力作用下产生弹性或塑性变形；或由于吊装工艺、吊装屋面板程序不合理，受温度、风力及外力作用，导致其弯曲变形；或屋架跨度尺寸有偏差，安装时用外力强制连接、造成钢柱垂直度超偏等，从而导致钢柱受力时产生偏移，影响承载力和稳定性。

预防措施：

(1) 钢柱制作中的拼装、焊接，均应采取防变形措施，对制作时产生的变形，应及时进行矫正。钢柱运输和堆放，支承点要适当，防止在自重作用下产生弯曲变形。钢屋架跨度尺寸超偏，应先修正再安装，防止强行连接，使柱身弯曲变形。

(2) 当钢柱被吊装到基础平面就位时，应将柱底座板上的纵横轴线对准基础线，以防跨度尺寸产生偏差。

(3) 钢柱与尾架连接安装后再吊装屋面板时，应由上弦中心两坡边缘向中间对称同步进行，防止由一坡进行产生侧向集中压力，导致钢柱发生弯曲变形。

(4) 对已安装固定垂直度超差的弯曲钢柱矫正，如果是弹性变形，则在外界压力削除后即能恢复原状，可不用外力矫正；如果是塑性变形，可利用千斤顶进行矫正。

3. 钢屋架跨度尺寸超差、与柱端部节点板不密合

钢屋架跨度尺寸超差，即个别屋架的跨度尺寸过大或过小；对与柱侧向连接的钢屋架、端部节点板间存在间隙。产生原因，前者是钢屋架制作工艺不合理，取拱度过大或过小(过大产生负偏差，过小易产生正偏差)，未矫正就安装。后者是钢柱安装垂直度超差和屋架制作跨度尺寸超差引起的。由于跨度尺寸超差、与柱端部节点板不密合，会影响柱的垂直度或平行度，或影响柱与屋架的受力性能。

预防措施：

(1) 钢屋架制作应采用同一底样或模具，并采用挡铁定位进行拼装，以保证拱度和跨度尺寸正确。

(2) 嵌入式连接的支座，宜在屋架焊接、矫正后按其跨度尺寸位置互相拼装，以保证跨度、高度正确并便于安装。

(3) 吊装前，应认真检查屋架，对变形超差部位予以矫正，在保证跨度尺寸后再进行吊装。

(4) 对非嵌入式连接支座，如柱顶板孔位与屋架支座孔位不一致时，不宜采用外力强制入位，应利用椭圆孔或扩孔法调整入位，并用厚垫圈覆盖焊接，将螺栓紧固。

4. 安装螺栓孔错位

构件安装孔错位(位移)、不重合，螺栓穿不进去。产生原因有：螺栓孔号线不准、未设样板，投影制作偏差大；或钢部件小拼装累积偏差大；或螺栓紧固程度不一，造成螺栓孔位移，从而导致构件安装、紧固困难。

预防措施：

(1) 螺栓孔制孔应设样板，保证尺寸位置正确。安装前应对螺栓孔及安装面做好修整。注意消除钢部件小拼装偏差，防止累积。螺栓紧固程度应保持一致。

(2) 钢结构构件每端至少应有两个安装孔，以减少钢构件由于本身下挠导致孔位偏移。施拧螺栓的合理工艺是，第一个螺栓第一次必须拧紧，当第二个螺栓拧紧后，再检查第一个螺栓并继续拧紧，以保持螺栓紧固程度一致。

6.4.6 冬季施工措施

(1) 钢结构制作和安装冬季施工，严格依据有关钢结构冬季施工规定执行。

(2) 钢构件正温制作负温安装时，应根据环境温度的差异考虑构件收缩量，并在施工中采取调整偏差的技术措施。

(3) 参加负温钢结构施工的电焊工应经过负温度焊接工艺培训，考试合格，并取得相应的合格证。

(4) 负温下使用的钢材及有关连接材料须附有质量证明书，性能符合设计和产品标准的要求。

(5) 负温下使用的焊条外露不得超过2h，超过2h应重新烘焙，焊条烘焙次数不得超过3次。

(6) 焊剂在使用前按规定进行烘烤，使其含水量不超过0.1％。

(7) 负温下使用的高强螺栓须有产品合格证，并在负温下进行扭矩系数、轴力的复验工作。

(8) 负温下钢结构所用的涂料不得使用水基涂料。

(9) 构件下料时，应预留收缩余量，焊接收缩量和压缩变形量应与钢材在负温度下产生的收缩变形量相协调。

(10) 构件组装时，按工艺规定的顺序由里向外扩展组拼，在负温组拼时做试验确定需要预留的焊缝收缩值。

(11) 构件组装时，清除接缝50mm内存留的铁锈、毛刺、泥土、油污、冰雪等杂物，保持接缝干燥无残留水分。

(12) 负温下对9mm以上钢板焊接时应采用多层焊接，焊缝由下向上逐层堆焊，每条焊缝一次焊完，如焊接中断，在再次施焊之前先清除焊接缺陷。严禁在焊接母材上引弧。

(13) 钢结构现场安装时，如遇雪天或风速在6m/s以上，搭设防护棚。

(14) 不合格的焊缝铲除重焊，按照在负温度下钢结构焊接工艺的规定进行施焊。

(15) 环境温度低于0℃时，在涂刷防腐涂料前进行涂刷工艺试验，涂刷时必须将构件表面的铁锈、油污、毛刺等物清理干净，并保持表面干燥。雪天或构件上有薄冰时不得进行涂刷工作。

(16) 冬季运输、堆放钢结构时采取防滑措施，构件堆放场地平整坚实无水坑，地面无结冰。同一型号构件叠放时，构件应保持水平，垫铁放在同一垂直线上，并防止构件溜滑。

(17) 钢结构安装前根据负温条件下的要求，对其质量进行复验，对制作中漏检及运输堆放时产生变形的构件，在地面上进行修理矫正。

(18) 使用钢索吊装钢构件时应加防滑隔垫，与构件同时起吊的节点板、安装人员需用的卡具等物用绳索绑扎牢固。

(19) 根据气温条件编制钢构件安装顺序图表，施工时严格按规定的顺序进行安装。

(20) 编制钢结构安装焊接工艺，一个构件两端不得同时进行焊接。

(21) 安装前清除构件表面冰、雪、露，但不得损坏涂层。

(22) 负温安装的柱子、主梁立即进行矫正，位置校正正确立即永久固定，当天安装的构件要形成稳定的空间体系。

(23) 高强螺栓接头安装时，构件摩擦面不得有积雪结冰，不得接触泥土、油污等赃物。

(24) 负温下钢结构安装质量除遵守《钢结构工程施工及验收规范》(GB 50205—2001)要求外，还应按设计要求进行检查验收。

工程案例

某洗涤机械厂工程钢屋架倒塌事故分析

1. 事故简介

2002年12月26日，江苏省泰州市海陵区某洗涤机械厂扩建工程施工中，发生一起屋架倒塌事故，造成3人死亡，1人重伤。

2. 事故发生经过

海陵区某洗涤机械厂为私营企业，2002年准备扩大生产并在某工业园区租用土地。在扩建工程正式开展时该厂自行招投标并使用了无资质的包工队(该包工队冒用姜堰市某建筑公司营业执照和私刻该公司印章与机械厂签订施工合同)。

该新建厂房为南北三跨，每跨14m，总宽为42m，东西长为78m，建筑面积3300m^2。建设单位在未履行任何工程项目建设手续的情况下，于2002年10月25日开工，由包工头负责施工。在施工过程中，该包工队又将厂房钢屋架制作，分包给无焊接资质的个人承接制作。2002年12月26日为焊接屋架的需要，包工头派去10余名工人协助，屋架竖立焊接时用人工扶住钢屋架便于焊工焊接。当钢屋架焊接到第5榀时，这5榀屋架同时倒向一侧，作业人员被砸，造成3人死亡，1人重伤。

3. 事故原因分析

1) 技术方面

违章作业是发生事故的直接原因。承建钢屋架的制作人没有相应资质和施工能力。对焊接制作跨度为14m、重650kg的钢屋架没有制作方案，焊接时采用人工扶住焊接，焊接后的屋架没有可靠的固定措施，以致在焊接第5榀屋架时，由于已焊制完未固定牢的屋架不稳而倒塌，波及相邻屋架，造成连续倒塌伤人事故。

2) 管理方面

(1) 施工单位无相应资质违章指挥是发生事故的主要原因。该厂房由无施工资质的私人承包，承担了厂房的设计及施工任务，施工中又将钢屋架制作分包给无施工资质的个人。该工程从总包到分包都属非法运作，逃避了行政监督，致使施工违章指挥，造成管理混乱、操作违章蛮干，最终导致发生事故。

(2) 管理失控是造成施工管理混乱的重要原因。该工程从10月25日开工至12月26日事故发生，期间某工业园区管理委员会一直未向该地区建设服务站通报工程建设情况，也未对施工的安全生产提出要求和加强监管，未履行建筑工程安全管理职责，使该工程施工处于失控。

4. 事故结论与教训

1) 事故主要原因

本次事故是由于市场管理失控，建设单位随意发包，私人无资质承包，施工管理混乱违章作业导致的重大伤亡事故。

2) 事故性质

本次事故属责任事故。从行政管理、建设单位发包、施工单位承包施工都违反《建筑法》的有关规定，严重的不负责任。

3) 主要责任

本次事故的主要责任应该由承包该工程的私人承包队负责，直接责任应由焊制钢屋架的个人负责。建设单位随意发包给无资质的承包队是造成事故的重要原因；姜堰市某建筑公司违规借出营业执照造成市场混乱，为引发事故创造了条件也属违法行为，应负有一定责任。

5. 事故的预防对策

1) 加强建设市场管理

应该按照《建筑法》的有关规定，对拟建的工程项目的报建程序加强管理，严禁随意发包给无资质的施工单位；应认真核实承建单位的资质，杜绝挂靠、冒用等非法行为。

2) 加强有关法律、法规的学习

建设行政主管部门应每年定期组织在建工程的建设单位、承包单位主要负责人及项目经理，学习相关法律及规定，提高法制观念，并定期对在建工程项目的执法情况进行检查，加大执法力度和宣传声势，使各项法律规定得以切实贯彻实施。

3) 加强监理的力度

监理单位对专业性较强和特殊危险工程，应从施工方案到现场操作全过程加强监理，不仅监理工程质量、工期，同时应注意监理安全生产。

6. 点评

在我国，经济的发展带动了基本建筑的迅速发展，各级有关领导和部门虽然按照国家颁发相关规定加强了对建筑市场的管理，但由于地域广阔，再加上一些管理人员责任心不强，无资质承包、个人承包、挂靠、转包等非法行为便有机可乘，造成市场管理混乱，不仅影响了基本建设的正常进行，同时由于违章指挥和管理的混乱，造成事故的损失，其影响极坏。为此，各级行政主管部门应该认真研究管理措施，不但看到已经取得的成绩，更要看到存在的问题和已经造成的损失，研究如何加大执法力度，如何提高自身素质，不断改进管理，减少损失。

工程案例2

上海某工地钢结构屋架倒塌伤人事故分析

1. 事故概况

2002年1月20日下午，上海某建筑安装工程有限公司分包的某汽修车间工程，钢结构屋架地面拼装基本结束。14时20分左右，专业吊装负责人曹某，酒后来到车间西北侧东西向并排停放的三榀长21m、高0.9m，自重约1.5t的钢屋架前，弯腰蹲下，在最南边的一榀屋架下查看拼装质量，当发现北边第三榀屋架略向北倾斜，即指挥两名工人用钢管撬平并加固。由于两工人使力不均，使得第三榀屋架反过来向南倾倒，导致三榀屋架连锁一起向南倒下。当时，曹某还蹲在构件下，没来得及反应，整个身子就被压在了构件下，待现场人员翻开三榀屋架，曹某已七孔流血，经医护人员现场抢救无效死亡。

2. 事故原因分析

1）直接原因

屋架固定不符合要求，南边只用三根4.5cm短钢管作为支撑支在松软的地面上，而且三榀屋架并排放在一起；曹某指挥站立位置不当；工人撬动时用力不均，导致屋架倾倒，是造成本次事故的直接原因。

2）间接原因

(1) 死者曹某酒后指挥，为事故发生埋下了极大的隐患。

(2) 土建施工单位工程项目部在未完备吊装分包合同的情况下，盲目同意吊装队进场施工，违反施工程序。

(3) 施工前无书面安全技术交底，违反操作程序。

(4) 施工场地未经硬化处理，给构件固定支撑带来松动余地。

(5) 没有切实有效的安全防范措施。

(6) 施工人员自我安全保护意识差。

3）主要原因

钢构件固定不规范，曹某指挥站立位置不当，工人撬动时用力不均，导致屋架倾倒，是造成本次事故的主要原因。

3. 事故预防及控制措施

(1) 本着谁抓生产，谁负责安全的原则，各级管理干部要各负其责，加强安全管理，督促安全措施的落实。

(2) 加强施工现场的动态管理，做好针对性的安全技术交底，尤其是对现场的施工场地，关键地方要全部硬化处理，消除不安全因素。

(3) 全面按规范加固屋架固定支撑，并在四周做好防护标志。

(4) 加强施工人员的安全教育和安全自我保护意识教育，提高施工队伍素质。

(5) 取消原吊装队伍资格，清退其施工人员。重新请有资质的吊装公司，并签订合法有效的分包合同以及安全协议书，健全施工组织设计、操作规程。

本章小结

> 通过本章学习，可以了解钢结构拼装方法和构件的加工工艺；掌握钢结构构件的焊接施工方法与质量要求；掌握钢结构螺栓连接的施工方法及质量要求。

习　　题

一、单项选择题

1. 下列不是钢结构的特点的是(　　)。

   A. 建筑总重轻　　B. 施工速度快　　C. 造价低　　D. 钢结构易腐蚀

2. 下列不是钢结构的焊接工艺参数的是(　　)。

   A. 焊条直径　　B. 焊接电流　　C. 焊接层数　　D. 焊接位置

二、判断题

1. 钢结构耐火较好，但是在低温和某些条件下，可能发生脆性断裂。　(　　)
2. 负温下钢结构所用的涂料应使用水基涂料。　(　　)
3. 冷弯薄壁型钢结构可以采用自攻螺钉进行连接。　(　　)

三、填空题

1. 钢材加工常用的切割方法有________、________和________。
2. 钢材矫正按外力来源分为________、________和________等。
3. 焊缝形式可分为________、________、________及仰焊缝四种。

四、简答题

1. 钢材加工有哪几方面的内容?
2. 钢结构预拼装应达到什么要求?
3. 钢结构焊接的工艺参数有哪些?
4. 普通螺栓有哪些种类?
5. 钢结构有哪些特点?

第7章 预应力混凝土工程

教学目标

通过本章教学，让学习者掌握先张法和后张法的施工方法与技术要求，并了解预应力混凝土工程的特点和工作原理。

教学要求

知识要点	能力要求	相关知识
先张法	了解预应力混凝土的特点、先张法施工设备； 熟悉先张法施工过程	混凝土的特点； 先张法施工工艺
后张法	了解后张法施工设备； 熟悉预应力钢筋的基本形式、后张法施工过程、孔道留设方法及适用范围	后张法施工工艺； 孔道留设方法
粘结预应力	熟悉有粘结预应力的施工流程及施工工艺； 熟悉无粘结预应力施工流程	无粘结预应力施工流程

基本概念

预应力筋　先张法　松弛　后张法　无粘结预应力

引例

预应力混凝土虽然只有几十年的历史，然而人们对预应力原理的应用却由来已久。如工匠运用预应力的原理来制作木桶，木桶通过套竹箍箍紧，水对桶壁产生的环向拉应力不超过环向预压应力，则桶壁木板之间将始终保持受压的紧密状态，木桶就不会开裂和漏水。建筑工地用砖钳装卸砖块，被钳住的一叠水平砖不会掉落。旋紧自行车轮的钢丝，使车轮受压力后而钢丝不折。预应力混凝土的大量采用是在1945年第二次世界大战结束后。由于钢材奇缺，一些传统上采用钢结构的工程以预应力混凝土代替。开始用于公路桥梁和工业厂房，后来逐步扩大到公共建筑和其他工程领域。在20世纪50年代中国和苏联对采用冷处理钢筋的预应力混凝土做出了容许开裂的规定。直到1970年，第六届国际预应力混凝土会议上肯定了部分预应力混凝土的合理性和经济意义。认识到预应力混凝土与钢筋混凝土并不是截然不同的两种结构材料，而是同属于一个统一的加筋混凝土系列。在以全预应力混凝土与钢筋混凝土为两个边界之间的范围，则为容许混凝土出现拉应力或开裂的部分预应力混凝土范围。设计人员可以根据对结构功能的要求和所处的环境条件，合理选用预应力的大小，以寻求使用性能好、造价低的最优结构设计方案，是预应力混凝土结构设计思想上的重大发展。

预应力混凝土连续梁桥

预应力混凝土施工

7.1 预应力概论

7.1.1 预应力混凝土的原理与特点

1. 预应力混凝土的原理

普通钢筋混凝土构件的抗张极限应变值只有0.1～0.15mm，如果要使混凝土不开裂，则受拉钢筋的应力只达到20～30N/mm²。允许出现裂缝的构件，由于受裂缝宽度的限制，钢筋应力也只能达到150～250N/mm²。因此，虽然高强度钢材不断发展，但在普通钢筋混凝土中，不能充分发挥其作用。预应力混凝土是解决这一矛盾的有效方法，即在构件的受拉区预先施加压力产生预压应力，当构件在荷载作用下产生拉应力时，首先要抵消预压应力，然后随着荷载的不断增加，受拉区混凝土才受拉开裂，从而推迟了裂缝的出现和极限裂缝的开展，提高了构件的抗裂度和刚度。因此，预应力混凝土在建筑工程中得到了广泛的应用。

2. 预应力混凝土的特点

(1) 增强结构抗裂性和抗渗性。

(2) 改善结构的耐久性。

(3) 提高了结构与构件的刚度，减小结构变形。

(4) 提高结构的抗疲劳承载能力。

(5) 有效地减轻构件的自重(减小截面、节省材料)和增加结构的稳定性，适用于大跨度结构等。

(6) 合理利用高强度材料(高强钢材和混凝土)。

(7) 提高工程质量。

(8) 预应力可从作为预制结构的一种拼装手段和结构加固的手段。

7.1.2 预应力筋

为了获得较大的预应力，预应力筋常用高强度钢材，目前主要有预应力钢丝、钢绞线和钢筋三大类。

1. 预应力钢丝

预应力钢丝指光面、三面刻痕和螺旋肋消除应力的钢丝。

1) 刻痕钢丝

刻痕钢丝是用冷轧或冷拔方法使钢丝表面产生周期性变化的凹痕或凸纹的钢丝。直径为5mm、7mm，标准抗拉强度1570N/mm²。钢丝表面的凹痕或凸纹能增加与混凝土的握裹力，可用于先张法构件，如图7-1所示。

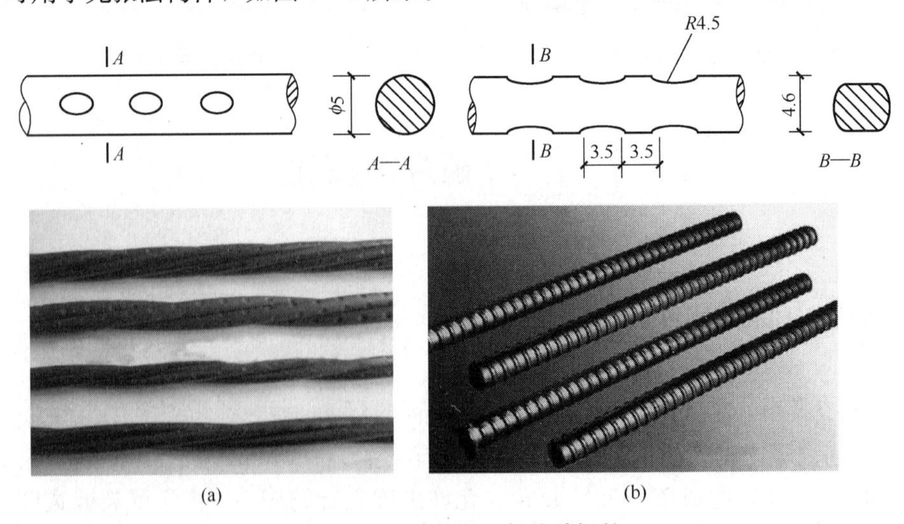

图7-1 刻痕钢丝、螺旋肋钢丝

2）螺旋肋钢丝

螺旋肋钢丝是通过专用拔丝模冷拔使钢丝表面沿长度方向产生规则间隔肋条的钢丝，直径为4～9mm，标准抗拉强度1570～1770N/mm²。螺旋肋能增加与混凝土的握裹力，可用于先张法构件，如图7－1所示。

2. 钢绞线

钢绞线是用多根碳素钢丝在绞线机上成螺旋形绞合，并经回火处理而成，捻距为钢绞线公称直径的12～16倍。图7－2为预应力钢绞线截面图。钢绞线的直径较大，一般为9～15mm，比较柔软，施工方便，但价格比钢丝贵。钢绞线的强度较高，目前已有标准抗拉强度接近2000N/mm²的高强、低松弛的钢绞线应用于工程中。钢绞线可分为光面钢绞线、无粘结钢绞线、模拔钢绞线、镀锌钢绞线、环氧涂层钢绞线、不锈钢钢绞线等。

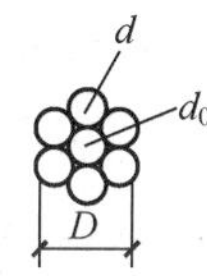

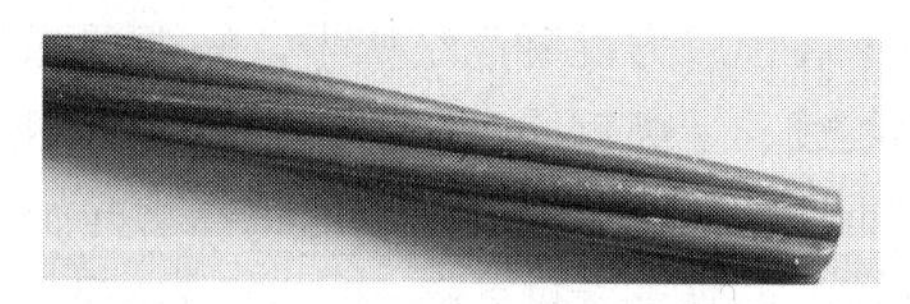

图7－2 预应力钢绞线截面图

D—钢绞线直径；d_0—中心钢丝直径；d—外层钢丝直径

3. 热处理钢筋

热处理钢筋是由普通热轧中碳合金钢筋经淬火和回火调质热处理制成。具有高强度、高韧性和高粘结力等优点，直径为6～10mm。成品钢筋为直径2m的弹性盘卷，开盘后自行伸直，每盘长度为100～120m。

热处理钢筋的螺纹外形，有带纵肋和无纵肋两种，如图7－3所示。

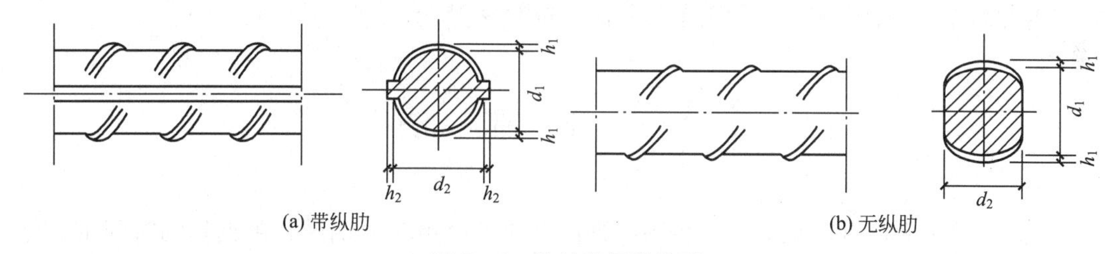

图7－3 热处理钢筋外形

4. 精轧螺纹钢筋

精轧螺纹钢筋是用热轧方法在钢筋表面轧出不带肋的螺纹外形，如图7－4所示。

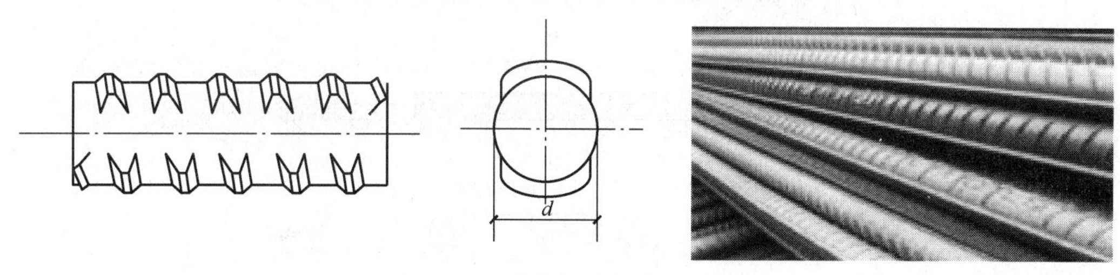

图7－4 精轧螺纹钢筋的外形

钢筋的接长用连接螺纹套筒，端头锚固用螺母。这种高强度钢筋具有锚固简单、施工方便、无需焊接等优点。目前国内生产的精轧螺纹钢筋品种有Φ 25 和Φ 32，其屈服点为750MPa 和 900MPa 两种。

特别提示

冷拔低碳钢丝和冷拉钢筋由于存在残余应力、屈强比低，已逐渐为螺旋肋钢丝、刻痕钢丝或 1×3 钢绞线所取代，不再作为预应力钢筋使用。

7.1.3 预应力构件(结构)对混凝土的要求

在预应力混凝土结构中，一般要求混凝土的强度等级不低于 C30。当采用碳素钢丝、钢绞线、Ⅴ级钢筋(热处理)做预应力钢筋时，混凝土的强度等级不低于 C40。目前，在一些重要的预应力混凝土结构中，已开始采用 C50～C60 的高强混凝土，并逐步向更高强度等级的混凝土发展。

在预应力混凝土构件的施工中，不能掺用对钢筋有侵蚀作用的氯盐、氯化钠等，否则会发生严重的质量事故。

7.1.4 预应力的分类

根据与构件制作相比较的先后顺序分为先张法、后张法两大类。

按钢筋的张拉方法又分为机械张拉和电热张拉，后张法中因施工工艺的不同，又可分为一般后张法、后张自锚法、无粘结后张法、电热法等。

7.2 先 张 法

先张法是在浇筑混凝土前，在台座或钢模上先张拉预应力钢筋，用夹具临时固定，然后浇筑混凝土，如图 7-5 所示。待混凝土达到规定强度(一般不低于混凝土设计强度标准

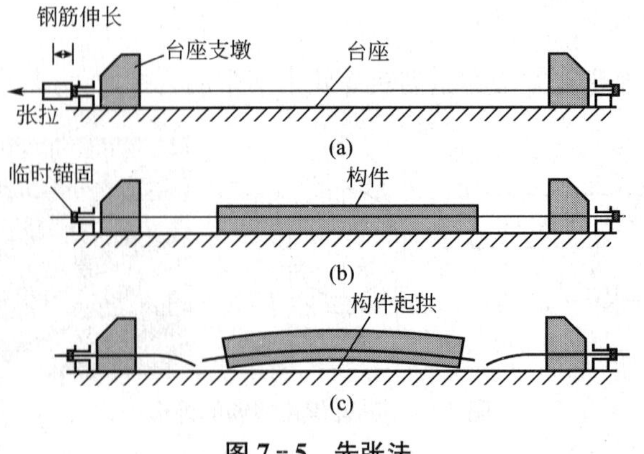

图 7-5 先张法

值的75%)，保证预应力钢筋与混凝土有足够的粘结力时，放张或切断预应力筋，借助于混凝土与预应力筋间的粘结力，对混凝土产生预压应力。

7.2.1 台座

用台座法生产预应力混凝土构件时，预应力筋锚固在台座横梁上，台座承受全部预应力的拉力，故台座应有足够的强度、刚度和稳定性，以避免台座变形、倾覆和滑移而引起预应力的损失。

台座由台面、横梁和承力结构组成。根据承力结构的不同，台座分为墩式台座、槽式台座、桩式台座等。

台座按构造形式不同，可分为墩式台座和槽形台座。这两种台座一般可成批生产预应力构件，而“定制钢模板”用于预应力构件生产，则须将其“定制”：做成具有足够强度与刚度的模板，并开设用于预应力筋张拉的孔(槽)，以及用于张拉设备固定的机构，使之适用于预应力构件生产。“定制钢模板”一般用于生产预应力楼板，它多适用于单件板块制作，便于放入养护池或养护窑中进行蒸汽养护。

1. 墩式台座

以混凝土墩做承力结构的台座称墩式台座(图7-6)，一般用以生产中小型构件。台座长度较长，张拉一次可生产多根构件，从而减少因钢筋滑动引起的预应力损失。

当生产空心板、平板等平面布筋的小型构件时，由于张拉力不大，可利用简易墩式台座，它将卧梁和台座浇筑成整体，充分利用台面受力。锚固钢丝的角钢用螺栓锚固在卧梁上。

图7-6 墩式台座

生产中型构件或多层叠浇构件可用墩式台座。台面局部加厚，以承受部分张拉力。设计墩式台座时，应进行台座的稳定性和强度验算。稳定性是指台座抗倾覆能力。

台座的抗倾覆稳定性按下式计算：

$$K_0 = M'/M \tag{7-1}$$

式中：K_0——台座的抗倾覆安全系数；

M——由张拉力产生的倾覆力矩，$M = T \cdot e$。

e——张拉力合力 T 的作用点到倾覆转动点 O 的力臂；

M'——抗倾覆力矩。

进行强度验算时，支承横梁的牛腿，按柱子牛腿计算方法计算其配筋；墩式台座与台面接触的外伸部分，按偏心受压构件计算；台面按轴心受压杆件计算；横梁按承受均布荷载的简支梁计算，其挠度应控制在2mm以内，并不得产生翘曲。

2. 槽式台座

生产吊车梁、屋架、箱梁等预应力混凝土构件时，由于张拉力和倾覆力矩都较大，大多采用槽式台座(图 7－7)。由于它具有通长的钢筋混凝土压杆，可承受较大的张拉力和倾覆力矩，其上加砌砖墙，加盖后还可进行蒸汽养护，为方便混凝土运输和蒸汽养护，槽式台座多低于地面。为便于拆迁，台座的压杆也可分段浇制。

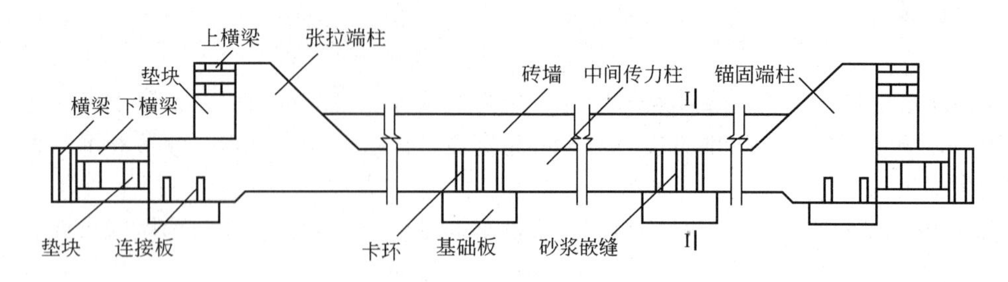

图 7－7 槽式台座

设计槽式台座时，也应进行抗倾覆稳定性和强度验算。

先张法台座应具有足够的强度、刚度和稳定性以免因台座变形、倾覆和滑移而引起预应力的损失。

7.2.2 夹具

钢丝张拉与钢筋张拉所用夹具不同。

1. 钢丝的夹具

先张法中钢丝的夹具分两类：一类是将预应力筋锚固在台座或钢模上的锚固夹具；另一类是张拉时夹持预应力筋用的夹具。锚固夹具与张拉夹具都是重复使用的工具。夹具的种类繁多，此处仅介绍常用的钢丝夹具。偏心式夹具和压销式夹具分别如图 7－8 和图 7－9 所示。

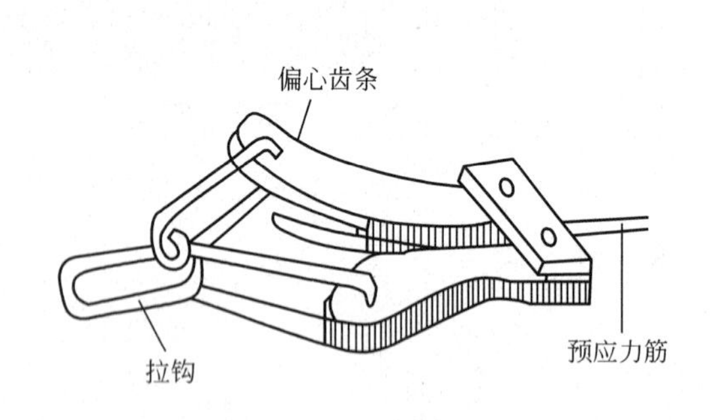

图 7－8 偏心式夹具

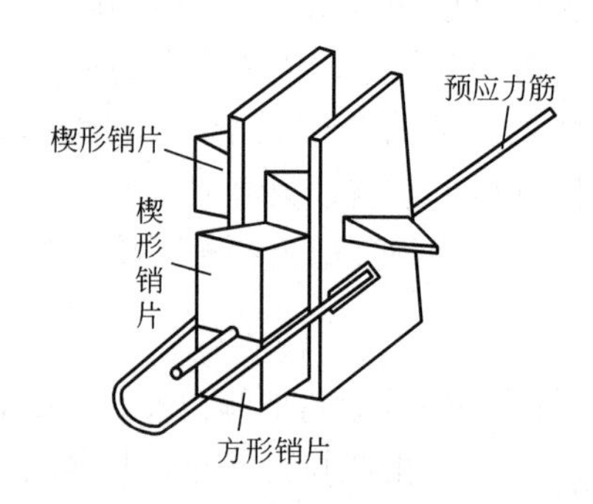

图 7－9 压销式夹具

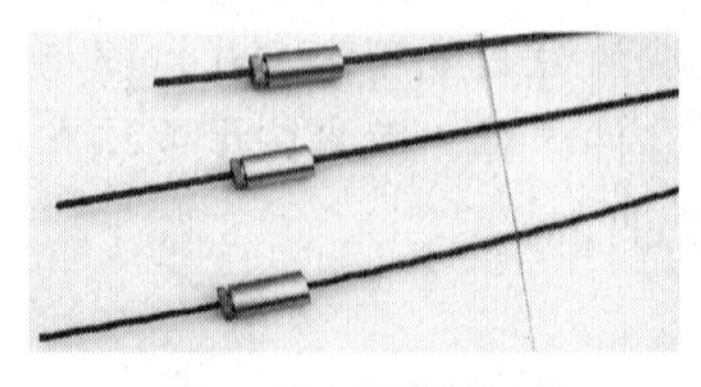

图 7－10 JXS 型夹具

2. 钢绞线的夹具

QM 预应力体系中的 JXS、JXL、JXM 型夹具(图 7－10～图 7－12)是专为先张台座法预应力钢绞线张拉的需要而设计的，可适应φ 9.5、φ 12.2、φ 12.7、φ 15.2、φ 15.7、φ 17.8 等规格钢绞线的先张台座张拉。

图 7-11 JXL 型夹具

图 7-12 JXM 型夹具

3. 钢筋夹具

钢筋锚固多用螺纹端杆锚具、镦头锚和夹片式锚具等(图 7-13～图 7-15)。张拉时可用连接器与螺纹端杆锚具连接，或用夹片式锚具等。

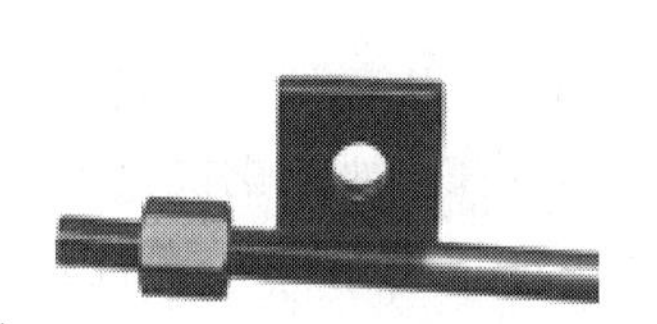

图 7-13 螺丝端杆锚具

图 7-14 镦头锚

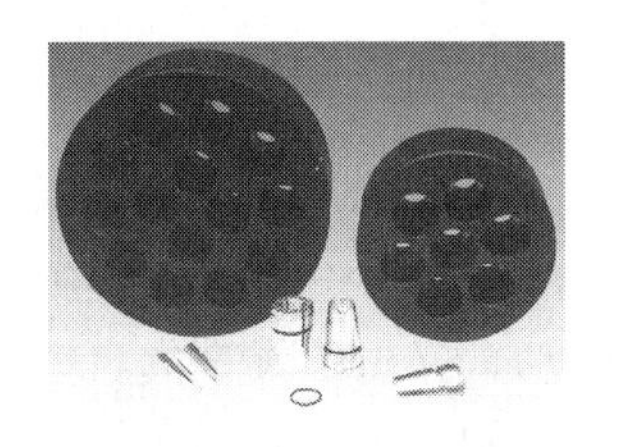

图 7-15 夹片式锚具

钢筋镦头，直径 22mm 以下的钢筋用对焊机热镦或冷镦，大直径钢筋可用压模加热锻打或成型。镦过的钢筋需经过冷拉，以检验镦头处的强度。

夹片式锚具由圆套筒和圆锥行销片组成，套筒内壁呈圆锥形，与销片锥度吻合，销片有两片式和三片式，钢筋就夹紧在销片的凹槽内。

先张法用夹具除应具备静载锚固性能外，还应具备下列性能：①在预应力夹具组装件达到实际破断拉力时，全部零件均不得出现裂缝和破坏；②应有良好的自锚性能；③应有良好的放松性能。需大力敲击才能松开的夹具，必须证明其对预应力筋的锚固无影响，且对操作人员安全不造成危险。夹具进入施工现场时必须检查其出厂质量证明书，以及其中所列的各项性能指标，并进行必要的静载试验，符合质量要求后方可使用。

4. 夹具自锁、自锚

钢丝张拉与钢筋张拉所用夹具不同。

夹具本身须具备自锁和自锚能力。自锁即锥销、齿板或锲块打入后不会反弹而脱出的能力；自锚即预应力筋张拉中能可靠地锚固而不被从夹具中拉出的能力。以锥销式夹具为例，锥销在顶压力 Q 作用下打入套筒，由于力 Q 的作用，在锥销侧面产生正压力 N 及摩擦力 $N\mu_1$，根据平衡条件得

$$Q=nN\mu_1\cos\alpha+nN\sin\alpha \tag{7-2}$$

式中：n——锚固的预应力筋根数；

μ_1——预应力筋与锥销间的摩擦系数。

因为 $\mu_1=\tan\phi_1$(ϕ_1 为预应力筋与锥销间的摩擦角)，代入式(7-2)得

$$Q=n\tan\phi_1 N\cos\alpha+nN\sin\alpha$$

所以

$$Q=\frac{nN\sin(\alpha+\phi_1)}{\cos\phi_1} \tag{7-3}$$

锚固后，由于预应力筋内缩，正应力变为 N'，由于锥销有回弹趋势，故摩阻力 $N'\mu_1$ 反向以阻止回弹。为使锥销自锁，则需满足下式：

$$nN'\mu_1\cos\alpha\geqslant nN'\sin\alpha \tag{7-4}$$

以 $\mu_1=\tan\phi_1$ 代入式(7-4)得

$$nN'\tan\phi_1\cos\alpha\geqslant nN'\sin\alpha$$

即

$$\tan\phi_1\geqslant\tan\alpha$$

故 $\alpha\leqslant\phi_1$。

因此，要使锥销式夹具能够自锁，α 角必须等于或小于锥销与预应力筋间的摩擦角 ϕ_1。张拉中预应力筋在 F 力作用下有向孔道内滑动的趋势，由于套筒顶在台座或钢模上不动，又由于锥销的自锁，则预应力筋带着锥销向内滑动，直至平衡为止。根据平衡条件，可知

$$F=\mu_2N\cos\alpha+N\sin\alpha$$

夹具如能自锚，即阻止预应力筋滑动的摩阻力应大于预应力筋的拉力 F。
即

$$\frac{(\mu_1N+\mu_2N)\cos\alpha}{F}=\frac{(\mu_1N+\mu_2N)\cos\alpha}{\mu_2N\cos\alpha+N\sin\alpha}=\frac{\mu_1+\mu_2}{\mu_2+\tan\alpha}\geqslant1 \tag{7-5}$$

由此可知 α、μ_2 愈小，μ_1 愈大，则夹具的自锚性能愈好，μ_2 小而 μ_1 大，则对预应力筋的挤压好，锥销向外滑动少。这就要求锥销的硬度(HRC40～45)大于预应力筋的硬度，而预应力筋的硬度要大于套筒的硬度。α 角一般为 4°～6°，过大则自锁和自锚性能差，过小则套筒承受的环向张力过大。

7.2.3 张拉机具

1. 钢丝的张拉机具

钢丝张拉分单根张拉和多根张拉。

在台座上生产构件多进行单根张拉，由于张拉力较小，一般用小型电动卷扬机张拉，以弹簧、杠杆等简易设备测力。用弹簧测力时宜设置行程开关，以便张拉到规定的拉力时能自行停车。

电动螺杆张拉机主要适用于预制厂在长线台座上张拉冷拔低碳钢丝。其工作原理为：电动机正向旋转时，通过减速箱带动螺母旋转，螺母即推动螺杆沿轴向后移动，即可张拉钢筋。弹簧测力计上装有计量标尺和微动开关，当张拉力达到要求时，电动机能够自动停止转动。锚固好钢丝(筋)后，使电动机反向旋转，螺杆即向前运动，放松钢丝(筋)，完成张拉过程。小型电动螺杆张拉机如图 7-16 所示。

选择张拉机具时，为了保证设备、人身安全和张拉力准确，张拉机具的张拉力应不小于预应力筋张拉力的1.5倍；张拉机具的张拉行程应不小于预应力筋张拉伸长值的1.1～1.3倍。

2. 钢筋的张拉机具

先张法粗钢筋的张拉，分单根张拉和多根成组张拉。由于在长线台座上预应力筋的张拉伸长值较大，一般千斤顶行程都不能满足，故张拉较小直径钢筋可用卷扬机。此外，张拉直径12～20mm的单根钢筋、钢绞线或钢丝束，可用YC－18型穿心式千斤顶，其张拉行程可达250mm，张拉力18t，也可用于张拉单根钢筋或钢丝束。

图7－16 电动螺杆张拉机

7.2.4 先张法施工工艺流程

1. 预应力筋的张拉程序

预应力筋张拉程序一般可按下列程序之一进行：

$$0 \xrightarrow{\text{持荷 2min}} 105\%\sigma_{con} \longrightarrow \sigma_{con} \tag{7-6}$$

或

$$0 \longrightarrow 103\%\sigma_{con} \tag{7-7}$$

式中，σ_{con}为预应力筋的张拉控制应力。

交通部《公路桥涵施工技术规范》(JTJ 041—2000)中对粗钢筋及钢绞线的张拉程序分别取：

$$0 \longrightarrow \text{初应力}(10\%\sigma_{con}) \xrightarrow{\text{持荷 5min}} 105\%\sigma_{con} \longrightarrow 90\%\sigma_{con} \longrightarrow \sigma_{con} \tag{7-8}$$

$$0 \longrightarrow \text{初应力 } 105\%\sigma_{con} \xrightarrow{\text{持荷 5min}} 0 \longrightarrow \sigma_{con} \tag{7-9}$$

建立上述张拉程序的目的是为了减少预应力的松弛损失。所谓“松弛”，即钢材在常温、高应力状态下具有不断产生塑性变形的特性。松弛的数值与控制应力和延续时间有关，控制应力高，松弛也大，所以钢丝、钢绞线的松弛损失比冷拉热轧钢筋大；松弛损失还随着时间的延续而增加，但在第一分钟内可完成损失总值的50%左右，24h内则可完成80%。上述张拉程序，如先超张拉5%σ_{con}再持荷几分钟，则可减少大部分松弛损失。超张拉3%σ_{con}也是为了弥补松弛引起的预应力损失。

用应力控制张拉时，为了校核预应力值，在张拉过程中应测出预应力筋的实际伸长值。如实际伸长值大于计算伸长值10%或小于计算伸长值5%，应暂停张拉，查明原因并采取措施予以调整后，方可继续张拉。

2. 最大张拉应力的控制

张拉时的控制应力按设计规定。控制应力的数值影响预应力的效果。控制应力高，建立的预应力值则大。但控制应力过高，预应力筋处于高应力状态，使构件出现裂缝的荷载与破坏荷载接近，破坏前无明显的预兆，这是不允许的。此外，施工中为减少由于松弛等原因造成的预应力损失，一般要进行超张拉，如果原定的控制应力过高，再加上超张拉就可能使钢筋的应力超过流限。为此，《混凝土结构工程施工及验收规范》(GB 50204—2002)规定预应力筋的最大超张拉应力不得超过表 7-1 的规定。

表 7-1　最大张拉控制应力允许值

钢种	张拉方法	
	先张法	后张法
碳素钢丝、刻痕钢丝、钢绞线	$0.8f_{ptk}$	$0.75f_{ptk}$
热处理钢筋、冷拔低碳钢丝	$0.75f_{ptk}$	$0.70f_{ptk}$
冷拉钢筋	$0.95f_{pyk}$	$0.90f_{pyk}$

注：f_{ptk}为预应力筋极限抗拉强度标准值；f_{pyk}为预应力筋屈服强度标准值。

3. 钢筋的张拉

预应力筋张拉应根据设计要求进行。当进行多根成组张拉时，应先调整各预应力筋的初应力，使其长度和松紧一致，以保证张拉后各预应力筋的应力一致。

台座法张拉中，为避免台座承受过大的偏心压力，应先张拉靠近台座截面重心处的预应力筋。

多根预应力筋同时张拉时，必须事先调整初应力，使相互间的应力一致。预应力筋张拉锚固后的实际预应力值与设计规定检验值的相对允许偏差为±5%。

张拉完毕锚固时，张拉端的预应力筋回缩量不得大于设计规定值；锚固后，预应力筋对设计位置的偏差不得大于 5mm，并不大于构件截面短边长度的 4%。

另外，施工中必须注意安全，严禁正对钢筋张拉的两端站立人员，防止断筋回弹伤人。冬季张拉预应力筋，环境温度不宜低于 15℃。

4. 混凝土的浇筑与养护

确定预应力混凝土的配合比时，应尽量减少混凝土的收缩和徐变，以减少预应力损失。收缩和徐变都与水泥品种和用量、水灰比、骨料孔隙率、振动成型等有关。

预应力筋张拉完成后，钢筋绑扎、模板拼装和混凝土浇筑等工作应尽快跟上。混凝土应振捣密实。混凝土浇筑时，振动器不得碰撞预应力筋。混凝土未达到强度前，也不允许碰撞或踩动预应力筋。

混凝土可采用自然养护或湿热养护。但必须注意，当预应力混凝土构件在台座上进行湿热养护时，应采取正确的养护制度以减少由于温差引起的预应力损失。预应力筋张拉后锚固在台座上，温度升高预应力筋膨胀伸长，使预应力筋的应力减小。在这种情况下混凝土逐渐硬结，而预应力筋由于温度升高而引起的预应力损失不能恢复。因此，先张法在台座上生产预应力混凝土构件，其最高允许的养护温度应根据设计规定的允许温差(张拉钢筋时的温度与台座养护温度之差)计算确定。当混凝土强度达到 7.5N/mm^2(粗钢筋配筋)或 10N/mm^2(钢丝、钢绞线配筋)以上时，则可不受设计规定的温差限制。以机组流水法或传送带法用钢模制作预应力构件，湿热养护时钢模与预应力筋同步伸缩，故不引起温差预应力损失。

5. 预应力筋放松

混凝土强度达到设计规定的数值(一般不小于混凝土标准强度的75%)后，才可放松预应力筋。这是因为放松过早会由于预应力筋回缩而引起较大的预应力损失。预应力筋放松应根据配筋情况和数量，选用正确的方法和顺序，否则易引起构件翘曲、开裂和断筋等现象。

当预应力筋采用钢丝时，配筋不多的中小型钢筋混凝土构件，钢丝可用砂轮锯或切断机切断等方法放松。配筋多的钢筋混凝土构件，钢丝应同时放松，如逐根放松，则最后几根钢丝将由于承受过大的拉力而突然断裂，易使构件端部开裂。长线台座上放松后预应力筋的切断顺序，一般由放松端开始，逐次切向另一端。

预应力筋为钢筋时，对热处理钢筋及冷拉Ⅳ级钢筋不得用电弧切割，宜用砂轮锯或切断机切断。数量较多时，也应同时放松。多根钢丝或钢筋的同时放松，可用油压千斤顶、砂箱、楔块等。采用湿热养护的预应力混凝土构件，宜热态放松预应力筋，而不宜降温后再放松。

7.3 后张法

后张法是先制作构件，并在构件中按预应力筋的位置，预先留出相应的孔道，待构件混凝土强度达到设计规定的数值后，穿入预应力筋，用张拉机具进行张拉，并利用锚具把张拉后的预应力筋锚固在构件端部。预应力筋的张拉力则通过锚具传给混凝土，使其产生压应力。张拉锚固后，立即在预留孔道内灌浆，使预应力筋不受锈蚀，并与构件形成整体。其优点是直接在构件上张拉，不需要专门的台座，现场生产时可避免构件的长途搬运，所以适宜于在现场生产大型构件，特别是大跨度的构件，如薄腹梁、吊车梁和屋架等。后张法又可作为一种预制构件的拼装手段，可先在预制厂制作小型构体。运到现场后，穿入钢筋，通过施加预应力拼装成整体。但后张法需要在钢筋两端设置专门的锚具，这些锚具永远留在构件上，不能像先张法那样可以重复使用。耗用钢材较多，且要求加工精密，费用较高；同时由于留洞、穿筋、灌浆及锚具部分预压应力局部集中处需加强配筋等原因，使构件端部构造和施工操作比先张法复杂，所以造价一般比先张法高。

7.3.1 锚具

锚具按锚固性能分为两类：

(1) Ⅰ类锚具：适用于受动、静荷载的预应力混凝土结构。

(2) Ⅱ类锚具：仅适用于有粘结预应力混凝土结构，且锚具处于预应力筋应力变化不大的部位。

Ⅰ类锚具组装件，除必须满足静载锚固性能外，尚须满足循环次数为200万次的疲劳性能试验。如用在抗震结构中，还应满足循环次数为50次的周期荷载试验。

锚具还应具有下列性能：

(1) 在预应力锚具组装件达到实测极限拉力时，除锚具设计允许的现象外，全部零件均不得出现肉眼可见的裂缝或破坏。

(2) 除能满足分级张拉及补张拉工艺外，宜具有能放松预应力筋的性能。

(3) 锚具或其附件上宜设置灌浆孔道，灌浆孔道应有使浆液畅通的截面面积。

锚具的进场验收同先张法中的夹具。

锚具的种类很多，不同类型的预应力筋所配用的锚具不同，常用的锚具有以下几种。

1. 螺丝端杆锚具

该锚具由螺丝端杆、螺母和垫板三部分组成。型号有 LM18 - LM36，适用于直径18～36mm 的Ⅱ、Ⅲ级预应力钢筋。锚具长度一般为 320mm，当为一端张拉或预应力筋的长度较长时，螺杆的长度应增加 30～50mm。

螺丝端杆与预应力筋用对焊连接，焊接应在预应力筋冷拉之前进行。预应力筋冷拉时，螺母置于端杆顶部，拉力应由螺母传递至螺丝端杆和预应力筋上。螺丝端杆锚具如图 7 - 17 所示。

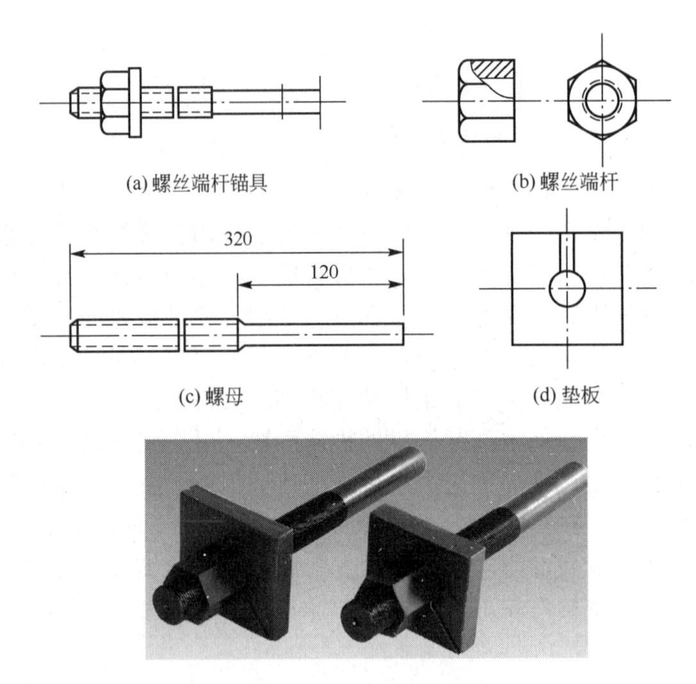

图 7 - 17　螺丝端杆锚具

2. 镦头锚具

用于单根粗钢筋的镦头锚具一般直接在预应力筋端部热镦、冷镦或锻打成型。镦头锚具也适用于锚固任意根数φ 5 与φ 7 钢丝束。镦头锚具的形式与规格，可根据需要自行设计，常用的钢丝束镦头锚具分 A 型与 B 型。A 型由锚环与螺母组成，可用于张拉端；B 型为锚板，用于固定端，其构造见图 7 - 18。镦头锚具的滑移值不应大于 1mm。镦头锚具的镦头强度，不得低于钢丝规定抗拉强度的 98%。

锚环的内外壁均有丝扣，内丝扣用于连接张拉螺丝端杆，外丝扣用于拧紧螺母锚固钢丝束。锚环和锚板四周钻孔，以固定镦头的钢丝，孔数和间距由钢丝根数而定。钢丝用LD－10型液压冷镦器进行镦头。钢丝束一端可在制束时将头镦好，另一端则待穿束后镦头，故构件孔道端部要设置扩孔。

张拉时，张拉螺丝端杆一端与锚环内丝扣连接，另一端与拉杆式千斤顶的拉头连接，当张拉到控制应力时，锚环被拉出，则拧紧锚环外丝扣上的螺母加以锚固。

镦头锚具用YC－60千斤顶(穿心式千斤顶)或拉杆式千斤顶张拉。钢丝束镦头锚具如图7－18所示。

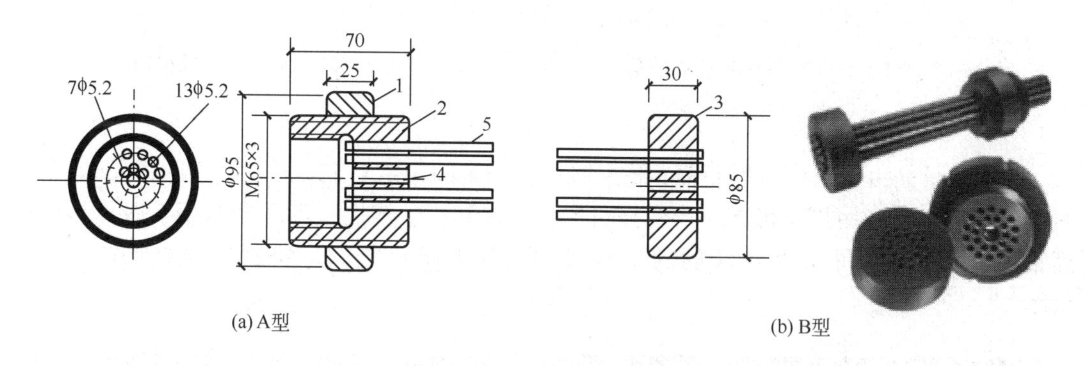

图7－18　钢丝束镦头锚具

1—螺母；2—锚环；3—锚板；4—排气孔；5—钢丝束

3．钢质锥形锚具

该锚是由锚环和锚塞组成，用于锚固以锥锚式双作用千斤顶张拉的钢丝束。锚环内孔的锥度应与锚塞的锥度一致。锚塞上刻有细齿槽，夹紧钢丝防止滑动。

锥形锚具的主要缺点是当钢丝直径误差较大时，易产生单根滑丝现象，且滑丝后很难补救，如用加大顶锚力的办法来防止滑丝，过大的顶锚力易使钢丝咬伤。此外，钢丝锚固时呈辐射状态，弯折处受力较大。钢质锥形锚具用锥锚式双作用千斤顶进行张拉。钢质锥形锚具如图7－19所示。

图7－19　钢质锥形锚具

4．夹片式锚具

夹片式锚具分为单孔夹片锚具和多孔夹片锚具，由工作锚板、工作夹片、锚垫板、螺旋筋组成，可锚固预应力钢绞线，也可锚固7φ5、7φ7的预应力钢丝束，主要用作张拉端锚具，具有自动跟进、放张后自动锚固、锚固效率系数高、锚固性能好、安全可靠等特点。夹片式锚具如图 7－20 和图 7－21 所示。

图 7－20　VLM15(13)多孔夹片式锚具

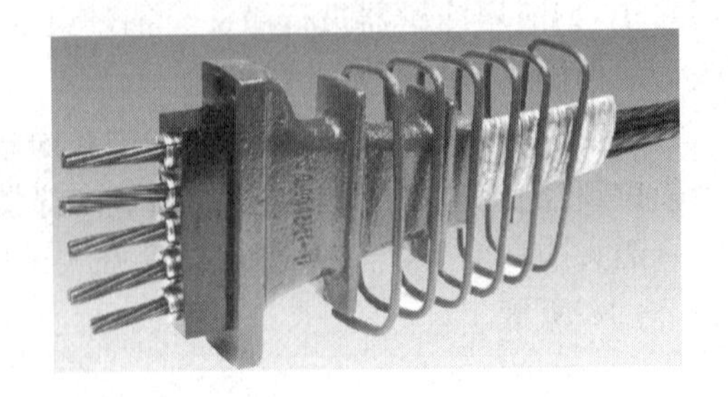

图 7－21　多孔夹片式扁锚

5. 挤压式锚具(P 型)

P 型锚具是由挤压头、螺旋筋、P 型锚板、约束圈组成，它是在钢绞线端部安装钢丝衬圈和挤压套，利用挤压机将挤压套挤过模孔，使其产生塑性变形而握紧钢绞线，形成可靠锚固。用于后张预应力构件的固定端对钢绞线的挤压锚固。挤压式锚具如图 7－22 所示。

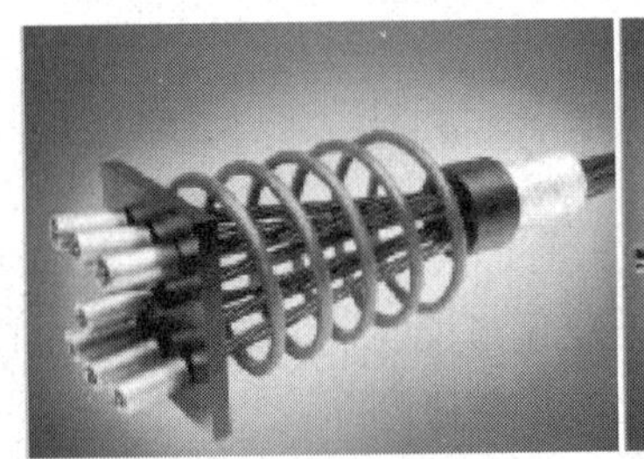

(a) 固定端P型锚具组件

(b) 单孔固定端锚具

(c) VLM挤压套

图 7－22　挤压式锚具

6. 压花式锚具(H 型)

当需要把后张力传至混凝土时，可采用 H 型固定端锚具，它包括带梨形自锚头的一段钢绞线、支托梨形自锚头用的钢筋支架、螺旋筋、约束圈等。钢绞线梨形自锚头采用专用的压花机挤压成型。压花机是制作 H 型固定端锚具的专用挤压设备。YH30 型压花机具有体积小、质量轻、操作方便等特点。压花式锚具如图 7－23 和图 7－24 所示。

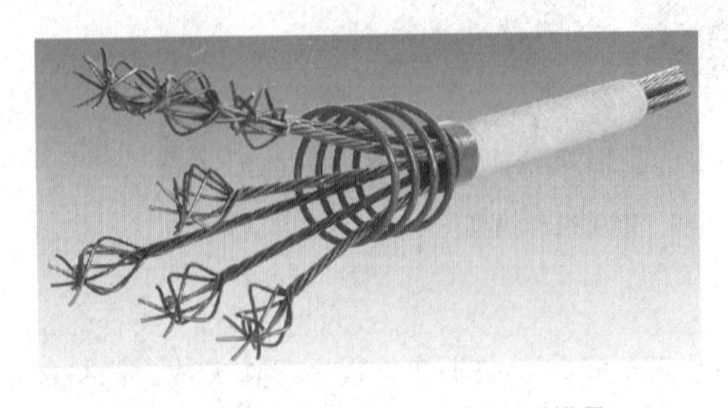

图 7－23　VLM15 型固定端 H 型锚具

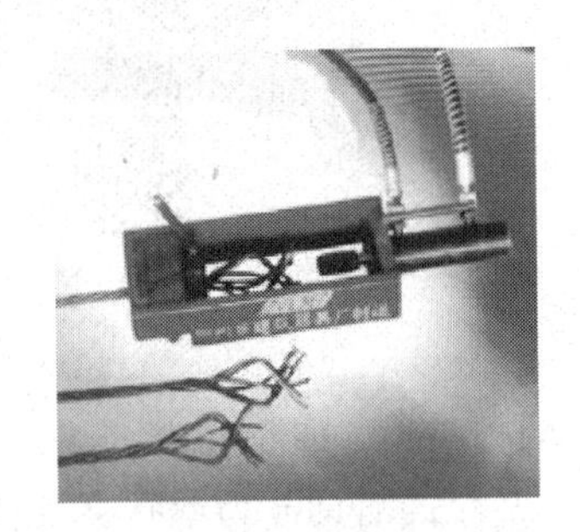

图 7－24　压花机压花过程

7.3.2 张拉机具

1. 拉杆式千斤顶

拉杆式千斤顶由主油缸、主缸活塞、回油缸、回油活塞、连接器、传力架、活塞拉杆等组成。张拉前，先将连接器旋在预应力的螺丝端杆上，相互连接牢固。千斤顶由传力架支承在构件端部的钢板上。张拉时，高压油进入主油缸、推动主缸活塞及拉杆，通过连接器和螺丝端杆，预应力筋被拉伸。千斤顶拉力的大小可由油泵压力表的读数直接显示。当张拉力达到规定值时，拧紧螺丝端杆上的螺母，此时张拉完成的预应力筋被锚固在构件的端部。锚固后回油缸进油，推动回油活塞工作，千斤顶脱离构件，主缸活塞、拉杆和连接器回到原始位置。最后将连接器从螺丝端杆上卸掉，卸下千斤顶，张拉结束。

目前常用的千斤顶是YL60型拉杆式千斤顶。另外，还生产有YL400型和YL500型千斤顶，其张拉力分别为4000kN和5000kN，主要用于张拉力大的钢筋张拉。拉杆式千斤顶如图7-25所示。

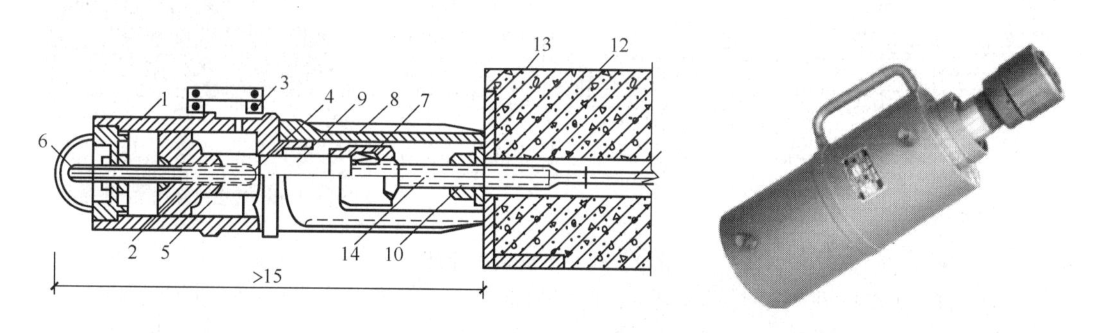

图7-25 拉杆式千斤顶

1—主油缸；2—主缸活塞；3—主缸油嘴；4—副缸；5—副缸活塞；6—副缸油嘴；7—连接器；8—顶杆；9—拉杆；10—螺母；11—预应力筋；12—混凝土构件；13—预埋铁板；14—螺丝端杆

2. 穿心式千斤顶

穿心式千斤顶是用于张拉钢筋束或钢丝束等预应力筋的专用千斤顶，它主要由张拉缸、顶压缸、顶压活塞及弹簧等部分组成，沿拉伸机轴心有一穿心孔道，钢筋(或钢丝)穿入后由尾部的工具锚锚固。穿心式千斤顶需和张拉油泵配合使用，张拉和回顶的动力均由张拉油泵的高压油提供。穿心式千斤顶结构紧凑，张拉时工作平稳，油压高，张拉力大，应用于公路桥梁、铁路桥梁、水电坝体、高层建筑等预应力施工工程。穿心式千斤顶如图7-26所示。

3. 锥锚式千斤顶

锥锚式千斤顶是具有张拉、顶锚和退楔功能的千斤顶，用于张拉带钢质锥形锚具的钢丝束。

图 7－26　穿心式千斤顶

锥锚式千斤顶由张拉油缸、顶压油缸、退楔装置、楔形卡环、退楔翼片等组成。其工作原理是当张拉油缸进油时，张拉缸被压移，使固定在其上的钢筋被张拉。钢筋张拉后，改由顶压油缸进油，随即由副缸活塞将锚塞顶入锚圈中。张拉缸、顶压缸同时回油，则在弹簧力的作用下复位。锥锚式千斤顶如图 7－27 所示。

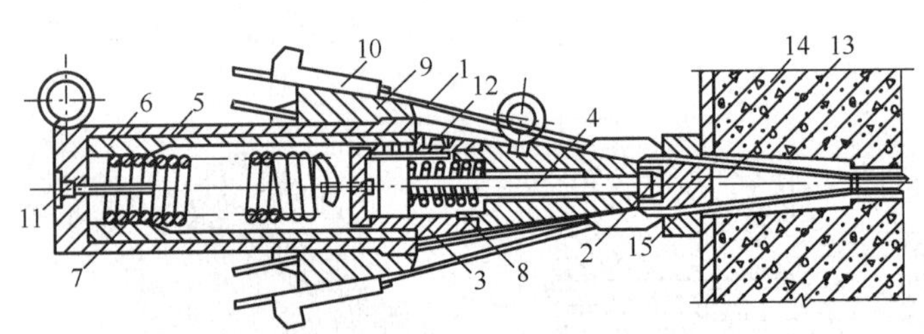

图 7－27　锥锚式千斤顶

1—预应力筋；2—顶压头；3—副缸；4—副缸活塞；4—弹簧；5—主缸；6—主缸活塞；7—主缸拉力弹簧；8—副缸拉力弹簧；9—锥形卡环；10—楔块；11—主缸油嘴；12—副缸油嘴；13—锚塞；14—构件；15—锚环

4. 前卡式千斤顶

前卡式千斤顶是一种张拉工具锚内置于千斤顶前端的穿心式千斤顶，可自动夹紧和松开工具锚夹片，简化了施工工艺，节省了张拉时间，而且缩短了预应力筋预留张拉长度。前卡式千斤顶主要用于各种有粘结筋和无粘结筋的单根张拉。前卡式千斤顶如图 7－28 所示。

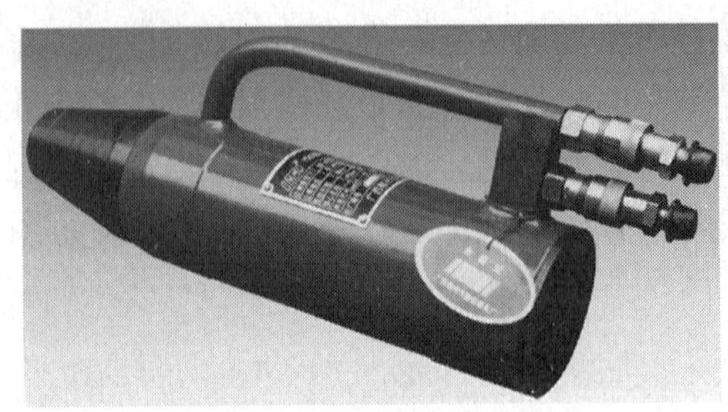

图 7－28　前卡式千斤顶

5. 扁锚整体张拉千斤顶

扁锚整体张拉千斤顶是一种整体预应力张拉千斤顶。采用双并列油缸的结构，扁锚采用整体一次张拉，克服了扁锚由于单孔张拉而引起构件应力不均匀，预应力筋延伸量不足，构件扭曲现象，并且可提高施工工效。扁锚整体张拉千斤顶可广泛用于各种锚固体系的扁锚预应力施工。扁锚整体张拉千斤顶如图 7-29 所示。

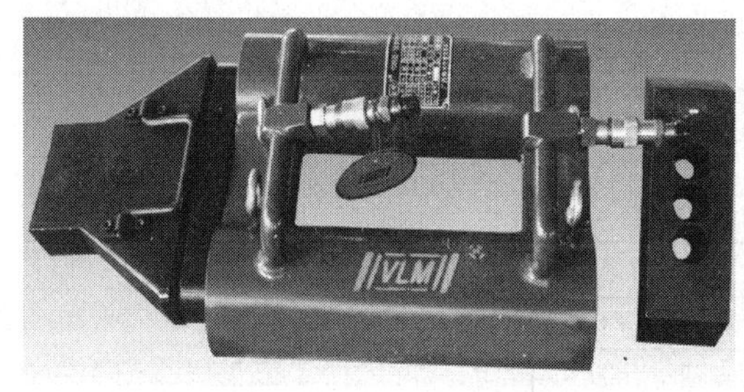

图 7-29 扁锚整体张拉千斤顶

6. 高压油泵

高压油泵是向液压千斤顶各个油缸供油，使其活塞按照一定速度伸出或回缩的主要设备。油泵的额定压力应等于或大于千斤顶的额定压力。

高压油泵分手动和电动两类，目前常使用的有 ZB4-500 型、ZB10/320～4/800 型、ZB0.8-500 与 ZB0.6-630 型等几种，其额定压力为 40～80MPa。

用千斤顶张拉预应力筋时，张拉力的大小是通过油泵上的油压表的读数来控制的。油压表的读数表示千斤顶张拉油缸活塞单位面积的油压力。在理论上如已知张拉力 N，活塞面积 A，则可求出张拉时油表的相应读数 P。但实际张拉力往往比理论计算值小。其原因是一部分张拉力被油缸与活塞之间的摩阻力所抵消。而摩阻力的大小受多种因素的影响又难以计算确定，为保证预应力筋张拉应力的准确性，应定期校验千斤顶，确定张拉力与油表读数的关系。校验期一般不超过 6 个月。校正后的千斤顶与油压表必须配套使用。高压油泵如图 7-30 所示。

图 7-30 高压油泵

7.3.3 后张法生产工艺流程

这里主要介绍后张法施工中的孔道留设、顶应力筋张拉和孔道灌浆三部分。

生产工艺流程如图 7-31 所示。

1. 后张法预应力构件的孔道留设

后张法施工步骤是先制作构件，预留孔道；待构件混凝土达到规定强度后，在孔道内穿放预应力筋，预应力筋张拉并锚固；最后孔道灌浆。

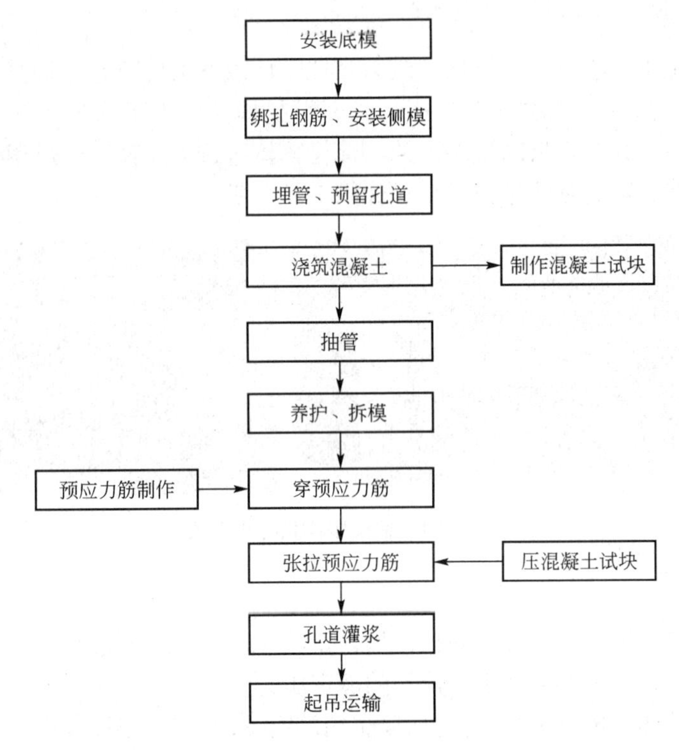

图 7-31　后张法生产工艺流程

孔道留设是后张法构件制作中的关键工作。孔道留设方法有钢管抽芯法、胶管抽芯法和预埋波纹管法。预埋波纹管法只用于曲线形孔道内径应比预应力筋外径或需穿过孔道的锚具外径大 10～15mm(粗钢筋)或 8～12mm(钢丝束或钢绞线束)；且孔道面积应大于预应力筋面积的 3～4 倍。此外，在孔道的端部或中部应设置灌浆孔，其孔距不宜大于 12m(抽芯成形)或 30m(波纹管成形)。

预留孔道基本要求：预应力筋预留管道的尺寸与位置应正确，孔道应平顺，端部的预埋钢垫板应垂直于管道中心线。管道应采用定位钢筋固定安装，使其能牢固地置于模板内的设计位置，并在混凝土浇筑期间不产生位移。固定各种成孔管道用的定位钢筋的间距，对于钢管不宜大于 1m；对于波纹管不宜大于 0.8m；对于胶管不宜大于 0.5m；对于曲线管道宜适当加密。

1）钢管抽芯法

预先将钢管埋设在模板内孔道位置处，在混凝土浇筑过程中和浇筑之后，每间隔一定时间慢慢转动钢管，使之不与混凝土粘结，待混凝土初凝后、终凝前抽出钢管，即形成孔道。该法只可留设直线孔道。

钢管要平直，表面要光滑，安放位置要准确。一般用间距不大于 1m 的钢筋井字架固定钢管位置。每根钢管的长度最好不超过 15m，以便于旋转和抽管，较长构件则用两根钢管，中间用套管连接。钢管的旋转方向两端要相反。

恰当掌握抽管时间很重要，过早会坍孔，太晚则抽管困难。一般在初凝后、终凝前，以手指按压混凝土不粘浆又无明显印痕时则可抽管。为保证顺利抽管，混凝土的浇筑顺序要密切配合。

抽管顺序宜先上后下，抽管可用人工或卷扬机，抽管要边抽边转，速度均匀，与孔道成一直线。

2）胶管抽芯法

胶管有布胶管和钢丝网胶管两种。用间距不大于0.5m的钢筋井字架固定位置，浇筑混凝土前，胶管内充入压力为0.6～0.8N/mm²的压缩空气或压力水，此时胶管直径增大3mm左右，待浇筑的混凝土初凝后，放出压缩空气或压力水，管径缩小而与混凝土脱离，便于抽出。后者质硬，具有一定弹性，留孔方法与钢管一样，只是浇筑混凝土后不需转动，由于其有一定弹性，抽管时在拉力作用下断面缩小易于拔出。采用胶管抽芯留孔，不仅可留直线孔道，而且可留曲线孔道。

3）预埋波纹管法

波纹管为特制的带波纹的金属管，它与混凝土有良好的粘结力。波纹管预埋在构件中，浇筑混凝土后不再抽出，预埋时用间距不大于0.8m的钢筋井字架固定。波纹管的连接，可采用大一号的同型波纹管，用密封胶带或塑料热塑管封口，如图7-32所示。

图7-32　预埋波纹管法

2. 预应力筋穿入孔道

预应力筋穿入孔道按穿筋时机分有先穿束和后穿束，按穿入数量分有整束穿和单根穿；按穿束方法分有人工穿束和机械穿束。先穿束在混凝土浇筑前穿束，省力，但穿束占用工期，预应力筋保护不当易生锈；后穿束在混凝土浇筑后进行，不占用工期，穿筋后即进行张拉，但较费力。长度在50m以内的二跨曲线束，多采用人工穿束；对超长束、特重束、多波曲线束应采用卷扬机穿束；目前穿束机穿束在越来越多的工程中得到使用。

3. 千斤顶的校验

采用千斤顶张拉预应力筋，预应力筋的张拉力主要由油压表数反映。油压表的读数表示千斤顶内活塞上单位面积的油压力，理论上油压表读数乘以活塞面积，即为张拉力值。但是，由于活塞与油缸之间存在着摩擦力，使得实际张拉力比理论计算的张拉力小，所以一般以试验结果为准。

4. 预应力筋张拉

张拉预应力筋时，构件混凝土的强度应按设计规定，如设计无规定则不宜低于混凝土标准强度的75％。

后张法预应力筋的张拉应注意下列问题：

(1) 后张法预应力筋的张拉程序，与所采用的锚具种类有关。为减少松弛损失，张拉程序一般与先张法相同。

(2) 对配有多根预应力筋的构件，应分批、对称地进行张拉。对称张拉是为避免张拉时构件截面呈过大的偏心受压状态。分批张拉，要考虑后批预应力筋张拉时产生的混凝土弹性压缩，会对先批张拉的预应力筋的张拉应力产生影响。为此先批张拉的预应力筋的张拉应力应增加 $\alpha_{\varepsilon}\sigma_{pc}$：

$$\alpha_{\varepsilon}=\frac{E_s}{E_c} \tag{7-10}$$

$$\sigma_{pc}=\frac{(\sigma_{con}-\sigma_{l1})A_p}{A_n} \tag{7-11}$$

式中：E_s——预应力筋的弹性模量；

E_c——混凝土的弹性模量；

σ_{pc}——张拉后批预应力筋时，对已张拉的预应力筋重心处混凝土产生的法向应力；

σ_{con}——张拉控制应力；

σ_{l1}——预应力筋的第一批应力损失(包括锚具变形和摩擦损失)；

A_p——后批张拉的预应力筋的截面积；

A_n——构件混凝土的净截面面积(包括构件钢筋的折算面积)。

(3) 对平卧叠浇的预应力混凝土构件，上层构件的重量产生的水平摩阻力，会阻止下层构件在预应力筋张拉时混凝土弹性压缩的自由变形，待上层构件起吊后，由于摩阻力影响消失会增加混凝土弹性压缩的变形，从而引起预应力损失。该损失值随构件形式、隔离层和张拉方式不同而不同。为便于施工，可采取逐层加大超张拉的办法来弥补该预应力损失，但底层超张拉值不宜比顶层张拉力大 5%(钢丝、钢绞线、热处理钢筋)或 9%(冷拉Ⅱ～Ⅳ级钢筋)，并且要保证底层构件的控制应力不超过表 7-1 中的值。如隔离层的隔离效果好，也可采用同一张拉应力值。

(4) 为减少预应力筋与预留孔孔壁摩擦而引起的应力损失，对抽芯成型孔道的曲线形预应力筋和长度大于 24m 的直线预应力筋，应采用两端张拉；长度等于或小于 24m 的直线预应力筋，可一端张拉，但张拉端宜分别设置在构件两端。对预埋波纹管孔道，曲线形预应力筋和长度大于 30m 的直线预应力筋宜在两端张拉；长度等于或小于 30m 的直线预应力筋，可在一端张拉。用双作用千斤顶两端同时张拉钢筋束、钢绞线束或钢丝束时，为减少顶压时的应力损失，可先顶压一端的锚塞，而另一端在补足张拉力后再行顶压。

(5) 当采用应力控制方法张拉时，应校核预应力筋的伸长值，如实际伸长值比计算伸长值大 10%或小 5%，应暂停张拉，在采取措施予以调整后，方可继续张拉。预应力筋的伸长值 Δl(mm)，可按下式计算：

$$\Delta l=\frac{F_p l}{A_p E_s} \tag{7-12}$$

式中：F_p——预应力筋的平均张拉力(kN)，直线筋取张拉端的拉力，两端张拉的曲线筋，取张拉端的拉力与跨中扣除孔道摩阻损失后拉力的平均值；

A_p——预应力筋的截面面积(mm^2)；

l——预应力筋的长度(mm)；

E_s——预应力筋的弹性模量(kN/mm^2)。

预应力筋的实际伸长值，宜在初应力为张拉控制应力10%左右时开始量测，但必须加上初应力以下的推算伸长值；对后张法，尚应扣除混凝土构件在张拉过程中的弹性压缩值。

5. 最大张拉应力的控制

在预应力筋张拉时，往往需采取超张拉的方法来弥补多种预应力的损失，此时，预应力筋的张拉应力较大，有时会超过表7-1的规定值。例如，多层叠浇的最下层构件中的先批张拉钢筋，既要考虑钢筋的松弛，又要考虑多层叠浇的摩阻力影响，还要考虑后批张拉钢筋的张拉影响，往往张拉应力会超过规定值，此时，可采取下述方法解决：

(1) 先采用同一张拉值，而后复位补足。

(2) 分两阶段建立预应力，即全部预应力张拉到一定数值(如90%)，再第二次张拉至控制值。

6. 孔道灌浆

预应力筋张拉后，利用灰浆泵，将水泥浆强压到预应力孔道中去。其作用有二：一是保证预应力筋免于锈蚀；二是使预应力筋与构件混凝土有效地粘结，以控制超载时裂缝的间距与宽度，并减轻两端锚具的负荷状况。因此，对孔道的灌浆质量必须重视。

预应力筋张拉后，孔道应尽量快灌。用连接器连接的多跨连续预应力筋的孔道灌浆，应张拉完一跨随即灌注一跨，不应在各跨张拉完毕后，一次连续灌浆。

孔道灌浆应采用标号不低于425#普通硅酸盐水泥配置的水泥浆；对空隙较大的孔道，可采用砂浆灌浆，水泥浆和砂浆强度标准值均不应低于$20N/mm^2$。水泥浆的水灰比为0.4～0.45，搅拌后3h泌水率宜控制在2%，最大不得超过3%。

为了增加孔道灌浆的密实性，在水泥浆中可掺入对预应力筋无腐蚀作用的外加剂。如掺入占水泥重量0.25%的木质素磺酸钙，或占水泥质量0.05%的铝粉。

灌浆前，用压力水冲洗和湿润孔道。用电动或手动灰浆泵进行灌浆。灌浆工作应缓慢均匀地进行，不得中断，并应排气通顺。在孔道两端冒出浓浆并封闭排气孔后，宜再继续加压至0.5～0.6MPa，稍后再封闭灌浆孔，灌浆顺序先下后上，以避免上层孔道漏浆而把下层孔道堵塞。对不掺外加剂的水泥浆，可采用二次灌浆法，以提高孔道灌浆的密实性。

预应力筋锚固后外露长度应≥30mm，多余部分宜用砂轮锯切割。锚具应采用封头混凝土保护。封头混凝土的尺寸应大于预埋钢板尺寸，厚度≥100mm，且端部保护层厚度不宜小于20～50mm(凸出式)。封头处原有混凝土应凿毛，以增加粘结性。封头内应配有钢筋网片，细石混凝土强度为C30～C40。孔道灌浆如图7-33所示。

图7-33 孔道灌浆

工程案例

预应力工程施工方案

1. 工程概况

(1) 本工程为××预应力工程。采用有粘结预应力低松弛钢绞线。

(2) 有粘结预应力混凝土梁的混凝土强度等级为C40，有粘结预应力钢筋为ϕ_j15.2，$f_{ptk}=1860N/mm^2$ 低松弛钢绞线，一端锚具采用VM15型成套锚具，另一端采用挤压锚具。

2. 预应力专项施工准备

1) 施工人员的组织

根据本工程规模、结构特点和复杂程度，建立既有施工经验，又有领导才能的管理人员组成工地领导机构，配齐一支既有承担各项技术责任的专业技术人员，又有实施各项操作的专业工人的精干队伍。

2) 技术准备、图纸会审、技术交底

在熟悉图纸的前提下进行图纸会审，并按设计规范要求确定预应力筋的规格、数量、长度、锚固体系的型号、数量，同时注意检查构件之间有无矛盾和遗漏。

3) 材料和设备的准备

(1) 根据设计要求选用符合国家标准《预应力混凝土用钢绞线》(GB/T 5224—2003)规定的1860级有粘结钢绞线和Ⅰ类锚具KYM15系列，制作施工所需的附属材料，如端部承压板、预应力筋的定位马凳等，预应力张拉设备采用的YCQ-25型前卡式千斤顶及与其配套的STOBO.63×63型高压油泵，HB3型注浆泵，台式圆盘砂轮切割机、角磨机。

(2) 原材料化验，设备的标定(校验)。

按设计要求采购进场的原材料，除具有出厂合格证外，还应按相应材料规范规定进行二次化验。张拉设备等按有关规定，定期到具有相应资质的检定部门进行检定，其检定结果必须满足设计和施工规范规定。

(3) 主要施工机具见表7-2。

表7-2　主要施工机具

序号	名称	规格	单位	数量
1	高压油泵	STOBO.63×63	台	2
2	千斤顶	YCQ-25型	台	2
3	无齿锯	台式圆盘砂轮切割机	台	1
4	切割机	角磨机	套	2
5	注浆机	HB3型	台	1

3. 有粘结预应力工程施工

1）施工工艺流程

本工程总体按结构分层竖向流水施工。

每层工艺流程：

下料→编号→运输→铺设波纹管→穿筋→找正→端部处理→隐蔽验收→浇筑混凝土→养护→压试块→张拉→记录→切筋→注浆→防护混凝土。

2）有粘结筋下料制作

(1) 两端按设计施工，垫板厂家制造，灌浆管采用“6 分 PVC 管”。预应力筋的孔道采用 ϕ65 规格的波纹管，为保证孔道位置正确采用钢筋支架，用Φ10 钢筋焊制马凳。

(2) 钢筋支架初步固定后开始铺设波纹管，管接头采用大一号的波纹管，每段接头长 300mm。由于本工程的梁仅一跨，故仅在波峰处设一个注浆孔，一端垫板上设一个排气孔，另一端为固定端，埋入混凝土内，注浆管设于波纹管的顶面，用 12＃线缠绕固定并用胶带封闭，管顶高出梁顶面 200mm。

(3) 钢绞线的切断采用砂轮切割机，切断完成后即逐根贴上编码条，注明其料长、编号，以避免施工中混淆。

3）有粘结筋的穿铺

(1) 施工工艺：支底模→绑扎钢筋笼→绑扎固定矢高点马凳→上波纹管→穿铺有粘结预应力筋并定位→验筋→浇筑混凝土。

(2) 为保证钢绞线矢高准确，用Φ10 钢筋做成不同高度(因不同点的矢高而定)门形马凳，间距与图纸相符，用 22＃铁线绑牢于梁箍筋上，有粘结预应力筋穿铺完成后，捆于马凳之上。

(3) 张拉端承压板与梁侧模板应贴紧，并用 22＃铁线将其绑紧，避免浇筑混凝土时发生承压板歪扭，从而影响张拉质量。

本章小结

通过本章学习，可以掌握先张法和后张法的施工方法与技术要求，了解了预应力混凝土工程的特点和工作原理。

习　　题

一、单项选择题

1. 先张法预应力筋放张时，其混凝土强度不应低于标准值的(　　)。

A. 60％　　B. 75％　　C. 80％　　D. 100％

2. 预应力钢筋张拉程序中的持荷 2min 的作用是(　　)。

A. 降低钢筋的塑性变形　　B. 提高钢筋的强度

C. 减少钢筋预应力损失　　　　D. 保证张拉施工安全

3. 预留孔道时的抽管顺序应为(　　)。

A. 先下后上、先直后曲　　　　B. 先下后上、先曲后直

C. 先上后下、先直后曲　　　　D. 先上后下、先曲后直

二、判断题

1. 后张法预应力筋张拉时，其混凝土强度不应低于标准值的70%。　　(　　)

2. 夹具主要用于先张法施工。　　(　　)

三、填空题

1. 台座应具有足够的强度、刚度和稳定性。稳定性验算包括________和________两个方面。

2. 后张法留设孔道的常用方法有________、________和________三种。

四、名词解释

1. 先张法

2. 锚具

五、简答题

1. 台座的作用是什么?

2. 先张法和后张法两种施工工艺各有何优缺点?

3. 先张法钢筋张拉程序是怎样的?

4. 钢筋的最大张拉应力如何控制?

5. 有粘结预应力孔道注浆应注意哪些问题?

第8章 结构安装工程

教学目标

通过本章教学，让学习者掌握土木工程中使用的各种起重机械；熟悉混凝土结构构件的制作、运输和堆放；掌握混凝土结构构件的安装工艺过程。

教学要求

知识要点	能力要求	相关知识
索具设备	掌握常用索具设备的性能	钢丝绳、滑轮组、吊钩、卡环、横吊梁、卷扬机、滑轮组
起重机械	了解在结构安装工程施工中常用的起重机械的构造、性能、使用范围和使用要求	桅杆式起重机； 自行式起重机； 塔式起重机
结构吊装	掌握装配式单层工业厂房和多层框架结构安装施工的工艺原理、施工方法、技术措施和质量要求	构件的吊装工艺； 结构安装方案

基本概念

起重量　起重工作幅度　起重高度　旋转法　滑行法

引例

在现场或工厂预制的结构构件或构件组合，用起重机械在施工现场把它们吊起并安装在设计位置上，这种形成的结构叫装配式结构。结构吊装工程就是有效地完成装配式结构构件的吊装任务。结构吊装工程是装配结构工程施工的主导工种工程，其施工特点如下：

(1) 受预制构件的类型和质量影响大。预制构件的外形尺寸、埋件位置是否正确、强度是否达到要求以及预制构件类型的多少，都直接影响吊装进度和工程质量。

(2) 正确选用起重机具是完成吊装任务的主导因素。构件的吊装方法，取决于所采用的起重机械。

(3) 构件所处的应力状态变化多。构件在运输和吊装时，因吊点或支承点使用不同，其应力状态也会不一致，甚至完全相反，必要时应对构件进行吊装验算，并采取相应措施。

(4) 高空作业多，容易发生事故，必须加强安全教育，并采取可靠措施。

8.1 索具设备

8.1.1 卷扬机

卷扬机又称绞车。按驱动方式可分手动卷扬机和电动卷扬机(图 8-1)。卷扬机是结构吊装最常用的工具。用于结构吊装的卷扬机多为电动卷扬机。电动卷扬机主要由电动机、卷筒、电磁制动器和减速机构等组成。卷扬机分快速和慢速两种。快速卷扬机又分为单筒和双筒两种，起重能力在 0.5～50kN，速度为 20～43m/min；慢速卷扬机多为单筒，起重能力在 3～20kN，速度为 8～9.6m/min。快速电动卷扬机主要用于垂直运输和打桩作业；慢速电动卷扬机主要用于结构吊装、钢筋冷拉、预应力筋张拉等作业。

图 8-1　电动卷扬机

选用卷扬机的主要技术参数是卷筒牵引力、钢丝绳的速度和卷筒容绳量。

使用卷扬机应当注意：

(1) 卷扬机的安装位置应选择在地势稍高、地基坚实之处，以防积水和保持卷扬机的稳定。卷扬机与构件起吊点之间的距离应大于起吊高度，以便机械操作人员观察起吊情况。

(2) 卷扬机卷筒中心应与前面第一个导向滑车中心线垂直，两者之间的距离 L 应大于卷筒宽度的 20 倍(即 $L>20b$)，当绳索绕到卷筒两边时，

倾斜角 α 不得超过 1.50。以免钢丝绳与导向滑车的滑轮槽边缘产生较大的摩擦而磨损钢丝绳。

(3) 卷扬机必须用地锚予以锚固，以防工作时发生滑动或倾覆。根据受力的大小，固定卷扬机的常用方法有螺栓锚固法、立桩锚固法、水平锚固法和压重锚固法。

8.1.2 钢丝绳

钢丝绳是吊装工作中的常用绳索，它具有强度高、韧性好、耐磨性好等优点。同时，磨损后外表产生毛刺，容易发现，便于预防事故的发生。它是由许多根直径为 0.4～2mm，抗拉强度为 1200～2200MPa 的钢丝按一定规则捻制而成。

按照捻制方法不同，分为单绕、双绕和三绕，土木工程施工中常用的是双绕钢丝绳，它是由钢丝捻成股，再由多股围绕绳芯绕成绳。双绕钢丝绳按照捻制方向分为同向绕、交叉绕和混合绕三种。同向绕是钢丝捻成股的方向与股捻成绳的方向相同，这种绳的挠性好、表面光滑磨损小，但易松散和扭转，不宜用来悬吊重物。交叉绕是指钢丝捻成股的方向与股捻成绳的方向相反，这种绳不易松散和扭转，宜做起吊绳，但挠性差。混合绕指相邻的两股钢丝绕向相反，性能介于两者之间，制造复杂，用得较少。

钢丝绳(图 8－2)按绳芯不同可分为麻芯(棉芯)、石棉芯和金属芯三种。用浸油的麻或棉纱做绳芯的钢丝绳比较柔软，容易弯曲，同时浸过油的绳芯可以润滑钢丝，防止钢丝生锈，又能减少钢丝间的摩擦，但不能受重压和在较高温度下工作。

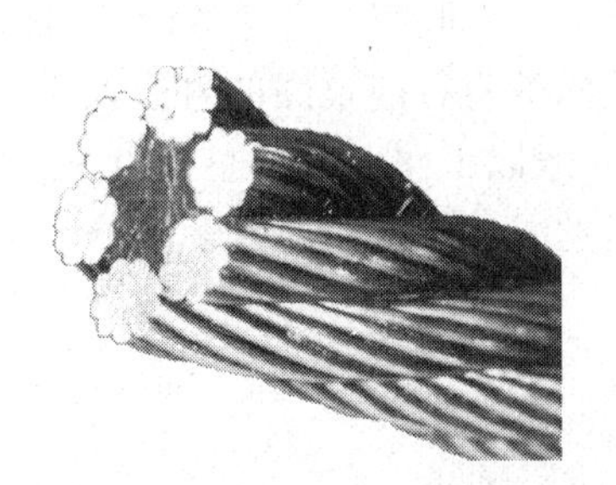

图 8－2 钢丝绳

钢丝绳按每股钢丝数量的不同又可分为 6×19、6×37 和 6×61 三种。6×19 钢丝绳在绳的直径相同的情况下，钢丝粗，比较耐磨，但较硬，不易弯曲，一般用作缆风绳；6×37钢丝绳比较柔软，可用作穿滑车组钢丝绳和吊索；6×61 钢丝绳质地软，主要用于重型起重机械中。

钢丝绳在选用时应考虑多根钢丝的受力不均匀性及其用途，钢丝绳的允许拉力 $[F_g]$ 按下式计算：

$$[F_g]=\frac{\alpha F_g}{K}$$

式中：F_g——钢丝绳的钢丝破断拉力总和(kN)；

α——换算系数(考虑钢丝受力不均匀性)，见表 8－1；

K——安全系数，见表 8－2。

表 8-1　钢丝绳破断拉力换算

钢丝绳结构	换算系数
6×19	0.85
6×37	0.82
6×61	0.80

表 8-2　钢丝绳的安全系数

用途	安全系数	用途	安全系数
用作缆风绳	3.5	用作吊索、无弯曲时	6～7
用于手动起重设备	4.5	用作捆绑吊索	8～10
用于手动起重设备	5～6	用于载人的升降机	14

钢丝绳使用一定时间后，就会产生断丝、腐蚀和磨损现象，其承载能力就降低了。钢丝绳经检查有下列情况之一者，应予以报废。

(1) 钢丝绳磨损或锈蚀达直径的40%以上。

(2) 钢丝绳整股破断。

(3) 使用时断丝数目增加得很快。

(4) 钢丝绳每一节距长度范围内，断丝根数不允许超过规定的数值，一个节距系指某一股钢丝搓绕绳一周的长度，约为钢丝绳直径的8倍。

钢丝绳使用中不准超载。当在吊重的情况下，绳股间有大量的油挤出时，说明荷载过大，必须立即检查。钢丝绳穿过滑轮时，滑轮槽的直径应比绳的直径大1～2.5mm。为了减少钢丝绳的腐蚀和磨损，应定期加润滑油(一般以工作4个月左右加一次)。存放时，应保持干燥，并成卷排列，不得堆压。使用旧钢丝绳，应事先进行检查。

8.1.3　滑轮组

滑轮组由一定数量的定滑轮和动滑轮以及穿绕的钢丝绳组成，具有省力和改变力的方向的功能。滑轮组负担重物的钢丝绳的根数称为工作线数，滑轮组的名称以滑轮组的定滑轮和动滑轮的数目来表示。定滑轮仅改变力的方向，不能省力，动滑轮随重物上下移动，可以省力，滑轮组滑轮越多、工作线数也越多，省力越大(图8-3)。

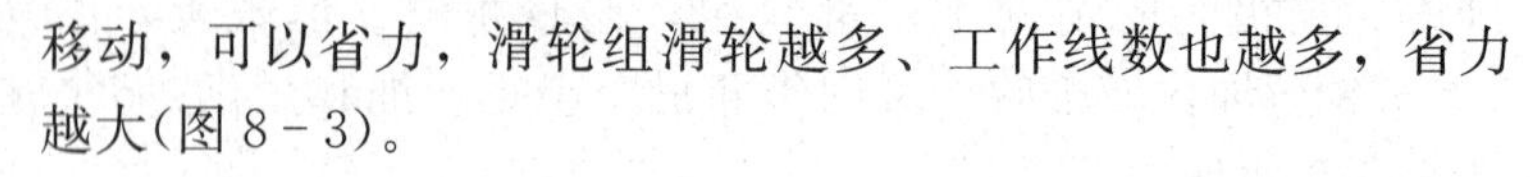

图 8-3　滑轮组

1. 种类

滑轮组根据引出绳引出的方向不同，可分以下几种：

(1) 引出绳自动滑轮引出，用力方向与重物的移动方向一致。

(2) 引出绳自定滑轮引出，用力方向与重物的移动方向相反。

(3) 双联滑轮组，多用于门数较多的滑轮，有两根引出绳。

它的优点是，速度快，滑轮受力比较均匀，避免发生自锁现象。

2. 滑轮组的计算

理论值：

$$S=Q/n \tag{8-1}$$

式中：Q——起吊物的重量；

n——穿绕动滑轮的绳数，称为工作线数，如引出绳自定滑轮引出，则 n 为滑轮组的滑轮总数。

实际上滑轮组有摩阻力，必须要考虑摩阻力对滑轮组的影响，实际拉力比理论值 S 要稍大，才能将重物拉起。

考虑摩阻力后的实用公式计算如下：

$$S'=kQ \tag{8-2}$$

式中：S——跑头拉力(kN)；

k——小于1的系数，即称滑轮组的省力系数，可查表。

8.1.4 吊具

1. 吊索

吊索是用钢丝绳或合成纤维等为原料做成的用于吊装的绳索(图8-4)，又叫千斤索或千斤绳。当选择吊索规格时，必须把被起吊的负载的尺寸、重量、外形，以及准备采用的吊装方法等共同影响的使用方式系数列入计算考虑，给出极限工作力的要求，同时工作环境、负载的种类必须加以考虑。必须选择既有足够能力，又能满足使用方式的恰当长度的吊索，假如多个吊索被同时使用起吊负载，必须选用同样类型吊索；扁平吊索的原料不能受到环境或负载影响。无论附件或软吊耳是否需要，必须慎重考虑吊索的末段和辅助附件及起重设备相匹配。

2. 卡环

卡环(图8-5)又名卸扣或卸甲，用于绳扣(千斤绳、钢丝绳)和绳扣，或绳扣与构件吊环之间的连接。它是在起重作业中用的较广的连接工具。卡环由弯环与销子两部分组成，按弯环的形式分为直形和马蹄形两种；按销子与弯环的连接形式分，有螺栓式和抽销式卡环及半自动卡环。

卡环必须是锻造的，一般是用20#钢锻造后经过热处理而制成的。不能使用铸造和补焊的卡环。

在使用时不得超过规定的荷载，并应使卡环销子与环底受力(即于高度方向)，不能横向受力，横向使用卡环会造成弯环变形，尤其是在采用抽销卡环时，弯环的变形会使销子脱离销孔，钢丝绳扣柱易从弯环中滑脱出来。

3. 吊钩

吊钩(图8-6)根据外形的不同，分单钩和双钩两种。单钩一般在中小型的起重机上用，也是常用的起重工具之一。双钩多用在桥式机门座式的起重机上。吊钩按锻造的方法分锻造钩和板钩。锻造钩采用20#优质碳素钢，经过锻造和冲压，进行退火热处理，以消除残余的内应力，增加其韧性。要求硬度达到HB75～HB135，再进行机加工。板钩是由30mm厚的钢板片铆合制成的，有单钩和双钩之分，在重型起重机上多用双钩。

在起重作业中使用的吊钩、吊环，其表面要光滑，不能有剥裂、刻痕、锐角、接缝和裂纹等缺陷。吊钩不得补焊。

图8-4 钢丝绳吊索

图8-5 卡环

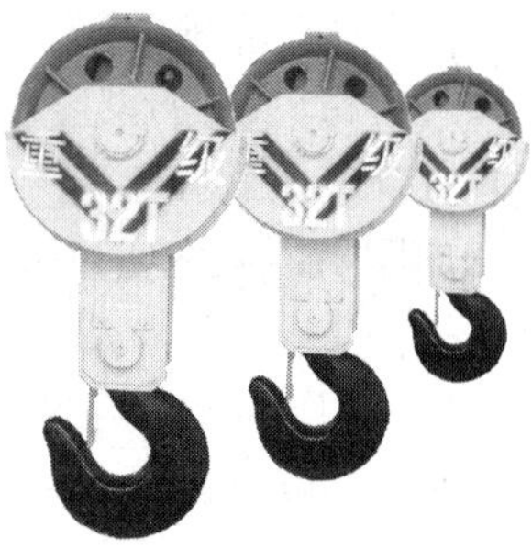

图8-6 吊钩

4. 横吊梁

横吊梁(图8-7)又称铁扁担，常用于柱和屋架的吊装，用横吊梁吊柱易使柱身保持垂直、便于安装；用横吊梁吊屋架可降低起吊高度，减少吊索的水平分力对屋架的压力。横吊梁的作用有二：一是减少吊索高度；二是减少吊索对构件的横向压力。常用的横吊梁有滑轮横吊梁、钢板横吊梁、钢管横吊梁等。

图8-7 横吊梁

1) 滑轮横吊梁

滑轮横吊梁一般用于吊装8t以内的柱，它由吊环、滑轮和轮轴等部分组成，其中吊环用Q235号圆钢锻制而成，环圈的大小要保证能够直接挂上起重机吊钩；滑轮直径应大于起吊柱的厚度，轮轴直径和吊环断面应按起重量的大小计算而定。

2) 钢板横吊梁

钢板横吊梁一般用于吊装10t以下的柱，它是由Q235号钢钢板制作而成。钢板横吊梁中的两个挂卡环孔的距离应比柱的厚度大20cm，以便柱“进档”。设计钢板横吊梁时，应先根据经验初步确定截面尺寸，再进行强度验算。钢板横吊梁应对中部截面进行强度验算和对吊钩孔壁、卡环孔壁进行局部承压验算。

3）钢管横吊梁

钢管横吊梁一般用于吊屋架，钢管长 6～12m。钢管横吊梁在起吊构件时承受轴向力 N 和弯矩 M(由钢管自重产生的)。设计时，可先根据容许长细比 $[\lambda]=120$ 初选钢管截面，然后按压弯构件进行稳定验算。

8.1.5 锚碇

锚碇又叫地锚，是用来固定缆风绳和卷扬机的，它是保证系缆构件稳定的重要组成部分，一般有桩式锚碇和水平锚碇两种。

桩式锚碇系用木桩或型钢打入土中而成。水平锚碇可承受较大荷载，分无板栅水平锚碇和有板栅水平锚碇两种。

8.2 起重机械

8.2.1 桅杆式起重机

桅杆式起重机具有制作简单、装拆方便、起重量大(可达 1000kN 以上)、受地形限制小等特点。但它的灵活性较差，工作半径小，移动较困难，并需要拉设较多的缆风绳，故一般只适用于安装工程量比较集中的工程。

桅杆式起重机可分为独脚把杆、人字把杆、悬臂把杆和牵缆式桅杆起重机。

1. 独脚把杆起重机

独脚把杆(图 8-8)由把杆、起重滑轮组、卷扬机、缆风绳和锚碇等组成。使用时，把杆应保持不大于 10°的倾角，以便吊装构件时不致撞击把杆。把杆底部要设置拖子以便移动。把杆的稳定主要依靠缆风绳，绳的一端固定在桅杆顶端，另一端固定在锚碇上，缆风绳一般设 4～8 根。根据制作材料的不同，把杆类型有：

(1) 木独脚把杆常用独根圆木做成，圆木梢径 20～32cm，起重高度一般为 8～15m，起重量在 30～100kN。

(2) 钢管独脚把杆常用钢管直径 200～400mm，壁厚 8～12mm，起重高度可达 30m，起重量可达 450kN。

(3) 金属格构式独脚把杆起重高度可达 75m，起重量可达 1000kN 以上。格构式独脚把杆一般用 4 个角钢做主肢，并由横向和斜向缀条联系而成，截面多呈正方形，常用截面为 450mm×450mm～1200mm×1200mm 不等，整个把杆由多段拼成。

2. 人字把杆起重机

人字把杆(图 8-9)一般是由两根圆木或两根钢管用钢丝绳绑扎或铁件铰接而成。两杆在顶部相交成 20°～30°角，底部设有拉杆或拉绳，以平衡把杆本身的水平推力。其中一根把杆的底部装有一导向滑轮组，起重索通过它连到卷扬机，另用一钢丝绳连接到锚碇，以保证在起重时底部稳固。人字把杆是前倾的，但倾斜度不宜超过1/10，并在前、后各用两根缆风绳拉结。人字把杆上部两杆的绑扎点，离杆顶至少600mm，并用8字结捆牢。起重滑车组和缆风绳均应固定在交叉点处。把杆的前倾度，每高1m不得超过10mm，两杆下端要用钢丝绳或钢杆拉住，长度约为主杆长度的1/2～1/3。吊装过程中严禁调整把杆的前倾度或挪动把杆，以免发生事故。人字把杆的优点是侧向稳定性较好，缆风绳较少；缺点是起吊构件的活动范围小，故一般仅用于安装重型柱或其他重型构件。

图8-8　独脚把杆

图8-9　人字把杆

3. 悬臂把杆起重机

悬臂把杆(图8-10)是在独脚把杆中部或2/3高度处装一根起重臂而成，即成悬臂把杆，悬臂起重杆可以回转和起伏，可以固定在某一部位，也可以根据需要沿杆升降。

它的特点是起重高度和起重半径较大，起重臂摆动角度也大，起重杆能左右摆动120°～270°，宜于吊装高度较大的构件。但这种起重机的起重量较小，多用于轻型构件的吊装。起重臂也可装在井架上，成为井架把杆。

4. 牵缆式桅杆起重机

牵缆式桅杆起重机(图8-11)是在独脚把杆的根部装一可以同转和起伏的吊杆而成。牵缆式桅杆起重机的起重臂可以起伏，整个机身可做全回转，因此工作范围大，机动灵活。由钢管做成的牵缆式起重机起重量在10t左右，起重高度达25m；由格构式结构组成

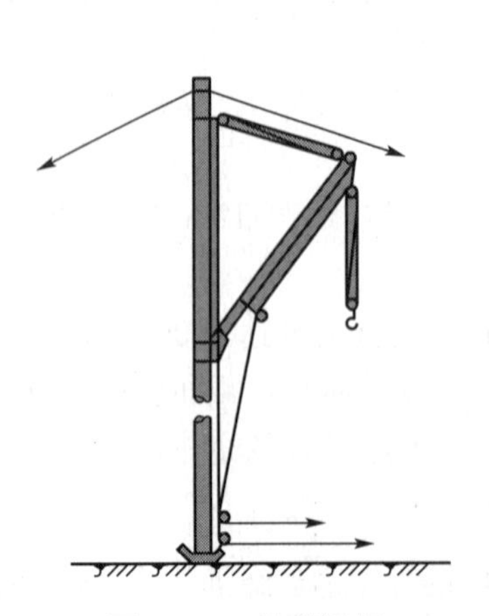

图8-10　悬臂把杆

图8-11　牵缆式桅杆起重机

的牵缆式起重机起重量 60t，起重高度可达 80m。它具有较大的起重半径，能把构件吊送到有效起重半径内的任何位置，但这种起重机使用缆风绳较多，移动不便，用于构件多且集中的结构安装工程或固定的起重作业。

8.2.2 自行式起重机

1. *履带式起重机*

履带式起重机(图 8－12)是一种具有履带行走装置的转臂起重机。其起重量和起重高度较大，常用的起重量为 100～500kN，目前最大起重量达 3000kN，最大起重高度达 135m。由于履带接地面积大，起重机能在较差的地面上行驶和工作，可负载移动，并可原地回转，故多用于单层工业厂房及旱地桥梁等结构吊装。但其自重大，行走速度慢，远距离转移时需要其他车辆运载。

图 8－12 履带式起重机图

履带式起重机主要由底盘、机身和起重臂三部分组成。

土木工程中常用的履带式起重机主要有 W1－50型、W1－100 型、W1－200 型等，其技术性能见表 8－3。

表 8－3 国产履带式起重机的技术性能

项目		W1－50		W1－100		W1－200		
最大起重量/kN		100		150		500		
整机工作质量/t		23.11		39.79		75.79		
接地平均压力/MPa		0.071		0.087		0.122		
吊臂长度/m		10	18	13	23	15	30	40
最大起升高度/m		9	17	11	19	12	26.5	36
最小幅度/m		3.7	4.5	4.5	6.5	4.5	8	10
主要外形尺寸/mm	*A*	2900		3300		4500		
	B	2700		3120		3200		
	D	1000		1095		1190		
	E	1555		1700		2100		
	F	1000		1300		1600		
	M	2850		3200		4050		

履带式起重机的主要技术参数有三个：起重量 Q、起重高度 H 和回转半径 R。起重量、起重高度和回转半径的大小与起重臂长度均相互有关。当起重臂长度一定时，随着仰角的增大，起重量和起重高度增加，而回转半径减小；当起重臂长度增加时，起重半径和起重高度增加而起重量减小。

2. 汽车起重机

汽车起重机(图 8-13)是一种将起重作业部分安装在汽车通用或专用底盘上，具有载重汽车行驶性能的轮式起重机。根据吊臂结构可分为定长臂、接长臂和伸缩臂三种，前两种多采用桁架结构臂，后一种采用箱形结构臂。根据动力传动，又可分为机械传动、液压传动和电力传动三种。它的优点是行驶速度快，移动迅速且对路面损坏性小；缺点是吊重物时必须支腿，不能负荷行驶。它适于结构吊装作业和构件装卸工作。

现在普遍使用的汽车起重机多为液压伸缩臂汽车起重机，液压伸缩臂一般有 2～4 节，最下(最外)一节为基本臂，吊臂内装有液压伸缩机构控制其伸缩。QY-8 型汽车起重机的外形采用黄河牌 JN150C 型汽车底盘，由起升、变幅、回转、吊臂伸缩和支腿机构等组成，全为液压传动。

3. 轮胎式起重机

轮胎式起重机(图 8-14)是把起重机构装在加重型轮胎和轮轴组成的特制底盘上的全回转起重机。它的特点是，行驶时不会损伤路面；行驶速度较快；稳定性较好；起重量较大；吊重物时一般需要支腿，否则起重量大大减小。但轮胎式起重机不适合在松软或泥泞的地面工作。它适用于一般工业厂房的结构吊装。

图 8-13　汽车起重机

图 8-14　轮胎式起重机

8.2.3　塔式起重机

1. 轨道式塔式起重机

图 8-15　轨道式塔式起重机

轨道式塔式起重机(图 8-15)是一种能在轨道上行驶的起重机，又称自性式塔式起重机。这种起重机可负荷行驶，有的只能在直线轨道上行驶，有的可沿“L”形或“U”形轨道行驶。

轨道式塔式起重机是土木工程中使用最广泛的一种，它可带重物行走，作业范围大，非生产时间少，生产效率高。常用的轨道式塔式起重机有 QT1-2 型、QT1-6 型、QT-60/80

型、QT1－15型、QT－25等多种。轨道式塔式起重机主要性能有吊臂长度、起重幅度、起重量、起升速度及行走速度等。QT－60/80型起重机，它是一种上旋式塔式起重机，起重量为30～80KN、幅度为7.5～20m，是建筑工地上用得较多的一种塔式起重机。

轨道式塔式起重机在使用时的注意事项：

(1) 塔式起重机的轨道位置，其边线与建筑物应有适当距离，以防止行走时，行走台与建筑物相碰而发生事故，并避免起重机轮压传至基础，使基础产生沉陷。钢轨两端必须设置车挡。

(2) 起重机工作时必须严格按照额定起重量起吊，不得超载，也不准吊运人员、斜拉重物、拔除地下埋设物。

(3) 司机必须得到指挥信号后，才能进行操作，操作前司机必须按电铃、发信号。吊物上升时，吊钩距起重臂端不得小于1m。工作休息和下班时，不得将重物悬挂在空中。

(4) 运转完毕，起重机应开到轨道中部位置停放，并用夹轨钳夹紧在钢轨上。吊钩上升到距起重臂端2～3m处，起重臂应转至平行于轨道的方向。

(5) 所有控制器工作完毕后，必须扳到停止点(零位)，拉开电源总开关。

(6) 六级风以上及雷雨天，禁止操作。起重机如失火，绝对禁止用水救火，应该用四氯化碳灭火器或其他不导电的将其扑灭。

2. 爬升式塔式起重机

高层装配式结构施工，若采用一般轨道式塔式起重机，其起重高度已不能满足构件的吊装要求，需采用自升式塔式起重机。

爬升式塔式起重机(图8－16)又称内爬式塔式起重机，是自升式塔式起重机的一种，通常安装在建筑物的电梯井或特设的开间内，也可安装在筒形结构内，依靠爬升机构随结构的升高而升高，一般是每建造3～8m，起重机就爬升一次，塔身自身高度只有20m左右，起重高度随施工高度而定。这类起重机主要用于高层(10层以上)框架结构安装。其特点是机身体积小、重量轻、安装简单，适于现场狭窄的高层建筑结构安装。

图8－16 爬升式塔式起重机

爬升机构有液压式和机械式两种，液压爬升机构由爬升梯架、液压缸、爬升横梁和支腿等组成。爬升梯架由上、下承重梁构成，两者相隔两层楼，工作时用螺栓固定在筒形结构的墙或边梁上，梯架两侧有踏步。其承重梁对应于起重机塔身的四根主肢，装有8个导向滚子，在爬升时起导向作用。塔身套装在爬升梯架内，顶升液压缸的缸体铰接于塔身横梁上，而下端(活塞杆端)铰接于活动的下横梁中部。塔身两侧装支腿，活动横梁两侧也装支腿，依靠这两对支腿轮流支撑在爬梯踏步上，使塔身上升。

3. 附着式塔式起重机

附着式塔式起重机(图 8－17)又称自升式塔式起重机，直接固定在建筑物或构筑物近旁的混凝土基础上，随着结构的升高，不断自行接高塔身，使起重高度不断增大，为了塔身稳定，塔身每隔 20m 高度左右用系杆与结构锚固。附着式塔式起重机多为小车变幅，因起重机装在结构近旁，司机能看到吊装的全过程，自身的安装与拆卸不妨碍施工过程。

图 8－17　附着式塔式起重机

附着式塔式起重机的自升接高目前主要是利用液压缸顶升，采用较多的是外套架液压缸侧顶式。其顶升过程，可分为以下 5 个步骤。

(1) 将标准节吊到摆渡小车上，并将过渡节与塔身标准节相连的螺栓松开，准备顶升。

(2) 开动液压千斤顶，将塔吊上部结构包括顶升套架向上顶升到超过一个标准节的高度，然后用定位销将套架固定，于是塔吊上部结构的重量就通过定位锁传递到塔身。

(3) 液压千斤顶回缩，形成引进空间，此时将装有标准节的摆渡小车开到引进空间内。

(4) 利用液压千斤顶稍微提起标准节，退出摆渡小车，然后将标准节平衡地落在下面的塔身上，并用螺栓加以连接。

(5) 拔出定位销，下降过渡节，使之与已接高的塔身联成整体。如一次要接高若干节塔身标准节，则可重复以上工序。

8.2.4　起重机械主要参数及相互关系

起重机械主要技术性能包括三个参数：起重量 Q、起重工作幅度 R、起重高度 H。其中，起重量 Q 指起重机安全工作所允许的最大起重物的质量；起重工作幅度 R 指起重机回转轴线至吊钩中垂线的水平距离；起重高度 H 指起重吊钩中心至停机面的垂直距离。

起重量 Q、起重工作幅度 R、起重高度 H 三个参数之间存在相互制约的关系，其数值的变化取决于起重臂的长度及其仰角(起重臂杆调幅起重机)的大小。每一种型号的起重机都有几种臂长，当臂长 L 一定时，随着起重臂(起重臂调幅起重机)仰角 a 的增大，起重量 Q 和起重高度 H 增大，而起重工作幅度 R 减小。当起重臂仰角 a 一定时，随着起重臂长 L 的增加，起重工作幅度及起重高度 H 增加，而起重量 Q 减小。

8.2.5 起重机械选择

起重机的选择：根据工程安装的需要，合理确定机械的类型、型号和台数。

型号中主要是计算机械的臂长和起重参数。

起重机类型的选择依据是，工程结构的类型、特点；建筑结构的平面形状，建筑结构的平面尺寸；建筑结构的最大安装高度；构件的最大质量和安装位量等。以此选择适宜的类型。

在确定了起重机类型后，即可根据建筑结构构件尺寸、质量和最大的安装高度来选择机械型号。所选的型号必须满足起重高度、起重工作幅度和起重量的要求。

起重机的台数，是根据工程结构的安装工程量、起重机的台班生产率和安装工期要求综合考虑确定。

8.3 结构吊装

8.3.1 单层工业厂房结构安装

单层工业厂房结构一般由大型预制钢筋混凝土柱(或大型钢组合柱)、预制吊车梁和连系梁，预制屋面梁(或屋架)、预制天窗架和屋面板组成。结构安装工程主要是采用大型起重机械安装上述厂房结构构件。

单层工业厂房结构安装工程，包括构件准备、基础抄平放线和准备、构件的吊装工艺、结构安装方法、起重机开行路线等内容。

1. 安装前的准备工作

厂房结构安装前的准备工作包括：场地平整及清理、道路的修筑、敷设水电管线和索吊具的准备；构件的制作、就位排放；构件安装前的准备；基础的抄平放线等。

2. 安装工艺

装配式钢筋混凝土单层工业厂房预制构件的吊装工艺过程包括绑扎、起吊、对位、临时固定、校正、最后固定等工序。

3. 结构安装方案

单层工业厂房结构安装方案，是指整个厂房结构全部预制构件的总体安装顺序，用以指导厂房结构构件的制作、排放和安装。结构吊装方案应着重解决起重机的选择、结构吊装方法、起重机开行路线与构件平面布置等问题。

8.3.2 多层装配式框架结构安装

多层装配式框架结构平面尺寸小而高度大，建筑构件的类型、数量多，施工中要处理许多构件连接节点，进行大量的校正工作。构件的安装都是高空作业，安全保障工作十分重要。因此，安装工程应制定科学合理的方案，做好各项准备工作。

1. 安装前的现场准备工作

构件安装前的准备主要包括拉平放线、构件的检查和弹线、构件就位排放和基础准备。此外，还要进行起重机的试运转及索具支撑的准备。

2. 构件的安装

装配式框架结构安装主要是预制柱、梁、板和楼梯等构件的安装及其节点处理。

多层装配式结构，除装配式框架外，还有装配式墙板结构的安装。

8.3.3 结构安装工程的安全技术

结构安装工程的特点：构件重，操作面小，高空作业多，机械化程度高，多工种上下交叉作业等，如措施不当，极易发生安全事故。组织施工时，要重视这些特点，采取相应的安全技术措施。

1. 防止起重机倾翻措施

(1) 起重机的行驶道路必须平整坚实。地下基坑和松软土层要进行处理，如土质松软，需铺设道木或路基箱。起重机不得停置在斜坡上工作，也不允许起重机两个履带一高一低。当起重机通过墙基或地梁时，应在墙基两侧铺垫道木或石子，以免起重机直接碾压在墙基或地梁上。

(2) 应尽量避免超载吊装。但在某些特殊情况下难以避免时，应采取措施。例如，在起重机的起重臂上拉缆绳或在其尾部加平衡重等。起重机增加平衡重后，卸载或空载时，起重臂必须落到与水平线夹角 60°以内。在操作时应缓慢进行。

(3) 禁止斜吊。这里讲的斜吊，是指所要起吊的重物不在起重机起重臂顶的正下方，因而当将捆绑重物的吊索挂上吊钩后，吊钩滑车组不与地面垂直，而与水平线成一个夹角，斜吊会造成超负荷及钢丝绳出槽，甚至造成拉断绳索。斜吊还会使重物在离开地面后发生快速摆动，可能碰伤人或其他物体。

(4) 应尽量避免满负荷行驶，如需做短距离负荷行驶，只能将构件吊离地面 300mm 左右，且要慢行。并将构件转至起重机的前方，拉好溜绳，控制构件摆动。

(5) 双机抬吊时，要根据起重机的起重能力进行合理的负荷分配，并在操作时要统一指挥，互相密切配合。在整个抬吊过程中，两台起重机的吊钩滑车组均应基本保持垂直状态。

(6) 不吊质量不明的重大构件设备。

(7) 禁止在六级风的情况下进行吊装作业。

(8) 指挥人员应使用统一指挥信号，信号要鲜明、准确。

2. 防止高空坠落措施

(1) 操作人员在进行高空作业时，必须正确使用安全带。安全带一般应高挂低用，即将安全带绳端的钩环挂于高处，而人在低处操作。

(2) 在高空使用撬杠时，人要立稳，如附近有脚手架或已安装好构件，应一手扶住，一手操作。撬杠插进深度要适宜，如果撬动距离较大，则应逐步撬动，不宜急于求成。

(3) 工人如需在高空作业时，应尽可能搭设临时操作台。操作台为工具式，拆装方便，自重轻，宽度为 0.8～1.0m，临时以角钢夹板固定在柱上部，低于安装位置 1～1.2m，工人在上面可进行屋架的校正与焊接工作。

(4) 如需在悬空的屋架上弦行走时，应在其上设置安全栏杆。

(5) 在雨期或冬期，必须采取防治措施。如扫除构件上的冰雪；在屋架上捆绑麻袋，在屋面板上铺垫草袋等。

(6) 登高用的梯子必须牢固。使用时必须用绳子与已固定的构件绑牢，夹角一般以 65°～70°为宜。

(7) 操作人员在脚手板上通行时，应思想集中，防止碰上挑头板。

(8) 安装有孔洞的楼板或屋面板时，应及时用木板盖严。

(9) 操作人员不得穿硬底皮鞋上高空作业。

3. 防止高空落物伤人措施

(1) 地面操作人员必须戴安全帽。

(2) 高空操作人员使用的工具、零配件等，应放在随身佩带的工具袋内，不可随意向下丢掷。

(3) 在高空用气割或电焊切割时，应采取措施，防止火花落下伤人。

(4) 地面操作人员，应尽量避免在高空作业面正下方停留或通过，也不得在起重机或正在吊装的构件下停留或通过。

(5) 构件安装后，必须检查连接质量，只有连接确实安全可靠，才能松钩或拆除临时固定工具。

(6) 吊装现场周围应设置临时栏杆，禁止非工作人员入内。

4. 防止触电、气瓶爆炸措施

(1) 起重机从电线下行驶时，起重机吊杆最高点与电线之间应保持一定的垂直距离。起重机在电线旁行驶时，起重机与电线之间保持一定的水平距离。

(2) 电焊机的电源线长度不宜超过 5m，并必须架高。电焊机手把线的正常电压，在用交流电工作时为 60～80V。要求手把线质量良好，如有破皮情况，必须及时用胶布严密包扎。电焊机的外壳应该接地。

(3) 使用塔式起重机或长起重杆(15m 以上)的其他类型起重机时，应有避雷防触电设施。

(4) 搬运氧气瓶时，必须采取防震措施，绝不可向地上猛摔。

(5) 氧气瓶不应放在阳光下曝晒，更不可接近火源。冬期如果瓶的阀门发生冻结时用干净的抹布将阀门烫热，不可用火熏烤，还要防止机械油落到氧气瓶上。

(6) 乙炔发生器放置地点距火源应在 10m 以上。如高空有电焊作业时，乙炔发生器不应放在下风向。

(7) 电石相应存放在干燥的房间，并在桶下加垫，以防桶底锈蚀腐烂，使水分进入电石桶而产生乙炔。打开电石时应使用不会发生火花的工具。

工程案例

起重吊装事故案例 1

1. 事故经过

某省建筑公司机械化施工处吊装队正在客车厂工地进行主体车间钢筋混凝土桁架吊装，班长王某负责吊装指挥，施工使用的是40t汽车式起重机，吊装的构件是24m跨钢筋混凝土梯形屋架，高3.5m，重10.9t桁架就位为三榀一组。上午10时，在吊装第一组第一榀桁架时，由于吊构件距离超过施工方案中规定的回转半径，吊钩偏斜。王某指挥起钩时，将第一组的其余两榀桁架碰倒，结果又将第二组的三榀桁架碰倒，把距离起重机36m处正在第六榀桁架下工作的起重工白某砸在下面，白某因抢救无效死亡。

2. 案例分析

(1) 吊构件时，违反操作规程，吊装距离超过回转半径的构件，造成了斜吊，是发生这次倒机事故的主要原因。

(2) 桁架就位后，没有采取加固措施，将桁架固定，受碰撞倾倒。

(3) 施工现场管理不严，违反施工程序的作业，无人制止。

(4) 对职工的安全教育不够，发生了违章操作的事故。

3. 事故教训

结合本工程的吊装特点，锅炉在吊装前必须对全体参加施工人员进行安全教育培训，严格加强施工现场安全管理，采取必要的措施进行加固，吊装过程中不得违反操作规程，必须由专业起重工统一指挥。吊装前首先应对施工现场进行勘察，吊装过程中将现场封闭，并设专人看护，严禁一切车辆及非施工人员进入警戒区内，编制施工组织设计时要详细编制吊装步骤，准确吊装就位。

起重吊装事故案例 2

1. 事故经过

2004年2月13日，上海化工区项目部三名起重工，在烯烃包960管廊使用一台外租的25t吊车进行穿管吊装作业。吊装的钢管呈“U”形，总长17.44m，重1.823t，在水平张力管的开口端是两个高600mm的同径弯头。王某负责起重指挥，孙某和陈某负责拴吊带。在地面拴吊带时，起重工在“U”形管的双肢直线部分寻找重心并进行了两次试吊，试吊后孙某在钢管的闭口直管段中心部位拴好了溜绳。在找到钢管的重心后，第三次拴吊带的位置是在张力管的重心略微偏向闭口端一方。拴好吊带后，王某命令起吊，此时，钢管闭口端一方略微向上倾斜但呈整体平稳起升。在看到钢管平稳起升约2m后，王某和陈某就转身去佩带安全带准备到管廊上进行吊装指挥作业。钢管起升后，孙某手拉溜绳控制该管的方向，在吊物上升至约2m时，副吊钩和吊装的“U”形张力管突然失控下滑坠落，“U”形张力管南面的直线管擦到王某的左肩，将其带倒；“U”形管闭口端擦到孙某的左腿膝盖后，继续滑落砸到了脚踝部，造成孙某骨折、截肢。

2. 事故原因

1）直接原因

该吊车的卷扬液压系统和副卷扬机机械故障是造成事故的直接原因(图 8-31)。

图 8-31 起重吊装事故现场

2）主要原因

吊车司机对吊车的性能不了解，没有及时发现该吊车存在的事故隐患，致使吊车“带病作业”，是造成该起事故的主要原因。

3）次要原因

起重工孙某、王某在钢管起吊后，没有按规定与吊物保持一定的安全距离，自我安全防护意识不强，是造成该事故的次要原因。

4）管理原因

项目部对外租车辆管理不到位，吊车租入和使用时检查不细，没有及时发现吊车本身存在的缺陷。

本章小结

通过本章学习，可以掌握各种起重机械型号、性能；能够熟悉混凝土结构构件的制作、运输和堆放，并掌握混凝土结构构件的安装工艺过程。

习　　题

一、单项选择题

1. 柱子吊装、运输时的混凝土强度不应低于设计强度标准值的(　　)。

A. 70%　　B. 75%

C. 80%　　D. 100%

2. 在道路、场地条件不能满足机械行驶、作业的情况下，吊装构件时宜选用(　　)。

A. 履带式起重机　　B. 桅杆式起重机

C. 轮胎式起重机　　　　D. 汽车式起重机

3. 单层工业厂房牛腿柱吊装临时固定后进行校正，校正的内容是(　　)。

A. 平面位置　　　　B. 垂直度

C. 牛腿顶面标高　　　　D. 柱顶标高

二、判断题

1. 起重机的三项主要参数是起重量、起重臂长及起重高度。　(　　)

2. 旋转法吊柱，平面布置要求柱的绑扎点，柱脚和基础杯口中心三点共圆。　(　　)

三、填空题

1. 桅杆式起重机的类型有________、________、________、________。

2. 当履带式起重机起重臂仰角一定时，随着起重臂的增长，起重机的工作幅度及起重高度________，而起重量________。

3. 柱子吊装前应在柱身________弹出安装中心线，并在________及________上弹出安装屋架及吊车梁的定位线。

四、名词解释

1. 旋转法

2. 起重量

五、简答题

单层厂房柱子的最后固定怎样进行?

第9章 防水工程

教学目标

通过本章教学，让学习者掌握卷材防水屋面、涂膜防水屋面和刚性防水屋面的施工要点，并能编制地下工程防水方案。

教学要求

知识要点	能力要求	相关知识
地下防水工程	掌握地下防水的构造及施工方法	地下结构自防水层
卷材屋面防水	熟悉防水工程防水等级和设防要求； 掌握高聚物改性沥青卷材防水卷材的材料及其施工； 掌握合成高分子防水卷材的材料及其施工	高聚物改性沥青卷材防水卷材施工； 合成高分子防水卷材施工
涂膜防水工程	熟悉涂膜防水材料的分类及施工要求	涂膜防水材料施工
刚性防水屋面	掌握刚性防水工程的施工方法和施工要求	刚性防水工程的施工

基本概念

结构自防水　刚性防水层　柔性防水层　冷粘法　热熔法

引例

建筑和防水是相辅相成的，防水材料的革新和防水技术的提高，使屋顶更加壮丽，墙柱得以耐久，并促使了台基建筑及高塔的产生。每当防水技术提高一步，建筑就向前发展一步。近30年来，我国防水技术以前所未有的速度发展，随着建筑防水新材料、新技术、新工艺的开发与应用，以石油沥青纸胎油毡为主体的“三毡四油”或“两毡三油”在建筑防水工程中一统天下的格局逐渐被打破，是我国建筑防水工程技术整体水平提高的一个里程碑。随着科学技术是第一生产力的逐步贯彻，防水材料出现了耐候性能优异、耐高低温性能优良、不透水性能好、拉伸强度高、断裂延伸率大、对基层伸缩或开裂变形适应性强的三元乙丙橡胶防水卷材、聚氯乙烯防水卷材、氯化聚乙烯双面复合防水卷材等高分子防水材料；同时，能更好地顺应建筑物外形复杂和变截面工程防水层施工需求的新型防水涂料的开展，也使防水科技上了一个新台阶。

土木工程中防水分为地下防水和屋面防水两部分。防水工程质量的优劣，不仅关系到建筑物或构筑物的使用寿命，而且直接关系到它们的使用功能。影响防水工程质量的因素有设计的合理性、防水材料的选择、施工工艺及施工质量、保养与维修管理等。其中，防水工程的施工质量是关键因素。

防水工程按其构造做法分为结构自防水和防水层防水两大类。

结构自防水主要是依靠建筑物构件材料自身的密实性及某些构造措施(坡度、埋设止水带等)，使结构构件起到防水作用。

防水层防水是在建筑物构件的迎水面或背水面以及接缝处，附加防水材料做成的防水层，以起到防水作用。如卷材防水、涂料防水、刚性材料防水层防水等。

防水工程又分为柔性防水，如器材防水、涂科防水等；刚性防水，如刚性材料防水层防水、结构自防水等。

防水工程应遵循的原则是“防排结合、刚柔并用、多道设防、综合治理”。

防水工程施工工艺要求严格细致，在施工工期安排上应避开雨季或冬季施工。

9.1 地下防水工程

地下建筑埋置在土中，皆不同程度地受到地下水或土体中水分的作用。一方面地下水对地下建筑有着渗透作用，而且地下建筑埋置越深，渗透水压就越大；另一方面地下水中的化学成分复杂，有时会对地下建筑造成一定的腐蚀和破坏作用。因此地下建筑应选择合理有效的防水措施，以确保地下建筑的安全耐久和正常使用。

地下防水工程是防止地下水对地下构筑物或建筑物基础的长期浸透，保证地下构筑物或地下室使用功能正常发挥的一项重要工程。根据防水标准，地下防水分为四个等级，其防水等级标准及设防要求见表9－1。其中建筑物的地下室多为Ⅰ、Ⅱ级防水，即达到“不允许渗水，结构表面无湿渍”和“不允许漏水，结构表面可有少量湿渍”的标准。

地下防水施工的特点有质量要求高、施工条件差、材料品种多、成品保护难、薄弱部位多等特点。地下防水施工应遵循的原则有杜绝防水层对水的吸附和毛细渗透、接缝严密、消除所留孔洞造成的渗漏、防止不均匀沉降而拉裂防水层、防水层须做至可能渗漏范围以外等。

表 9-1 地下工程防水等级标准

防水等级	标准
Ⅰ级	不允许渗水，结构表面无湿渍
Ⅱ级	不允许漏水，结构表面可有少量湿渍，湿渍总面积不大于总防水面积的1‰，单个湿渍面积不大于 $0.1m^2$，任意 $100m^2$ 防水面积不超过1处
Ⅲ级	有少量漏水点，不得有线流和漏泥砂，单个湿渍面积不大于 $0.3m^2$，单个漏水点的漏水量不大于2.5L/d，任意 $100m^2$ 防水面积不超过7处
Ⅳ级	有漏水点，不得有线流和漏泥砂，整个工程平均漏水量不大于 $2L/(m^2 \cdot d)$，任意 $100m^2$ 防水面积的平均漏水量不大于 $4L/(m^2 \cdot d)$

9.1.1 结构自防水层

地下建筑防水工程中采用的防水方案可以采用结构自防水。

结构自防水是以调整结构混凝土的配合比或掺外加剂的方法来提高混凝土的密实度、抗渗性、抗蚀性，满足设计对地下建筑的抗渗要求，达到防水的目的。结构自防水具有施工简便、工期短、造价低、耐久性好等优点，是目前地下建筑防水工程的一种主要方法。

1. 普通防水混凝土

普通防水混凝土是使用调整配合比的方法，从而提高混凝土的密实度和抗渗能力的防水混凝土。普通防水混凝土中的水泥砂浆除起填充、润滑和粘结作用外，还在石子周围形成良好的砂浆包裹层，切断了石子表面形成的毛细管渗水通路，从而提高了混凝土的密实性并提高了混凝土的抗渗能力。

防水混凝土使用时应考虑以下要求：

(1) 防水混凝土基础下应做混凝土垫层，其厚度不小于100mm，强度等级不低于C10。

(2) 防水混凝土抗渗结构的厚度不应小于250mm；裂缝宽度应控制在0.2mm以内；迎水面钢筋的混凝土保护层厚度不应小于50mm。

(3) 防水混凝土若用于侵蚀性介质中时，其耐蚀系数(试块分别在侵蚀介质与饮用水中养护6个月的抗折强度之比)不应小于0.8，否则应采取可靠的防腐措施。

(4) 用于受热部位时，防水混凝土表面温度不得高于80℃，否则应采取隔热措施。

(5) 防水混凝土不得用于受到剧烈振动或冲击的结构。

普通防水混凝土配合比采用绝对体积法设计，并应考虑以下原则：

(1) 首先满足抗渗性要求，同时要考虑抗压强度、施工和易性、抗侵蚀性和抗冻性。

(2) 根据混凝土的抗渗性、耐久性要求和使用条件确定水泥品种，水泥强度等级不低于32.5级，水泥用量不少于320kg/m^3。

(3) 根据抗渗性、施工和易性和强度的要求确定水灰比，见表9-2。

表9-2　普通防水混凝土的水灰比

抗渗标号	水灰比	
	C20～C30	>C30
S6～S8	0.6	0.55～0.6
S8～S12	0.55～0.6	0.50～0.55
>S12	0.5～0.55	0.45～0.5

(4) 根据结构条件和施工方法决定用水量、选择坍落度，见表9-3。

表9-3　普通防水混凝土的坍落度

结构种类	坍落度/mm
厚度≥25cm	20～30
厚度<25cm或钢筋稠密的结构	30～50
厚度在的少筋结构	<30
大体积混凝土或立墙	沿高度逐渐减小坍落度

(5) 根据砂、石粒径、石子空隙率确定砂率(砂率不得小于35%)，见表9-4。

表9-4　普通防水混凝土的砂率

砂子细度模数	砂率/%				
	石子空隙率/%				
	30	35	40	45	50
0.70	35	35	35	35	35
1.18	35	35	35	35	36
1.62	35	35	35	36	37
2.16	35	35	36	37	38
2.71	35	36	37	38	39
3.25	36	37	38	39	40

(6) 普通防水混凝土的灰砂比以1∶2～1∶2.5为宜。

2. 外加剂结构自防水混凝土

外加剂防水混凝土是依靠掺入少量的有机或无机物外加剂改善混凝土的和易性，提高密实性和抗渗性的防水混凝土。

1）加气剂防水混凝土

加气剂防水混凝土是在混凝土中掺入微量的加气剂配制而成的防水混凝土。混凝土中加入加气剂后，将产生大量微小的均匀的气泡，使其粘滞性增大，不易松散离析，显著地改善了混凝土的和易性；同时抑制了离析和泌水作用，减少了混凝土结构的缺陷；又由于大量微细气泡的存在，堵塞了混凝土中的毛细管，因此提高了混凝土的抗渗性能，起到了防水作用。加气剂防水混凝土适用于抗渗、抗冻要求较高的防水混凝土工程。

2）减水剂防水混凝土

减水剂防水混凝土是混凝土中掺入适量的不同类型减水剂配制而成的防水混凝土。混凝土中加入减水剂后，使水泥具有强烈的分散作用，大大降低了水泥颗粒间的吸引力，有效地阻碍和破坏了颗粒间的凝絮作用，并放出凝絮体中的水，从而提高了混凝土的和易性，在满足施工和易性的条件下可大大降低拌合水用量，使硬化后孔隙结构的分布情况得以改变，孔径及总孔隙率均显著减少，毛细孔更加细小、分散和均匀，混凝土的密实性和抗渗性得到提高。

3）氯化铁防水混凝土

氯化铁防水混凝土是混凝土中掺入少量的氯化铁防水剂配制而成的防水混凝土。混凝土中加入氯化铁生成大量的氢氧化铁胶体，使混凝土密实性提高，同时使易溶性物转化为难溶性物以及降低析水性作用等，从而使得氯化铁防水混凝土具有高抗水性，是抗渗性最好的防水混凝土。由于氯离子的存在，考虑腐蚀的影响，氯化铁防水混凝土禁止使用在接触直流电流的工程和预应力混凝土工程。氯化铁防水剂为深棕色溶液，掺量为水泥质量的3%。

4）三乙醇胺防水混凝土

三乙醇胺防水混凝土是在混凝土中掺入适量的三乙醇胺配制而成的防水混凝土。混凝土中加入三乙醇胺，可以加快混凝土中水泥的水化作用，水化生成物增多，水泥石结晶变细，结构密实，从而提高了混凝土的密实性和抗渗性，起到防水作用。三乙醇胺为橙黄色透明液体，掺量为水泥质量的0.05%。

3. 施工

1）施工准备

（1）编制施工方案。

（2）防水混凝土的试配。

（3）做好各种防水、止水材料及设备工具的准备。

（4）做好排降水工作。

（5）落实责任，做好交底。

2）施工工艺与技术要求

（1）模板的安装。

（2）钢筋安装。

（3）设备管线安装。

（4）混凝土制备。

（5）防水混凝土的运输。

（6）防水混凝土的浇筑。

① 浇筑前应做好各项准备工作。

② 浇筑时，混凝土的自由倾落高度不得超过 1.5m，墙体的直接浇筑高度不得超过 3m。

③ 若结构中有密集管群或预埋件、钢筋稠密处，可改用相同强度等级和抗渗等级的细石混凝土，以保证质量。

④ 防水混凝土也应分层浇灌、分层捣实。采用插入式振捣器振捣时，每层浇灌厚度不宜超过 300～400mm，浇灌面应尽量保持水平，倾斜坡度不得大于 1∶5；上下层的间隔时间不宜超过 1.5h，以保证在下层初凝前将上层浇捣完毕为准。

⑤ 浇筑墙体混凝土时，应随浇筑位置升高逐渐减小坍落度。浇至墙顶时，宜在表面均匀地撒一层直径 10～30mm 的石子，并压入混凝土，以免出现砂浆层。

⑥ 大体积混凝土应在室外气温较低时浇筑，混凝土入模温度不宜超过 28℃。

⑦ 防水混凝土必须振捣密实。

(7) 养护。当混凝土进入终凝即应覆盖，保湿养护不少于 14 天。防水混凝土结构的抗渗性能，应以标准条件下养护的防水混凝土抗渗试块的试验结果评定。抗渗试块的留置组数可视结构的规模和要求而定，但每单位工程不得少于两组。试块应在浇筑地点制作，其中至少一组应在标准条件下养护，其余试块应与构件相同的条件下养护。试块的养护期不少于 28 天，不超过 90 天；如使用的原材料、配合比或施工方法有变化时，均应另行留置试块。

(8) 拆模及回填。不宜过早拆模。拆模时混凝土表面与环境温差不得超过 15～20℃，以防开裂。防水泥凝土基础应及早回填，以避免干缩和温差引起开裂，并分层夯实，每层厚度不大于 300mm。

(9) 冬季施工。混凝土入模温度不应低于 10℃。水温不得超过 60℃，骨料温度不得超过 40℃，混凝土拌合物的出机温度不得超过 35℃。

4. 防水构造处理

1) 施工缝处理

防水混凝土施工时，底板混凝土应连续浇筑，不得留施工缝，墙体一般只允许留设水平施工缝，其位置应留在高出底板表面不小于 200mm 的墙身上。施工缝的接缝形式见图 9-1。墙体设有孔洞时，施工缝距孔洞边缘不宜小于 300mm；不应留在剪力与弯矩最大处或底板与侧臂交接处；必须留垂直施工缝时，应留在结构的变形缝处。在施工缝上继续浇筑混凝时，应将施工缝处的混凝土表面凿毛、浮粒和杂物清除，用水冲洗干净，保持潮湿，再铺上一层 20～25mm 厚的水泥砂浆。水泥砂浆所用的材料和灰砂比应与混凝土的材料和灰砂比相同。

2) 穿墙螺栓处理

地下建筑施工中墙体模板的穿墙螺栓，由于材质差异，地下水分较易沿铁件与混凝土的界面向地下建筑内渗透。为保证地下建筑的防水要求，可采取以下方法：延长渗水路径、减小渗水压力，达到防水目的。

(1) 在穿墙螺栓上加焊止水环。止水环钢板厚度不宜小于 4mm，直径(或边长)应比螺栓直径大 50mm 以上，与螺栓满焊，位置居中。拆模后割掉外露部分，端头刷防水防锈涂料。

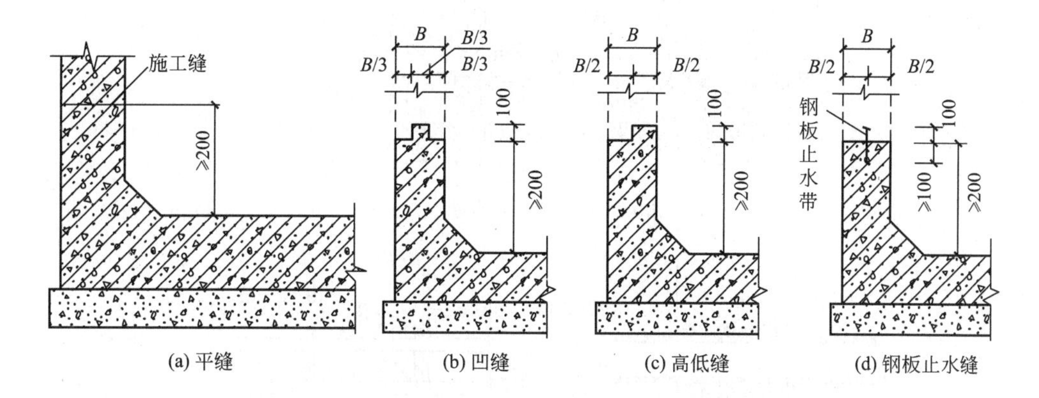

图 9-1 施工缝的接缝形式

(2) 在焊有止水板的螺栓上焊两档环，外侧各穿一塑料垫圈，以顶住模板、保证墙厚。拆模后剔除垫圈，将螺栓沿坑底割除，用膨胀水泥砂浆封堵抹平。

(3) 采用工具式止水对拉螺栓，其对接螺母和工具式螺栓可重复使用，模板位置稳定，安装及拆除方便，端头处理可靠。

3) 后浇带

后浇带是大面积混凝土结构的刚性接缝，适用于不允许设置柔性变形缝，且后期变形趋于稳定的结构。补缝施工应与原浇混凝土间隔不少于42天，施工期的温度宜低于缝两侧混凝土施工时的温度。补缝应采用补偿收缩混凝土(如掺12%～15%UEA防水剂的混凝土)，其强度等级不得低于两侧混凝土。混凝土浇后4～8h开始养护，浇水养护时间不少于28天。

后浇带的处理方法有：

(1) 后浇带处防水层不断开，加设附加层并外贴止水带，如图9-2(a)所示。

(2) 局部加厚垫层并附加钢筋，沉降差可使垫层产生斜坡，而不会撕裂防水层，如图9-2(b)所示。

(3) 后浇带处防水层不断开，加设附加层并外贴止水带，如图9-2(c)所示。

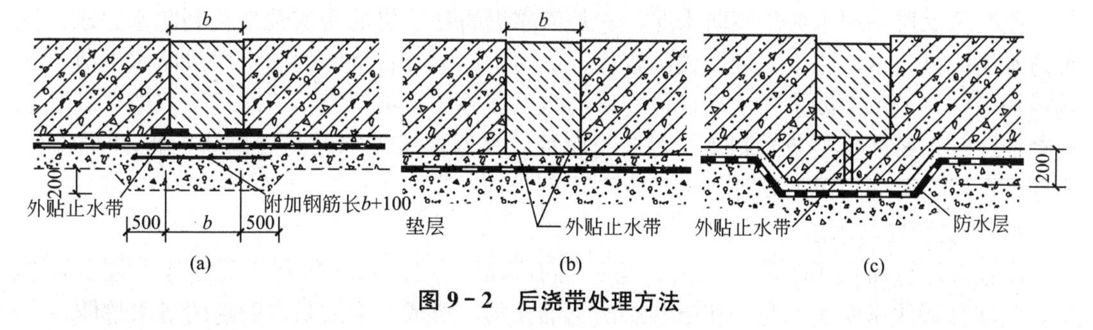

图 9-2 后浇带处理方法

4) 穿墙管处理

给排水、供暖和电缆管道穿过地下室外墙，应做好防水处理(图9-3)，否则极易沿管根部发生渗水。为保证防水施工和管道的安装方便，管道位置应离开内墙角或凸出部位25cm，管与管之间间距应大于30cm。

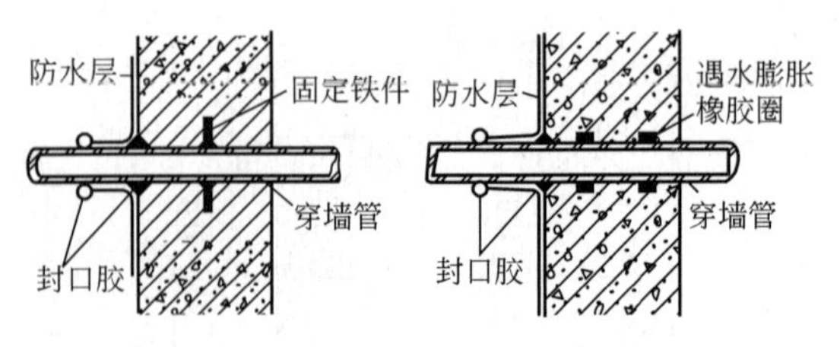

(a) 直埋式(适于管径<5cm的管道)

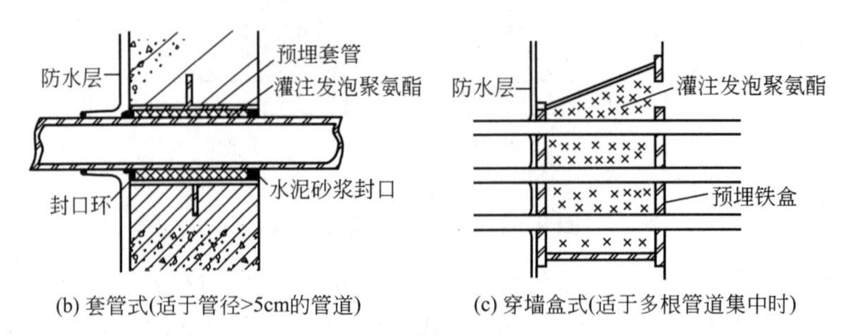

(b) 套管式(适于管径>5cm的管道)　　(c) 穿墙盒式(适于多根管道集中时)

图 9－3　穿墙管处理方法

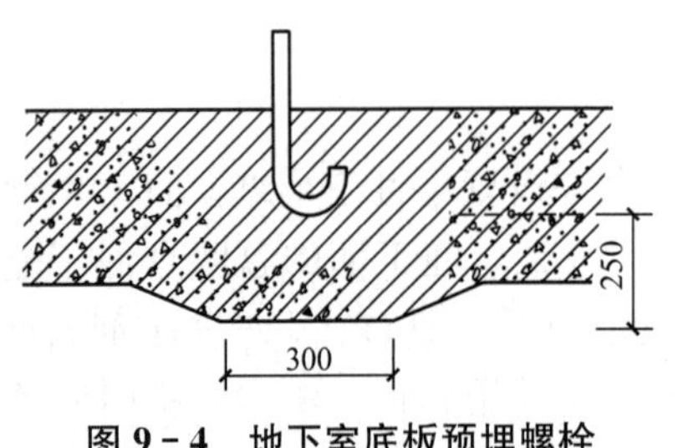

图 9－4　地下室底板预埋螺栓

5）预埋件

地下室内壁或底板上预埋铁件用吊件或专用工具固定，防止水沿铁件渗入室内。预埋铁件受力较大，为防止扰动周围混凝土、破坏防水层，预埋件端至墙外表面厚度不得小于 25cm，达不到 25cm 应局部加厚，地下室底板预埋螺栓如图 9－4 所示。

9.1.2　表面防水层防水

表面防水层防水有刚性、柔性两种。

1. 刚性防水层

刚性防水层采用水泥砂浆防水层，它是依靠提高砂浆层的密实性来达到防水要求。这种防水层取材容易，施工方便，成本较低，适用于地下砖石结构的防水层或防水混凝土结构的加强层。但水泥砂浆防水层抵抗变形的能力较差，当结构产生不均匀下沉或受较强烈振动荷载时，易产生裂缝或剥落。对于受腐蚀、高温及反复冻融的砖砌体工程不宜采用。刚性防水层又可分为以下几种。

1）多层刚性防水层

刚性多层抹面水泥砂浆防水工程是利用不同配合比的水泥浆和水泥砂浆分层分次施工，相互交替抹压密实，充分切断各层次毛细孔网，形成一多层防渗的封闭防水整体。

（1）材料及其质量要求。

刚性多层抹面水泥砂浆防水层宜采用强度不低于 32.5 级的普通硅酸盐水泥或膨胀水泥，也可采用矿渣硅酸盐水泥，砂采用粒径 1～3mm 粗砂，要求砂料坚硬、粗糙、洁净，水泥浆和水泥砂浆的配合比根据防水要求、原材料性能和施工方法确定，施工时必须严格掌握。

(2) 刚性防水层的施工。

刚性防水层的背水面基层的防水层采用四层做法，向水面基层的防水层采用五层做法。施工前要进行基层处理，清理干净表面、浇水湿润、补平表面蜂窝孔洞，使基层表面平整、坚实、粗糙，以增加防水层与基层间的粘结力。

采用四层抹面水泥砂浆防水层的施工方法(表 9-5)。

表 9-5 四层抹面施工法

层次	水灰比	操作要求	作用
第一层素灰层厚 2mm	0.4～0.5	(1) 分两次抹压，基层浇水润湿后，先均匀刮抹 1mm 厚素灰作为结合层，并用铁抹子往返用力刮抹 5～6遍，使素灰填实基层孔隙，以增加防水层的粘结力，随后再抹 1mm 厚的素灰找平层，厚度要均匀 (2) 抹完后，用湿毛刷或排笔蘸水在素灰层表面依次均匀水平涂刷一遍，以堵塞和填平毛细孔道，增加不透水性	防水层的第一道防线
第二层水泥砂浆层厚 4～5mm	0.4～0.45 水泥∶砂为 1∶2.5	(1) 在素灰初凝时进行，即当素灰干燥到用手指能按入水泥浆层 1/4～1/2 时进行，抹压要轻，以免破坏素灰层，但也要使水泥砂浆层薄薄压入素灰层约 1/4 左右，以使第一、二层结合牢固 (2) 水泥砂浆初凝前，用扫帚将表面扫成横条纹	起骨架和保护素灰作用
第三层素灰层厚 2mm	0.37～0.4	(1) 待第二层水泥砂浆凝固并具有一定强度后(一般隔 24h)，适当浇水润湿即可进行第三层，操作方法同第一层，其作用也和第一层相同 (2) 施工时如第二层表面析出有游离氢氧化钙形成的白色薄膜，则需要用水冲洗并刷干净后再进行第三层，以免影响二、三层之间的粘结，形成空鼓	防水作用
第四层水泥砂浆层厚 4～5mm	0.4～0.45 水泥∶砂为 1∶2.5	(1) 配合比与操作方法同第二层水泥砂浆，但抹完后不扫条纹，而是在水泥砂浆凝固前，水分蒸发过程中，分次用铁抹子压 5～6 遍，以增加密实性，最后再压光 (2) 每次抹压间隔时间应视施工现场湿度大小、气温高低及通风条件而定，一般抹压前三遍的时间为 1～2h。最后从抹压到压光，夏季约 10～12h，冬季最长 14h，以免砂浆凝固后反复抹压破坏了它表面的水泥结晶，使强度降低而产生起砂现象	由于水泥砂浆凝固抹压了 5～6 遍，增加了密实性，因此不仅起着保护第三层素灰和骨架作用，还有防水作用

五层抹面水泥砂浆防水层的施工与四层抹面法施工的区别在于多一道水泥浆，前四层相同，只有在第四层水泥砂浆抹压两遍后，将水泥浆均匀地涂刷在第四层表面抹压压光。

防水层每层应连续施工，素灰层与砂浆层应在同一天内施工完毕。为了保证防水层抹压密实，防水层各层间及防水层与基层间粘结牢固，必须做好素灰抹面、水泥砂浆揉浆和收压等施工关键工序。素灰层要求薄而均匀，抹面后不易干可撒水泥粉。揉浆是使水泥砂浆素灰相互渗透结合牢固，即保护素灰层又起防水作用，揉浆时严禁加水，以免引起防水层开裂、起粉、起砂。

2）刚性外加剂防水层

掺防水剂的水泥砂浆又称防水砂浆，是在水泥砂浆中掺入占水泥质量的3%～5%各种防水剂配制而成，常用的防水剂有氯化物金属盐类防水剂和金属皂类防水剂。

（1）防水砂浆。

① 氯化物金属盐类防水砂浆。采用的氯化物金属盐类防水剂又称防水浆，是采用氯化钙、氯化铝等金属盐类和水配制而成的浅黄色液体，加入水泥砂浆中和水泥、水起作用。在砂浆硬化过程中，生成含水氯硅酸钙、氯铝酸钙等化合物，填充砂浆中空隙，提高了砂浆的密实性，起到防水作用。

氯化物金属盐类防水砂浆的配合比为防水剂∶水∶水泥∶砂＝1∶6∶8∶3；防水净浆的配合比为防水剂∶水∶水泥＝1∶6∶8。

② 金属皂类防水砂浆。采用的金属皂类防水剂又称避水浆，是采用碳酸钠或氢氧化钾等碱金属化合物、氨水、硬脂酸和水等混合加热皂化配制而成的乳白色浆状液体。其具有塑化作用，可降低水灰比，可使水泥质点和浆料间形成憎水性吸附层并生成不溶性物质，起填充砂浆中微小空隙和堵塞毛细通道、切断和减少渗水孔道的作用，增加了砂浆的密实性，起到防水作用。

金属皂类防水浆的配合比为水泥∶砂＝1∶2，防水剂用量为水泥质量的1.5%～5%。

③ 氯化铁防水砂浆。氯化铁防水砂浆是在水泥砂浆加入少量的氯化铁防水剂配制而成的。氯化铁防水砂浆是依靠化学反应产生的氢氧化铁等胶体的密实填充作用，氯化钙对水泥熟料矿物的激化作用，使易溶性物质转化为难溶性物质，降低析水性，使水泥砂浆的密实性增强、抗渗性提高，起到防水作用。

（2）防水砂浆的施工。

防水层施工时的环境温度为5～35℃，必须在结构变形或沉降趋于稳定后进行。为抵抗裂缝，可在防水层内增设金属网片。

① 抹压法施工。先在基层涂刷一层1∶0.4的水泥浆(质量比)，随后分层铺抹防水砂浆，每层厚度为5～10mm，总厚度不小于20mm。每层应抹压密实，待下一层养护凝固后再铺抹上一层。

② 扫浆法施工。先在基层薄涂一层防水净浆，随后分层铺刷防水砂浆，第一层防水砂浆经养护凝固后铺刷第二层，每层厚度为10mm，相邻两层防水砂浆铺刷方向互相垂直，最后将防水砂浆表面扫出条纹。

③ 氯化铁防水砂浆施工。先在基层涂刷一层防水净浆，然后抹底层防水砂浆，其厚12mm分两遍抹压，第一遍砂浆阴干后，抹压第二遍砂浆；底层防水砂浆抹完12h后，抹压面层防水砂浆，其厚13mm分两遍抹压，操作要求同底层防水砂浆。

2. 柔性防水层

柔性防水层采用卷材防水层，是用沥青胶结材料粘贴油毡而成的一种防水层。这种防水层具有良好的韧性和延伸性，可以适应一定的结构振动和微小变形，防水效果较好，目前仍作为地下工程的一种防水方案而被较广泛采用。其缺点是，沥青油毡吸水率大，耐久性差，机械强度低，直接影响防水层质量，而且材料成本高，施工工序多，操作条件差，工期较长，发生渗漏后修补困难。

卷材防水层施工的铺贴方法，按其与地下防水结构施工的先后顺序分为外贴法和内贴法两种。

1）外贴法

外防外贴防水法，即在底板垫层上铺设卷材防水层，并在围护结构墙体施工完成后，再将立面卷材(防水层)直接铺贴在围护结构的外墙面，然后采取保护措施的施工方法。其优点是随时间的推移，围护结构墙体的混凝土将会逐渐干燥，能有效防止室内潮湿，但当基坑采取大开挖和板桩支护时，则需采取措施，以解决水平支撑部位影响防水层施工的问题。外贴防水法施工程序一般为：浇筑垫层→砌永久性保护墙→砌 300mm 高临时保护墙→墙上粉刷水泥砂浆找平层→转角处铺贴附加防水层→铺贴底板防水层→浇筑底板和墙体混凝土→防水结构外墙水泥砂浆找平层→立面防水层施工→验收、保护层施工。其防水构造见图 9－5。

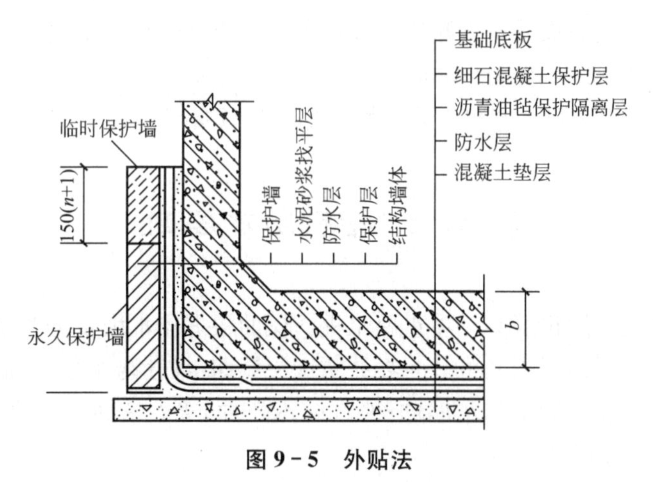

图 9－5　外贴法

2）内贴法

外防内贴法是在底板垫层上先将永久性保护墙全部砌完，再将卷材(防水层)铺贴在永久性保护墙和底板垫层上，待防水层全部做完，最后浇筑围护结构混凝土。这是在施工环境条件受到限制，难以实施外防外贴法而不得不采用的一种施工方法。其防水构造见图 9－6。

3）构造要求

(1) 合成高分子卷材宜为单层做法，卷材短边及长边的搭接宽度均不应小于 100mm，接缝处应做附加增强处理。改性沥青卷材的层数据工程情况确定，两幅卷材的搭接宽度也不应小于 100mm，上下两层及相邻两幅卷材的接缝均应错开 1/3 幅宽，上下层卷材不得相互垂直铺贴。

(2) 在立面与平面的转角处，卷材的接缝应留在平面上，且距立面不小于 600mm。转角处和特殊部位，均应增贴 1～2 层同种卷材或抗拉强度较高的卷材做附加层，并按加固处形状粘贴紧密。

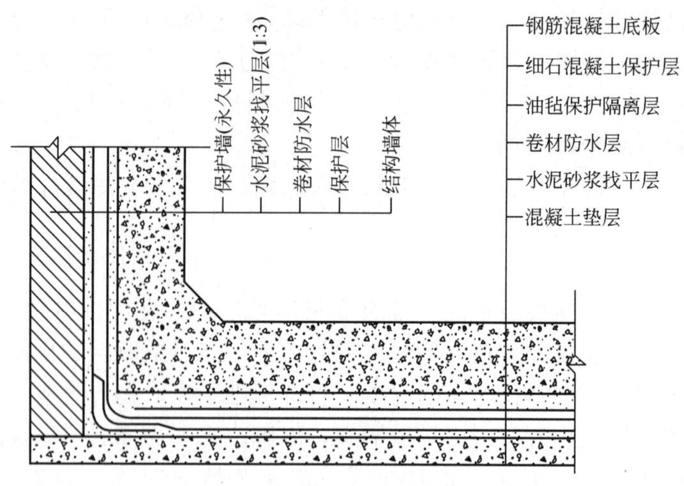

图 9－6　内贴法

(3) 采用外贴法时，每层卷材应先铺底面，后铺立面。多层卷材的交接处应交错搭接；临时性保护墙应用石灰砂浆砌筑，内表面用石灰砂浆做找平层，以便于做墙体防水层时搭接处理；围护结构完成后，铺贴墙面卷材前，应将临时保护墙拆除，卷材表面清理干净后，错槎接缝连接，上层卷材应盖过下层卷材。

(4) 采用内贴法施工时，卷材宜先铺贴立面，后铺贴平面。

9.2 卷材防水屋面

屋面防水工程是房屋建筑的一项重要工程，屋面根据排水坡度分为平屋面和坡屋面两类。根据屋面防水材料的不同又可分为卷材防水层屋面(柔性防水层屋面)、瓦屋面、构件自防水屋面、现浇钢筋混凝土防水屋面(刚性防水屋面)等。屋面的防水等级均分为 4 级，其防水等级标准及设防要求见表 9－6。

表 9－6　屋面工程的防水等级和设防要求

项目	屋面防水等级			
	Ⅰ	Ⅱ	Ⅲ	Ⅳ
建筑物类别	特别重要或对防水有特殊要求的建筑	重要建筑和高层建筑	一般建筑	非永久性建筑
使用年限	25 年	15 年	10 年	5 年
防水层选用材料	合成高分子防水卷材、高聚物改性沥青防水卷材、金属板材、合成高分子防水涂料、细石混凝土等	Ⅰ级材料＋高聚物改性沥青防水涂料、平瓦、油毡瓦等	Ⅰ级材料＋“三毡四油”沥青防水卷材等	“二毡三油”沥青防水卷材、高聚物改性沥青防水涂料等
设防要求	三道或三道以上设防	两道设防	一道设防	一道设防

9.2.1 卷材防水材料

卷材防水屋面所用的卷材有沥青防水卷材、高聚物改性沥青防水卷材及合成高分子卷材等，目前沥青卷材已被淘汰。卷材经粘贴后形成一整片防水的屋面覆盖层起到防水作用。卷材有一定的韧性，可以适应一定程度的胀缩和变形。粘贴层的材料取决于卷材种类：沥青卷材用沥青胶做粘贴层，高聚物改性沥青防水卷材则用改性沥青胶；合成橡胶树脂类卷材合成高分子系列的卷材，需用特制的粘结剂冷粘贴于预涂底胶的屋面基层上，形成一层整体、不透水的屋面防水覆盖层。

1. 沥青胶结材料

卷材防水工程胶结材料的标号(耐热度)应视使用条件、屋面坡度和当地历年极端最高气温选用。

配制石油沥青胶结材料的沥青可采用10号、30号建筑石油沥青和60号甲、60号乙的道路石油沥青或其他熔合物。

选择沥青玛蹄脂的配合成分时，应先选配具有所需软化点的一种沥青或两种沥青的熔合物。

热玛蹄脂的加热温度不应高于240℃，使用温度不宜低于190℃，并应经常检查，熬制好的玛蹄脂宜在本工作班内用完。当不能用完时应与新熬的材料分批混合使用，必要时应做性能检验。

冷玛蹄脂使用时应搅匀，稠度太大时可加少量溶剂稀释搅匀玛蹄脂，可省去热作业，并减少对环境的污染。

2. 冷底子油

冷底子油是利用30%～40%的石油沥青加70%的汽油或者加入60%的煤油熔融而成。前者称为快挥发性冷底子油，喷涂后5～10h干燥；后者称为慢挥发性冷底子油，喷涂后12～48h干燥。冷底子油渗透性强，喷涂在基层表面上，可使基层表面具有憎水性并增强沥青胶结材料与基层表面的粘结力。

3. 防水卷材

防水卷材有沥青防水卷材、高聚物改性沥青防水卷材及合成高分子防水卷材等，如图9-7～图9-9所示。

沥青防水卷材是采用低软化点的石油沥青浸渍原纸，然后用高软化点的石油沥青涂盖油纸两面，再撒上隔离材料而成。常用的标号有350号和500号等。

沥青防水卷材应按品种、标号分别堆放，应避免雨淋、日晒、受潮、注意通风，严禁接近火源。沥青防水卷材保存环境温度不得高于45℃。

卷材宜直立堆放。其高度不宜超过两层，并不得倾斜或横压，短途运输平放不宜超过四层。应避免与化学介质及有机溶剂等有害物质接触。

对于卷材屋面的防水功能要求，主要是：

(1) 耐久性，又叫大气稳定性，在日光、温度、臭氧影响下，卷材有较好的抗老化性能。

（2）耐热性，又叫温度稳定性，卷材应具有防止高温软化、低温硬化的稳定性。

（3）耐重复伸缩，在温差作用下，屋面基层会反复伸缩与龟裂，卷材应有足够的抗拉强度和极限延伸率。

（4）保持卷材防水层的整体性，还应注意卷材接缝的粘结，使一层层的卷材粘结成整体防水层。

（5）保持卷材与基层的粘结，防止卷材防水层起鼓或剥离。

图 9－7　沥青防水卷材

图 9－8　高聚物改性沥青防水卷材

图 9－9　合成高分子防水卷材

9.2.2　屋面防水构造

屋面防水构造如图 9－10 和图 9－11 所示。

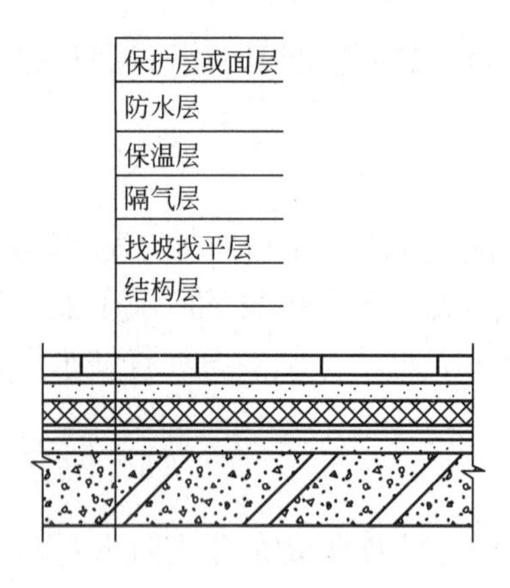

图 9－10　保温屋面构造层次示意图

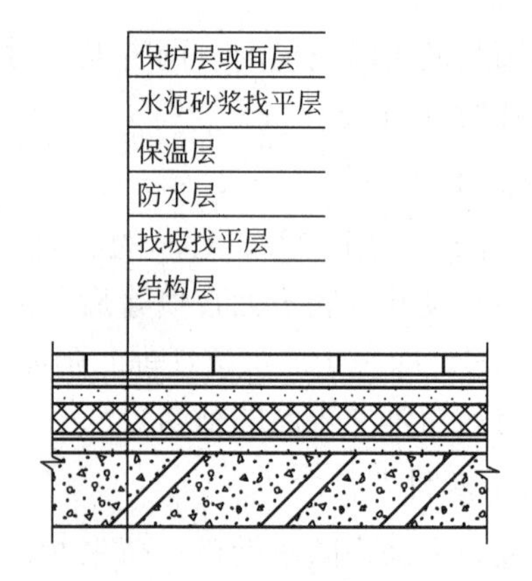

图 9－11　倒置式屋面构造层次示意图

1. 找平层施工

找平层一般采用水泥砂浆、细石混凝土或沥青砂浆。

1）厚度及技术要求

（1）水泥砂浆找平层：当结构层为现浇混凝土整体板时，厚度为 15～20mm；当有整体或块状材料保温层时，厚度为 20～25mm；当结构层为装配式混凝土板且保温层为松散材料时，厚度为 20～30mm。水泥砂浆采用 1∶2.5～1∶3(水泥∶砂)体积比，水泥强度等级不低于 32.5 级。

（2）细石混凝土找平层：厚度为 30～35mm，混凝土强度等级不低于 C20。

（3）沥青砂浆找平层：当结构层为现浇混凝土整体板时，厚度为15～20mm；当结构层为装配式混凝土板且保温层为整体或块状材料时，厚度为20～25mm。沥青砂浆采用1∶8(沥青∶砂)质量比。

2）找平层的排水坡度

平屋面采用结构找坡时不应小于3%，材料找坡时宜为2%；天沟、檐沟纵向找坡不应小于1%，沟底水落差不得超过200mm。

3）节点处理

找平层在突出屋面结构(女儿墙、山墙、变形缝、烟囱)的交接处和转角处应做成圆弧形，当防水层为沥青防水卷材时圆弧半径R=100～150mm，高聚物改性沥青防水卷材时，R=50mm，合成高分子防水卷材时，R=20mm。内部排水的落水口周围，找平层应做成略低的凹坑。

4）找平层的分格缝

找平层宜设分格缝，并嵌填密封材料。分格缝应留设在板端缝处，其纵横缝的最大间距，水泥砂浆或细石混凝土找平层不宜大于6m，沥青砂浆不宜大于4m。

2. 保温层的材料及施工

1）保温层的材料

保温材料可分为三类：一是松散材料，如炉渣、膨胀蛭石、膨胀珍珠岩等，目前已较少使用；二是板状材料，如膨胀蛭石、膨胀珍珠岩块，泡沫水泥、加气混凝土块，岩棉板、EPS聚苯板、XPS挤塑板；三是整体现浇(喷)保温层，如沥青膨胀蛭石、沥青膨胀珍珠岩、聚氨酯硬泡防水保温一体化系统等。目前较多使用的是岩棉板、EPS聚苯板、XPS挤塑板等板状材料。聚氨酯硬泡防水保温等一体化系统发展迅速。

2）保温层的施工

保温层施工前基层应平整、干燥和干净，保温板紧贴(靠)基层、铺平垫稳、分层铺设时上下层接缝错开，拼缝严密，板间缝隙应采用同类型材料嵌填密实，粘贴应贴严粘牢，找坡正确。

9.2.3 高聚物改性沥青防水卷材屋面施工

高聚物改性沥青系防水卷材是用氯丁橡胶改性沥青胶粘剂，将以橡胶和塑料改性沥青的玻璃纤维或聚酯纤维无纺布柔性油毡粘结铺设在结构基层上而成的防水层，以达到防水目的。

1. 材料及其质量要求

1）高聚物改性沥青油毡

（1）SBS改性沥青柔性油毡。

SBS改性沥青柔性油毡是以聚酯纤维无纺布为胎体，SBS橡胶改性石油沥青为浸渍涂盖层，塑料薄膜为防粘隔离层，经过一系列工序加工制作的柔性防水油毡。其耐高温和低温性能有明显提高，油毡的弹性和耐疲劳性得到了改善，将传统的沥青油毡热施工改变为冷施工，适用于建筑工程的屋面和地下防水工程。

(2) 铝箔塑胶油毡。

铝箔塑胶油毡是以聚酯纤维无纺布为胎体、高分子聚合物改性沥青类材料为浸渍涂盖层，塑料薄膜为底面防粘隔离层，以银白色软质铝箔为表面反光保护层，经过一系列工序加工制作的新型防水油毡。其低温柔性好，能在较低的气温环境中顺利开卷和进行防水层的施工；延伸性能好，对基层伸缩或开裂变形的适应性强；对阳光的反射率高达78%，抗老化能力强，可延长油毡的使用寿命和降低房屋顶层的室内温度。铝箔塑胶防水层可采用单层做法，冷施工作业，减少了环境的污染、改善了劳动备件、提高了施工效率；适用于工业与民用建筑工程的屋面防水工程。

(3) 化纤胎改性沥青油毡。

化纤胎改性沥青油毡是以聚酯纤维无纺布为胎体、再生橡胶改性石油沥青为浸渍涂盖层、塑料薄膜为隔离层，经过一系列工序加工制作的防水油毡。其延伸率较纸胎沥青油毡提高20%，能够适应基层伸缩或开裂变形的要求；耐热性和耐低温性有明显改善，可以在较低气温环境中施工；质量轻，约为“二毡三油”防水层总质量的15%。单层冷施工作业，适用于建筑工程中层面和地下防水工程。

(4) 彩砂面聚酯胎弹性体油毡。

彩砂面聚酯胎弹性体油毡是以聚酯纤维无纺布为胎体、浸渍涂盖SBS改性石油沥青、顶面撒布彩色砂粒，底面复合塑料薄膜或撒布细颗粒材料的一种弹塑性防水油毡。该油毡具有优异的弹塑性、抗水性、耐热性和耐低温性；适用于高层建筑、宾馆、博物馆等高级公共建筑的屋面和地下防水工程，更适用于高振动、高剪切力作用的特殊建筑的防水工程。

2) 胶粘剂

胶粘剂主要用于油毡与基层的粘接，用于排水口、管子根部等容易渗漏水的薄弱部位做增强密封处理，用于油毡接缝的粘结和油毡收头的密封处理等。胶粘剂一般选用橡胶或再生橡胶改性沥青和汽油溶融而成，其粘结剪切强度$\geqslant 5N/cm^2$，粘结剥离强度$\geqslant 8N/cm^2$。常用的胶粘剂为氯丁橡胶改性沥青胶粘剂。

2. 高聚物改性沥青油毡防水工程施工

高聚物改性沥青油毡防水工程施工，可以采取单层外露构造；也可以采取双层外露构造。油毡长边搭接宽度不小于80mm(满粘法)或100mm(空铺、点粘、条粘法)，油毡短边搭接宽度不小于80mm(满粘法)或100mm(空铺、点粘、条粘法)。

1) 冷粘法施工

利用毛刷将胶粘剂涂刷在基层上，然后铺贴油毡，油毡防水层上部再涂刷胶粘剂做保护层。

冷粘法(图9-13)施工程序：

清理干净的基层涂刷一层基层处理剂，基层处理剂为汽油稀释的胶粘剂，涂刷均匀一致，不允许反复涂刷。

对于排水口、管子根部、烟囱底部等易发生渗漏的薄弱部位应加设整体增强层。在薄弱部位中心200mm范围内，均匀涂刷一层胶粘剂，厚度为1mm左右，随即粘贴一层聚酯纤维无纺布，无纺布上部再涂一层1mm厚的胶粘剂，干燥后形成无接缝的弹塑性整体增强层。

油毡铺贴时首先应在流水坡度的下坡弹出基准线，边涂刷胶粘剂边铺贴油毡并及时用压辊进行压实处理，排出空气或异物。平面和立面相连接的油毡，应由下向上压缝铺贴，不得有空鼓现象。当立面油毡超过 300mm 时，应用氯丁系胶粘剂进行粘结或采用干木砖钉木压条与粘结复合的处理方法，以达到粘结牢固和封闭严密的效果。油毡纵横向的搭缝宽度为 100mm，接缝可用胶粘剂粘合，可用汽油喷灯进行加热熔接。采用双层外露防水构造时，第二层油毡的搭接缝与第一层油毡的搭接缝应错开油毡幅度 1/3～1/2。接缝边缘和油毡的末端收头部位，应刮抹浆膏状的胶粘剂进行粘合封闭处理，以达到密封防水效果。必要时，可在经过密封处理的末端收头处，再用掺入水泥质量 20%聚乙烯醇羧甲醛的水泥砂浆进行压缝处理。

油毡防水层铺设完毕经检查验收合格后，随即应进行保护层施工，在油毡防水层表面上涂刷胶粘剂，并铺撒膨胀蛭石粉保护层，均匀涂刷银色或绿色涂料做保护层，以屏蔽或反射太阳光的辐射延长油毡防水层的使用年限。

2）热熔法施工

利用火焰加热器如汽油喷灯或煤油焊枪对油毡加热，待油毡表面熔化后，进行热熔接处理。热熔施工节省胶粘剂，适于气温较低时施工。

热熔法(图 9－14)施工程序：

基层处理剂涂刷后，必须干燥 8h 后方可进行热熔施工，以防发生火灾。热熔油毡时，火焰加热器距离油毡 0.5m 左右，加热要均匀，至热熔胶层出现黑色光泽、发亮至稍有微泡出现，不得过分加热或烧穿卷材，热熔后应立即滚铺卷材，滚铺时应排除卷材下面的空气，使之平展无皱折，并用辊压粘结牢固。

搭接部位应采用热风焊枪加热，接缝部位必须溢出热熔的改性沥青胶，随即刮平封口、粘贴牢固。油毡尚未冷却时，应将油毡接缝边封好，再用火焰加热器均匀细致地密封。其他施工程序同冷粘法施工。

热熔卷材可采用满粘法和条粘法，满粘法采用滚铺法施工，条粘法采用展铺法施工。

图 9－12 冷粘法

图 9－13 热熔法

9.2.4 合成高分子防水卷材屋面施工

合成高分子防水卷材是用氯丁橡胶和叔丁基酚醛树脂制成的基层胶粘剂，用丁基橡胶和氯化丁基橡胶或氯丁橡胶和硫化剂等制成的接缝胶粘剂，用单组分氯磺化聚乙烯或双组分聚氨酯等接缝密封剂，将高分子油毡单层粘结铺设在结构基层上而成的防水层，以达到防水目的。

1. 材料及其质量要求

1）合成高分子防水油毡

（1）三元乙丙橡胶防水油毡。

三元乙丙橡胶防水油毡是以乙烯、丙烯和双环戊二烯三种单体聚合成的三元乙丙橡胶为主体，掺入适量的丁基橡胶、硫化剂、促进剂、补强剂和填充剂等，经过一系列工序加工制作的高弹性防水油毡；具有耐老化、使用年限长、拉伸强度高、延伸率大、对基层伸缩或开裂变形适应性强等优良性能；可采用单层防水、冷施工，以减少对环境的污染、改善劳动条件，适用于屋面、地下和室内的防水工程。

（2）氯化聚乙烯防水油毡。

氯化聚乙烯防水油毡以含氯量为30%～40%的氯化聚乙烯树脂为主要原料，掺入适量的化学助剂和大量的填充材料，采用塑料或橡胶的加工工艺，经过一系列工序加工制成的弹塑性防水油毡。它具有热塑性弹性体的优良性能，耐候性、耐臭氧、耐油、耐化学药品和阻燃性能都较好，易于粘结成为整体防水层的油毡。其适用于屋面和地下以及水池等防水工程。

（3）氯化聚乙烯——橡胶共混防水油毡。

氯化聚乙烯——橡胶共混防水油毡是以氯化聚乙烯树脂和合成橡胶为主体，加入适量的硫化剂、促进剂、稳定剂、软化剂和填充剂等，经过一系列工序加工制成的高弹性防水油毡。其兼有塑料和橡胶的特点，即强度高、耐老化、弹性好、延伸性能和耐低温性能好，由于氯原子的存在，提高了油毡的粘结性和阻燃性。氯化聚乙烯属于高度饱和材料，油毡的大气稳定性好、使用年限长，适用于屋面、地下和室内防水工程。

2）胶粘剂

胶粘剂用于油毡找平层间的粘接及油毡与油毡接缝粘接；前者称为基层胶粘剂，后者称为油毡接缝胶粘剂。基层胶粘剂一般选用氯丁橡胶和叔丁橡胶酚醛树脂为主要成分制成。

油毡接缝胶粘剂一般选用丁基橡胶、氯化丁基橡胶或氯丁橡胶和硫化剂、促进剂、填充剂、溶剂等配制而成的双组分或单组分常温硫化型胶粘剂。

油毡接缝密封剂一般选用单组分氯磺化聚乙烯密封膏或双组分聚氨酯密封膏，其用量为0.05kg/m^2 左右。

3）辅助材料

（1）表面着色剂。表面着色剂涂刷在油毡防水层表面，可以达到反射阳光、降低顶层室内温度和美化屋面的作用。采用三元乙丙橡胶溶液或聚丙烯酸酯乳液与铝粉等混合、研磨加工制成的银色或绿色的涂料。

（2）稀释剂。采用二甲苯作为基层处理剂的稀释剂，用量为0.25kg/m^2 左右。

（3）清洗剂。采用二甲苯清洗施工机具，用量为0.25kg/m^2 左右；采用乙酸乙酯清洗手及被胶粘剂污染的部位，用量为0.05kg/m^2 左右。

2. 合成高分子防水油毡工程施工

1）单层外露防水施工

单层外露防水施工程序：

清理干净的基层涂刷一层基层处理剂，一般采用聚氨酯涂膜防水材料的甲料、乙料、二甲苯按1∶1.5∶3的比例配合搅拌，均匀地涂刷在基层的表面上，干燥4h后继续施工，也可采用喷浆机喷涂含固量为40%、pH为4、粘度为0.01Pa·s的阳离子氯丁胶乳，干燥12h后继续施工。

对于排水口、管子根部、平屋顶的阴角等容易发生渗漏的薄弱部位应进行增强处理。可采用聚氨酯甲料和乙料按1∶1.5比例配合搅拌均匀，涂刷在薄弱部位的周围，涂刷宽度距离中心为200mm以上、厚度大于1.5mm，固化24h后继续施工；也可以采用常温自硫化丁基橡胶胶粘带粘贴方法，对薄弱部位进行增强处理；胶粘带应按要求剪裁好。油毡铺贴时首先在油毡表面涂刷胶粘剂，厚薄均匀，不得漏涂，静置10～20min，待胶膜干燥不粘手时，将油毡用纸筒芯卷好。沿油毡搭接缝部位宽100mm处严禁涂胶；然后涂刷基层胶粘剂，静置10～20min，待胶膜干燥不粘手时即可铺贴油毡。油毡铺贴从流水下坡开始，先弹出基准线，再沿基准线展开油毡。铺贴完一张油毡后，应彻底排除油毡粘结层内的残余空气，不得出现空鼓现象。

油毡的接缝宽度为100mm，在搭接缝部位每隔500～600mm处，用氯丁橡胶胶粘剂涂刷，干燥后将搭接部位油毡临时粘结固定；然后采用丁基橡胶胶粘剂的A、B两个组分，按1∶1的比例配合搅拌均匀，涂刷在油毡接缝的两个粘贴面，涂油量为0.5～0.8kg/m^2，干燥20～30min后，即可进行粘合。接缝处不允许有气泡或皱折存在。三层重叠的接缝处，必须填充密封膏进行封闭。

为了防止油毡末端收头和搭接缝边缘的剥落或渗漏，必须用单组分氯磺化聚乙烯或聚氨酯密封膏严密封闭，并在末端收头处用掺有水泥用量20%聚乙烯醇缩甲醛的水泥砂浆进行压缝处理。此外，末端还要做收头处理。

油毡铺设完毕，经检验合格后，即可进行表面着色剂施工。

2）涂膜与油毡复合防水施工

涂膜与油毡复合防水施工，其基层处理剂、铺贴油毡和表面着色剂的施工工艺与单层外露防水施工相同。

聚氨酯涂膜防水层是将聚氨酯涂膜防水材料甲组、乙组和二甲苯按1∶1.5∶0.2的比例配合搅拌均匀涂刷到基层表面，涂刷量为0.8kg/m^{2}左右，干燥24h后再涂1～2遍，涂膜完全固化后即可进行油毡铺贴。

3）有刚性保护层的防水施工

有刚性保护层的防水施工其施工工艺与单层外露防水施工时，由于所用材料均为易燃物质，必须注意通风防火；每次施工后的机具必须及时利用有机溶剂清洗干净。

9.2.5 防水卷材屋面常见的质量通病

卷材防水屋面常见的质量通病为屋面开裂、屋面流淌和卷材起鼓。

（1）卷材屋面开裂一般有两类：一是有规则的横向裂缝，出现在屋面板支座的上端或支座两边 100～500mm 处；另一类是无规则裂缝，其位置、形状、长度出现的时间都无规律。

(2) 屋面流淌。屋面流淌按其轻重程度分为轻微、中等和严重流淌，其流淌面积占全屋面面积从 20%以下到 50%以上，其原因是玛蹄脂耐热度偏低、粘结层过厚、屋面坡度过陡、铺贴方向，搭接不合理。

(3) 屋面卷材起鼓。卷材起鼓一般是施工后不久就会产生，特别是高温季节施工极易出现。其原因是卷材防水层中粘结不实，窝有水分或气体，在太阳照射下或人工热源影响后，体积膨胀产生起鼓。

9.3 涂膜防水工程

涂膜防水屋面是在屋面基层上涂刷防水涂料，经固化后形成一层有一定厚度和弹性的整体涂膜，从而达到防水目的的一种防水屋面形式。涂料按其稠度有厚质涂料和薄质涂料之分，施工时有加胎体增强材料和不加胎体增强材料之别，具体做法视屋面构造和涂料本身性能要求而定。

防水涂料施工具有以下特点：

(1) 防水涂料固化前呈粘稠状液态。因此，不仅能在水平的表面、各种复杂表面形成无接缝的完整的防水层；而且能在立面、阴阳角及各种复杂表面，形成无接缝的完整的防水层。

(2) 施工时不需加热，既减少环境污染，又便于操作，改善了劳动条件。

(3) 防水层自重小，适用于轻型屋面等防水。

(4) 涂料防水层有较好的延伸性、耐久性和耐候性。

(5) 防水涂料既是防水层又是胶粘剂，施工质量容易保证，维修简便，对基层裂缝、施工缝、雨水斗及贯穿管周围等一些容易造成渗漏的部位，易进行增强涂刷或贴布作业。

特别需要指出的是，对于涂膜防水层，它是紧密地依附于基层(找平层)形成具有一定厚度和弹性的整体防水膜而起到防水作用的。与卷材防水屋面相比，找平层的平整度对涂膜防水层质量影响更大，平整度要求更严格，否则涂膜防水层的厚度得不到保证，必将造成涂膜防水层的防水可靠性、耐久性降低。涂膜防水层是满粘于找平层的，按剥离区理论，找平层开裂(强度不足)易引起防水层的开裂，因此涂膜防水层的找平层应有足够的强度，尽可能避免裂缝的发生，出现裂缝应做修补，通常涂膜防水层的找平层宜采用掺膨胀剂的细石混凝土，强度等级不低于 C15，厚度不小于 30mm，宜为 40mm。

根据防水涂料成膜物质主要成分，涂料分为沥青类、高聚物改性沥青类及合成高分子类等。

9.3.1 沥青基涂料施工

以沥青为基料配制成的水乳型或溶剂防水涂料称之为沥青基防水涂料。常见的有石灰乳化沥青涂料、膨润土乳化沥青涂料和石棉乳化沥青涂料。其施工过程如下。

1. 涂布前的准备工作

(1) 涂料使用前应搅拌均匀，因为沥青基涂料大都属于厚质涂料，含有较多填充料。如搅拌不匀，不仅涂刮困难，而且未拌匀的杂质颗粒残留在涂层中会成为隐患。

(2) 涂层厚度控制试验采用预先在刮板上固定铁丝或木条的办法，也可在屋面上做好标志控制。

(3) 涂布间隔时间控制以涂层涂布后干燥并能上人操作为准，脚踩不粘脚、不下陷时即可进行后一涂层的施工，一般干燥时间不少于12h。

2. 涂刷基层处理剂

基层处理剂一般采用冷底子油，涂刷时应做到均匀一致，覆盖完全。夏季可采用石灰乳化沥青稀释后作为冷底子油涂刷一道；春秋季宜采用汽油沥青冷底子油涂刷一道。膨润土、石棉乳化沥青防水涂料涂布前可不涂刷基层处理剂。

3. 涂布

涂布时，一般先将涂料直接分散倒在屋面基层上，用胶皮刮板来回刮涂，使它厚薄均匀一致，不露底、不存在气泡、表面平整，然后待其干燥。

自流平性能差的涂料刮，平待表面收水尚未结膜时，用铁抹子进行压实抹光。抹压时间应适当，过早抹压，起不到作用；过晚抹压，会使涂料粘住抹子，出现月牙形抹痕。因此，为了便于抹压，加快施工进度，可以分条间隔施工，待阴影处涂层干燥后，再抹空白处。分条宽度一般为0.8～1.0m，以便抹压操作，并与胎体增强材料宽度相一致。

涂膜应分层分遍涂布。待前一遍涂层干燥成膜后，并检查表面是否有气泡、皱折不平、凹坑、刮痕等弊病，合格后才能进行后一遍涂层的涂布，否则应进行修补。第二遍的涂刮方向应与前一遍相垂直。

立面部位涂层应在平面涂刮前进行，视涂料自流平性能好坏而确定涂布次数。自流平性好的涂料应薄而多次进行，否则会产生流坠现象，使上部涂层变薄，下部涂层变厚，影响防水性能。

4. 胎体增强材料的铺设

胎体增强材料的铺设可采用湿铺法或干铺法进行，但宜用湿铺法。铺贴胎体增强材料，铺贴应平整。湿铺法时在头遍涂层表面刮平后，立即不起皱，但也不能拉伸过紧。铺贴后用刮板或抹子轻轻压紧。

9.3.2 高聚物改性沥青涂料及合成高分子涂料的施工

以沥青为基料，用合成高分子聚合物进行改性，配制成的水乳型或溶剂型防水涂料称之为高聚物改性沥青防水涂料。与沥青基涂料相比，高聚物改性沥青防水涂料在柔韧性、抗裂性、强度、耐高低温性能、使用寿命等方面都有了较大的改进，常用的品种有氯丁橡胶改性沥青涂料、SBS改性沥青涂料及APP改性沥青涂料等。

以合成橡胶或合成树脂为主要成膜物质，配制成的水乳型或溶剂型防水涂料称之为合成高分子防水涂料。由于合成高分子材料本身的优异性能，以此为原料制成的合成高分子防水涂料具有高弹性、防水性、耐久性和优良的耐高低温性能。常用的品种有聚氨酯防水涂料、丙烯胶防水涂料、有机硅防水涂料等。

胎体增强材料(也称加筋材料、加筋布、胎体)是指在涂膜防水层中增强用的化纤无纺布、玻璃纤维网格布等材料。

高聚物改性沥青防水涂料和合成高分子防水涂料在涂膜防水屋面使用时其设计涂膜总厚度在3mm以下，称之为薄质涂料。

1. 涂刷前的准备工作

1) 基层干燥程度要求

基层的检查、清理、修整应符合前述要求。基层的干燥程度应视涂料特性而定，对于高聚物改性沥青涂料，其为水乳型时，基层干燥程度可适当放宽；为溶剂型时，基层必须干燥。对合成高分子涂料，基层必须干燥。

2) 配料和搅拌

采用双组分涂料时，每份涂料在配料前必须先搅匀。配料应根据材料的配合比现场配制，严禁任意改变配合比。配料时要求计量准确(过秤)，主剂和固化剂的混合偏差不得大于±5%。

涂料混合时，应先将主剂放入搅拌容器或电动搅拌器内，然后放入固化剂，并立即开始搅拌，并搅拌均匀，搅拌时间一般在3～5min。

搅拌的混合料以颜色均匀一致为标准。如涂料稠度太大、涂布困难时，可掺加稀释剂，切忌任意使用稀释剂稀释，否则会影响涂料性能。

双组分涂料每次配制数量应根据每次涂刷面积计算确定，混合后的材料存放时间不得超过规定的可使用时间。不应一次搅拌过多使涂料发生凝聚或固化而无法使用。夏天施工时尤需注意。

单组分涂料一般有铁桶或塑料桶密闭包装，打开桶盖后即可施工，但由于涂料桶装量大(一般为200kg)，易沉淀而产生不匀质现象，故使用前还应进行搅拌。

3) 涂层厚度控制试验

涂层厚度是影响涂膜防水质量的一个关键问题，但要手工准确控制涂层厚度是比较困难的。因为涂刷时每个涂层要涂刷几遍才能完成，而每遍涂膜不能太厚，如果涂膜过厚，会出现涂膜表面已干燥成膜，而内部涂料的水分或溶剂却不能蒸发或挥发的现象。但涂膜也不宜过薄，否则就要增加涂刷遍数，增加劳动力及拖延施工工期。因此，涂膜防水施工前，必须根据设计要求的每平方米涂料用量、涂膜厚度及涂料材性事先试验确定每道涂料涂刷的厚度以及每个涂层需要涂刷的遍数。

4) 涂刷间隔时间试验

在涂刷厚度及用量试验的同时，可测定每遍涂层的间隔时间。

各种防水涂料都有不同的干燥时间(表干和实干)，因此涂刷前必须根据气候条件经试验确定每遍涂刷的涂料用量和间隔时间。

薄质涂料施工时，每遍涂刷必须待前遍涂膜实干后才能进行。薄质涂料每遍涂层表干时实际已基本达到了实干。因此，可用表干时间来控制涂刷间隔时间。涂膜的干燥快慢与气候有较大关系，气温高，干燥就快；空气干燥、湿度小，且有风时，干燥也快。

2. 涂刷基层处理剂

基层处理剂的种类有以下三种。

(1) 若使用水乳型防水涂料，可用掺0.2%～0.5%乳化剂的水溶液或软化水将涂料稀释，其用量比例一般为防水涂料：乳化剂水溶液(或软水)=1∶0.5～1∶1。如无软水可用冷开水代替，切忌加入一般水(天然水或自来水)。

(2) 若使用溶剂型防水涂料，由于其渗透能力比水乳型防水涂料强，可直接用涂料薄涂作为基层处理，如溶剂型氯丁胶沥青防水涂料或溶剂型再生胶沥青防水涂料等。若涂料较稠，可用相应的溶剂稀释后使用。

(3) 高聚物改性沥青防水涂料也可用沥青溶液(即冷底子油)作为基层处理剂，或在现场以煤油∶30号石油沥青=60∶40的比例配制而成的溶液作为基层处理剂。

基层处理剂涂刷时，应用刷子用力薄涂，使涂料尽量刷进基层表面的毛细孔中，并将基层可能留下来的少量灰尘等无机杂质，像填充料一样混入基层处理剂中，使之与基层牢固结合。这样即使屋面上的灰尘不能完全清理干净，也不会影响涂层与基层的牢固粘结。特别在较为干燥的屋面上做溶剂型涂料时，使用基层处理剂打底后再进行防水涂料的涂刷，效果相当明显。

3. 涂刷防水涂料

涂料涂刷可采用棕刷、长柄刷、胶皮板、圆滚刷等进行人工涂布，也可采用机械喷涂。

用刷子涂刷一般采用蘸刷法，也可边倒涂料边用刷子刷匀。涂布时应先涂立面，后涂平面，涂布立面最好采用蘸涂法，涂刷应均匀一致。倒料时要注意控制涂料的均匀倒洒，不可在一处倒得过多，否则涂料难以刷开，会造成厚薄不匀现象。涂刷时不能将气泡裹进涂层中，如遇起泡应立即消除。涂刷遍数必须按事先试验确定的遍数进行。同时，前一遍涂层干燥后应将涂层上的灰尘、杂质清理干净后再进行后一遍涂层的涂刷。

涂料涂布应分条或按顺序进行，分条进行时，每条宽度应与胎体增强材料宽度相一致，以避免操作人员踩踏刚涂好的涂层。每次涂布前，应严格检查前遍涂层是否有缺陷，如气泡、露底、漏刷、胎体增强材料皱折、翘边、杂物混入等现象，若发现这类问题，应先进行修补再涂布后遍涂层。

应当注意，涂料涂布时，涂刷致密是保证质量的关键。刷基层处理剂时要用力薄涂，涂刷后续涂料时则应按规定的涂层厚度(控制材料用量)均匀、仔细地涂刷。各道涂层之间的涂刷方向相互垂直，以提高防水层的整体性和均匀性。涂层间的接槎，在每遍涂刷时应退槎50～100mm，接槎时也应超过50～100mm，避免在搭接处发生渗漏。

4. 铺设胎体增强材料

在涂料第二遍涂刷时，或第三遍涂刷前，即可加铺胎体增强材料。

由于涂料与基层粘结力较强，涂层又较薄，胎体增强材料不容易滑移，因此，胎体增强材料应尽量顺屋脊方向铺贴，以方便施工、提高劳动效率。

胎体增强材料可采用湿铺法或干铺法铺贴。

湿铺法就是边倒料、边涂刷、边铺贴的操作方法。施工时，先在已干燥的涂层上，用刷子将涂料仔细刷匀，然后将成卷的胎体增强材料平放在屋面上，逐渐推滚铺贴于刚刷上涂料的屋面上，用滚刷液压一遍，务必使全部布眼浸满涂料，使上下两层涂料能良好结合，确保其防水效果。

由于胎体增强材料质地柔软、容易变形，铺贴时不易展开，经常出现皱褶、翘边或空鼓情况，影响防水涂层的质量。为了避免这种现象，有的施工单位在无大风情况下，采用干铺法施工取得较好的效果。

干铺法就是在上道涂层干燥后，边干铺胎体增强材料，边在已展平的表面上用橡皮刮板均匀满刮一道涂料。也可将胎体增强材料按要求在已干燥的涂层上展平后，先在边缘部位用涂料点粘固定，然后再在其上满刮一道涂料，使涂料浸入网眼渗透到已固化的涂膜上。当渗透性较差的涂料与比较密实的胎体增强材料配套使用时不宜采用干铺法。

胎体增强材料铺设后，应严格检查表面是否有缺陷或搭接不足等现象。如发现该情况，应及时修补完整，使它形成一个完整的防水层。然后才能在其上继续涂刷涂料，面层涂料应至少涂刷两遍以上，以增加涂膜的耐久性。如面层做粒料保护层，可在涂刷最后一遍涂料时，同时撒铺覆盖粒料。

5. 收头处理

为防止收头部位出现翘边现象，所有收头均应用密封材料压边，压边宽度不得小于10mm。收头处的胎体增强材料应裁剪整齐，如有凹槽时应压入凹槽内不得出现翘边、皱褶、露白等现象，否则应先进行处理后再涂封密封材料。

9.4 刚性防水屋面

刚性防水屋面是指用细石混凝土、块体材料或补偿收缩混凝土等材料做防水层，主要依靠混凝土自身的密实性；并采取一定的构造措施(如增加配筋、设置隔离层、设置分格缝、油膏嵌缝等)以达到防水目的。刚性防水屋面主要适用于屋面防水等级为Ⅲ级的工业与民用建筑。也可用作Ⅰ、Ⅱ级屋面多道防水设防中的一道防水层，不适用于有松散材料保温层的屋面，以及受较大震动或冲击的建筑。

由于刚性防水层伸缩弹性小，对地基的不均匀沉降、构件的微小变形、房屋受振动、湿度高低变化等极为敏感，又直接与大气接触，如设计不合理，施工不良，极易发生漏水、渗水现象。故要求设计可靠，构造及节点处理合理，施工时对材料质量和操作过程均应严格要求，精心施工，才能确保质量。

9.4.1 材料要求

1. 防水层的细石混凝土

(1) 水泥宜用普通硅酸盐水泥或硅酸盐水泥，当使用矿渣硅酸盐水泥时，应采取减小泌水性措施。水泥强度不宜低于42.5级。不得使用火山灰质水泥。

(2) 粗骨料最大粒径不宜超过15mm，含泥量不应大于1%。

(3) 细骨科应采用中砂或粗砂，含泥量不应大于2%。

(4) 水灰比不应大于0.55；每立方米混凝土水泥最小用量不应小于330kg，含砂率宜为35%～40%，灰砂比应为1∶2～1∶2.5。

(5) 拌和用水，应用不含有害物质的洁净水。

(6) 外加剂，可使用膨胀剂、减水剂、防水剂等，应根据其品种适用范围、技术要求选用。

(7) 防水层内配制的钢筋宜采用冷拔低碳钢丝。

(8) 普通细石混凝土、补偿收缩混凝土的强度等级不应小于C20，补偿收缩混凝土的自由膨胀率应为0.05%～0.1%。

2. 块体刚性防水层

使用的块材应无裂纹，无石灰颗粒，无灰浆泥面，无缺棱掉角，质地密实，表面平整。

9.4.2 构造要求

(1) 刚性防水屋面的结构层宜为整体现浇的钢筋混凝土。

(2) 当屋面结构层采用装配式钢筋混凝土板时，应用强度等级不小于C20的细石混凝土灌缝，灌缝的细石混凝土宜掺膨胀剂。当屋面板板缝宽度大于40mm或上窄下宽时，板缝内必须设置构造钢筋，板端缝应进行密封处理。

(3) 刚性防水层与山墙、女儿墙及突出屋面结构的交接处应做柔性密封处理。

(4) 细石混凝土防水层与基层间宜设置隔离层。

(5) 刚性防水屋面的坡度为2%～3%，并应采用结构找坡。

(6) 天沟、格沟应用水泥砂浆找坡，找坡厚度大于20mm时，宜采用细石混凝土。

(7) 细石混凝土防水层的厚度不应小于40mm，并配置φ4～φ6间距为100～200mm的双向钢筋网片。钢筋网片在分格缝处应断开，其保护层厚度不应小于10mm。

(8) 刚性防水层应设置分格缝。防水层分格缝应设在屋面板的支承端、屋面转折处、防水层与突出屋面结构的交接处，并应与板缝对齐。普通细石混凝土和补偿混凝土防水层的分格缝纵横间距不宜大于6m。分格缝内必须嵌填密封材料。

9.4.3 刚性防水层施工

1. 细石混凝土防水层施工

(1) 细石混凝土防水层中的钢筋网片，施工时应设置在混凝土内的上部。

(2) 分格缝截面宜做成上宽下窄，分格条安装位置应准确，起条时不得损坏分格缝处的混凝土。

(3) 普通细石混凝土中掺入减水剂或防水剂时，应准确计量，投料顺序得当，搅拌均匀。

(4) 细石混凝土应采用机械搅拌，搅拌时间不应少于 2min，混凝土运输过程中应防止离析。

(5) 每个分格板块的混凝土必须一次浇筑完成，严禁留施工缝。

(6) 防水层表面抹压时严禁在表面洒水、加水泥浆或撒干水泥。混凝土收水后应进行二次压光。

(7) 混凝土浇筑 12h 内覆盖和浇水进行养护，养护时间不应少于 14 天。养护初期屋面不得上人。

(8) 细石混凝土防水层施工气温宜在 5～35℃，应避免在负温或烈日暴晒下施工。

(9) 用膨胀剂拌制补偿收缩混凝土时，应按配合比准确称量，搅拌投料时膨胀剂应与水泥同时加入。混凝土连续搅拌时间不应少于 3min。

2. 块体刚性防水层施工

(1) 块体刚性防水层施工时，应用 1∶3 水泥砂浆铺砌，块体之间的缝宽应为 12～15mm，坐浆厚度不应小于 25mm，面层应用 1∶2 水泥砂浆，厚度不应小于 12mm。

(2) 面层水泥砂浆中必须掺入防水剂，防水剂掺量必须准确，并用机械搅拌均匀，随拌随用。铺抹底层水泥砂浆防水层时，应均匀连续，不得留施工缝。

(3) 当块材为粘土砖时，铺砌前应浸水湿透，铺砌宜连续进行，缝内挤浆高度宜为 1/2～1/3 块材厚；铺砌必须间断时，块体侧面的残浆应清除干净。粘土砖铺砌形式应为直行平砌并与板缝垂直，严禁人字形铺设。

(4) 块材铺设后，在铺砌砂浆终凝前，严禁上人踩踏。

(5) 面层施工时，块材之间的缝隙应用水泥砂浆灌满填实，面层水泥砂浆应二次压光，做到抹平压实。面层水泥砂浆终凝后及时覆盖，进行浇水养护，养护时间不少于 7 天。养护初期屋面不得上人。

9.4.4 隔离层施工

刚性防水屋面在结构层与防水层之间增加一层低强度等级砂浆、纸筋灰、麻刀灰、干铺卷材、塑料薄膜等材料，起隔离作用，使结构层和防水层的变形互不受制约，以减少防水层产生拉应力而导致刚性防水层开裂。

1. 石灰、粘土、砂浆隔离层施工

(1) 预制板缝填嵌细石混凝土后板面应清扫干净，洒水湿润，但不得积水。

(2) 按石灰膏∶砂∶粘土＝1∶2.4∶3.6 配合比的材料拌和均匀，砂浆以干稠为宜，铺抹厚度约 10～20mm，要求表面平整、压实、抹光，待砂浆基本干燥后，方可进行下道工序。

2. 卷材隔离层施工

(1) 用 1∶3 水泥砂浆将结构层找平，并压实抹光养护。

(2) 在干燥的找平层上铺一层 3～8mm 干细砂滑动层，在其上铺一层卷材，搭接缝用热沥青玛蹄脂胶结，也可在找平层上直接铺一层塑料薄膜。

做好隔离层后继续施工时，要注意对隔离层的保护，不能直接在隔离层表面运输混凝土，应设置垫板。绑扎钢筋时不得扎破隔离层的表面，浇筑混凝土时更不能振酥隔离层。

9.5 密封材料防水工程

9.5.1 改性沥青密封材料防水工程

改性沥青密封防水材料是以石油沥青为基料，掺入适量废橡胶粉、树脂或油脂类材料进行改性以及填气料和其他助剂制成的油膏，属于不定型密封防水材料。

1. 沥青橡胶防水油膏

沥青橡胶防水油膏以石油沥青为基料、废橡胶粉为主要改性材料，加入松焦油、重松节油、机械油、石棉绒和滑石料等填充料配制而成。其粘结力强，延伸性、弹塑性和耐久性好，常温下可以冷施工；适用于预制混凝土屋面板、墙板等构件及各种轻质板材的接缝嵌填，地下工程建筑节点的防水、防渗和防潮。

沥青橡胶防水油膏的施工：清理干净处理好的基层涂刷冷底子油一道，干燥后即可嵌填油膏，油膏满填缝内表面应高出板面 3～5mm。当嵌缝的油膏为暴露层时，则应在其表面涂刷一道稀释的油膏，宽度应超过嵌缝油膏 20～30mm。施工应在常温下进行。

2. 桐油渣、废橡胶沥青防水油膏

桐油渣、废橡胶沥青防水油膏是以桐油渣、废橡胶粉、石油沥青、滑石粉和石棉绒为主要原料配制而成。其粘结力强、耐久性、延伸性好，常温下可以冷施工；适用于混凝土屋面板、墙板等建筑构件节点的防水。

桐油渣、废橡胶沥青防水油膏的施工：清理干净处理好的基层涂刷冷底子油一道，干燥后即可嵌填油膏，油膏满填缝内表面应高出板面 5～10mm，油膏表面粘贴玻璃纤维布做保护层。

9.5.2 合成高分子密封材料防水工程

合成高分子密封防水材料是以合成高分子材料为主体，加入适量的化学助剂、填充料和着色剂，经过特定的生产工艺加工制成的油膏；其属于不定型密封防水材料。

1. 聚氯乙烯防水油膏

聚氯乙烯防水油膏是以聚氯乙烯为基料，加以适量的改性材料及其他添加剂配制而成，是一种弹塑性热施工的嵌缝材料，分为热塑型如聚氯乙烯胶泥，热熔型如塑料油膏。

2. 水乳型丙烯酸建筑密封膏

水乳型丙烯酸建筑密封膏是以丙烯酸酯乳液为胶粘剂，掺以少量表面活性剂、增塑剂、改性剂以及填充料、颜料配制而成；具有良好的粘结性、延伸性、耐低温性、耐热性和抗老化性能，可提供多种色彩，无毒、不燃、对环境无污染，储运安全可靠；适用于各种接缝和裂缝的嵌填密封防水。

密封膏施工应在工程竣工前进行，环境温度控制在 3～50℃，最大湿度不大于 85%。

清理干净处理好的基层在涂刷涂料前，要嵌填密封背衬材料，如泡沫苯乙烯、泡沫氯乙烯、氯丁橡胶、聚乙烯泡沫材料等。背衬材料主要是填塞在接缝底部，控制嵌填密封材料的深度，以及预防密封材料与缝的底部粘结形成三面粘结，造成应力集中，使密封膏破坏。对于具有一定错动的三角形接缝，在三角形转角处应铺设隔离条。已经嵌填完毕的密封膏，应养护2～3天。丙烯酸酯建筑密封膏属于水乳型，因此要注意防冻、防雨，施工时尚须考虑密封膏约有15%～20%的收缩率。

3. 有机硅橡胶密封膏

有机硅橡胶密封膏分单组分与双组分。单组分硅橡胶密封膏是由有机硅氧烷聚合物为主剂，加入硫化剂、硫化促进剂、增强填料和颜料等成分组成。双组分的主剂与单组分相同，但硫化剂及其机理不同。

单组分有机硅橡胶密封膏，是在隔绝空气的条件下，把有机硅聚合物、填料、硫化剂和其他添加物混合均匀，装于密闭包装筒中，当施工后，密封膏借助于空气中的水分进行交联反应，形成橡胶弹性体；双组分有机硅橡胶密封膏，是把聚硅氧烷、填料、助剂、催化剂混合后，作为一个组分包装于一个容器中，交联剂作为另一个组分包装于容器中，使用时两组分别按比例混合，密封膏借助于空气中的水分而交联成三维网状结构的弹性体。

有机硅橡胶密封膏具有优异的耐寒性、良好的粘结性能；伸缩疲劳性能好；疏水性能强；适用于建筑物的结构型密封部位(高模量)，如玻璃幕墙、隔热玻璃粘接密封等；建筑的非结构型密封部位，如建筑物各部位的接缝等。

有机硅橡胶密封膏的施工：有机硅橡胶密封膏施工应在工程竣工前进行，环境温度控制在3～50℃，最大湿度不大于85℃。要选择粘结合格的底涂料，单组分底涂料摇均匀后使用，双组分按配合比配制使用。底涂料涂刷干燥后，立即嵌填密封膏。单组分密封膏直接使用，双组分密封膏按甲组、乙组规定的配合经配料，机械拌和10min搅拌均匀，然后进行嵌缝。已经嵌缝完毕的密封膏，应养护2～3天。施工机具应及时用甲苯、二甲苯或汽油等溶剂清洗干净，密封材料应储存在5～26℃的环境中，储存期不超过6个月，要防止暴晒、雨淋、冰冻，不得在高温环境和潮湿基层上施工。有机硅橡胶含有一定的毒性，施工时要注意安全。

地下防水工程质量事故分析与处理

1. 工程概况

台湾大厦位于贵阳市大十字街口附近，属岩溶地基，地下水丰富，根据勘察报告，枯水期地下水位为1052.90m，汛期地下水位为1058.50m，而地下室底板高程为1050.00m，底板承受的水头最大达8.5m，最小2.9m。由于地下室长期处于地下水浸泡中，又未进行地下防渗处理，在水压力作用下，地下水沿着地下室混凝土薄弱带向室内渗漏(图9-15)。从工地现场看，地下室混凝土薄弱带主要为后浇带混凝土施工缝、混凝土蜂窝眼。

2. 渗水原因

图 9-14 渗漏事故现场图

(1) 先浇带混凝土和后浇带混凝土的分缝处，未埋设橡胶止水带或结合槽齿未达到防渗效果。在地下水压力作用下，该缝面成为渗水区。

(2) 混凝土浇筑施工缝的处理不好。地下室底板和侧墙施工面积较大，在混凝土浇筑时，采用齿槽或凿毛的处理方法未能完全达到防渗效果，成为地下水渗入的途径。

(3) 局部的蜂窝眼。地下室混凝土浇筑量大，钢筋密集，局部位置未能振捣密实，地下水沿蜂窝眼向地下室渗漏。

3. 处理方案

由于该地区地下水丰富，台湾大厦地下室承受水头差较大，为了解决地下室渗漏问题，拟采用堵、排相结合的方法进行处理。即先对底板和侧墙渗水区进行浅孔固结灌浆，少量小缝隙时，采用化学灌浆处理，堵住地下水向施工缝渗漏的通道。施工缝用环氧砂浆嵌缝。然后在室外布置一定数量的排水孔，降低地下室底板承压水头。

根据现场具体情况，沿着后浇带混凝土浇筑缝和侧墙施工缝两侧，布置两排固结灌浆孔，孔距2.0m，排距1.0m，梅花形布置。孔深采用1.5～2.0m，孔径不小于8mm，钻孔垂直缝面。

4. 处理效果

台湾大厦地下室渗水处理工程自2003年9月开始，至2004年9月完成，共处理了8条混凝土施工缝、35个涌水点，注入水泥760t。经过2004年洪水期检验，局部混凝土施工缝漏水处理仍达不到设计效果，后采取二次补灌和嵌缝的处理方式。至今该地下室渗水处理经过两个洪水期检验，已达到设计要求。

本章小结

通过本章学习，可以掌握地下工程防水构造及施工要点，掌握卷材防水屋面、涂膜防水屋面和刚性防水屋面的材料特性和施工要点。

习　　题

一、单项选择题

1. 沥青防水卷材屋面铺贴卷材时，其长边搭接宽不应小于(　　)。

A. 50mm　　　　B. 70mm

C. 80mm　　D. 100mm

2. 沥青防水卷材屋面铺贴卷材时，其短边搭接宽度不应小于(　　)。

A. 50mm　　B. 70mm

C. 100mm　　D. 150mm

3. 预防刚性屋面防水层开裂的构造措施是(　　)。

A. 刚性防水屋面不得用于有较大不均匀沉降建筑

B. 防水层混凝土养护不得小于 14 天

C. 刚性防水屋面不得用于有振动建筑

D. 设置隔离层及防水层分格设缝

二、判断题

1. 屋面坡度大于 25%时，可采用卷材防水。　(　　)

2. 屋面保温层的作用是阻止冬季室内温度下降过快和节约能源。　(　　)

三、填空题

1. 板状保温层的施工方法有________、________两种。

2. 屋面防水卷材铺贴的工序为________。

四、名词解释

1. 卷材防水屋面

2. 刚性防水屋面

五、简答题

1. 沥青防水卷材屋面卷材铺贴方向有何规定?

2. 沥青防水卷材屋面常见的质量通病是什么?

3. 对刚性防水屋面的细石混凝土防水层的原材料有何要求?

第10章 装饰工程

教学目标

通过本章教学，让学习者了解装饰工程的新材料、新技术及发展方向；掌握抹灰的分类、组成、作用和做法，板块饰面、油漆涂料、壁纸裱糊等的施工工艺和质量要求。

教学要求

知识要点	能力要求	相关知识
抹灰工程	掌握一般抹灰工程材料的质量要求、施工操作方法	地下结构自防水层
饰面板(砖)工程	了解饰面板工程的施工工艺要求； 掌握板材施工方法和技术要求	高聚物改性沥青卷材防水卷材施工； 合成高分子防水卷材施工
楼地面工程	掌握块料地板和木地板的施工方法和技术要求	涂膜防水材料施工
吊顶、门窗工程	了解吊顶、门窗工程施工方法和技术要求	刚性防水工程的施工

基本概念

一般抹灰　装饰抹灰　湿法作业　干法作业

引例

我国建筑装饰行业规模之大、发展之快在建筑业发展史上是罕见的，从20世纪70年代末至今，几十年间建筑装饰行业由几家企业发展到几十万家企业，从业人数约500万人。装饰行业近几十年的发展不是原来水平上的重复，而是摆脱传统操作方法，不断更新施工工艺技术，研究新材料。施工方式的变化决定着施工水平，不同历史时期的施工方式代表着不同的施工水平。20世纪70年代末以前，我国的建筑装饰施工方法基本都是传统的手工操作方法，其特点是效率低、质量差、较简单。20世纪70年代末到20世纪90年代末，在改革开放的推动下，大量新产品、新材料、先进的施工机具涌进深圳并很快普及到全国，建筑装饰行业基本形成，并且得到超常规的发展，连续十几年以高达20%的速度发展。20世纪末到21世纪初出现的在国内领先或接近国际先进水平的工艺技术在建筑装饰行业中占主要地位。进入21世纪，企业家的市场意识不断增强，根据国内市场的需求，他们走出国门寻找成熟的，并且经过改造后在国内达到领先水平，接近国际水平的新工艺技术，如背栓系列、石材干挂技术、组合式单体幕墙技术、点式幕墙技术、金属幕墙技术、微晶玻璃与陶瓷复合技术、木制品部品集成技术、石材毛面铺设整体研磨等。

10.1 装饰工程概述

装饰工程包括抹灰、门窗、玻璃、吊顶、隔断、饰面板、涂料、裱糊、刷浆、花饰等工程，是工程的最后一个施工过程。其作用是保护结构免受风雨、潮气等的侵蚀，改善隔热、隔音、防潮功能，提高居住条件以及增加建筑物美观和美化环境。

装饰工程施工工程量大、工期长、用工量多。虽然近年来我国在装饰用材料和施工工艺方面有很大提高，但继续革新装饰材料和施工工艺，提高施工质量，仍然具有重要意义。

建筑装饰工程的内容，按国家标准《建筑装饰装修工程质量验收规范》(GB 50210—2001)中的规定，包括抹灰工程、刷浆工程、油漆工程、玻璃工程、裱糊工程、饰面工程、罩面板和花饰工程八项内容。但是，现代装饰工程的内容和范围更为宽广。

装饰工程施工的范围很广，涉及民用建筑(包括居住建筑和公共建筑)、工业建筑、市政工程、农业建筑、军用建筑、军事工程等各种类型，涉及建筑物的各个部位，在室外，建筑的外表面墙体、入口、台阶、门窗(橱窗)、檐口雨篷、屋顶、柱、建筑小品等都须进行装饰。在室内，顶棚、隔墙、柱、隔断、门窗、地面及与这些部位有关的灯具和其他小型设备也都在装饰施工的范围之内。由建筑功能要求的装饰部位，除满足美观要求外，功能要求切不可忽视。

10.2 抹灰工程

10.2.1 抹灰的分类、组成和材料

1. 抹灰的分类

抹灰工程按材料和装饰效果分为一般抹灰和装饰抹灰两大类。

一般抹灰用石灰砂浆、水泥混合砂浆、水泥砂浆、聚合物水泥砂浆、膨胀珍珠岩水泥砂浆和麻刀石灰、纸筋石灰、石膏灰等材料。

装饰抹灰种类很多，其底层多为1∶3水泥砂浆打底，面层可为水刷石、水磨石、斩假石、干粘石、假面砖、拉条灰、喷涂、滚涂、弹涂、仿石、彩色抹灰等。

2. 抹灰的组成

为了保证抹灰表面平整，避免裂缝，抹灰施工一般应分层操作。抹灰层由底层、中层和面层组成。

底层主要起与基体粘结的作用，其使用材料根据基体不同而异，厚度一般为5～9mm。室内砖墙常用石灰砂浆或水泥砂浆；室外砖墙常采用水泥砂浆；混凝土基层常采用素水泥浆、混合砂浆或水泥砂浆；硅酸盐砌块基层应采用水泥混合砂浆或聚合物水泥砂浆；板条基层抹灰常采用麻刀灰和纸筋灰。

中层主要起找平作用，使用材料同底层，厚度为5～9mm。

面层起装饰作用，厚度视面层使用的材料不同而异，麻刀石灰罩面，其厚度不大于3mm，纸筋石灰或石膏灰罩面，其厚度不大于2mm，水泥砂浆面层和装饰面层不大于10mm。

各抹灰层的厚度主要还是根据基体的材料、抹灰砂浆种类、墙体表面的平整度和抹灰质量要求以及各地气候情况而定。抹水泥砂浆每遍厚度宜为7～10mm；抹石灰砂浆和水泥混合砂浆每遍厚度宜为5～7mm；抹灰面层用麻刀灰、纸筋灰、石膏灰等罩面时，经赶平压实后，其厚度一般不大于3mm。因为罩面灰厚度太大，容易收缩产生裂缝与起壳现象，影响质量与美观。抹灰层的总厚度，应视具体部位及基体材料而定。顶棚为板条、空心砖、现浇混凝土时，总厚度不大于15mm；顶棚为预制混凝土板时，总厚度不大于18mm。内墙为普通抹灰时总厚度不大于18mm；中级抹灰和高级抹灰总厚度分别不大于20mm和25mm。外墙抹灰总厚度不大于20mm；勒脚和突出部位的抹灰总厚度不大于25mm。

装配式混凝土大板和大模板建筑的内墙面和大楼板底面，如平整度较好，垂直偏差少，其表面可以不抹灰，用腻子分遍刮平，待各遍腻子粘结牢固后，进行表面刷浆即可，总厚度为2～3mm。

各抹灰层的砂浆强度为基层>底层>中层>面层。

3. 抹灰的材料

1）石灰砂浆

石灰砂浆由石灰和中砂按比例配制，仅用于低档或临时建筑中干燥环境下的墙面打底

和找平层。抹灰施工采用石灰膏时，应用块状生石灰淋制，淋制时必须用孔径不大于3mm×3mm的筛过滤，并储存在沉淀池中。石灰熟化时间，常温下不少于15天；用于罩面时，不应少于30天。使用时，石灰膏内不得含有未熟化的颗粒和其他杂质，在沉淀池中的石灰膏应加以保护，防止其干燥、冻结和被污染。石灰膏可用磨细生石灰粉代替，其细度应通过4900孔/cm^2筛，用于罩面时，熟化时间不应少于3天。砂子必须过筛，不得含有杂物。

2）混合砂浆

混合砂浆由水泥、石灰和中砂按比例配制，常用于干燥环境下墙面一般抹灰的打底和找平层。

3）水泥砂浆

水泥砂浆由水泥和中砂按比例配制，用于地面抹灰、装饰抹灰的基层和潮湿环境下墙面的一般抹灰。

4）纸筋灰

纸筋灰是在砂浆中掺入纸筋，水泥纸筋灰用于顶棚打底，石灰纸筋灰用于顶棚及墙面抹灰的罩面。现在已被腻子粉所取代。

5）麻刀灰

麻刀灰是在砂浆中掺入剁碎的麻绳类纤维，用于灰板条、麻眼网上的抹灰打底，其作用是防裂，现在已很少使用。

6）聚合物水泥砂浆

聚合物水泥砂浆是在砂浆中添加聚合物粘结剂，提高砂浆与基层的粘结强度及砂浆的柔性、内聚强度等性能。常用于抹面砂浆及饰面板(砖)的镶贴、保温系统中聚苯颗粒的胶浆。

10.2.2 一般抹灰工程

一般抹灰按质量要求和相应的主要工序分为普通抹灰、中级抹灰和高级抹灰三种。

1. 一般抹灰的分类

一般抹灰其面层材料有石灰砂浆、水泥砂浆、聚合物水泥砂浆、膨胀珍珠岩水泥砂浆、水泥混合砂浆、麻刀灰、纸筋灰和石膏灰等。

1）高级抹灰

适用于大型公共建筑、纪念性建筑物，以及有特殊要求的高级建筑物等。

高级抹灰要求做一层底层、数层中层和一层面层。其主要工序是阴阳角找方正，设置标筋，分层赶平，修整和表面压光。

2）中级抹灰

适用于一般居住、公用和工业房屋，以及高级装修建筑物中的附属用房。

中级抹灰要求做一层底层、一层中层和一层面层。其主要工序是四角找方分层赶平、修整和表面压光。

3）普通抹灰

适用于简易住宅、大型设施和非居住的房屋，以及建筑物中的地下室、储藏室等。

普通抹灰要求做一层底层和一层面层。其主要工序是分层赶平、修理，表面压光。

2. 一般抹灰施工工艺

抹灰用水泥应进行凝结时间和安定性复检。当抹灰层具有防水、防潮功能时，应采用防水砂浆。当抹灰总厚度大于或等于 35mm 时应采用加强措施(水泥砂浆打底、细石混凝土找平、铺设钢丝网)。抹灰层在凝结前应防止快干、水冲、撞击、振动和受冻，在凝结后应防止污染和损坏。水泥砂浆应在湿润条件下养护。

1) 墙面抹灰

墙面抹灰的主要施工过程是：基层处理→找规矩弹线→抹灰饼、冲筋→抹底层灰→抹中层灰→抹罩面灰→墙面阳角抹灰。

(1) 基层处理。

抹灰工程的基层有砖、石、混凝土及木等。为了保证抹灰层与基层之间能粘结牢固，不致出现裂缝、空鼓和脱落等现象，在抹灰之前，基层表面上的尘土、污垢、油渍及碱膜等均应清除干净。基层表面凹凸明显的部位，应事先剔平或用 1∶3 水泥砂浆补平。表面太光滑的要剔毛或用 1∶1 水泥浆掺 10%107 胶薄薄抹一层，或刷一道水泥浆(水灰比为 0.37～0.40)。

门窗口与立墙交接处应用水泥砂浆或水泥混合砂浆(加少量麻刀)嵌缝密实。外墙窗台、窗根、雨篷、阳台、压顶和突出腰线等，上面应做成流水坡度，下面应做滴水线或滴水槽。滴水槽的深度和宽度均不应小于 10mm，并整齐一致。

墙面的脚手孔洞应堵塞严密，水暖、通风管道通过的墙洞和楼板洞，凿墙后安装的管道必须用 1∶3 水泥砂浆堵严。木基层抹灰前应先钉金属网再薄抹一层水泥砂浆进行处理。木基层与砖石结构、混凝土结构，相接处应铺设金属网，搭缝宽度从缝边起每边不得小于 100mm。

室内墙面、柱面的阳角和门洞口的阳角，宜用 1∶2 水泥砂浆做护角，其高度不应低于 2m，每侧宽度不小于 50mm。

在不同结构基层的交接处应采取加强措施(铺钉一层钢丝网粉水泥砂浆或用水泥掺 107 胶铺贴玻纤网格布，与相交基层搭接宽度不小于 100mm)，如图 10-1 所示。

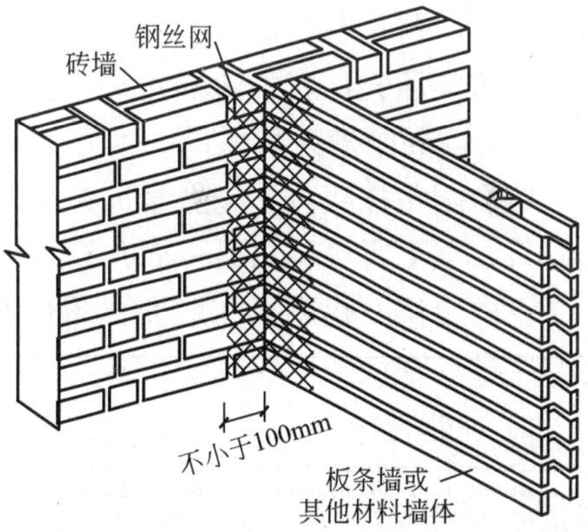

图 10-1 不同基层接缝处理

(2) 找规矩弹线。

将房间用角尺规方，小房间可用一面墙做基线；大房间或有柱网时，应在地面上弹出十字线。在距墙阴角 100mm 处用线锤吊直。弹出竖线后，再按规方地线及抹面层厚度向里反弹出墙角抹灰准线，并在准线上下两端钉上铁钉，挂上白线，作为抹灰饼、冲筋的标准。

(3) 抹灰饼、冲筋(图 10-2)。

首先，距顶棚约 200mm 处先做两个灰饼；其次，以上灰饼为基准，吊线做下灰饼。下灰饼的位置一般在踢脚线上方 200～250mm 处；最后，根据上下灰饼，再上下左右拉通

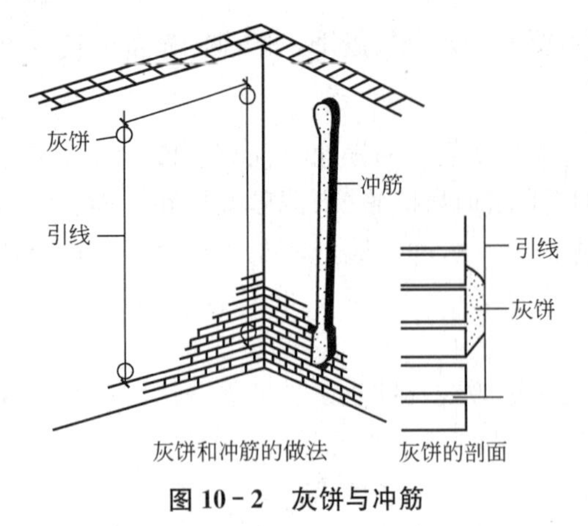

图 10-2　灰饼与冲筋

线做中间灰饼，灰饼间距 1.2～1.5m，应做在脚手板面位置，不超过脚手板面 200mm，灰饼大小一般为 40mm×40mm。应用抹灰相同的砂浆，等灰饼砂浆收水后，在竖向灰饼内填充灰浆做成冲筋。冲筋时，以垂直方向的上下两个灰饼之间的厚度为准，用灰饼相同的砂浆冲筋，抹好冲筋砂浆后，用硬尺与冲筋通平，一次通不平，可补灰，直至通平为止，冲筋面宽 50mm，底宽约 80mm，墙面不大时，可只做两条竖筋。冲筋后应检查冲筋的垂直平整度，误差在 0.5mm 以上者，必须修整。

(4) 抹底层灰。

冲筋达到一定强度，刮尺操作不致损坏时即可抹底层灰。

抹底层前，基层表面的灰尘、污垢、油渍、沥青渍及松动的部分事先均应清除干净，并填实各种网眼。提前一天浇水湿润基层表面。

底层砂浆的厚度为冲筋厚度的 2/3，用铁抹子将砂浆抹在墙面并进行压实。

(5) 抹中层灰。

待已抹底层灰凝结后(石灰砂浆抹灰层，应待前一层达 7～8 成干后，即用手指按压已不软，但有指印和潮湿感)，抹中层灰，中层砂浆同底层砂浆。抹中层灰时，依冲筋厚以装满砂浆为准，然后用大刮尺紧贴冲筋，将中层灰刮平，最后用木抹子搓平。搓平后用 2m 长的靠尺检查，检查的点数要充足，凡有超过质量标准者，必须修整，直至符合标准为止。

(6) 抹罩面灰。

当中层灰凝结后(或七八成干后)，普通抹灰可用麻刀灰罩面，中、高级抹灰应用纸筋灰罩面，用铁抹子抹平，并分两遍连续适时压实压光。如中层灰已干透发白，应先适度洒水湿润后，再抹罩面灰。不刷浆的中级抹灰面层，宜用漂白细麻刀石灰膏或纸筋石灰膏涂抹，并压实压光，表面达到光滑、色泽一致，不显接槎为好。

(7) 墙面阳角抹灰。

墙面阳角抹灰时，先将靠尺在墙角的一面用线锤找直，然后在墙角的另一面顺靠尺抹上砂浆，取下靠尺移向另一面并找直临时固定，再抹未抹灰一面。

室内墙裙、踢脚板一般要比罩面灰墙面凸出 3～5mm。因此，应根据高度尺寸弹线，把八字靠尺在线上用铁抹子切齐，修边清理，然后再抹墙裙和踢脚板。

2) 顶棚抹灰

混凝土顶棚抹灰的主要工艺流程：基层处理→弹线→湿润→抹底层灰→抹中层灰→抹罩面灰。

基层处理包括清除板底浮灰、砂石和松动的混凝土，剔平混凝土突出部分；清除板面隔离剂。当隔离剂为滑石粉或其他粉状物时，先用钢丝刷刷除，再用清水冲洗干净；当为油脂类隔离剂时，先用浓度为 10%的 NaOH 溶液洗刷干净，再用清水冲洗干净。

抹底层灰前一天，用水湿润基层，抹底层灰的当天，根据顶棚湿润情况，用扫帚洒水再湿润，接着满刷一遍107胶水泥浆，随刷随抹底层灰。底层灰使用水泥砂浆，抹时用力挤入缝隙中，厚度为3～5mm，并随后带成粗糙毛面。

抹底层灰(常温下12h)后，采用水泥混合砂浆抹中层灰，在砂浆中可掺入石灰膏占1.5％的纸筋，厚度5～7mm，分层压实。抹完后先用软刮尺顺平，然后用木抹子搓平。低洼处当即找平，使整个中层灰表面顺平。

待中层灰凝结后，即可用纸筋灰罩面，用铁抹子抹平压实压光。如中层灰表面已发白(太干燥)，应先洒水湿润后再抹罩面灰。面层抹灰经抹平压实后的厚度，不得大于2mm。

对于混凝土大板和大模板建筑的内墙面和楼板底面，宜用腻子分遍刮平。各道应粘结牢固，总厚度为2～3mm，腻子配合比为乳胶∶滑石粉(或大白粉)∶2％甲基纤维素溶液＝1∶5∶3.5。如用聚合物水泥浆、水泥混合砂浆喷毛打底，纸筋灰罩面，以及用膨胀珍珠岩水泥砂浆抹面，总厚度为3～5mm。

10.2.3 装饰抹灰工程

装饰抹灰是采用装饰性强的材料，或用不同的处理方法以及加入各种颜料，使建筑物具备某种特定的色调和光泽。随着建筑工业生产的发展和人民生活水平的提高，这方面有很大发展，也出现不少新的工艺。

装饰抹灰的底层与一般抹灰要求相同，只是面层根据材料及施工方法的不同而具有不同的形式。下面介绍几种常用的饰面。

1. 干粘石

干粘石(图10-3)饰面是在水泥砂浆面上直接压入干燥的石渣的做法。其工艺流程为：清理基层→湿润基层→设置标筋→抹底层砂浆→抹中层砂浆→弹线和粘贴分格条→抹面层砂浆→撒粘石渣→修整拍平。

图10-3 干粘石

干粘石的面层做法，中层水泥砂浆浇水湿润后，粘贴分格条，并刷水泥砂浆一遍，随即按格抹砂浆粘结层(厚约4～6mm，稠度不大于80％)，粘结砂浆配合比为水泥∶砂∶聚乙烯醇缩甲醛胶＝1∶(1～1.5)∶(0.05～0.15)，或水泥∶石灰膏∶砂∶聚乙烯醇缩甲醛胶＝1∶0.5∶2∶(0.05～0.15)。将配有不同颜色或同色的小八厘石渣甩粘到粘结层上，并拍平压实，要求石边甩粘严密，均匀，拍时不能把灰浆拍出来，以免影响美观。石子嵌入深度不小于石子粒径的1/2，待有一定强度后洒水养护。以上为手工干粘石做法。

机喷干粘石是用喷枪将石渣在空气压力作用下，均匀有力地喷射在粘结层上。喷枪要对准墙面，距离为300～400mm，压力以0.6～0.8N/mm^{2}为宜，随喷随用铁抹子轻压，使表面平整，同时要回收散落下来的石渣。

干粘石较水刷石节省材料，提高工效，避免一些湿作业，一般用于外墙饰面，但房屋底层勒脚等不宜采用干粘石。

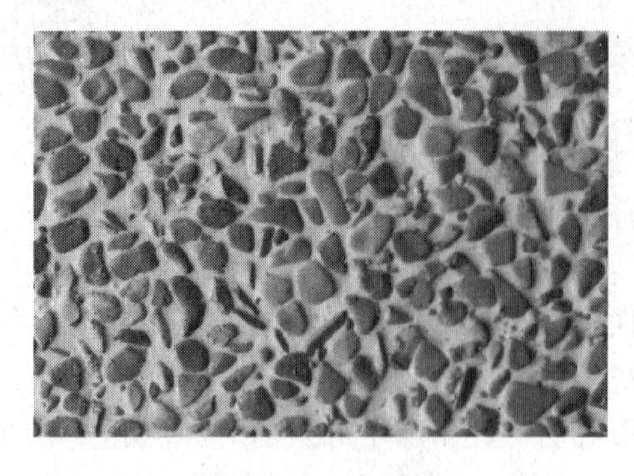

图 10-4　水刷石

2. 水刷石

水刷石(图 10-4)多用于外墙面。水刷石饰面是以水泥浆为胶结材料，石渣为骨料的水泥石渣浆涂抹在粗糙平整的抹灰中层砂浆表面上，然后用水刷或水冲的方法除去表面水泥浆，露出有石渣颜色、质感的外墙饰面。

水刷石墙面施工工艺流程是：清理基层→湿润墙面→设置标筋→抹底层砂浆→抹中层砂浆→弹线和粘贴分格条→抹水泥石渣浆→洗刷→检查质量→养护。

水刷石施工时，先在已经硬化、粗糙而平整的中层砂浆(一般为 12mm 厚的 1∶3 水泥砂浆)上浇水湿润，再刮上素水泥浆一道，厚约 1mm，以利于面层与中层的结合。随即抹上稠度 50～70mm，厚 10～20mm 的水泥石渣浆罩面，然后分遍拍平压实，使石渣密实均匀。水泥石渣浆的配合比根据石渣粒径而定，体积比可为 1∶1～1∶1.5，当石渣粒径较小时，石渣的体积量可增加，如小八厘为1∶1.5，中八厘为 1∶1.25。待面层达到一定强度，即开始凝结而尚未硬结时(用手指按时略有指印)，用棕刷蘸水刷 2～3 遍，刷掉表面水泥浆，直至石渣表面完全露出为止，紧接着用喷雾器自上而下喷水，将表面水泥浆冲掉。若因水泥凝固造成洗刷困难时，可用 5%的稀盐酸洗刷，然后再用清水冲净，以免墙面发黄。

水刷石施工时，应注意防止水泥浆污染下面或侧面的清水墙面。

3. 拉条灰

拉条灰(图 10-5)的施工工艺流程：基层处理→抹底、中层灰→弹线、贴轨道→抹面层灰→拉条→取木轨道、修整饰面。

1) 弹线、贴轨道

轨道是由断面为 8mm×20mm 的杉木条制成，其作用是作为拉灰模具的竖向滑行控制依据。具体做法是弹出轨道的安装位置线(即横向间隔线)，用粘稠的水泥浆将木轨道依线粘贴。轨道应垂直平行，轨面平整。

图 10-5　拉条灰

2) 抹面层灰、拉条

待木轨道安装牢固后，润湿墙面，刷一道 1∶0.4 的水泥净浆，紧跟着抹面灰并拉条成型。面层灰根据所拉灰条的宽窄、配比有所不同，一般窄条形拉条灰灰浆配比为水泥∶细纸筋石灰膏∶砂=1∶0.5∶2；宽条形拉条灰面层灰浆分层采用两种配比，第一层(底层)采用混合砂浆，配比为水泥∶纸筋石灰膏∶砂=1∶0.5∶2.5，第二层(面层)采用纸筋水泥石灰膏，配比为水泥∶细纸筋石灰膏=1∶0.5。操作时用拉条模具靠在木轨道上，从上至下多次上浆拉动成型。

4. 斩假石

斩假石(图 10-6)又称剁斧石，属中高档外墙装修，装饰效果近于花岗石，但所花费用较多。其工艺流程为：清理基层→抹底层砂浆→抹中层砂浆→弹线和粘贴分格条→抹面层水泥石子浆→养护→斩剁面层。

图 10-6 斩假石

在已硬化的水泥砂浆中层(1：2水泥砂浆)上洒水湿润，弹线并贴好分格条，用素水泥浆刷一遍，随即抹面层。面层石粒浆的配比为1：1.25或1：1.5，稠度为5～6cm，骨料采用2mm粒径的米粒石，内掺0.3mm左右粒径的白云石屑。面层抹面厚度为12mm，抹后用木抹子打磨拍平，不要压光，但要拍出浆，随势上下溜直，每分格区内一次抹完。抹完后，随即用软毛刷蘸水顺剁纹的方向把水泥浆轻刷掉露出石粒。但注意不要用力过重，以免石粒松动。抹完24h后浇水养护。

在正常温度(15～30℃)下，面层养护2～3天后即可试剁，试剁时以石粒不脱掉、较易剁出斧迹为准。采用的斩剁工具有斩斧、多刃斧、花锤、扁凿、齿凿、尖锥等。斩剁的顺序一般为先上后下，由左至右，先剁转角和四周边缘，后剁大面。斩剁前应先弹顺线，相距约10cm，按线斩剁，以免剁纹跑斜。剁纹深度一般以1/3石粒粒径为宜。

为了美观，一般在分格缝和阴、阳角周边留出15～20mm的边框线不剁。斩剁完后，墙面应用清水冲刷干净，起出分格条，用钢丝刷刷净分格缝处。按设计要求，可在缝内做凹缝并上色。

10.3 饰面工程

饰面工程包括用饰面砖、天然或人造石、金属饰面板进行室内外墙面饰面。

饰面砖有釉面瓷砖、面砖、马赛克等。天然或人造石饰面板有大理石、花岗岩等天然石板及预制水磨石、人造大理石等。金属饰面板有铝合金板、镀锌板、搪瓷板、烤漆板、彩色塑料膜板、金属夹心板等。

10.3.1 饰面砖施工

饰面砖镶贴的一般工艺程序如下：清理基层表面→润湿→基层刮糙→底层找平划毛→出皮数杆→弹线→贴灰饼→镶贴饰面砖→清洁基层→勾缝→清洁面层。

镶贴饰面砖的基层应清洁、湿润，基层刮糙后涂抹1：3水泥砂浆找平层。饰面砖镶贴必须按弹线和标志进行，墙面上弹好水平线并做好镶贴厚度标志，墙面的阴阳角、转角处均须拉垂直线，并进行找方，阳角要双面挂垂直线，划出纵横皮数杆，沿墙面进行预排。镶贴第一层饰面砖时，应以房间内最低的水平线为准，并在砖的下口用直尺托底。饰面砖铺贴顺序为自下而上，从阳角开始，使不成整块的留在阴角或次要部位。待整个墙面镶贴完毕，接缝处应用与饰面砖颜色相同的石膏浆或水泥浆填抹。其中室外和室内潮湿的房间应用与饰面砖颜色相同的水泥浆或水泥砂浆勾缝。勾缝材料硬化后，用盐酸溶液刷洗

后，再用清水冲洗干净。

1. 釉面砖镶贴

图 10-7　釉面砖镶贴

釉面砖正面挂釉，又叫瓷砖和釉面瓷砖，釉面砖镶贴如图 10-7 所示。

釉面砖应镶贴在湿润、干净的基层上，进行如下处理。

砖墙基体，将基体用水湿润后，用 1∶3 水泥砂浆打底，木抹子搓平，隔天浇水养护。

混凝土基体可选用以下三种方法的一种：

(1) 将混凝土表面凿毛后用水湿润，刷一道聚合物水泥浆，抹 1∶3 水泥砂浆打底，木抹子抹平，隔天浇水养护。

(2) 将 1∶1 水泥细砂浆(内掺 20%107 胶)喷或甩到混凝土基体上，做“毛化处理”，待其凝固后，用 1∶3 水泥砂浆打底，木抹子搓平，隔天浇水养护。

(3) 用界面处理剂处理基体表面，待表面干后，用 1∶3 水泥砂浆打底，木抹子搓平，隔天浇水养护。

镶贴前应在 1∶3 水泥砂浆中层上弹线找方，按设计的镶贴形式和接缝宽度计算纵横皮数，弹出釉面砖的水平和垂直控制线。在分尺寸，定皮数时，应从阳角开始，如有水池、镜框时，应以水池、镜框为中心向两面分，使非整块瓷砖排在次要部位或墙阴角处。然后用废釉面砖抹上厚约 8mm 的混合砂浆做标志块，间距 1.5m 左右，用托线板、靠尺等挂直、校正平整度。

釉面砖应先在清水中浸泡 2～3h，取出晾干(或擦干)，表面无水迹后，方可使用。

镶贴用砂浆，可采用 1∶2 水泥砂浆；为改变砂浆和易性，便于操作，常掺加少量石灰膏的水泥混合砂浆，其配合比为水泥∶石灰膏∶砂＝1∶0.3∶3，也可采用聚合物水泥浆，其配合比(质量比)为水泥∶107 胶∶水＝10∶0.5∶2.6，可大大提高釉面砖与中层的粘结力、缓凝性和防止收缩性能；还可采用胶粘剂镶贴。

镶贴时先浇水湿润中层，沿最下层一皮釉面砖的下口放好垫尺，并用水平尺找平。贴第一行釉面砖时，釉面砖下口即坐在垫尺上，这样防止釉面砖因自重而向下沿移，以使其横平竖直。并由下向上逐行进行镶贴，每行的镶贴宜从阳角开始，把非整砖贴在阴角处。

镶贴时，先在釉面砖的背面满刮砂浆，按所弹尺寸线将釉面砖贴在墙面上，用小铲把轻轻敲击，用力按压，使其与中层粘结密实牢固。并用靠尺按标志块将其表面移正平整，理直灰缝，使接缝宽度控制在设计要求范围，保持宽窄一致。水泥混合砂浆的粘结层厚度宜为 6～10mm，水泥浆粘结层厚度宜为 2～3mm。

整行铺贴完后，应再用长靠尺横向校正一次，对于高于标志块的釉面砖，可轻轻敲击，使其平齐；对于低于标志块的釉面砖，应取下重贴，不得在砖口处塞灰，以免造成空鼓。全部铺贴完毕后，用清水或棉丝，将釉面砖表面擦洗干净，室外接缝应用水泥浆或水泥砂浆勾缝，室内接缝宜用与釉面砖相同颜色的石灰膏或水泥浆嵌缝。若表面有水泥浆污染，用稀盐酸刷洗，再用清水冲刷。

对非规格釉面砖切割，可用切割机。劈离砖等无釉面砖镶贴方法基本上与釉面砖相同。

2. 陶瓷锦砖和玻璃锦砖的镶贴

陶瓷锦砖又称马赛克，玻璃锦砖又名玻璃马赛克，小块锦砖为铺贴方便，出厂前已将陶瓷锦砖反贴在305.5mm见方的护面纸上。玻璃锦砖一般反贴在327mm见方的护面纸上，锦砖镶贴如图10-8所示。

图10-8 锦砖镶贴

施工时，基层处理同釉面砖，中层抹1∶3水泥砂浆，厚约12～15mm。中层必须确保平整，阴阳角要垂直方正。否则，由于粘结层砂浆厚度小，一般仅2～3mm，粘贴时不易调整找平。中层灰抹完后要划毛并浇水养护。

粘贴陶瓷锦砖前，应根据陶瓷锦砖的规格及墙面高度弹若干水平线及垂直线。水平线按每张陶瓷锦砖弹一道，垂直线按1～2张陶瓷锦砖弹一道。水平线要和楼面保持平行。垂直线要与角垛的中心线保持平行。如有分格缝，则应按墙总高均分，根据设计要求与陶瓷锦砖的规格定出缝宽，再加工分格条。

粘贴时，先根据已弹好的水平线垫好垫尺，然后在已湿润的中层灰上抹一道素水泥浆(也可掺占水泥重7%～10%的107胶)做粘结层，厚约1～2mm。同时将陶瓷锦砖放在木垫板上，纸面向下，底面朝上，用湿布将底面擦净，再用白水泥浆(如嵌缝要求有颜色时，则采用带色水泥浆)刮满陶瓷锦砖的缝隙后，即可将陶瓷锦砖沿线粘贴在墙上，另一种做法是在湿润的中层灰上刷一道素水泥浆，再抹上2～3mm厚的纸筋灰素水泥浆(配合比为纸筋∶石灰膏∶水泥浆=1∶1∶8)做粘结层，用靠尺刮平。同时将陶瓷砖铺放在木垫板上，底面朝上，缝里撒灌1∶2干水泥砂，并用毛刷子刷净底面上的浮砂，再薄抹上一层粘结灰浆，然后将其粘贴到墙面上。粘贴时应沿垫尺上口按弹好的横竖线铺贴。铺贴时，顺序应自上而下进行，每段施工时自下而上进行。每张之间接槎缝的间距应保证与陶瓷锦砖间砖缝宽度一致，接槎缝要对齐，应随时注意调整缝子的平直和间距。贴完一组后，如有分格缝，则将分格条放在陶瓷锦砖上口，继续贴第二组。整间或独立部位宜一次贴完。

陶瓷锦砖粘贴后，应随即用拍板靠放在已贴好的陶瓷锦砖表面，用小锤敲击拍板。均匀地由边到中间满敲一退，将其相平压实。使其与中层灰粘结牢固，表面平整。然后刷水将护面纸润透，待护面纸吸水泡开后(约半小时)，即可揭纸。揭纸后检查陶瓷锦砖砖缝大小、平直情况，将弯扭的砖缝拨正调直，宽度一致，然后再用拍板小锤敲击一遍，以增强与墙面的粘结。拔缝工作必须在水泥浆韧凝之前完成，否则易产生面层空鼓、脱落现象。若缝内灌有水泥砂，拔缝后，应用刷子带水将缝内砂子刷出，再用小水壶由上往下浇水冲洗，用棉丝擦净。

最后一道工序是擦缝，用抹子将素水泥浆抹在已粘贴好的陶瓷锦砖表面，将所有的缝隙抹严嵌实，待稍收水后，用棉丝将砖面擦干净。分格缝的缝隙，应在起分格条后，用1∶1水泥砂浆勾嵌。

玻璃锦砖的镶贴工艺与陶瓷锦砖基本相同。但抹粘结灰浆时要注意使粘结灰浆填满玻璃锦砖之间的缝隙。铺贴玻璃锦砖时，先在中层上涂抹粘结灰浆一层，约厚2～3mm。再在玻璃锦砖底面薄薄地涂抹一层粘结灰浆，厚度为1～2mm，涂抹时要确保缝隙中(即粒与粒之间)灰浆饱满，否则用水洗刷玻璃锦砖表面时，易产生砂眼洞。

10.3.2 石材饰面施工

石材饰面(大理石、花岗岩等)多用于重要建筑物的墙面、柱面等高级装饰。饰面板安装可采取水泥砂浆固定法(湿法)、聚酯砂浆固定法、树脂胶连接法、螺栓或金属卡具固定法(干法)。其中螺栓或金属卡具固定法(干挂法)由于可有效地防止板面回潮、返碱、返花现象，因此是目前应用较多的方法，具体做法是在需铺设板材部位预留木砖、金属卡具等，板材安装后用螺栓或金属卡具固定，最后进行勾缝处理，也可在基层内打入膨胀螺栓，用以固定饰面板以下为大理石、花岗石等饰面板的安装。

石材饰面板的安装施工方法一般有“挂贴”和“粘贴”两种。通常采用“粘贴”方法的石材饰面板是规格较小(指边长在40cm及以下)的饰面板，且安装高度在1000mm左右。规格较大的石材饰面板则应采用挂贴的方法安装。挂贴的方法又分湿法作业与干法作业。

1. 绑扎固定灌浆法

“挂贴”湿法作业又称为绑扎固定灌浆法，可用于混凝土墙、砖墙表面装饰。它的主要缺点是，铺贴高度有限、现场湿作业污染环境、容易泛碱、工序较为复杂、施工进度慢、工效低；对工人的技术水平要求较高；饰面板容易发生花脸、变色、锈斑、空鼓、裂缝等。

现以大理石为例，介绍传统的绑扎固定灌浆法。安装工艺流程为：材料准备与验收→基层处理→板材钻孔→饰面板固定→灌浆→清理→嵌缝→打蜡。

1）材料准备与验收

大理石应按设计要求挑选规格、品种、颜色一致，无裂纹、无缺边、掉角及局部污染变色的块料，并分别堆放。按设计尺寸要求在平地上进行试拼，校正尺寸，使宽度符合要求。缝子平直均匀，并调整颜色、花纹，力求色调一致，上下左右纹理通顺，不得有花纹横竖突然变化的现象。试拼后分部位逐块按安装顺序予以编号，以便安装时对号入座。对轻微破裂的石材，经有关单位同意，可用环氧树脂胶粘剂粘结；表面有洼坑、麻点或缺棱掉角的石材，可用环氧树脂腻子修补。

2）基层处理

安装前检查基层的实际偏差，墙面还应检查其垂直、平整情况，偏差较大者应剔凿、修补。对表面光滑的基层进行凿毛处理。然后将表面清理干净，并浇水湿润，抹水泥砂浆找平层。找平层干燥后，在其上分块弹出水平和垂直线，并在地面上顺墙(柱)弹出大理石外轮廓尺寸线，在外廓尺寸线上再弹出每块大理石的就位线，板缝应符合规范规定。

3）绑扎固定灌浆法安装

(1) 绑扎用于固定饰面板的钢筋网片(图10-9)。采用φ6双向钢筋网，依据弹好的控制线与基层的预埋件绑牢，钢筋网竖向钢筋间距不大于500mm，横向钢筋与块材连接孔网的位置一致。第一道横向钢筋绑在第一层板材下口上方约100mm处，以后每道横筋皆绑在比该层板材上口低10～20mm处。钢筋网必须绑扎牢固，不得有颤动和弯曲现象。预埋铁件在结构施工时埋设。

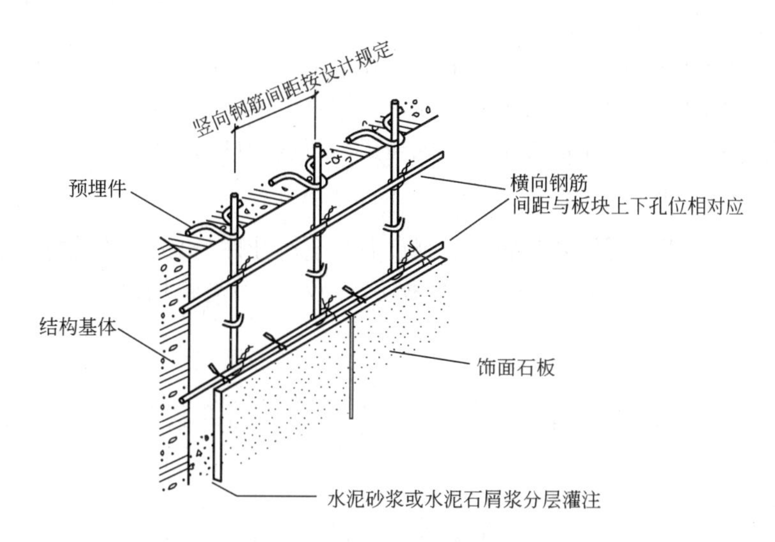

图10-9 钢筋网片绑扎固定法示意图

(2) 对大理石进行修边、钻孔、剔槽，以便穿绑铜丝与墙面钢筋网片绑牢，固定饰面板。每块板的上下边钻孔数量均不得少于2个，如板宽超过500mm，应不少于3个；打眼的位置应与基层上的钢筋网片的横向钢筋位置相适应，一般在板材断面上由背面算起2/3处，用笔画好钻孔位置，相应的背面也画出钻孔位置，距板边沿不小于30mm，然后钻孔，使竖孔、横孔相连通，孔径为5mm，能满足穿线即可。为了使铜丝通过处不占水平缝位置，在石板背面的孔壁上下口处再轻轻剔一道格，深约5mm，以便埋卧铜丝。板材钻孔后，即穿入20号铜丝备用。

(3) 饰面板安装。先将饰面板背面，侧面清洗干净并阴干。从最下一层开始，两端用块材找平找直，拉上横线，再从中间或一端开始安装。安装时，按部位编号将大理石板就位，先将下口铜丝绑在横筋上，再绑上口铜丝。用托线板靠直靠平，并用木楔垫稳，再将钢丝系紧。保证板与板交接处四角平整。安装完一层后，再用托线板找垂直，水平尺找平整，方尺找阴阳角。石板找好垂直、平整、方正后，在石板表面横竖接缝处每隔100～150mm用石膏浆予以粘贴。临时固定石板，使该层石板成一整体，以防止发生移位。余下的石板间缝隙，应用纸或石膏灰封严。待石膏凝结硬化后，在石材与基层间进行灌浆。

(4) 灌浆。灌浆工作每安装好一层饰面板，即应进行。灌注砂浆前，应浇水将饰面板背面和基体表面湿润，再用1∶2.5水泥砂浆(稠度一般为80～120mm)分层灌入石板内的缝隙中，每层灌注高度为150～200mm，并不得超过石板高度的1/3，灌注后应插捣密实。待下层砂浆初凝后，应检查板面位置，如移动错位拆除，重新安装；若无移动，才能灌注上层砂浆。最后一层砂浆应只灌至石板上口水平接缝以下50～100mm处，所留余量作为安装上层石板时灌浆的结合层。最后一层砂浆初凝后，可清理石板上口余浆，砂浆终凝后，可将上口木楔轻轻移动抽出，打掉上口有碍安装上层石板的石膏，然后按同样方法依次安装上层石板。

(5) 嵌缝。全部石板安装完毕，灌注砂浆达到设计强度标准值的50%后，即可清除所有石膏和余浆痕迹，用麻布擦洗干净，并用与石板相同颜色的水泥浆抹平接缝，边抹边擦干净，保证缝隙密实，颜色一致。

室外安装光面和镜面的饰面板的接缝，可在水平缝中垫硬塑料板条，垫塑料板条时将压出部分保留，待砂浆硬化后，将塑料条剔出，用水泥细砂浆勾缝。

全部工程完工后，表面应清洗干净，晾干后，再进行打蜡擦亮。

2. 板材干挂法安装

干挂法是利用高强度螺栓和耐腐蚀、强度高的金属挂件(扣件、连接件)或利用金属龙骨，将饰面石板固定于建筑物的外表面的做法，石材饰面与结构之间留有40～50mm的空腔。

1) 操作程序

基层表面处理→规方、弹线→选板、试排→钻孔→板块安装→擦缝→修整、保护。

2) 操作要点

用大理石、花岗岩等板材进行干挂法施工、板材厚度必须达到设计要求。

(1) 干挂法施工时，基体必须是表面平整的钢筋混凝土结构，或者是按设计要求制作的钢结构骨架。

(2) 基体表面处理：清除基体上的尘土和杂物，凿去基体表面的凸出部位并分层填平低凹处。根据设计要求和结构形式决定是否制作钢架。

(3) 在清理后的基层上进行吊直、套方、找规矩，弹出垂直线和水平线，并根据设计图纸和实际需要弹出安装石材位置线和分块线。

(4) 选板、试排：选板时，一是要看板材有无明显的硬伤和影响装饰效果的缺陷；二是用尺量长、宽和对角线，以检查其几何尺寸及方正是否规方，并将其进行分类；三是对纹理和色彩进行分类。然后，根据设计要求，规方后的实际尺寸同时还应考虑门窗、贴脸、踢脚、底层抹灰厚度及与饰面板间的灌缝间隙，板间接缝宽度，将选好的板材进行试排，试排的效果与设计(包括施工设计)核验认可后，要依顺序号备用。

(5) 钻孔：经试排后，在板的两侧根据挂件形式不同开不同的孔槽，板长大于500mm，需用三个挂件，板长小于500mm，用两个挂件。

(6) 板块安装：安装底层板块，先用夹具固定板材，拉通线找直，在孔槽中注满理石胶，然后用挂件固定板材。以螺栓或焊接方式将挂件与基层墙体或基层骨架连接牢固，按试排编号及安装图纸逐一将板材安装牢固，并随时调整好板材的垂直、方正，及时清理板材表面的理石胶，保持板面清洁。

干挂法施工免除了灌浆湿作业，可缩短施工周期，减轻建筑物自重，提高抗震性能，增强了石材饰面安装的灵活性和装饰质量。石板干挂做法如图10-10和图10-11所示。

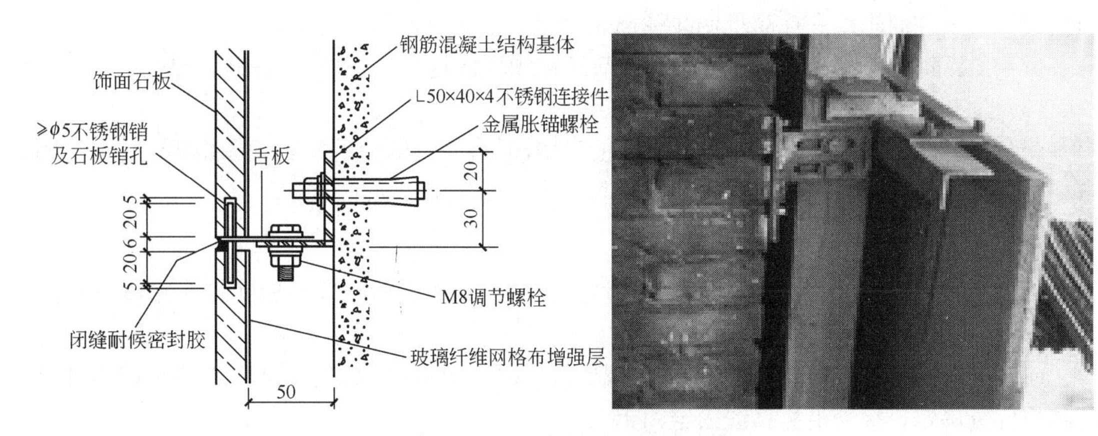

图 10－10 石板干挂做法示意图

图 10－11 石板干挂做法示意图

10.3.3 金属饰面施工

在现代装饰工程中，金属制品受到广泛的应用，如柱子外包不锈钢板或铜板、楼梯扶手采用不锈钢或铜管等。金属饰面质感好、简洁而挺拔，最为常见的是金属外墙板，它具有典雅庄重、坚固、质轻、耐久、易拆卸等优点。

金属外墙板按材料可分为单一材料(即为一种质地的材料，如钢板、铝板、不锈钢板等)和复合材料(即由两种或两种以上质地的材料组成，如铝合金板、镀锌板、搪瓷板、烤漆板、彩色塑料膜板、金属夹心板等)。按板面的形状分为光面平板、纹面平板、波形板、压型板、立体盒板等。

1. 铝合金板墙面安装

铝合金板墙面施工质量要求高，技术难度也比较大。在施工前应认真查阅图纸，领会设计意图，并应进行详细的技术交底，使操作者能够主动地做好每一道工序，甚至一些小的节点也要认真执行。铝合金板固定办法较多，建筑物的立面也不尽相同。

常用的铝合金板墙面安装工序为：施工准备(弹线)→墙面打洞→安装专用吊挂件→安装扣板龙骨→安装铝合金扣板→安装扣板附件→调直、抄平→擦净出光。

(1) 按施工图纸和现场实际尺寸，确定骨架安装位置。查核、清理结构表面连接骨架

的预埋件。按控制轴线和标高控制线弹出金属板安装的基准线。

(2) 安装固定骨架的连接件：连接件与结构预埋件焊牢或在墙上打膨胀螺栓。

(3) 固定骨架。

(4) 饰面板安装：外墙安装金属饰面板常用固结法，即将板条或方板用螺钉或铆钉固定在支承骨架上；在室内常用嵌卡法，将板条卡在特制的支承龙骨上。

2. 铝塑板的安装施工

铝塑板的施工工艺为：龙骨布置与弹线→安装与调平龙骨→安装铝塑板→修边封口。

1) 龙骨布置与弹线

(1) 弹线：确定标高控制线和龙骨布置线，如果吊顶有标高变化时，应将变截面部分的相应位置确定，接着沿标高线固定角铝。

(2) 确定龙骨位置线：根据铝塑板的尺寸规格及吊顶的面积尺寸来安排吊顶骨架的结构尺寸，要求板块组合的图案要完整，四周留边时，留边的尺寸要均匀或对称，将安排好的龙骨架位置线画在标高线的上方。

2) 安装与调平龙骨

根据纵横标高控制线，从一端开始，边安装边调平，然后再统一精调一次。

3) 安装铝塑板

铝塑板与龙骨架的安装，主要有吊钩悬挂式或自攻螺钉固定，也可采用钢丝扎结，安装时按弹好的板块安排布置线，从一个方向开始依次安装，并注意吊钩先与龙骨固定，再钩住板块侧边的小孔。铝塑板在安装时应轻拿轻放。保护板面不受碰撞或刮伤。用 M5 自攻螺钉固定时，先用手电钻打出直径为 4.2mm 孔位后再上螺钉。

4) 修边封口

当四周靠墙边缘部分不符合方板的模数时，在取得设计人员和监理的批准后，可不采用以方板和靠墙板收边的方法，而改用条板或纸面石膏板等做吊顶处理。

10.3.4 玻璃幕墙安装

玻璃幕墙是以玻璃板片做墙面材料，与金属构件组成的悬挂在建筑物主体结构上的非承重连续外围墙体，具有防水、隔热保温、气密、防火、抗震和避雷等性能。

1. 玻璃幕墙的种类

玻璃幕墙的结构大致可分为两部分，一是饰面的玻璃，二是固定玻璃的框架，玻璃只有与框架连接才能成为幕墙。框架是由竖向龙骨和横向龙骨用相应的连接件组成的方格框架的承力结构，是固定玻璃的载体，竖向及横向龙骨均由铝合金压制成空腹特殊形状的截面，特别是竖向龙骨用连接件与主体结构楼板连接，将玻璃幕墙的重量分别传给各楼层并同时起到固定的作用。根据玻璃幕墙的结构特点，玻璃幕墙的种类有三大类：点式玻璃幕墙、框支撑玻璃幕墙、全玻璃幕墙，其中框支撑玻璃幕墙根据框架的显露情况又可分为即明框玻璃幕墙、全隐框玻璃幕墙、半隐框玻璃幕墙。点支承玻璃幕墙采用四爪式不锈钢挂件与立柱相焊接，玻璃四角在厂家钻 $\phi 20$ 孔，挂件的每个爪与 1 块玻璃 1 个孔相连接，1 块玻璃固定于 4 个挂件上，又称“点式玻璃幕墙”(图 10 - 12)。全隐框玻璃幕墙是玻璃框和铝合金框格体系均隐在玻璃后面，幕墙全部荷载均由玻璃通过胶传给铝合金框架(图 10－13)。半隐框玻璃幕墙是立柱隐在玻璃后面，玻璃安放在横梁的玻璃镶嵌槽内，镶嵌槽外加盖铝合金压板或幕墙玻璃横向用结构胶粘贴方式在车间制作后运至现场，竖向采用玻璃镶嵌槽内固定，镶嵌槽外竖边用铝合金压板固定(图 10－14)。无骨架(全玻)玻璃幕墙的玻璃既是饰面，又是承受自重和风载的结构构件(图 10－15)。无骨架玻璃幕墙的骨架除主框架外，次骨架为玻璃肋，沿玻璃肋上下左右用胶固定。无骨架玻璃幕墙常用于建筑物首层，下端为支点。但高度大于 4m 时，幕墙应吊挂在主体结构上。为增强幕墙的刚度和风荷载下的安全稳定，除玻璃应有足够的厚度外，应设置与面玻璃垂直的玻璃肋。

图 10－12　点式玻璃幕墙

图 10－13　全隐框玻璃幕墙

图 10－14　半隐框玻璃幕墙

图 10－15　全玻玻璃幕墙

2. 幕墙安装施工工艺

工艺流程：放样定位→安装支座→安装立柱→安装横梁→安装玻璃→打胶→清理。

1) 放样定位、安装支座

根据幕墙的造型、尺寸和图纸要求，进行幕墙的放样、弹线。各种埋件的数量、规格、位置及防腐处理须符合设计要求；在幕墙骨架与建筑结构之间设置连接固定支座，上下支座须在一条垂直线上。

2) 安装立柱

在两固定支座间，用不锈钢螺栓将立柱按安装标高要求固定，立柱安装轴线偏差≤2mm，相邻两立柱安装标高偏差≤3mm。支座与立柱接触处用柔性垫片隔离。立柱安装调整后应及时紧固。

3) 安装横梁

确定各横梁在立柱的标高，用铝角将横梁与立柱连接起来，横梁与立柱的接触处设置弹性橡胶垫。相邻两横梁水平标高偏差≤1mm。当幕墙宽度≤35m 时，同层横梁的标高偏差≤5mm；当幕墙宽度>35m时，同层横梁的标高偏差≤7mm，同层横梁安装应由下而上进行。

4）安装玻璃

（1）明框幕墙：明框幕墙是用压板和橡皮将玻璃固定在横梁和立柱上。固定玻璃时，在横梁上设置定位垫块，垫块的搁置点离玻璃垂直边缘的距离宜为玻璃宽度的1/4，且不宜小于150mm，垫块的宽度应小于等于所支撑玻璃的厚度，长度不宜小于25mm。

（2）隐框幕墙玻璃：隐框幕墙的玻璃是用结构硅酮胶粘结在铝合金框格上，从而形成玻璃单元块。玻璃单元块在工厂用专用打胶机完成。玻璃单元块制成后，将单元块中铝框格的上边挂在横梁上，再用专用固定片将铝框格的其余三条边钩夹在立柱和横梁上，框格每边的固定片数量不少于两片。

（3）半隐框幕墙：半隐框幕墙在一个方向上隐框，在另一方向上则为明框。隐框方向上的玻璃边缘用结构硅硐胶固定，在明框方向上的玻璃边缘用压板和连接螺栓固定，隐框边和明框边的具体施工方法可分别参照隐框幕墙和明框幕墙的玻璃安装方法。

（4）玻璃与构件不得直接接触，玻璃四周与构件凹槽底部应保持一定的空隙，每块玻璃下应至少放置两块宽度与槽口宽度相同、长度不小于100mm的弹性定位垫块；玻璃四周镶嵌的橡胶条材质应符合设计要求，镶嵌应平整，橡胶条比边框内槽长1.5%～2%，橡胶条在转角处应斜面断开，并用粘结剂粘结牢固后嵌入槽内。

（5）高度超过4m的无骨架玻璃幕墙应吊挂在主体结构上，吊夹具应符合设计要求，玻璃与玻璃、玻璃与玻璃肋之间的缝隙应用硅酮结构密封胶填嵌密实。

（6）挂架式(点支承)玻璃幕墙应采用带万向头的活动不锈钢爪，其钢爪间的中心距离应大于250mm。

5）打胶、清理

（1）打胶：打胶的温度和湿度应符合相关规范的要求。

（2）清理：玻璃幕墙的玻璃安装完后，应用中性清洁剂和水对有污染的玻璃和铝型材进行清洗。

特别提示

玻璃幕墙有绚丽的外观，但也有“光污染”、能耗大、造价高等缺陷。玻璃幕墙的发展方向是集发电、隔声、隔热、安全、装饰功能于一体的光电幕墙和能改变建筑生态和建筑色彩的生态幕墙。

10.4 楼地面工程

10.4.1 楼地面的组成及其分类

1）楼地面的组成

楼地面是房屋建筑楼层地坪与底层地坪的总称。其由面层、垫层和基层等部分构成。

2）楼地面的分类

(1) 按面层材料分有土、灰土、三合土、菱苦土、水泥砂浆、混凝土、水磨石、马赛克、木、砖和塑料地面等。

(2) 按面层结构分有整体地面、块料地面和涂布地面。

10.4.2 基层施工

(1) 抄平弹线，统一标高。检测各个房间的地坪标高，并将统一水平标高线弹在各房间四壁上，离地面 500mm 处。

(2) 楼面的基层是楼板，应做好楼板板缝灌浆、堵塞和板面清理工作。

(3) 地面的基层多为土。房心填土的土料，应按规范规定的土料填土。不允许用作填土的土料不得用于房心填土。地面下的填土应采用素土分层夯实。地面下的基土，经夯实后的表面应平整，用 2m 靠尺检查，要求其土表面凹凸不大于 10mm，标高应符合要求，水平偏差不大于 20mm。

10.4.3 垫层施工

楼地面垫层分为刚性垫层、半刚性垫层和柔性垫层。

1. 刚性垫层

刚性垫层是指水泥混凝土、水泥碎砖混凝土、水泥炉渣混凝土和水泥石灰炉渣混凝土等各种低强度等级混凝土。

混凝土垫层厚度一般为 60～100mm。其强度等级不宜低于 C10，粗骨科粒径不应超过 50mm，且不得超过垫层厚度的 2/3，混凝土配合比按普通混凝土配合比设计试配。其施工要点如下：

(1) 清理基层，检测弹线。

(2) 浇筑混凝土垫层前，基层应洒水湿润。

(3) 浇筑大面积混凝土垫层时，应纵横每 6～10m 设中间水平桩，以控制厚度。

(4) 大面积浇筑宜采用分仓浇筑方法，要根据变形缝位置、不同材料面层的连接部位或设备基础位置情况进行分仓，分仓距离一般为 3～4m。

2. 半刚性垫层

半刚性垫层一般有灰土垫层、碎砖三合土垫层和石灰炉渣垫层。

灰土垫层是用熟化石灰和粘土拌制而成，应做在不受地下水浸湿的地基上。厚度一般不小于 100mm，通常采用 3∶7 灰土，石灰在使用前三天用清水熟化过筛，颗粒不大于 5mm。土不含有有机杂质，使用前过筛，颗粒不大于 15mm，灰土拌合料应保证比例准确、拌和均匀，加水适度，以用手紧提成团，用手指轻捏即粉碎为宜。虚铺厚度一般为 150～250mm，夯实至 100～150mm。夯实后的表面应平整，经适当晾干后，再进行下道工序。

石灰炉渣垫层是用石灰、炉渣拌和而成的，其厚度不宜小于 60mm。炉渣粒径不应大于40mm，且不超过垫层厚度的1/2，粒径在5mm以下者，不得超过总体积的40%，拌和时严格控制加水量。铺设后应压实拍平，垫层厚度如大于120mm，应分层铺设，压实后的厚度不应大于虚铺厚度的3/4。

3. 柔性垫层

柔性垫层包括用土、砂、石、炉渣等散状材料经压实的垫层。砂垫层厚度不小于60mm；适当浇水用平板振动器振实；砂石垫层的厚度不小于100mm，要求粗细颗粒混合摊铺均匀，浇水使砂石表面湿润，碾压或夯实不少于三遍至不松动为止。

根据需要有时尚应在垫层上做水泥砂浆、混凝土、沥青砂浆或沥青混凝土等找平层。

10.4.4 面层施工

楼地面面层有水泥砂浆面层、细石混凝土面层、水磨石面层、块料面层、塑料面层、地毯面层及木质楼地面面层等。

下面重点介绍水泥砂浆、细石混凝土、块料面层、塑料面层及板块面层施工。

1. 水泥砂浆地面

水泥砂浆地面是用水泥砂浆做楼地面面层。其厚度一般为15～26mm。一般用强度等级为42.5级的水泥与中砂或粗砂配制而成，配合比为1∶2～1∶2.5，砂浆应是干硬性的，以手捏成团稍出浆为准。

操作前先按设计测定地坪面层标高，同时将垫层表面清扫干净洒水湿润后，刷一道含4%～5%的107胶素水泥浆，紧跟着铺上水泥砂浆，用刮尺赶平，并用木抹子压实，待砂浆初凝后终凝前，用铁抹子反复压光三遍，不允许撒干灰砂收水抹压。砂浆终凝(一般在12h)后，覆盖草袋、锯木等浇水养护。水泥砂浆面层除按要求用铁抹子压光外，养护也是保证面层否起砂的关键，应引起足够的重视。当施工大面积水泥砂浆面层时，应按要求留设分格缝，防止砂浆面层不规则裂缝发生，一旦发生裂缝应立即修补。

2. 细石混凝土地面

细石混凝土地面是用细石混凝土做楼地面面层。细石混凝土面层可以克服水泥砂浆地面干缩较大的缺点。这种地面强度高、干缩值小，但厚度较大，一般为30～40mm。混凝土强度等级不低于C20，浇筑时的坍落度不应大于30mm，水泥采用不低于32.5级普通硅酸盐水泥。

水泥或硅酸盐水泥，砂用中砂或粗砂，碎石或卵石的粒径应不大于15mm，且不大于面层的2/30。

混凝土铺设时，预先在地坪四周弹出水平线，以控制面层的厚度，并用木板隔成宽小于3m的条形区段，先刷以水灰比0.4～0.5的水泥浆，随刷随铺混凝土，用刮尺找平，用表面振动器振捣密实或采用滚筒交叉来回滚压3～5遍，至表面泛浆为止，然后进行抹平和压光。混凝土面层应在初凝前完成抹平工作，终凝前完成压光工作。

用钢筋混凝土现浇楼板或强度等级低于C15混凝土垫层兼面层时，可采用随浇捣随抹方法。必要时加适量1∶2～1∶2.5水泥砂浆抹平压光。随抹水泥砂浆面层工作，应在基层混凝土或细石混凝土初凝前完成。

混凝土面层三遍压光成活及养护同水泥砂浆面层。

3. 块料地面

块料地面是指用天然大理石板、花岗石板、预制水磨石板、陶瓷铺地砖与墙地砖、陶瓷锦砖、激光玻璃砖及钛金不锈钢覆面墙地砖等装饰材料铺设的楼面与地面。

大理石、花岗石板铺贴施工工艺流程：准备工作→弹线→试拼编号→刷水泥浆结合层→铺砂浆→铺块材→灌浆擦缝→打蜡。

1）施工准备

（1）基层处理：挂线检查地面平整度（光滑钢筋混凝土表面需凿毛处理），并用清扫、刷净基层，防水层、施工前一天需浇水。

（2）找规矩：在相应的立面墙上确定平面标高线，在房间地面拉十字线确定中点。

（3）试拼：根据图案、纹理、色泽进行试拼。

（4）试排：根据图案要求试排，检查板之间的缝隙，一般不大于1mm。

2）弹线

在房间的主要部位弹互相垂直的十字控制线，依据墙面+50cm线往下返，找出面层标高。

3）试拼试排

在正式铺设前，对每一房间的花岗岩或大理石板块，应按图案、颜色、纹理试拼，将非整块板对称排在房间靠墙部位，试拼后按两个方向编号排列，然后按编号码放整齐，结合房间实际尺寸试排。

4）铺设板块

铺设干硬性水泥砂浆结合层后，安放块材，对缝，用橡皮锤（或木锤）轻轻敲击木垫板（不得直接敲击板块），使砂浆振实，将板块料搬起移至一旁，浇上一层水灰比为0.4～0.5的水泥胶浆，才正式进行铺贴。不设镶条的铺贴24h后洒水养护，2天后无裂缝和空鼓后，用素水泥进行灌缝，用于板面同颜色的水泥浆擦缝，水泥砂浆凝结后，清理干净并3天内禁止走动。

块料地面铺设如图10-16所示。

图10-16　块料地面铺设

4. 塑料地板

塑料地板如图 10－17 所示。

图 10－17　塑料地板

1）铺设塑料地板主要施工工艺流程

（1）半硬质塑料地板块：基层处理→弹线→塑料地板脱脂除蜡→预铺→刮胶→粘贴→滚压→养护。

（2）软质塑料地板块：基层处理→弹线→塑料地板脱脂除蜡→预铺→坡口下料→刮胶→粘贴→焊接→滚压→养护。

（3）卷材塑料地板：裁切→基层处理→弹线→刮胶→粘贴→滚压→养护。

2）施工要点

基层应达到表面不起砂、不起皮、不起灰、不空鼓、无油渍。手摸无粗糙感。不符合要求的，应先处理地面。弹出互相垂直的定位线，并依拼花图案预铺。基层与塑料地板块背面同时涂胶，胶面不粘手时即可铺贴。块材每贴一块后，将挤出的余胶要及时用棉丝清理干净。铺装完毕，要及时清理地板表面，使用水性胶粘剂时可用湿布擦净，使用溶剂型胶粘剂时，应用松节油或汽油擦除胶痕。地板块在铺装前应进行脱脂、脱蜡处理。

3）注意事项

（1）对于相邻两房间铺设不同颜色、图案塑料地板，分隔线应在门框踩口线外，使门口地板对称。

（2）铺贴时，要用橡皮锤从中间向四周敲击，将气泡赶净。

（3）铺贴后 3 天不得上人。

（4）PVC 地面卷材应在铺贴前 3～6 天进行裁切，并留有 0.5%的余量，因为塑料在切割后有一定的收缩。

5. 木地板施工

1）木工用的木料

木工用的木料有细木工板(大芯板)、胶合板、刨花板、薄木饰面板、纤维板(密度板)等。

（1）细木工板(大芯板)：将木材的边角料刨光、拼接后，中间是以天然木条粘合制成芯板，再两侧贴胶合板制成，也称大芯板。可以做家具和包木门及门套、暖气罩、窗帘盒等，其防水防潮性能优于刨花板和中密度板。在挑选时观察它的内部木材，不宜过碎，木材之间缝隙在 3mm 左右为宜。由于表面露出的木纹不美观，很少直接刷漆，通常要贴饰面三合板。

(2) 胶合板：将原木切成薄板，干燥后，按奇数纵横粘压而成。主要用于室内隔墙罩面、顶棚、内墙面装饰、门面装饰、家具制作。根据层数或厚度称呼，如三合板或3厘板。优劣主要看原料，现生产中已将极薄的实木饰面贴在三合板上，可直接使用。价格与买饰面板让施工队贴相比较便宜。

(3) 刨花板：是天然木材粉碎成颗粒状后，经胶压成板，是目前橱柜的主要材料。中密度板(纤维板)是用粉末状木屑经压制后成型，平整度较好，但耐潮性较差。相比之下，密度板的握钉力较刨花板差，螺钉旋紧后如果发生松动，由于密度板的强度不高，很难再固定，因此很少用于做柜体。

(4) 薄木饰面板：将木材切成0.1～1mm厚的薄片再粘贴于基板上制成，主要用于制作家具、木墙裙、木门等。木纹明显且高档木材旋切的木皮，非常薄，最薄为0.3mm，较厚有2～3mm。需大面积使用时，最好直接买已贴好饰面的三合板。

2) 木地板的种类

其种类包括实木地板、复合板(强化木地板、实木复合地板)、软木地板、竹地板等。

(1) 实木地板。

实木地板(图10－18)是应用最早的地板，也是地板中的高档产品。实木地板具有脚感好、真实的木纹感、有档次等优点，但处理不好易变形，需要定期打蜡，且不易打理，价格较贵。

(2) 强化木地板。

强化木地板(图10－19)起源于欧洲，学名为浸渍纸层压木质地板。由于采用高密度板为基材，材料取自速生林，2～3年生的木材被打碎成木屑制成板材使用，是最环保的木地板。强化地板有耐磨层，可以适应较恶劣的环境，如客厅、过道等经常有人走动的地方。具有无需抛光、上漆、打蜡、易清理、耐磨、价格便宜等优点。但也有一些缺点，如强化地板只有8mm厚，脚感要差一些，花纹也没有实木地板生动。

图10－18 实木地板

图10－19 强化木地板

(3) 实木复合地板。

实木复合地板由几层实木纵横交错制成，从材质上说也是实木地板，表层通常为木纹美丽的珍贵木材，下面几层为杂实木。这种地板不易变形，非常适合地热采暖的房间。这种地板克服了实木地板易变形的缺点，保持了珍贵木材的美丽花纹，铺装后很显档次。其缺点是与实木地板相比，甲醛含量较多。

(4) 软木地板、竹地板。

软木地板由树皮为原料经过粉碎、热压加工而成的，是世界上最优秀的天然复合木地板之一。软木地板虽软但十分耐磨，使用软木地板能减少噪声。

竹地板给人一种天然、清凉的感觉。与实木地板类似，处理或铺装不好容易变形。竹地板的原料毛竹比木材生长周期要短得多，因此它也是一种十分环保的地板。

3）木地板的施工方法

木地板的施工方法一般可分为粘贴式、实铺式、架空式等三种。

（1）粘贴式施工：在混凝土结构层上用15mm厚1∶3水泥砂浆找平，现在大多采用不着高分子粘结剂，将木地板直接粘贴在地面上。

（2）实铺式施工。实铺式木地板基层采用梯形截面木搁栅(俗称木楞)，木搁栅的间距一般为400mm，中间可填一些轻质材料，以降低人行走时的空鼓声，并改善保温隔热效果。为增强整体性，木搁栅之上铺钉毛地板，最后在毛地板能上能下打接或粘接木地板。在木地板一墙的交接处，要用踢脚板压盖。为散发潮气，可在踢脚板上开孔通风。

（3）架空式施工。架空式木地板是在地面先砌地垄墙，然后安装木搁栅、毛地板、面层地板。因家庭居室高度较低，这种架空式木地板很少在家庭装饰中使用。

4）木地板的基本工艺流程

（1）粘贴法。

基层清理→涂刷底胶→弹线、找平→钻孔、安装预埋件→安装毛地板、找平、刨平→钉木地板、找平、刨平→钉踢脚板→刨光、打磨→油漆→上蜡。

（2）强化复合地板。

清理基层→铺设塑料薄膜地垫→粘贴复合地板→安装踢脚板。

（3）实铺法。

基层清理→弹线→钻孔安装预埋件→地面防潮、防水处理→安装木龙骨→垫保温层→弹线、钉装毛地板→找平、刨平→钉木地板、找平、刨平→装踢脚板→刨光、打磨→油漆→上蜡。

5）木地板的施工要点

（1）实铺地板要先安装地龙骨，然后再进行木地板的铺装。

（2）龙骨的安装方法：应先在地面做预埋件，以固定木龙骨，预埋件为螺栓及铅丝，预埋件间距为800mm，从地面钻孔下入。

（3）木地板的安装方法：实铺实木地板应有基面板，基面板使用大芯板。

（4）地板铺装完成后，先用刨子将表面刨平刨光，将地板表面清扫干净后涂刷地板漆，进行抛光上蜡处理。

（5）所有木地板运到施工安装现场后，应拆包在室内存放一个星期以上，使木地板与居室温度、湿度相适应后才能使用。

（6）木地板安装前应进行挑选，剔除有明显质量缺陷的不合格品。将颜色花纹一致的铺在同一房间，有轻微质量缺欠但不影响使用的，可摆放在床、柜等家具底部使用，同一房间的板厚必须一致。购买时应按实际铺装面积增加10%的损耗一次购买齐备。

（7）铺装木地板的龙骨应使用松木、杉木等不易变形的树种，木龙骨、踢脚板背面均应进行防腐处理。

（8）铺装实木地板应避免在大雨、阴雨等气候条件下施工。施工中最好能够保持室内温度、湿度的稳定。

(9) 同一房间的木地板应一次铺装完，因此要备有充足的辅料，并要及时做好成品保护，严防油渍、果汁等污染表面。安装时挤出的胶液要及时擦掉。

6) 木地板的注意事项

(1) 木地板粘贴式铺贴要确保水泥砂浆地面不起砂、不空裂，基层必须清理干净。

(2) 基层不平整应用水泥砂浆找平后再铺贴木地板。基层含水率不大于15%。

(3) 粘贴木地板涂胶时，要薄且均匀。相邻两块木地板高差不超过1mm。

10.5 吊顶工程

吊顶是室内装饰工程的一个重要组成部分，有保温、隔热、隔声和吸声作用，又可以增加室内亮度和美观。对于设计空调的建筑，也是节约能耗的一个根本途径。吊顶可分为直接式和悬吊式，本节只讨论悬吊式，直接式应归于一般抹灰。悬吊式又可分为活动式装配吊顶(明龙骨)、隐蔽式装配吊顶(暗龙骨)、格栅式吊顶、开敞式吊顶等。吊顶工程由吊筋吊杆、骨架龙骨和吊顶面板三部分组成。

10.5.1 常用材料

1. *龙骨*

吊顶按设置的位置分屋架下吊顶和混凝土板下吊顶；按结构形式分为活动式装配吊顶、隐藏式装配吊顶、金属装饰板吊顶、开敞式吊顶及整体式吊顶(灰板条吊顶)等，龙骨按材料分主要有木龙骨、轻钢龙骨(镀锌铁板或钢板滚轧、冲压而成)、T形铝合金龙骨。

轻钢龙骨(图10－20)按断面形式有V形、C形、T形、L形龙骨，主要规格分为D38、D45、D50和D60。烤漆龙骨是防火的镀锌板制造，经久耐用。铝合金龙骨(图10－21)分为三个部分，主龙骨称为大T，副龙骨称为小T，修边角则是用作墙边收尾和固定的，其表面经氧化处理后不会生锈和脱色。家庭装修吊顶常用木龙骨，同时木龙骨也是隔墙的常用龙骨。木龙骨有各种规格，吊顶常用木龙骨规格为30mm×50mm，常用木材有白松、红松、樟子松。

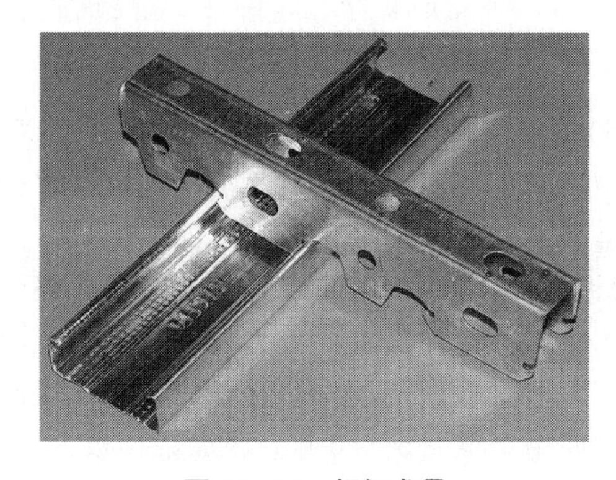

图10－20 轻钢龙骨

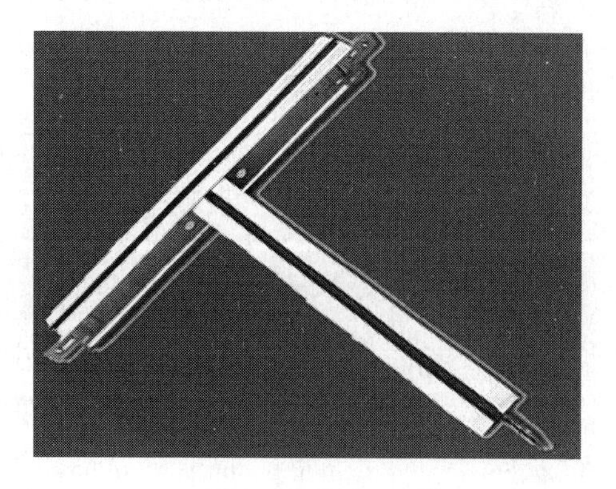

图10－21 铝合金龙骨

2. 罩面材料

罩面材料分为普通石膏板和防水面板。

1) 普通石膏板

普通石膏板(图 10－22)是由双面贴纸内压石膏而形成，目前市场普通石膏板的常用规格有 1200mm×3000mm 和 1200mm×2440mm 两种，厚度一般为 9mm。其特点是价格便宜，但遇水遇潮容易软化或分解。

普通石膏板一般用于大面积吊顶和室内客厅、餐厅、过道、卧室等对防水要求不高的地方，可以做隔墙面板，也可做吊顶面板。

2) 防水面板

(1) 硅钙板。

硅钙板(图 10－23)又称石膏复合板，它是一种多孔材料，具有良好的隔声、隔热性能，在室内空气潮湿的情况下能吸引空气中水分子，空气干燥时，又能释放水分子，可以适当调节室内干、湿度，增加舒适感。石膏制品又是特级防火材料，在火焰中能产生吸热反应，同时，释放出水分子阻止火势蔓延，而且不会分解产生任何有毒的、侵蚀性的、令人窒息的气体，也不会产生任何助燃物或烟气。

图 10－22　普通石膏板

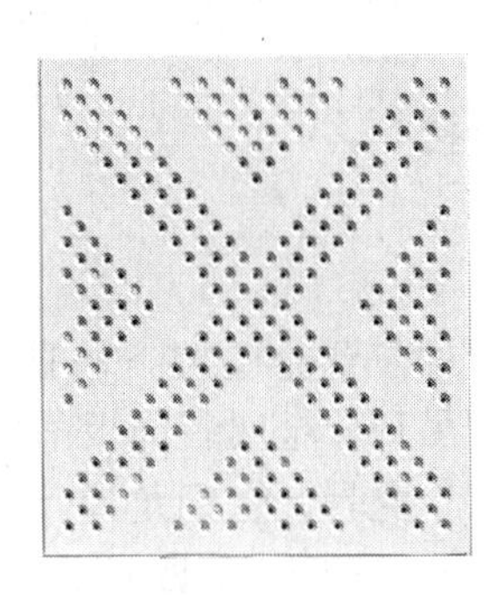

图 10－23　硅钙板

硅钙板与石膏板比较，在外观上保留了石膏板的美观；质量方面大大低于石膏板，强度方面远高于石膏板；彻底改变了石膏板因受潮而变形的致命弱点，数倍地延长了材料的使用寿命；在消声息音及保温隔热等功能方面，也比石膏板有所提高。

硅钙板一般规格为 600mm×600mm，主要用于办公室、商场等场所，不适宜在家庭装修中使用。

(2) 铝扣板。

铝扣板(图 10－24)是一种 20 世纪 90 年代出现的一种新型家装吊顶材料，主要用于厨房和卫生间的吊顶工程。由于铝扣板的整个工程使用全金属打造，在使用寿命和环保能力上，更优越于 PVC 材料和塑钢材料，目前，铝扣板已经成为家装整个工程中不可缺少的材料之一。铝扣板主要分为喷涂铝扣板、滚涂铝扣板、覆膜铝扣板三种大类，使用寿命逐渐增大，性能增高。喷涂铝扣板正常的使用年限为 5～10 年，滚涂铝扣板为7～15 年，覆膜铝扣板为 10～30 年。

图 10－24　铝扣板

铝扣板的规格有长条形和方块形、长方形等多种，颜色也较多，因此在厨卫吊顶中有很多的选择余地。目前常用的长条形规格有 5cm、10cm、15cm 和 20cm 等几种；方块形的常用规格有 300mm×300mm，600mm×600mm 多种，小面积多采用 300mm×300mm，大面积多采用 600mm×600mm。铝扣板的厚度有 0.4mm、0.6mm、0.8mm 等多种，越厚的铝扣板越平整，使用年限也就越长。

(3) 铝塑板。

铝塑板(图 10－25)是一种新型装饰材料，有经济性、可选色彩的多样性、便捷的施工方法、优良的加工性能、绝佳的防火性等优点。

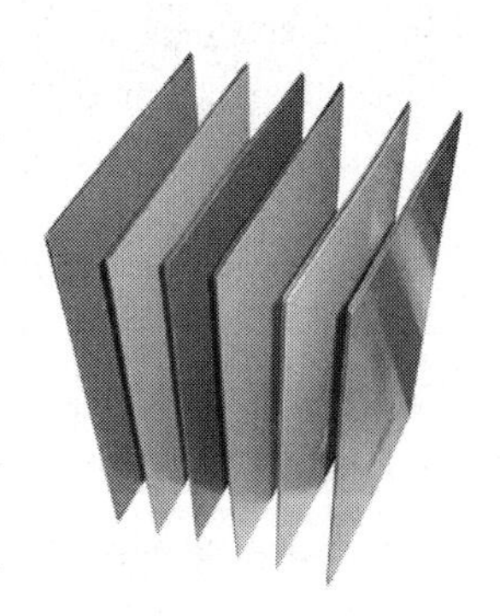
图 10－25 铝塑板

铝塑板分为单面和双面，由铝层与塑层组成，单面较柔软，双面较硬挺。铝塑板常见规格为 1220mm×2440mm。

(4) PVC 板。

PVC 吊顶型材以 PVC 为原料，经加工成为企口式型材，具有质量轻、安装简便、防水、防潮的特点，它表面的花色图案变化也非常多，并且耐污染、好清洗，有隔声、隔热的良好性能。它成本低、装饰效果好，是卫生间、厨房、洗手间、阳台等吊顶的主导材料。随着铝扣板和铝塑板的出现，PVC 板逐渐被取代，主要是 PVC 板易老化、黄变。

10.5.2 施工工艺

1. 施工准备

(1) 安装龙骨前，应按设计要求对房间净高、洞口标高和吊顶管道、设备及其支架的标高进行交接检验。

(2) 吊顶工程的木吊杆、木龙骨和木饰面板必须进行防火处理，并应符合有关设计防火规范的规定。

(3) 吊顶工程中的预埋件、钢筋吊杆和型钢吊杆应进行防锈处理。

(4) 安装面板前应完成吊顶内管道和设备的调试及验收。

(5) 吊杆的间距不得大于 1200mm，吊杆距主龙骨端部距离不得大于 300mm，当大于 300mm 时，应增加吊杆。当吊杆长度大于 1.5m 时，应设置反支撑。当吊杆与设备相遇时，应调整并增设吊杆。

(6) 重型灯具、电扇及其他重型设备严禁安装在吊顶工程的龙骨上。

(7) 吊顶的安装底面与灯箱、浴霸底面要齐整。

2. 工艺流程

弹顶棚标高水平线→划龙骨分档线→安装管线设施→安装主龙骨吊杆→安装大龙骨→安装小龙骨→防腐处理→安装罩面板→安装压条。

3. 木龙骨吊顶施工

1) 木龙骨吊顶

安装吊点紧固件通常为预埋铁件、射钉和膨胀螺栓。木龙骨架地面拼接，固定标高木

图 10-26　木龙骨吊顶

方条，分片吊装。对于平面吊顶的吊装，通常从一个墙角开始，临时固定调平后，用木方、扁铁式角铁与吊点固定，对于叠级式平面顶棚的吊装，一般先从最高平面开始。分片骨架在同一平面对接时，骨架各端头对正、加固，对有上人要求的吊顶，可用铁件连接。按图纸要求预留出暗装或明装设施位置，并在预留位置上用木方加固收边。木龙骨吊顶如图 10-26 所示。

2）木夹板安装

将选好的木夹板按木龙骨分格中心线尺寸在木夹板正面弹线、倒角，留出设备安装位置后，托起与木龙骨架中心线对齐，从中间到四周钉牢，钉头沉入木夹板中，间距 150mm 左右，均匀分布。进行饰面处理和收口收边。

4. 轻钢龙骨纸面石膏板吊顶

1）龙骨安装

(1) 主龙骨安装：用吊挂件将主龙骨连接在吊杆上，紧固卡牢，以一个房间为单位，将大龙骨调整平直。

(2) 中龙骨安装：中龙骨垂直于主龙骨，在交叉点用中龙骨吊挂件将其固定在主龙骨上，吊挂件上端搭在主龙骨上，挂件 U 形腿用钳子卧入主龙骨内。中心骨的间距因饰面板是密缝还是离缝安装而异。中龙骨中距应计算准确并要翻样而定。

(3) 横撑龙骨安装，横撑龙骨应用中龙骨截取，安装时应将截取的中龙骨的端头插入挂插件，扣在纵向龙骨上，并用钳子将挂搭弯入纵向龙骨内，组装好后，纵向龙骨和横撑龙骨底面应平直。横撑龙骨间距应根据实际使用饰面板规格尺寸而定。

(4) 从稳定方面考虑，龙骨与墙面之间的距离应小于 100mm。

(5) 灯具处理：一般轻型灯具可固定在中龙骨或横撑龙骨上，较重的需吊在大龙骨上，重型的需按设计要求处理，不得与轻钢龙骨连接。

图 10-27　轻钢龙骨吊顶

轻钢龙骨吊顶如图 10-27 所示。

2）纸面石膏板安装

为增加纸面石膏板在平面内的抗拉强度，应使纸面石膏板的接缝尽可能错开，接缝应留在次龙骨下面，以便用螺钉固定。若采用双层纸面石膏板，应使上下层面的接缝相互错开，板缝应留 3mm 左右的 V 形缝，能使嵌缝密实。安置纸面石膏板的螺钉宜用镀锡自攻螺钉，以免螺钉锈蚀产生板面爆点现象。板缝用具有弹性的腻子填密实，并在板缝表面贴上专业绑带。自攻螺钉与板边或板端的距离不得小于 10mm，也不宜大于 16mm，因为受至龙骨断面所限制。板中间螺钉的间距不得大于 200mm。固定时要求钉头嵌入石膏板约 0.5～1mm，钉眼用腻子找平，并且用与石膏板颜色相同的色浆腻子刷色一遍，固定螺钉可用 GB 847 或 GB 845 十字沉头自攻螺钉(5×25，5×35)。

5. 金属板块(条)罩面板吊顶

在住宅工程中，板块(条)罩面吊顶用于厨房和卫生间的平顶装饰，材料以金属为主，如铝合金等。在选用这类材料时，应根据板块的大小确定板的厚度，以免因板太薄而产生过大的挠度。为了吊顶使排版合理，应根据吊顶的平面尺寸，绘制吊顶排版图。

1) 龙骨安装

金属板吊顶所用的龙骨多为卡口式龙骨，龙骨的安装应根据板的布置确定龙骨位置，龙骨一般为单向布置，龙骨间距应均匀相等。吊点应垂直向下，吊点的间距控制在1000mm 左右。龙骨安装完成后，应对龙骨的平整度进行调整，使龙骨在同一水平面。

2) 金属板(条)安装

按照预先绘制的排版图进行金属板安装，在安装过程中，应控制接缝处相邻板面的平整度和接缝顺直。在控制相邻板面的平整度时，应确保卡口不松动，才能保证相邻板面的平整度；为保证接缝的顺直，可在安装时，拉通长线来控制。

10.6 门窗工程

10.6.1 门窗的分类

1) 按不同材质分类

门窗按不同材质分类，可以分为木门窗、铝合金门窗、钢门窗、塑料门窗、全玻毛离门窗、复合门窗、特殊门窗等。钢门窗又有普通钢窗、彩板钢窗和渗铝钢窗三种。

2) 按不同功能分类

门窗按不同功能分类，可以分为普通门窗、保温门窗、隔声门窗、防火门窗、防盗门窗、防爆门窗、装饰门窗、安全门窗、自动门窗等。

3) 按不同结构分类

门窗按不同结构分类，可以分为推拉门窗、平开门窗、弹簧门窗、旋转门窗、折叠门窗、卷帘门窗、自动门窗等。

10.6.2 门窗施工的要求

1. 门窗的安装

安装是门窗能否正常发挥作用的关键，也是对门窗制作质量的检验，对于门窗的安装速度和质量均有较大的影响，是门窗施工的重点。因此，门窗安装必须把握下列要点：

(1) 门窗所有构件要确保在一个平面内安装，而且同一立面上的门窗也必须在同一个平面内，特别是外立面，如果不在同一个平面内，则形成出进不一、颜色不一致、立面失去美观的效果。

(2) 确保连接要求。框与洞口墙体之间的连接必须牢固，且框不得产生变形，这也是密封的保证。框与扇之间的连接必须保证开启灵活、密封，搭接量不小于设计的80%。

2. 防水处理

门窗的防水处理，应先加强缝隙的密封，然后再打防水胶防水，阻断渗水的通路；同时做好排水通路，以防在长期静水的渗透压力作用下而破坏密封防水材料。门窗框与墙体是两种不同材料的连接，必须做好缓冲防变形的处理，以免产生裂缝而渗水。一般须在门窗框与墙体之间填充缓冲材料，材料要做好防腐蚀处理。

3. 注意事项

门窗的安装除满足以上要求外，还应注意以下方面。

(1) 在门窗安装前，应根据设计和厂方提供的门窗节点图、结构图进行全面检查。主要核对门窗的品种、规格与开启形式是否符合设计要求，零件、附件、组合杆件是否齐全，所有部件是否有出厂合格证书等。

(2) 门窗在运输和存放时，底部均需垫200mm×200mm的方枕木，其间距为500mm，同时枕木应保持水平、表面光洁，并应有可靠的刚性支撑，以保证门窗在运输和存放过程中不受损伤和变形。

(3) 金属门窗的存放处不得有酸碱等腐蚀物质，特别不得有易挥发性的酸，如盐酸、硝酸等，并要求有良好的通风条件，以防止门窗被酸碱等物质腐蚀。

(4) 塑料门窗在运输和存放时，不能平堆码放，应竖直排放，樘与樘之间用非金属软质材料(如玻璃丝毡片、粗麻编织物、泡沫塑料等)隔开，并固定牢靠。由于塑料门窗是由PVC塑料型材组装而成的，属于高分子热塑性材料，所以存放处应远离热源，以防止产生变形。塑料门窗型材是中空的，在组装成门窗时虽然插装轻钢骨架，但这些骨架未经铆固或焊接，其整体刚性比较差，不能经受外力的强烈碰撞和挤压。

(5) 门窗在设计和生产时，由于未考虑作为受力构件使用，仅考虑了门窗本身和使用过程中的承载能力。如果在门窗框和扇上安放脚手架或悬挂重物，轻者引起门窗的变形，重者可能引起门窗的损坏。因此，金属门窗与塑料门窗在安装过程中，都不得作为受力构件使用，不得在门窗框和扇上安放脚手架或悬挂重物。

(6) 要切实注意保护铝合金门窗和涂色镀锌钢板门窗的表面。铝合金表面的氧化膜、彩色镀锌钢板表面的涂膜，都有保护金属不受腐蚀的作用，一旦薄膜被破坏，就失去了保护作用，使金属产生锈蚀，不仅影响门窗的装饰效果，而且影响门窗的使用寿命。

(7) 塑料门窗成品表面平整光滑，具有较好的装饰效果，如果在施工中不加以注意保护，很容易磨损或擦伤其表面，而影响门窗的美观。为保护门窗不受损伤，塑料门窗在搬、吊、运时，应用非金属软质材料衬垫和非金属绳索捆绑。

(8) 为了保证门窗的安装质量和使用效果，对金属门窗和塑料门窗的安装，必须采用预留洞口后安装的方法，严禁采用边安装边砌洞口或先安装后砌洞口的做法。金属门窗表面都有一层保护装饰膜或防锈涂层，如果这层薄膜被磨损，是很难修复的。防锈层磨损后不及时修补，也会失去防锈的作用。

(9) 门窗固定可以采用焊接、膨胀螺栓或射钉等方式。但砖墙不能用射钉，因砖受到冲击力后易碎。在门窗的固定中，普遍对地脚的固定重视不够，而是将门窗直接卡在洞口内，用砂浆挤压密实就算固定，这种做法不正确，而且十分危险。门窗安装固定工作十分重要，是关系到在使用中是否安全的大问题，必须要有安装隐蔽工程记录，并应进行手扳检查，以确保安装质量。

(10) 门窗在安装过程中，应及时用布或棉丝清理粘在门窗表面的砂浆和密封膏液，以免其凝固干燥后粘附在门窗的表面，影响门窗的表面美观。

10.6.3 木门窗

1. 门窗框的安装

门窗框的安装方法有先立口法和后塞口法。先立口法，即在砌墙前把门窗框按施工图纸立直、找正，并固定好。这种施工方法必须在施工前把门窗框做好运至施工现场。后塞口法，即在砌筑墙体时预先按门窗尺寸留好洞口，在洞口两边预埋木砖，然后将门窗框塞入洞口内，在木砖处垫好木片，并用钉子钉牢(预埋木砖的位置应避开门窗扇安装铰链处)。

1) 先立口安装施工

(1) 当砌墙砌到室内地坪时，应当立门框；当砌到窗台时，应当立窗框。

(2) 立口之前，按照施工图纸上门窗的位置、尺寸，把门窗的中线和边线画到地面或墙面上。然后，把窗框立在相应的位置上，用支撑临时支撑固定，用线锤和水平尺找平找直，并检查框的标高是否正确，如有不平不直之处应随即纠正。不垂直可挪动支撑加以调整，不平处可垫木片或砂浆调整。支撑不要过早拆除，应在墙身砌完后拆除比较适宜。

(3) 在砌墙施工过程中，千万不要碰动支撑，并应随时对门窗框进行校正，防止门窗框出现位移和歪斜等现象。砌到放木砖的位置时，要校核是否垂直，如有不垂直，应在放木砖时随时纠正。

(4) 木门窗安装是否整齐，对建筑物的装饰效果有很大影响。同一面墙的木门窗框应安装整齐，并在同一个平、立面上。可先立两端的门窗框，然后拉一通线，其他的框按通线进行竖立。这样可以保证门框的位置和窗框的标高一致。

(5) 在立框时，一定注意以下两个方面：

① 特别注意门窗的开启方向，防止一旦出现错误难以纠正。

② 注意施工图纸上门窗框是在墙中，还是靠墙的里皮。如果是与里皮平的，门窗框应出里皮墙面(即内墙面)20mm，这样抹完灰后，门窗框正好和墙面相平。

2) 后塞口安装施工

(1) 门窗洞口要按施工图纸上的位置和尺寸预先留出。洞口应比窗口大 30～40mm(即每边大 15～20mm)。

(2) 在砌墙时，洞口两侧按规定砌入木砖，木砖大小约为半砖，间距不大于 1.2m，每边 2～3 块。

(3) 在安装门窗框时，先把门窗框塞进门窗洞口内，用木楔临时固定，用线锤和水平尺进行校正。待校正无误后，用钉子把门窗框钉牢在木砖上，每个木砖上应钉两颗钉子，并将钉帽砸扁冲入梃框内。

(4) 在立口时，一定要注意以下两个方面：

① 特别注意门窗的开启方向。

② 整个大窗更要注意上窗的位置。

2. 门窗扇的安装

(1) 将修刨好的门窗扇，用木楔临时立于门窗框中，排好缝隙后画出铰链位置。铰链位置距上、下边的距离，一般宜为门扇宽度的1/10，这个位置对铰链受力比较有利，又可以避开榫头。

然后把扇取下来，用扇铲剔出铰链页槽。铰链页槽应外边较浅、里边较深，其深度应当是把铰链合上后与框、扇平正为准。剔好铰链槽后，将铰链放入，上下铰链各拧一颗螺钉把扇挂上，检查缝隙是否符合要求，扇与框是否齐平，扇能否关住。检查合格后，再将剩余螺钉全部上齐。

(2) 双扇门窗扇安装方法与单扇的安装方法基本相同，只是增加一道“错口”的工序。双扇应按开启方向看，右手是门盖口，左手是门等口。

(3) 门窗扇安装好后要试开，其达到的标准是，以开到哪里就能停到哪里为合格，不能存在自开或自关现象。如果发现门窗扇在高、宽上有短缺的情况，高度上应补钉的板条钉在下冒头下面，宽度上应在安装铰链一边的梃上补钉板条。

(4) 为了开关方便，平开扇的上冒头、下冒头，最好刨成斜面。

10.6.4 铝合金门窗

铝合金门窗与普通木门窗和钢门窗相比，具有质轻高强、密封性好、变形性小、表面美观、耐蚀性好、使用价值高、实现工业化等特点。根据结构与开启形式的不同，铝合金门窗可分为推拉门、推拉窗、平开门、平开窗、固定窗、悬挂窗、回转门、回转窗等。按门窗型材截面的宽度尺寸的不同，可分为许多系列，常用的有25、40、45、50、55、60、65、70、80、90、100、135、140、155、170系列等。装饰工程中，使用铝合金型材制作窗较为普遍。目前，常用的铝型材有90系列推拉窗铝材和38系列平开窗铝材。铝合金门窗的性能主要包括气密性、水密性、抗风压强度、保温性能和隔声性能等。

1. 铝合金门窗的进场验收

(1) 涂层及外观：铝型材表面处理有阳极氧化(厚度AA15)、电泳涂漆(厚度B级)、粉末喷涂(厚度40～120μm)和氟碳涂层(厚度≥30μm)。型材表面无凹陷或鼓出，色泽一致无明显色差，保护膜不应有擦伤划伤的痕迹。

(2) 强度及壁厚：型材抗拉强度≥157N/mm^2，屈服强度≥108N/mm^2；型材厚度≥14mm。

(3) 五金配件：配件应选用不锈钢或表面镀锌、喷塑的材质。

2. 铝合金门窗的安装

(1) 工艺流程：划线定位→门窗框安装就位→门窗框固定→门窗框与墙体间隙填塞→门窗扇及玻璃安装→五金配件安装。

(2) 划线定位：门窗安装在内外装修基本结束后进行，以避免土建施工的损坏；门窗框的上下口标高以室内“50 线”为控制标准，外墙的下层窗应从顶层垂直吊正。

(3) 安装就位：根据门窗定位线安装门窗框，并调整好门窗框的水平、垂直及对角线长度，符合标准后用木楔临时固定。

(4) 门窗框固定：门窗框校正无误后，将连接件按连接点位置卡紧于门窗框外侧。

当采用连接条焊接连接时，连接条端边与钢板焊牢；当采用燕尾铁角连接时，应先在钻孔内塞入水泥砂浆，将燕尾铁角塞进砂浆内，再用螺钉穿过连接件与燕尾铁角拴牢；当采用金属胀锚螺栓连接时，应先将胀锚螺栓塞入孔内，螺栓端伸出连接件，套上螺帽栓紧；当采用射钉连接时，每个连接点应射入两枚射钉。固定点间距不大于 500mm。

(5) 门窗框与墙体缝隙填塞：设计未规定填塞材料品种时，应采用矿棉或玻璃棉毡条分层填塞缝隙，外表面留 5～8mm 深槽口填嵌密封胶，严禁用水泥砂浆填塞。

(6) 密封胶的填嵌：在门窗框周边与抹灰层接触处采用密封胶密封。密封胶表面应光滑、顺直、无裂纹。阳极氧化处理的铝合金型材严禁与水泥砂浆接触。

10.6.5 塑钢门窗

塑钢门窗是以 UPVC 树脂为主要原料，加上一定比例的稳定剂、着色剂、填充剂、紫外线吸收剂等，经挤出成型材，然后通过切割、焊接或螺接的方式制成门窗框扇，配装上密封胶条、毛条、五金件等，同时为增强型材的刚性，超过一定长度的型材空腔内需要填加钢衬(加强筋)。

塑钢门窗是一种新型节能建筑门窗，采用塑钢门窗，室内热量外流损失比其他材料的门窗少得多，节能保温效果十分显著。塑钢门窗具有轻便干净、开启灵活、阻燃、高强度、超强密封性等优点。

1. 塑钢门窗的进场验收

(1) 门窗外观：窗框要洁净、平整、光滑、大面无划痕、碰伤、型材无开焊断裂。

(2) 窗框与窗扇的搭接量：平开窗的搭接量约 8～10mm；推拉窗扇与框的滑道根部的间隙为 12mm(搭接量 20mm)。

(3) 排水孔：排水孔位置要正确、通畅，推拉窗的中间滑道也要开设排水孔。

(4) 钢衬及玻璃：框、扇空腔内均应有钢衬，两端与腔口固定牢靠；玻璃安装平整牢固，且不可直接接触型材。

2. 塑钢门窗的安装

塑料门窗安装施工工艺流程为：门窗洞口处理→找规矩→弹线→安装连接件→塑料门窗安装→门窗四周嵌缝→安装五金配件→清理。其主要的施工要点如下。

1) 门窗框与墙体的连接

(1) 连接件法。连接件法的做法是，先将塑料门窗放入门窗洞口内，找平对中后用木楔临时固定。然后，将固定在门窗框型材靠墙一面的锚固铁件用螺钉或膨胀螺钉固定在墙上，如图 10－28 所示。

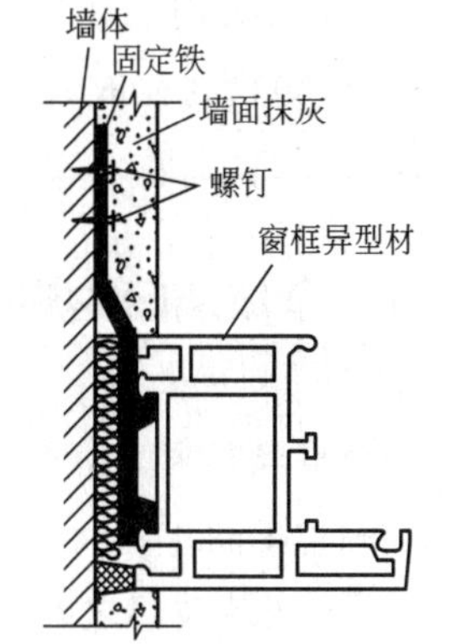

图 10－28 框墙间连接件固定法

(2) 直接固定法。在砌筑墙体时，先将木砖预埋于门窗洞口设计位置处，当塑料门窗安入洞口并定位后，用木螺钉直接穿过门窗框与预埋木砖进行连接，从而将门窗框直接固定于墙体上，如图 10－29 所示。

(3) 假框法。先在门窗洞口内安装一个与塑料门窗框配套的镀锌铁皮金属框，或者当木门窗换成塑料门窗时，将原来的木门窗框保留不动，待抹灰装饰完成后，再将塑料门窗框直接固定在原来框上，最后再用盖口条对接缝及边缘部分进行装饰，如图 10－30 所示。

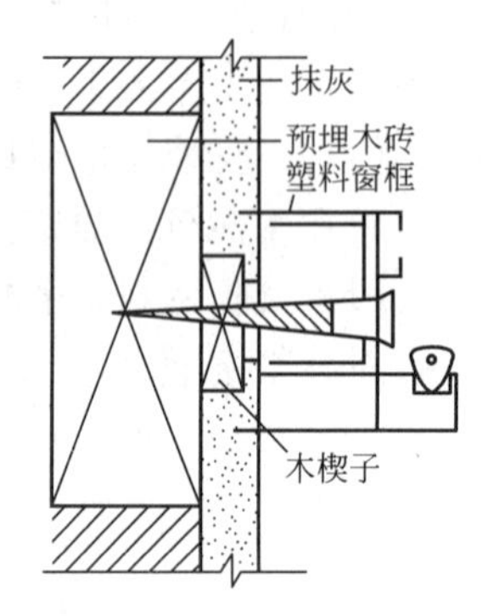

图 10－29　框墙间直接固定法

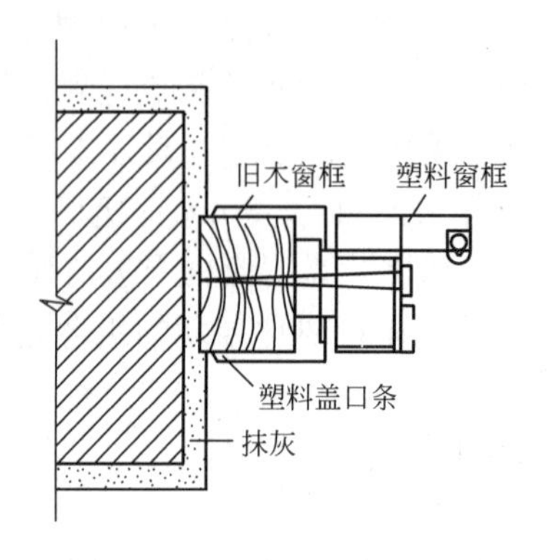

图 10－30　框墙间假框固定法

2) 框与墙间缝隙的处理

(1) 由于塑料的膨胀系数较大，所以要求塑料门窗与墙体间应留出一定宽度的缝隙，以适应塑料伸缩变形。

(2) 框与墙间的缝隙宽度，可根据总跨度、膨胀系数、年最大温差计算出最大膨胀量，再乘以要求的安全系数求得，一般可取 10～20mm。

(3) 框与墙间的缝隙，应用泡沫塑料条或油毡卷条填塞，填塞不宜过紧，以免框架发生变形。门窗框四周的内外接缝缝隙应用密封材料嵌填严密，也可用硅橡胶嵌缝条，但不能采用嵌填水泥砂浆的做法。

(4) 不论采用何种填缝方法，均要做到以下两点：

① 嵌填封缝材料应当能承受墙体与框间的相对运动，并且保持其密封性能，雨水不能由嵌填封缝材料处渗入。

② 嵌填封缝材料不应对塑料门窗有腐蚀、软化作用，尤其是沥青类材料对塑料有不利作用，不宜采用。

(5) 嵌填密封完成后，则可进行墙面抹灰。当工程有较高要求时，最后还需加装塑料盖口条。

10.6.6　全玻璃门的施工

1. 全玻璃门固定部分的安装

1) 施工准备工作

在正式安装玻璃之前，地面的饰面施工应已完成，门框的不锈钢或其他饰面包覆安装也应完成。门框顶部的玻璃限位槽已经留出，其槽宽应大于玻璃厚度 2～4mm，槽深为

10～20mm。

不锈钢、黄铜或铝合金饰面的木底托，可采用木方条首先钉固于地面安装位置，然后再用粘结剂将金属板饰面粘结卡在木方上。如果采用铝合金方管，可采用木螺钉将方管拧固于木底托上，也可采用角铝连接件将铝合金方管固定在框柱上。

2）安装固定玻璃板

用玻璃吸盘将玻璃板吸起，由2～3人合力将其抬至安装位置，先将上部插入门顶框限位槽内，下部落于底托之上，而后校正安装位置，使玻璃板的边部正好封住侧框柱的金属板饰面对缝口。

3）注胶封口

在玻璃准确就位后，在顶部限位槽处和底托固定处，以及玻璃板与框柱的对缝处，均注入玻璃密封胶。

4）玻璃板之间的对接

门上固定部分的玻璃需要对接时，其对接缝应有2～4mm的宽度，玻璃板的边部都要进行倒角处理。当玻璃块留缝定位并安装稳固后，即将玻璃胶注入其对接的缝隙，用塑料片在玻璃板对缝的两边对缝的两面把胶刮平，用棉布将胶迹擦干净。

2. 玻璃活动门扇的安装

玻璃活动门扇的结构是不设门扇框，活动门扇的启闭由地弹簧进行控制。地弹簧同时又与门扇的上部、下部金属横档进行铰接。

玻璃门扇的安装方法与步骤如下。

(1) 活动门扇在安装前，应先将地面上的地弹簧和门扇顶面横梁上的定位销安装固定完毕，两者必须在同一轴线上，安装时应用吊锤进行检查，做到准确无误，地弹簧转轴与定位销为同一中心线。

(2) 在玻璃门扇的上、下金属横档内划线，按线固定转动销的销孔板和地弹簧的转动轴连接板。具体操作可参照地弹簧产品安装说明书。

(3) 玻璃门扇的高度尺寸，在裁割玻璃时应注意包括插入上、下横档的安装部分。一般情况下，玻璃高度尺寸应小于实测尺寸3～5mm，以便安装时进行定位调节。

(4) 把上、下横档(多采用镜面不锈钢成型材料)分别装在厚玻璃门扇的上下端，并进行门扇高度的测量。如果门扇高度不足，即其上下边距门横及地面的缝隙超过规定值，可在上下横档内加垫胶合板条进行调节。如果门扇高度超过安装尺寸，只能由专业玻璃工将门扇多余部分切割去，但要特别小心加工。

(5) 门扇高度确定后，即可固定上下横档，在玻璃板与金属横档内的两侧空隙处，由两边同时插入小木条，轻敲稳实，然后在小木条、门扇玻璃及横档之间形成的缝隙中注入玻璃胶。

(6) 进行门扇定位的安装。

先将门框横梁上的定位销本身的调节螺钉调出横梁平面1～2mm，再将玻璃门扇竖起来，把门扇下横档内的转动销连接件的孔位对准地弹簧的转动销轴，并转动门扇将孔位套在销轴上。

然后把门扇转动90°使之与门框横梁成直角，把门扇上横档中的转动连接件的孔对准门框横梁上的定位销，将定位销插入孔内15mm左右(调动定位销上的调节螺钉)。

(7) 安装门拉手。

全玻璃门扇上扇拉手孔洞一般是事先订购时就加工好的，拉手连接部分插入孔洞时不能太紧，应当略有松动。安装前在拉手插入玻璃的部分涂少量的玻璃胶；如若插入过松可在插入部分裹上软质胶带。在拉手组装时，其根部与玻璃贴靠紧密后再拧紧螺钉。

特别提示

门窗节能是建筑节能的关键，门窗节能有三个发展趋势：①窗型，推拉窗不是节能窗，淘汰推拉窗，保留平开窗、固定窗，发展平开带旋转等新窗型是发展趋势；②玻璃，主要推广使用低辐射中空玻璃；③型材，发展复合型型材，如铝塑复合窗、木铝复合窗等。

10.7 涂料工程

涂料涂敷于物体表面能与基体材料很好粘结并形成完整而坚韧的保护膜，既可保护被涂物免受外界影响，又可起到建筑装饰的效果。

涂料主要由胶粘剂、颜料、溶剂和辅助材料组成，涂料品种繁多。按装饰部位不同有内墙涂料、顶棚涂料、外墙涂料；按成膜物质不同分为油性涂料(也称油漆)、有机高分子涂料、无机高分子涂料、有机无机复合涂料；按涂料分散介质的不同分为溶剂型涂料、水性涂料、乳液型涂料。

涂料工程施工的基本工序有基层处理、打底子、刮腻子、磨光、涂刷涂料等。根据质量要求不同，涂料工程分为普通、中级、高级三个等级。

10.7.1 基层处理

混凝土和抹灰表面：施涂前应将基体或基层的缺棱掉角处，用 1∶3 水泥砂浆(或聚合物水泥砂浆)修补；表面麻面及缝隙应用腻子填补齐平。基层表面的灰尘、污垢、溅沫和砂浆流痕应清除干净。

施涂前基体或基层含水率：混凝土和抹灰表面涂溶剂型涂料时，含水率不得大于 8%；施涂水性和乳液涂料时，含水率不得大于 10%。

木材表面上的灰尘、污垢等施涂前应清除干净；木料表面的缝隙、毛刺、掀岔和脂囊修整后，应用腻子填补，并用砂纸磨光，较大的脂囊应用木纹相同材料用胶镶嵌。节疤处应点漆片 2～3 遍。木制品含水率不得大于 12%。

金属表面：施涂前，应将金属表面的灰尘、油渍、鳞皮、锈斑、焊渣、毛刺等清除干净。湿的表面不得施涂涂料。

10.7.2 打底子

木材表面打底子的目的是使表面具有均匀吸收涂料的性能，以保证面层的色泽均匀一致。

木材表面涂刷混色涂料时，一般用工地自配的清油打底。若为涂刷清漆，则应用油粉或水粉进行润粉，以填充木纹棕眼，使表面平滑并起到着色作用。

金属表面则应刷防锈漆打底。

抹灰或混凝土表面涂刷油性涂料时，一般也可用清油打底。

打底要求刷到、刷匀，不能有遗漏和流淌现象。涂刷顺序是先上后下。

10.7.3 刮腻子、磨光

刮腻子的作用是使表面平整。腻子加基层，底层涂料和面层涂料的性质配套使用，应具有塑性和易涂性，干燥后应坚实牢固，不得粉化、起皮和裂纹，应打磨平整光滑，并清理干净。刮腻子的次数随涂料工程质量等级高低而定，一般以三道为限，先刮局部，然后再满刮腻子，头道要求平整，二、三道要求光洁。

10.7.4 施涂涂料

涂料可用刷涂、喷涂、滚涂、弹涂、抹涂等方法施工。

施涂涂料时应注意以下问题：

(1) 涂料工作粘度或稠度，必须加以控制，使其在涂料施涂时不流坠，不显刷纹。施涂过程中不得任意稀释。

(2) 双组分或多组分涂料在施涂前，应按产品说明规定的配合比，根据使用情况分批混合，并在规定的时间内用完。所有的涂料在施涂前和施涂过程中，均应充分搅拌。

(3) 施涂溶剂型涂料时，后一遍涂料必须在前一遍涂料干燥后进行；施涂水性和乳液涂料时，后一遍涂料必须在前一遍涂料表干后进行。每一遍涂料应施涂均匀，各层必须结合牢固。

(4) 水性涂料和乳液型涂料施涂时的环境温度，应按产品说明书的温度控制。冬期室内施涂涂料时，应在采暖条件下进行，室温保持均衡，不得突然变化。

(5) 建筑物中的细木制品、金属构件和制品，如为工厂制作组装，其涂料宜在生产制作阶段施涂，最后一遍涂料宜在安装后施涂；如为现场制作组装，组装前先施涂一遍底子油(干性油、防锈涂料)，安装后再施涂涂料。

(6) 采用机械喷涂涂料时，应将不喷涂的部位遮盖，以防污染。

(7) 涂料干燥前应防止雨淋、尘土污染和热空气的侵袭。

(8) 施涂工具使用完毕后，应及时清洗或浸泡在相应的溶剂中。

10.8 刷浆工程

10.8.1 刷浆材料

刷浆所用的材料主要是指石灰浆、大白浆、可赛银浆、聚合物水泥浆等。

聚合物水泥浆的主要成分是白水泥、高分子材料、颜料、分散剂和憎水剂。

高分子材料当采用107胶时，一般为水泥量的20%；采用一般乳液时，为水泥量的20%～30%。颜料应用耐碱、耐光性好的矿物颜料。分散剂采用六偏磷酸钠时，掺量约为水泥量的0.1%，用木质素磺酸钙时，掺量约为水泥量的0.3%。憎水剂常用甲基硅醇钠，使用时可直接掺入涂料混合物中，或用作涂层的罩面，掺入使用时，应将甲基硅醇钠用硫酸铝中和至pH=6左右，并稀释成含固量为3%的溶液，溶液掺加量为水泥量的60%。聚合物水泥浆配制后，存放时间不应超过4h。

10.8.2 施工工艺

刷浆工程按刷浆部位可分为室内刷浆和室外刷浆。室内刷浆按质量要求分为普通刷浆、中级和高级刷浆三级。用石灰浆和聚合物水泥浆刷浆最高只能达到中级刷浆标准。其施工工艺为：基层处理→刮腻子→磨平→刷浆。刷浆工程等级越高，后三项工作的遍数越多。

1. 基层处理和刮腻子

制浆时应将基层表面上的灰尘、污垢、溅沫和砂浆流痕清除干净。基层表西的孔眼、缝隙和凹凸不平处应用腻子填补打磨齐平，所用腻子如为室内刷浆可用大白(或滑石粉)纤维素乳胶腻子，其配合比为乳胶：滑石粉或大白粉：29%羧甲基纤维素溶液=1：5：3.5；室外刷浆应用水泥乳胶腻子，其配合比为乳胶：水泥：水=1：5：10。

对于室内中级刷浆和高级刷浆工程，由于表面质量要求较高，在局部刮腻子后，还得再满刮腻子1～2遍，并磨平。刷大白浆，可赛银浆要求场面充分干燥，抹灰面内碱质全部消化后才能施工，一般须经过一个夏天的充分干燥后，才能进行嵌批腻子和刷浆，以免脱落。为增加大白浆的附着力，在抹灰面未干前应先刷一道石灰浆。其他刷浆材料对基层干燥程度的要求较低，一般八成干后即可刷浆。

2. 刷浆

刷浆方法一般用刷涂法，滚涂法和喷涂法。

(1) 刷涂法是最简易人工施工方法。一般用排笔、扁刷进行刷涂。涂料的工作稠度必须加以控制，使其在刷涂时不流坠、不显刷纹。

(2) 滚涂法是利用辊子蘸少量涂料后，在被滚墙面上轻缓平稳地来回滚动，直上直下，以保证涂层厚度一致、色泽一致、质感一致。

(3) 喷涂法一般用手压式喷浆机或电动喷浆机进行喷涂。

聚合物水泥浆刷浆前，应先用乳胶水溶液或聚乙烯醇缩甲醛胶水溶液湿润基层。

室外刷浆如分段进行时，应以分格缝、墙的阳角或水落管等处为分界线。同一墙面应用相同的材料和配合比，浆料必须搅拌均匀。

10.9 裱糊工程

裱糊工程常用PVC塑料壁纸、复合壁纸、玻璃纤维墙布等，多采用聚乙酸乙烯酯乳胶腻子。胶粘剂则根据该物面层的材料品种选用，普通壁纸用面粉与明矾调制的胶粘剂。塑料壁纸用聚乙烯醇缩甲醛与羧甲基纤维素调配的胶粘剂，玻璃纤维布则用聚乙酸乙烯酯乳胶和羧甲基纤维素配制的胶粘剂。各种胶粘剂均应具有防腐、防霉和耐久的性能。

10.9.1 裱糊基层的处理要求

(1) 裱糊前，应将基体或基层表面的污垢、尘土清除干净，泛碱部位宜使用9%的稀乙酸中和、清洗。不得有飞刺、麻点、砂料和裂缝。阴阳角应顺直。

(2) 附着牢固、表面平整的旧溶剂型涂料墙面，裱糊前应打毛处理。

(3) 基体、基层含水率，混凝土和抹灰不得大于8%；木材制品不得大于12%。

(4) 基层涂抹腻子应坚实牢固，不得粉化、起皮和裂缝。

(5) 裱糊前应以1∶1的107胶水溶液做底胶涂刷基层，封闭基层表面的孔隙，以免其吸水过快，保证壁纸与基层可靠粘结。

10.9.2 裁纸与裱糊

墙面应采用整幅壁纸裱糊，并需预排，进行排缝和对花。不足一幅的应排在较暗或不明显部位，阴角处接缝应进行搭接，而阳角处不得有接缝。裁纸时要按房间尺寸、产品类型、图案及壁纸的规格尺寸进行选配，并应分别拼花裁切。裁切的边缘应平直整齐，不得有毛刺，并妥善卷好平放备用。

裱糊前，墙面应弹垂直线，做第一幅壁纸的基准线，所用胶粘剂应集中调制，并通过400孔/cm^2 的筛子过滤，调制后必须当日用完。

裱糊普通壁纸，要先将壁纸背面用水湿润，令其吸水充分，然后再在基层表面涂刷胶粘剂，正式裱糊壁纸，壁纸正面宜用纸衬进行展平压实。裱糊塑料壁纸时，壁纸要放入清水槽内浸泡3～5min，出槽后抖掉明水静放20mim。裱糊时，基层表面和壁纸背面均应涂刷胶粘剂。

裱糊复合壁纸严禁浸水，应先将壁纸背面涂刷胶粘剂，放置数分钟，裱糊时，基层表面也应涂刷胶粘剂。

裱糊墙布，应先将墙布背面清理干净。裱糊时，应在基层表面涂刷胶粘剂。

带背胶的壁纸应在水中浸泡数分钟后裱糊。裱糊顶棚时，带背胶的壁纸应涂刷一层稀释的胶粘剂。

对于需重叠对花的各类壁纸，应先裱糊对花，然后再用钢尺对齐裁下余边。裁切时，应一次切割，不得重割。对于可直接对花的壁纸则不应剪裁。

除标明必须“正倒”交替粘贴的壁纸外，壁纸的粘贴均应按同一方向进行。

赶压气泡时，对于压延壁纸可用钢板刮刀刮平；对于发泡及复合壁纸则严禁使用钢板刮刀，只可用毛巾、海绵或毛刷赶平。

裱糊好的壁纸、墙布压实后，应将挤出的胶粘剂及时挤净，表面不得有气泡、斑污等。

裱糊工程完工并干燥后，方可验收。验收时，应检查材料品种、颜色、图案是否符合设计要求。

工程案例 |

一级建造师考试《建筑工程管理与实务》案例分析题

1. 背景

某既有综合楼进行重新装饰装修，该工程共 9 层，层高 3.6m，每层建筑面积 $1200m^2$，施工内容包括：原有装饰装修工程拆除，新建筑地面、抹灰、门窗、吊顶、轻质隔墙、饰面板(砖)、幕墙、涂饰、裱糊与软包、细部工程施工等。该工程墙面抹灰、卫生间墙地面、外窗的装饰装修做法见表 10－1。

表 10－1　装饰装修做法

序号	部位	材料名称	规格	做法
1	内墙面	水泥砂浆抹灰	总厚度≤36cm	高级抹灰
2	卫生间墙面	西班牙米黄大理石	厚 25cm	后钢骨架干挂
3	卫生间地面	西班牙米黄大理石	厚 20cm	1∶2.5 干硬性水泥砂浆结合层
4	外窗	香槟色铝合金窗	加工定做	见详图

2. 问题

(1) 水泥砂浆高级抹灰施工应做好哪些工序的交接检验？抹灰工程应检查哪些质量控制资料？

(2) 卫生间石材饰面板安装前是否需要进行施工实验？其施工试验内容有哪些？

(3) 该工程外窗应检查的有关安全和功能的检测项目有哪些？

(4) 建筑工程何时组织进行室内环境质量检验？室内环境污染物浓度检测点应如何设置？

3. 隐藏分析与答案

(1) 水泥砂浆高级抹灰施工应做好以下工序的交接检验：抹灰前基层处理；抹灰总厚度大于或等于 35mm 时的加强措施；不同材料基体交接处的加强措施。

抹灰工程应检查的质量控制资料有：①抹灰工程的施工图、设计说明及其他设计文件；②材料的产品合格证书、性能检测报告、进场验收记录和复验报告；③隐藏工程验收记录；④施工记录。

(2) 卫生间石材饰面板安装前需要进行施工试验，其施工试验内容是后置埋件的现场拉拔强度。

(3) 该工程外窗应检查的有关安全和功能的检测项目是铝合金窗的抗风压性能、空气渗透性能和雨水渗漏性能。

(4) 建筑工程的室内环境质量检验，应在工程完工至少 7 天以后、工程交付使用前进行。

民用建筑工程验收时，室内环境污染物浓度检测点数应按房间面积设置。

检测点应距离内墙面不小于0.5m，距楼地面高度0.8～1.5m。检测点应均匀分布，避开通风道和通风口。

工程案例2

某工程装饰装修施工方案

1. 一般抹灰工程

1) 室内抹灰

(1) 施工工序。

基层表面清理→浇水湿润→做灰饼、冲筋→阴阳护角安装→抹底层灰→抹中层灰→抹面层灰→抹窗台、踢脚线→清理养护。

① 室内抹灰先将房间规方，如房间面积较大，要在地面上先弹出十字线，以之作为墙角抹灰准线，弹出墙角抹灰准线后，在准线上下两端排好通线后，做标准灰饼及冲筋。

② 在砌块墙身与混凝土梁、柱交接处和阴角处钉挂10mm×10mm孔眼的钢丝网，每边宽度不小于100mm，用射钉与梁柱或墙体连接，网材搭接要做到平整、连续、牢固，搭接长度不小于100mm。

③ 墙面阴角抹灰时，先将靠尺在墙角的一面，用线锤找垂直线，然后在墙角的另一面顺靠尺抹上砂浆，阳角应用按规范在离地面1.8m高范围内做50mm宽，15mm厚1∶2水泥砂浆护角。

④ 钢筋混凝土楼板顶棚抹灰，应用清水润湿并刷素水泥砂浆一道进行基层表面处理。

⑤ 顶棚表面应顺平，并压光压实，不应有抹纹、气泡、接槎不平等现象，顶棚与墙面相交的阴角应成一条直线。

⑥ 对砌块墙身应隔夜淋水2～3次，第二天进行基层处理，基层处理前砌块含水率应小于35%，处理时先用801胶素水泥浆涂刷墙面，以保证抹灰层与基层粘结牢固，随后进行抹灰。

⑦ 抹灰前应将砌块墙面的灰缝孔洞、凹槽填补密实、整平，清除杂物、浮尘，挂线冲筋，并用1∶1水泥砂浆拉毛墙面。

(2) 施工要点。

① 抹底层灰：抹底层灰前，应先刷一道801胶素水泥浆(掺占水泥重10%的801胶)，然后抹1∶1∶6混合砂浆，分层抹平压实。顶棚抹灰时应在靠近顶棚四周的墙面上弹一条水平线，以控制抹灰层厚度和表面平整度。

② 抹罩面灰：面层灰采用1∶0.5∶3混合砂浆，宜分层抹灰，首先薄刮一遍，随后罩面抹平压光，卫生间混凝土墙表面应先刷一道801胶素水泥浆，随后进行抹灰层作业，面层灰应搓毛以利面砖施工。

③ 抹灰时应注意保护墙上的电线盒和水暖设备以及预留管线洞口。

④ 楼梯应设滴水槽，滴水槽用黑色塑料条粘贴而成，黑色塑料条为1cm宽，采用水泥膏粘贴。

⑤ 不同基层应铺钉金属网，金属网自搭缝处起每边不小于100mm。

⑥ 抹面层灰时，若底层灰较干燥，可进行喷水处理后再进行面层抹灰。

⑦ 作业完毕应注意成品保护，已抹灰完毕的墙面，严禁碰撞、靠放工具，对于地面上残留的砂浆等杂物，应清理干净。

⑧ 抹灰完毕应在24h内洒水养护，持续时间不少于7天。

(3) 质量要求。

① 材料品种和性能应符合规范要求。水泥的凝结时间和安定性应合格，砂浆的配比应符合设计要求。

② 基层表面清洁平整，无杂物。

③ 各抹灰层与抹灰层之间，以及各抹灰层之间必须粘贴牢固，抹灰层应无脱层、空鼓，面层应无爆灰和裂缝。

④ 抹灰层表面光滑、洁净，颜色均匀无抹纹。

⑤ 护角、孔洞、盒周围的抹灰表面应整齐、光滑，管道后面的抹灰表面应平整。

⑥ 楼梯处滴水槽应顺直。

⑦ 一般抹灰工程质量的允许偏差见表10-2。

表10-2　一般抹灰工程质量的允许偏差

序号	项目	允许偏差	检验方法
1	立面垂直度	2	用2m垂直检测尺
2	表面平整度	2	用2m垂直检测尺
3	阴阳角方正	2	用角尺检测尺
4	分格集(缝)直线度	2	拉5m线

2) 外墙抹灰

(1) 外墙粉刷层结构层次。

刷801素水泥浆(801胶∶水=1∶4)一遍；底层1∶8水泥砂浆15mm厚，分两次抹灰(掺占水泥重20%的一级粉煤灰)；面层1∶2.5水泥砂浆5mm厚。

(2) 操作程序。

基层清理→补脚手眼、孔洞→冲筋(打灰饼)→铺贴钢丝网→底层粉刷→贴分格条面层粉刷→粉窗框、台→清理、养护。

(3) 施工要点。

① 基层清理：将外墙面附着的砂浆、杂物等清理干净。

② 将外脚手架与框架柱连接的钢管箍移到窗内用两根水平钢管与外脚手架连接，再将脚手眼、洞清理干净，用1∶3水泥砂浆或C25细石混凝土填嵌密实。

③ 按设计要求：外墙不同材料交接处，在找平层(刮糙层)附加一层200～300mm宽的金属网，采用16号铅丝，网孔25mm×25mm。用射钉与梁柱或墙体连接，网材搭接要做到平整、连续、牢固，搭接长度不小于100mm。

外墙面满挂一层钢丝网，用木楔钉水泥钉铺平钉紧，然后用1∶3水泥砂浆薄抹一层固定。

④ 从女儿墙挂垂线，先挂四角处垂线，再拉水平线挂中间垂线，然后上下固定好，

用水泥砂浆做灰饼。

⑤ 提前2天湿润基层，抹灰应分层进行。

⑥ 根据外墙分格线条，沿房屋四周弹出封闭的水平线，用水泥膏粘贴2cm宽黑色塑料分格条。粘贴前，先将凹槽面用胶带封闭，以保证分格条在粉刷操作过程中不致破坏。面层粉刷结束后再将胶带清理干净。

⑦ 面层用1∶2.5水泥砂浆粉刷，铝合金刮尺刮平，用木搓板搓平压实，再用铁板压实一遍即可。

⑧ 窗框粉刷：从最上层窗框处往下挂垂线，在窗侧面弹线粉刷窗框，窗台、窗顶粉刷根据室内所弹500线统一标高，窗台、外侧找坡。

⑨ 滴水线、槽留设：所有窗顶均留设滴水线(或贴滴水线槽)。装饰抹灰分隔缝一定要横平顺直，雨篷、外墙出线等均应做滴水线，线条轮廓清晰。

⑩ 清理及养护：面层粉刷结束后，将面层清理干净，后期浇水养护不小于7天。

(4) 质量要求。

① 表面应平整，无明显凹凸不平现象；

② 无明显裂纹；

③ 滴水槽、分格条嵌贴应顺直，无扭曲、缺损等现象；

④ 允许偏差详见室内抹灰允许偏差表；

⑤ 窗台坡度，窗顶滴水线等细部处理要符合要求。

2. 楼地面工程

1) 水泥砂浆面层

(1) 材料要求。

① 水泥：水泥宜采用硅酸盐水泥、普通硅酸盐水泥，其强度等级应不小于32.5级，并严禁混用不同品种、不同等级的水泥。

② 砂：砂应采用中砂或粗砂，含泥量不应大于3%。

(2) 施工要点。

① 基层表面应粗糙、洁净和湿润，并不得有积水现象。

② 水泥砂浆应采用机械搅拌，拌和要均匀，颜色一致，搅拌时间不应小于2min。

③ 施工时，先刷水灰比为0.4～0.5的素水泥浆，随刷随铺随拍实，并应在水泥初凝前用木抹搓平压实。

④ 水泥砂浆面层压光分三遍完成，并逐遍加大用力压光。压光工作均应在水泥终凝前完成。

⑤ 当水泥砂浆面层干湿度不适宜时，可采取淋水或撒布干拌的1∶1水泥和砂(体积比，砂须过3mm筛)进行抹平压光工作。

⑥ 当面层需分格时，应在水水泥初凝后进行弹线分格。分格缝应平直，深浅要一致。

⑦ 水泥砂浆面层如遇管线等出现局部面层厚度减薄处并在10mm及10mm以下时，必须采取防止开裂措施，符合设计要求后方可铺设面层。

⑧ 水泥砂浆面层铺好后一天内应以砂或锯木覆盖，并在7～10天内每天浇水不少于一次；如室温大于15℃时，开始3～4天内应每天浇水不少于两次。当采用蓄水养护方法时，蓄水深度宜为20mm。冬季养护时，对生煤火保温应注意室内不能完全封闭，应有通

风措施，做到空气流通。使局部的CO_2气体可以逸出，以免影响水泥水化作用的正常进行和面层的结硬，而造成水泥砂浆面层松散、不结硬而引起起灰、起砂质量通病。

2）厨房、卫生间防水要求的施工工艺

(1) 厨房、卫生间施工工艺流程。

厨房、卫生间施工为多工种交叉进行，各工种操作除必须遵照各自的规程外，尤应注意工种之间的先后施工顺序及相互配合。

其工艺流程为：现浇混凝土浇筑完毕→隔墙砌筑完毕→管道定位安装、检查管道位置→浇筑管道周围堵缝细石混凝土→地面聚氨酯防水→第一次蓄水试验→抹面层(保护防水层)→隔断施工→固定管卡和洁具卡→贴防滑地砖→第二次蓄水试验→安放洁具→防水合格。

(2) 厨房、卫生间防水要点。

① 厨房、卫生间现浇混凝土楼板必须振捣密实，随抹压光，形成自身防水层。

② 厨房、卫生间应坚持先安装穿过楼板的管道，再做地面防水处理的程序。做好防水地面后，无特殊情况，不准再行剔凿。

③ 厨房、卫生间内各种管道、地漏、套管处的孔洞，在做防水层前需用膨胀性细石混凝土浇筑密实，套管内嵌填沥青麻丝用水泥砂浆填实封闭、严密。

④ 厨房、卫生间各种管道位置必须正确，单面临墙管道，离墙应不小于50mm；双面临墙的管道，一边离墙不小于50mm，另一边离墙不小于80mm。

⑤ 聚氨酯防水层施工完毕阴干后，进行蓄水试验，灌水高度应达找坡的最高水位20mm以上。蓄水时间不少于48h，发现渗漏应及时进行返工处理，再蓄水试验，直至验收合格为止。

3）地面砖镶贴工程

(1) 地砖铺贴工艺。

地面清理→选砖→标高控制(找坡)→铺贴 →擦缝→清理养护。

(2) 施工要点。

① 在铺贴前，应对地面砖的规格尺寸、外观质量、色泽等进行预选，浸水湿润晾干待用。

② 胶接材料的拌制：用喷壶在垫层上洒水湿润，刷一层素水泥浆(水灰比为0.4～0.5，不需刷面积过大，随铺砂浆随刷)，根据板面水平线确定砂浆结合层厚度，一般采用1∶2～1∶3干硬性水泥砂浆，厚度控制在放上地板砖板块时宜高出水平线3～4mm，铺好后用大杠刮平。

③ 铺贴范围要弹线规方，按其标高要求先铺贴标砖，标砖可点状布置也可条形布置。地面砖的铺贴应符合设计要求，当无设计要求时，宜避免出现小于1/4边长的边角料。

④ 地砖缝一般控制在2～3mm，擦缝材料根据砖的颜色而定，浅色砖使用白水泥擦缝，深色砖要使用与砖近似的颜料调制胶泥擦缝。勾缝应采用同品种、同强度等级、同颜色的水泥并做好养护和保护。

⑤ 砖面层的表面应洁净、图案清晰，色泽一致，接缝平整，深浅一致，周边顺直，无裂纹、掉角和缺楞等缺陷。

⑥ 铺好的地砖坡度应符合设计要求，不倒泛水、无积水；与地漏、管道结合处应严

密牢固，无渗漏。注意成品保护，控制上人时间。

3. 门窗工程

1）塑钢窗工程

(1) 施工要点。

① 材料进场应对产品合格证书、性能检测报告或复试报告进行检测。

② 建筑外墙金属窗、塑钢窗应对其抗风压性能、空气渗透性能和雨水渗漏性能进行复验。

③ 用于塑钢窗的预埋件或锚固件的防腐、填嵌处理进行隐蔽工程验收。

④ 建筑外门窗必须牢固。在砌体上安装门窗严禁用射钉固定。

(2) 施工工艺。

① 施工顺序。

门窗采用场外制作，现场安装其施工顺序如下：

补贴保护模找中线→装固定片→洞口找中线→框进洞口→调整定位→与墙体固定→装拼樘料→窗台板→打发泡剂→洞口抹灰嵌缝→清理砂浆→装玻璃、扇→装五金件→表面清理、撕保护膜。

② 装固定片。

安装前施工人员应指导安装工人检查有关部位尺寸，确认无误后，再装固定片。安装时应采用直径3.2mm的钻头钻孔，不得直接锤击钉入。

③ 框进洞口。

窗框装入洞口时，其上下框中线应与洞口中线对齐。窗的上下框四角及中横框的对称位置用楔或垫块塞紧，做临时固定，然后是高速框的垂直度、水平度、直角度。

④ 窗框就位。

(a) 门窗框安装前必须用塑料胶带或保护膜包好，且安装前后均不应撕掉或损坏。如有破损，应补粘后再行安装。

(b) 框子应该安装在洞口的安装线上，调整垂直度、水平度，用对拨楔临时固定。

⑤ 窗框的固定。

(a) 当窗洞口预埋铁件安装时，框上的镀锌铁脚可直接用电焊焊牢于预埋件上。

(b) 当窗洞口为混凝土、砖墙，但未留预埋铁件或预留槽口时，其门窗框的弹性连接铁件可采用射钉枪射入$\phi4$～$\phi5$射钉与基层紧固。

⑥ 窗扇安装。

在装饰施工基本完成的情况下方可进行安装，装框扇必须保证框扇在同一平面内，就位准确，启闭灵活，周边密封，平开窗上扇安装前，先固定角铰，然后再将窗铰与窗扇固定。

⑦ 玻璃安装。

按照窗、窗框的内口实际尺寸合理计划用料，裁割前可比实际尺寸少3mm以利安装，一般安装方法有三种：一种是用橡胶条拼紧，然后再在橡胶条上角注入硅酮系列密封胶；另一种做法用1cm左右长的橡胶块将玻璃挤住，然后注入密封胶，硅酮密封胶的色彩宜与型材氧化膜的色彩相同，用胶枪沿缝隙注胶，注入深度不小于5mm，应均匀光滑；第三种做法是用橡胶条封缝，靠严挤紧表面不再注入密封胶。

⑧ 填缝与清洗。

(a) 窗框与洞口墙体应弹性连接，框洞缝隙宽度宜20mm以上，应用闭孔弹性材料填嵌饱满，表面采用密封胶。密封胶应粘结牢固，表面应光滑、顺直、无裂纹。

(b) 窗框上如沾上污物应立即用软布清洗干净。

(c) 窗玻璃表面清洗时，如油腻等脏物，不宜用硬物碰擦，可用软布、绵纱干擦或加水清洗。

⑨ 窗套粉刷。

粉刷时，应在窗框内外框边嵌条留5～8mm深的槽口，槽口内用密封胶嵌填密封，胶体表面应压严、光洁。粉刷窗套时，窗内外框边应留槽口用密封胶填平、压实。严禁水泥砂浆直接同窗框接触，以防腐蚀。

2) 木门及油漆工程

(1) 门框扇施工工艺流程。

门框扇制作→弹线→安装木门框→临时紧固门框→门扇安装→小五金安装→施工现场清理。

① 木门框采取场外加工，制作完的木框与墙体接触面提前涂刷水柏油防腐，铜氯液防蚁。木门采取后塞口做法，木门框用钢管架和木楔进行垂直度各对角线方正的校正，然后固定于墙上预埋木砖上，门框与墙间间隙应用水泥砂浆填补密实。

② 木门窗应采用烘干的木材，含水率应符合国家标准《建筑木门、木窗》(JG/T 122—2000)的规定。

③ 木门窗的品种、类型、规格、开启方向、安装位置及连接方式应符合设计要求。

④ 木门窗扇必须安装牢固，并应开关灵活，关闭严密，无倒翘。

⑤ 胶合板门、纤维板门和模压门不得脱胶。胶合板不得刨透表层单板，不得有戗槎。制作胶合板门、纤维板门时，边框和横楞应在同一平面上，面层边框及横楞应加压胶结。横楞和上下冒头应各钻两个以上的透气孔，透气孔应通畅。

⑥ 木门框采取场外加工，制作完的木框与墙体接触面提前涂刷水柏油防腐、铜氯液防蚁。此外，木门窗的防火处理还应符合设计要求。木门采取后塞口做法，木门框用钢管架和木楔进行垂直度各对角线方正的校正，然后固定于墙的预埋木砖上，门框与墙间间隙应用水泥砂浆填补密实。

(2) 油漆工程。

本工程室内木门采用溶剂型涂料涂饰，其施工工艺流程为：

基层清理→磨砂纸→搽清油→满抹腻子→磨砂纸→刷第一道油漆→找补腻子→磨砂纸→刷第二道油漆。

油漆采用人工刷涂方法施工。

① 基层腻子应平整、坚实、牢固，无粉化、起皮和裂缝。

② 涂饰工程所选用油漆的品种、型号、颜色、光泽、图案及性能应符合设计要求。

③ 涂饰工程应涂饰均匀、粘结牢固，不得漏涂、透底、起皮和反锈。

④ 油漆层与其他装修材料和设备衔接处应吻合，界面应清晰。

4. 外墙施工方案

1) 外墙面砖施工方案

(1) 施工前的准备。

按规范规定要求，施工材料：水泥具有合格证及检验合格报告，砂具有筛分报告，施工前用3mm×3mm筛子过筛，勾缝用的细砂，用窗砂过筛，面砖按甲、乙双方认可的产品及价格进行采购，产品进场附出厂合格证，按规范进行产品检验，合格后使用。施工前对基层组织验收，对面砖进行挑选，凡外形不合格或颜色差异大的都剔除。

(2) 施工工艺流程。

外墙面砖，操作程序如下：基层处理→测定阴阳角垂直线→打巴出柱→浇水湿润→刮底糙灰→局部找平→抹中层糙灰→弹面砖控制线→架设皮数杆并横竖拉控制线或分块弹线→贴面砖→理缝→勾缝→擦净表面→检查验收及养护→拆除脚手架。

(3) 施工要点。

① 基层处理：对基层有凹凸不平处，先凿平修补，混凝土表面要凿毛，加气混凝土墙面铺钉板网、墙面脚手架孔洞、水电管线孔槽、门窗樘与墙的间隙等提前用水泥砂浆分层补平，基层表面的松散砂浆、污垢、油漆清除干净。

② 测定阴阳角垂直线，用经纬仪在外墙阴、阳角处测定垂直线，将垂直线弹出距阴、阳角50mm处，作为标准线，根据标准线确定找平层厚度，并做出标志，按标志在墙面上拉通线，每隔1.5m做出标准巴子，然后出柱，作为抹打平层糙灰的标准。

③ 分层刮糙：将墙面清理干净，浇水润湿，进行分层刮糙灰，如基层为混凝土，刮糙前，先刷801胶素水泥浆一遍，配合比为水泥∶801胶∶水=1∶2∶8，紧接着用水泥砂浆抹底糙灰，砖基层采用1∶2.5水泥砂浆，混凝土基层采用1∶(1～1.5)水泥砂浆，并掺入水泥重5%的801胶，厚4～6mm，经过24h后，用1∶2.5水泥砂浆将墙面凹进较大处，局部分层找平，每层厚度不超过7mm，终凝后，用1∶2.5水泥砂浆抹找平层，厚7～10mm，用长靠尺刮平，将阴、阳角通直，然后用抹子抹平、刮毛，按中级抹灰要求进行平整度、垂直度和角度方正的检查，经验收合格后，才进行下道工序。

④ 弹面砖控制线：控制面砖的平直度和缝隙均匀，采用皮数杆，在皮数杆上纵横拉线方法控制，其方法按墙面、柱面的实际尺寸放大样图，确定皮数和缝隙宽度，刻划在皮数杆上，上下和左右均设置皮数杆，然后纵横拉线进行镶贴。

⑤ 贴面砖：结合层用1∶1水泥砂浆，并掺入水泥重5%～10%的801胶。镶贴时，从最上面工作面开始，每一工作面自下而上镶贴，先墩子，后墙面，檐口、腰线、窗台、雨篷等做流水坡度和滴水线，贴面砖前，浇水湿润墙面，尤其是夏季施工先提前湿透。把经过挑选并浸水后的面砖，用小灰铲挑适量砂浆，先在面砖背面薄刮一层，然后铺足满刀灰，这样增加粘结力，按控制线位置贴上后，用小铲柄轻敲击，达到平整、密实为止，贴牢后避免移动，如必须移动面砖时，要重新铺砂浆，镶贴时保持上口平，如有偏差，用竹片垫平。面砖水平缝宽在6mm以上者，镶贴时在水平缝内嵌“厘米条”或者在面砖下面的两个角上嵌“十字卡”，控制灰缝均匀，采用“厘米条”时，“厘米条”事先用水浸泡，固定时，外表面不高出面砖的表面，取“厘米条”或“十字卡”时，要仔细，不能使面砖松动，用后清洗干净。做到灰缝均匀、接缝平整、楞角整齐。贴完后，进行理缝，将缝内多余砂浆刮掉，并用棉纱将表面擦干净。

⑥ 勾缝：面砖之间的缝隙，按设计要求进行勾缝，缝隙大的，用1∶1水泥砂浆勾缝；缝隙小的，用水泥浆勾缝，勾缝砂浆的颜色，按设计要求配制，如设计要求勾凹缝，一般凹进3mm；勾缝时，用勾缝条将砂浆拖平、压实、收光，保持深浅一致，白

色缝用竹拖条，保持洁白度。勾完缝，及时将表面擦干净，经检验合格后，才拆除脚手架。

(4) 外墙面砖工程质量检验与验收。

按《建筑装饰装修工程质量验收规范》(GB 50210—2001)进行。

2) 外墙涂料

(1) 工艺流程。

墙面基层处理(含局部修补)→刮腻子→封底涂料→中层涂料→罩面层涂料→修整。

(2) 施工准备。

① 墙柱表面应基本干燥，基层含水率不大于8%。

② 穿墙管道、洞口等处应提前抹灰找平。

③ 门窗安装完毕，地面施工完毕。

④ 做好样板并经鉴定合格。

(3) 基本要求。

① 按设计要求先做样板，样板确定后即可进行备料，所有涂料和半成品均应有产品名称、种类、颜色、制作日期、储存有效期、使用说明和产品合格证。

② 涂料的工作粘度和稠度必须加以控制，使其在涂料施涂时不流坠，不显示刷纹，施涂过程中不得任意稀释。

③ 喷涂时应将不喷涂的部位遮盖，以防污染。

④ 外墙涂料工程分段进行，要保证各分段的颜色一致。

⑤ 外墙涂料工程，同一墙面应用同一批号的涂料，每遍涂料不宜施涂过厚，涂层应均匀，颜色一致。

本章小结

通过本章教学，可以了解装饰工程的新材料、新技术及发展方向，掌握抹灰的分类及施工工艺和技术要求；掌握板块饰面、幕墙、门窗、吊顶、油漆涂料等的施工工艺和质量要求。

习　题

一、单项选择题

1. 抹灰工程按材料和装饰效果分为(　　)。

　A. 白灰砂浆抹灰　　B. 高级抹灰和普通抹灰

　C. 一般抹灰和装饰抹灰　　D. 水泥砂浆抹灰

2. 现制水磨石镶嵌分格条，应用水泥浆抹成八字角，即斜面与水平面夹角接近(　　)。

A. 10°　　B. 30°　　C. 50°　　D. 60°

二、判断题

1. 一般普通抹灰的外观质量要求是表面光滑、洁净、接槎平整。（　）
2. 水泥砂浆地面面层压光时，可撒干灰砂，收水抹压。（　）
3. 涂料、刷浆、吊顶的饰面板应在塑料地面、地毯面层及管道试水前进行。（　）

三、填空题

1. 抹灰层由________、________和________组成。
2. 饰面工程小规格板块可采用________法，大规格的板块应采用________法施工。

四、名词解释

1. 水刷石
2. 干粘石

五、简答题

1. 装饰工程的施工特点是什么？
2. 大理石绑扎固定灌浆法的施工工艺内容是什么？
3. 简述吊顶的基本组成。

第11章 流水施工

教学目标

通过本章教学，让学习者掌握各类流水施工（有节奏流水施工、无节奏流水施工）组织方式；掌握流水施工的编制方法。

教学要求

知识要点	能力要求	相关知识
流水施工参数	掌握各个流水参数的概念和计算	施工过程、流水强度、施工段、施工层、流水节拍、流水步距
流水施工计算与组织	掌握有节奏流水施工、无节奏流水施工的计算和组织	等节拍专业流水、异节拍专业流水、无节奏专业流水

基本概念

依次施工　平行施工　流水施工　施工过程　施工段　流水节拍　流水步距　等节拍专业流水　异节拍专业流水　无节奏专业流水

引例

20世纪初，美国人亨利·福特首先采用了流水线生产方法，在他的工厂内，专业化分工非常细，仅一个生产单元的工序竟然多达7882种，为了提高工人的劳动效率，福特反复试验，确定了一条装配线上所需要的工人人数，以及每道工序之间的距离。这样一来，每个汽车底盘的装配时间从12小时28分缩短到1小时33分。大量生产的主要生产组织方式为流水生产，最典型的流水生产线是汽车装配生产线。流水生产线是为特定的产品和预定的生产大纲所设计的；生产作业计划的主要决策问题在流水生产线的设计阶段中就已经做出规定。

11.1 流水施工的基本概念

生产实践已经证明，在所有的生产领域中，流水作业法是组织产品生产的理想方法；流水施工也是建筑安装工程施工的最有效的科学组织方法。它是建立在分工协作的基础上的。但是，由于建筑产品及其生产的特点不同，流水施工的概念、特点和效果与其他产品的流水作业也有所不同。

11.1.1 不同的施工组织方式及其特点

在组织多幢同类型房屋或将一幢房屋分成若干个施工区段进行施工时，可以采用依次施工、平行施工和流水施工三种组织施工方式，它们的特点如下。

1. 依次施工组织方式

依次施工组织方式是将拟建工程项目的整个建造过程分解成若干个施工过程，按照一定的施工顺序，前一个施工过程完成后，后一个施工过程才开始施工；或前一个工程完成后，后一个工程才开始施工。它是一种最基本的、最原始的施工组织方式。

依次施工组织方式具有以下特点：

(1) 由于没有充分地利用工作面去争取时间，所以工期长。

(2) 工作队不能实现专业化施工，不利于改进工人的操作方法和施工机具，不利于提高工程质量和劳动生产率。

(3) 工作队及工人不能连续作业。

(4) 单位时间内投入的资源量比较少，有利于资源供应的组织工作。

(5) 施工现场的组织、管理比较简单。

2. 平行施工组织方式

在拟建工程任务十分紧迫、工作面允许以及资源保证供应的条件下，可以组织几个相同的工作队，在同一时间、不同的空间上进行施工，这样的施工组织方式称为平行施工组织方式。

平行施工组织方式具有以下特点：

(1) 充分地利用了工作面，争取了时间，可以缩短工期。

(2) 工作队不能实现专业化生产，不利于改进工人的操作方法和施工机具，不利于提高工程质量和劳动生产率。

(3) 工作队及其工人不能连续作业。

(4) 单位时间投入施工的资源量成倍增长，现场临时设施也相应增加。

(5) 施工现场组织、管理复杂。

3. 流水施工组织方式

流水施工组织方式是将拟建工程项目的整个建造过程分解成若干个施工过程，也就是划分成若干个工作性质相同的分部、分项工程或工序；同时将拟建工程项目在平面上划分成若干个劳动量大致相等的施工段；在竖向上划分成若干个施工层，按照施工过程分别建立相应的专业工作队；各专业工作队按照一定的施工顺序投入施工，完成第一个施工段上的施工任务后，在专业工作队的人数、使用的机具和材料不变的情况下，依次地、连续地投入到第二、第三……直到最后一个施工段的施工，在规定的时间内，完成同样的施工任务；不同的专业工作队在工作时间上最大限度地、合理地搭接起来；当第一施工层各个施工段上的相应施工任务全部完成后，专业工作队依次地、连续地投入到第二、第三……施工层，保证拟建工程项目的施工全过程在时间上、空间上，有节奏、连续、均衡地进行下去，直到完成全部施工任务。

与依次施工、平行施工相比较，流水施工组织方式具有以下特点：

(1) 学地利用了工作面，争取了时间，工期比较合理。

(2) 工作队及其工人实现了专业化施工，可使工人的操作技术熟练，更好地保证工程质量，提高劳动生产率。

(3) 专业工作队及其工人能够连续作业，使相邻的专业工作队之间实现了最大限度的、合理的搭接。

(4) 单位时间投入施工的资源量较为均衡，有利于资源供应的组织工作。

(5) 为文明施工和进行现场的科学管理创造了有利条件。

【例 11－1】 拟兴建四幢相同的建筑物，其编号分别为Ⅰ、Ⅱ、Ⅲ、Ⅳ，它们的基础工程量都相等，而且都是由挖土方、做垫层、砌基础和回填土等四个施工过程组成，每个施工过程的施工天数为 5 天。其中，挖土方时，工作队由 8 人组成；做垫层时，工作队由 6 人组成；砌基础时，工作队由 14 人组成；回填土时，工作队由 5 人组成。分别按照依次施工、平行施工、流水施工组织方式绘制施工进度表。

解： 三种组织施工方式的施工进度表如图 11－1 所示。

4. 流水施工的技术经济效果

流水施工在工艺划分、时间排列和空间布置上的统筹安排，必然会给相应的项目经理部带来显著的经济效果，具体可归纳为以下几点：

(1) 由于流水施工的连续性，减少了专业工作的间隔时间，达到了缩短工期的目的，

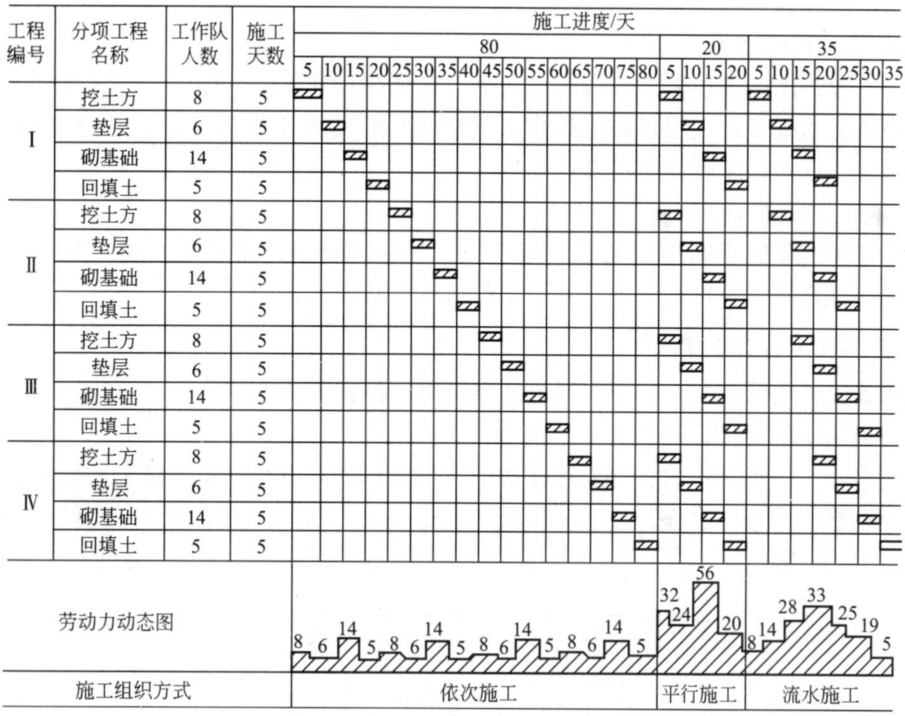

工程编号	分项工程名称	工作队人数	施工天数
Ⅰ	挖土方	8	5
	垫层	6	5
	砌基础	14	5
	回填土	5	5
Ⅱ	挖土方	8	5
	垫层	6	5
	砌基础	14	5
	回填土	5	5
Ⅲ	挖土方	8	5
	垫层	6	5
	砌基础	14	5
	回填土	5	5
Ⅳ	挖土方	8	5
	垫层	6	5
	砌基础	14	5
	回填土	5	5

图 11-1 三种组织施工方式

可使拟建工程项目尽早竣工，交付使用，发挥投资效益。

(2) 便于改善劳动组织，改进操作方法和施工机具，有利于提高劳动生产率。

(3) 专业化的生产可提高工人的技术水平，使工程质量相应提高。

(4) 工人技术水平和劳动生产率的提高，可以减少用工量和施工暂设建造量，降低工程成本，提高利润水平。

(5) 可以保证施工机械和劳动力得到充分、合理的利用。

(6) 由于工期短、效率高、用人少、资源消耗均衡，可以减少现场管理费和物资消耗，实现合理储存与供应，有利于提高项目部的综合经济效益。

11.1.2 流水施工的分级和表达方式

1. 流水施工的分级

根据流水施工组织的范围划分，流水施工通常可分为以下几种施工方式。

1) 分项工程流水施工

分项工程流水施工也称为细部流水施工。它是在一个专业工种内部组织起来的流水施工。在项目施工进度计划表上，它是一条标有施工段或工作队编号的水平进度指示线段或斜向进度指示线段。

2) 分部工程流水施工

分部工程流水施工也称为专业流水施工。它是在一个分部工程内部、各分项工程之间组织起来的流水施工。在项目施工进度计划表上，它由一组标有施工段或工作队编号的水平进度指示线段或斜向进度指示线段来表示。

3）单位工程流水施工

单位工程流水施工也称为综合流水施工。它是在一个单位工程内部、各分部工程之间组织起来的流水施工，在项目施工进度计划表上，它是若干组分部工程的进度指示线段，并由此构成一张单位工程施工进度计划。

4）群体工程流水施工

群体工程流水施工亦称为大流水施工。它是在若干单位工程之间组织起来的流水施工，反映在项目施工进度计划上，是一张项目施工总进度计划。

2. 流水施工的表达方式

流水施工的表达方式，主要有横道图和网络图两种表达方式。

1）水平指示图表(图 11－2)

在流水施工水平指示图表的表达方式中，横坐标表示流水施工的持续时间；纵坐标表示开展流水施工的施工过程、专业工作队的名称、编号和数目；呈梯形分布的水平线段表示流水施工的开展情况。

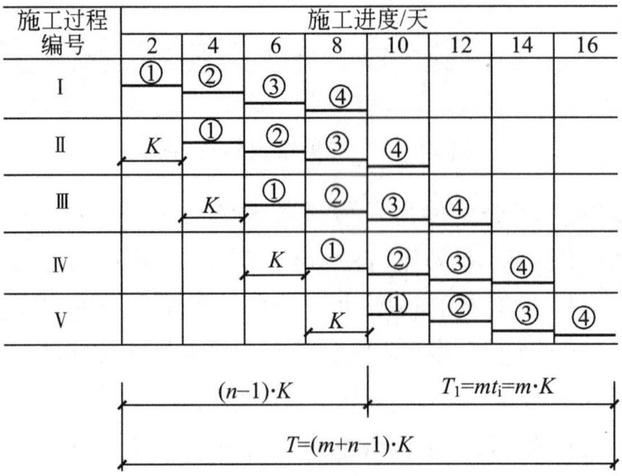

施工过程编号	施工进度/天							
	2	4	6	8	10	12	14	16
Ⅰ	①	②	③	④				
Ⅱ	K	①	②	③	④			
Ⅲ		K	①	②	③	④		
Ⅳ			K	①	②	③	④	
Ⅴ				K	①	②	③	④

$(n-1)\cdot K$　　$T_1=mt_1=m\cdot K$

$T=(m+n-1)\cdot K$

图 11－2　水平指示图表

2）垂直指示图表(图 11－3)

在流水施工垂直指示图表的表达方式中，横坐标表示流水施工的持续时间；纵坐标表示开展流水施工所划分的施工段编号；n 条斜线段表示各专业工作队或施工过程开展流水施工的情况。

3）网络图

有关流水施工网络图的表达方式，详见本书第 12 章。

11.1.3　流水参数

在组织拟建工程项目流水施工时，用以表达流水施工在工艺流程、空间布置和时间排列等方面开展状态的参数，称为流水参数。它主要包括工艺参数、空间参数和时间参等三类。

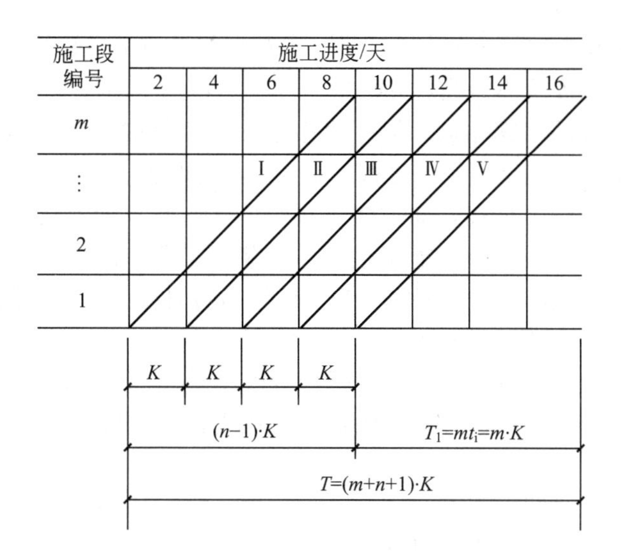

图 11-3 垂直指示图表

1. 工艺参数

在组织流水施工时，工艺参数是用以表达流水施工在施工工艺上开展顺序及其特征的参数；具体地说是指在组织流水施工时，将拟建工程项目的整个建造过程可分解为施工过程的种类、性质和数目的总称。通常，工艺参数包括施工过程和流水强度两种。

1) 施工过程

在建设项目施工中，施工过程所包括的范围可大可小，既可以是分部、分项工程，又可以是单位、单项工程。它是流水施工的基本参数之一，根据工艺性质不同，它分为制备类施工过程、运输类施工过程和砌筑安装类施工过程等三种。而施工过程的数目，一般以 n 表示。

(1) 制备类施工过程。它是指为了提高建筑产品的装配化、工厂化、机械化和生产能力而形成的施工过程。如砂浆、混凝土、构配件、制品和门窗框扇等的制备过程。

它一般不占有施工对象的空间，不影响项目总工期，因此在项目施工进度表上不表示；只有当其占有施工对象的空间并影响项目总工期时，在项目施工进度表上才列入，如在拟建车间、实验室等场地内预制或组装的大型构件等。

(2) 运输类施工过程。它是指将建筑材料、构配件、(半)成品、制品和设备等运到项目工地仓库或现场操作使用地点而形成的施工过程。

它一般不占有施工对象的空间，不影响项目总工期，通常也不列入项目施工进度计划中；只有当其占有施工对象的空间并影响项目总工期时，才列入项目施工进度计划中，如结构安装工程中，采取随运随吊方案的运输过程。

(3) 砌筑安装类施工过程。它是指在施工对象的空间上，直接进行加工，最终形成建筑产品的过程，如地下工程、主体工程、结构安装工程、屋面工程和装饰工程等施工过程。

它占有施工对象的空间，影响着工期的长短，必须列入项目施工进度表上，而且是项目施工进度表的主要内容。

(4) 砌筑安装类施工过程的分类。通常，砌筑安装类施工过程按其在项目生产中的作用、工艺性质和复杂程度等不同进行分类。

由于划分施工过程的依据不同，同一个拟建工程项目的施工过程可以分成主导与穿插、连续与间断、简单与复杂等施工过程。事实上，有的施工过程，既是主导的，又是连续的，同时还是复杂的施工过程，如主体工程等施工过程；而有的施工过程，既是穿插的，又是间断的，同时还是简单的施工过程，如装饰工程中的油漆工程等施工过程。因此，一个施工过程从不同的角度去研究，它可以是不同的施工过程；但是，它们所处的地位，在流水施工中不会改变。

(5) 施工过程数目(n)的确定。施工过程数目，主要依据项目施工进度计划在客观上的作用，采用的施工方案、项目的性质和业主对项目建设工期的要求等进行确定。

2) 流水强度

某施工过程在单位时间内所完成的工程量，称为该施工过程的流水强度。流水强度一般以 V_i 表示，它可由式 (11－1)或式 (11－2)计算求得。

(1) 机械操作流水强度：

$$V_i = \sum_{j=1}^{x} R_i \times S_i \tag{11-1}$$

式中：V_i——某施工过程的机械操作流水强度；

R——投入施工过程 i 的某种施工机械台数；

S_i——投入施工过程 i 的某种施工机械产量定额；

x——投入施工过程 i 的施工机械种类数。

(2) 人工操作流水强度：

$$V_i = R_i \times S_i \tag{11-2}$$

式中：V_i——某施工过程 i 的人工操作流水强度；

R_i——投入施工过程 i 的专业工作队工人数；

S_i——投入施工过程 i 的专业工作队平均产量定额。

2. 空间参数

在组织流水施工时，用以表达流水施工在空间布置上所处状态的参数，称为空间参数。空间参数主要有工作面、施工段和施工层等三种。

1) 工作面

某专业工种的工人在从事建筑产品施工生产加工过程中，所必须具备的活动空间，这个活动空间称为工作面。它的大小，是根据相应工种单位时间内的产量定额、建筑安装工程操作规程和安全规程等的要求确定的。工作面确定的合理与否，直接影响到专业工种工人的劳动生产效率。对此，必须认真加以对待，合理确定。

2) 施工段

为了有效地组织流水施工，通常把拟建工程项目在平面上划分成若干个劳动量大致相等的施工段落，这些施工段落称为施工段。施工段的数目，通常以 m 表示，它是流水施工的基本参数之一。

(1) 划分施工段的目的和原则。一般情况下，一个施工段内只安排一个施工过程的专业工作队进行施工。在一个施工段上，只有前一个施工过程的工作队提供足够的工作面，后一个施工过程的工作队才能进入该段从事下一个施工过程的施工。

划分施工段是组织流水施工的基础。其目的是，由于建筑产品生产的单件性，可以说它不适于组织流水施工；但是，建筑产品体形庞大的固有特征，又为组织流水施工提供了空间条件，可以把下个体形庞大的“单件产品”划分成具有若干个施工段、施工层的“批量产品”，使其满足流水施工的基本要求；在保证工程质量的前提下，为专业工作队确定合理的空间活动范围，使其按流水施工的原理，集中人力和物力，迅速地、依次地、连续地完成各段的任务，为相邻专业工作队尽早地提供工作面，达到缩短工期的目的。

施工段的划分，在不同的分部工程中，可以采用相同或不同的划分办法。在同一分部工程中最好采用统一的段数，但也不能排除特殊情况，如在单层工业厂房的预制工程中，柱和屋架的施工段划分就不一定相同。对于多幢同类型房屋的施工，可以栋号为段组织大流水施工。

施工段数要适当，过多，势必要减少工人数而延长工期；过少，又会造成资源供应过分集中，不利于组织流水施工。因此，为了使施工段划分得更科学、更合理，通常应遵循以下原则：

① 专业工作队在各个施工段上的劳动量要大致相等，其相差幅度不宜超过10%～15%。

② 对多层或高层建筑物，施工段的数目，要满足合理流水施工组织的要求，即$m \geq n$。

③ 为了充分发挥工人、主导机械的效率，每个施工段要有足够的工作面，使其所容纳的劳动力人数或机械台数，能满足合理劳动组织的要求。

④ 为了保证拟建工程项目的结构整体完整性，施工段的分界线应尽可能与结构的自然界线(如沉降缝、伸缩缝等)相一致；如果必须将分界线设在墙体中间时，应将其设在对结构整体性影响少的门窗洞凹等部位，以减少留槎，便于修复。

⑤ 对于多层的拟建工程项目，即要划分施工段，又要划分施工层，以保证相应的专业工作队在施工段与施工层之间，组织有节奏、连续、均衡的流水施工。

(2) 施工段数(m)与施工过程数(n)的关系。

① 当$m>n$时，工作队仍连续施工，虽然有空闲的施工段，但不一定有害。

② 当$m=n$时，工作队连续施工，施工段上始终有工作队在工作，即施工段上无空闲，比较理想。

③ 当$m<n$时，工作队就不能连续施工而窝工。因此，对一个建筑物组织流水施工是不适宜的。但是，在建筑群中可与另一些建筑物组织大流水。

3) 施工层

在组织流水施工时，为了满足专业工种对操作高度和施工工艺的要求，将拟建工程项目在竖向上划分为若干个操作层，这些操作层称为施工层。施工层一般以j表示。

施工层的划分，要按工程项目的具体情况，根据建筑物的高度、楼层来确定。如砌筑工程的施工层高度一般为1.2m，室内抹灰、木装饰、油漆玻璃和水电安装等，可按楼层进行施工层划分。

3. 时间参数

在组织流水施工时，用以表达流水施工在时间排列上所处状态的参数，称为时间参数。它包括流水节拍、流水步距、平行搭接时间、技术间歇时间和组织管理间歇时间等五种。

1）流水节拍

在组织流水施工时，每个专业工作队在各个施工段上完成相应的施工任务所需要的工作延续时间，称为流水节拍。通常以 t_i 表示，它是流水施工的基本参数之一。

流水节拍的大小，可以反映出流水施工速度的快慢、节奏感的强弱和资源消耗量的多少。根据其数值特征，一般流水施工又分为等节拍专业流水、异节拍专业流水和无节奏专业流水等施工组织方式。

影响流水节拍数值大小的因素主要有：项目施工时所采取的施工方案，各施工段投入的劳动力人数或施工机械台数，工作班次，以及该施工段工程量的多少。

为避免工作队转移时浪费工时，流水节拍在数值上最好是半个班的整倍数。其数值的确定，可按以下各种方法进行。

（1）定额计算法。

根据各施工段的工程量、能够投入的资源量(工人数、机械台数和材料量等)，进行计算：

$$t_i=Q/RS=P/R \tag{11-3}$$

式中：Q——某施工段的工程量；

R——专业队的人数或机械台数；

S——产量定额，即工日或台班完成的工程量；

P——某施工段所需的劳动量或机械台班量。

（2）经验估算法。

经验估算法即根据以往的施工经验进行估算。一般为了提高其准确程度，往往先估算出该流水节拍的最长、最短和正常(即最可能)三种时间，然后据此求出期望时间作为某专业工作队在某施工段上的流水节拍。

$$m=(a+4c+b)/6 \tag{11-4}$$

式中：m——某施工过程在某施工段上的流水节拍；

a——某施工过程在某施工段上的最短估算时间；

b——某施工过程在某施工段上的最长估算时间；

c——某施工过程在某施工段上的正常估算时间。

本法也称“三种时间估算法”，常用于有同类型施工经验的工程或无定额可循的工程。

（3）工期计算法。

按工期的要求在规定期限内必须完成的工程项目，往往采用“倒排进度法”，步骤如下。

① 倒排施工进度：根据工期倒排施工进度，确定主导施工过程的流水节拍，然后安排需要投入的相关资源。

② 确定流水节拍：若同一施工过程的流水节拍不等，则用估算法；若流水节拍相等，则按下式确定：

$$t=T/m \tag{11-5}$$

式中：t——流水节拍；

T——某施工过程的工作持续时间；

m——某施工过程划分的施工段数。

③ 确定最小流水节拍：施工段数确定后，流水节拍大则工期较长，流水节拍太小，实际上又受工作面或工艺要求的限制。这时就需要根据工作面的大小、操作工人或施工机械的最佳配置、工艺要求和劳动效率来综合确定最小流水节拍。确定的流水节拍应取整数或半个工作日的整倍数。

2）流水步距

在组织流水施工时，相邻两个专业工作队在保证施工顺序、满足连续施工、最大限度地搭接和保证工程质量要求的条件下，相继投入施工的最小时间间隔，称为流水步距。流水步距以 $K_{j,j+1}$ 表示，它是流水施工的基本参数之一。

（1）确定流水步距的原则。

① 流水步距要满足相邻两个专业工作队，在施工顺序上的相互制约关系。

② 流水步距要保证各专业工作队都能连续作业。

③ 流水步距要保证相邻两个专业工作队，在开工时间上最大限度地、合理地搭接。

④ 流水步距的确定要保证工程质量，满足安全生产。

（2）确定流水步距的方法。

流水步距的确定方法很多，而简捷的方法，主要有图上分析法、分析计算法和潘特考夫斯基法(最大差法)等。在等节拍、无节奏的专业流水中，组织方式不同，其计算方法也不同。

（3）平行搭接时间。

组织流水施工时，有时为了缩短工期，在工作面允许的条件下，如果前一个专业工作队完成部分施工任务后，能够提前为后一个专业工作队提供工作面，使后者提前进入前一个施工段，两者在同一施工段上平行搭接施工，这个搭接的时间称为平行搭接时间，通常以 $C_{j,j+1}$ 表示。

（4）技术间歇时间。

在组织流水施工时，除要考虑相邻专业工作队之间的流水步距外，有时根据建筑材料或现浇构件等的工艺性质，还要考虑合理的工艺等待时间，这个等待时间称为间歇时间，如混凝土浇筑后的养护时间、砂浆抹面和油漆面的干燥时间等；技术间歇时间以 $Z_{j,j+1}$ 表示。

（5）组织间歇时间。

在流水施工中，由于施工技术或施工组织的原因，造成的在流水步距以外增加的间歇时间，称为组织间歇时间。如墙体砌筑前的墙身位置弹线，施工人员、机械转移，回填土前地下管道检查验收，等等；组织间歇时间以 $G_{j,j+1}$ 表示。

在组织流水施工时，项目经理部对技术间歇和组织间歇时间，可根据项目施工中的具体情况分别考虑或统一考虑；但二者的概念、作用和内容是不同的，必须结合具体情况灵活处理。

11.2 有节奏流水施工

11.2.1 等节拍专业流水

等节拍专业流水是指在组织流水施工时，如果所有的施工过程在各个施工段上的流水节拍彼此相等，这种流水施工组织方式也称为固定节拍流水或全等节拍流水。

1. 基本特点

(1) 流水节拍彼此相等。

(2) 流水步距彼此相等，而且等于流水节拍。

(3) 每个专业工作队都能够连续施工，施工段没有空闲。

(4) 专业工作队数(n_1)等于施工过程数(n)。

2. 组织步骤

(1) 确定项目施工起点流向，分解施工过程。

(2) 确定施工顺序，划分施工段。

划分施工段时，其数目 m 的确定如下：

① 无层间关系或无施工层时，取 $m=n$。

② 有层间关系或有施工层时，施工段数目 m 分下面两种情况确定：

(a) 无技术和组织间歇时，取 $m=n$。

(b) 有技术和组织间歇时，为了保证各专业工作队能连续施工，应取 $m>n$。

(3) 根据等节拍专业流水要求，计算流水节拍数值。

(4) 确定流水步距。

(5) 计算流水施工的工期：

① 不分施工层：

$$T=(m+n-1)\times K+\sum Z_{j,j+1}+\sum G_{j,j+1}-\sum C_{j,j+1} \tag{11-6}$$

式中：T——流水施工总工期；

m——施工段数；

n——施工过程数；

K——流水步距；

j——施工过程编号，$1<j<n$；

$Z_{j,j+1}$——j 与 $j+1$ 两施工过程间的技术间歇时间；

$G_{j,j+1}$——j 与 $j+1$ 两施工过程间的组织间歇时间；

$C_{j,j+1}$——j 与 $j+1$ 两施工过程间的平行搭接时间。

② 分施工层：

$$T=(m\times r+n-1)\times K+\sum Z_1-\sum C_{j,j+1} \tag{11-7}$$

式中：r——施工层数；

$\sum Z_1$ ——第一个施工层中各施工过程之间的技术与组织间歇时间之和；

其他符号含义同前。

(6) 绘制流水施工指示图表。

【例 11-2】 某分部工程由四个分项工程组成，划分成五个施工段，流水节拍均为 3 天，无技术组织间歇，无搭接时间。试确定流水步距，计算工期，并绘制流水施工进度表。

解： 由已知条件知，应组织等节拍专业流水。

(1) 确定流水步距：因为 $t_i=t=3$ 天，所以 $K=t=3$ 天。

(2) 计算工期：

由式(11-6)得

$$T=(m+n-1)\times K+\sum Z_1-\sum C_{j,j+1}=(5+4-1)\times 3+0-0=24(\text{天})$$

(3) 绘制流水施工进度表如图 11-4 所示。

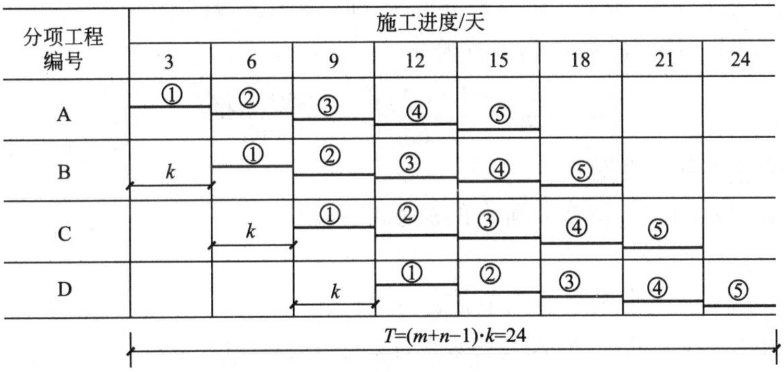

分项工程编号	施工进度/天							
	3	6	9	12	15	18	21	24
A	①	②	③	④	⑤			
B	k	①	②	③	④	⑤		
C		k	①	②	③	④	⑤	
D			k	①	②	③	④	⑤

$T=(m+n-1)\cdot k=24$

图 11-4 等节拍专业流水施工进度表

11.2.2 异节拍专业流水

进行等节拍专业流水施工时，有时由于各施工过程的性质、复杂程度不同，可能会出现某些施工过程所需要的人数或机械台数，超出施工段上工作面所能容纳数量的情况。这时，只能按施工段所能容纳的人数或机械台数确定这些施工过程的流水节拍，这可能使某些施工过程的流水节拍为其他施工过程流水节拍的倍数，从而形成异节拍专业流水，如图 11-5所示。

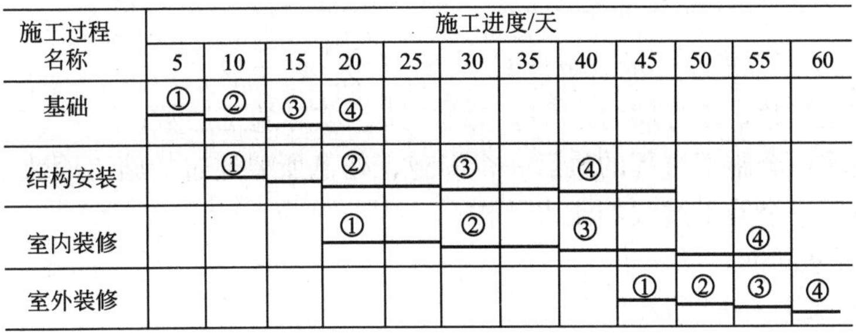

施工过程名称	施工进度/天											
	5	10	15	20	25	30	35	40	45	50	55	60
基础	①	②	③	④								
结构安装		①		②		③		④				
室内装修				①		②		③			④	
室外装修									①	②	③	④

图 11-5 异节拍专业流水

异节拍专业流水是指在组织流水施工时，如果同一个施工过程在各施工段上的流水节拍彼此相等，不同施工过程在同一施工段上的流水节拍彼此不等而互为倍数的流水施工方式，也称为成倍节拍专业流水。

1. 基本特点

(1) 同一施工过程在各施工段上的流水节拍彼此相等，不同的施工过程在同一施工段上的流水节拍彼此不同，但互为倍数关系。

(2) 流水步距彼此相等，且等于流水节拍的最大公约数。

(3) 各专业工作队都能够保证连续施工，施工段没有空闲。

(4) 专业工作队数大于施工过程数，即 $n_1>n$。

2. 组织步骤

(1) 确定施工起点流向，分解施工过程。

(2) 确定施工顺序，划分施工段。

① 不分施工层时，可按划分施工段的原则确定施工段数。

② 分施工层时，每层的段数由下式确定：

$$m=n_1+\frac{\max\sum Z_1}{K_b}+\frac{\max\sum Z_2}{K_b} \tag{11-8}$$

式中：n_1——专业工作队总数；

K_b——等步距的异节拍专业流水的流水步距；

其他符号含义同前。

(3) 按异节拍专业流水确定流水节拍。

(4) 确定流水步距，K_b＝最大公约数 $\{t_1, t_2, \cdots, t_n\}$；

(5) 确定专业工作队数：

$$b_j=\frac{t_j}{K_b} \tag{11-9}$$

$$n_1=\sum_{j=1}^{n}b_j \tag{11-10}$$

式中：t_j——施工过程 j 在各施工段上的流水节拍；

b_j——施工过程 j 所要组织的专业工作队数；

j——施工过程编号，$1\leqslant j<n$。

(6) 确定计划工期：

$$T=(r\times n_1-1)\times K_b+m_{zh}\times t_{zh}+\sum Z_{j,j+1}+\sum G_{j,j+1}-C_{j,j+1} \tag{11-11}$$

或

$$T=(mr+n-1)\times K_b+\sum Z_1-\sum C_{j,j+1} \tag{11-12}$$

式中：r——施工层数，不分层时 $r=1$，分层时 r＝实际施工层数；

m_{zh}——最后一个施工过程的最后一个专业工作队所要通过的施工段数；

t_{zh}——最后一个施工过程的流水节拍；

其他符号含义同前。

(7) 绘制流水施工进度表。

【例 11-3】 某项目由Ⅰ、Ⅱ、Ⅲ三个施工过程组成，流水节拍分别为 $t_1=2$ 天，$t_2=$

6 天，t_3=4 天，试组织等步距的异节拍专业流水施工，并绘制流水施工进度表。

解：(1) 确定流水步距：K_b=最大公约数 {2，6，4}=2(天)。

(2) 求专业工作队数：

$$b_1=\frac{t_1}{K_b}=\frac{2}{2}=1,\quad b_2=\frac{t_2}{K_b}=\frac{6}{2}=3,\quad b_3=\frac{t_3}{K_b}=\frac{4}{2}=2$$

$$n_1=\sum_{j=1}^{3}b_j=1+3+2=6$$

(3) 求施工段数：

为了使各专业工作队都能连续工作，取 $m=n_1=6$ 段。

(4) 计算工期：

$$T=(6+6-1)\times 2=22(\text{天})$$

或

$$T=(6-1)\times 2+3\times 4=22(\text{天})$$

(5) 绘制流水施工进度表，如图 11-6 所示。

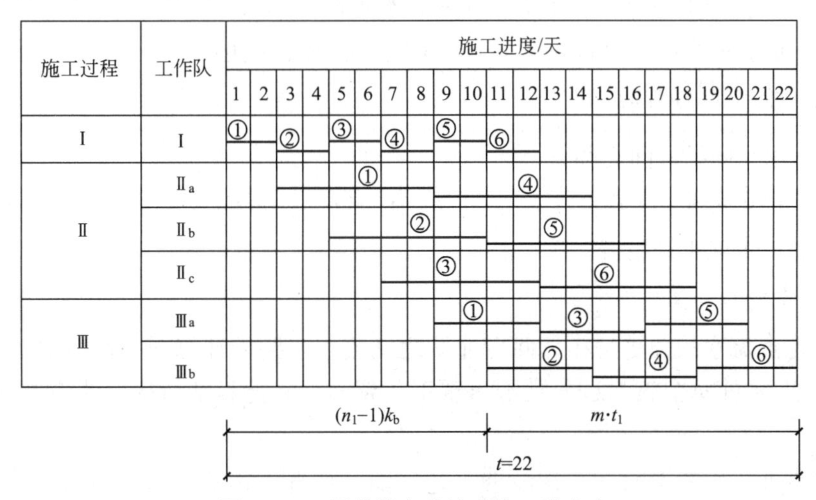

图 11-6　异节拍专业流水施工进度表

11.3 无节奏专业流水

在项目实际施工中，通常每个施工过程在各个施工段上的工程量彼此不等，各专业工作队的生产效率相差较大，导致大多数的流水节拍也彼此不相等，不可能组织成等节拍专业流水或异节拍专业流水。在这种情况下，往往利用流水施工的基本概念，在保证施工工艺、满足施工顺序要求的前提下，按照一定的计算方法，确定相邻专业工作队之间的流水步距，使其在开工时间上最大限度地、合理地搭接起来，形成每个专业工作队都能连续作业的流水施工方式，称为无节奏专业流水，也叫做分别流水。它是流水施工的普遍形式。

1. 基本特点

(1) 每个施工过程在各个施工段上的流水节拍，不尽相等。

(2) 在多数情况下，流水步距彼此不相等，而且流水步距与流水节拍二者之间存在着某种函数关系。

(3) 各专业工作队都能连续施工，个别施工段可能有空闲。

(4) 专业工作队数等于施工过程数，即 $n_1=n$。

2. 组织步骤

(1) 确定施工起点流向，分解施工过程。

(2) 确定施工顺序，划分施工段。

(3) 按相应的公式计算各施工过程在各个施工段上的流水节拍。

(4) 按一定的方法确定相邻两个专业工作队之间的流水步距。

(5) 计算流水施工的计划工期：

$$T=\sum_{j=1}^{n-1}K_{j,j+1}+\sum_{i=1}^{m}t_i^{zh}+\sum Z+\sum G-\sum C_{j,j+1} \tag{11-13}$$

式中：T——流水施工的计划工期；

$K_{j,j+1}$——j 与 $j+1$ 两专业工作队之间的流水步距；

t_i^{zh}——最后一个施工过程在第 i 个施工段上的流水节拍；

$\sum Z$——技术间歇时间总和；

$\sum G$——组织间歇时间之和；

$C_{j,j+1}$——相邻两专业工作队 j 与 $j+1$ 之间的平行搭接时间之和($1<j<n-1$)。

(6) 绘制流水施工进度表。

3. 流水步距的计算

无节奏专业流水的关键是相邻两专业队之间流水步距的计算(步骤中的前三项均同等节拍专业流水)，使每个施工过程既不出现工艺超前，又能紧密衔接，使各专业队都能连续施工。

无节奏专业流水的工期 T，在没有工艺间隙的情况下由流水步距总和 $\sum K_i$ 与最后一个施工过程的持续时间 t_n 之和组成，即

$$T=\sum K_i+t_n \tag{11-14}$$

若施工过程有工艺间隙则增加 $\sum Z_1$，$\sum Z_2$。下面以常用的“累加斜减(错位相减)计算法”为例加以说明。

【例 11-4】 某屋面工程有三道工序：保温层(Ⅰ)→找平层(Ⅱ)→卷材层(Ⅲ)，分三段进行流水施工，试分别绘制该工程时间连续和空间连续的横道图进度计划。各工序在各施工段上的作业持续时间如表 11-1 所示。

表 11-1 各施工段上的作业持续时间

施工过程	第一段	第二段	第三段
保 温 层	3 天	3 天	4 天
找 平 层	2 天	2 天	3 天
卷 材 层	1 天	1 天	2 天

解：根据题设条件，该工程只能组织无节奏专业流水。

(1) 求流水节拍的累加数列：

保温层(Ⅰ)：3，6，10

找平层(Ⅱ)：2，4，7

卷材层(Ⅲ)：1，2，4

(2) 确定流水步距。

① 求保温层与找平层两施工过程之间的流水步距：

$K_{\mathrm{I,II}}$

$$\begin{array}{rrrrr} & 3, & 6, & 10 & \\ -) & & 2, & 4, & 7 \\ \hline & 3, & 4, & 6, & -7 \end{array}$$

$$K_{\mathrm{I,II}}=\max\{3,4,6,-7\}=6(\text{天})$$

② 求找平层与卷材层之间的流水步距：

$K_{\mathrm{II,III}}$

$$\begin{array}{rrrrr} & 2, & 4, & 7 & \\ -) & & 1, & 2, & 4 \\ \hline & 2, & 3, & 5, & -4 \end{array}$$

$$K_{\mathrm{II,III}}=\max\{2,3,5,-4\}=5(\text{天})$$

(3) 确定计划工期。

将 $K_{\mathrm{I,II}}$ 和 $K_{\mathrm{II,III}}$ 代入式(11－13)得

$$T=(6+5)+(1+1+2)=15(\text{天})$$

(4) 绘制流水施工进度表，如图 11－7 所示。

施工过程	施工进度/天														
	1	2	3	4	5	6	7	8	9	10	11	12	13	14	15
保温层		①段			②段			③段							
找平层			$k_{a,b}$				①		②			③			
卷材层								$k_{b,c}$				①	②	③	

图 11－7　无节奏专业流水施工进度表

某三层现浇钢筋混凝土框架结构的流水施工组织

1. 工程概况

该工程框架平面尺寸为 16m×168m，沿长度方向每隔 42m 留伸缩缝一道。

2. 各工序的持续时间和间歇时间安排

经估算及经验判断，柱钢筋绑扎 2 天，梁板钢筋 2 天，模板 4 天，柱混凝土 2 天，梁板混凝土 2 天，层间技术间歇时间 2 天。

根据各工序流水节拍的特点，可按异节拍专业流水组织施工。

3. 流水施工组织设计步骤

(1) 取各个流水节拍的最大公约数作为流水步距，即为 2 天。

(2) 按公式计算各施工过程的工作队数：

$$b_1=\frac{t_1}{K_b}=\frac{2}{2}=1,\quad b_2=\frac{t_2}{K_b}=\frac{4}{2}=2,\quad b_3=\frac{t_3}{K_b}=\frac{2}{2}=1,$$

$$b_4=\frac{t_4}{K_b}=\frac{2}{2}=1,\quad b_5=\frac{t_5}{K_b}=\frac{2}{2}=1$$

(3) 计算施工段数：

$$m=\sum_{i=1}^{n}D_i+\frac{\sum t_j}{K}+\frac{Z}{K}-\frac{\sum t_d}{K}=6+0+\frac{2}{2}-0=7(\text{段})$$

根据结构特征可知，各施工段工程量应相等，故施工段不可能为奇数，由于计算的施工段小于实际取的施工段，时间连续而空间不连续。为了保证时间连续，施工段数取 8 段。

(4) 依次组织各施工队间隔一个流水步距 2 天投入施工，总工期为：

$$T=(3\times8+6-1)\times2+0-0=58(\text{天})$$

(5) 绘制进度计划表，如图 11－8 所示。

层数	施工过程	工作队	施工进度/天																												
			2	4	6	8	10	12	14	16	18	20	22	24	26	28	30	32	34	36	38	40	42	44	46	48	50	52	54	56	58
Ⅰ	柱钢筋		1	2	3	4	5	6	7	8																					
	安模板	A		1		3		5		7																					
		B			2		4		6		8																				
	柱混凝土					1	2	3	4	5	6	7	8																		
	梁板钢筋						1	2	3	4	5	6	7	8																	
	梁板混凝土							1	2	3	4	5	6	7	8																
Ⅱ	柱钢筋										1	2	3	4	5	6	7	8													
	安模板	A										1		3		5		7													
		B											2		4		6		8												
	柱混凝土													1	2	3	4	5	6	7	8										
	梁板钢筋														1	2	3	4	5	6	7	8									
	梁板混凝土															1	2	3	4	5	6	7	8								
Ⅲ	柱钢筋																		1	2	3	4	5	6	7	8					
	安模板	A																		1		3		5		7					
		B																			2		4		6		8				
	柱混凝土																					1	2	3	4	5	6	7	8		
	梁板钢筋																						1	2	3	4	5	6	7	8	
	梁板混凝土																							1	2	3	4	5	6	7	8

图 11－8　进度计划表

本章小结

通过本章教学，可以了解流水施工的概念、分类及组织形式；掌握流水施工的时间参数及等节拍专业流水、异节拍专业流水、无节奏专业流水的组织方法。

习　　题

一、单项选择题

1. 施工段，施工层在流水施工中所表达的参数为(　　)。

A. 空间参数　　B. 工艺参数　　C. 时间参数　　D. 一般参数

2. 某流水施工过程，施工段$m=4$，施工过程$n=6$，施工层$r=3$，则流水步距的个数为(　　)。

A. 6　　B. 5　　C. 4　　D. 3

3. 某住宅楼由六个单元组成，其基础工程施工时，拟分成三段组织流水施工，土方开挖为9600m^3。选用两台挖掘机进行施工，采用一班作业，两台挖掘机的台班产量定额均为100m^3/台班，则流水节拍应为(　　)天。

A. 32　　B. 16　　C. 48　　D. 8

4. 组织等节拍流水施工的前提是(　　)。

A. 各施工过程施工班组人数相等　　B. 各施工过程的施工段数目相等

C. 各流水组的工期相等　　D. 各施工过程在各段的持续时间相等

二、判断题

1. 在组织流水施工时，空间参数主要有施工段、施工过程和施工层三种。(　　)

2. 流水节拍是指一个专业队在一个施工过程工作所需要的延续时间。(　　)

3. 为了缩短工期，流水施工采用增加工作队的方法加快施工进度，施工段划分得越多越好。(　　)

三、简答题

1. 试比较依次施工、平行施工、流水施工各具有哪些特点？

2. 流水施工组织有哪几种类型？

3. 试述等节拍和异节拍专业流水的组织方法。

4. 试述流水参数的概念、划分施工段和施工过程的原则。

四、计算题

1. 某现浇钢混凝土工程，由支模、绑扎钢筋、浇混凝土、拆模板和回填土五个分项工程组成，在平面上划分四个施工段，各分项工程在各个施工段上的施工持续时间分别为：支模2天、3天、2天、3天，绑扎钢筋3天、3天、4天、4天，浇混凝土2天、1

天、2天、2天，拆模板1天、2天、1天、1天，回填土2天、3天、2天、2天，支模与绑扎钢筋可以搭接1天，在混凝土浇筑后至拆模板必须有2天的养护时间，试编制该工程流水施工方案。

2. 某工程有一分部工程由A、B、C、D四个施工工序组成，划分两个施工层组织流水施工，流水节拍为$t_A=2$，$t_B=4$，$t_C=4$，$t_D=2$，要求层间间歇2天，试按成倍节拍流水组织施工。要求工作队连续工作，确定流水步距K，施工段数m，计算总工期T，并绘制流水指示图表。

3. 某工程由A、B、C、D四个施工工序组成，划分两个施工层组织流水施工，B完成后需间歇3天，且层间技术间歇3天，流水节拍均为3天，为保证工作队连续工作。试确定施工段数，计算工期，并绘制流水施工进度表。

教学目标

通过本章教学，让学习者了解网络计划的表示方法；掌握双代号网络图时间参数的计算方法；能利用双代号网络图、单代号网络图及双代号时标网络图编制工程进度计划。

教学要求

知识要点	能力要求	相关知识
网络图概念	了解网络计划技术的基本原理	网络图的表示方法； 网络图的特点
双代号网络图	掌握双代号网络图的绘制方法和时间参数的计算方法	双代号网络图的表达方式、绘图规则、时间参数计算(工作法、节点法)； 确定关键工作及关键线路
单代号网络图	了解单代号网络图的计算和绘制方法	绘图特点、绘图规则、时间参数计算
双代号时标网络计划	掌握双代号时标网络计划的编制方法和时间参数的判读方法	双代号时标网络计划的编制
网络计划优化	熟悉网络计划优化、控制的原理和方法	网络计划优化方法(工期优化、资源优化、费用优化)

基本概念

双代号网络图　单代号网络图　双代号时标网络图　工作　线路　节点

引例

网络计划技术是指用于工程项目计划与控制的一项管理技术。它是20世纪50年代末发展起来的，依其起源有关键路径法(CPM)与计划评审法(PERT)之分。1956年，美国杜邦公司在制定企业不同业务部门的系统规划时，制定了第一套网络计划。这种计划借助于网络表示各项工作与所需要的时间，以及各项工作的相互关系。通过网络分析研究工程费用与工期的相互关系，并找出在编制计划及计划执行过程中的关键路线，这种方法称为CPM。1958年美国海军武器部，在制定研制“北极星”导弹计划时，同样地应用了网络分析方法与网络计划，但它注重于对各项工作安排的评价和审查，这种计划称为PERT。鉴于这两种方法的差别，CPM主要应用于以往在类似工程中已取得一定经验的承包工程，PERT更多地应用于研究与开发项目。

12.1 网络图的基本概念

网络图是用箭线表示一项工作，工作的名称写在箭线的上面，完成该项工作的时间写在箭线的下面，箭头和箭尾处分别画上圆圈，填入事件编号，箭头和箭尾的两个编号代表一项工作，如图12-1(a)所示，i—j代表一项工作；或者用一个圆圈代表一项工作，节点编号写在圆圈上部，工作名称写在圆圈中部，完成该工作所需要的时间写在圆圈下部，箭线只表示该工作与其他工作的相互关系，如图12-1(b)所示。

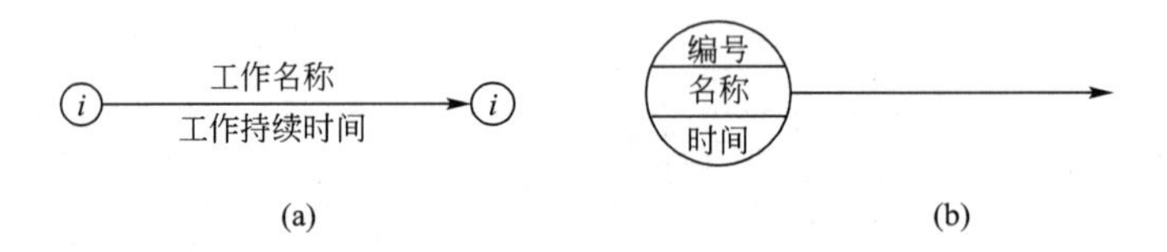

图12-1　网络图基本单元

把一项计划(或工程)的所有工作，根据其开展的先后顺序并考虑其相互制约关系，全部用箭线或圆圈表示，从左向右排列起来，形成一个网状的图形，即网络图，如图12-2所示。

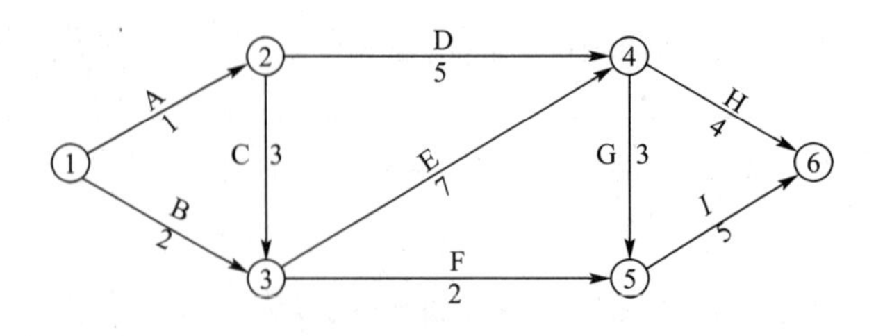

图12-2　网络图

12.1.1 网络计划技术的基本原理

(1) 应用网络图形来表达一项计划(或工程)中各项工作的开展顺序及其相互之间的关系。

(2) 通过对网络图进行时间参数的计算，找出计划中的关键工作和关键线路。

(3) 通过不断改进网络计划，寻求最优方案。

(4) 在计划执行过程中对计划进行有效的控制与监督，保证合理地使用人力、物力和财力，以最小的消耗取得最大的经济效果。

12.1.2 网络图的特点

1. 网络图的优点

与横道图相比，网络图具有如下优点：

(1) 能全面而明确地表达出各项工作开展的先后顺序和反映出各项工作之间的相互制约和相互依赖的关系。

(2) 能进行各种时间参数的计算。

(3) 在名目繁多、错综复杂的计划中找出决定工程进度的关键工作，便于抓主要矛盾，确保工期，避免盲目施工。

(4) 能够从许多可行方案中，选出最优方案。

(5) 在计划的执行过程中，某一工作由于某种原因推迟或者提前完成时，可以预见到它对整个计划的影响程度，而且能够根据变化了的情况，迅速进行调整，保证自始至终对计划进行有效的控制与监督。

(6) 利用网络计划中反映出的各项工作的时间储备，可以更好地调配人力、物力，以达到降低成本的目的。

(7) 它的出现与发展使现代化的计算工具——电子计算机在建筑施工计划管理中得以应用。

2. 网络图的缺点

在计算劳动力、资源消耗量时，与横道图相比较为困难。

因此，网络计划技术的最大特点就在于它能够提供施工管理所需的多种信息，有利于加强工程管理。所以，网络计划技术已不仅仅是一种编制计划的方法，而且还是一种科学的工程管理方法。它有助于管理人员合理地组织生产，做到心中有数，知道管理的重点应放在何处，怎样缩短工期，在哪里挖掘潜力，如何降低成本。在工程管理中提高应用网络计划技术的水平，必能进一步提高工程管理的水平。

12.2 双代号网络计划

双代号网络计划是目前我国建筑业应用较为广泛的一种网络计划表达形式，它是由若干表示工作的箭线(Arrow)和节点(Node)所构成的网状图形，其中每一项工作都用一根箭线和两个节点来表示，每一个节点都编以号码，箭线前后两个节点的号码即代表该箭线所表示的工作，“双代号”的名称即由此而来。

12.2.1 网络图的组成

双代号网络图由工作、节点、线路三个基本要素组成。

1. 工作

工作(也称过程、活动、工序)就是计划任务按需要粗细程度划分而成的一个消耗时间或也消耗资源的子项目或子任务。它是网络图的组成要素之一，它用一根箭线和两个圆圈来表示。工作的名称标注在箭线的上面，工作持续时间标注在箭线的下面，箭线的箭尾节点表示工作的开始，箭头节点表示工作的结束。圆圈中的两个号码代表这项工作的名称，由于是两个号码表示一项工作，故称为双代号表示法，由双代号表示法构成的网络图称为双代号网络图。

工作通常可以分为三种：

(1) 需要消耗时间和资源(如混合结构中的砌筑砖外墙)。

(2) 只消耗时间而不消耗资源(如混凝土的养护)。

(3) 既不消耗时间，也不消耗资源。

前两种是实际存在的工作，后一种是人为的虚设工作，只表示相邻前后工作之间的逻辑关系，通常称其为“虚工作”，以虚箭线表示，其表示形式可垂直方向向上或向下，也可水平方向向右，如图 12-3 所示。

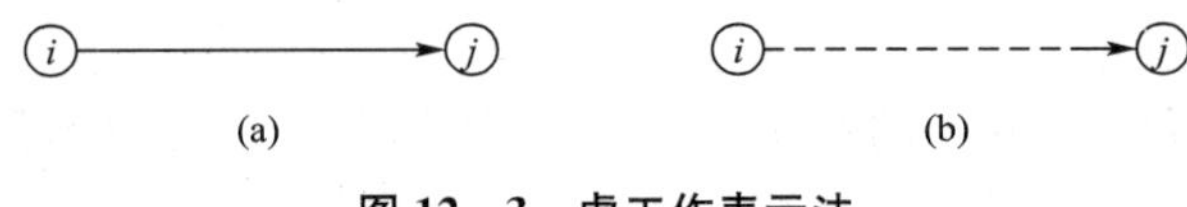

图 12-3 虚工作表示法

在无时标的网络图中，箭线的长短并不反映该工作占用时间的长短。原则上讲，箭线的形状可以任意画，可以是水平直线，也可以画成折线或斜线，但不得中断。在同一张网络图上，箭线的画法要求统一，图面要求整齐醒目，最好画成水平直线或带水平直线的折线，箭线优先选用水平走向，其方向尽可能由左向右画出。

按照网络图中工作之间的相互关系，可将工作分为以下几种类型。

(1) 紧前工作，如图 12-4 所示，在网络图中，相对于工作 $i—j$ 而言，紧排在本工作 $i—j$ 之前的工作 $h—i$，称为工作 $i—j$ 的紧前工作，即 $h—i$ 完成后本工作即可开始；若不完成，本工作不能开始。在双代号网络图中，工作与其紧前工作之间可能有虚工作。

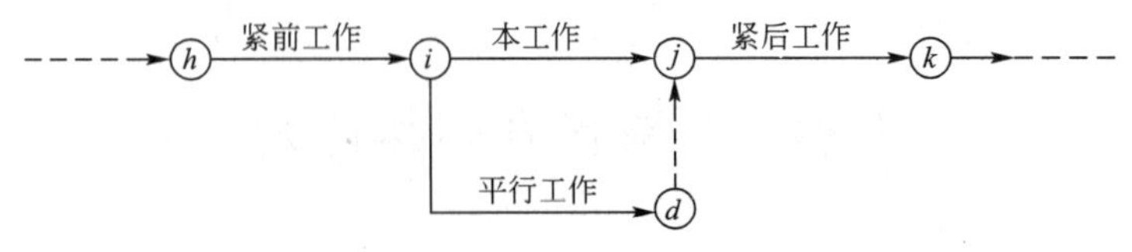

图 12-4 工作间的关系

(2) 紧后工作，如图 12－4 所示，在网络图中，紧排在本工作 $i—j$ 之后的工作 $j—k$ 称为工作 $i—j$ 的紧后工作，本工作完成之后，紧后工作即可开始。否则，紧后工作就不能开始。

(3) 平行工作，如图 12－4 所示，在网络图中，可以和本工作 $i—j$ 同时开始和同时结束的工作，如图中的工作 $i—d$ 就是 $i—j$ 的平行工作。

(4) 先行工作，自起点节点顺着箭头方向至本工作开始节点之前各条线路上的所有工作，称为本工作的先行工作。

(5) 后续工作，本工作结束节点之后顺着箭头方向至终点节点之前各条线路上的所有工作，称为本工作的后续工作。

绘制网络图时，最重要的是明确各工作之间的紧前或紧后关系。这一点弄清楚后，其他任何复杂的关系都能借助网络图中的紧前或紧后关系表达出来。

在网络计划中，正确的表示各工作间的逻辑关系是一个核心问题。那么什么是逻辑关系呢？逻辑关系就是各工作在进行作业时，客观上存在的一种先后顺序关系。工作的逻辑关系分析是根据施工工艺和施工组织的要求，确定各道工作之间的相互依赖和相互制约的关系，以方便绘制网络图。这种逻辑关系可归纳为两大类。

(1) 工艺关系。它是由施工工艺或工作程序决定的工作之间的先后顺序关系。如图 12－5 中，支模 1→扎筋 1→混凝土 1。

这种关系是受客观规律支配的，一般是不可改变的。当一个工程的施工方法确定之后，工艺关系也就随之被确定下来。如果违背这种关系，将不可能进行施工，或会造成质量、安全事故，导致返工和浪费。

(2) 组织关系。它是在施工过程中，由于组织安排需要和资源(劳动力、机械、材料和构件等)调配需要而规定的先后顺序关系。如图 12－5 中，支模 1→支模 2；扎筋 1→扎筋 2 等为组织关系。

这种关系不是由工程本身决定的而是人为的。组织方式不同，组织关系也就不同，所以它不是一成不变的。但是不同的组织安排，往往产生不同的组织效果，所以组织关系不但可以调整，而且应该优化。这是由组织管理水平决定的，应该按组织规律办事。

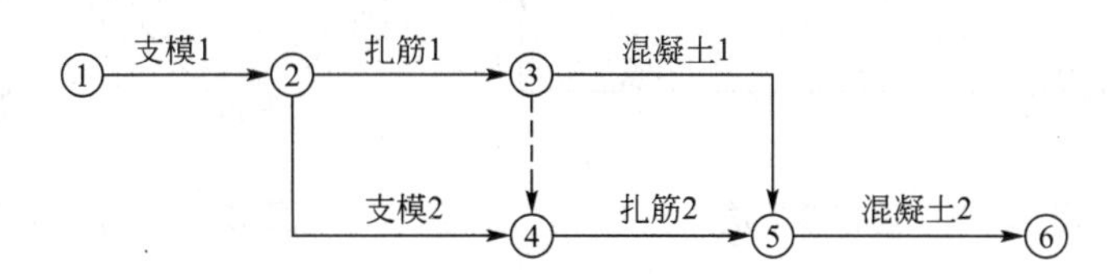

图 12－5　某混凝土工程双代号网络图

2. 节点

在网络图中箭线的出发和交汇处通常画上圆圈，用以标志该圆圈前面一项或若干项工作的结束和允许后面一项或若干项工作开始的时间点称为节点(也称为结点、事件)。

在网络图中，节点不同于工作，它只标志着工作的结束和开始的瞬间，具有承上启下的衔接作用，而不需要消耗时间或资源。

箭线出发的节点称为开始节点，箭线进入的节点称为结束节点。表示整个计划开始的节点称为网络图的起点节点，整个计划最终完成的节点称为网络图的终点节点，其余称为中间节点，所有的中间节点都具有双重的含义，既是前面工作的完成节点，又是后面工作的开始节点。在一个网络图中可以有许多工作通向一个节点，也可以有许多工作由同一个节点出发，我们把通向某节点的工作称为该节点的紧前工作，把从某节点出发的工作称为该节点的紧后工作。如图 12－6 中的节点 2，它表示工作 A 的结束时刻和工作 C 的开始时刻。节点的另一个作用如前所述，在网络图中，一项工作可以用其前后两个节点的编号表示。如图 12－6 中，工作 E 可用节点“3—5”表示。

在一个网络图中，每一个节点都有自己的编号，以便计算网络图的时间参数和检查网络图是否正确。人们习惯上从起点节点到终点节点，编号由小到大，并且对于每项工作，箭尾的编号一定要小于箭头的编号。节点编号的方法可从以下两个方面来考虑。

(1) 根据节点编号的方向不同可分为两种：一种是沿着水平方向进行编号(图 12－7)；另一种是沿着垂直方向进行编号(图 12－8)。

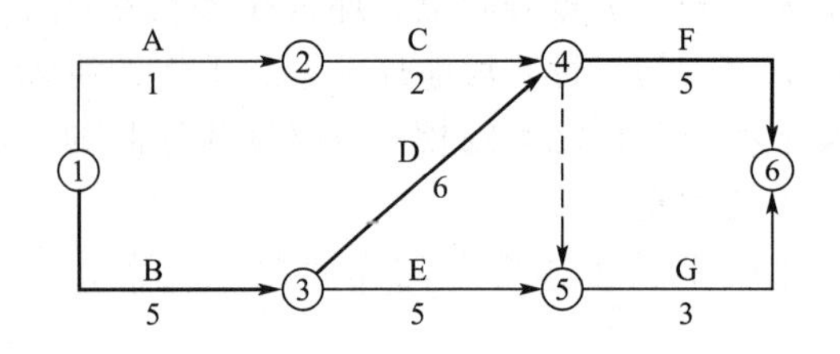

图 12－6　双代号网络示意图

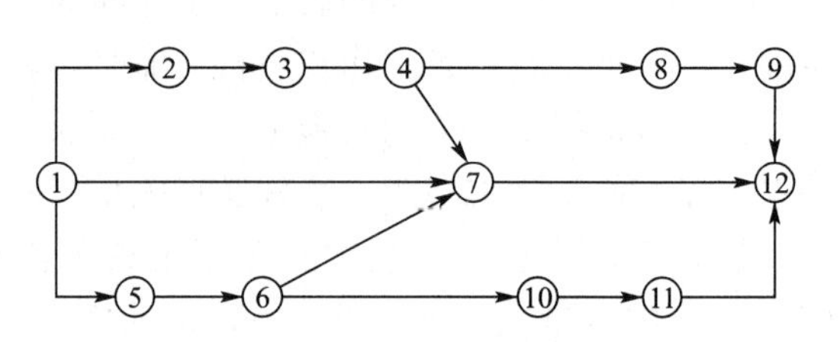

图 12－7　水平编号法

(2) 根据编号的数字是否连续又分为两种：一种是连续编号法，即按自然数的顺序进行编号；另一种是间断编号法，一般按奇数(或偶数)的顺序来进行编号(图 12－9 和图 12－10)。采用间断编号，主要是为了适应计划调整，考虑增添工作的需要，编号留有余地。

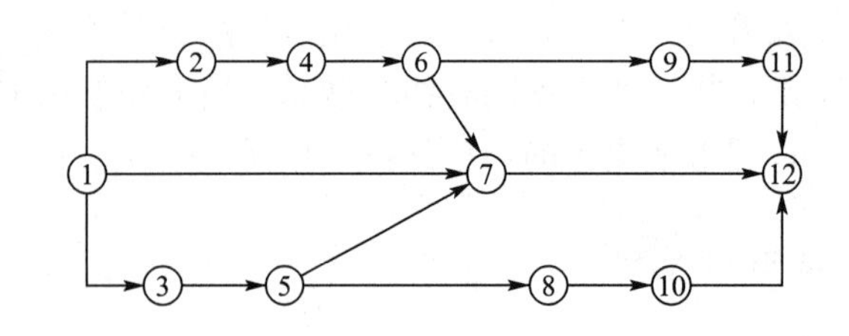

图 12－8　垂直编号法

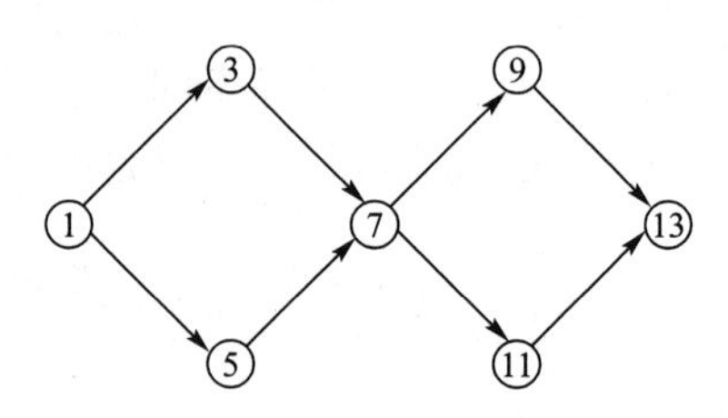

图 12－9　单数编号法

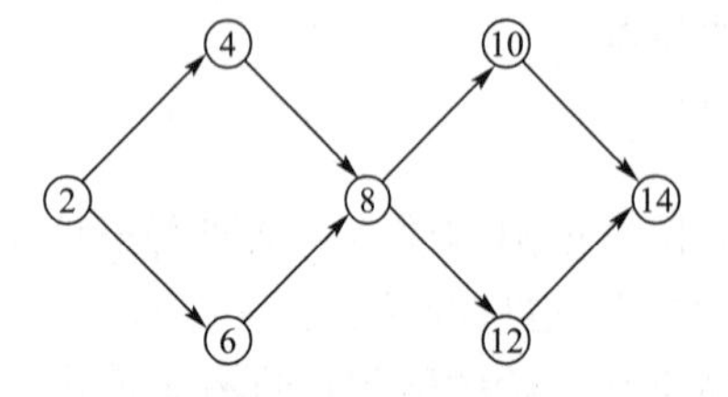

图 12－10　双数编号法

3. 线路

网络图中从起点节点开始，沿箭线方向连续通过一系列箭线与节点，最后到达终点节点的通路称为线路。每一条线路都有确定的完成时间，它等于该线路上各项工作持续时间的总和，也是完成这条线路上所有工作的计划工期。工期最长的线路称为关键线路(或主要矛盾线)。位于关键线路上的工作称为关键工作。关键工作完成的快慢直接影响整个计划工期的实现，关键线路用粗箭线或双箭线连接。以图 12－6 为例，计算每条线路的持续时间如下。

1—2—4—6：8 天

1—2—4—5—6：6 天

1—3—4—6：16 天

1—3—4—5—6：14 天

1—3—5—6：13 天

图 12－6 中共有 5 条线路，其中第三条线路即 1—3—4—6 的时间最长，为 16 天，称为关键线路。

关键线路在网络图中不止一条，可能同时存在几条关键线路，即这几条线路上的持续时间相同。关键线路并不是一成不变的，在一定条件下，关键线路和非关键线路可以互相转化。当采用了一定的技术组织措施，缩短了关键线路上各工作的持续时间，就有可能使关键线路发生转移，使原来的关键线路变成非关键线路，而原来的非关键线路却变成关键线路。短于但接近于关键线路持续时间的线路称为次关键线路，其余的线路均称为非关键线路。位于非关键线路的工作除关键工作外，其余称为非关键工作，它有机动时间(即时差)；非关键工作也不是一成不变的，它可以转化为关键工作；利用非关键工作的机动时间可以科学地、合理地调配资源和对网络计划进行优化。

12.2.2 网络图的绘制

网络图必须正确地表达整个工程的施工工艺流程和各工作开展的先后顺序，以及它们之间相互制约、相互依赖的约束关系。因此，在绘制网络图时必须遵循一定的基本规则和要求。

1. 绘制网络图的基本规则

(1) 必须正确表达各项工作之间的相互制约和相互依赖的关系。

在网络图中，根据施工顺序和施工组织的要求，正确地反映各项工作之间的相互制约和相互依赖关系，如表 12－1 所示。

表 12－1 网络图中各工作逻辑关系表示方法

序号	工作之间的逻辑关系	网络图表示方法	说明
1	有 A、B 两项工作按照顺序施工方式进行	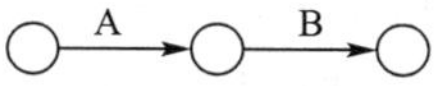 ○—A→○—B→○	B 工作依赖着 A 工作，A 工作约束着 B 工作的开始
2	有 A、B、C 三项工作同时开始	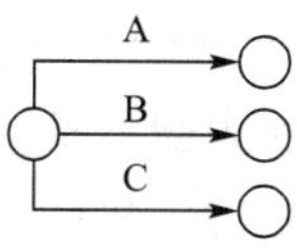 (一个节点引出 A、B、C 三个箭线至三个节点)	A、B、C 三项工作称为平行工作
3	有 A、B、C 三项工作同时结束	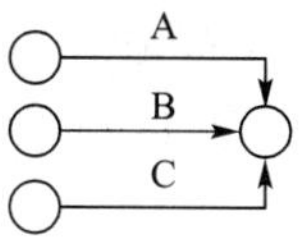 (三个节点引出 A、B、C 三个箭线汇入一个节点)	A、B、C 三项工作称为平行工作

（续）

序号	工作之间的逻辑关系	网络图表示方法	说明
4	有A、B、C三项工作只有在A完成后，B、C才能开始		A工作制约着B、C工作的开始，B、C为平行工作
5	有A、B、C三项工作，C工作只有在A、B完成后才能开始		C工作依赖着A、B工作，A、B为平行工作
6	有A、B、C、D四项工作，只有当A、B完成后C、D才能开始		通过中间节点 j 正确地表达了A、B、C、D之间的关系
7	有A、B、C、D四项工作，A完成后C才能开始，A、B完成后D才能开始		D与A之间引入了逻辑连接（虚工作），只有这样才能正确表达它们之间的约束关系
8	有A、B、C、D、E五项工作，A、B完成后C开始，B、D完成后E开始		虚工作 i—j 反映出C工作受到B工作的约束；虚工作 i—k 反映出E工作受到B工作的约束
9	有A、B、C、D、E五项工作，A、B、C完成后D才能开始，B、C完成后E才能开始		这是前面序号1、5情况通过虚工作连接起来，虚工作表示D工作受到B、C工作的制约
10	有A、B两项工作分三个施工段，平行施工		每个工种工程建立专业工作队，在每个施工段上进行流水作业，不同工种之间用逻辑搭接关系表示

（2）在网络图中，除了整个网络计划的起点节点外，不允许出现没有紧前工作的“尾部节点”，即没有箭线进入的尾部节点。

在网络图中出现了两个没有紧前工作的节点1和3，这两个节点同时存在造成了逻辑关系的混乱：3—5工作什么时候开始？它受到谁的约束？不明确。这在网络图中是不允许的。如果遇到这种情况，应根据实际的施工工艺流程增加一个虚箭线，如图12－11(b)才是正确的。

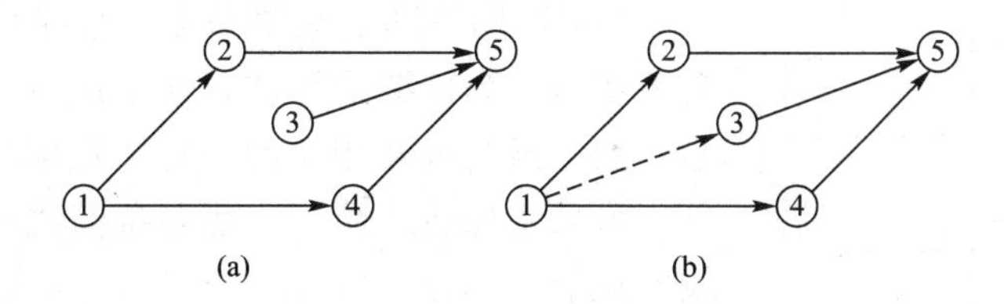

图 12-11 两个没有紧前工作的节点

(3) 在单目标网络图中，除了整个网络图的终点节点外，不允许出现没有紧后工作的“尽头节点”，即没有箭线引出的节点。

网络图中出现了两个没有箭线向外引出的节点 5 和节点 7，它们造成了网络逻辑关系的混乱；3—5 工作何时结束？3—5 工作对后续工作有什么样的制约关系？表达得不清楚。这在网络图中是不允许的。如果遇到这种情况，应加入虚箭线调整。如图 12-12(b)才是正确的。

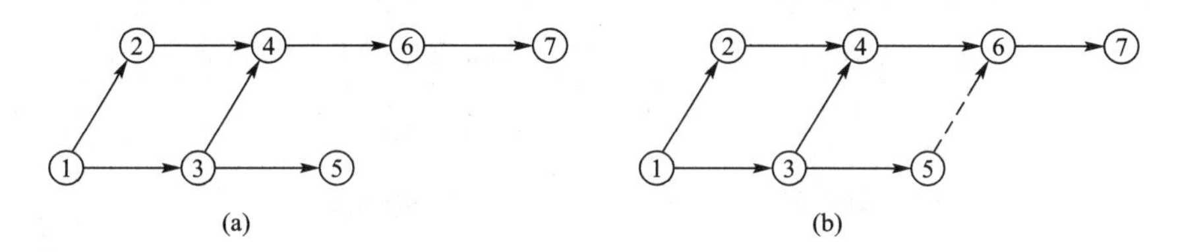

图 12-12 两个没有紧后工作的节点

(4) 在网络图中严禁出现循环回路。

在网络图中，从一个节点出发沿着某一条线路移动，又回到原出发节点，即在网络图中出现了闭合的循环路线，称为循环回路。如图 12-13 中的 2—3—4—2，就是循环回路。它表示的网络图在逻辑关系上是错误的，在工艺关系上是矛盾的。

(5) 双代号网络图中，在节点之间严禁出现带双箭头或无箭头的连线。

用于表示工程计划的网络图是一种有序的有向图，沿着箭头指引的方向进行，因此一条箭线只有一个箭头，不允许出现方向矛盾的双箭头和无方向的无箭头箭线，如图 12-14 所示即为错误的工作箭线画法，因为工作进行的方向不明确，因而不能达到网络图有向的要求。

(6) 网络图中，严禁出现没有箭头节点或没有箭尾节点的箭线，如图 12-15 所示。

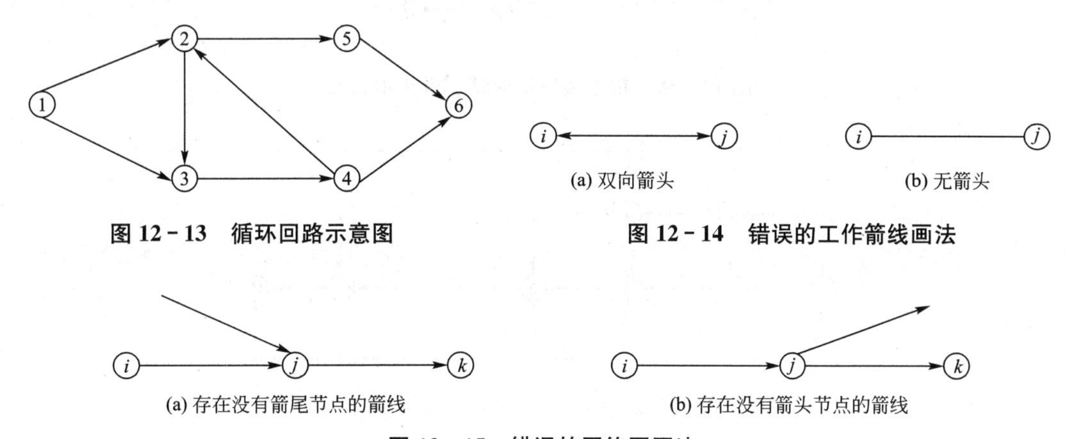

图 12-13 循环回路示意图

图 12-14 错误的工作箭线画法

图 12-15 错误的网络图画法

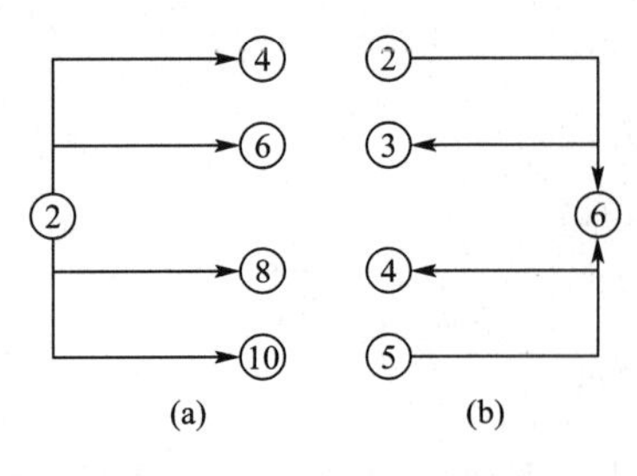

图 12-16 母线法绘图示意

(7) 当网络图的某些节点有多条内向箭线或多条外向箭线时，为使图形简洁，在不违背“一项工作应只有唯一的一条箭线和相应的一对节点编号”的规定的前提下，可采用母线法绘图。使多条箭线经一条共用的母线线段从节点引出，如图 12-16(a)所示；或使多条箭线经一条共用的母线线段引入节点，如图 12-16(b)所示。当箭线线型(如粗线、细线、虚线、点画线或其他线型等)不同时，可在母线引出的支线上标出。

(8) 绘制网络图时，箭线不宜交叉，当交叉不可避免时，不能直接相交画出，可选用“过桥”法或指向法，如图 12-17 所示。

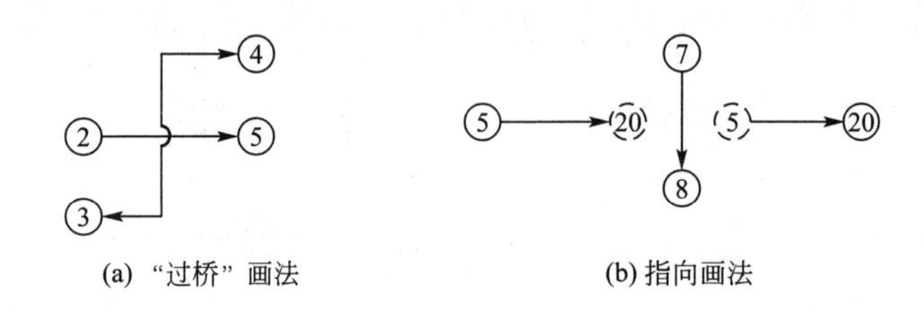

图 12-17 交叉箭线画法示意图

2. 网络图的布局

虽然网络图主要用以反映各项工作之间的逻辑关系，但是为了便于使用，还应安排整齐，条理清楚，突出重点。尽量把关键工作和关键线路布置在中心位置，尽可能把密切相连的工作安排在一起，尽量减少斜箭线而采用水平箭线；尽可能避免交叉箭线出现。如图 12-18和图 12-19 所示进行对比。

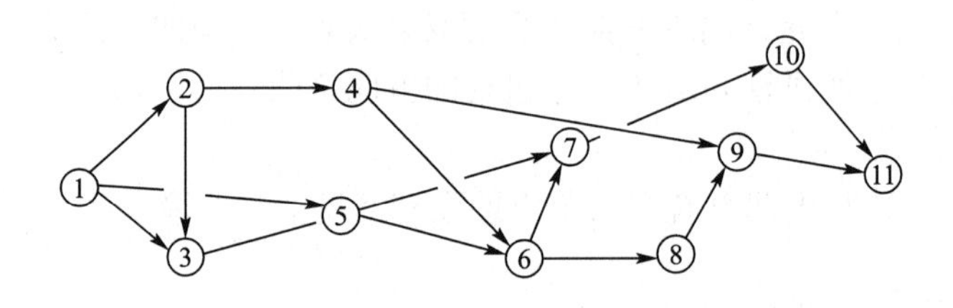

图 12-18 布置条理不清楚、重点不突出

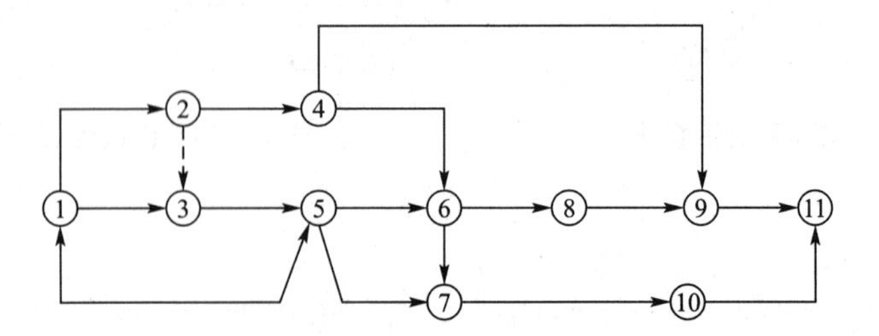

图 12-19 布置条理清楚、重点突出

3. 双代号网络图绘制

【例 12－1】 某现浇多层框架一个结构层的钢筋混凝土工程，由柱梁、楼板、抗震墙组合成整体框架，附设有电梯，均为现浇钢筋混凝土结构。施工顺序大致如下。

柱和抗震墙先绑扎钢筋，后支模，电梯井先支内模；梁的模板必须待柱子模板都支好后才能开始，楼板支模可在电梯井支内模后开始；梁模板支好后再支楼板的模板；后浇捣柱子、抗震墙、电梯井壁及楼梯的混凝土，然后再开始梁和楼板的钢筋绑扎，同时在楼板上进行预埋暗管的铺设，最后浇捣梁和楼板的混凝土。其工作名称、衔接关系及工作持续时间如表 12－2 所示。

表 12－2 工作明细表

工作名称	代号	紧前工作	持续时间/天	工作名称	代号	紧前工作	持续时间/天
柱扎钢筋	A	—	2	梁支模板	I	C	3
抗震墙扎钢筋	B	A	2	楼板支模板	J	I、H	2
柱支模板	C	A	3	楼梯扎钢筋	K	G、F	1
电梯井支内模板	D	—	2	墙、柱等浇混凝土	L	K、J	3
抗震墙支模板	E	B、C	2	铺设暗管	M	L	1.5
电梯井扎钢筋	F	B、D	2	梁板扎钢筋	N	L	2
楼梯支模板	G	D	2	梁板浇混凝土	P	M、N	2
电梯井支外模板	H	E、F	2				

试根据以上资料，按照网络图绘制的要求和方法，描绘出现浇多层框架一个结构层的钢筋混凝土工程的网络图。

解： 网络图可按以下步骤绘制。

(1) 先画出没有紧前工作的工作 A 和 D，如图 12－20 所示。

(2) 在工作 A 的后面画出紧前工作为 A 的各工作，即工作 B、C。在工作 D 的后面画出紧前工作为 D 的各工作，即工作 G、F，但工作 F 有两道紧前工作 B 和 D，工作 E 的紧前工作有 B 和 C。对此必须引入虚工作表示，如图 12－21 所示。

(3) 在工作 B 的后面，画出紧前工作为 B 的各工作，即工作 E、F，但是工作 E 的紧前工作有工作 B、C，F 的紧前工作有工作 B、D。

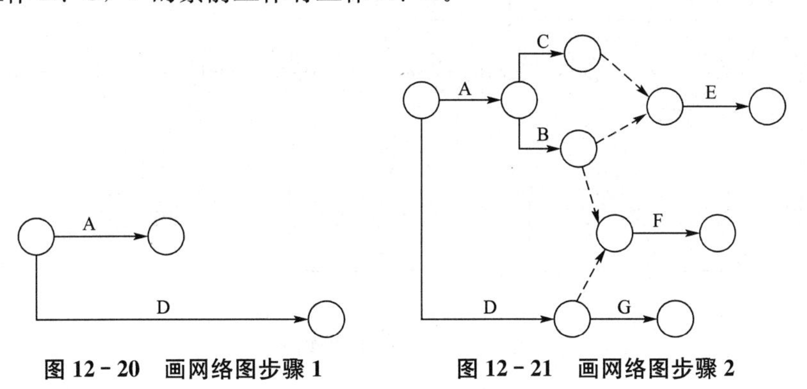

图 12－20 画网络图步骤 1　　图 12－21 画网络图步骤 2

在工作C的后面，画出紧前工作为C的工作I，如图12－22所示。

(4) 在工作E的后面，画出紧前工作为E的工作H，但工作H也有紧前工作F，在工作G、F的后面有工作K，如图12－23所示。

(5) 在工作I、H后面，有工作J。在工作K、J后有工作L，如图12－24所示。

(6) 在工作L之后有工作M、N。在工作M、N之后有工作P。

最后，绘制成如图12－25所示的网络图。网络图绘好后，将各工作相应的持续时间标注在箭线下方。然后按要求进行编号，并将各节点号码写在圆圈内。

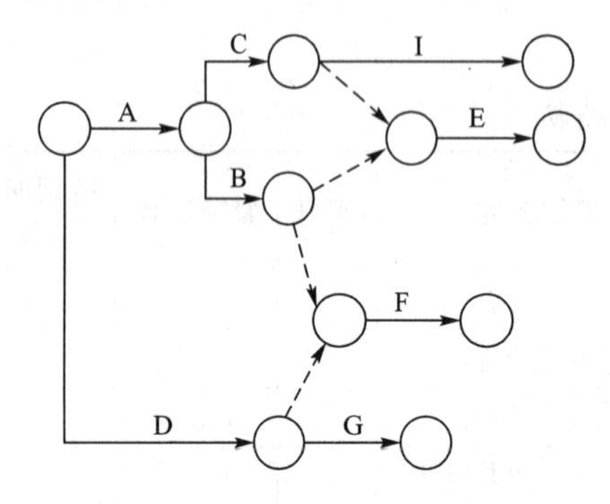

图12－22　画网络图步骤3

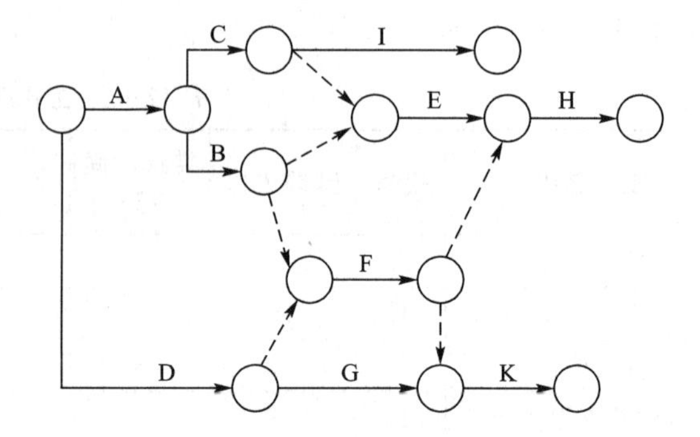

图12－23　画网络图步骤4

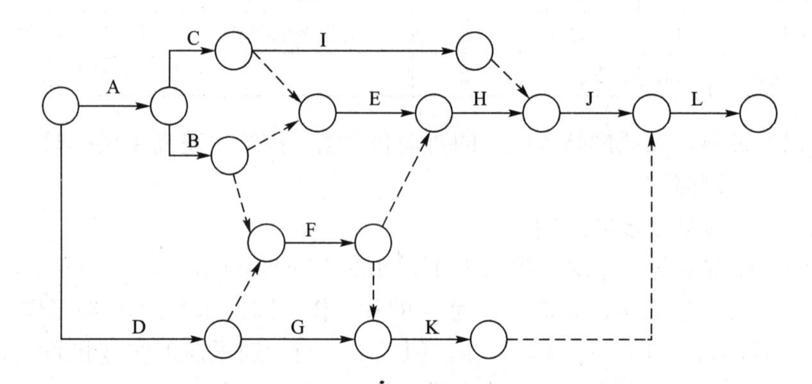

图12－24　画网络图步骤5

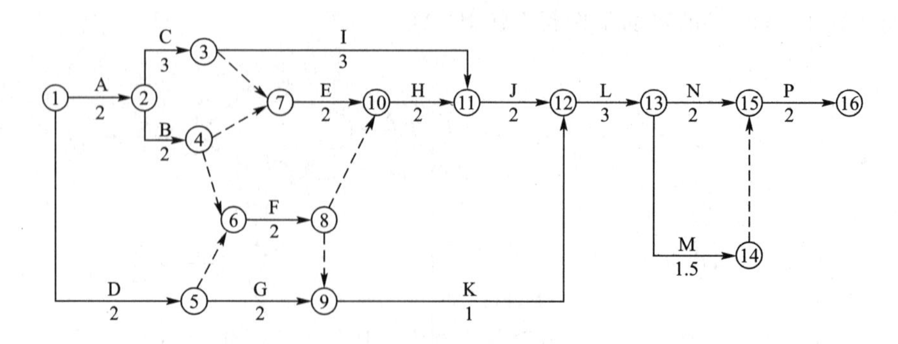

图12－25　画成的网络图

为了使网络计划更形象而清楚地反映出建筑工程施工的特点，绘图时可根据不同的工程情况，不同的施工组织方法和使用要求灵活排列，以简化层次，使各工作间在工艺上及组织上的逻辑关系准确而清楚，便于对计划进行计算和调整。

如果为了突出表示工作面的连续或者工作队的连续，可以把在同一施工段上的不同工种工作排列在同一水平线上，这种排列方法称为按施工段排列法，如图 12-26 所示。

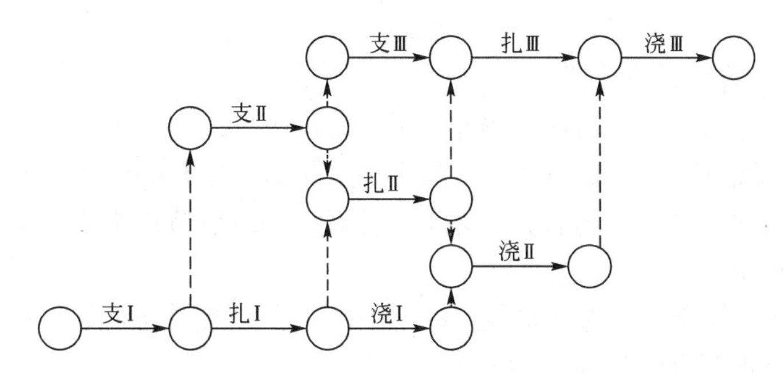

图 12-26 按施工段排列法

如果为了突出表示工种的连续作业，可以把同一工种工程排列在同一水平线上，这一排列方法称为按工种排列法，如图 12-27 所示。

绘制网络图时，力求减少不必要的箭线和节点。

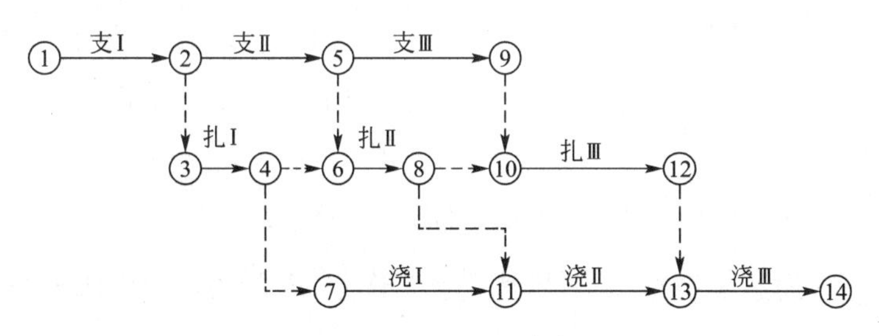

图 12-27 按工种排列法

12.2.3 双代号网络计划时间参数的计算

分析和计算网络计划的时间参数，是网络计划方法的一项重要技术内容。通过计算网络计划的时间参数，可以确定完成整个计划所需要的时间——计划的推算工期；明确计划中各项工作的起止时间限制，分析计划中各项工作对整个计划工期的不同影响，从工期的角度区分出关键工作与非关键工作；计算出非关键工作的作业时间有多少机动性(作业时间的可伸缩度)。所以计算网络计划的时间参数，是确定计划工期的依据，是确定网络计划机动时间和关键线路的基础，是计划调整与优化的依据。时间参数计算应在各项工作的持续时间确定之后进行。网络计划的时间参数主要有：最早开始时间 *ES*(Early Start)；最早完成时间 *EF*(Early Finish)；最迟开始时间 *LS*(Late Start)；最迟完成时间 *LF*(Late Finish)；总时差 *TF*(Total Float)；自由时差 *FF*(Free Float)。

在计算各种时间参数时，为了与数字坐标轴的规定一致，规定工作的开始时间或结束时间都是指时间终了时刻。如坐标上某工作的开始(或完成)时间为第 5 天，是指第 5 个工作日的下班时，即第 6 个工作日的上班时。在计算中，规定网络计划的起始工作从第 0 天开始，实际上指的是第 1 个工作日的上班开始。

双代号网络计划时间参数的计算有按工作计算法和按节点计算法两种。

1. 工作计算法计算时间参数

工作计算法是指以网络计划中的工作为对象，直接计算各项工作的时间参数，计算程序如下。

1）工作最早开始时间的计算

工作的最早开始时间是指其所有紧前工作全部完成后，本工作最早可能的开始时刻。工作 i—j 的最早开始时间以 ES_{i-j} 表示。规定，工作的最早开始时间应从网络计划的起点节点开始，顺着箭线方向自左向右依次逐项计算，直到终点节点为止。必须先计算其紧前工作，然后再计算本工作。

（1）以网络计划起点节点为开始节点的工作的最早开始时间，如无规定时，其值等于零。如网络计划起点节点代号为 i，则

$$ES_{i-j}=0$$

（2）其他工作的最早开始时间等于其紧前工作的最早开始时间与该紧前工作的工作历时所得之和的最大值。

① 当工作 i—j 与其紧前工作 h—i 之间无虚工作时（图 12－28），有多项工作时取最大值：

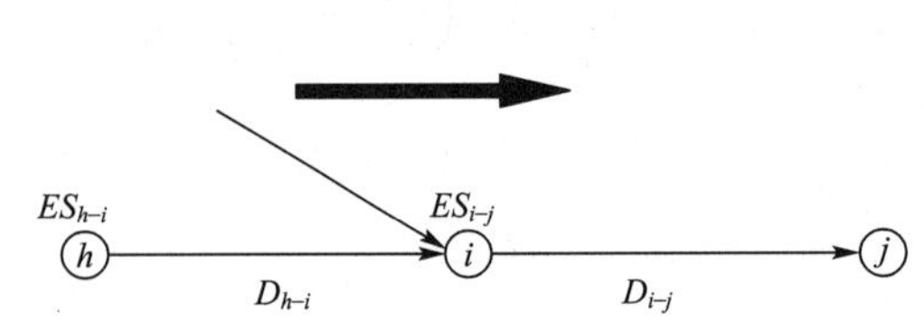

图 12－28　工作计算法示意图 1

$$ES_{i-j}=\max\{ES_{h-i}+D_{h-i}\} \tag{12-1}$$

② 当工作 i—j 通过虚工作 h—i 与其紧前工作 g—h 相连时（图 12－29），有多项工作时取最大值：

$$ES_{i-j}=\max\{ES_{g-h}+D_{g-h}\} \tag{12-2}$$

式中：$ES_{h-i}(ES_{g-h})$——工作 i—j 的紧前工作 h—i（g—h）的最早开始时间；

$D_{h-i}(D_{g-h})$——工作 i—j 的紧前工作 h—i（g—h）的工作历时。

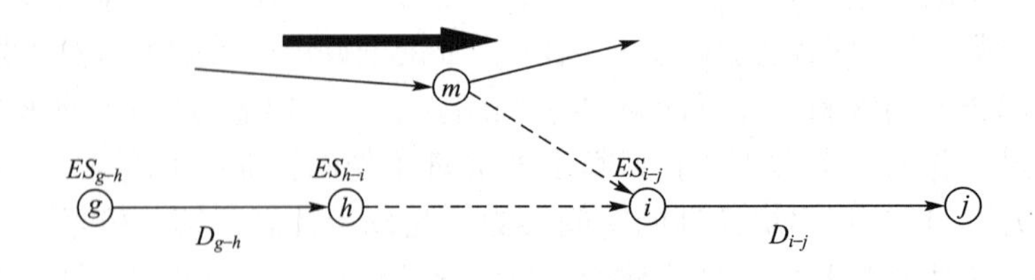

图 12－29　工作计算法示意图 2

2）工作最早完成时间的计算

工作最早完成时间等于其最早开始时间与该工作持续时间之和（图 12－30）。工作 i—j 的最早完成时间以 EF_{i-j} 表示，即

$$EF_{i-j}=ES_{i-j}+D_{i-j} \tag{12-3}$$

3）网络计划计算工期的确定

网络计划的计算工期(Calculated Project Duration)是指根据时间参数计算得到的工期，以 T_c表示。它等于以网络计划终点节点 n 为完成节点的工作的最早开始时间与该工作的工作历时之和的最大值(图 12－31)，即

$$T_c=\max\{ES_{i-n}+D_{i-n}\} \tag{12-4}$$

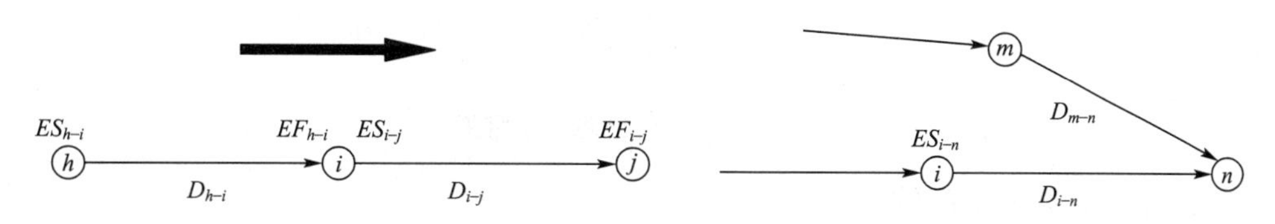

图 12－30　工作计算法示意图 3　　图 12－31　工作计算法示意图 4

4）网络计划的计划工期

网络计划的计划工期(Planned Project Duration)是指根据要求工期和计算工期所确定的作为实施目标的工期，以 T_p表示。计划工期应小于或等于要求工期。

(1) 当未规定要求工期 T_r时，可取计划工期 T_p等于计算工期 T_c，即

$$T_p=T_c \tag{12-5}$$

(2) 当已规定要求工期 T_r时，则计划工期 T_p不应超过要求工期 T_r，即

$$T_p\leqslant T_r \tag{12-6}$$

所谓要求工期 T_r(Required Project Duration)是指任务委托人所提出的指令性工期。

5）工作最迟完成时间的计算

工作的最迟完成时间是指在不影响工程工期的条件下，该工作必须完成的最迟时间。工作 $i-j$ 的最迟完成时间以 LF_{i-j}表示。规定：工作的最迟完成时间应从网络计划的终点节点开始，逆着箭线方向自右向左依次进行计算，直到起点节点为止。必须先计算其紧后工作，然后再计算本工作。

① 以网络计划终点节点 n 为完成节点的工作的最迟完成时间，即

$$LF_{i-n}=T_p \tag{12-7}$$

② 其他工作的最迟完成时间等于其紧后工作的最迟完成时间与该紧后工作的工作历时之差的最小值(图 12－32)。

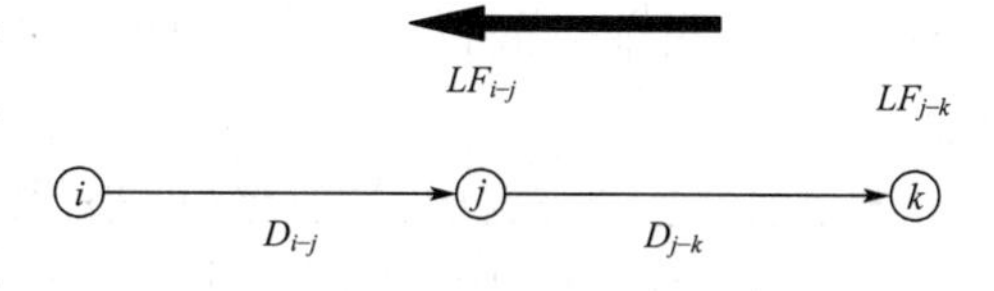

图 12－32　工作计算法示意图 5

(1) 当工作 $i—j$ 与其紧后工作 $j—k$ 之间无虚工作时，即

$$LF_{i-j}=\min\{LF_{j-k}-D_{j-k}\} \tag{12-8}$$

(2) 当工作 $i—j$ 通过虚工作 $j—k$ 与其紧后工作 $k—l$ 相连时(图 12－33)，即

$$LF_{i-j}=\min\{LF_{k-l}-D_{k-l}\} \tag{12-9}$$

式中：LF_{j-k}(LF_{k-l})——工作 $i—j$ 的紧后工作 $j—k$($k—l$)的最早开始时间；

$D_{j-k}(D_{k-l})$——工作 i—j 的紧后工作 j—k(k—l)的工作历时。

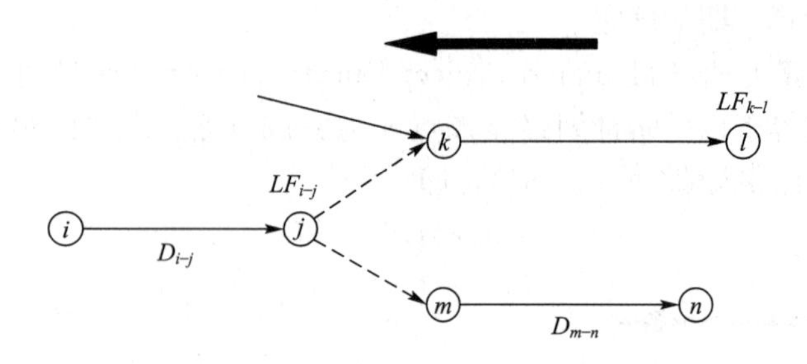

图 12-33　工作计算法示意图 6

6）工作最迟开始时间的计算

工作最迟开始时间等于其最迟完成时间与该工作的工作历时之差(图 12-34)，以 LS_{i-j}表示，即

$$LS_{i-j}=LF_{i-j}-D_{i-j} \tag{12-10}$$

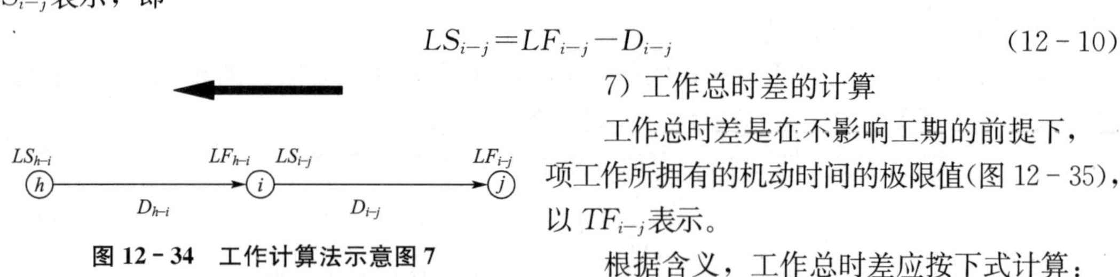

图 12-34　工作计算法示意图 7

7）工作总时差的计算

工作总时差是在不影响工期的前提下，项工作所拥有的机动时间的极限值(图 12-35)，以 TF_{i-j}表示。

根据含义，工作总时差应按下式计算：

$$TF_{i-j}=LS_{i-j}-ES_{i-j}=LF_{i-j}-EF_{i-j} \tag{12-11}$$

图 12-35　工作计算法示意图 8

8）工作自由时差的计算

工作自由时差是指在不影响其紧后工作最早开始时间的前提下可以机动的时间，以 FF_{i-j}表示。这时工作活动的时间范围被限制在本身最早开始时间与其紧后工作的最早开始时间之间，从这段时间中扣除本身的工作历时后，所剩余时间的最小值，即为自由时差。

根据含义，工作自由时差应按下式计算：

(1) 当工作 i—j 与其紧后工作 j—k 之间无虚工作时(图 12-36)：

$$FF_{i-j}=\min\{ES_{j-k}-EF_{i-j}\} \tag{12-12}$$

图 12-36　工作计算法示意图 9

当工作 i—j 通过虚工作 j—k 与其紧后工作 k—l 相连时(图 12-37)：

$$FF_{i-j}=\min\{ES_{k-l}-EF_{i-j}\} \tag{12-13}$$

式中：$LF_{j-k}(LF_{k-l})$——工作 i—j 的紧后工作 j—k(k—l)的最早开始时间。

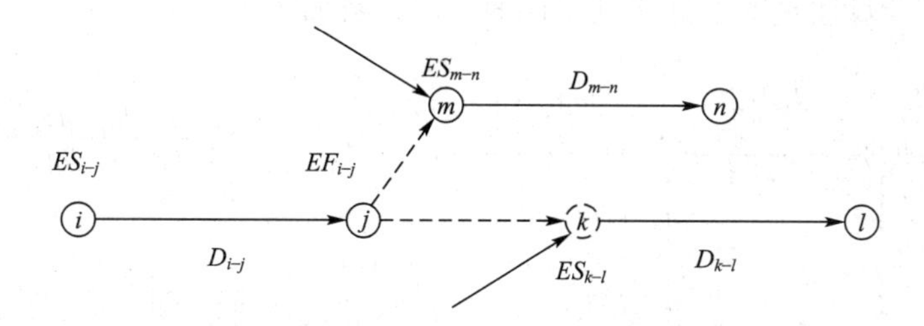

图 12 - 37 工作计算法示意图 10

【特别提示 1】 工作的自由时差是该工作总时差的一部分，当其总时差为零时，其自由时差也必然为零。

【特别提示 2】 在一般情况下，网络图中各项时间参数的关系可用图 12 - 38 表示。

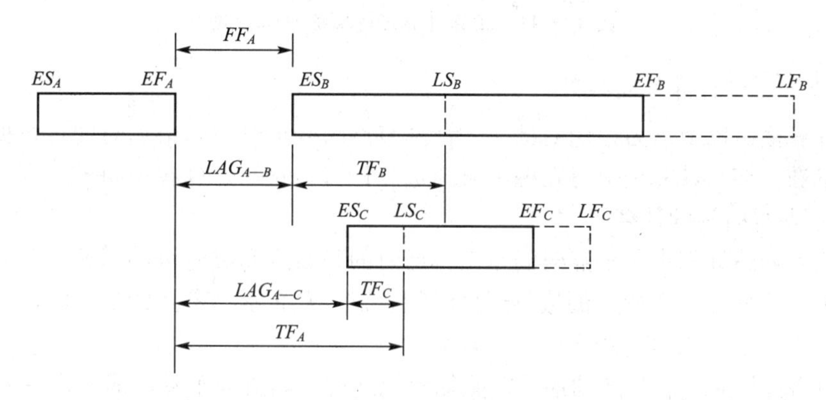

图 12 - 38 各项时间参数的关系图

9）工作计算法的图上标注方式

工作计算法一般直接在图上进行标注，计算结果标注在箭线之上，标注方式(即六时标形式)如图 12 - 39 所示。

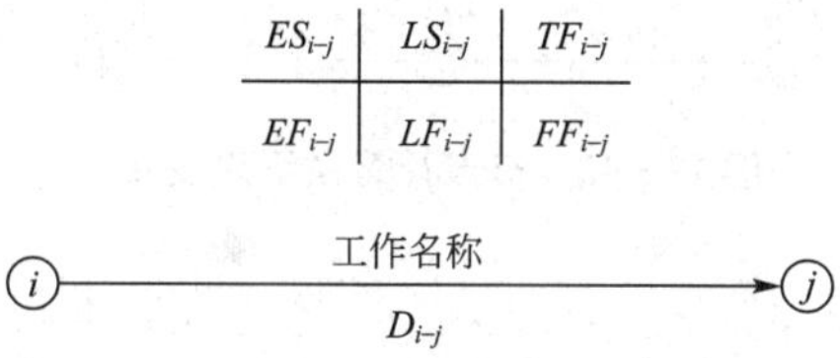

ES_{i-j}	LS_{i-j}	TF_{i-j}
EF_{i-j}	LF_{i-j}	FF_{i-j}

(i) —— 工作名称 ——→ (j)
D_{i-j}

图 12 - 39 工作计算法的图上标注的方式

【例 12 - 2】 已知某工程项目网络计划如图 12 - 40所示，试用工作计算法在图上计算其工作的时间参数。

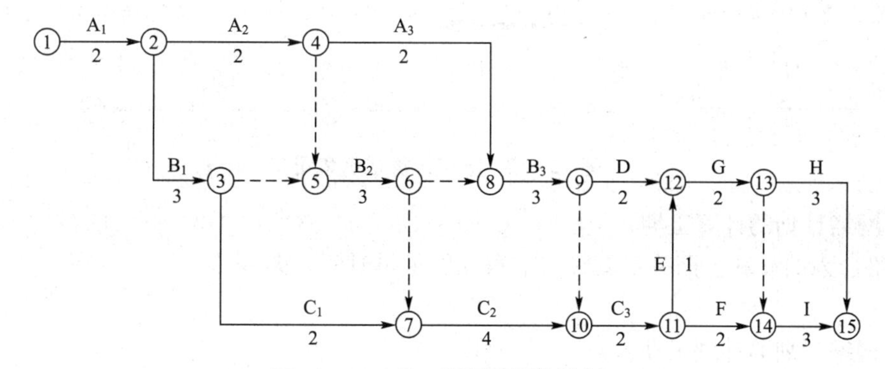

图 12 - 40 某工程项目网络计划 1

解：用工作计算法在图上计算其工作的时间参数如图 12 - 41 所示。

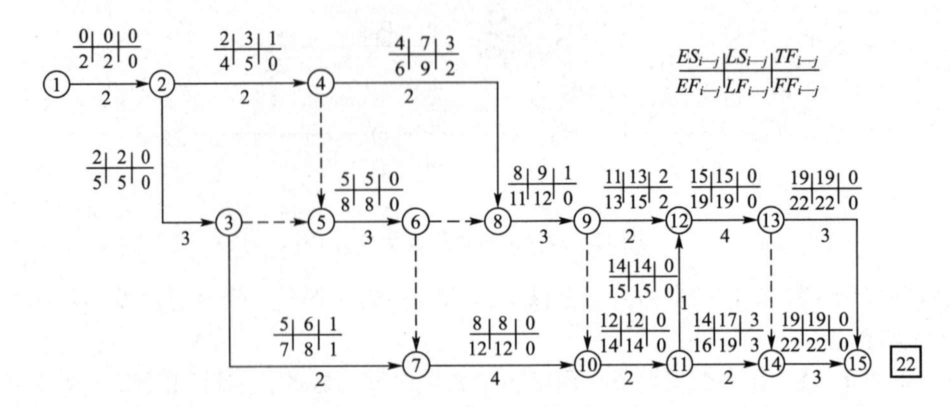

图 12 - 41　工作计算法计算的时间参数

2. 节点计算法计算时间参数

节点计算法是以节点为讨论对象，先计算节点的最早时间和最迟时间，再据之计算出六个时间参数。节点计算法也可在图上直接进行计算，它的计算次序如下。

1）节点最早时间的计算

在双代号网络计划中，节点时间是工作历时的开始或完成时刻的瞬间。节点的最早时间是指该节点后各个工作统一的最早开始时间，以 ET_i 表示。节点的最早时间应从网络计划的起点节点开始，顺着箭线方向逐个计算。

(1) 网络计划的起点节点的最早时间如无规定时，其值等于零，即 $ET_1=0$。

(2) 其他节点的最早时间等于其紧前各工作开始节点的最早时间与以该节点为起始节点的相应工作的各个工作历时之和的最大值。

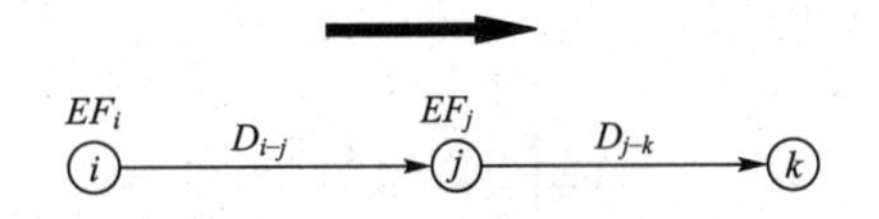

图 12 - 42　节点计算法示意图 1

① 当节点 j 与其紧前工作的开始节点 i 之间无虚工作时(图 12 - 42)：

$$ET_j=\max\{ET_i+D_{i-j}\} \tag{12-14}$$

② 当节点 j 通过虚工作 $i—j$ 与其紧前工作 $h—i$ 的开始节点 h 相连时(图 12 - 43)：

$$ET_j=\max\{ET_h+D_{h-i}\} \tag{12-15}$$

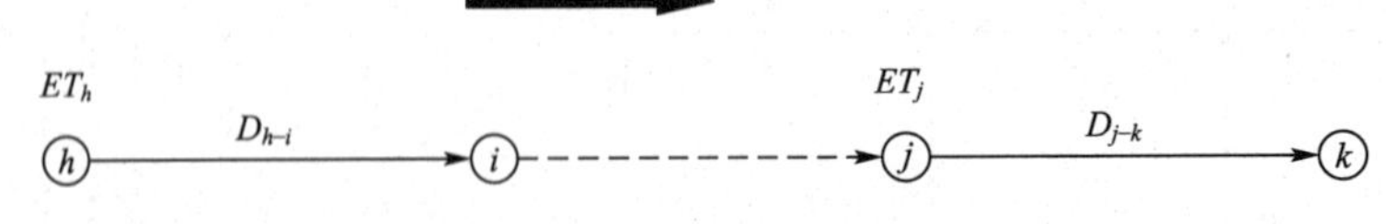

图 12 - 43　节点计算法示意图 2

2）网络计划的计算工期

网络计划的计算工期等于其终点节点 n 的最早时间，即

$$T_c=ET_n \tag{12-16}$$

3）网络计划的计划工期

网络计划的计划工期如未规定要求工期，其值等于计算工期，即

$$T_p = T_c = ET_n \quad (12-17)$$

4）节点最迟时间的计算

节点的最迟时间是指该节点前各内向工作的最迟完成时刻，以 LT_i 表示。应由网络图的终点节点开始，逆着箭线的方向依次逐项计算。

（1）终点节点的最迟时间应等于网络计划的计划工期，即 $LT_n = T_p$。

（2）其他节点的最迟时间等于其紧后各工作完成节点的最迟时间减去各个该节点相应工作的工作历时之差的最小值。

① 当节点 i 与其紧后工作的开始节点 j 之间无虚工作时(图 12-44)：

$$LT_i = \min\{LT_j - D_{i-j}\} \quad (12-18)$$

② 当节点 i 通过虚工作 $i—j$ 与其紧后工作 $j—k$ 的完成节点 k 相连时(图 12-45)：

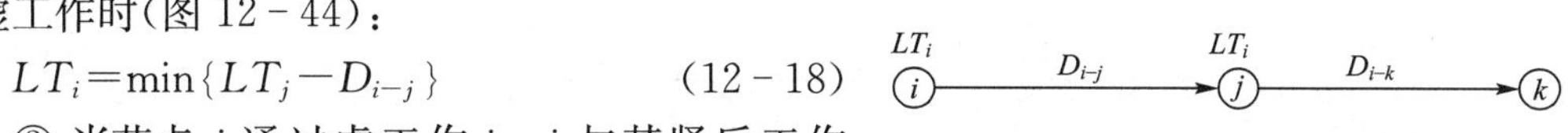

图 12-44　节点计算法示意图 3

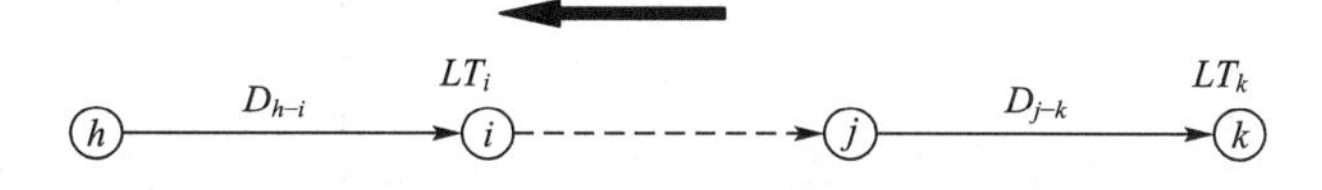

图 12-45　节点计算法示意图 4

$$LT_i = \min\{LT_k - D_{j-k}\} \quad (12-19)$$

5）工作最早开始时间的计算

工作的最早开始时间等于该工作开始节点的最早时间，即

$$ES_{i-j} = ET_i \quad (12-20)$$

6）工作最早完成时间的计算

工作的最早完成时间等于该工作的最早开始时间与该工作工作历时之和，即

$$EF_{i-j} = ES_{i-j} + D_{i-j} \quad (12-21)$$

7）工作最迟完成时间的计算

工作的最迟完成时间等于该工作完成节点的最迟时间，即

$$LF_{i-j} = ET_j, \quad LF_{i-j} = LT_j \quad (12-22)$$

8）工作最迟开始时间的计算

工作的最迟开始时间等于该工作的最迟完成时间与该工作的工作历时之差，即

$$LS_{i-j} = LF_{i-j} - D_{i-j} \quad (12-23)$$

9）工作总时差的计算

根据工作总时差的含义，工作总时差等于该工作完成节点的最迟时间减去该工作开始节点的最早时间和工作历时，即

$$TF_{i-j} = LT_j - ET_i - D_{i-j} \quad (12-24)$$

10）工作自由时差的计算

根据工作自由时差的含义，工作自由时差等于该工作完成节点的最早时间减去该工作开始节点的最早时间和工作历时，即

$$FF_{i-j}=ET_j-ET_i-D_{i-j} \tag{12-25}$$

11）节点计算法的图上标注方式

节点计算法图上标注方法是，节点时间标注在节点之上，工作时间参数同工作计算法，标注方式如图 12－46 所示。

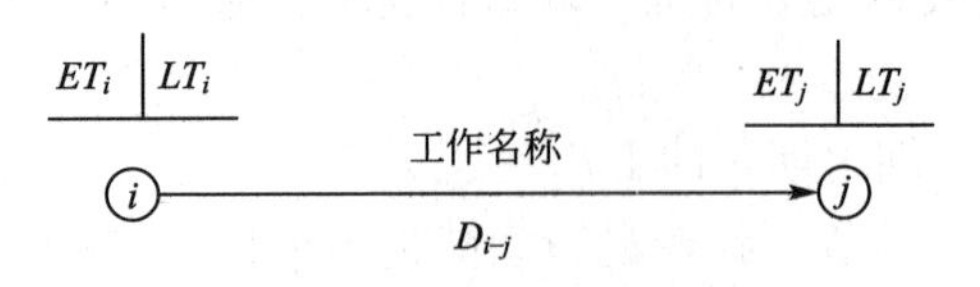

图 12－46　节点计算法示意图 5

【例 12－3】 已知某工程项目网络计划如图 12－47所示，试用节点计算法在图上计算其节点和工作的时间参数。

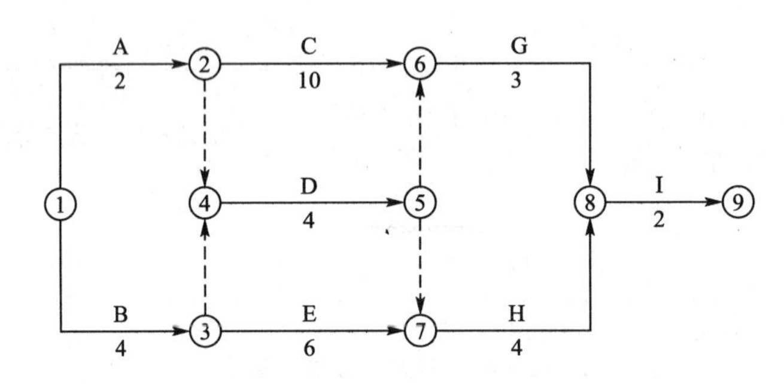

图 12－47　某工程项目网络计划

解： 用节点计算法在图上计算其节点和工作的时间参数如图 12－48 所示。

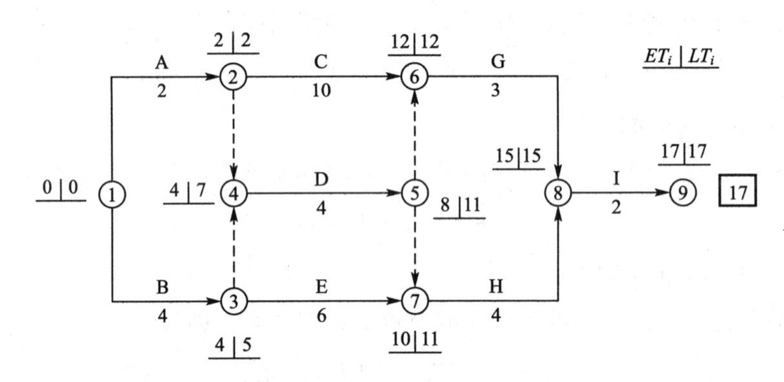

图 12－48　节点计算法计算的时间参数

3. 关键工作与关键线路

根据网络计划的时间参数计算的结果，即可判别关键工作和关键线路。

(1) 没有机动时间的工作，即总时差最小的工作为关键工作。

(2) 当计划工期等于计算工期时，总时差最小值为零的工作为关键工作。

(3) 当计划工期大于计算工期时，总时差最小值为正的工作为关键工作。

(4) 当计划工期小于计算工期时，总时差最小值为负的工作为关键工作。

(5) 网络计划中自始至终全由关键工作组成，且位于该路线上各工作的工作历时之和最大的路线为关键路线。

(6) 一项网络计划中，至少有一条关键路线，也可能有多条关键路线。

在网络计划上，关键工作和关键线路一般用特殊箭线描述，如粗线、双线、彩色线等。

通过关键工作、关键线路来控制工程项目进度和工期的方法，称为关键线路法。

12.3 单代号网络计划

单代号网络计划是在工作流线图的基础上演绎而成的网络计划形式。由于它具有绘图简便、逻辑关系明确、易于修改等优点，因此，在国内外日益受到普遍重视。其应用范围和表达功能也在不断发展和壮大。

12.3.1 单代号网络图的绘制

1. 单代号网络图的构成及基本符号

1）单代号网络图的构成

单代号网络图又称节点式网络图，它以节点及其编号表示工作，以箭线表示工作之间的逻辑关系。

2）节点及其编号

在单代号网络图中，节点及其编号表示一项工作。该节点宜用圆圈或矩形表示，如图12-49所示。圆圈或方框内的内容(项目)可以根据实际需要来填写和列出，如可标注出工作编号、名称和工作持续时间等内容，如图12-49所示。

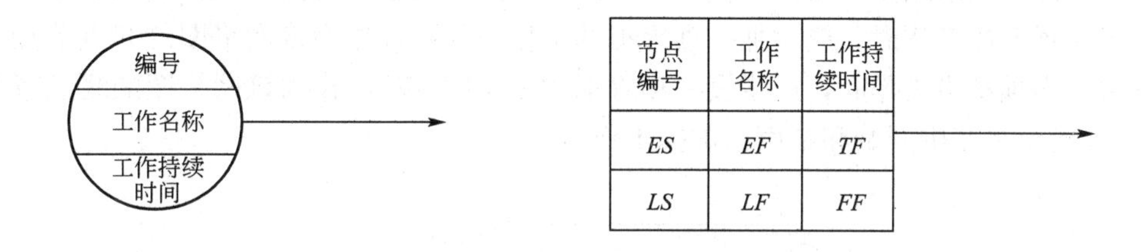

图12-49 单代号表示法

3）箭线

单代号网络图中的箭线表示紧邻工作之间的逻辑关系，箭线应画成水平直线、折线或斜线，箭线水平投影的方向应自左向右，表示工作的进行方向。

箭线的箭尾节点编号应小于箭头节点的编号。

单代号网络图中不设虚箭线。

单代号网络图中一项工作的完整表示方法应如图12-49所示，即节点表示工作本身，其后的箭线指向其紧后工作。

箭线既不消耗资源，也不消耗时间，只表示各项工作间的逻辑关系。相对于箭尾和箭头来说，箭尾节点称为紧前工作，箭头节点称为紧后工作。

2. 单代号网络图的工作关系

单代号网络图的绘制比双代号网络图的绘制容易，也不易出错，关键是要处理好箭线交叉，使图形规则，便于读图。

单代号网络图工作关系表示方法见表 12－3。

表 12－3　单代号网络图逻辑关系表示方法

序号	工作间的逻辑关系	单代号网络图的表示方法
1	A、B、C 三项工作依次完成	Ⓐ→Ⓑ→Ⓒ
2	A、B 完成后进行 D	Ⓐ→Ⓓ Ⓑ→Ⓓ
3	A 完成后，B、C 同时开始	Ⓐ→Ⓑ Ⓐ→Ⓒ
4	A 完成后进行 C， A、B 完成后进行 D	Ⓐ→Ⓒ Ⓐ→Ⓓ Ⓑ→Ⓓ

3. 单代号网络图的绘制规则

单代号网络图的绘图规则与双代号网络图的绘图规则基本相同，主要区别在于：当网络图中有多项开始工作时，应增加一项虚拟的工作(开始)，作为该网络图的起点节点；当网络图中有多项结束工作时，应增设一项虚拟的工作(结束)，作为该网络图的终点节点如图 12－50 所示，其中开始和结束为虚拟工作。

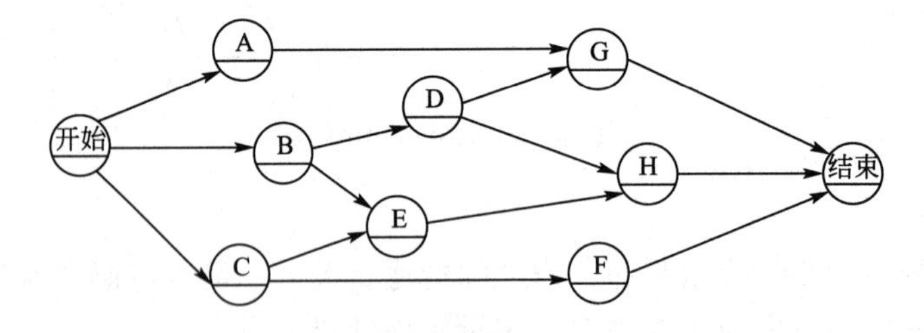

图 12－50　带虚拟起点节点和终点节点的网络图

12.3.2　单代号网络计划时间参数的计算

下面以图 12－51 所示的单代号网络计划为例，说明其时间参数的计算过程。计算结果标注在图上。

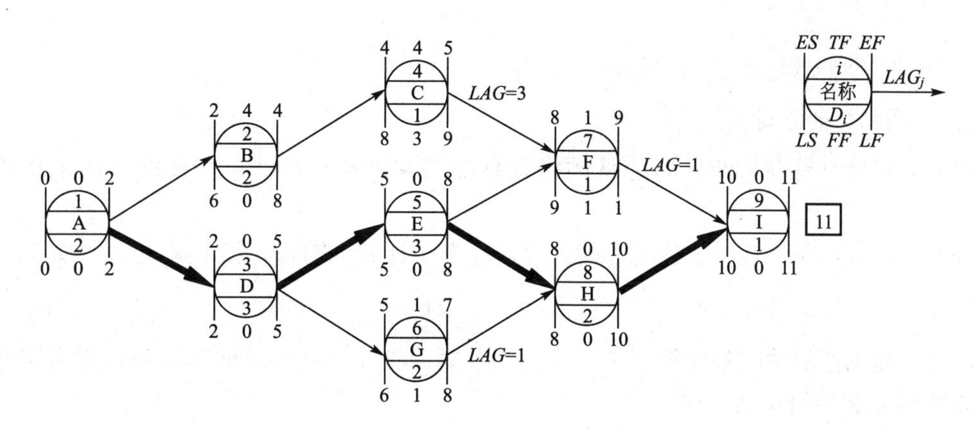

图 12-51　单代号网络计划

1. 工作最早时间的计算

工作最早时间的计算应从网络计划的起点节点开始，顺着箭线方向按节点编号从小到大的顺序依次进行。

(1) 起点节点 i 的最早开始时间 ES_i 如无规定时，其取值应等于零。

(2) 工作的最早完成时间应等于本工作的最早开始时间与其持续时间之和，即

$$EF_i=ES_i+D_i \tag{12-26}$$

式中：EF_i——工作 i 的最早完成时间；

ES_i——工作 i 的最早开始时间；

D_i——工作 i 的持续时间。

(3) 其他工作的最早开始时间应等于其紧前工作最早完成时间的最大值，即

$$ES_j=\max\{EF_i\} \tag{12-27}$$

2. 相邻两项工作之间时间间隔的计算

相邻两项工作之间的时间间隔是指其紧后工作的最早开始时间与本工作最早完成时间的差值，工作 i 和工作 j 之间的时间间隔记为 $LAG_{i,j}$。其计算公式为

$$LAG_{i,j}=ES_j-EF_i \tag{12-28}$$

例如在图 12-51 中，工作 C 与工作 F 的时间间隔为

$$LAG_{4,7}=ES_7-EF_4=8-5=3$$

按式(12-28)进行计算，并将计算结果标注在两节点之间的箭线上。图 12-51 中，$LAG_{i,j}=0$ 的未予标注。

3. 网络计划工期的确定

(1) 单代号网络计划计算工期的规定与双代号网络计划相同，即

$$T_c=EF_9=11$$

(2) 网络计划的计划工期的确定亦与双代号网络计划相同，故由于未规定要求工期，其计划工期等于计算工期，即

$$T_p = T_c = 11$$

将计划工期标注在终点节点旁的方框内。

4. 计算工作的总时差

(1) 工作总时差 TF_i 的计算应从网络计划的终点节点开始，逆着箭线方向依次逐项计算。

(2) 终点节点所代表的工作的总时差 TF 应等于计划工期与计算工期之差，即

$$TF_n = T_p - EF_n \tag{12-29}$$

(3) 其他工作的总时差应等于本工作与其各紧后工作之间的时间间隔与该紧后工作的总时差所得之和的最小值，即

$$TF_i = \min\{TF_j + LAG_{i,j}\} \tag{12-30}$$

例如在本例中，工作 H 和工作 D 的总时差分别为

$$TF_4 = LAG_{4,7} + TF_7 = 3 + 1 = 4$$

可计算出所有工作的总时差，标注在图 12-51 的节点之上部。

5. 计算工作的自由时差

(1) 终点节点所代表的工作的自由时差等于计划工期与本工作的最早完成时间之差，即

$$FF_n = T_p - EF_n \tag{12-31}$$

(2) 其他工作的自由时差等于本工作与其紧后工作之间时间间隔的最小值，即

$$FF_i = \min\{LAG_{i,j}\} \tag{12-32}$$

根据式(12-32)可计算出所有工作的自由时差，标注于图 12-51 各相应节点的下部。

6. 工作最迟时间的计算

工作最迟时间的计算应从网络计划的终点节点开始，逆着箭线方向依次逐项进行。

(1) 终点节点所代表的工作 n 的最迟完成时间 LF_n 应等于该网络计划的计划工期 T_p，即

$$LF_n = T_p \tag{12-33}$$

(2) 工作的最迟开始时间等于本工作的最迟完成时间与其持续时间之差，即

$$LS_i = LF_i - D_i \tag{12-34}$$

(3) 其他工作的最迟完成时间等于该工作各紧后工作最迟开始时间的最小值，即

$$LF_i = \min\{LS_j\} \tag{12-35}$$

或

$$LF_i = EF_i + TF_i \tag{12-36}$$

根据上述各式进行计算，可计算出各工作的最迟开始时间和最迟完成时间，标注于图 12-51各相应的位置。

7. 确定网络计划的关键工作和关键线路

1) 关键工作的确定

单代号网络计划关键工作的确定方法与双代号相同，即总时差为最小的工作为关键工作。按照这个规定，图 12-51 的关键工作是“1”，“3”，“5”，“8”，“9” 共 5 项。

2) 关键线路的确定

从起点节点开始到终点节点均为关键工作，且所有工作的间隔时间均为零的线路即为关键线路。因此图 12-51 的关键线路为 1—3—5—8—9。

在网络计划中，关键线路可以用粗箭线、双箭线或彩色箭线标出。

12.4 双代号时标网络计划

双代号时标网络计划简称时标网络计划，实质上是在一般网络图上加注时间坐标，它所表达的逻辑关系与原网络计划完全相同，但箭线的长度不能任意画，与工作的持续时间相对应。时标网络计划既有一般网络计划的优点，又有横道图直观易懂的优点。

(1) 在时标网络计划中，网络计划的各个时间参数可以直观地表达出来，因此，可直观地进行判读。

(2) 利用时标网络计划，可以很方便地绘制出资源需要曲线，便于进行优化和控制。

(3) 在时标网络计划中，可以利用前锋线方法对计划进行动态跟踪和调整。

时标网络计划可按最早时间和最迟时间两种方法绘制，使用较多的是最早时标网络计划。

12.4.1 时标网络计划的绘制

时标网络计划宜按最早时间绘制。在绘制前，首先应根据确定的时间单位绘制出一个时间坐标表，时间坐标单位可根据计划期的长短确定(可以是小时、天、周、旬、月或季等)，如表 12-4 所示；时标一般标注在时标表的顶部或底部(也可在顶部和底部同时标注，特别是大型的、复杂的网络计划)，要注明时标单位。有时在顶部或底部还需加注相对应的日历坐标和计算坐标。时标表中的刻度线应为细实线，为使图面清晰，此线一般不画或少画。

表 12-4 时间坐标表

计算坐标	1	2	3	4	5	6	7	8	9	10	11	12	13	14	
日历	24/4	25/4	26/4	29/4	30/4	6/5	7/5	8/5	9/5	10/5	13/5	14/5	15/5	16/5	17/5
工作单位	1	2	3	4	5	6	7	8	9	10	11	12	13	14	15
网络计划															
工作单位															

时标形式有以下三种：

(1) 计算坐标主要用作网络计划时间参数的计算，但不够明确。如网络计划表示的计划任务从第0天开始，就不易理解。

(2) 日历坐标可明确表示整个工程的开工日期和完工日期，以及各项工作的开始日期和完成日期，同时还可以考虑扣除节假日休息时间。

(3) 工作日坐标可明确表示各项工作在工程开工后第几天开始和第几天完成，但不能表示工程的开工日期和完工日期，以及各项工作的开始日期和完成日期。

在时标网络计划中，以实线表示工作，实线后不足部分(与紧后工作开始节点之间的部分)用波形线表示，波形线的长度表示该工作与紧后工作之间的时间间隔；由于虚工作的持续时间为0，所以，应垂直于时间坐标(画成垂直方向)，用虚箭线表示。如果虚工作的开始节点与结束节点不在同一时刻上时，水平方向的长度用波形线表示，垂直部分仍应画成虚箭线，如图12-52所示。

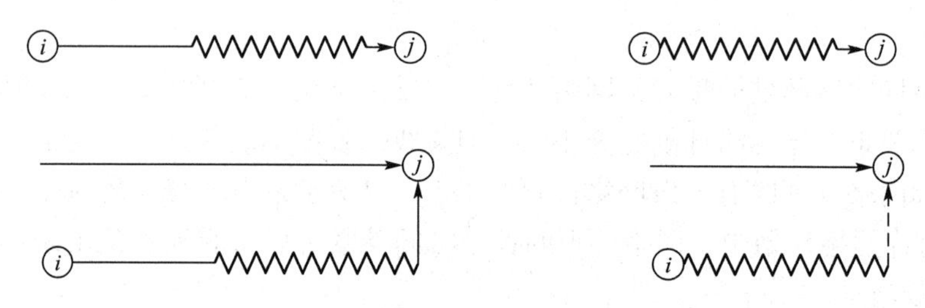

图12-52　时标网络计划表示

在绘制时标网络计划时，应遵循以下规定：

(1) 代表工作的箭线长度在时标表上的水平投影长度，应与其所代表的持续时间相对应。

(2) 节点的中心线必须对准时标的刻度线。

(3) 在箭线与其结束节点之间有不足部分时，应用波形线表示。

(4)在虚工作的开始与其结束节点之间，垂直部分用虚箭线表示，水平部分用波形线表示。

绘制时标网络计划应先绘制出无时标网络计划草图(逻辑网络图)，然后，再按间接绘制法或直接绘制法绘制。

1. 间接绘制法

间接绘制法(或称先算后绘法)指先计算无时标网络计划草图的时间参数，然后再在时标网络计划表中进行绘制的方法。

用这种方法时，应先对无时标网络计划进行计算，算出其最早时间。然后再按每项工作的最早开始时间将其箭尾节点定位在时标表上，再用规定线型绘出工作及其自由时差，即形成时标网络计划。绘制时，一般先绘制出关键线路，然后再绘制非关键线路。

绘制步骤如下：

(1) 先绘制网络计划草图，如图12-53所示。

(2) 计算工作最早时间并标注在图12-53上。

(3) 在时标表(图12-54)上，按最早开始时间确定每项工作的开始节点位置(图形尽量与草图一致），节点的中心线必须对准时标的刻度线。

(4) 按各工作的时间长度画出相应工作的实线部分，使其水平投影长度等于工作时间；由于虚工作不占用时间，所以应以垂直虚线表示。

(5) 用波形线把实线部分与其紧后工作的开始节点连接起来，以表示自由时差。

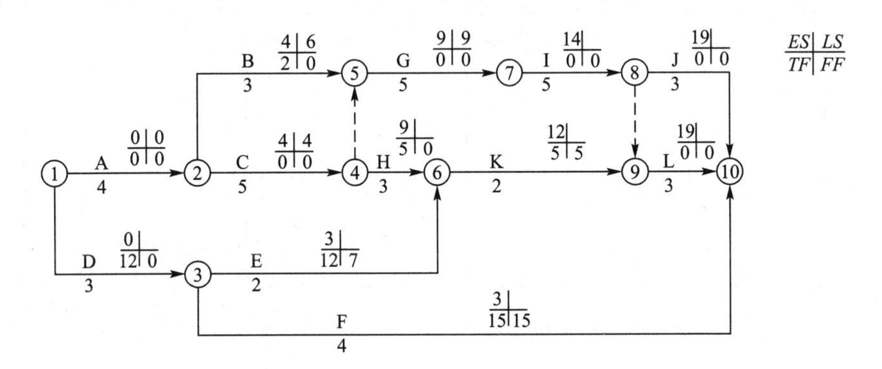

图 12-53 双代号网络计划

2. 直接绘制法

直接绘制法指不经时间参数计算而直接按无时标网络计划草图绘制时标网络计划，如图 12-54 所示。

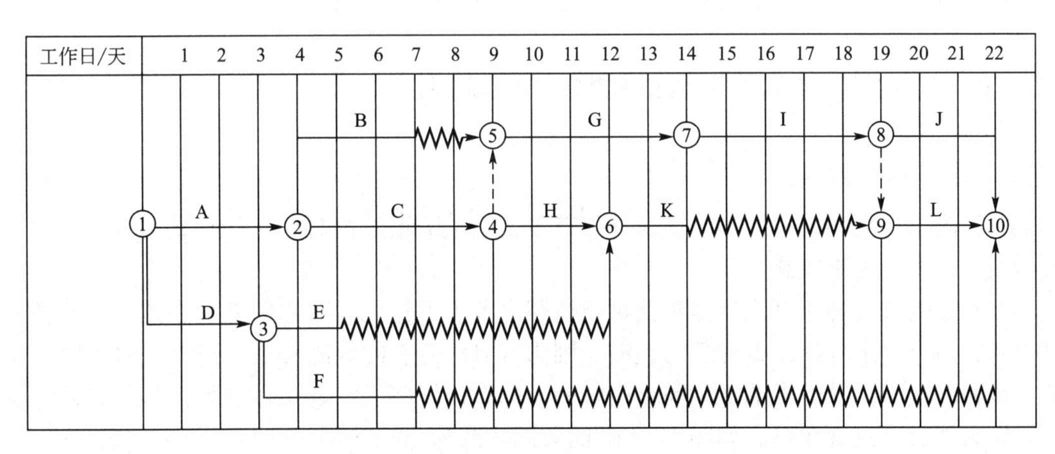

图 12-54 时标网络计划图 1

绘制步骤如下：

(1) 将网络计划起点节点定位在时标表的起始刻度线上(即第一天开始点)。

(2) 按工作持续时间在时标表上绘制起节点的外向箭线，如图 12-55 中的 1—2 箭线。

(3) 工作的箭头节点必须在其所有内向箭线绘出以后，定位在这些箭线中完成最迟的实箭线箭头处。如图 12-55 中，3—5 和 4—5 的结束节点 5 定位在 4—5 的最早完成时间工作；4—8 和 6—8 的结束节点 8 定位在 4—8 的最早完成时间等。

(4) 某些内向箭线长度不足以到达该节点时，用波形线补足，即为该工作的自由时差；如图 12-55 中，节点 5、7、8、9 之前都用波形线补足。

(5) 用上述方法自左向右依次确定其他节点的位置，直至终点节点定位绘完为止。

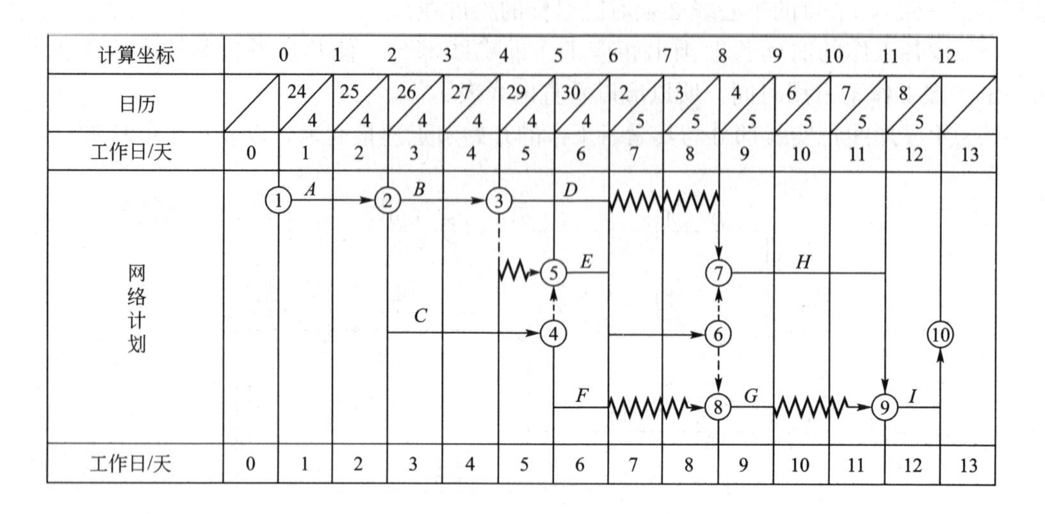

图 12－55　时标网络计划图 2

需要注意的是，使用这一方法的关键是要把虚箭线处理好。首先要将其等同于实箭线看待，但其持续时间为零；其次，虽然它本身没有时间，但可能存在时差，故要按规定画好波形线。在画波形线时，虚工作垂直部分应画虚线，箭头在波形线末端或其后存在虚箭线时应在虚箭线的末端。如图 12－55 所示，虚工作 3—5 的画法。

12.4.2　时标网络计划关键线路和时间参数的判定

1. 关键线路的判定

时标网络计划的关键线路，应从终点节点至始点节点进行观察，凡自始至终没有波形线的线路，即为关键线路。

判别是否是关键线路仍然是根据这条线路上各项工作是否有总时差。在这里，是根据是否有自由时差来判断是否有总时差的。因为有自由时差的线路必有总时差，自由时差是位于线路的末端，既然末端不出现自由时差，那么该线路段上各工作也就没有总时差，这条线路必然就是关键线路。如图 12－55 的关键线路为 1—2—4—5—6—7—9—10。

2. 时间参数的判定

1）计算工期的判定

时标网络计划计算工期等于终点节点与起点节点所在位置的时标值之差。

如图 12－55 中，计算工期为 T_c＝12 天。

2）最早时间的判定

在时标网络计划中，每条箭线箭尾节点中心所对应的时标值，即为该工作的最早开始时间。没有自由时差工作的最早完成时间为其箭头节点中心所对应的时标值；有自由时差工作的最早结束时间为其箭线实线部分右端点所对应的时标值。

如图 12－55 中，工作 2—4 的最早开始时间 ES_{2-4}＝3 天，最早完成时间 EF_{2-4}＝5 天；ES_{3-7}＝5 天，EF_{3-7}＝6 天。

3）工作自由时差值的判定

工作自由时差值等于其波形线(或虚线)在坐标轴上的水平投影长度。

理由是，工作的自由时差等于其紧后工作的最早开始时间与本工作的最早结束时间之差。每条波形线的末端，就是该条波形线所在工作的紧后工作的最早开始时间，波形线的起点，就是它所在工作的最早完成时间，波形线的水平投影就是这两个时间之差，也就是自由时差值。

注意当本工作之后只紧接虚工作时，本工作箭线上不存在波形线，这样其紧接的虚箭线中波形线水平投影长度的最短者则为本工作的自由时差；如果本工作之后不只紧接虚工作时，该工作的自由时差为 0。

4）工作总时差值的推算

时标网络计划中，工作总时差不能直接观察，但可利用工作自由时差进行判定。工作总时差应自右向左逆箭线推算，因为只有其所有紧后工作的总时差被判定后，本工作的总时差才能判定。

工作总时差等于其紧后工作的总时差加本工作与该紧后工作之间的时间间隔 LAG_{i-j-k} 之和的最小值，即

$$TF_{i-j}=\min\{TF_{j-k}+LAG_{i-j-k}\} \tag{12-37}$$

所谓两项工作之间的时间间隔 LAG_{i-j-k} 指本工作的最早完成时间与其紧后工作最早开始时间之间的差值。

如图 12-55 中，关键工作 9—10 的总时差为 0，8—9 的自由时差是 2，故 8—9 的总时差就是 2；工作 4—8 的总时差就是其紧后工作 8—9 的总时差 2 与本工作的自由时差 2 之和，即总时差为 4；计算工作 2—3 的总时差，要在 3—7 与 3—5 的工作总时差 2 与 1 中挑选较小者 1，本工作的自由时差为 0，所以它的总时差就是 1。

5）最迟时间的推算

有了工作总时差与最早时间，工作的最迟时间便可计算出来。

工作最迟开始时间等于本工作的最早开始时间与其总时差之和；工作最迟完成时间等于本工作的最早完成时间与其总时差之和，即

$$LS_{i-j}=ES_{i-j}+TF_{i-j} \tag{12-38}$$

$$LF_{i-j}=EF_{i-j}+TF_{i-j} \tag{12-39}$$

如图 12-55 中，工作 2—3 的最迟开始时间，$LS_{2-3}=ES_{2-3}+FT_{2-3}=1+2=3$(天)，其最迟完成时间 $LF_{2-3}=EF_{2-3}+FT_{2-3}=1+4=5$(天)。余下工作的最迟时间可以类推。

【例 12-4】 已知某时标网络计划如图 12-56 所示，试确定关键线路，并计算出各非关键工作的自由时差、总时差及最迟开始时间和最迟完成时间。

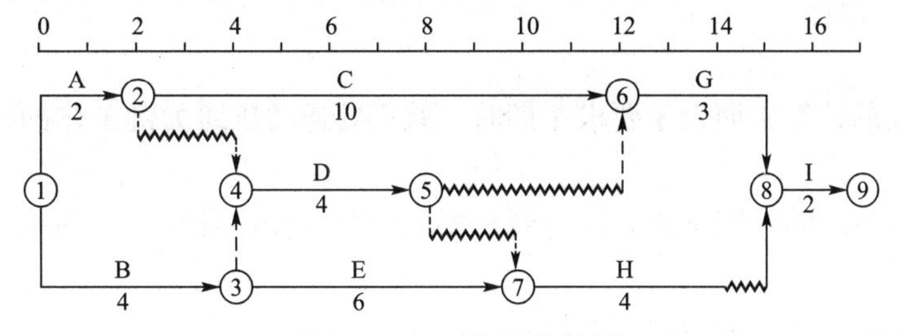

图 12-56 时标网络计划

解：关键线路为①—②—⑥—⑧—⑨。

(1) 自由时差：

工作 B：$FF_{1-3}=0$；

工作 D：$FF_{4-5}=\min\{LAG_{4-5-6}, LAG_{4-5-7}\}=\min\{4, 2\}=2$；

工作 E：$FF_{3-7}=0$；

工作 H：$FF_{7-8}=1$。

(2) 总时差(由后向前计算)：

工作 H：$TF_{7-8}=TF_{8-9}+FF_{7-8}=0+1=1$；

工作 D：$TF_{4-5}=\min\{TF_{7-8}+FF_{4-5}, TF_{6-8}+FF_{4-5}\}=\min\{1+2, 0+4\}=3$；

工作 E：$TF_{3-7}=TF_{7-8}+FF_{3-7}=1+0=1$；

工作 B：$TF_{1-3}=\min\{TF_{3-7}+FF_{1-3}, TF_{4-5}+FF_{1-3}\}=\min\{1+0, 3+0\}=1$。

(3) 最迟开始时间：

工作 B：$LS_{1-3}=ES_{1-3}+TF_{1-3}=0+1=1$；

工作 D：$LS_{4-5}=ES_{4-5}+TF_{4-5}=4+3=7$；

工作 E：$LS_{3-7}=ES_{3-7}+TF_{3-7}=4+1=5$；

工作 H：$LS_{7-8}=ES_{7-8}+TF_{7-8}=10+1=11$。

(4) 最迟完成时间：

工作 B：$LF_{1-3}=EF_{1-3}+TF_{1-3}=4+1=5$；

工作 D：$LF_{4-5}=EF_{4-5}+TF_{4-5}=8+3=11$；

工作 E：$LF_{3-7}=EF_{3-7}+TF_{3-7}=10+1=11$；

工作 H：$LF_{7-8}=EF_{7-8}+TF_{7-8}=14+1=15$。

12.5 网络计划优化

网络计划的优化是指利用时差不断地改善网络计划的最初方案，在满足既定目标的条件下，按某一衡量指标来寻求最优方案。在应用统筹法时，要向关键线路要时间，向非关键线路要节约。

网络计划的优化按照其要求的不同有工期优化、费用优化和资源优化等，下面主要介绍工期优化和费用优化。

12.5.1 工期优化

当网络计划的计算工期大于要求工期时，就需要通过压缩关键工作的持续时间来满足工期的要求。

工期优化是指压缩计算工期，以达到计划工期的目标，或在一定约束条件下使工期最短的过程。

在工期优化过程中要注意以下两点：

(1) 不能将关键工作压缩成非关键工作；在压缩过程中，会出现关键线路的变化(转移或增加条数)，必须保证每一步的压缩都是有效的压缩。

(2) 在优化过程中如果出现多条关键路线时，必须考虑压缩公用的关键工作，或将各条关键线路上的关键工作都压缩同样的数值，否则，不能有效地将工期压缩。

1. 工期优化的步骤

(1) 找出网络计划中的关键工作和关键线路(如用标号法)，并计算出计算工期。

(2) 按计划工期计算应压缩的时间：

$$\Delta T = T_c - T_p \tag{12-40}$$

式中：T_c——网络计划的计算工期；

T_p——网络计划的计划工期。

(3) 选择被压缩的关键工作，在确定优先压缩的关键工作时，应考虑以下因素：

① 缩短工作持续时间后，对质量和安全影响不大的关键工作。

② 有充足的资源的关键工作。

③ 缩短工作的持续时间所需增加的费用最少。

(4) 将优先压缩的关键工作压缩到最短的工作持续时间，并找出关键线路和计算出网络计划的工期；如果被压缩的工作变成了非关键工作，则应将其工作持续时间延长，使之仍然是关键工作。

(5) 若已经达到工期要求，则优化完成。若计算工期仍超过计划工期，则按上述步骤依次压缩其他关键工作，直到满足工期要求或工期已不能再压缩为止。

(6) 当所有关键工作的工作持续时间均已经达到最短而工期仍不能满足要求时，应对计划的技术、组织方案进行调整，或对计划工期重新审订。

【例 12-5】 已知网络计划如图 12-57 所示，箭线下方括号外为正常持续时间，括号内为最短工作历时，假定计划工期为 100 天，根据实际情况和考虑被压缩工作选择的因素，缩短顺序依次为 B、C、D、E、G、H、I、A，试对该网络计划进行工期优化。

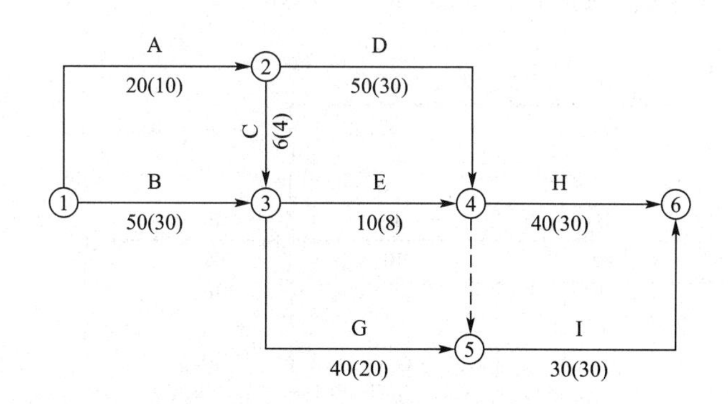

图 12-57 网络计划图 1

解： (1) 找出关键线路和计算计算工期，如图 12-58 所示。

(2) 计算应缩短的工期：

$$\Delta T = T_c - T_p = 120 - 100 = 20(\text{天})$$

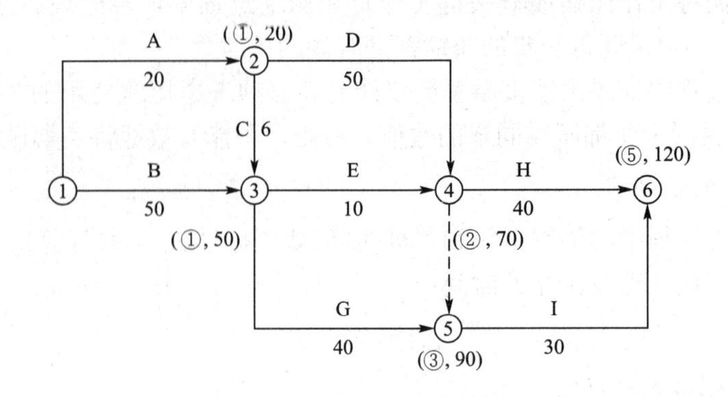

图 12-58　网络计划图 2

(3) 根据已知条件，将工作 B 压缩到极限工期，再重新计算网络计划和关键线路，如图 12-59 所示。

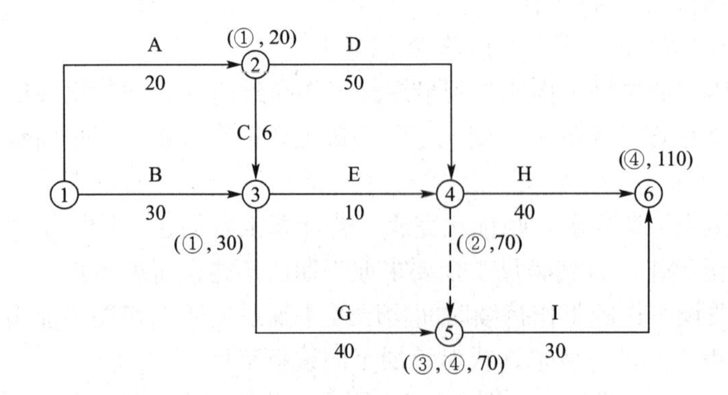

图 12-59　网络计划图 3

(4) 显然，关键线路已发生转移，关键工作 B 变为非关键工作，所以，只能将工作 B 压缩 10 天，使之仍然为关键工作，如图 12-60 所示。

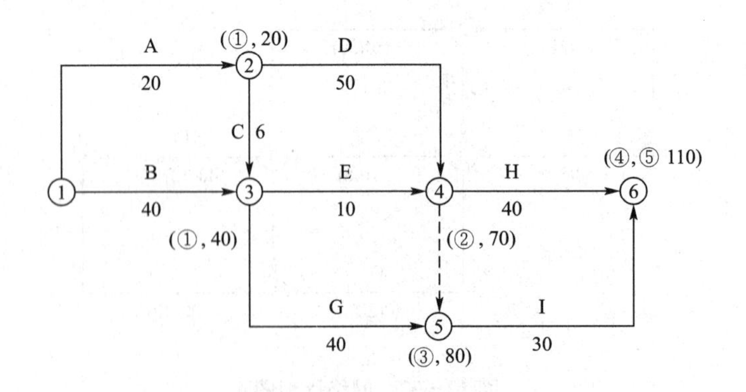

图 12-60　网络计划图 4

(5) 再根据压缩顺序，将工作 D、G 各压缩 10 天，使工期达到 100 天的要求，如图 12-61 所示。

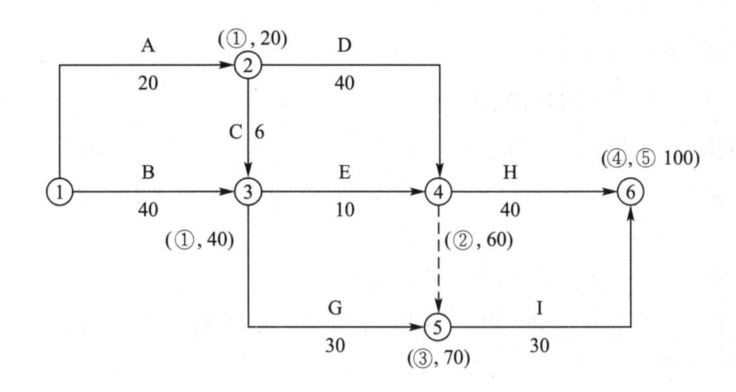

图 12-61 网络计划图 5

12.5.2 费用优化

工程网络计划一经确定(工期确定)，其所包含的总费用也就确定下来。网络计划所涉及的总费用是由直接费和间接费两部分组成。直接费由人工费、材料费和机械费组成，它是随工期的缩短而增加；间接费属于管理费范畴，它是随工期的缩短而减小。由于直接费随工期缩短而增加，间接费随工期缩短而减小，两者进行叠加，必有一个总费用最少的工期，这就是费用优化(工期成本优化)所要寻求的目标。费用-工期关系如图 12-62 所示。

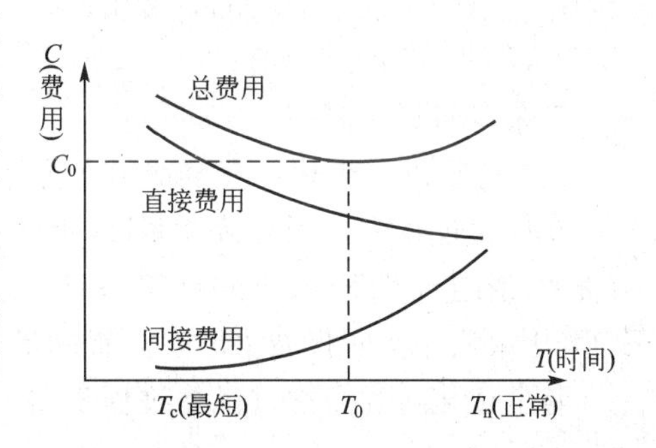

图 12-62 费用-工期关系图

费用优化的目的，一是求出工程费用(C_0)最低相对应的总工期(T_0)，一般用在计划编制过程中；另一目的是求出在规定工期条件下最低费用，一般用在计划实施调整过程中。

费用优化的基本思想，就是不断地从工作的时间和费用关系中，找出能使工期缩短而又能使直接费增加最少的工作，缩短其持续时间，同时，再考虑间接费随工期缩短而减小的情况。把不同工期的直接费与间接费分别叠加，从而求出工程费用最低时相应的最优工期或工期指定时相应的最低工程费用。

费用优化的步骤：

(1) 计算出工程总直接费。工程总直接费等于组成该工程的全部工作的直接费(正常情况)的总和。

(2) 计算出直接费的费用率(赶工费用率)。

直接费率是指缩短工作每单位时间所需增加的直接费，工作 i—j 的直接费率用 ΔC_{ij}^{0} 表示。直接费率等于最短时间直接费与正常时间直接费所得之差除以正常工作历时减最短工作历时所得之差的商值，即

$$\Delta C_{ij}^{0}=\frac{C_{ij}^{c}-C_{ij}^{n}}{D_{ij}^{n}-D_{ij}^{c}} \tag{12-41}$$

式中：D_{ij}^{n}——正常工作历时；

D_{ij}^{c}——最短工作历时；

C_{ij}^{n}——正常工作历时的直接费；

C_{ij}^{c}——最短工作历时的直接费。

(3) 确定间接费的费用率。工作 $i—j$ 的间接费的费用率用 ΔC_{ij}^{k} 表示，其值根据实际情况确定。

(4) 找出网络计划中的关键线路和计算出计算工期。

(5) 在网络计划中找出直接费率(或组合费率)最低的一项关键工作(或一组关键工作)，作为压缩的对象。

(6) 压缩被选择的关键工作(或一组关键工作)的持续时间，其压缩值必须确保所在的关键线路仍然为关键线路，同时，压缩后的工作历时不能小于极限工作历时。

(7) 计算相应的费用增加值和总费用值(总费用必须是下降的)，总费用值可按下式计算：

$$C_{t}^{0}=C_{t+\Delta T}^{0}+\Delta T(\Delta C_{ij}^{0}-\Delta C_{ij}^{k}) \tag{12-42}$$

式中：C_{t}^{0}——将工期缩短到 t 时的总费用；

$C_{t+\Delta T}^{0}$——工期缩短前的总费用；

ΔT——工期缩短值；

其余符号意义同前。

(8) 重复以上步骤，直至费用不再降低为止。

在优化过程中，当直接费率(或组合费率)小于间接费率时，总费用呈下降趋势；当直接费率(或组合费率)大于间接费率时，总费用呈上升趋势。所以，当直接费率(或组合费率)等于或略小于间接费率时，总费用最低。

整个优化过程可通过优化过程表 12-5 进行。

表 12-5　优化过程表 1

缩短次数	被压缩工作	直接费率(或组合费率)	费率差	缩短时间	缩短费用	总费用	工期
1	2	3	4	5	6	7	8

注：费率差=直接费率(或组合费率)-间接费率。

【例 12-6】 已知网络计划如图 12-63 所示，箭线上方括号外为正常直接费，括号内为最短时间直接费，箭线下方括号外为正常工作历时，括号内为最短工作历时。试对其进行费用优化(间接费率为 0.120 千元/天)。

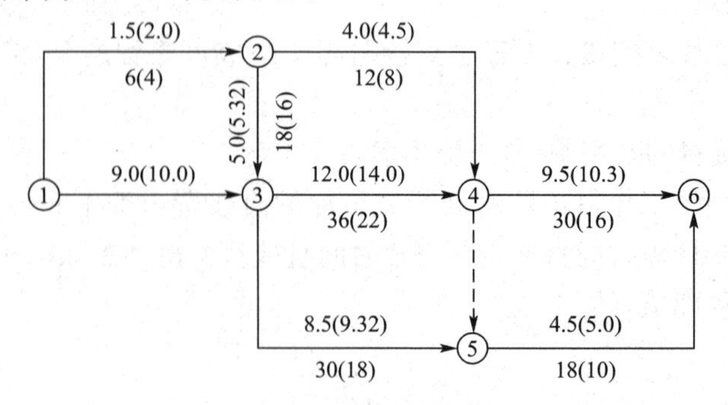

图 12-63　网络计划图 6

解：(1) 计算工程总直接费：

$$\sum C^0 = 1.5+9.0+5.0+4.0+12.0+8.5+9.5+4.5=54.0(\text{千元})$$

(2) 计算各工作的直接费率如表 12-6 所示。

表 12-6 各工作的直接费率

工作代号	最短时间直接费—正常时间直接费($C_{ij}^{c}-C_{ij}^{n}$)/千元	正常历时—最短历时($D_{ij}^{n}-D_{ij}^{c}$)/天	直接费率 ΔC_{ij}^{0}/(千元/天)
1—2	2.0—1.5	6—4	0.25
1—3	10.0—9.0	30—20	0.10
2—3	5.25—5.0	18—16	0.125
2—4	4.5—4.0	12—8	0.125
3—4	14.0—12.0	36—22	0.143
3—5	9.32—8.5	30—18	0.068
4—6	10.3—9.5	30—16	0.057
5—6	5.0—4.5	18—10	0.062

(3) 找出网络计划的关键线路和计算出计算工期，如图 12-64 所示。

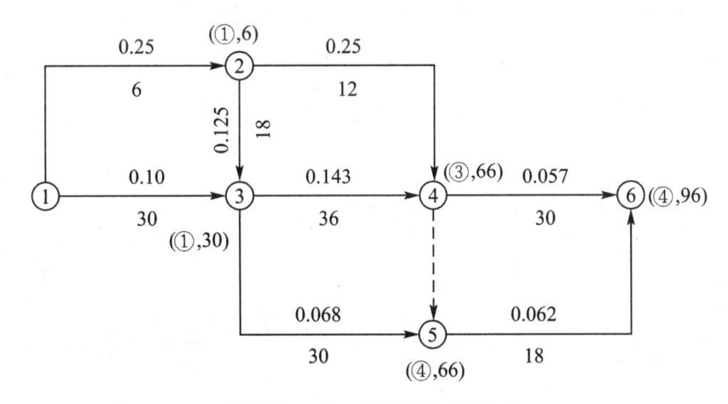

图 12-64 网络计划图 7

(4) 第一次压缩。

在关键线路上，工作 4—6 的直接费率最小，故将其压缩到最短历时 16 天，压缩后再用标号法找出关键线路，如图 12-65 所示。

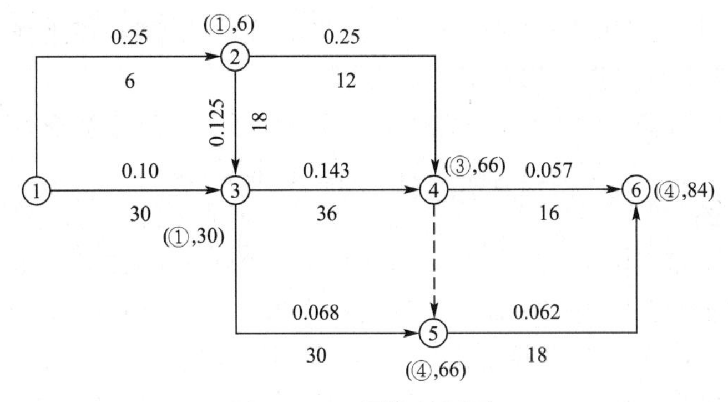

图 12-65 网络计划图 8

原关键工作4—6变为非关键工作，所以，通过试算，将工作4—6的工作历时延长到18天，工作4—6仍为关键工作，如图12-66所示。

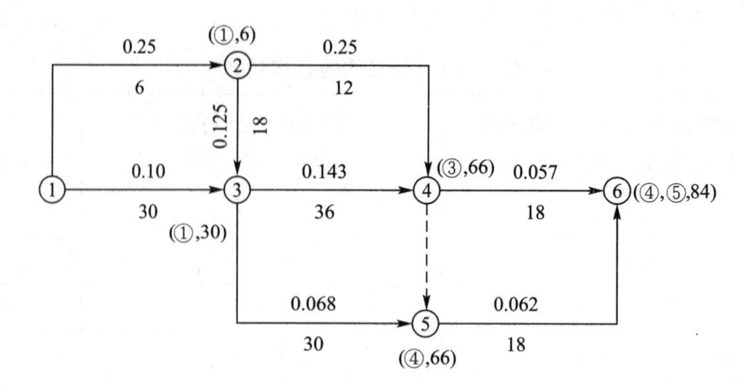

图12-66　网络计划图9

在第一次压缩中，压缩后的工期为84天，压缩工期12天。直接费率为0.057千元/天，费率差为0.057−0.12=−0.063(千元/天)(负值，总费用下降)。

(5) 第二次压缩。

方案1：压缩工作1—3，直接费率为0.10千元/天。

方案2：压缩工作3—4，直接费率为0.143千元/天。

方案3：同时压缩工作4—6和5—6，直接费率为(0.057+0.062)=0.119(千元/天)。故选择压缩工作1—3，将其也压缩到最短历时20天，如图12-67所示。

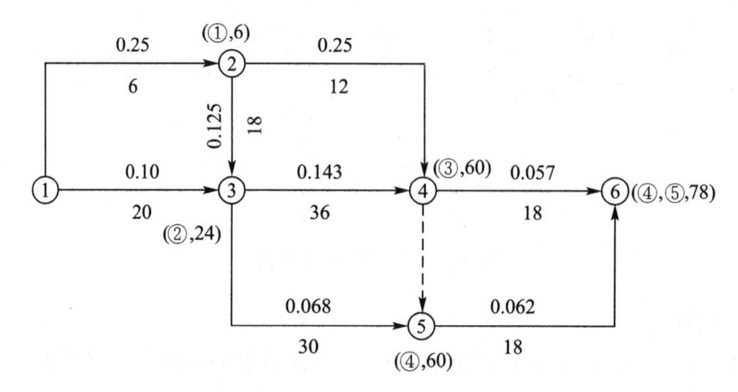

图12-67　网络计划图10

从图中可以看出，工作1—3变为非关键工作，通过试算，将工作1—3压缩24天，可使工作1—3仍为关键工作，如图12-68所示。

第二次压缩后，工期为78天，压缩了84−78=6(天)，直接费率为0.10千元/天，费率差为0.10−0.12=−0.02(千元/天)(负值，总费用仍下降)。

(6) 第三次压缩。

方案1：同时压缩工作1—2、1—3，直接费率为0.10+0.25=0.35(千元/天)。

方案2：同时压缩工作1—3、2—3，直接费率为0.10+0.125=0.225(千元/天)。

方案3：压缩工作3−4，直接费率为0.143(千元/天)。

方案4：同时压缩工作4−6、5−6，直接费率为0.057+0.062=0.119(千元/天)。

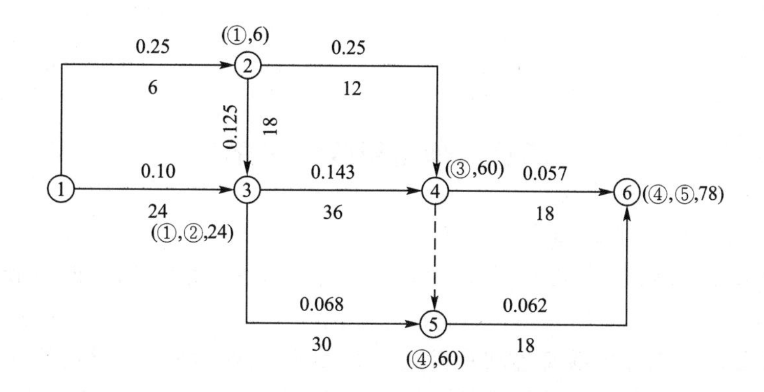

图 12-68 网络计划图 11

经比较，应采取方案 4，只能将它们压缩到两者最短历时的最大值，即 16 天，如图 12-69 网络计划图所示。

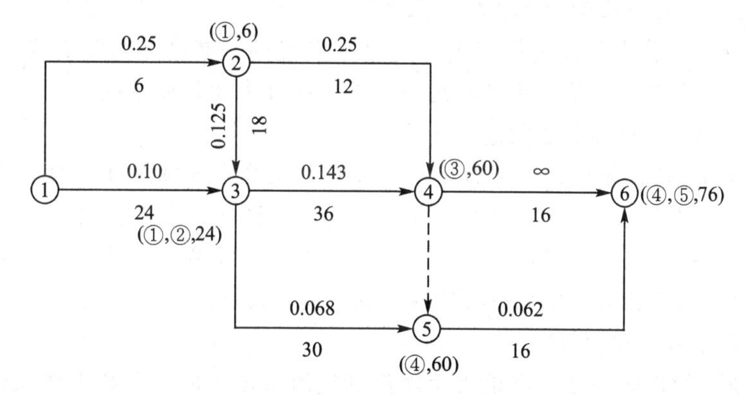

图 12-69 网络计划图 12

至此，得到了费用最低的优化工期 76 天。因为如果继续压缩，只能选取方案 3，而方案 3 的直接费率为 0.143 千元/天，大于间接费率，费用差为正值，总费用上升，如表 12-7 所示。

压缩后的总费用为：

$$\sum C_t^0 = \sum[C_{t+\Delta T}^0 + \Delta T(\Delta C_{ij}^0 - \Delta C_{ij}^k)]$$

$$=54-0.063\times12-0.02\times6-0.001\times2=53.122(\text{千元})$$

表 12-7 优化过程表 2

缩短次数	被压缩工作	直接费率(或组合费率)	费率差	缩短时间	缩短费用	总费用	工期
1	4—6	0.057	−0.063	12	−0.756	53.244	84
2	1—3	0.100	−0.020	6	−0.120	53.124	78
3	4—6、5—6	0.119	−0.001	2	−0.002	53.122	76

工程案例

项目管理常用软件简介

1. 项目管理软件——P3、P6

P3工程项目管理软件是美国Primavera公司的第一代产品，即Primavera Project Planner(P3)。

P3是国际上最为流行的项目管理软件之一，并且已成为项目管理软件标准。

P6工程项目进度管理软件是美国Primavera公司的最新产品。P6充分融合了现代项目管理知识体系，以计划—跟踪—控制—积累为主线，是企业项目化管理或项目群管理的首选。

2. 国内主要的项目管理信息系统与专业软件产品

1）普华PowerOn项目管理集成软件系统

PowerOn是上海普华科技发展有限公司自主研发的一套既融入了国际先进的项目管理思想，又结合了国内管理习惯及标准的企业级多项目管理集成系统。

2）普华PowerPIP项目管理信息平台简介

普华PowerPIP项目管理信息平台是普华公司为适应企业项目化管理，在普华项目沟通与文档管理系统(PowerCom)基础上，自主研发的工程项目信息管理平台。普华PowerPIP项目管理信息平台涵盖工程建设项目管理的核心业务流程和主要功能模块，充分演绎项目管理知识体系(PMBOK)九大知识领域和五个关键过程。

3）易建工程项目管理软件

易建工程项目管理软件是一个适用于建设领域的综合型工程项目管理软件系统。该软件不仅可以应用于单项目和多项目组合管理，而且可以融合企业管理，直至延伸到集团化的管理。

该软件不仅可以提供给建设单位以及施工企业使用，而且可以扩展成为协同作业平台，融合设计单位、监理单位、设备供应商等产业链中不同企业的业务协同流程作业，构筑坚实的企业信息化工作平台。

4）梦龙LinkProject项目管理平台的介绍

梦龙科技多年从事项目管理技术的研究，其开发的“LinkProject项目管理平台”基于PMBOK构建，整合了进度控制、费用分析、合同管理、项目文档等主要项目管理内容。各个管理模块通过统一的应用服务实现工作分发、进度汇报和数据共享，帮助管理者对项目进行实时控制、进度预测和风险分析，为项目决策提供科学依据。

5）广联达建筑施工项目管理系统

广联达建筑施工项目管理系统是以施工技术为先导，以进度计划为龙头，以WBS为载体，以成本管理为核心的综合性、平台化的施工项目管理信息系统，它采用人机结合的PDCA闭环控制等思想，动态监控项目成本的运转，以达到控制项目成本的目的。

6）中国建筑科学研究院PKPM施工技术类软件(图12-70)

PKPM施工项目管理系统软件按照项目管理的主要内容，真正实现了四控制(进度、质量、安全、成本)、三管理(合同、现场、信息)、一提供(为组织协调提供数据依据)的项目管理目标。

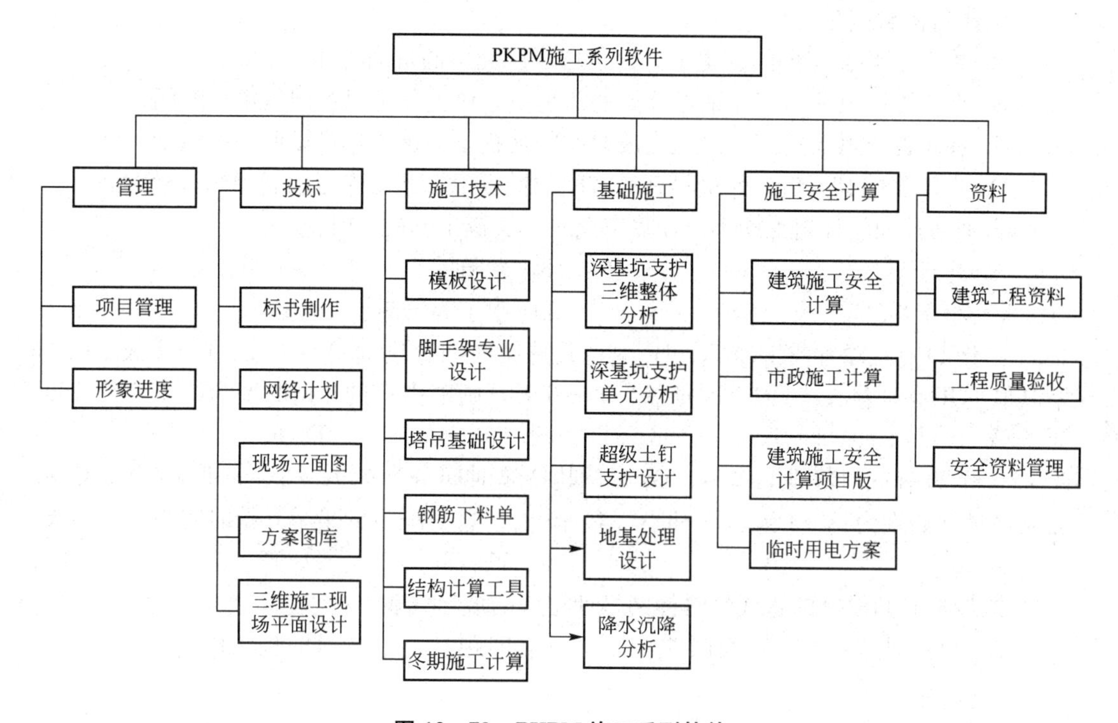

图 12-70 PKPM施工系列软件

该软件提供了多种自动生成施工工序的方法:利用施工工艺模板库的工艺过程自动套取工程预算定额以及资源库;读取工程概预算数据,自动生成带有工程量和资源分配的施工工序;可在工作信息表和单、双代号图中录入施工工序相关信息和逻辑关系,自动生成各种复杂网络模型。

本章小结

通过本章教学,能了解网络计划的分类及其表示方法;掌握双代号网络图时间参数的计算方法;掌握双代号网络图、单代号网络图及双代号时标网络图的绘制;熟悉网络计划的优化方法。

习　　题

一、选择题

1. 网络图中由节点代表一项工作的表达方式称作(　　)。

A. 时标网络图　　　　B. 双代号网络图
C. 单代号网络图　　　D. 横道图

2. 工作自由时差是指(　　)。
A. 在不影响总工期的前提下，该工作可以利用的机动时间
B. 在不影响其紧后工作最迟开始的前提下，该工作可以利用的机动时间
C. 在不影响其紧后工作最迟完成时间的前提下，该工作可以利用的机动时间
D. 在不影响其紧后工作最早开始时间的前提下，该工作可以利用的机动时间

3. 当网络计划的计划工期小于计算工期时，关键工作的总时差(　　)。
A. 等于零　　　　B. 大于零
C. 小于零　　　　D. 小于等于零

4. 工作D有三项紧前工作A、B、C，其持续时间分别为A→3天、B→7天、C→5天，其最早开始别为A→4天、B→5天、C→6天，则工作C的自由时差为(　　)天。
A. 0　　B. 5　　C. 1　　D. 3

5. 工作D有三项紧前工作A、B、C，其持续时间分别为A→3天、B→7天、C→5天，其最早开始别为A→4天、B→5天、C→6天，则工作D的最早开始时间为(　　)天。
A. 6　　B. 7　　C. 11　　D. 12

6. 按最早时间绘制的双代号时标网络计划中的波形线表示(　　)。
A. 自由时差　　B. 总时差　　C. 时距　　D. 虚工作

二、判断题

1. 关键线路是该网络计划中最长的线路，一个网络计划只有一条关键线路。(　　)

2. 时标网络计划的特点是可直接在网络图上看出各项工作的开始和结束时间。(　　)

3. 网络计划的工期优化，就是通过压缩网络中全部工作的持续时间，以达到缩短工期的目的。(　　)

4. 在网络计划执行过程中，关键工作的拖延将导致计划总工期不能实现，这时候对网络计划调整的方法只能是缩短某些工作的持续时间。(　　)

5. 双代号网络图组成要素中，把消耗时间、不消耗资源的工序，称作“虚工序”。(　　)

6. 关键线路上的工作都是关键工作，非关键线路上的工作都是非关键工作。(　　)

三、简答题

1. 总时差及自由时差的含义是什么?
2. 什么是网络计划的优化?
3. 简述双代号网络计划在工期优化的步骤。

四、计算题

1. 根据图12-71双代号网络计划，用图上计算法计算工期，并标出关键线路。
2. 某工程有十项工作组成。它们之间的网络逻辑关系如表12-8所示。

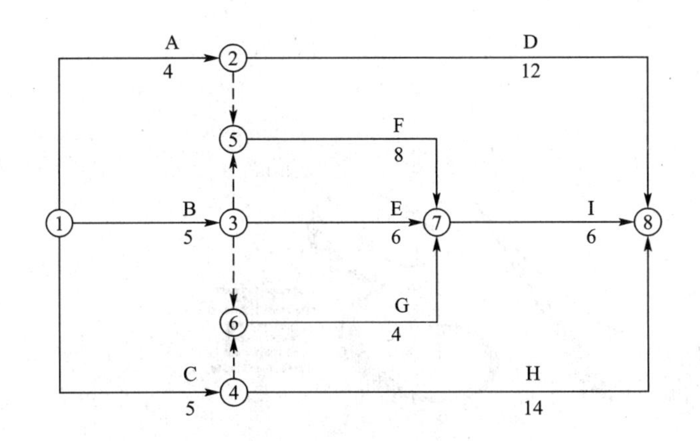

图 12-71 双代号网络计划图

表 12-8 网络逻辑关系

工作名称	紧前工作	紧后工作	持续时间/天
A	—	E、F、P、Q	4
B	—	E、P	3
C	E、F	H	5
D	E、F	G、H	6
E	A、B	C、D	2
F	A	C、D	6
G	D、P	—	8
H	C、Q、D	—	6
P	A、B	G	9
Q	A	H	10

问题：(1) 依据表中逻辑关系绘制双代号网络图。
(2) 用图上计算法计算时间参数。

第13章 施工组织总设计

教学目标

通过本章教学，让学习者了解施工组织总设计的内容；掌握施工总进度计划编制和施工总平面图的设计；能合理选择施工方案，培养学习者编制施工组织总设计的能力。

教学要求

知识要点	能力要求	相关知识
施工组织总设计概述	了解施工组织总设计编制的程序及内容； 熟悉编制施工总进度计划和施工总平面图布置的依据和原则，掌握其步骤及方法	施工组织总设计编制依据、内容
施工组织总设计编制内容	了解施工组织总设计的内容，合理选择施工方案； 掌握施工总进度计划编制和施工总平面图的设计	进度计划的表示方法； 进度计划的编制步骤

基本概念

施工组织总设计　施工总进度计划　　施工总平面图

引例

建筑施工有着流动性、形式多样、技术复杂、露天和高处作业多和机械化程度低等特点。要怎样把工程项目在整个施工过程中所需用的人力、材料、机械、资金和时间等因素，按照客观的经济技术规律，科学地做出合理安排，使之达到耗工少、速度快、质量高、成本低、安全好、利润大的要求，这就要求事先科学合理地进行施工组织设计。施工组织总设计是对特大型工程、多个单位工程组成的群体建筑或住宅小区(含相应的市政工程和辅助设施)编制的有关施工组织的综合性指导文件，用以对各单位工程的施工组织进行总体性指导、协调和阶段性目标控制与管理。

13.1 施工组织总设计概述

13.1.1 施工组织总设计的概念及作用

1. 施工组织总设计的概念

施工组织总设计是以一个建设项目或建筑群为对象，根据初步设计或扩大初步设计图纸，以及其他有关资料和现场施工条件编制，用以指导整个施工现场各项施工准备和组织施工活动的技术经济文件。一般由建设总承包单位或工程项目经理部的总工程师编制。

2. 施工组织总设计的作用

(1) 为建设项目或建筑群体工程施工阶段做出全局性的战略部署。

(2) 为做好施工准备工作，保证资源供应提供依据。

(3) 为组织全工地性施工业务提供科学方案和实施步骤。

(4) 为施工单位编制工程项目生产计划和单位工程的施工组织设计提供依据。

(5) 为业主编制工程建设计划提供依据。

(6) 为确定设计方案的施工可行性和经济合理性提供依据。

13.1.2 施工组织总设计编制依据

1. 设计文件及有关资料

设计文件及有关资料主要包括：建设项目的初步设计、扩大初步设计或技术设计的有关图纸、设计说明书、建筑区域平面图、建筑总平面图、建筑竖向设计、总概算或修正概算等。

2. 计划文件及有关合同

计划文件及有关合同文件，主要包括：国家批准的基本建设计划、可行性研究报告、工程项目一览表、分期分批施工项目和投资计划；地区主管部门的批件、施工单位上级主管部门下述的施工任务计划；招投标文件及签订的工程承包合同；工程材料和设备的订货指标；引进材料和设备供货合同等。

3. 工程勘察资料和技术经济条件

(1) 建设地区的工程勘察资料：地形、地貌，工程地质及水文地质、气象等自然条件。

(2) 建设地区技术经济条件：可能为建设项目服务的建筑安装企业、预制加工企业的人力、设备、技术和管理水平；工程材料的来源和供应情况；交通运输、水、电供应情况；商业和文化教育水平和设施情况等。

4. 现行规范、规程和有关技术规定

国家现行的施工及验收规范、操作规程、定额、技术规定和技术经济指标。

5. 类似建设项目的施工组织总设计和有关总结资料

13.1.3 施工组织总设计编制步骤

(1) 熟悉有关文件：如计划批准文件、设计文件等。

(2) 进行施工现场调查研究，了解有关基础资料。

(3) 分析整理调查了解的资料，初步确定施工部署。

(4) 听取建设单位、监理单位及有关方面意见，修正施工部署。

(5) 估算工程量。

(6) 编制工程总进度计划。

(7) 编制材料、预制品加工件等用量计划及其加工、运输计划。

(8) 编制劳动力、施工机具、设备等用量计划及进退场计划。

(9) 编制施工临时用水、用电、用气及通信计划等。

(10) 编制施工临时设施计划。

(11) 编制施工总平面布置图。

(12) 编制施工准备工作计划。

(13) 计算技术经济效果。

13.1.4 工程概况及特点分析

工程概况和特点分析是对整个建设项目的总说明和分析，一般应包括以下内容。

1. 建设项目主要情况

项目主要情况包括以下内容。

(1) 项目名称、性质(工业或民用、项目的使用功能)、地理位置和建设规模(包括项目占地总面积、投资规模或产量、分期分批建设范围等)。

(2) 项目的建设、勘察、设计和监理等相关单位的情况。

(3) 项目设计概况：包括建筑面积、建筑高度、建筑层数、结构形式、建筑结构及装饰用料、建筑抗震设防烈度、安装工程和机电设备的配置等。

(4) 项目承包范围及主要分包工程范围。

(5) 施工合同或招标文件对项目施工的重点要求。

2. 项目主要施工条件

(1) 建设地点气象状况：温度、雨、雪、风和雷电等气象情况，冬、雨期的期限，土的冻结深度等。

(2) 地形地貌和水文地质：施工场地地形变化和绝对标高、地质构造、土的性质和类别、地基土承载力，地下水位及水质等。

(3) 施工障碍物：施工区域地上、地下管线及相邻地上、地下建(构)筑物情况。

(4) 施工道路、河流状况：可利用的永久性道路、通行(航)标准、河流流量、最高洪水和枯水期水位等。

(5) 当地建筑材料、设备供应和交通运输等服务能力状况。

(6) 按施工需求描述当地供电、供水、供热和通信等相关资源的提供能力及解决方案。

3. 建设单位或上级主管部门对施工的要求

其他方面，土地征用范围、居民搬迁情况等与建设项目施工有关的主要情况。

13.2 施工部署

施工部署是对整个建设项目全局作出的统筹规划和全面安排，主要解决影响建设项目全局的重大施工问题。

1. 确定施工总目标

根据招标文件和施工合同要求，分别确定先进、可行的进度、质量、安全、环境保护和降低成本目标。根据项目施工目标的要求，确定项目分阶段(期)交付的计划。

2. 工程开展程序

根据建设项目总目标的要求，确定工程分期分批施工的合理开展程序。对于一些大型工业企业项目，如冶金联合企业、化工联合企业、火力发电厂等项目都是由许多工厂或车间组成的，确定施工开展程序时，应主要考虑以下几点。

(1) 在保证工期的前提下，实行分期分批建设，既可使各具体项目迅速建成，尽早投入使用，又可在全局上实现施工的连续性和均衡性，减少暂设工程数量，降低工程成本。

(2) 统筹安排各类项目施工，保证重点，兼顾其他，确保工程项目按期投产。按照各工程项目的重要程度，应优先安排的工程项目是：

① 按生产工艺要求，须先期投入生产或起主导作用的工程项目。

② 工程量大、施工难度大、工期长的项目。

③ 运输、动力系统，如厂区内外道路、铁路和变电站等。

④ 生产上需先期使用的机修、办公楼及部分家属宿舍等。

⑤ 供施工使用的工程项目，如采砂(石)场、木材加工厂、各种构件加工厂、混凝土搅拌站等施工附属企业及其他为施工服务的临时设施。

(3) 所有工程项目均应按照先地下、后地上，先深后浅，先干线后支线的原则进行安排。如地下管线和修筑道路的程序，应该先铺设管线，后在管线上修筑道路。

(4) 要考虑季节对施工的影响。例如，大规模土方工程和深基础施工，最好避开雨季。寒冷地区入冬以后最好封闭房屋并转入室内作业和设备安装。

对于建设项目中工程量小、施工难度不大、周期较短而又不急于使用的辅助项目，可以考虑与主体工程相配合，作为平衡项目穿插在主体工程的施工中进行。

对于大中型的民用建设项目(如居民小区)，一般也应按年度分批建设。除考虑住宅以外，还应考虑幼儿园、学校、商店和其他公共设施的建设，以便交付使用后能保证居民的正常生活。

3. 主要施工项目的施工方案

施工组织总设计中要拟定一些主要工程项目的施工方案。这些项目通常是建设项目中工程量大、施工难度大、工期长，对整个建设项目的完成起关键性作用的建筑物(或构筑物)，以及全场范围内工程量大、影响全局的特殊分项工程。

拟定主要工程项目的施工方案目的是为了进行技术和资源的准备工作，同时也为了施工进程的顺利开展和现场的合理布置。其内容包括确定施工方法、施工工艺流程、施工机械设备等。对施工方法的确定要兼顾技术工艺的先进性和经济上的合理性；对施工机械的选择，应使主导机械的性能既能满足工程的需要，又能发挥其效能，在各个工程上能够实现综合流水作业，减少其拆、装、运的次数。对于辅助配套机械，其性能应与主导施工机械相适应，以充分发挥主导施工机械的工作效率。

4. 施工任务的划分与组织安排

在明确施工项目管理体制、机构的条件下，划分各参与施工单位的工作任务，明确总包与分包的关系，建立施工现场统一的组织领导机构及职能部门，确定综合的和专业化的施工组织，明确各单位之间分工与协作的关系，划分施工阶段，确定各单位分期分批的主攻项目和穿插项目。

项目管理组织机构根据项目规模、复杂程度、专业特点和地域范围确定。大中型项目宜设置矩阵式项目管理组织(图 13-1)；远离企业管理层的大中型项目宜设置事业部式项目管理组织，小型项目宜设置直线职能式项目管理组织(图 13-2)。

5. 全场性临时设施的规划

根据施工开展程序和主要工程项目施工方案，编制好施工项目全场性的施工准备工作计划。主要内容包括：

(1) 安排好场内外运输、施工用主干道、水、电、气来源及其引入方案。

(2) 安排场地平整方案和全场性排水、防洪。

(3) 安排好生产和生活基地建设，包括商品混凝土搅拌站、预制构件厂、钢筋、木材

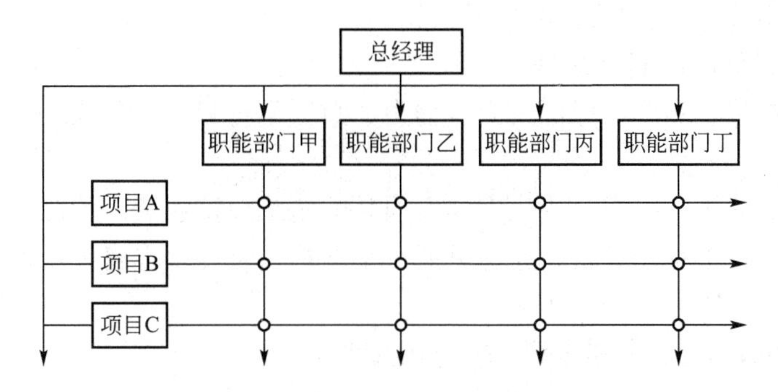

图 13－1 矩阵式项目管理组织

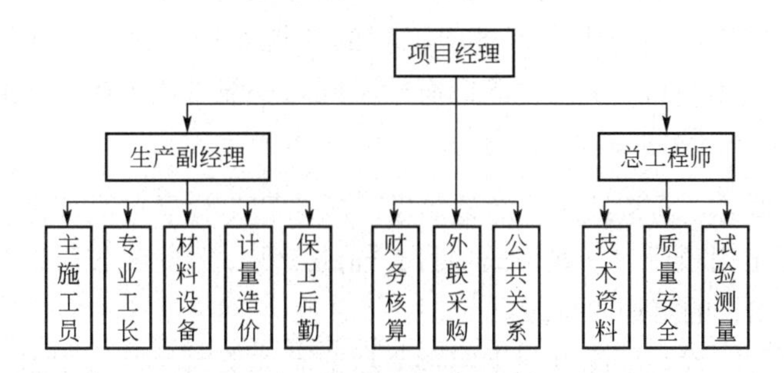

图 13－2 直线职能式项目管理组织

加工厂、金属结构制作加工厂、机修厂等。

(4) 安排建筑材料、成品、半成品的货源和运输、储存方式。

(5) 安排现场区域内的测量工作，设置永久性测量标志，为放线定位做好准备。

(6) 编制新技术、新材料、新工艺、新结构的试制试验计划和职工技术培训计划。

(7) 冬、雨季施工所需的特殊准备工作。

13.3 施工总进度计划

施工总进度计划编制是以拟建项目交付使用时间为目标的控制性施工进度计划。它根据施工部署的要求，合理确定每个交工系统及单项工程的控制工期、它们之间的施工顺序和搭接关系，从而确定施工现场上劳动力、材料、施工机械、成品、半成品的需要量和调配情况；现场临时设施的数量及供水、供电和其他动力的需要数量等。

编制施工总进度计划的基本要求是，保证拟建工程在规定的期限内完成，发挥投资效益、保证施工的连续性和均衡性、节约施工费用。

施工总进度计划的编制依据是：

(1) 初步设计及扩大初步设计的有关技术资料。

(2) 施工工期要求及开工、竣工日期。

(3) 施工条件、劳动力、材料等供应条件。

(4) 确定的重要的单位工程的施工方案。

(5) 劳动定额及其他有关的要求和资料。

施工总进度计划的编制原则是：

(1) 合理安排施工顺序，保证人力、物力、财力消耗最少的情况下，按规定工期完成施工任务。

(2) 采用合理的施工组织方法，市建设项目的施工保持连续、均衡、有节奏地进行。

(3) 在安排年度工程任务时，要尽可能按季度均匀分配基本建设投资。

13.3.1 施工总进度计划的编制方法和步骤

施工总进度计划的编制应根据施工部署中分期分批投产顺序，将每个交工系统的各项工程分别列出，在控制的期限内进行各项工程的具体安排。总进度计划的编制方法和步骤，根据各行业和具体编制人员的经验而有所不同，一般可按下述方法进行编制。

1. 列出工程项目一览表并计算工程量

(1) 划分工程项目：通常按照分期分批投产顺序和工程展开顺序划分，项目划分不宜过细，应突出主要工程项目，一些附属项目、辅助工程、临时设施可以合并列出。

(2) 估算主要项目的实物工程量。

按初步(扩大初步)设计图纸并根据定额手册或有关资料计算工程量，常用的定额资料有以下几种。

① 万元、十万元投资工程量、劳动力及材料消耗扩大指标。

② 概算指标或扩大结构定额。

③ 标准设计或已建房屋、构筑物的资料。

除房屋外，还须确定主要的全场性工程的工程量，如场地平整、铁路、道路和地下管线的长度等，这些可根据建筑总平面图来计算。

计算出的工程量，应填入统一的工程量汇总表中，见表13-1。

表13-1 工程量汇总表

工程项目分类	工程项目名称	结构类型	建筑面积	幢(跨)数	概算投资	主要实物工程表								
						场地平整	土方工程	桩基工程	…	砖石工程	钢筋混凝土工程	…	装饰工程	…
			$1000m^2$	个	万元	$1000m^2$	$1000m^3$	$1000m^2$		$1000m^3$	$1000m^2$		$1000m^2$	
全工地性工程														
主体项目														
辅助工程														
永久住宅														
临时建筑														
合计														

2. 确定各单位工程的施工期限

影响单位工程施工期限的因素很多，如建筑类型、结构特征、施工方法、施工技术、施工管理水平、机械化程度及施工现场的地形和地质条件等。因此，各单位工程的工期应根据现场具体条件，综合考虑影响因素后予以确定。此外，也可参考有关的工期定额(或指标)来确定各单位工程的施工期限。

3. 确定各单位工程的开竣工时间和搭接关系

确定各主要单位工程的施工期限后，就可具体确定各单位工程的开竣工时间，并安排各单位工程搭接施工的时间，尽量使主要工种的工人能连续、均衡地施工。在具体安排时应着重考虑以下几点。

(1) 同一时期开工的项目不宜过多，以避免分散有限的人力、物力。

(2) 力求使主要工种、施工机械及土建中的主要分部分项工程连续施工。

(3) 尽量使劳动力、技术物资在全工程上均衡消耗，避免出现短时高峰和长时间低谷的现象，以利于劳动力的调度和原材料的供应。

(4) 满足生产工艺要求。根据工艺所确定的分期分批建设方案，合理安排各个建筑物的施工顺序和衔接关系，做到土建施工、设备安装和试生产在时间、量的比例上均衡、合理，实现生产一条龙。

(5) 确定一些后备工程，调节主要项目的施工进度。如宿舍、办公楼、附属和辅助设施等作为调剂项目，穿插在主要项目的流水中，以便在保证重点工程项目的前提下实现均衡施工。

13.3.2 施工总进度计划的编制

以上各项工作完成后，即可着手编制施工总进度计划。可以采用横道图或网络图表达施工总进度计划，由于其主要在总体上起控制作用，故不宜搞得过细，否则不利于调整和实施过程中的动态控制。

1. 采用横道图编制

按施工总体方案确定的工程展开程序编制项目初步总进度计划；并绘制出建设项目的资源动态曲线；评估其均衡性，如果曲线上存在着较大的高峰或低谷，按照综合平衡的要求进行调整，使各个时期的工作量和物资消耗尽量达到均衡，再编制正式施工总进度计划。

2. 采用网络技术编制

依据各项目的施工期限和逻辑关系编制草图→进行进度目标、成本目标、资源目标优化→正式施工总进度计划网络图→确定关键线路和关键工作作为项目实施过程中的重点控制对象。

13.4 施工准备及主要资源配置计划

13.4.1 总体施工准备工作

总体施工准备包括现场准备、技术准备、组织准备和物资准备等。应根据施工开展顺

序和主要项目施工方法，编制项目全场性的施工准备工作计划，其主要内容如下。

1. 现场准备工作

(1) 做好土地征用、居民拆迁和现场障碍物拆除工作。

(2) 做好水、电、气、通信、道路和场地平整等“五通一平”工作。

(3) 安排好生产、生活基地建设，包括商品混凝土搅拌站、预制构件厂、钢筋、木材加工厂、机修厂及职工生活设施等。

2. 技术准备工作

(1) 调查施工地区的自然条件、技术经济条件，分析对施工有利和不利条件及对策。

(2) 编制指导项目全面施工的《施工组织总设计》，组织先期开工项目的技术交底和图纸会审工作。

(3) 建立测量控制网：接收业主移交的水准基桩和坐标控制桩，建立测量控制网和永久性标桩。

(4) 进行混凝土、砂浆配合比的试拌试配工作，对各种试验及检测设备进行检定和校验；对拟采用的新工艺、新材料、新技术进行试验、检验和技术鉴定。

(5) 做好冬、雨期施工的特殊准备工作及工人的进场安全教育。

3. 组织准备及物资准备工作

(1) 落实、审查分包单位资质，签订分包合同，安排施工力量的集结及分期分批进场。

(2) 施工条件准备：与城市规划(定位、验线)、环卫(渣土外运)、城管(临街工程占道)、交通(城市道路开口)、供电(施工用电增容)、供水(开口及装表)、消防(消防通道)、市政(污水排放)等政府部门接洽，尽早办理申请手续和批准手续。

(3) 进行材料和设备的加工和订货，制定分批进场计划。

4. 施工准备工作计划

为落实各项施工准备工作，加强检查和监督，须根据各项施工准备工作的内容、时间和人员，编制出施工准备工作计划，如表13-2所示。

表13-2　施工准备工作计划

序号	施工准备项目	内容	负责单位	负责人	起止时间		备注
					××月	××月	

13.4.2　计算工地临时供水、供电需用量

1. 工地临时供水

建筑工地临时供水主要包括工程施工用水、施工机械用水、生活用水和消防用水等。

(1) 工程施工用水量 q_1 计算：

$$q_1=1.1\times\frac{\sum Q_1 N_1 K_1}{t\times 8\times 3600} \tag{13-1}$$

式中：Q_1——年(季、月)度工程量(以实物计量单位表示)；

N_1——各工种工程施工用水定额；

t——年(季)度有效工作日(天)，按每天一班计；

K_1——用水不均匀系数，取1.25～1.50。

(2) 施工机械用水量q_2计算：

$$q_2=1.1\times\frac{\sum Q_2 N_2 K_2}{8\times 3600} \tag{13-2}$$

式中：Q_2——同一种机械台数(台)；

N_2——施工机械台班用水定额；

K_2——施工机械用水不均匀系数，取1.1～1.50。

(3) 生活用水量q_3计算：

$$q_3=1.1\times\frac{P N_3 K_3}{24\times 3600} \tag{13-3}$$

式中：P——工地施工高峰人数；

N_3——每人每日生活用水定额；

K_3——每日生活用水不均匀系数，取1.5～2.0。

(4) 消防用水量q_4计算，见表13-3。

表13-3 消防用水量q_4

用水名称		火灾同时发生次数	耗水量/(L/s)
施工生活区消防用水	5000人以内	一次	10
	10000人以内	两次	10～15
	25000人以内	两次	15～20
施工现场消防用水	施工现场在25ha以内	一次	10～15
	每增加25ha递增	一次	5

(5) 工地总用水量Q：

当$q_1+q_2+q_3\leqslant q_4$时，则

$$Q=q_4+0.5(q_1+q_2+q_3) \tag{13-4}$$

当$q_1+q_2+q_3>q_4$时，则

$$Q=q_1+q_2+q_3 \tag{13-5}$$

2. 工地临时供电

(1) 用电量计算：包括施工及照明用电两个方面，工地供电设备总需要容量P(kV·A)为

$$P=1.1\times\left(K_1\frac{\sum P_1}{\cos\varphi}+K_2\sum P_2+K_3\sum P_3+K_4\sum P_4\right) \tag{13-6}$$

式中：P_1——电动机额定功率(kW)；

P_2——电焊机额定容量(kV·A)；

P_3——室内照明容量(kW)；

P_4——室外照明容量(kW)；

$\cos\varphi$——电动机的平均功率因数，一般取 0.65～0.75；

K_1、K_2、K_3、K_4——需要系数，见表 13-4。

表 13-4　需要系数(*K* 值)

<table>
<tr><th rowspan="2">用电名称</th><th rowspan="2">数量</th><th colspan="4">需要系数</th></tr>
<tr><th>K_1</th><th>K_2</th><th>K_3</th><th>K_4</th></tr>
<tr><td>电动机</td><td>3～10 台
11～30 台
30 台以上</td><td>0.7
0.6
0.5</td><td></td><td></td><td></td></tr>
<tr><td>加工厂动力设备</td><td></td><td>0.5</td><td></td><td></td><td></td></tr>
<tr><td>电焊机</td><td>3～10 台
10 台以上</td><td></td><td>0.6
0.5</td><td></td><td></td></tr>
<tr><td>室内照明</td><td rowspan="2">备注：施工现场的照明用电量所占比例很小，在估算总用电量的实际操作中不考虑照明用电量，只需在动力用电量之外增加 10%即可</td><td></td><td></td><td>0.8</td><td></td></tr>
<tr><td>主要道路照明
警卫照明
场地照明</td><td></td><td></td><td></td><td>1.0
1.0
1.0</td></tr>
</table>

(2) 变压器容量 P 计算：

$$P=1.05\times\left(\frac{\sum P_{max}}{\cos\varphi}\right) \tag{13-7}$$

式中：P——变压器容量(kV·A)；

$\sum P_{max}$——施工区的最大计算负荷(kW)；

$\cos\varphi$——用电设备功率因素，一般建筑工地取 0.75。

(3) 配电线路和导线截面选择。配电线路的布置方案有枝状、环状和混合式三种，一般 3～10kV 高压线宜采用环状，380/220V 低压线路可用枝状。导线截面应满足机械强度、允许电流和允许电压降的要求。

13.4.3　主要资源配置计划

各项资源需要量计划是做好劳动力及物资供应、平衡、调度、落实的依据，其内容包括以下几个方面。

1. *劳动力需要量计划*

劳动力需要量计划是规划暂设工程和组织劳动力进场的依据。编制时先根据工程量汇总表中各建筑物的主要实物工程量，查阅定额得到各建筑物主要工种的用工量，再按各单位工程分工种的持续时间，计算出各单位工程分工种的平均工人数。将总进度计划纵坐标上同工种的人数叠加，即得到劳动力需要量计划，如表 13-5 所示。

表 13-5 劳动力需要量计划

序号	工种	劳动量	施工高峰人数	××年					××年					现有人数 多余或不足

2. 材料、构件和半成品需要量计划

材料、构件和半成品需用量计划是材料采购、运输和加工厂安排生产计划的依据。

编制程序，根据各单位工程的工程量查定额计算出实物消耗量→按总进度计划计算各类材料在不同时间段的需要量→汇总编制出建筑材料需要量计划。主要材料、构件和半成品需要量计划如表 13-6 所示。

表 13-6 主要材料、构件和半成品需要量计划

序号	工程名称	材料、构件和半成品名称								
		水泥/t	砂/m^3	砖块	……	混凝土/m^3	砂浆/m^3	……	木结构/m^2	……

3. 施工机具需要量计划

主要施工机械(如挖掘机、塔吊等)的需要量，根据施工总进度计划、主要建筑物的施工方案和工程量，并套用机械产量定额求得。辅助机械可根据建筑安装工程每十万元扩大概算指标求得。运输机具的需要量根据运输量计算，如表 13-7 所示。

表 13-7 施工机具需要量计划

序号	机具名称	规格型号	数量	电动机功率	需要量计划														
					××年					××年					××年				

13.5 主要施工方法

施工组织总设计中应对工程量大、施工难度大、工期长，对整个项目的完成起关键作用的建(构)筑物和特殊分项工程拟定施工方法，目的是为了进行技术和资源的准备，保证施工的顺利开展和现场的合理布局。

施工方法主要针对深基础工程、大体积混凝土工程、脚手架工程、起重吊装工程、临时用水用电等主要工种工程及季节性施工措施提出原则性意见。具体的实施步骤、工艺方法可在编制单位工程施工组织设计中再详细阐述。

施工方法的确定要兼顾技术工艺的先进性和可操作性，以及经济上的合理性。

13.6 施工总平面图设计

13.6.1 施工总平面图设计的原则、依据与内容

1. 施工总平面图设计的原则

(1) 尽量减少施工用地，少占农田，使平面布置紧凑合理。

(2) 合理组织运输、减少运输费用，保证运输方便通畅。

(3) 施工区域的划分和场地的确定，应符合施工流程要求，尽量减少专业工种和各工程之间的干扰。

(4) 充分利用各种永久性建筑物、构筑物和原有设施为施工服务，降低临时设施费用。

(5) 各种临时设施应便于生产和生活需要。

(6) 满足安全防火、劳动保护、环境保护等要求。

2. 施工总平面图设计的依据

(1) 工程位置图、规划图、总平面图、竖向布置图和地下设施布置图等。

(2) 工程建设总工期、分期建设情况与要求。

(3) 施工部署和主要单位工程施工方案。

(4) 工程施工总进度计划。

(5) 主要材料、构件和设备的供应计划及周转周期。

(6) 主要材料、构件和设备的供货与运输方式。

(7) 各类临时设施的类别、数量等。

3. 施工总平面图设计的内容

(1) 一切地上和地下已有的和拟建的建筑物、构筑物及其他设施(道路、铁路和各种管线等)的位置和尺寸。

(2) 一切为工程项目建设服务的临时设施，包括：

① 施工用道路、铁路。

② 各类加工厂、仓库和堆场。

③ 行政管理和文化生活福利用房。

④ 临时给排水管线和供电线路、蒸汽和压缩空气管道。

⑤ 防洪设施，安全防火设施。

⑥ 取土、弃土地点等。

(3) 永久性和半永久性测量用的水准点、坐标点、高程点、沉降观测点等。

13.6.2 施工总平面图的设计步骤

1. 场外交通道路的引入与场内布置

一般大型工业企业厂区内部都有永久性道路，可提前修建为工程服务。

(1) 当大宗施工物资由铁路运输时，重点考虑其转弯半径和坡度限制，铁路的布置最好沿着工地周围或各独立施工区的周围铺设，以免与工地内部运输线交叉，妨碍工地内部运输。

(2) 当大量物资采用公路运输时，公路应与加工厂、仓库的位置结合布置，使其尽可能布置在最经济合理的地方，并与场外道路连接，符合标准要求。

(3) 当采用水路运输时，应充分利用原有码头的吞吐能力。当需增设码头时，卸货码头不应少于两个，其宽度应大于2.5m，并考虑在码头附近布置主要加工厂和转运仓库。

2. 确定仓库和材料堆场的位置

仓库和材料堆场应设置在运输方便、位置适中、运距较短并且安全防火的地方，并应区别不同材料、设备和运输方式来设置。

(1) 当采用铁路运输时，中心仓库尽可能沿铁路专用线布置，并在仓库前留有足够的装卸前线，否则要在铁路线附近设置转运仓库，且该仓库应设置在工地同侧，以免内部运输跨越铁路。在斜坡与管道经过处不宜设置仓库或堆场。

(2) 当采用公路运输时，中心仓库可布置在工地中心区或靠近使用的地方，也可布置在工地入口处。大宗材料的堆场和仓库，可布置在相应的搅拌站、预制场或加工厂附近。如砂、石、水泥、石灰、木材等仓库或堆场宜布置在搅拌站、预制场和木材加工厂附近，以减少二次搬运；砖、瓦和预制构件等应布置在垂直运输机械工作范围内，靠近用料地点。

(3) 当采用水路运输时，应在码头附近设置转运仓库，以减少船只在码头上的停留时间。

(4) 工业项目的重型工艺设备，尽可能运至车间附近的设备组装场停放，普通工艺设备可放在车间外围或其他空地上。

3. 搅拌站和加工厂的布置

混凝土搅拌站的布置有集中、分散、集中与分散相结合三种方式。

(1) 当现场有足够的混凝土输送设备时，混凝土搅拌站宜集中布置，其位置可采用线性规划方法确定；或现场不设搅拌站而使用商品混凝土。

(2) 当运输条件较差时，混凝土搅拌站宜分散布置在使用点附近或垂直运输设备旁；或采用集中和分散相结合的方式。

(3) 临时混凝土预制构件加工场尽量利用建设单位的空地设置，一般宜布置在工地边缘，材料堆场专用线转弯的扇形地带或场外临近处。

(4) 钢筋加工场宜布置在混凝土构件预制场或主要施工对象附近。木材加工厂的原木、锯材堆场应靠近铁路、公路或水路沿线；锯木、成材、粗细木加工间和成品堆场应按工艺流程布置，并应设在施工区的下风向边缘。

(5) 金属结构、锻工、电焊和机修等车间因其在生产上联系密切，应尽可能布置在一起。

(6) 产生有害气体和污染环境的加工场，如沥青熬制、生石灰熟化、石棉加工场等，应位于现场的下风向，且不危害当地居民。

(7) 各种加工场的布置均应以方便生产、安全防火、环境保护和运输费用少为原则进行布置。

4. 场内运输道路的布置

(1) 首先根据施工项目与堆场、仓库、加工场的相应位置，使大宗材料、构件运输快捷、方便的原则规划施工主干道，然后优化确定场内运输路网结构和主次道路的相互位置。道路布置应考虑车辆的行驶安全、运输方便和道路修筑费用要低。

(2) 场内主干道应采用双车道环行布置，宽度不小于 6m，次要道路可采用单车道，宽度不小于 3.5m；道路应有 2 个以上出入口，道路末端要设置回车场。

(3) 临时道路要把仓库、加工厂、堆场和施工点串连起来；尽可能利用原有道路或拟建的永久性道路，提前修建永久性道路的路基和简单路面，既为施工服务，又可节约投资。

(4) 合理安排施工道路与场内地下管网间的施工顺序，保证场内运输道路时刻畅通，尽量避免临时道路与铁轨、塔轨交叉。

(5) 合理选择运输道路的路面结构。一般场外与省、市公路相接的干线可直接建成混凝土路面；场区内的干线和施工机械行驶路线，最好采用碎石级配路面，以利修补；场内支线一般为土路或砂石路。

5. 临时生活设施的布置

工地临时生活设施包括：办公室、汽车库、职工休息室、开水房、食堂和浴室等，所需面积应根据工地施工人数进行计算。

(1) 应尽量利用现有的或拟建的永久性房屋为施工服务，数量不足时再临时修建，临时房屋应尽量利用活动房屋。

(2) 全工地行政管理用房宜设在工地入口处，以便对外联系；也可设在工地中间便于全工地管理；现场办公室应靠近施工地点。

(3) 职工用的生活福利设施，如小卖部、俱乐部等，宜设在工人较集中的地方或工人出入必经之处；职工宿舍一般设在场外，距工地 500～1000m 为宜；食堂可布置在生活区，也可视条件设在工地与生活区之间。

6. 临时水电管网及其他动力设施的布置

(1) 当有可利用的水源、电源时，可将水电从场外接入工地，沿主要干道布置干管、主线，再与各施工点接通。施工总变电站应设置在高压电引入处，不应设在工地中心，以免高压电线经过工地内部遭致危险；临时水池应放在地势较高处。

(2) 当无法利用现有的水电时，可在工地中心附近处设置临时发电站，沿干道布置主线；为获得水源，可利用地表水或地下水，并设置抽水设备和加压设备(简易水塔或加压泵)，以便储水和提高水压。然后把水管接出，布置管网。

(3) 根据工程防火规定，应设置消防栓、消防站。消防站应设置在易燃建筑物(木材、仓库等)附近，并有通畅的出口和消防车道，其宽度不宜小于 6m，与拟建房屋的距离不得大于 25m，也不得小于 5m。沿道路布置消防栓时，其间距不得大于 10m，消防栓到路边的距离不得大于 2m。

(4) 应在工地四周围设立围墙并在出入口设立门岗。临近市区主干道的围墙高 2.4m，一般路段高于 1.8m。

工程案例

一级建造师考试《建筑工程管理与实务》案例分析题

背景：某工程建筑公司承包的某工业厂区工程，该工程主要建筑物由3幢单层厂房、1幢办公楼和1个食堂组成。施工现场的平面布置侧重在生产临建、主材加工、制作和堆放场地方面。施工现场围挡按该公司文明施工管理体系进行设置；临时道路、水电管网、消防设施、办公、生活、生产用临时设施综合考虑布置；在安全方面，现场出入口、楼梯口等设有明显安全警示标志。

问题：

(1) 施工平面图设计的原则和依据有哪些？

(2) 施工现场布置运输道路有哪些要求？

(3) 工程施工对环境造成的影响主要有哪些？

(4) 施工现场安全管理中，安全标志一般有几种？在哪几个“口”应设置安全警示标志？

正确答案：

(1) 施工总平面图设计的原则：

① 尽量减少施工用地，少占农田，使平面布置紧凑合理。

② 合理组织运输、减少运输费用，保证运输方便通畅。

③ 施工区域的划分和场地的确定，应符合施工流程要求，尽量减少专业工种和各工程之间的干扰。

④ 充分利用各种永久性建筑物、构筑物和原有设施为施工服务，降低临时设施费用。

⑤ 各种临时设施应便于生产和生活需要。

⑥ 满足安全防火、劳动保护、环境保护等要求。

设计依据：

① 工程位置图、规划图、总平面图、竖向布置图和地下设施布置图等。

② 工程建设总工期、分期建设情况与要求。

③ 施工部署和主要单位工程施工方案。

④ 工程施工总进度计划。

⑤ 主要材料、构件和设备的供应计划及周转周期。

⑥ 主要材料、构件和设备的供货与运输方式。

⑦ 各类临时设施的类别、数量等。

(2) 运输道路宽度要求：单行道3～3.5m；双车道5.5～6m；木材、模板场地两侧应由6m宽通道，道路端头处12m×12m的回车场。消防通道不小于3.5m。

(3) 施工造成的影响环境主要有大气污染、室内空气污染、水污染、噪声污染、垃圾污染等。

(4) 安全标志：禁止、警告、指令、提示。一般应在道路、楼梯、电梯井、孔洞口、隧道口等设置明显的安全警示标志。

本章小结

通过本章教学，可以了解施工组织总设计的内容；掌握施工总进度计划编制和施工总平面图的设计，通过计算进行施工主要资源的配置，完成施工组织总设计的编制。

习　　题

一、选择题

1. 设计总平面图对场外交通的引入，首先应从研究大宗材料、成品、半成品、设备等进入工地的(　　)入手。

　A. 数量　　B. 运输方式　　C. 工期　　D. 成本

2. 对于大型且施工期限较长的建筑工程，施工平面图应布置多张，这是因为(　　)。

　A. 生产的流动性　　B. 生产周期长

　C. 高空作业多　　D. 建筑施工是复杂多变的生产过程

3. 施工组织总设计的编制对象是(　　)。

　A. 单位工程　　B. 单项工程　　C. 建设项目　　D. 分部工程

二、判断题

1. 施工组织总设计是以一个单位工程项目为编制对象的指导施工全过程的文件。(　　)

2. 建筑工地临时供水主要包括生产用水、生活用水和消防用水。(　　)

3. 施工现场平面布置图应首先决定场内运输道路及加工厂位置。(　　)

三、简答题

1. 试述施工组织总设计编制的程序及依据。

2. 施工部署包括哪些内容?

3. 试述施工总进度计划的作用、编制的原则和方法。

4. 如何根据施工总进度计划编制各种资源供应计划?

第14章 单位工程施工组织设计

教学目标

通过本章教学，让学习者了解单位工程施工组织设计编制的程序和内容，合理选择施工方案，掌握施工进度计划编制和施工平面图的设计；理解施工组织总设计与单位工程施工组织设计间的关系。

教学要求

知识要点	能力要求	相关知识
施工部署	熟悉施工顺序的确定	施工组织机构； 施工顺序； 施工起点流向
施工进度计划	掌握施工进度计划编制原则和步骤	进度计划的表示方法； 进度计划的编制步骤
主要施工方法	了解施工方法与机械选择的内容； 掌握重点、难点分部(分项)工程施工方案的编制	施工方法与机械选择的内容； 重点、难点分部(分项)工程施工方案
单位工程施工平面图设计	掌握单位工程施工平面图设计步骤	单位工程施工平面图设计依据、步骤
施工组织设计	了解实际工程施工组织设计编制的内容和要求	工程总体安排与部署； 工程工期及保证措施； 工程质量及保证措施； 主要部位施工方案； 主要技术组织措施

基本概念

施工起点流向　施工顺序　技术措施　组织措施

引例

如第13章所述，施工组织总设计是用来对各单位工程的施工组织进行总体性指导、协调和阶段性目标控制与管理。那么单位工程的施工组织设计就是以单位工程为主要对象编制的施工组织设计，对单位工程的施工过程起指导和制约作用。单位工程施工组织设计是一个工程的战略部署，是宏观定性的，体现了指导性和原则性，是一个将建筑物的蓝图转化为实物的总文件，是对项目施工全过程的管理性文件。

14.1 单位工程施工组织设计概述

1. 单位工程施工组织设计的概念

单位工程施工组织设计是由承包单位编制的，用以指导其施工全过程施工活动的技术、组织和经济的综合性文件。它的主要任务是根据编制施工组织设计的基本原则、施工组织总设计和有关原始资料，结合实际施工条件，从整个建筑物或构筑物的施工全局出发，进行最优施工方案设计，确定科学合理的分部分项工程之间的搭接与配合关系，设计符合施工现场情况的施工平面布置图，从而达到工期短、质量好、成本低的目标。

单位工程施工组织设计的编制视工程的规模大小、复杂程度及用途(投标用或实施用)略有不同。实施用的单位工程施工组织设计则应按《建筑施工组织设计》(GB/T 50502—2009)的要求编制。已编制施工组织总设计的单位工程施工组织设计，工程概况、施工部署、施工准备等内容可适当简化，但施工进度计划、资源配置计划、主要施工方案、施工平面布置和施工管理计划等内容则应更详细、更具体；群体工程中的单位工程施工组织设计，则可对相同编制内容进行大幅简化，只对差异部分进行详细、具体的描述。如果工程规模较小，可编制简单的施工组织设计，其内容包括：施工方案、施工进度计划、施工平面图。

2. 单位工程施工组织设计编制依据

(1) 工程承包合同。
(2) 施工图纸及设计单位对施工的要求。
(3) 施工企业年度生产计划对该工程的安排和规定的有关指标。
(4) 施工组织总设计或大纲对该工程的有关规定和安排。
(5) 建设单位可能提供的条件和水、电供应情况。
(6) 资源配备情况。
(7) 施工现场条件和勘察资料。
(8) 预算或报价文件和有关规程、规范等资料。

3. 单位工程施工组织设计编制内容

单位工程施工组织设计的内容，依工程规模、性质、施工复杂程度的不同而有所不同，但较完整的内容通常包括：

(1) 工程概况和施工特点分析。

(2) 施工方案设计。

(3) 单位工程施工进度计划。

(4) 单位工程施工准备工作计划。

(5) 劳动力、材料、构件、施工机械等需要量计划。

(6) 单位工程施工平面图。

(7) 主要技术组织措施。

(8) 各项技术经济指标。

4. 工程概况及特点分析

工程概况和特点分析是对单位工程项目的说明和分析，其内容与施工组织总设计内容基本相同。

14.2 施工部署

1. 确定施工总目标

按招标文件和施工合同要求，分别确定工期、质量、安全、环境和成本目标，并满足施工组织总设计确定的总体目标。

2. 施工组织安排

施工组织安排的重点内容是：确定施工程序；划分工作段、确定施工起点流向；确定施工顺序。

1) 施工组织机构

施工组织机构包括项目管理机构的组织形式、岗位职责，其内容与施工组织总设计内容基本相同。

2) 单位工程的基本施工程序

(1) “先地下、后地上”：地上工程开始前，尽量把管道、线路等地下设施和土方工程做好或基本完成，以免对地上工程施工产生干扰。

(2) “先土建、后设备”：是指土建与给排水、采暖通风、强弱电、智能工程的关系，统一考虑、合理穿插，土建要为安装的预留预埋提供方便、创造条件，安装要注意土建的成品保护。

(3) “先主体、后围护”：主要指框架结构在施工程序上的搭接关系，多层民用建筑工程结构与装修以不搭接为宜，而高层建筑则应考虑搭接施工，以有效节约工期。

3) 确定施工起点流向

施工起点流向是指单位工程在平面上与竖向上施工开始部位和进展方向。单层建筑要确定分段(跨)在平面上的施工流向，多层建筑除确定每层在平面上的施工流向外，还应确定每层或单元在竖向上的施工流向。其决定因素包括：

(1) 单位工程生产工艺要求。

(2) 业主对单位工程投产或交付使用的工期要求。

(3) 单位工程各部分复杂程度，一般从复杂部位开始。

(4) 单位工程高低层并列，一般从并列处开始。

(5) 如基础深度不同，一般先从深基础部分开始。

多层建筑物装饰工程施工起点流向：

(1) 室内装饰工程自上而下的施工起点流向，如图 14－1 所示。

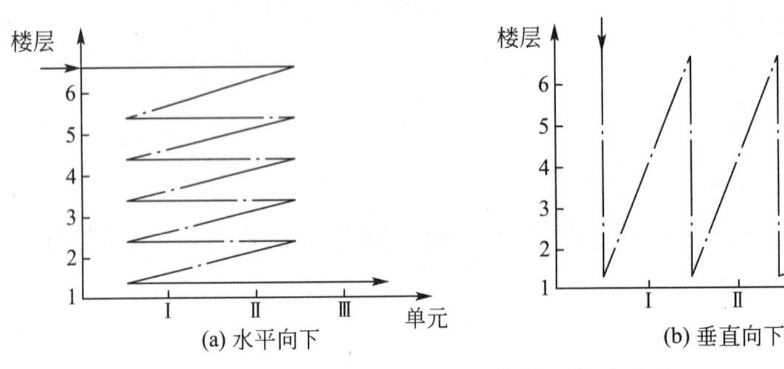

图 14－1　自上而下的施工起点流向

优点：主体结构完成后有一定的沉降时间，且防水层已做好，容易保证装饰工程质量不受沉降和下雨影响，而且自上而下的流水施工，工序之间交叉少，便于施工和成品保护，垃圾清理也方便。

缺点：不能与主体工程搭接施工，工期较长。因此当工期不紧时，应选择此种施工起点流向。

(2) 室内装饰工程自下而上的施工起点流向，如图 14－2 所示。

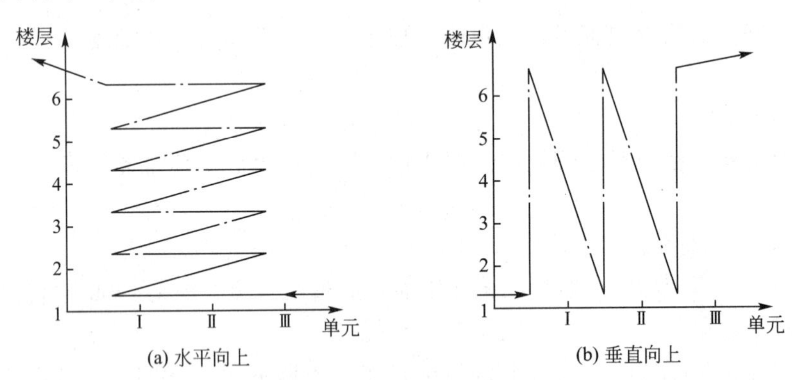

图 14－2　自下而上的施工起点流向

优点：主体与装饰交叉施工，工期短。

缺点：工序交叉多，成品保护难，质量和安全不易保证。

(3) 自中而下再自上而中的施工起点流向，如图 14－3 所示。

它综合了(1)、(2)两种流向的优点，通常适用于中、高层建筑装饰施工。

(4) 室外装饰工程通常均为自上而下的施工起点流向，以便保证质量。

4) 确定施工顺序

施工顺序是指单位工程内部各分部分项工程之间的先后施工秩序。施工顺序合理与否，将直接影响工种间配合、工程质量、施工安全、工程成本和施工速度。

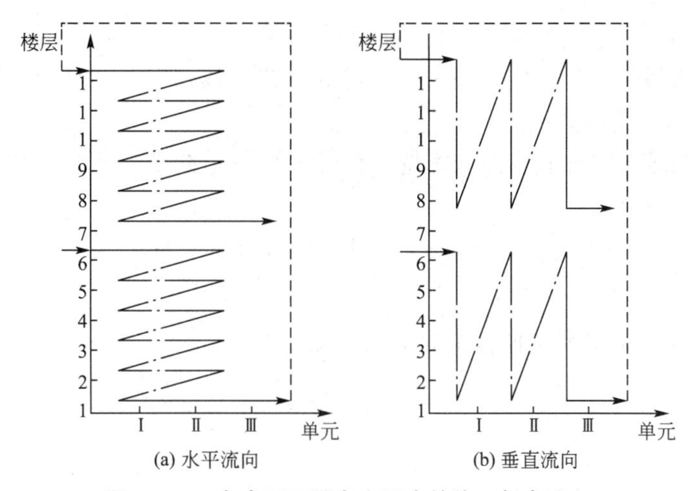

图 14－3 自中而下再自上而中的施工起点流向

各分项工程之间有着客观联系，但也非一成不变，确定施工顺序有以下原则：

(1) 符合施工工艺及构造要求。

(2) 与施工方法及施工机械相协调，如发挥主导施工机械效能。

(3) 符合施工组织(工期、人员、机械)的要求。

(4) 有利于施工质量和成品保护，如地面、墙面、顶棚抹灰。

(5) 考虑气候条件，如室外与室内的装饰装修。

(6) 符合安全施工的要求，如装饰与结构施工。

14.3 施工进度计划

单位工程施工进度计划是指在选定施工方案的基础上，根据规定工期和各种资源供应条件，按照施工过程的合理施工顺序及组织施工的原则，用横道图或网络图，对单位工程从开始施工到工程竣工，全部施工过程的时间上和空间上的合理安排。进度计划的编制步骤具体如下。

1. 确定施工过程

首先应按照施工图和施工顺序将单位工程的各施工过程按先后顺序列出，包括从准备工作直到交付使用的所有土建、安装工程，逐项填入表中的工程名称栏内。

施工过程的划分取决于进度计划的需要。对控制性进度计划，列出分部分项工程即可。对实施性进度计划，则应细化至施工过程。如现浇工程可先分为柱浇筑、梁浇筑等项目，再细分为支模、扎筋、浇筑混凝土、养护、拆模等项目。

施工过程的划分要结合施工条件、施工方法和劳动组织等因素，凡在同一时间段可由同一施工队完成的若干施工过程可合并，否则应单列。次要零星项目，可合并为“其他工程”。

2. 计算工程量

工程量的计算应严格按施工图和工程量计算规则进行。若已有预算文件且施工项目的划分又与施工进度计划一致，可直接利用其预算工程量；若有某些项目不一致，则应结合工程项目栏的内容计算。计算时要注意以下问题：

(1) 各施工项目的计量单位应与采用的定额单位一致，以便计算劳动量、材料、机械台班时直接套用，避免换算。

(2) 按选定的施工方法和安全技术要求计算工程量，如土方开挖应考虑坑(槽)的挖土方法和边坡稳定的要求。

(3) 要按照施工组织的要求，分区、分段、分层计算工程量。

3. 确定劳动量和机械台班数

各施工过程的劳动量或机械台班数 P 按下式计算：

$$P=\frac{Q}{S} \tag{14-1}$$

式中：Q——工程量；

S——人工或机械产量定额。

4. 确定施工过程的作业天数

完成施工过程的作业天数 T 可按下式计算：

$$T=\frac{P}{Rb} \tag{14-2}$$

式中：P——劳动量；

R——人工或机械台数；

b——工作班数。

露天或空中交叉作业一般宜采用一班工作制，有利于安全和工程质量；某些须连续施工的施工过程或工作面狭窄、工期限定等因素可采用二班制或三班制作业。在安排每班劳动人数时，须考虑最小劳动组合、最小工作面和可供安排的人数。

14.4 主要施工方法

施工方案是单位工程施工组织设计的核心内容，施工方法和施工机械选择是施工方案中的关键问题。它直接影响施工进度、施工质量、施工安全，以及工程成本。

编制施工组织设计时，必须根据工程的建设结构、抗震要求、工程量大小、工期长短、资源供应情况、施工现场条件和周围环境，制定出可行方案，并进行技术经济比较，确定最优方案。

1. 施工方法与机械选择的内容

选择施工方法时应着重考虑影响整个单位工程施工的分部分项工程的施工方法，如在单位工程中占重要地位的分部分项工程、施工技术复杂或采用新技术、新工艺对工程质量起关键作用的分部分项工程、不熟悉的特殊结构工程或由专业施工单位施工的特殊专业工程的施工方法。

一般土建工程施工方法与机械选择包括下列内容。

1）土石方工程

(1) 计算土石方工程的工程量，确定土石方开挖或爆破方法，选择土石方施工机械。

(2) 确定土壁放边坡的坡度系数或土壁支撑形式以及板桩打设方法。

(3) 选择排除地面、地下水的方法，确定排水沟、集水井或井点布置方案所需设备。

(4) 确定土石方平衡调配方案。

2）基础工程

(1) 浅基础的垫层、混凝土基础和钢筋混凝土基础施工的技术要求，以及地下室施工的技术要求。

(2) 桩基础施工的施工方法和施工机械选择。

3）砌筑工程

(1) 墙体的组砌方法和质量要求。

(2) 弹线及皮数杆的控制要求。

(3) 确定脚手架搭设方法及安全网的挂设方法。

(4) 选择垂直和水平运输机械。

4）钢筋混凝土工程

(1) 确定混凝土工程施工方案：滑模法、升板法或其他方法。

(2) 确定模板类型及支模方法，对于复杂工程还需进行模板设计和绘制模板放样图。

(3) 选择钢筋的加工、绑扎和焊接方法。

(4) 选择混凝土的制备方案，如采用商品混凝土还是现场拌制混凝土。确定搅拌、运输、浇筑顺序和方法，以及泵送混凝土和普通垂直运输混凝土的机械选择。

(5) 选择混凝土搅拌、振捣设备的类型和规格，确定施工缝留设位置。

(6) 确定预应力混凝土的施工方法、控制应力和张拉设备。

5）结构安装工程

(1) 确定起重机械类型、型号和数量。

(2) 确定结构安装方法(如分件吊装法，还是综合吊装法)，安排吊装顺序、机械位置和开行路线及构件的制作、拼装场地。

(3) 确定构件运输、装卸、堆放方法和所需机具设备的规格、数量和运输道路要求。

6）屋面工程

(1) 屋面工程各个分项工程施工的操作要求。

(2) 确定屋面材料的运输方式和现场存放方式。

7）装饰工程

(1) 各种装饰工程的操作方法及质量要求。

(2) 确定材料运输方式及储存要求。

(3) 确定所需机具设备。

8）制定冬雨期和高温季节的施工技术方案

确定拟采用的新技术、新工艺、新材料的技术特点、工艺流程、试验及施工方法、质量控制与检验等内容。

2. 重点、难点分部(分项)工程施工方案

工程中的重点、难点及危险性较大的分部(分项)工程施工前应编制专项施工方案，对

超过一定规模的危险性较大的分部(分项)工程，承包商应组织专家对专项方案进行论证。规模的控制标准如下。

1) 深基坑工程

开挖深度超过 5m(含 5m) 或开挖深度虽未超过 5m，但地下管线复杂、影响毗邻建筑(构筑)物安全的基坑(槽)的土方开挖、支护、降水工程。

2) 模板工程及支撑体系

滑模、爬模、飞模等工具式模板施工；搭设高度 8m 或跨度 18m 以上、施工总荷载 $15kN/m^2$ 或集中线荷载 20kN/m 以上的模板支撑工程；承受单点集中荷载 700kg 以上，用于钢结构安装等满堂承重支撑体系。

3) 脚手架工程

搭设高度 50m 以上落地式钢管脚手架工程；提升高度 150m 以上附着式整体和分片提升脚手架工程；架体高度 20m 以上悬挑式脚手架工程。

4) 起重吊装及安装拆卸工程

采用非常规起重设备或方法，且单件起吊重量在 100kN 以上的起重吊装工程；起重量 300kN 以上的起重设备安装工程；高度 200m 以上内爬起重设备的拆除工程。

5) 其他

(1) 施工高度 50m 以上的建筑幕墙安装工程。

(2) 跨度 36m 以上的钢结构安装工程；跨度 60m 以上的网架和索膜结构安装工程。

(3) 开挖深度超过 16m 的人工挖孔桩工程。

(4) 地下暗挖工程、顶管工程、水下作业工程。

(5) 采用新技术、新工艺、新材料、新设备及尚无相关技术标准的危险性较大的分部分项工程。

3. 选择施工机械时应注意的问题

(1) 应首先根据工程特点选择适宜的主导工程施工机械。

(2) 各种辅助机械应与直接配套的主导机械的生产能力协调一致。

(3) 在同一建筑工地上的建筑机械的种类和型号应尽可能少。

(4) 尽量选用施工单位的现有机械，以减少施工的投资额，提高现有机械的利用率，降低工程成本。

(5) 确定各个分部工程垂直运输方案时应进行综合分析，统一考虑。

14.5 主要技术组织措施和技术经济指标

14.5.1 主要技术组织措施

1. 保证工程质量措施

保证质量的关键是对工程施工中经常发生的质量通病制定防治措施，以及对采用新工艺、新材料、新技术和新结构制定有针对性的技术措施，确保基础质量的措施，保证主体结构中关键部位质量的措施，以及复杂特殊工程的施工技术组织措施等。

2. 保证施工安全措施

保证安全的关键是贯彻安全操作规程，对施工中可能发生的安全问题提出预防措施并加以落实。保证安全的措施主要包括以下几个方面：

(1) 新工艺、新材料、新技术和新结构的安全技术措施。

(2) 预防自然灾害，如防雷击、防滑等措施。

(3) 高空作业的防护和保护措施。

(4) 安全用电和机具设备的保护措施。

(5) 防火防爆措施。

3. 冬、雨季施工措施

冬季施工措施要根据所在地的气温、降雪量、工程内容和特点、施工单位条件等因素，在保温、防冻、改善操作环境等方面，采取一定的冬期施工措施。如暖棚法，先进行门窗封闭，再进行装饰工程的方法，以及混凝土中加入抗冻剂的方法等。

雨季施工措施要根据工程所在地的雨量、雨期、工程特点和部位，在防淋、防潮、防泡、防淹、防拖延工期等方面，采取改变施工顺序、排水、加固、遮盖等措施。

4. 降低成本措施

降低成本措施包括提高劳动生产率、节约劳动力、节约材料、节约机械设备费用、节约临时设施费用等方面的措施，它是根据施工预算和技术组织措施计划进行编制的。

14.5.2 主要技术经济指标

(1) 工期指标。它是指从破土动工至竣工的全部天数，通常与相应工期定额比较。

(2) 劳动生产指标。通常用单方用工指标来反映劳动力的使用和消耗水平。

(3) 质量优良品率指标。通常按照分部工程确定优良品率的控制目标。

(4) 降低成本率指标。

(5) 主要材料节约指标。主要材料(钢材、水泥、木材)节约指标有主要材料节约量和节约率两个指标。

(6) 机械化程度指标。该指标有大型机械耗用台班数和费用两个指标。

14.6 施工组织设计实例

14.6.1 工程概况

1. 工程条件及特点

1) 现场条件

现场进场道路已由建设方准备，现场供水、供电、有线电话已接至工地，下水道可利用城市下水道，前期工作已准备就绪，具备开工条件。

2）企业条件

(1) 企业：实行项目经理负责制，劳动力由公司按需求派给，主要施工机械设备由公司供给。

(2) 工期要求：定额工期为425天，合同工期为360天。

3）施工特点分析

本工程为多层办公楼，全现浇钢筋混凝土结构，混凝土浇筑量大，模板工程、钢筋工程为主要分项工程之一。合同工期360天，雨季、冬季施工不可避免，现场施工场地狭小，对城市及环境影响应作为施工考虑的因素。应加强施工操作安全管理及对周围环境的安全影响管理。

2. 建筑特征

本工程为多层办公楼工程，层数为六层，建筑形状呈“一”形，依地形而布置。地上六层，一层层高为4.2m，二至六层层高为3.6m，建筑总高度26.70m，建筑面积8106m^2。该工程的施工平面图如图14-4所示。

装修标准如下：

(1) 外墙：涂料外墙，干挂花岗石饰面。

(2) 内墙：乳胶漆墙面。

(3) 楼地面：防滑地砖、花岗石地坪、高密度复合地板、防静电地板等。

(4) 顶棚：乳胶漆顶棚，轻钢龙骨纸面石膏板。

(5) 屋面：Ⅲ级防水屋面，柔性防水层为高聚物改性沥青防水涂膜，屋面层为铺贴浅色地砖。

(6) 门窗：铝合金窗，柚木夹板门。

3. 结构特征

(1) 桩基类型，采用预应力混凝土圆桩，桩有效长度25m左右。桩支承强风化岩层内。

(2) 基础采用钢筋混凝土独立基础，独立基础之间以地梁及圈梁连接，基础埋置深度为2.10m，局部2.30m，埋置的土层为2-1含砾粉质粘土。

(3) 主体结构形式：采用全框架体系。

(4) 抗震等级：二级。

(5) 设防烈度：8度。

(6) 建筑耐火等级：三级。

(7) 钢材：

① 钢筋：直径≤10mm采用Ⅰ级钢，钢筋设计强度为$f_y=210\text{N/mm}^2$；直径>10mm采用Ⅱ级钢，钢筋设计强度为$f_y=310\text{N/mm}^2$。

② 焊条：用于焊接Ⅰ级钢筋时，采用E43焊条，用于焊接Ⅱ级钢筋时，采用E50焊条。焊条及焊接其他要求应符合有关规定。

③ 焊接长度：双面焊≥$5d$；单面焊≥$10d$；焊缝高度≥$0.5d$。

(8) 主要部位混凝土强度等级如表14-1所示。

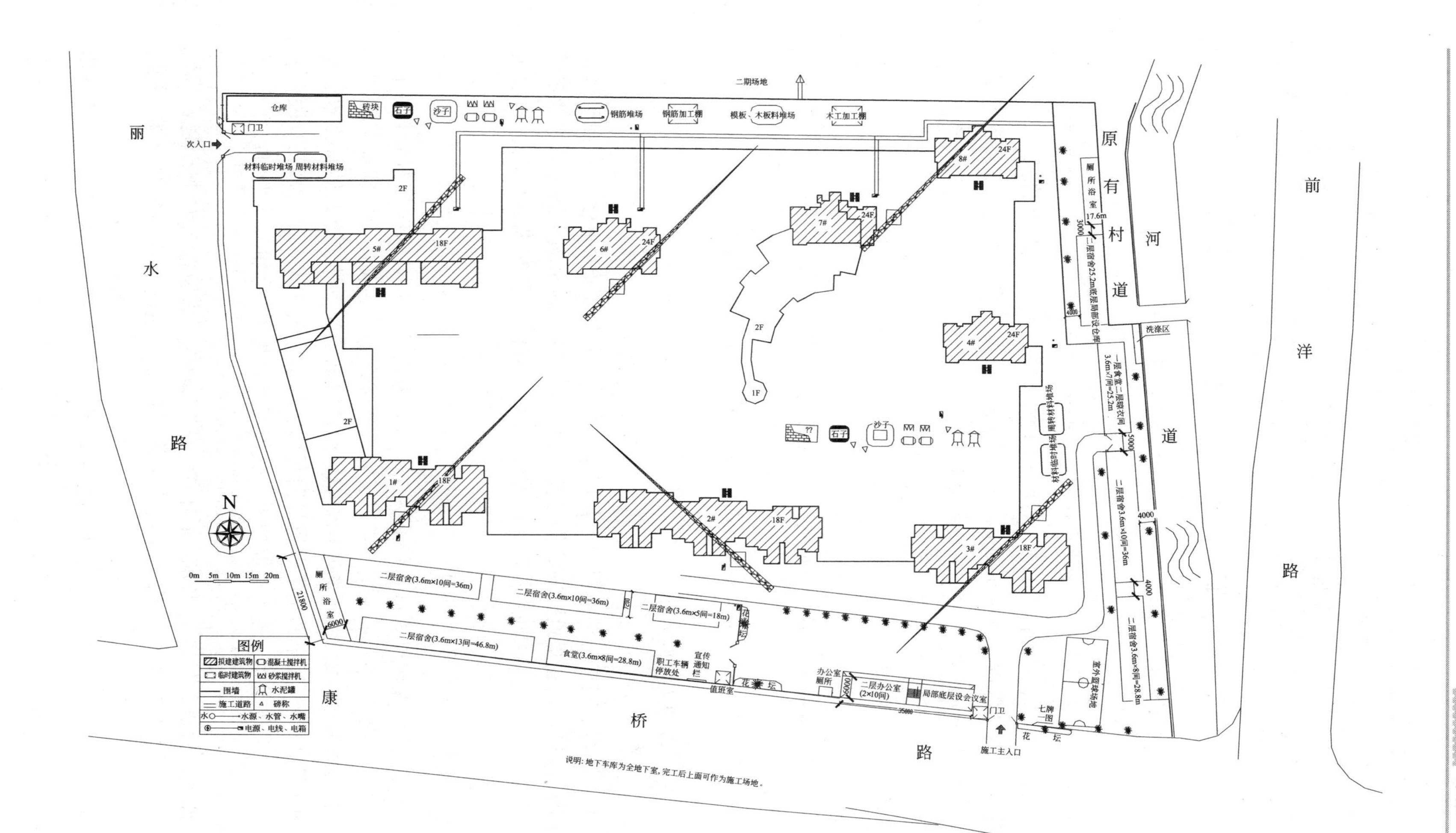

图 14－4 康桥单元 R21－12 地块农转居公寓Ⅰ期工程施工现场平面布置图

表 14-1 混凝土强度等级

序号	结构部位或层别	混凝土强度等级
1	基础垫层	C15
2	承台	C20
3	地基梁	C20
4	柱	C30
5	梁	C25
6	板	C25

(9) 砌体：±0.00m 以下采用 240 厚 MU10 粘土实心砖，M5 水泥砂浆砌筑。

砖墙防潮层：室内地坪以下 60mm 处以 10 厚 1∶2.5(掺 5%防水剂)，防水砂浆砌筑三皮砖 MU10 粘土实心砖。±0.00m 以上采用 240 厚 MU10 粘土多孔砖，M5 混合砂浆砌筑。

4. 安装工程特征

1) 给排水工程

本工程设有生活给水系统、消防给水系统、生活污水系统、雨水系统等。

2) 电气工程

本工程电气设计包括照明、防雷接地系统、有线电视系统、电话系统。

14.6.2 工程总体安排与部署

本工程在施工过程中应进行动态管理，合理安排劳动力和施工设备的投入，在确保每道工序施工质量的前提下，立足抢时间、争进度、保质量，科学地组织交叉施工。严格劳动纪律，严肃调度命令，严格控制关键工序施工工期，确保工程按期、优质、高效地完成。

1. 总体施工顺序

整个工程的施工总体安排以大流水作业为主，处理好施工搭接，组织好基础与主体、结构与装饰、主要与次要工序是加快施工进度、完成本工程施工的关键。根据本工程的结构特点、平面布局和设计要求、施工原则确定第一阶段以基础为主导工序，结合排水、基坑围护、土方工程等单项工程全面施工；第二阶段以主体结构为主导工序；第三阶段以内外装饰为主导工序。实施穿插合理、提前插入、分段流水，加强协调的、科学的、先进的步骤和施工方法，使整个工程有计划、有步骤地顺利施工。

选用“先地下，后地上”、“先主体，后围护”、“先结构，后装修”、“先土建，后设备”的原则，本住宅总的施工顺序为：基础→主体→屋面→室内装修→室外装修→水、电、暖、卫设备。

装修工程可在主体工程完工后进行，从屋顶依次做下来。这样，由于房屋在主体结构完工后有一定的沉陷时间，有利于保证装修工程质量，且可减少交叉作业时间，有利安全。

基础完成后，立即进行回填，以确保上部结构正常施工。水、电、暖、卫工程随结构同步插入进行。

2. 施工前期准备工作

(1) 供水：现场施工用水采用城市供水管网，整个供水可以基本满足施工需求，每隔一定距离设一水龙头，并在需用水的施工机械旁设立专用水龙头，楼层供水利用高压泵，每楼层各设一水龙头供水。

(2) 供电：利用现场的10kV高压经变压器到现场配电柜，自行布线，整个现场分4路供电，1路主体施工，2路钢筋、木工车间，3路垂直运输，4路生活区办公生活用电，主线路沿地面走线采用电缆埋设，每隔一定距离设分配电箱，楼层供电每层一分配电箱。

(3) 施工道路及场地：本工程施工场地较宽敞，主要临时道路均水泥地坪硬化，钢筋堆场、周转材料堆场、砂堆场、红砖堆场等主要材料堆场及生活区域临时设施前场地均做水泥地坪硬化。做好排水沟、引水井、沉淀池，将现场积水沉淀后再排入市政窨井。场地划分详见图14-4。

3. 主要施工准备工作

(1) 技术准备工作。

① 充分熟悉图纸，积极筹备图纸会审事宜。

② 对进场工人做好安全技术交底工作，组织工人进行质量、安全、文明施工、职业道德、集体荣誉感的教育培训工作。

③ 收集整理技术资料，对原材料进行检测，配制混凝土和砂浆的配合比。

④ 优选施工方案，对施工中易碰到的问题提出详细的针对性措施。

(2) 施工机械、周转材料及劳动力的组织按照施工总进度逐步进场。

(3) 测量放线准备。

① 对测量器具进行校核、计量检验。

② 制订测量控制网点计划，实施将有关重要的标志投放到永久性建筑物或做永久性控制点。

(4) 按照施工平面布置图的规划，搭建成临时设施。

4. 机械设备的配备

机械设备的配备以满足施工正常操作为原则。自拌混凝土采用井架吊运，钢筋加工机械化一套，木工机械一套。机械必须经常维修、保养，确保机械的正常使用。机械设备配备详见平面布置图。

5. 劳动力投入计划

组织文化素质高、工作作风严谨、好学上进，施工中善于动脑，对新技术、新工艺接受能力强的施工队伍，所有劳动力最好均由劳务公司提供，人员素质良好，既有连续作战的韧性，也有突击的冲劲，善打硬仗，是以质取胜的文明之师，劳动力安排详见图14-5。

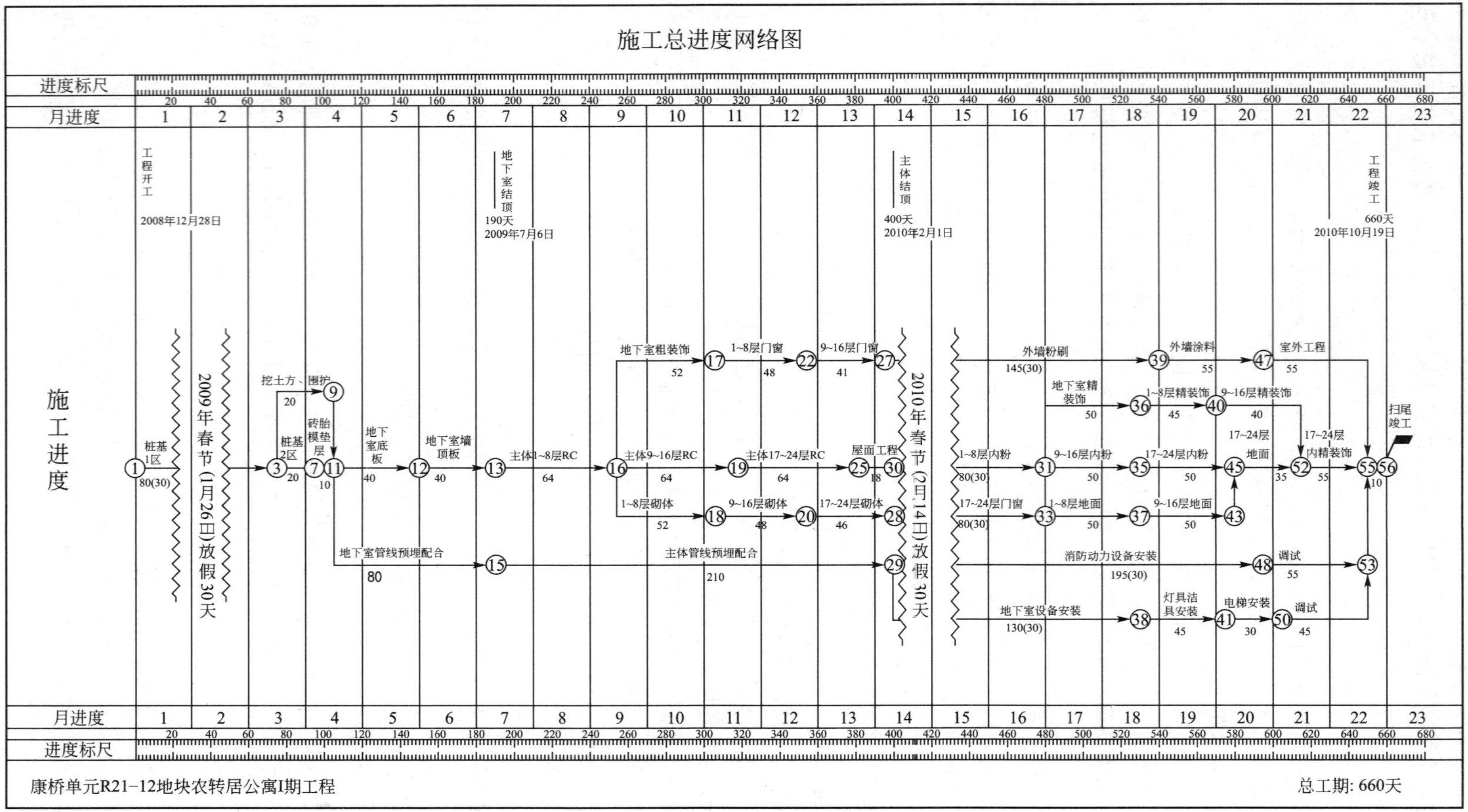

图 14－5　施工进度网络图

注：图中关键线路施工为大地下室及其上 4＃、6＃～8＃楼 24 层高层；其余为非关键线路。图中桩基 1 区是指主楼及其所在后浇带范围内桩基，桩基 2 区则为纯大地下室范围内桩基。开工日期本计划中为假定，具体以业主或监理签署的工程开工令为准。工期中括号中为春节放假日数，考虑每次春节放假 30 天，其中节前 10 天，节后 20 天。

14.6.3 工程质量及其保证措施

工程质量目标设定：合格。

严格按照现行国家、省、市有关工程质量技术标准、规范、规程以及施工图设计要求，精心施工，确保标准质量，健全质保体系和奖罚制度，同时接受有关主管部门的监督，一次性验收达到国家合格标准。

1. 工序质量保证措施

1）挖土工程质量保证措施

（1）挖土施工前即编制好挖土工程施工组织设计，才能进行施工。

（2）严禁超挖，用水准仪控制好挖土标高。

（3）严格按施工方案进行放坡。

（4）基坑土方收底施工方法。

2）钢筋工程质量保证措施

（1）施工前必须对施工顺序、操作要领与注意事项向操作人员详细交底，施工过程中对钢筋规格、数量、位置随时进行复核检查。要特别注意一些较复杂部位的钢筋位置、数量。

（2）钢筋的保护层厚度严格按设计图纸规定进行，同一截面钢筋的接头数量应符合规范要求。

（3）严格控制柱插筋的位置，避免发生钢筋偏位与设计图纸不符，柱钢筋绑扎前必须清理根部的水泥浆水。清理干净后方可进行绑扎，并注意钢筋的垂直度，不得在倾斜的情况下绑扎水平筋及箍筋，柱的插筋上做一个收小的箍，将插筋上部连成一片防止任意移位及弯曲。

（4）工程上的钢筋不得任意代换，根据实际情况确需代换时必须由技术部门与监理商量同意后方可实施，并办妥技术核定单。

（5）弯曲变形的钢筋须矫正后才能使用，钢筋上的油污，泥浆要清理干净。

（6）钢筋搭接处，应在中心和两端用铁丝扎牢，梁主筋和箍筋的接触点全部用铁丝扎牢，墙板、楼板双向受力钢筋的相交点必须全部扎牢；非双向配置的钢筋相交点，除靠近外围两行钢筋的相交点全部扎牢外，中间可按梅花形交错绑扎牢固。

（7）钢筋的绑扎搭接及锚固除按规范要求外还须满足抗震设计规范要求。钢筋绑扎时如遇预留洞、预埋件、管道位置须断开的钢筋，要按图纸和规范要求施工，严禁任意拆、移、割。

（8）浇捣混凝土时要派专人进行监控，随时随地对可能出现的钢筋偏差等情况进行整修。

（9）隐蔽验收必须对每阶段的施工情况召开质量分析会，找出存在问题，提出整改措施。协助有关单位对工程进行验收，对提出的问题进行认真整改，保证工程质量。

3）模板工程质量保证措施

（1）由于模板制作的优劣直接影响混凝土的质量。本工程模板配置为九夹板，制作安装偏差控制参照优良标准执行。

(2) 模板施工前，先进行模板及支撑系统的配置设计，绘出模板排列图，必须对模板支拆、排列、施工顺序、拆装方法向班组人员做详细交底。制好的模板要编号，对运至现场的模板及配件应按规格、数量逐次清点及检查，不符合质量要求的不得使用。

(3) 模板支撑系统必须横平竖直，支撑点必须牢固，扣件及螺栓必须拧紧，模板严格接排列图安装。浇捣混凝土前对模板的支撑、螺栓、柱箍、扣件等紧固件派专人进行检查，发现问题及时整改。

(4) 孔洞、埋件等应正确留置，建议在翻样图上自行编号，防止错放漏放。安装时要牢固，经复核无误后方能封闭模板。墙柱模板下部要留清扫口。

(5) 模板拆除应根据“施工验收规范”和设计规定的强度要求进行，底模未经技术负责人签证，不得随意拆模。现场留好同条件拆模试块，进行试压，确定拆模时间。

(6) 模板拆除等用时应进行检修、刷脱模剂，保持表面平整和清洁。

4) 混凝土工程质量保证措施

(1) 严格执行浇捣令制度。浇捣令应待模板技术复核、钢筋、预埋隐蔽验收手续签证后签发。

(2) 施工前配合比进行优化试验设计。

(3) 严把原材料质量关，商品混凝土所用的水泥、碎石、砂及外掺剂等要达到国家规范规定的标准，各种质量检验报告需报公司质量部门审核存档。

(4) 注意了解天气动向，浇混凝土施工时应尽量避免大雨天。如果在施工过程中下雨，应及时遮盖，雨过后及时做好面层的处理工作。

(5) 混凝土浇捣前，施工现场应先做好各项准备工作，机械设备、照明设备等应事先检查，保证完全符合要求，模板内的垃圾和杂物要清理干净，木模要浇水湿润。

(6) 混凝土搅拌车进场后，应把好混凝土质量关，检查坍落度是否符合要求，如失水过多，可适量加水，并在加水拌匀后留好试块。

(7) 混凝土在浇捣前，各部位的钢筋、埋件插筋和预留洞，必须由有关人员验收合格后方可进行浇捣，一次下料厚度不大于500mm，应分段分层进行振捣。

(8) 混凝土浇捣前应将新旧混凝土接缝处的垃圾、杂物浮渣清除干净，并浇水湿润，不得积水，铺上50mm厚同成分水泥砂浆。

(9) 浇捣前应向施工人员进行交底，并做好书面记录，落实专人负责振捣。有专人跟班检查模板，钢筋操作人员吃饭、休息时间不应超过终凝时间，交接班时，要交代好振捣情况，交接人员交叉一段时间，防止超振、漏振，混凝土浇捣完毕后，钢筋上所受污染的水泥浆应予清除。

(10) 在操作难度较高处和留洞、钢筋密度较大的区域，应做好醒目的标志，以加强管理，确保混凝土浇捣质量。

(11) 振动器的操作要做到“快插慢拔”的原则，快插是为了防止先将表面振实而与下面发生分层、离析现象，慢拔是为了使混凝土能填满振动棒抽出时所造成的空洞，并消除混凝土气泡。

(12) 每一插点要掌握好振捣时间，过短不易振实，过长可能引起混凝土离析现象，一般以混凝土表面呈水平不再显著下沉，不再出现气泡，表面泛出灰浆为准。

(13) 振动器插点要均匀排列，采用交错式的次序移动，以免造成混乱而发生漏振，每次移动位置的距离不应大于50cm，并且不准将振动棒随意振动碰及钢筋、模板及预埋件，以防钢筋和模板变形、预埋件脱落。

(14) 做好混凝土试块养护工作，试块应在浇捣地点现场制作。混凝土试块成型24h后拆模，放入接近标准养护室内，养护至设计龄期进行强度检测。拆模试块同结构养护。

(15) 混凝土试块制作、坍落度检测方案：

① 按不同的强度要求留足混凝土试块，另外还需做两组拆模试块，混凝土随机抽样。

② 坍落度每台班测试。

③ 人员安排：抗压、抗掺试块专人制作；工作程序：取样、制模、养护。

(16) 混凝土浇捣后，应及时用长刮尺按标高刮平，初凝至终凝期间滚筒反复碾压数遍，再用木蟹至少两次抹平，以闭合早期混凝土表面的收缩裂缝。在插筋较密集处，应用木蟹数次拍实。根据气候条件采用洒水养护，养护时间不少于7天。

5) 墙体工程质量保证措施

(1) 墙体砌筑时砖块应隔夜浇水湿润，保证砖体与砂浆的粘结，防止砂浆早期脱水而降低砌体强度。

(2) 砌墙时应把预留拉结筋按规定放入墙内，使其起到拉结作用。控制水平缝厚度，消灭同缝现象，砌体砂浆必须密实饱满，且柱边及梁底应用1∶2水泥砂浆嵌密实，防止墙面渗水。

(3) 砌筑前，应先弹出墙边线安好皮数杆，扫清墙身部位的浮灰，浇水湿润。

(4) 砌筑用砂应过筛，含泥量不大于5%，砂浆拌制选用砂浆搅拌机，如用自落式搅拌机辅助，应先干拌匀，再加水拌，拌制时间要保证，砂浆必须搅拌均匀，冬季搅拌的砂浆应比夏季搅拌时间增加一倍。

(5) 砌筑砂浆到位后，应倒入灰斗内，不能倒在楼层地面上。

2. 质量保证措施

(1) 项目通过建立项目质量保证体系网络及其正常运作，对整个工程实行质量控制。设专职质量员，具体负责牵头质量管理工作，在施工过程中严格把好工序验收关。

(2) 项目将与各作业班组、管理人员签订创优夺杯责任状，实行优质优价，以调动人员的积极性。

(3) 组织有关工程技术人员进行图纸会审，图纸会审纪要经工程有关的各方认可后生效。

(4) 加强施工图翻样工作，对工程的主要部位和复杂部位模板、钢筋必须做到先翻样，翻样图纸经审核无误后再加工。

(5) 严格按设计和规范要求留设处理好柱、梁、板等的混凝土施工缝。浇筑混凝土前做好施工缝的清理、清洗工作，并用原拌混凝土砂浆套浆后，再用微膨胀混凝土浇筑密实。

(6) 框架填充墙拉结筋严格按设计和规范要求留设或预埋，不得遗漏，并按规定要求砌筑到墙体中。

(7) 装饰材料采购先提供样品，征得建设、设计单位认可后再购买，装饰施工实行“样板”先行制度。

(8) 严格执行分部、分项工程质量检验制度，每项工程完成后在质量员的指导监督下进行质量评定工作，一经发现问题，必须及时进行整改处理。

(9) 做好隐蔽验收工作，根据工序编制分层、分段预检计划，不漏项，隐蔽验收在工程隐蔽前应填写好验收单，及时通知有关单位进行验收，做好各项技术资料和积累，由资料员汇总并及时归档。

(10) 在操作过程中及时进行自检、互检，若发现问题，及时纠正，并严格贯彻执行班组间、安装与土建间的交接质量检验制度，不合格要立即纠正，否则应停止施工下一道工序。

(11) 加强技术复核、技术交底制度，对定位灰线、轴线标高，必须进行严格复核，由观砌、翻样自复、施工员复核后，重点部位还须提复核，对新材料、新结构、新工艺，施工前必须做到书面落实技术措施，交底要做好记录，交主管人员签字。

(12) 加强对混凝土的拆模强度、轴线位移、砖砌体质量的控制，若出现问题，要做好记录并及时研究处理，贯彻质量样板制、挂牌制、三检制。

(13) 支撑模板必须牢固可靠，断面尺寸准确，模板内锯屑垃圾必须清理干净，浇混凝土前应浇水湿润模板，模板拼缝严密防止漏浆，预埋件位置放置正确，固定牢靠，不遗漏。在浇筑混凝土前，所有预埋件、钢筋、轴线、标高等必须经有关人员复核合格后方准进行混凝土浇筑施工。

(14) 钢筋工程严格按设计图纸进行施工，如要变更，必须经过设计签证同意，受力钢筋的部位、间距排距、保护层等均不得超过规范允许偏差，对支座负筋不得任意践踏，主筋必须用铅丝垫块垫牢，凡在混凝土浇筑时必须配有看护模板和看护钢筋的人员跟班负责，调整定位、加绑等工作。

3. 工程技术资料的管理

本工程技术资料由资料员收集、整理、保管、归档，要求做到技术资料与工程施工同步。其内容包括施工组织设计、设计变更、隐蔽工程验收、工地签证单、原材料试验报告、施工过程中质量和安全事故的分析和处理。

竣工技术档案包括竣工图、设计变更、结构工程验收记录、工程质量事故处理记录、沉降观测记录等。竣工时向建设单位、当地城市建设档案馆和上级主管部位提供。对专业分包单位将督促、协助其技术资料的收集、整理。

4. 科技新技术在本工程中的运用

推广应用新技术、新工艺、新材料，将对提高工程质量起积极的促进作用，本工程结合设计，可使用多项新技术，如粗钢筋竖向电渣压力焊、建筑节能保温材料、新型防水材料、计算机电视电子监控系统、CH－20 高效减水剂和优质粉煤灰的使用等。

14.6.4 工程工期及保证措施

总工期：360 天日历天。总工期标准定为 360 天是结合工程结构设计特点，以及类似工程的施工经验，经过认真计算而确定的。

1. 工期总体安排

施工进度计划表详见图 14－5。

本工程应遵循先深后浅、先地下后地上、主体结构平面流水、装饰工程立体交叉施工的原则安排施工。在抓基础工程、主体工程的同时，抓附属配套工程，确保整个工程的如期交付使用。施工过程中通过科学合理地安排各工序的先后搭接，紧抓基础工程和主体结构的施工，给内、外装饰与专业分包单位的施工留出较为充裕的时间，使得装饰工程等能有充足的时间精工细作，保证目标的实施。

2. 主要节点部位完成时间

主要节点部位完成时间如表14-2所示。

表14-2 主要节点部位完成时间表

单项工程名称	主要节点完成时间(开工后)
基础	自开工之日起至基础完成(80天)
三层楼面结构	自开工之日起至四层楼面结构完成(55天)
屋面工程	自开工之日起至屋面工程完成(110天)
内外粉刷及楼地面	自开工之日起至内外粉刷及楼地面完成(195天)

3. 工期保证措施

(1) 机械配备按要求按时到位，加强现场管理，确保正常运转，满足施工的需求。

(2) 周转材料投入必须按投入计划分批到位，以满足工程进度要求。

(3) 把施工进度控制网络细化成班组作业计划，与生产班组签订节点部位奖罚责任状，加大节点部位的奖罚力度，利用经济杠杆和竞争激励机制，使现场形成一股强烈的创高效优质工程的施工气氛，以便有效地激发工人、管理人员的工作积极性。

(4) 切实履行管理责任，每周组织召开协调会，检查上周情况，布置本周工作，科学地安排各工种的平面流水作业，立体交叉施工，为装饰工程、设备安装创造条件。

(5) 加强对工序的质量验收，加强质量监督，杜绝质量返工，以优质工程的质量保证工程进度。

(6) 积极推广使用新工艺、新技术、新材料，竖向钢筋采用电渣压力焊，模板支撑体系采用钢管承重架，模板采用九夹板，加快支模速度，混凝土内掺CH-20高效减水剂，提高混凝土的早期强度，一般7天后强度就可以达到设计要求的90%以上，一方面解决了结构快速施工对混凝土强度的要求，另一方面可提前拆模，以加快模板周转及为下道工序施工创造条件。

(7) 制订各类材料采购计划，积极做好材料采购工作，材料供应保证工程需要。

14.6.5 安全生产、文明施工及保证措施

1. 安全生产技术措施

1) 建立健全安全生产责任体系

施工将建立安全生产保证体系网络，做到组织、责任、人员“三落实”。具体应做好与各生产作业班组和专业分包单位签订安全生产责任合同，明确相互职责。严格执行三级

安全教育制度，进场人员必须接受三级教育，对重点分部分项部位进行工序前的安全技术交底，督促指导班组做好班前上岗活动的记录。

2）施工用电管理

施工用电的原则全部采用三相五线制，地面走线采用电缆沟铺设，使用标准铁壳电箱，做到三级配电、三级保护。电气线路和设备的安装、维修、检查、保养、拆除，必须由持上岗证的专业电工上岗操作。建立定期检查制度，及时更换不符要求的零配件，并做好记录，楼梯及地下室潮湿地带照明必须采用36V低压照明。

3）脚手架和“三宝、四口”防护工作

脚手架搭工程要求，搭设随结构层次上升，四周同步跟上外脚手，外脚手高度必须保持超高结构作业面高出一排。脚手架采用密目式绿色围护安全网全封闭，防止物体向外坠落，教育工人正确使用安全帽、安全带、安全网，在预留孔洞、扶梯口、通道口、进出口等部位按规定设置防护棚和防护栏，起预防作用。

4）机械的安全使用

塔吊必须安装超高、变幅限位和力矩限位器，吊钩与卷扬机必须安装保险装置，完毕办理验收手续，经验收合格后方可使用，井架必须配备限位装置，并经验收合格可使用。其他机械设备要求做好维护、保养工作，使机械设备保持最佳的使用性能。

2. 文明施工技术措施

1）场地

对施工场地做详细的规划，按场地基础和主体平面布置图设置各项临时设施，均搭设活动房，按要求设置排水明沟，通过过滤池排入市政窨井。临时道路、场地实行理地坪，施工作业层实行电视监视监控系统。砌筑标准临时围墙，统一生活垃圾，厕所、浴室，派专人负责清扫，并实施定期检查。随楼层作业层的上升，在每层设小便桶两只，以便方便之用，并派专人每天清扫，对道路进出口及围墙处管辖范围内每天派专人清扫。

2）教育

现场施工作业人员必须由其所在班组长负责进行文明施工的思想教育，提高职工创安全生产标准化和文明施工标准化的思想觉悟和意识，做到文明施工，突出文明施工宣传气氛，挂设统一挂牌，设置宣传栏，使每一个人员树立“文明施工标化管理在我心中”的思想意识，从而自觉付诸实践的施工操作中。

3）施工材料堆场

各种材料、工器具按程序文件的要求做好标识，分类堆放置定位化，对于拆下的钢管、模板等周转材料要及时进行清理，并分类堆放整齐。各种设备、机械按常规保养，作业面做到工完场清。

4）建筑物

建筑物各楼层设有明显的楼层标志牌，各楼层有专门的环境卫生、安全、“四口”、“五临边”的负责人，“四口”、“五临边”防护设施牢固，并以醒目的颜色加以区分，工人在进行各道工序施工时必须做到文明操作，严格按操作程序进行，做到工完场清。

5）服饰与标牌

本工程管理人员和操作工人都将挂牌作业工作，操作工人采用统一安全帽等。

3. 消防安全生产技术及治安保卫管理措施

1）消防安全生产技术措施

配备专职消防员，负责消防管理工作。消防器材的申请、保管、检查，由消防管理员统一负责各项工作，必须及时到位，经常进行检查，发现问题及时解决，并做好书面记录。在外脚手上，每隔2排悬挂四只灭火器材。现场动火前必须申请动火证，在动用明火时附近必须准备好灭火电火机、灭火机，并有专人专管、专人监护。气割作业场所必须清除易燃物品，氧气、乙炔等必须与明火保持一定的安全距离。建立义务消防队组织，适时进行防火、灭火知识训练和演习，提高职工的消防意识和自防自救能力。

2）治安保卫管理措施

设治安保卫管理员一名，专门负责治安保卫工作。认真落实施工现场的防火、防盗、防破坏、防治安灾害事故等安全措施。严禁赌博、偷盗、打架斗殴、寻衅滋事等扰乱正常生产秩序的行为，严格执行施工现场的治安保卫工作制度，经常开展以“四防”为内容的安全检查，消除隐患。

加强各类物资的管理，施工现场使用的工具、油(材)料、仪器设备、电焊(缆)软线等物资要严格管理，落实专人保管，防止被盗，对操作工人先实行三级安全教育培训后上岗的原则，特殊工种需办理上岗证，对外来劳务人员，必须坚持三证齐全，方可办理相关手续(如暂住证等)。

14.6.6 主要部位施工方案

1. 基础工程

1）施工顺序

试桩→打桩→桩试验→开挖土方→桩承台及地梁钢筋→桩承台及地梁模板→桩承台及地梁混凝土→回填土方。

打桩部分平面施工段划分为两个施工段，开挖土方后同主体一样分四个施工段流水作业。

2）打桩

打桩采用静压打桩机施打，严格控制收锤标准，注意桩的垂直度控制，并在打桩过程中要注意桩下沉速度是否异常，如有异常应停止报请设计院进行处理。

3）土方工程

本工程的土方开挖采用机械大开挖，人工修理边坡。

(1) 基础土方开挖采用2台反铲挖掘机配合10台自卸汽车运土，分别从西向东开挖，边开挖边修筑边坡。采用合理的放坡系数，一般视现场土质类别而定。

(2) 基坑边坡支护采用坡率法和表面抹1∶3水泥砂浆做防护，边坡上方和基坑底面均需做排水沟，以利于基坑排水。

(3) 基坑开挖时，机械挖土应控制挖至设计标高的200mm处，其余用人工开挖，边开挖边用人工配合机械挖土。

(4) 基坑开挖好后，上部用钢管做好围护，并刷好醒目油漆。

(5) 在北面搭设一个上下钢管楼梯，以便柱下独立基础施工，进行材料进场和人员上下走动。

4) 土方回填

(1) 土方回填前，基础分部须经甲方、监理、设计及质量监督部门验收合格。

(2) 清理基坑内垃圾，不得有钢管、木枋、纸皮及大的混凝土块。

(3) 土方由自卸车运到工地，再由装载机及人工运送到各部位。

(4) 土方由下而上分层铺填，每层厚度不得大于300mm，再由打压机压实。

(5) 回填土压实系数符合设计要求。

2. 主体工程

搭设承重架→扎筋、柱筋→墙柱、板支模→墙、柱混凝土浇捣→扎梁板筋→梁板混凝土浇筑→拆模→砌墙。

1) 模板工程

主体工程模板系统采用九夹板进行支模，支模过程中，不断进行检查、复核其柱高、轴线、截面尺寸及预埋件等，用支撑系统保证工程结构各部位的形状位置，相互尺寸的正确，保证具有足够的强度、刚度和稳定性，模板接缝严密，不产生漏浆现象，模板拆除严格遵守规范。

(1) 柱模安装。

柱筋绑扎完毕，根据楼面上轴线弹出连线，进行木枋定位、定标高。柱子模板，根据设计尺寸，考虑模板厚度后锯板定型配制，背楞用50mm×60mm方枋，外加柱箍固定，柱箍间距在0.5～0.8m之间，对拉螺栓为ϕ12圆钢，校正垂直度和平整度后控紧螺帽，最后拉通线，将整排桩校正。

(2) 梁模安装。

梁模板由底板和侧板组成，其支承系统由楔子、支柱、木楞、夹条、斜撑等组成。

施工中根据梁高、轴线搭设钢管承重架，上铺梁模底板，用直线拉直，梁底模铺排时从梁两架退向中间使嵌木被安排在梁中，以克服梁柱节点缩颈的通病，1/1000～3/1000起拱，侧板安装先立单侧模板，扎筋后再立另一侧板，上口拉线校直，然后用木楞等固定。为便于拆模板，梁模宜缩短2～3mm并锯成小斜面。

(3) 板模安装。

楼板模板的支撑由扣件式钢管承重系统组成，其立杆间距1.2m×1.2m布置，竖向水平横杆间距不大于1.8m，底脚设扫地杆，为保证支承系统稳定，需在各跨间设剪刀斜撑，为加快工期和模板周转速度，承重架采用早期拆模体系，在现浇板混凝土达到70%强度时，即可拆除大部分模板(即早拆部分)，隔1.5m左右留一顶撑(保证部分)直至混凝土强度达100%后拆除，这一体系能取得保证工期、加速模板周转的效果。支承架上部用50mm×100mm木楞做平整度支撑(用木楞做速度支撑，用木楔调整水平)，检测水平和高度后，采用整张九夹板，板底50mm×100mm方木搁栅间距不得大于400mm，楼板钢筋绑扎完，进行混凝土施工前应对楼板支模标高进行一次校正，并且应检查每根立杆是否处于受力状态，未受力立杆用木楔打紧。

钉制模板时，宜用2in(1in=25.4mm)钢钉。模板重复使用时，应除去表面的砂浆片，拆模时，应先撬开一个点，用木楔垫入，然后逐步扩大，严禁乱撬乱扳。相邻两板接缝处，下方用木楞钉平，以便于脱模。水电预埋时，不得随意在板上开洞。如需在模板上电焊操作，工作面下方应用垫块做保护，以免烧伤模板，影响混凝土表面光洁，模板支撑完毕后，由班组长进行检查，再由质量员负责进行模板及轴线、标高、垂直度、截面尺寸、支撑强度的复核，做出书面记录与签证，模板支模允许偏差见表14-3。

表14-3 模板支模允许偏差

项目	允许偏差/mm	项目	允许偏差/mm
轴线	5	底模上表面标高	±5
截面尺寸	+4 -5	层面垂直	6
相邻两板表面高差	2	表面平整	5

2）钢筋工程

钢筋工程关键是把好钢筋加工关，做好翻样工作，保证加工尺寸正确，对于成品钢筋，应核对其钢号、直径、形态、尺寸和数量等是否与配料单相符，加工完毕的钢筋应分类堆放，并设标识牌。现场钢筋的垂直运输，主要由塔吊完成。

钢筋绑扎时应在钢筋翻样的指导下进行，梁、板筋的绑扎应与木工支模配合，具体施工顺序，梁柱节点处要待钢筋绑扎完，特别是抗震加密柱箍绑扎完后封模。

钢筋绑扎时，宜划出钢筋位置线，平板或墙板的钢筋，在模板上划线；柱箍筋，在两侧对角线主筋上划点，梁的箍筋，则在架立筋上划点，纵横钢筋的交叉点必须绑扎牢固，绑扎点应注意与相邻扎点的铁丝扎成八字形，双向板的钢筋与墙板钢筋必须全部相交扎牢。梁、板的下部钢筋在支座内搭接，上部钢筋在跨中1/3净跨范围内搭接，受力钢筋接头绑扎要注意错开，注意截面内钢筋接头比例不得超过50%，同时应注意钢筋的锚固长度应符合规范要求。

框架柱钢筋，凡直径大于14mm的都采用竖向电渣压力焊，竖向焊接头应错开500mm以上，同一截面的镜头面积不得大于钢筋总面积的50%，箍筋制作严格按设计及施工规范要求，绑扎时应注意箍筋的起扎位置和设计要求的加密区域。

钢筋保护层厚度控制，以高强水泥砂浆制垫块，垫块厚度等于保护层厚度，平面积尺寸为50mm×50mm，梁底垫块间距不大于1.5m，板底以1m×1m为宜；当在垂直方向使用垫块时，可在垫块中埋入20#铁丝。

钢筋绑扎完毕后，项目进行自检，并组织相关主管部门实行隐蔽工程验收，合格后进行混凝土工程。混凝土浇捣时，必须派人跟踪检查，修正钢筋(特别是上皮架立筋)以保证钢筋处于正确位置，钢筋位置允许偏差如表14-4所示。

表14-4 钢筋位置允许偏差

项次	项目		允许偏差/mm
1	受力钢筋的排座		±5
2	钢筋弯起点位置		20
3	箍筋、横向钢筋间距	绑扎骨架	±20
		焊接骨架	±10

（续）

项次	项目		允许偏差/mm
4	焊接预埋件	中心线位置	5
		水平高差	±3，－0
5	受力钢筋的保护层	柱、梁	±5
		板、墙板	±3

3）混凝土工程

（1）施工前期准备。

① 机具检查及准备。

② 保证水电及原材料的供应。

③ 掌握天气季节变化情况。

④ 严格检查模板标高、尺寸、紧密程度、支架稳定程度及钢筋和预埋件。

（2）施工要点。

为保证框架柱及墙板混凝土施工质量，混凝土浇捣应分层进行，厚度为500mm为宜。混凝土自由倾落高度不宜超过3m，超过时可采用串筒等。混凝土振捣时，振动器要做到快插慢拔，振捣时间不宜过长或过短，过短会产生漏浆，过长则会使混凝土离析逃浆，影响混凝土密实度。此外，还应振捣时间不宜过长或过短，过短会产生漏浆，过长则全使混凝土离析逃浆，影响混凝土密实度。此外，还应实行定人定位操作，振动棒严禁碰击模板或钢筋，同时应派专职木工采用敲击方法，检查混凝土密实度，在梁板混凝土施工时，应十分注意均匀布料，楼层上不得集中堆积荷载，以防承重架屈服变形。

（3）施工缝留设。

① 水平方向：柱留基础顶面、梁下50mm处。

② 垂直方向：梁板沿次梁方向浇捣，一般无施工缝，如留缝则应设中次梁中间1/3范围内，楼梯应留设在中间1/3处。

施工缝留设后继续浇筑混凝土时，应清除垃圾、水泥薄膜，表面上砂石和软弱混凝土层，用水温润并冲洗干净，铺抹同标号水泥砂浆，待强度不低于1.2N/mm^{2}才能继续浇筑。继续浇捣时，接缝处应加强捣实工作，使其紧密结合。

（4）混凝土的养护。

混凝土浇筑完后，用塑料薄膜对混凝土表面加以覆盖并浇水，使混凝土在一定时间内保持水泥水化作用所需的适当温度和湿度。

在温度不是很适宜时，采用塑料薄膜养护，使混凝土表面与空气隔绝，封闭混凝土中的水分不被蒸发，而完成水化作用。

4）砌体工程

砌块砌筑前，在基础平面和楼层平面设计排列图，放出第一皮砌块的轴线、边线和洞口线，并放出分块线。砌筑时尺量采用主规格块，砌块错缝搭砌，搭砌长度大于高的1/3，同时不少于15cm。必须钻砖时，砖分散布置。

砌筑前，砌块及插筋孔提前浇水湿润并清除砌块表面污物，砌筑时做到横平竖直，表面平整、清洁，砂浆饱满，沟槽灌缝密实。

洞口、管道和预埋体等在砌筑前处理好，禁止打凿通长沟槽。

门窗框的固定必须牢靠，每边固定点不少于三处。当窗宽小于 80cm 时，每边固定不少于两处。

冬季施工时砌块不进行浇水温润，严禁使用受冻砌块。雨天施工依据气象预报提前将砌块运输至室内，从而避免砌块过湿。

3. 楼地面工程及屋面工程

水泥砂浆地面施工前，基层、混凝土板必须先用水冲洗干净，刷素水泥浆一道，然后铺设细石混凝土或 1∶2 水泥砂浆找平层，所有不同品种的面层必须粘结牢固，不得空鼓，表面平整、光洁。水泥采用不低于 42.5 级的普通硅酸盐水泥，砂采用中粗砂，瓜子片采用中瓜无杂质，施工时采用平板振机振实，然后采用铁滚筒来回拉平压实，上撒水泥砂浆，用长木尺拉平，做到随铺随抹。在初凝前抹平，终凝前压光，压光遍数不少三遍。确保不起壳、不起砂、无裂缝，养护时间不少于 7 昼夜。

屋面工程做得好坏直接影响工程的使用及质量评定，为确保工程质量，施工中充分重视该项工作，对从材料采购到施工过程控制等各个环节实施控制。对屋面的各个细部节点做到精心施工，确保符合设计及规范的要求。根据以往对各种屋面防水工程的施工经验，应首先保证屋面钢筋混凝土楼盖的混凝土浇筑质量，同时采取在屋面混凝土中掺加 UEA 微膨胀剂等方法，配制补偿性混凝土以提高屋面混凝土的强度及屋面结构的自防水能力。

1）施工准备

屋面施工前，施工单位应通过图纸会审，掌握施工图中的细部构造及有关技术要求。技术交底应落实到人。

按设计要求备齐材料，使用材料应从评审合格的分承包方处进货，应具备质保书、检测报告，进场材料应按规定取样复试，确保其质量符合技术要求。严禁在工程中使用不合格产品。合格的材料按规定专人看管，现场材料应堆放在施工无影响、便于使用、又不妨碍成品保护的位置。

为使檐口立面清洁美观，可在檐口立面上先刷一层滑石粉、石粉浆等隔离材料，以防止污染檐口立面的饰面层(施工完毕后，将其清理干净)。

2）防止渗漏措施

屋面施工中防止渗漏应特别注意以下问题：

(1) 采购的材料应具有质保书、检验报告，材质优良方可使用。

(2) 进场材料不得露天堆放，应有保护措施。

(3) 现浇钢筋混凝土层面应振捣密实，防止裂缝产生。

(4) 基层应稳固、平整、清理干净。

3）基层处理

找平层应平整光滑，均匀一致，无空鼓、凹坑、起砂掉灰等现象。基层与突出屋面的结构相连接的阳角应抹灰均匀一致，平整光滑的直角；基层与天沟、排水沟等相连接的转角应抹成光滑的圆弧形，其半径一般在 100～150mm；天沟内排水口周围应做成略低，凡可能产生爬水的部位均做滴水槽或鹰嘴。

4) 配筋细石混凝土刚性保护层

(1) 在防水层上进行配筋细石混凝土层施工时，要注意对防水层加强保护，混凝土运输不能接在防水层表面进行，应采取垫板等措施，绑扎钢筋时不得扎破表面。

(2) 纵横分格缝部位应按设计要求设置，一般间距不大于 6m；或按“一间一分格”原则设置，分格面积以不超过 36mm 为宜。分格缝宽取 10～20mm。

(3) 钢筋网片采取绑扎接头，布置位置为居中偏上，保护层不小于 10mm。钢筋要调直，不得有弯曲、锈蚀、粘油污，绑扎钢丝的搭接长度必须大于 250mm，在一个网征的同一断面内接头不超过钢筋断面积的 1/4。分格缝处钢筋要断开。为保证钢筋位置留置准确，可采用先在防水层上满铺钢筋，绑扎成型后再按分格缝位置剪断的方法施工。

(4) 浇捣混凝土前，应将防水层表面浮渣、杂物清理干净；检查防水层质量及平整度、排水坡度和完整性；支好分格缝模板，标出混凝土浇捣厚度，厚度不小于 40mm。

(5) 材料及混凝土质量严格保证，随时检查是否按配合比准确计量规定的坍落度，并按定制做试块。搅拌投料时，微膨胀剂应与水泥同时加入，混凝土连续搅拌时间 3min。混凝土采用机械搅拌，要求计量准确，投料顺序得当，搅拌均匀。混凝土运输过程中应防止漏浆和离析。

(6) 混凝土的浇捣按“先远后近、先高后低”的原则进行。一个分格缝范围内的混凝土必须一次浇捣完成，不得留施工缝。混凝土采用机械振捣，再用滚筒碾压，边振捣边压，直至密实和表面泛浆，泛浆后用铁抹子压实抹平，并要确保防水层的设计厚度和排水坡度。

(7) 混凝土收水初凝后，及时取出分格缝隔板，用铁抹子第二次压实光，并及时修补分格缝的缺损部分，做到平直整齐；待混凝土终凝前进行第三次压实抹光，要求做到表面平光，不起砂、不起层、无抹板压痕为止，不得撒干水泥或干水泥浆。

(8) 待混凝土终凝后，必须立即覆盖草袋浇水养护 15 天，养护期间保证覆盖材料的温润，并禁止闲杂人员上屋面踩踏或在其上继续施工。

5) 屋面工程检验

屋面施工完成后，做好产品的保护工作，并对屋面进行浇水试验。浇水时，应对整个屋面全面地、不间断地连续浇水 2h 以上，或做好不少于一次连续 2h 以上的观察记录，以无渗漏为合格，检查合格后在观察记录上签字。

4. 门窗工程

本工程所有门窗为塑钢门窗，木门详见浙 J1－93、J2－93、J3－93、J4－93、《木门窗》标准图集合订本，门窗五金按图集或构件要求配齐。木门安装前在墙内预留木砖，在砌墙时就位正确，木砖和木门框贴墙处刷防腐剂一道，制作时木料要干燥，含水率不得超过 15%，做到成品使用不裂缝，按规定要求配制五金。

1) 施工准备

(1) 材料。

窗的规格、型号应符合设计要求，五金配件配套齐全并具有合格证。防腐、保温材料及其他材料应符合图纸要求。

(2) 作业条件。

工种之间办好交接手续，按图示尺寸弹中线和水平线，如有问题应提前处理。安装前应对门窗进行检查，如有缺损，应处理后再进行安装。

2）操作工艺

（1）弹线找规矩。

（2）找出墙厚方向的安装位置。

（3）铁脚防腐处理。

（4）就位和临时固定。

（5）与墙体固定。

（6）处理窗框与墙体间的缝隙。

（7）安装五金配件。

（8）安装门窗。

3）质量技术标准

（1）门窗及附件质量必须符合设计要求和有关规定。

（2）安装必须牢固，预埋件的数量、位置、埋设、连接方法必须符合设计要求。

（3）安装位置、开启方向必须符合设计要求。

（4）边缝接触面之间必须做防腐处理，严禁用水泥砂浆做填塞材料。

4）成品保护措施

（1）门窗应入库存放。

（2）门窗保护膜要封闭好。

（3）抹灰前用塑料薄膜保护门窗。

（4）架子搭拆、室外抹灰时应注意门窗保护。

（5）建立严格的成品保护制度。

5）应注意的问题

门窗组合时，应注意拼接头不平、有串角、五金安装不规则、尺寸不准、面层污染、表面划痕等问题。

5. 装饰工程施工

装饰工程施工的质量反映了工程的观感质量，直接影响到项目的整体质量等级，应加倍重视，下面就几块重要环节加以阐述。

1）内墙抹灰

（1）操作工艺流程。

浇水温润基层→找规矩→做灰饼→设置标筋阳角做护角→抹底层灰→抹中层灰→抹窗台板→踢脚板→抹面层灰→清理。

（2）操作方法。

① 清理基层浇水湿润，清理墙面上浮灰污物，检查门窗洞口尺寸，剔除补平墙面，浇水湿润基层。

② 找规矩，做灰饼中级抹灰，先用托线板和靠尺检查整个墙面的平整度和垂直度，根据检查结构确定灰饼厚度。灰饼一般做距地 1.5m 左右的高度，距阴角 20cm 左右处，用 1∶3 水泥砂浆，做成 50mm×50mm 的灰饼，然后用托线板及线坠找垂直，沿墙长度方向每隔 1.5m 左右一个灰饼，用线找平加做灰饼。

③ 做冲筋：灰饼做好稍干后根据灰饼做冲筋，可横向冲筋也可竖向冲筋。

④ 抹底层灰：当冲筋有了一定强度后，洒水湿润墙面，在两道筋之间用力抹上底灰，表面用木抹子搓毛、搓平。底灰应薄，每遍厚度控制在5～7mm，以利粘结。

⑤ 抹中层灰：当底层灰达到60%～70%强度时抹中层灰，中层灰的厚度稍高于冲筋，用直尺按冲筋刮平，紧接着用抹子搓平，使表面平整密实，阴角用阴角抹子搓平顺直，做到室内四角方正。

⑥ 抹护角、踢脚板。室内门窗、墙面、柱子阳角处用1∶2～1∶2.5水泥砂浆做护角，护角高出中层灰2～3mm，用捋角器做成小圆角，宽度不小于50mm。踢脚板(墙裙)按设计要求弹出面层原浆压光，比大墙面凸出3mm，切齐、压实、抹平。

⑦ 抹面层灰：当中层灰六七成干时再抹面层灰，面层即纸筋灰，其厚度控制在2～3mm内，操作时从阴角处开始，并用铁抹子压实、赶光，阴角用阴角抹子捋光，并用毛刷蘸水将门窗圆角等处清理干净。面层抹灰不得留有接槎缝。

2）顶棚抹灰

操作方法：

(1) 弹线：用墨线在四周墙面上弹出水平线，作为控制顶棚抹灰的基准线。

(2) 刷结合层：在已湿润的基层上，抹子应垂直楼板方向并用力抹压，底层灰不能太厚。

(3) 抹中层灰：底层灰抹完后，紧跟着中层灰，抹完后用木杠刮平，再用木抹子抹平。

(4) 抹面层灰：当中层灰六七成干时，即可抹纸筋灰，抹面层时如发现中层灰干燥过快，有发白现象，应适当洒水湿润。面层两遍成活，第一遍尽量薄，紧跟着抹第二遍，灰层厚度不大于2mm，第二遍抹时与第一遍垂直稍干后压实赶光。

3）涂料工程

涂料涂刷方向、距离应一致，涂刷一般不少于两道，应在前一道涂料表面晾干后再刷一道，两道涂料的间隔时间一般为2～4h，如有涂料干燥较快则应缩短刷距，施工中要防止有水分从涂层背面渗过来，遇女儿墙、卫生间等处，应在室内墙根处做防水封闭层。

施工过程中，要尽量避免涂料污染门窗等不需涂刷的部位，若被污染，务必在涂料未干时指出。涂料施工后应颜色、质感、光泽均匀一致，不得有“漏涂”、“透底”、“流坠”等弊病，涂层与基层粘结牢固，无粘化、起鼓、龟裂、剥落等现象。

4）面砖饰面

墙面清理干净，浇水湿润后用1∶3水泥砂浆打底，然后用水平尺定出水平标准线，用经纬仪定出竖直标准线，再根据每两块面砖的墙面，上下用托线板挂直，横向用长靠尺或小强线拉平，随即用废面砖抹上混合灰贴灰饼，灰饼的间距为1.5m左右。

面砖镶贴时，一般从阳角开始，使不成整块的面砖留在阴角。面砖贴上后，用木质小镦铲轻轻敲击，使之灰浆饱满，与基层粘结牢固，并用靠尺按灰饼纵横靠平。

每层砖缝需横平竖直，特别是上口组成。下班前将砖面上的砂浆用棉纱擦净。

14.6.7 主要技术组织措施

1. 特殊过程施工技术措施

1）电弧焊施工技术

焊条必须有出厂合格证，按设计要求选择焊条品种。试焊做模拟试件，在每批钢筋正式焊接前，应焊接3个模拟试件做拉力试验。经试验合格后，方可按确定的焊接参数成批生产。焊接时，应焊定位点，再施焊。如钢筋直径较大，需要进行多层施焊时，应分层间断施焊，每焊一层后，应清查再焊接下一层。搭接焊时，钢筋应预弯，以保证两钢筋的轴线在一直线上。应保证焊接高度和长度。

熔合，焊接过程中应有足够的熔深，主焊缝与定位焊缝应结合良好。

2）钢筋闪光对焊施工方案

在正式焊接前，应按选择的焊接参数焊接6个试件，其中3个做拉力试验，3个做冷弯试验。经检验合格后方可按确定的焊接参数成批生产。焊接前和施焊过程中，应检查和调整电极位置，拧紧夹具丝杆。钢筋在电棚内必须夹紧，电极钳口变形应立即调整和修理。钢筋端头120mm范围内的铁锈、油污必须清除干净。在钢筋对焊生产中，焊工应认真进行自检，若发现偏心、弯折烧伤、裂缝等缺陷，应切除重焊，并查找原因及时消除。

3）电渣压力焊施工技术

择优选用焊接材料，焊接前先做焊接试验，试验合格后方可成批生产。严格执行按规范施工原则，柱钢筋在各楼层上留出足够长度，以方便操作，一般为500mm以上，钢筋搭接应错开。焊接前先检查钢筋端头有无弯曲现象，明显弯曲的不可使用，柱筋焊由熟练工人操作。认真做好自检工作，若发现偏心、弯折、裂缝等缺陷，应切除重焊，焊接质量应符合规范要求。

2. 冬季施工技术措施

本工程主体结构施工阶段如遇冬季施工，搅拌混凝土时应有针对性地采用早期强度高的快硬水泥和掺抗冻外加剂。

浇灌好的混凝土采用草包塑料薄膜等保温材料覆盖，包裹蓄热进行封闭养护，按设计和规范要求的时间严格掌握好拆模时间，没有切实有效的措施不得提前进行拆模施工。

砖墙工程冬季施工时砌筑砂浆可掺以一定量的抗冻化学剂(如氯化钠)或在砂浆中掺磨细生石灰粉，石膏粉配制成快硬砂浆。

砌筑用的砖和块材在使用前应将冰霜清理干净，适当加大砂浆稠度，清除砂中的冰块和冻结物，用保温材料覆盖防冻。

砌筑用砂浆应随拌随用，砌筑时不宜铺灰过长，每天下班时砌体表面不铺灰，并用草袋、草帘等保温材料覆盖，以防止砌体、砂浆受冻。继续施工前，应先扫净砖面然后再施工。配筋砖砌体中的钢筋，应先扫净砖面然后再施工。配筋砖砌体中的钢筋，应涂以防锈或防腐剂做防锈措施。

混凝土搅拌机、砂浆搅拌机等机械设备停止工作前必须倒尽物料，用水冲洗干净，并将积水放尽，所有有水箱的机械设备，下班后应放尽水箱中的水。

现场用水管线在总图布置时应埋入地下，露面水管线用保温材料包裹，施工现场的道路和作业场所下雪后要及时清理。

3. 夏季施工技术措施

1）混凝土工程

为了防止夏季混凝土、钢筋混凝土施工时受高温干热影响而产生裂缝等现象，施工时应采取以下措施。

(1) 认真做好混凝土的养护工作，混凝土浇捣前必须使木模吸足水分，遇到面积较大时，要用草包加以覆盖，浇水保持混凝土湿润。混凝土养护时间，采用硅酸盐水泥、普通硅酸盐水泥和矿渣硅酸盐水泥拌制的混凝土，一般不得少于7昼夜；掺加缓凝剂型外加剂及抗渗性要求的混凝土，一般不得少于14昼夜。对供水不足的现场，应设置足够容量的蓄水池和配备足够扬程的高压水泵，确保高空供水。梁柱框架结构，应尽可能采取带模浇水养护，免受曝晒。

(2) 根据气温情况及混凝土的浇捣部位，正确选择混凝土的坍落度，必要时掺外加剂，以保持或改善混凝土的和易性、粘聚性，使其泌水性较小。

(3) 浇捣大面积混凝土，应尽量选用水化热低的水泥，必要时采用人工降温的措施，也可掺用缓凝型的减水剂，使水泥水化速度减慢，以降低和延缓混凝土内部温度峰值。

(4) 厚度较薄的楼面或屋面，应安排在夜间施工，使混凝土的水分不致因蒸发过快而形成收缩裂缝。

(5) 遇大雨需中断作业时，应按规定要求留设施工缝。

2) 砌筑工程

(1) 高温季节砌砖，要特别强调砖块的浇水，除利用清晨或夜间提前将集中堆放的砖块充分浇水湿透外，还应在施工前适当地浇水，使砖块保持湿润，防止砂浆失水过快影响砂浆强度和粘结力。

(2) 砌筑砂浆的稠度要适当增大，使砂浆有较大的流动性，灰缝容易饱满，也有在砂浆中掺入塑化剂，以提高砂浆的保水性与和易性。

(3) 砂浆应随拌随用，对关键部位砌体，要进行必要的遮盖、养护。

3) 抹灰工程

(1) 抹灰前应在砌体表面洒水湿润，防止砂浆脱水造成开裂、起壳、脱落，抹灰后要加强养护工作。

(2) 外墙面的抹灰，应避免在强烈日光直射下操作。

(3) 砂浆级配要准确，应根据工作量，有计划地随配随用，为提高砂浆保水性，可按规定要求掺入外加剂。

(4) 对于加气混凝土填充墙的粉刷，要提前一天浇水湿润，适当控制每层粉刷厚度，并正确使用107胶水泥浆。

4) 屋面工程

(1) 无论是刚性还是柔性防水屋面施工，均严禁在高温烈日曝晒下进行。

(2) 刚性屋面混凝土施工气温宜在5～35℃进行，尽量做到随捣随抹，施工完毕要根据气候情况及时覆盖草包，避免曝晒，及时进行浇水养护。

4. 雨季施工技术措施

在雨季到来前，对施工现场的临近设施进行全面检查，检查库房、机械棚有否漏雨，各种施工设备和机具是否盖好或垫高，对检查出的问题落实专人负责处理好。

在雨季到来前，对施工现场的排水设施进行全面检查，该疏通的疏通，该完善的完善，确保施工现场雨水组织排放道路的畅通无阻。

在雨季到来前，对施工现场的防雷设施及临时用电线路和设施进行全面检查，各种用电设施接地、接零操作良好，漏电保护装置齐全有效。

装饰施工应合理安排施工作业计划，充分准备防雨设施，在施工现场准备好一定数量的防雨设施材料，落实好防雨设施材料购买的联系渠道，以供紧急采购之需。同时采取落实雨晴内外相结合的作业计划安排方法，并留有一定的余地。

结构屋顶完成后，要及时将下水管接出室外，在雨季到来前，对能安装的门窗应先安装完成。

楼梯间未封顶时，要采取措施防止雨水进入室内，必须对暴露的孔洞进行覆盖，在楼梯口做好挡水设施。

5. 降低成本技术措施

(1) 钢筋集中下料，下料前经过精确计算，剩余材料经焊接后使用，提高工人操作素质，避免返工，从而节约钢筋损耗。竖向钢筋直径超过16mm采用电渣技术，节约绑扎部分钢筋。基础、梁中钢筋在操作条件允许下全部采用焊接，整体钢筋损耗率控制在0.5%内。

(2) 现浇板、框架柱等模板，采用高质量夹板，根据结构尺寸合理配制，使用前刷脱模油，减少模板损耗率，在保证质量情况下重复使用，从而节约模板成本。

(3) 土方挖填，经过精确计算，采用余土外运方案，合理调配，减少土方运输费用。

(4) 木工施工所用圆钉，一次使用后进行回收、敲直、打磨，多次重复使用，减少圆钉使用总量，降低成本。

(5) 主体结构施工做到墙面平整，混凝土不爆模，严格按照各分项工程的质量验收标准、施工规范施工，减少抹灰厚度。混凝土施工，抹灰工程，做到不留落地灰，减少材料损耗。

(6) 填充墙砌筑，提高工人素质，材料的垂直及场内运输，做到当日使用当日清理，避免重复运输，减少破损率。

(7) 砂浆、混凝土按照级配单，严格把握质量，精确质量配合比，控制含泥量。

(8) 提高机械利用率，在保证质量前提下缩短工期，节约机械费。

(9) 根据材料地区价差、比质、比价、比运距，节约材料费。

14.6.8 本工程重点及难点

1. 屋面渗漏控制施工方法

屋面渗漏控制一直是各工程的控制难点，首先是结构层处防水的控制，屋面混凝土浇捣需采用抗渗混凝土，混凝土配合比需要严格控制，混凝土浇捣需选择晴天，进行连续浇捣，确保不留施工冷缝，混凝土浇捣完毕后，加强养护。

其次是屋面找平层的质量控制，在检查结构层无渗水后再进行。找平施工时严格控制砂浆配合比，并添加抗渗剂，确保找平层不起壳，无裂缝。

最后，屋面高分子卷材的合理选用也非常关键，目前市场上防水卷材种类繁多，宜选用延性好，机械强度高，耐腐蚀性能好，有优良的阻燃性、电绝缘性、耐久性。

2. 厕所间防水技术措施

(1) 做楼面面层时，对整体楼面，应在管子四周粉出高于楼面 30mm 以上的锥体，对板块楼面，应在管子四周粉出高于楼面 20mm 以上的适宜形状(方形、多边形等)的块体。块体表面和侧面镶贴与楼面面层材料一致或颜色协调的材料。

(2) 对卫生间等有地漏的楼面，应进行蓄水试验。蓄水时最浅水位一般不应低于 2cm，浸泡 2h 后洒水。经检查无渗漏且无积水为合格，检查数量应为全部此类房间。

14.6.9 施工总平面布置

1. 施工办公室及其他临时设施布置方案

1) 施工办公设施

本工程现场施工围墙应首先施工完成，施工办公房选在南面的场地，采用二层活动房，底层为现场施工人员办公用房，二层为会议室及相关协作单位办公区。大门入口处设七图一牌，前面设绿化花坛，办公区与生产区不做隔断，以方便现场管理人员随时了解现场情况。

2) 临时宿舍

本工程现场可用空地较多，施工条件很好，为创标化提供有利条件，生活区选在北面场地内的空地上，周边采用彩钢板与生产区隔断，以便于管理，生活区内设一座二层活动房。

3) 生产设施

钢筋加工车间采用钢管架、石棉瓦或彩钢板屋面，现场设一座，各 100m²。木工车间车间采用钢管架。石棉瓦或彩钢板屋面现场设一座，各 60m²。仓库平房采用砖混结构石棉瓦或彩钢板屋面，现场设两间 50m²。混凝土搅拌机、石砂浆机均采用钢管架、石棉瓦面防护棚。

4) 现场施工用电

沿施工场地四周布置施工用电，从 10kV 总配电房内按需引出，并按施工机械的用电需求，合理搭配相关的配电箱。基础图上已配备三只配电箱，一路供职工宿舍用，一路为办公用房及周边的附房使用，还有一路供北面施工机具用电。具体根据现场施工进行情况予以附设。

5) 施工及消防用水

本工程现场施工用水量，选用 ϕ100 进水管。在地面设置消防栓，在建筑物四周每隔 20m 及临时设施处挂干粉灭火器。

6) 现场施工机械选用

(1) 基础施工阶段机械选用。

① 正铲挖掘机 1 台，用于土方开挖，5－10T 运输汽车 15 辆，用于土方运输。

② 木工棚设置：一台圆锯机，一台平刨机。

③ 钢筋加工机械配备：一台对焊机，一台切断机，一台弯曲机，一台压力焊机。

④ 电焊机两台。

⑤ 轻型井点 15 套，用于基坑降水(根据现场实际情况备用)。

⑥ 搅拌机一台，用于混凝土及砂浆搅拌。

(2) 结构施工阶段机械选用。

① 增加一台物料提升机。

② 增加砂轮机两台。

③ 其余同基础。

(3) 装饰阶段机械选用。

① 钢筋加工机械退场。

② 增加若干部小型装饰设备(根据工程实际需要)。

③ 其余机械设备同结构阶段。

2. 主要技术经济指标

(1) 工期指标。

本工程计划工期 360 天，比合同工期 425 天缩短 65 天。

(2) 施工准备期。

施工准备期 10 天，比定额期限短 1～1.5 个月。

(3) 单位面积建筑造价。

本办公楼全部工程单方造价为 1362 元。

(4) 劳动生产率指标。

单方用工＝59669.16/8106＝7.36(工日/m^2)。

(5) 劳动力消耗均衡性指标。

K＝施工高峰人数/施工平均人数＝112/51＝2.2。

本章小结

通过本章教学，可以了解单位施工组织设计的内容，掌握单位施工进度计划编制和施工平面图的设计，并通过计算进行施工主要资源的配置，完成单位施工组织设计的编制。

习　　题

一、选择题

砂、石等大宗材料，应在施工平面图布置时，考虑放到(　　)附近。

A. 塔吊　　B. 搅拌站　　C. 临时设施　　D. 构件堆场

二、判断题

1. 施工平面布置图设计的原则之一，应尽量降低临设的费用，充分利用已有的房屋、

道路、管线。 （ ）

2. 单位工程施工组织设计的核心内容是，施工方案、施工资源供应计划和施工平面布置图。 （ ）

3. 施工平面布置图设计的原则之一，应尽量减少施工用地。 （ ）

三、简答题

1. 单位工程施工组织设计包括哪些内容?

2. 试述单位工程施工进度计划的编制步骤。

参考文献

[1] 赵志缙，应惠清．建筑施工［M］．4版．上海：同济大学出版社，2004.

[2] 童华炜．土木工程施工［M］．北京：中国建筑工业出版社，2013.

[3] 宁仁岐．建筑施工技术［M］．2版．北京：高等教育出版社，2002.

[4] 中国土木建筑百科辞典编委会．中国土木工程百科宝典［M］．北京：中国建筑工业出版，2000.

[5] 本书编委会．建筑工程施工技术资料编制指南(2012年版)［M］．北京：中国建筑工业出版社，2013.

[6] 应惠清．土木工程施工［M］．上海：同济大学出版社，2001.

[7] 张素梅．土木结构工程实用手册［M］．哈尔滨：黑龙江科学技术出版社，2001.

[8] 本书编委会．建筑施工手册［M］．5版．北京：中国建筑工业出版社，2012.

[9] 中国建筑工业出版社．现行建筑结构大全［M］．北京：中国建筑工业出版社，2002.

[10] 郭正兴，李金根，等．土木工程施工［M］．南京：东南大学出版社，2007.

[11] 赵志缙，等．高层建筑施工手册［M］．2版．上海：同济大学出版社，2001.

[12] 赵志缙，赵帆，等．高层建筑基础工程施工［M］．北京：中国建筑工业出版社，2005.

[13] 朱勇年．高层建筑施工［M］．北京：中国建筑工业出版社，2013.

[14] 全国二级建造师执业资格考试用书编写委员会．全国二级建造师执业资格考试用书：建设工程施工管理［M］．3版．北京：中国建筑工业出版社，2013.

[15] 全国二级建造师执业资格考试用书编写委员会．全国二级建造师执业资格考试用书：建筑工程管理与实务［M］．3版．北京：中国建筑工业出版社，2013.

[16] 全国一级建造师执业资格考试用书编写委员会．全国一级建造师执业资格考试用书：建设工程项目管理［M］．3版．北京：中国建筑工业出版社，2013.

[17] 全国一级建造师执业资格考试用书编写委员会．全国一级建造师执业资格考试用书：建筑工程管理与实务［M］．3版．北京：中国建筑工业出版社，2013.

[18] 李波，等．土建施工员(工长)岗位实务知识［M］．2版．北京：中国建筑工业出版社，2013.

[19] 中国钢结构协会．建筑钢结构施工手册［M］．北京：中国计划出版社，2002.

[20] 中华人民共和国国家标准．建筑工程施工质量验收统一标准(GB 50300—2001)［S］．北京：中国建筑工业出版社，2001.

[21] 中华人民共和国国家标准．建筑地基基础工程施工质量验收规范(GB 50202—2002)［S］．北京：中国建筑工业出版社，2002.

[22] 中华人民共和国国家标准．砌体工程施工质量验收规范(GB 50203—2002)［S］．北京：中国建筑工业出版社，2002.

[23] 中华人民共和国国家标准．混凝土结构工程施工质量验收规范(GB 50204—2002)［S］．北京：中国建筑工业出版社，2011.

[24] 中华人民共和国国家标准．钢结构工程施工质量验收规范(GB 50205—2001)［S］．北京：中国计划出版社，2002.

[25] 中华人民共和国国家标准．屋面工程质量验收规范(GB 50207—2012)［S］．北京：中国建筑工业出版社，2012.

[26] 中华人民共和国国家标准．地下防水工程质量验收规范(GB 50208—2011)［S］．北京：中国建筑工业出版社，2011.

[27] 中华人民共和国国家标准．建筑地面工程施工质量验收规范(GB 50209—2010) [S]．北京：中国计划出版社，2010.
[28] 中华人民共和国国家标准．建筑装饰装修工程施工质量验收规范(GB 50210—2001) [S]．北京：中国建筑工业出版社，2001.
[29] 中华人民共和国国家标准．组合钢模板技术规范(GB 50214—2001) [S]．北京：中国计划出版社，2001.
[30] 中华人民共和国行业标准．建筑基坑支护技术规程(JGJ 120—2012) [S]．北京：中国建筑工业出版社，2012.
[31] 中华人民共和国行业标准．金属与石材幕墙工程技术规范(JGJ 133—2001) [S]．北京：中国建筑工业出版社，2001.
[32] 中华人民共和国行业标准．玻璃幕墙工程技术规范(JGJ 102—2003) [S]．北京：中国建筑工业出版社，2003.
[33] 中华人民共和国国家标准．住宅装修工程施工规范(GB 50327—2001) [S]．北京：中国建筑工业出版社，2001.
[34] 中华人民共和国行业标准．建筑施工扣件式钢管脚手架安全技术规范(JGJ 130—2011) [S]．北京：中国建筑工业出版社，2011.
[35] 中华人民共和国行业标准．钢筋机械连接通用技术规程(JGJ 107—2010) [S]．北京：中国建筑工业出版社，2010.
[36] 中华人民共和国国家标准．建筑施工组织设计规范(GB/T 50502—2009) [S]．北京：中国建筑工业出版社，2009.
[37] 中华人民共和国国家标准．建设工程项目管理规范(GB/T 50326—2006) [S]．北京：中国建筑工业出版社，2006.
[38] 中华人民共和国行业标准．工程网络计划技术规程(JGJ/T 121—1999) [S]．北京：中国建筑工业出版社，1999.

北京大学出版社土木建筑系列教材(已出版)

序号	书名	主编	定价	序号	书名	主编	定价
1	建筑设备(第 2 版)	刘源全　张国军	46.00	50	土木工程施工	石海均　马　哲	40.00
2	土木工程测量(第 2 版)	陈久强　刘文生	40.00	51	土木工程制图	张会平	34.00
3	土木工程材料(第 2 版)	柯国军	45.00	52	土木工程制图习题集	张会平	22.00
4	土木工程计算机绘图	袁　果　张渝生	28.00	53	土木工程材料(第 2 版)	王春阳	50.00
5	工程地质(第 2 版)	何培玲　张　婷	26.00	54	结构抗震设计	祝英杰	30.00
6	建设工程监理概论(第 3 版)	巩天真　张泽平	40.00	55	土木工程专业英语	霍俊芳　姜丽云	35.00
7	工程经济学(第 2 版)	冯为民　付晓灵	42.00	56	混凝土结构设计原理(第 2 版)	邵永健	52.00
8	工程项目管理(第 2 版)	仲景冰　王红兵	45.00	57	土木工程计量与计价	王翠琴　李春燕	35.00
9	工程造价管理	车春鹂　杜春艳	24.00	58	房地产开发与管理	刘　薇	38.00
10	工程招标投标管理(第 2 版)	刘昌明	30.00	59	土力学	高向阳	32.00
11	工程合同管理	方　俊　胡向真	23.00	60	建筑表现技法	冯　柯	42.00
12	建筑工程施工组织与管理(第 2 版)	余群舟　宋会莲	31.00	61	工程招投标与合同管理	吴　芳　冯　宁	39.00
13	建设法规(第 2 版)	肖　铭　潘安平	32.00	62	工程施工组织	周国恩	28.00
14	建设项目评估	王　华	35.00	63	建筑力学	邹建奇	34.00
15	工程量清单的编制与投标报价	刘富勤　陈德方	25.00	64	土力学学习指导与考题精解	高向阳	26.00
16	土木工程概预算与投标报价(第 2 版)	刘　薇　叶　良	37.00	65	建筑概论	钱　坤	28.00
17	室内装饰工程预算	陈祖建	30.00	66	岩石力学	高　玮	35.00
18	力学与结构	徐吉恩　唐小弟	42.00	67	交通工程学	李　杰　王　富	39.00
19	理论力学(第 2 版)	张俊彦　赵荣国	40.00	68	房地产策划	王直民	42.00
20	材料力学	金康宁　谢群丹	27.00	69	中国传统建筑构造	李合群	35.00
21	结构力学简明教程	张系斌	20.00	70	房地产开发	石海均　王　宏	34.00
22	流体力学(第 2 版)	章宝华	25.00	71	室内设计原理	冯　柯	28.00
23	弹性力学	薛　强	22.00	72	建筑结构优化及应用	朱杰江	30.00
24	工程力学(第 2 版)	罗迎社　喻小明	39.00	73	高层与大跨建筑结构施工	王绍君	45.00
25	土力学	肖仁成　俞　晓	18.00	74	工程造价管理	周国恩	42.00
26	基础工程	王协群　章宝华	32.00	75	土建工程制图	张黎骅	29.00
27	有限单元法(第 2 版)	丁　科　殷水平	30.00	76	土建工程制图习题集	张黎骅	26.00
28	土木工程施工	邓寿昌　李晓目	42.00	77	材料力学	章宝华	36.00
29	房屋建筑学(第 2 版)	聂洪达　郄恩田	48.00	78	土力学教程	孟祥波	30.00
30	混凝土结构设计原理	许成祥　何培玲	28.00	79	土力学	曹卫平	34.00
31	混凝土结构设计	彭　刚　蔡江勇	28.00	80	土木工程项目管理	郑文新	41.00
32	钢结构设计原理	石建军　姜　袁	32.00	81	工程力学	王明斌　庞永平	37.00
33	结构抗震设计	马成松　苏　原	25.00	82	建筑工程造价	郑文新	39.00
34	高层建筑施工	张厚先　陈德方	32.00	83	土力学(中英双语)	郎煜华	38.00
35	高层建筑结构设计	张仲先　王海波	23.00	84	土木建筑 CAD 实用教程	王文达	30.00
36	工程事故分析与工程安全(第 2 版)	谢征勋　罗　章	38.00	85	工程管理概论	郑文新　李献涛	26.00
37	砌体结构(第 2 版)	何培玲　尹维新	26.00	86	景观设计	陈玲玲	49.00
38	荷载与结构设计方法(第 2 版)	许成祥　何培玲	30.00	87	色彩景观基础教程	阮正仪	42.00
39	工程结构检测	周　详　刘益虹	20.00	88	工程力学	杨云芳	42.00
40	土木工程课程设计指南	许　明　孟茁超	25.00	89	工程设计软件应用	孙香红	39.00
41	桥梁工程(第 2 版)	周先雁　王解军	37.00	90	城市轨道交通工程建设风险与保险	吴宏建　刘宽亮	75.00
42	房屋建筑学(上：民用建筑)	钱　坤　王若竹	32.00	91	混凝土结构设计原理	熊丹安	32.00
43	房屋建筑学(下：工业建筑)	钱　坤　吴　歌	26.00	92	城市详细规划原理与设计方法	姜　云	36.00
44	工程管理专业英语	王竹芳	24.00	93	工程经济学	都沁军	42.00
45	建筑结构 CAD 教程	崔钦淑	36.00	94	结构力学	边亚东	42.00
46	建设工程招投标与合同管理实务	崔东红	38.00	95	房地产估价	沈良峰	45.00
47	工程地质（第 2 版）	倪宏革　周建波	30.00	96	土木工程结构试验	叶成杰	39.00
48	工程经济学	张厚钧	36.00	97	土木工程概论	邓友生	34.00
49	工程财务管理	张学英	38.00	98	工程项目管理	邓铁军　杨亚频	48.00

序号	书名	主编	定价	序号	书名	主编	定价
99	误差理论与测量平差基础	胡圣武　肖本林	37.00	118	土质学与土力学	刘红军	36.00
100	房地产估价理论与实务	李　龙	36.00	119	建筑工程施工组织与概预算	钟吉湘	52.00
101	混凝土结构设计	熊丹安	37.00	120	房地产测量	魏德宏	28.00
102	钢结构设计原理	胡习兵	30.00	121	土力学	贾彩虹	38.00
103	钢结构设计	胡习兵　张再华	42.00	122	交通工程基础	王富	24.00
104	土木工程材料	赵志曼	39.00	123	房屋建筑学	宿晓萍　隋艳娥	43.00
105	工程项目投资控制	曲　娜　陈顺良	32.00	124	建筑工程计量与计价	张叶田	50.00
106	建设项目评估	黄明知　尚华艳	38.00	125	工程力学	杨民献	50.00
107	结构力学实用教程	常伏德	47.00	126	建筑工程管理专业英语	杨云会	36.00
108	道路勘测设计	刘文生	43.00	127	土木工程地质	陈文昭	32.00
109	大跨桥梁	王解军　周先雁	30.00	128	暖通空调节能运行	余晓平	30.00
110	工程爆破	段宝福	42.00	129	土工试验原理与操作	高向阳	25.00
111	地基处理	刘起霞	45.00	130	理论力学	欧阳辉	48.00
112	水分析化学	宋吉娜	42.00	131	土木工程材料习题与学习指导	鄢朝勇	35.00
113	基础工程	曹　云	43.00	132	建筑构造原理与设计(上册)	陈玲玲	34.00
114	建筑结构抗震分析与设计	裴星洙	35.00	133	城市生态与城市环境保护	梁彦兰　阎　利	36.00
115	建筑工程安全管理与技术	高向阳	40.00	134	房地产法规	潘安平	45.00
116	土木工程施工与管理	李华锋　徐　芸	65.00	135	水泵与水泵站	张　伟　周书葵	35.00
117	土木工程试验	王吉民	34.00	136	建筑工程施工	叶　良	55.00

相关教学资源如电子课件、电子教材、习题答案等可以登录 www.pup6.com 下载或在线阅读。

扑六知识网(www.pup6.com)有海量的相关教学资源和电子教材供阅读及下载(包括北京大学出版社第六事业部的相关资源)，同时欢迎您将教学课件、视频、教案、素材、习题、试卷、辅导材料、课改成果、设计作品、论文等教学资源上传到 pup6.com，与全国高校师生分享您的教学成就与经验，并可自由设定价格，知识也能创造财富。具体情况请登录网站查询。

如您需要免费纸质样书用于教学，欢迎登陆第六事业部门户网(www.pup6.com)填表申请，并欢迎在线登记选题以到北京大学出版社来出版您的大作，也可下载相关表格填写后发到我们的邮箱，我们将及时与您取得联系并做好全方位的服务。

扑六知识网将打造成全国最大的教育资源共享平台，欢迎您的加入——让知识有价值，让教学无界限，让学习更轻松。

联系方式：010-62750667，donglu2004@163.com，linzhangbo@126.com，欢迎来电来信咨询。